新闻出版总署
"盘配书" 项目

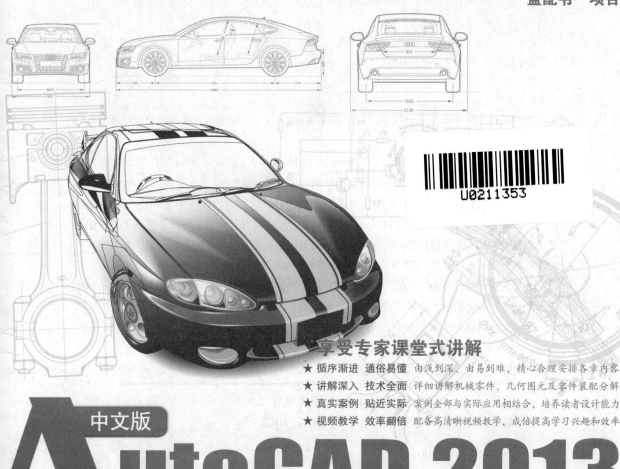

U0211353

享受专家课堂式讲解

★ 循序渐进 通俗易懂 由浅到深、由易到难，精心合理安排各章内容
★ 讲解深入 技术全面 详细讲解机械零件、几何图元及零件装配分解
★ 真实案例 贴近实际 案例全部与实际应用相结合，培养读者设计能力
★ 视频教学 效率翻倍 配备高清晰视频教学，成倍提高学习兴趣和效率

中文版
AutoCAD 2013
机械制图经典设计

228 例

1DVD 高清教学光盘

超值附赠3.3GB的DVD光盘，内容包括170多个素材文件、220多个效果文件和书中所使用的机械制图样板文件，以及228段18小时（总计近1100分钟）的视频教学。

孙启善 陈松焕 编著

北京希望电子出版社
Beijing Hope Electronic Press
w w w . b h p . c o m . c n

内 容 简 介

本书通过 228 个典型实例操作，系统讲解 AutoCAD 在机械制图方面的应用方法和具体的操作技巧。

全书共 18 章。第 1～4 章主要针对 AutoCAD 的初级读者，讲述了 AutoCAD 2013 二维绘图技能、二维编辑技能、零件图文字注解、零件图尺寸标注。第 5～8 章主要讲述了 AutoCAD 的高效绘图技能、常用零件结构、三维曲面建模、三维实体建模。第 9～15 章主要讲述了标准件、常用件、轴套类零件、盘座类零件、盖轮类零件、叉架类零件、阀泵类零件及箱壳类零件的具体绘制技能和模型的创建技能。第 16～17 章主要讲述了各类几何图元的轴测投影图及机械零件轴测图的绘制和标注技能。第 18 章主要讲述了零件装配、分解与后期输出。

本书采用"完全案例"的编写形式、理论结合实践的写作手法，不仅可作为职业院校相关专业的教材，也是机械设计爱好者的首选自学读物。

本书光盘提供有全书 228 个实例的高清语音视频教学，以及相关的素材和 CAD 图块。

图书在版编目（CIP）数据

中文版 AutoCAD 2013 机械制图经典设计 228 例 / 孙启善，陈松焕编著.—北京：北京希望电子出版社，2013.1

ISBN 978-7-83002-059-0

Ⅰ. ①中… Ⅱ. ①孙… ②陈… Ⅲ. ①机械制图—AutoCAD 软件 Ⅳ. ①TH126

中国版本图书馆 CIP 数据核字（2012）第 252219 号

出版：北京希望电子出版社	封面：付　巍
地址：北京市海淀区上地 3 街 9 号	编辑：刘秀青
金隅嘉华大厦 C 座 611	校对：方加青
邮编：100085	开本：787mm×1092mm　1/16
网址：www.bhp.com.cn	印张：36.25
电话：010-62978181（总机）转发行部	印数：1-3500
010-82702675（邮购）	字数：839 千字
传真：010-82702698	印刷：北京市四季青双青印刷厂
经销：各地新华书店	版次：2013 年 1 月 1 版 1 次印刷

定价：69.80 元（配 1 张 DVD 光盘）

　　本书以AutoCAD 2013为基础，主要针对机械设计领域，系统讲述了使用AutoCAD进行机械制图的基本方法和操作技巧，使读者全面掌握CAD的常用命令、制图技巧，并使用CAD进行机械设计制图。

　　随着计算机应用技术的飞速发展，作为计算机辅助设计的绘图软件AutoCAD，目前已被广泛应用于机械设计、建筑设计、园林设计、服装设计等诸多图形设计领域。它还为用户提供了一个二次开发平台，用户可以在其基础上开发出应用于具体专业、具体领域的CAD，清华大学、复旦大学开发的机械CAD，天正、隆迪等公司开发的建筑CAD等，都是AutoCAD的二次应用。

　　本书采用多媒体案例动态教学方式，讲解使用AutoCAD进行机械设计的基本方法和操作技巧，使读者能在最短时间内学会使用CAD进行机械图样的设计、领悟绘制机械图样的精髓。

　　全书共5篇：第1篇是软件入门篇（第1~4章），主要针对AutoCAD的初级读者，讲述了AutoCAD 2013二维绘图技能、二维编辑技能、零件图文字注解、零件图尺寸标注。第2篇是技能提高篇（第5~8章），主要讲述了AutoCAD的高效绘图技能、常用零件结构、三维曲面建模、三维实体建模。第3篇是零件视图篇（第9~15章），主要讲述了标准件、常用件、轴套类零件、盘座类零件、盖轮类零件、叉架类零件、阀泵类零件及箱壳类零件的具体绘制技能和模型的创建技能。第4篇是零件轴测投影篇（第16~17章），主要讲述了各类几何图元的轴测投影图及机械零件轴测图的绘制和标注技能。第5篇是零件组装与输出篇（第18章），主要讲述了零件装配分解与后期输出。

　　在章节编排方面，本书一改其他同类电脑图书手册型的编写方式，充分考虑培训教学的特点，始终与实际应用相结合，将学以致用的原则贯穿全书，有利于培养读者应用AutoCAD基本工具完成设计绘图的能力。

　　本书的所有实例及在制作实例时所用到的素材文件、样板文件等内容都收录在随书光盘中，光盘内容主要有以下几部分：

- ● "效果文件"目录：书中所有大小实例的效果图文件都按章收录在光盘的"效果文件"文件夹下，光盘中的图形文件名称与书中的名称相同，读者可随时查阅。
- ● "样板文件"目录：书中所使用的工程制图样板文件收录在随书光盘的"样板

文件"文件夹下，读者在使用此样板文件时，最好是将其复制到"AutoCAD
2013\Template"目录下。

● "素材文件"目录：书中实例所使用到的源文件都收录在随书光盘中的"素材文
件"文件夹下，以供读者随时调用。

● "视频文件"目录：书中所有案例的动态演示和声音解说在随书光盘中的"视频
文件"文件夹下，以供读者学习。

本书由无限空间工作室总策划，由孙启善、陈松焕编写。其他参与编写的还有王玉
梅、王梅君、王梅强、孙启彦、孙玉雪、胡爱玉、戴江宏、徐丽、宋海生、杨丙政、孙贤
君、孙平、张双志、陈云龙、况军业、姜杰、管虹、孔令起、李秀华、王保财、张波、马
俊凯、陈俊霞、孙美娟、杨立颂、王璐璐等。

在编写的过程中，承蒙广大业内同仁的不吝赐教，使得本书的内容更贴近实际，谨在
此一并表示由衷的感谢。如对本书有何意见和建议，请您告诉我们，也可以与本书作者直
接联系。邮箱：bhpbangzhu@163.com。

编著者

目录 CONTENTS

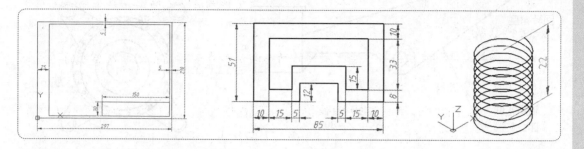

第1章 二维绘图技能

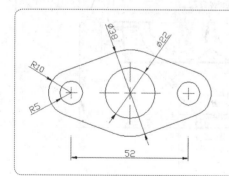
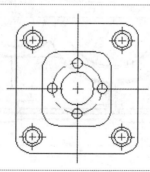
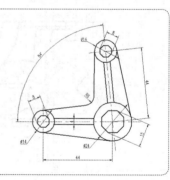

第2章 二维编辑技能

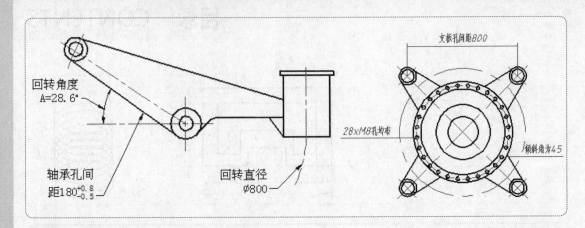

第3章 零件图文字注解

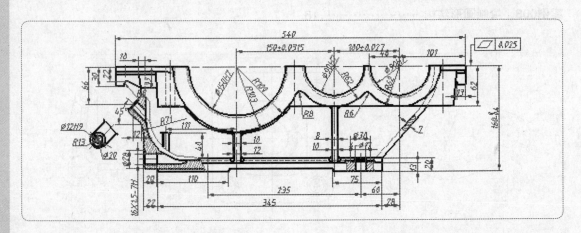

第4章 零件图尺寸标注

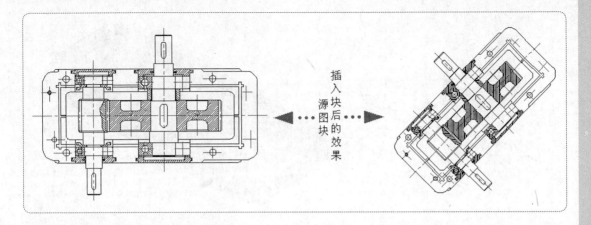

第5章 高效绘图技能

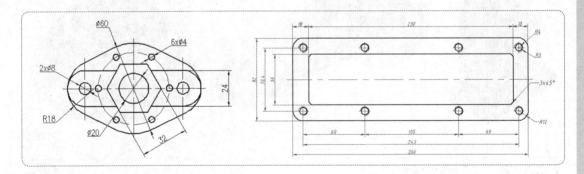

第6章 常见零件结构

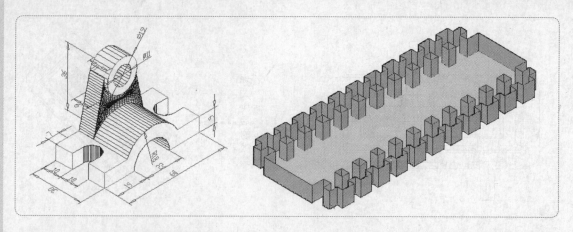

第7章 三维曲面建模

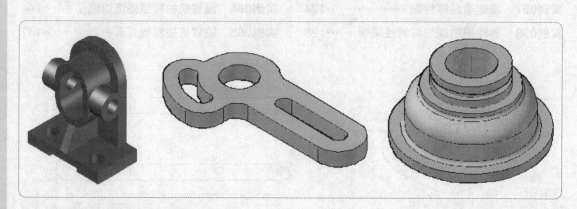

第8章 三维实体建模

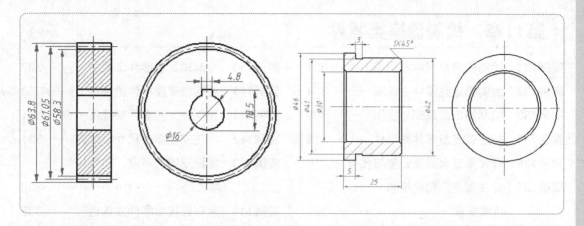

第9章　标准件与常用件设计

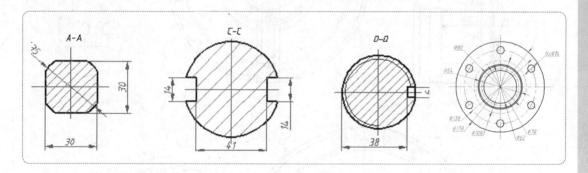

第10章　绘制轴套类零件

第11章　绘制盘座类零件

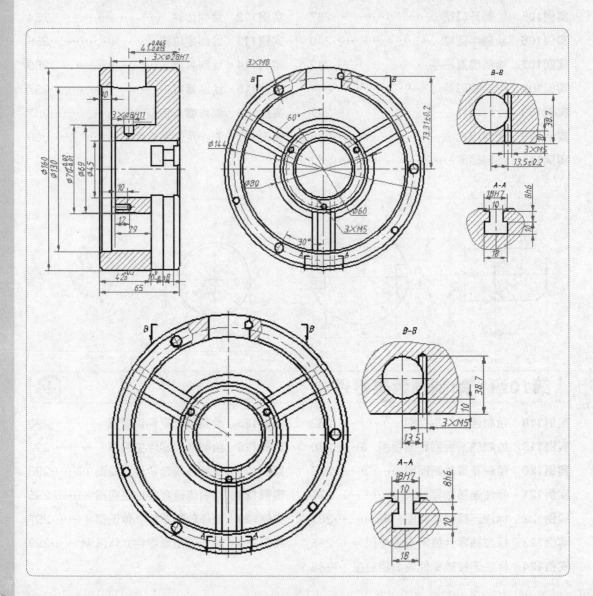

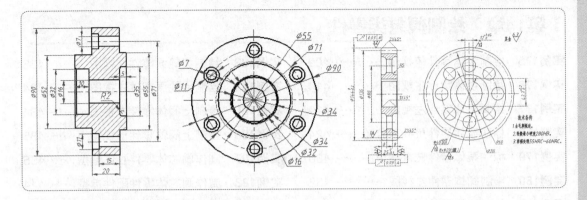

第12章　绘制盖轮类零件

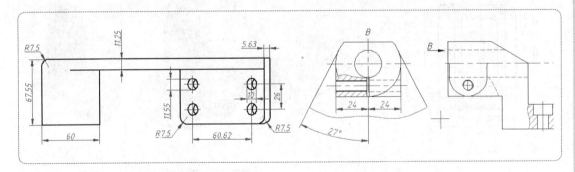

第13章　绘制叉架类零件

第14章 绘制阀泵类零件

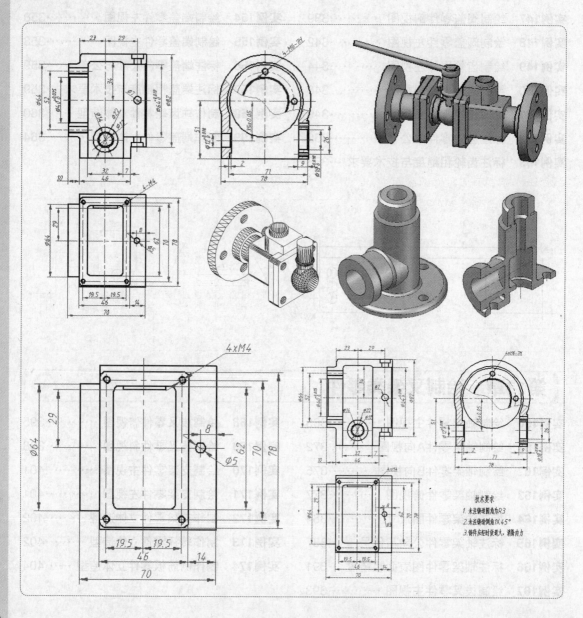

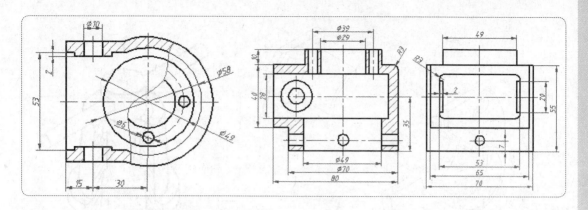

第15章　绘制箱壳类零件

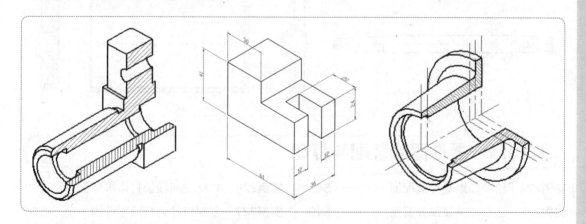

第16章　绘制轴测图零件

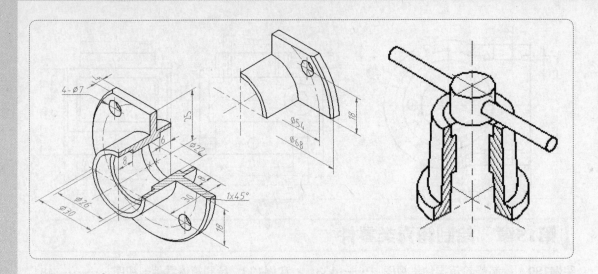

第17章　绘制机械零件轴测投影图

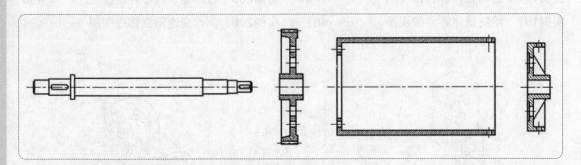

第18章　零件图的装配与打印

第1章 二维绘图技能

AutoCAD为用户提供了各种基本图元的绘制功能，比如点、线、曲线、圆、弧、矩形、正多边形、边界和面域等，这些图元都是构图的最基本图形元素。本章则通过15个极具代表性的经典实例，详细讲解这些基本绘图工具的使用方法和实际操作技巧。

实例001 绝对坐标输入

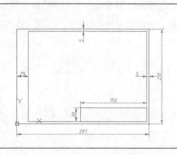

本实例主要学习绝对直角坐标和绝对极坐标点的精确输入技能，以初步尝试一下AutoCAD的整个绘图流程和相关常用技能。

📁 最终文件	效果文件\第01章\实例01.dwg	
🎥 视频文件	视频文件\第01章\实例01.avi	
🎞 播放时长	00:03:55	
🛡 技能点拨	直线、实时平移、绝对坐标	

01 选择【文件】|【新建】菜单命令，或单击快速访问工具栏上的 ⬜ 按钮，打开【选择样板】对话框。

02 在【选择样板】对话框中选择如图1-1所示的样板文件，然后单击 打开(O) ▼ 按钮，以此样板文件作为基础样板文件，新建绘图文件。

🔍 **提示** acadISO-Named Plot Styles.dwt样板文件与acadISO.dwt样板文件的区别就在于打印样式不同，前者使用的是"命名打印样式"，后者是原始的"颜色相关打印样式"，用户可以根据自己的需要进行取舍。

03 单击状态栏的 DYN 按钮，或按F12功能键，关闭【动态输入】功能。

04 单击【标准】工具栏中的 🖐 按钮，激活【实时平移】功能，将光标放在绘图区坐标系图标上，按住左键不放，将其拖曳到如图1-2所示的位置。

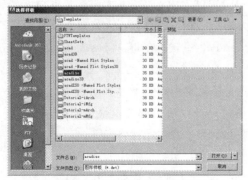

图1-1 【选择样板】对话框

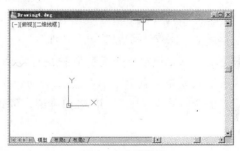

图1-2 平移结果

🔍 **提示** 平移视图的目的就是为了让坐标系图标处在原点位置上，便于直观地定位点。此时在坐标系图标内出现一个"＋"符号，如图1-2所示。

05 选择【绘图】|【直线】菜单命令，或单击【绘图】工具栏上的 ✎ 按钮，激活【直线】命令，配合绝对直角坐标点的定位功能，绘制4号图纸的外框。命令行操作如下：

命令: _line
指定第一点: //0,0 Enter，以原点作为起点
指定下一点或 [放弃(U)]: //297,0 Enter，输入第二点的绝对直角坐标
指定下一点或 [放弃(U)]: //297,210 Enter，输入第三点的绝对直角坐标
指定下一点或 [闭合(C)/放弃(U)]: //0,210 Enter，输入第四点的绝对直角坐标
指定下一点或 [闭合(C)/放弃(U)]: //c Enter，闭合图形，结果如图1-3所示

🔍 **提示** 在命令行输入命令或选项字母后，按Enter键，系统才能接受指令，从而激活命令。

06 在命令行输入"UCS"并按Enter键，以创建新的用户坐标系。命令行操作如下：

命令: ucs //Enter，激活【UCS】命令
当前 UCS 名称: *世界*
指定 UCS 的原点或 [面(F)/命名(NA)/对象(OB)/上一个(P)/视图(V)/世界(W)/X/Y/Z/Z轴(ZA)] <世界>:
//m Enter，激活"移动"功能
指定新原点或 [Z 向深度(Z)] <0,0,0>: //25,5 Enter，结果如图1-4所示

图1-3　绘制外框

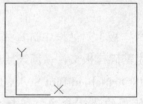

图1-4　定义用户坐标系

07 在命令行输入"Line"按Enter键，激活【直线】命令，绘制4号图纸的内框，命令行操作如下：

命令: line //Enter
指定第一点: //0,0 Enter，定位起点
指定下一点或 [放弃(U)]: //267,0 Enter，输入第二点绝对直角坐标
指定下一点或 [放弃(U)]: //267,200 Enter，输入第三点绝对直角坐标
指定下一点或 [闭合(C)/放弃(U)]: //0,200 Enter，输入第四点绝对直角坐标
指定下一点或 [闭合(C)/放弃(U)]: //c Enter，闭合图形，结果如图1-5所示

🔍 **提示** AutoCAD命令一般有多种执行方法，分别是选择菜单命令、单击工具按钮、在命令行输入表达式或命令简写、按键盘上的功能键。使用任何一种方法，都可以快速启动命令。

08 在命令行输入"UCS"并按Enter键，创建新的用户坐标系。命令行操作如下：

命令: ucs //Enter，激活【UCS】命令
当前 UCS 名称: *世界*

指定 UCS 的原点或 [面(F)/命名(NA)/对象(OB)/上一个(P)/视图(V)/世界(W)/X/Y/Z/Z

轴(ZA)]〈世界〉：　　　　　　　　　　//m Enter，激活"移动"功能

指定新原点或 [Z 向深度(Z)] <0,0,0>：　//117,0 Enter，结果如图1-6所示

09 使用快捷键"L"激活【直线】命令，配合点的绝对直角坐标点的输入功能绘制如图1-7所示的标题栏。命令行操作如下：

命令：l　　　　　　　　　　　　　　//Enter，激活【直线】命令

指定第一点：　　　　　　　　　　　//0,0 Enter，定位起点

指定下一点或 [放弃(U)]：　　　　　//0,30 Enter，输入第二点绝对直角坐标

指定下一点或 [放弃(U)]：　　　　　//150,30 Enter，输入第三点绝对直角坐标

指定下一点或 [闭合(C)/放弃(U)]：　//Enter，绘制结果如图1-7所示

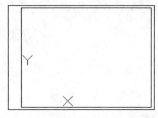
图1-5　绘制内框

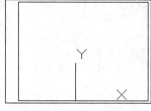
图1-6　定义UCS

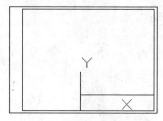
图1-7　绘制标题栏

🔍**提示** 当结束命令时，按键盘上的Enter键；当中止某个命令时，可以按Esc键。

10 选择【视图】|【显示】|【UCS图标】|【开】菜单命令，关闭坐标系图标的显示，结果如图1-8所示。

11 最后执行【文件】|【保存】菜单命令，将图形命名存储为"实例01.dwg"，如图1-9所示。

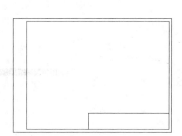
图1-8　关闭坐标系图标

图1-9　图形的命名存储

实例002　相对坐标输入

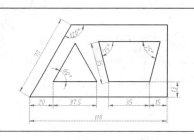

本实例主要学习相对直角坐标和相对极坐标点的精确输入技能。

📁 最终文件	效果文件\第01章\实例02.dwg
🎬 视频文件	视频文件\第01章\实例02.avi
⏱ 播放时长	00:04:13
🛡 技能点拨	直线、相对坐标、端点捕捉

01 单击快速访问工具栏上的 按钮，在打开的【选择样板】对话框中选择如图1-10所示的样板文件作为基础样板，创建公制单位的空白文件。

02 选择【视图】|【缩放】|【圆心】菜单命令，将视图高度调整为150个单位。命令行操作如下：

> 命令：'_zoom
>
> 指定窗口的角点，输入比例因子 (nX 或 nXP)，或者[全部(A)/中心(C)/动态(D)/范围(E)/上一个(P)/比例(S)/窗口(W)/对象(O)] <实时>：_c
>
> 指定中心点：　　　　　　　　　//在绘图区拾取一点
>
> 输入比例或高度 <1040.6382>：　//150 Enter

🔍**提示** 如果输入的数值后面带有x，系统将按照原视口的倍数进行缩放。

03 单击【绘图】工具栏中的 按钮，激活【直线】命令，使用相对坐标点的定位功能绘制外框。命令行操作如下：

> 命令：_line
>
> 指定第一点：　　　　　　　　　//拾取一点作为起点
>
> 指定下一点或 [放弃(U)]：　　　//@-118,0 Enter，输入第二点的相对直角坐标
>
> 指定下一点或 [放弃(U)]：　　　//@70<60 Enter，输入第三点的相对极坐标

🔍**提示** "@-118,0"表示一个相对坐标点，符号"@"表示"相对于"，即相对于上一点的坐标。如果用户仅使用相对坐标点画图，可以事先开启状态栏上的【动态输入】功能，这样系统会自动在坐标值前添加符号"@"。

> 指定下一点或 [闭合(C)/放弃(U)]：　//捕捉如图1-11所示的追踪虚线的交点
>
> 指定下一点或 [闭合(C)/放弃(U)]：　//c Enter，绘制结果如图1-12所示

图1-10　选择样板

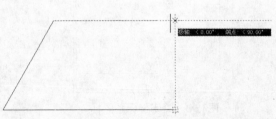

图1-11　捕捉追踪虚线的交点

04 在命令行输入"UCS"按Enter键，定义用户坐标系。命令行操作如下：

> 命令：ucs　　　　　　　　　　//Enter，激活【UCS】命令
>
> 指定 UCS 的原点或 [面(F)/命名(NA)/对象(OB)/上一个(P)/视图(V)/世界(W)/X/Y/Z/Z 轴(ZA)] <世界>：OB　　//OB Enter，激活"对象"选项
>
> 选择对齐 UCS 的对象：　　　　//将光标放在下侧水平边上单击左键，创建如图1-13
> 　　　　　　　　　　　　　　　所示的用户坐标系

🔍**提示** 使用"对象"功能创建新的用户坐标系时，系统将选择的对象作为新坐标系的x轴正方向，进行对齐UCS。

05 在命令行输入"Line"按Enter键，重复执行【直线】命令，使用相对极坐标输入法绘制正三角形。命令行操作如下：

命令: line	//Enter，激活【直线】命令
指定第一点:	//20,13 Enter，定位起点
指定下一点或 [放弃(U)]:	//@37.5<60 Enter，输入第二点相对极坐标
指定下一点或 [放弃(U)]:	//@37.5<-60 Enter，输入第三点绝对极坐标
指定下一点或 [闭合(C)/放弃(U)]:	//c Enter，闭合图形，结果如图1-14所示

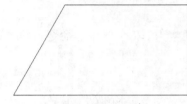

图1-12　绘制外框　　　　图1-13　定义用户坐标系　　　　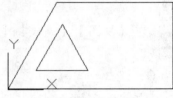　图1-14　绘制结果

06 按键盘上的Enter键，重复执行【直线】命令，配合相对极坐标输入法绘制内部的等腰梯形。命令行操作如下：

命令:	//Enter，重复执行【直线】命令
LINE指定第一个点:	//103,13 Enter
指定下一点或 [放弃(U)]:	//@-35,0 Enter
指定下一点或 [放弃(U)]:	//@35<105 Enter
指定下一点或 [闭合(C)/放弃(U)]:	//Enter
命令:	//Enter，重复执行【直线】命令
LINE指定第一个点:	//103,13 Enter
指定下一点或 [放弃(U)]:	//@35<75 Enter
指定下一点或 [放弃(U)]:	//捕捉如图1-15所示的端点
指定下一点或 [闭合(C)/放弃(U)]:	//Enter，绘制结果如图1-16所示

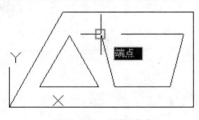　　　　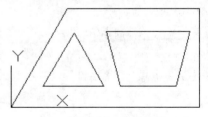

图1-15　捕捉端点　　　　　　　　　　　图1-16　绘制结果

07 按键盘上的Ctrl+S组合键，将当前图形命名存储为"实例02.dwg"。

实例003　使用追踪功能绘图

本实例主要学习正交模式和极轴追踪两种辅助功能的精确追踪定位技能。

📁 最终文件	效果文件\第01章\实例03.dwg
🎬 视频文件	视频文件\第01章\实例03.avi
⏱ 播放时长	00:04:05
💡 技能点拨	多段线、正交、极轴追踪

01 单击快速访问工具栏上的□按钮，新建绘图文件。

02 选择【视图】|【缩放】|【圆心】菜单命令，将视图高度调整为120个单位。命令行操作如下：

　命令：'_zoom

　指定窗口的角点，输入比例因子（nX 或 nXP），或者[全部(A)/中心(C)/动态(D)/范围(E)/上一个(P)/比例(S)/窗口(W)/对象(O)]〈实时〉：_c

　指定中心点：　　　　　　　　//在绘图区拾取一点

　输入比例或高度〈1040.6382〉：　　//120 Enter

03 单击状态栏上的└按钮，打开【正交模式】功能。

🔍 **提示** 按键盘上的F8功能键，也可打开【正交模式】功能。

04 选择【绘图】|【多段线】菜单命令，或单击【绘图】工具栏上的↪按钮，配合【正交模式】功能绘制外侧轮廓线。命令行操作如下：

　命令：_pline

　指定起点：　　　　　　　　//在绘图区拾取一点

　当前线宽为 0.0

　指定下一个点或 [圆弧(A)/半宽(H)/长度(L)/放弃(U)/宽度(W)]：

　　　　　　　　　　//垂直向上引出如图1-17所示的正交追踪虚线，然后输入51

　Enter，定位第二点

　指定下一点或 [圆弧(A)/闭合(C)/半宽(H)/长度(L)/放弃(U)/宽度(W)]：

　　　　　　　　　　//水平向左引出如图1-18所示追踪虚线，输入85 Enter

　指定下一点或 [圆弧(A)/闭合(C)/半宽(H)/长度(L)/放弃(U)/宽度(W)]：

　　　　　　　　　　//向下引出如图1-19所示追踪虚线，输入51 Enter

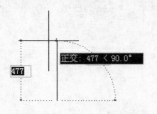

图1-17　引出90°矢量

图1-18　引出180°矢量

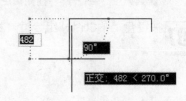

图1-19　引出270°矢量

指定下一点或 [圆弧(A)/闭合(C)/半宽(H)/长度(L)/放弃(U)/宽度(W)]:

　　　　　　　　//水平向右引出如图1-20所示追踪虚线，输入30 Enter

指定下一点或 [圆弧(A)/闭合(C)/半宽(H)/长度(L)/放弃(U)/宽度(W)]:

　　　　　　　　//向上引出如图1-21所示的追踪虚线，然后输入12 Enter

指定下一点或 [圆弧(A)/闭合(C)/半宽(H)/长度(L)/放弃(U)/宽度(W)]:

　　　　　　　　//水平向右引如图1-22所示追踪虚线，输入25 Enter

指定下一点或 [圆弧(A)/闭合(C)/半宽(H)/长度(L)/放弃(U)/宽度(W)]:

 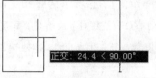 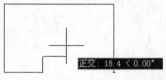

图1-20　引出0° 矢量　　　　图1-21　引出90° 矢量　　　　图1-22　引出0° 矢量

　　　　　　　　//向下引出如图1-23所示追踪虚线，输入12 Enter

指定下一点或 [圆弧(A)/闭合(C)/半宽(H)/长度(L)/放弃(U)/宽度(W)]:

　　　　　　　　//c Enter，闭合图形，绘制结果如图1-24所示

 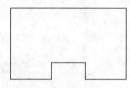

图1-23　引出270° 矢量　　　　　　图1-24　绘制结果

提示　当开启【正交追踪】功能后，向上可引出90° 方向矢量；向右可引出0° 方向矢量；向下可引出270° 方向矢量；向左可引出180° 方向矢量。

05　按F10功能键，打开【极轴追踪】功能，并设置追踪角，如图1-25所示。

06　重复执行【多段线】命令，配合【极轴追踪】和【捕捉自】功能绘制内部轮廓线。命令行操作如下：

命令：_pline

指定起点：　　　　//按住Shift键单击右键，选择右键菜单上的【自】功能，如图1-26所示

_from 基点：　　　　//捕捉如图1-27所示的端点

  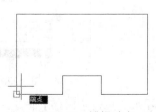

图1-25　设置极轴追踪　　　　图1-26　临时捕捉菜单　　　　图1-27　捕捉端点

🔍**提示** 如图1-26所示的菜单为临时对象捕捉菜单，当激活该菜单上的某一功能后，系统仅允许使用一次，如果用户需要连续使用某一功能时，必须要连续激活该菜单上的相应功能。

〈偏移〉:　　　　　　　　　　//@10,8 Enter

当前线宽为 0.0

指定下一个点或 [圆弧(A)/半宽(H)/长度(L)/放弃(U)/宽度(W)]:
　　　　　　　　　//引出如图1-28所示的极轴追踪矢量，输入33 Enter

指定下一点或 [圆弧(A)/闭合(C)/半宽(H)/长度(L)/放弃(U)/宽度(W)]:
　　　　　　　　　//引出如图1-29所示的极轴追踪矢量，输入65nter

指定下一点或 [圆弧(A)/闭合(C)/半宽(H)/长度(L)/放弃(U)/宽度(W)]:
　　　　　　　　　//引出如图1-30所示的极轴追踪矢量，输入33 Enter

  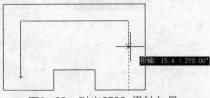

图1-28　引出90°极轴矢量　　　图1-29　引出0°极轴矢量　　　图1-30　引出270°极轴矢量

指定下一点或 [圆弧(A)/闭合(C)/半宽(H)/长度(L)/放弃(U)/宽度(W)]:
　　　　　　　　　//引出如图1-31所示的极轴追踪矢量，输入15 Enter

指定下一点或 [圆弧(A)/闭合(C)/半宽(H)/长度(L)/放弃(U)/宽度(W)]:
　　　　　　　　　//引出如图1-32所示的极轴追踪矢量，输入15 Enter

指定下一点或 [圆弧(A)/闭合(C)/半宽(H)/长度(L)/放弃(U)/宽度(W)]:
　　　　　　　　　//引出如图1-33所示的极轴追踪矢量，输入35 Enter

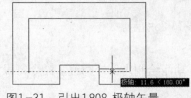 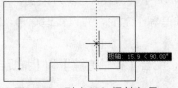 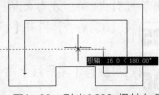

图1-31　引出180°极轴矢量　　　图1-32　引出90°极轴矢量　　　图1-33　引出180°极轴矢量

指定下一点或 [圆弧(A)/闭合(C)/半宽(H)/长度(L)/放弃(U)/宽度(W)]:
　　　　　　　　　//引出如图1-34所示的极轴追踪矢量，输入15 Enter

指定下一点或 [圆弧(A)/闭合(C)/半宽(H)/长度(L)/放弃(U)/宽度(W)]:
　　　　　　　　　//c Enter，绘制结果如图1-35所示

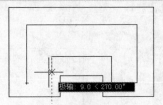 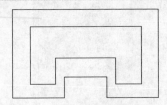

图1-34　引出270°极轴矢量　　　　　　　　图1-35　绘制结果

07 最后执行【保存】命令，将图形命名存储为"实例03.dwg"。

实例004　追踪和极坐标综合绘图

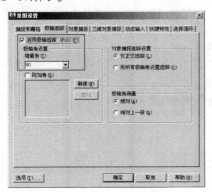

本实例主要对相对极坐标、极轴追踪、对象追临时追踪以及对象捕捉、捕捉自等多种功能进行综合练习和应用。

📁 最终文件	效果文件\第01章\实例04.dwg
🎬 视频文件	视频文件\第01章\实例04.avi
📼 播放时长	00:04:05
🛡 技能点拨	临时追踪点、极坐标、对象捕捉、对象追踪、捕捉自

01 单击快速访问工具栏上的 按钮，新建绘图文件。

02 选择【视图】|【缩放】|【圆心】菜单命令，将视图高度调整为110个单位。命令行操作如下：

```
命令：'_zoom
指定窗口的角点，输入比例因子 (nX 或 nXP)，或者[全部(A)/中心(C)/动态(D)/范围(E)/上一个(P)/比例(S)/窗口(W)/对象(O)] <实时>：_c
指定中心点：                    //在绘图区拾取一点
输入比例或高度 <1040.6382>：    //110 Enter
```

03 按F10功能键，打开【极轴追踪】功能，并设置追踪角为90，如图1-36所示。

04 在【草图设置】对话框中展开【对象捕捉】选项卡，然后设置捕捉模式和追踪功能，如图1-37所示。

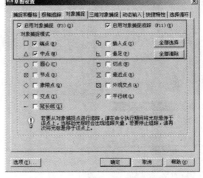

图1-36　设置极轴　　　　　　　　　　　图1-37　设置捕捉模式

05 选择【文件】|【直线】菜单命令，配合坐标输入、极轴追踪、对象追踪等功能绘制外框轮廓线。命令行操作如下：

```
命令：_line
指定第一个点：                    //在绘图区拾取一点
指定下一点或 [放弃(U)]：          //@25<90 Enter
指定下一点或 [放弃(U)]：          //@13<45 Enter
指定下一点或 [闭合(C)/放弃(U)]：  //@12<-45 Enter
```

指定下一点或 [闭合(C)/放弃(U)]:   //@34<45 Enter

指定下一点或 [闭合(C)/放弃(U)]:   //@12<135 Enter

指定下一点或 [闭合(C)/放弃(U)]:   //@13<45 Enter

指定下一点或 [闭合(C)/放弃(U)]:   //@25,0 Enter

指定下一点或 [闭合(C)/放弃(U)]:   //垂直向下引出如图1-38所示的极轴追踪矢量，然后向
           右引出水平的端点追踪矢量，最后捕捉两条追踪虚线
           的交点，如图1-39所示

指定下一点或 [闭合(C)/放弃(U)]:   //c Enter，闭合图形，绘制结果如图1-40所示

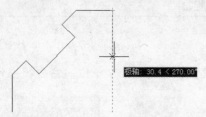

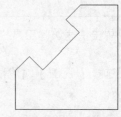

图1-38 引出极轴矢量   图1-39 引出端点追踪矢量   图1-40 绘制结果

06 单击【绘图】工具栏中的 ⊘ 按钮，激活【圆】命令，配合【临时追踪点】和【中点捕捉】功能绘制圆形。命令行操作如下：

命令: _circle

指定圆的圆心或 [三点(3P)/两点(2P)/切点、切点、半径(T)]:
           //按住Shift键单击右键，选择快捷菜单中的【临时追踪
           点】命令，如图1-41所示

_tt 指定临时对象追踪点: //捕捉如图1-42所示的中点

指定圆的圆心或 [三点(3P)/两点(2P)/切点、切点、半径(T)]:
           //水平向右引出如图1-43所示的中点追踪虚线，然后输
           入12.5 Enter，定位圆心

指定圆的半径或 [直径(D)] <24.1>:   //d Enter

指定圆的直径 <48.3>:   //8 Enter，绘制结果如图1-44所示

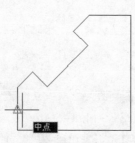
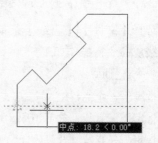

图1-41 临时捕捉菜单   图1-42 捕捉中点   图1-43 引出中点追踪虚线

07 重复执行【圆】命令,配合【对象追踪】和【对象捕捉】、【捕捉自】功能绘制另外两个圆图形。命令行操作如下:

```
命令: _circle
指定圆的圆心或 [三点(3P)/两点(2P)/切点、切点、半径(T)]:
                    //引出如图1-45所示的中点追踪虚线,输入12.5Enter,
                      定位圆心
指定圆的半径或 [直径(D)] <4>:     //d Enter
指定圆的直径 <8>:             //8 Enter
命令:
CIRCLE指定圆的圆心或 [三点(3P)/两点(2P)/切点、切点、半径(T)]:
                    //激活【捕捉自】功能
_from 基点:                //捕捉如图1-46所示的端点
<偏移>: @-12.5,12.5
指定圆的半径或 [直径(D)] <4>:     //d Enter
指定圆的直径 <48.3>:          //8 Enter,绘制结果如图1-47所示
```

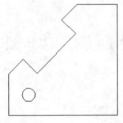

图1-44 绘制结果

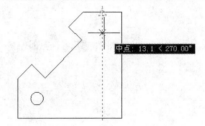

图1-45 引出中点追踪矢量

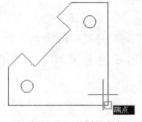

图1-46 捕捉端点

08 选择【标注】|【标注样式】菜单命令,在打开的【标注样式管理器】对话框中单击 修改(M)... 按钮,打开【修改标注样式:ISO-25】对话框。

09 激活"直线和箭头"选项卡,修改【圆心标记】的类型和大小尺寸,如图1-48所示,同时关闭对话框结束命令。

10 选择【标注】|【圆心标记】菜单命令,在命令行"选择圆或圆弧:"提示下,分别选择3个圆,标注如图1-49所示的中心线。

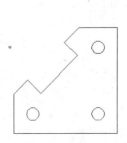

图1-47 绘制结果

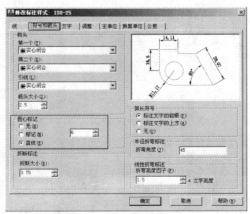

图1-48 设置参数

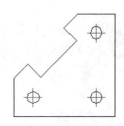

图1-49 标注结果

11

11 最后执行【保存】命令，将图形命名存储为"实例04.dwg"。

实例005　绘制多线结构

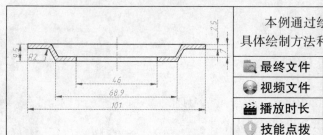

本例通过绘制挡油盘零件图，主要学习多线结构图的具体绘制方法和相关技能。

最终文件	效果文件\第01章\实例05.dwg
视频文件	视频文件\第01章\实例05.avi
播放时长	00:03:36
技能点拨	直线、多线、分解、图案填充、中心缩放

01 单击快速访问工具栏上的□按钮，新建绘图文件。

02 选择【视图】|【缩放】|【圆心】菜单命令，将视图高度调整为75个单位。命令行操作如下：

```
命令: '_zoom
指定窗口的角点，输入比例因子 (nX 或 nXP)，或者[全部(A)/中心(C)/动态(D)/范围(E)/上一个(P)/比例(S)/窗口(W)/对象(O)] <实时>: _c
指定中心点:                    //在绘图区拾取一点
输入比例或高度 <1040.6382>:     //75 Enter
```

03 选择【格式】|【多线样式】菜单命令，在打开的【修改多线样式】对话框中修改多线样式，如图1-50所示，其预览效果如图1-51所示。

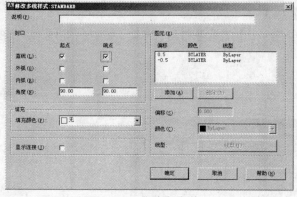

图1-50　修改多线样式

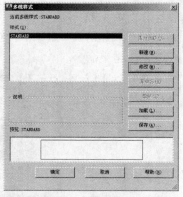

图1-51　样式的预览效果

04 选择【绘图】|【多线】菜单命令，或使用快捷键"ML"激活【多线】命令，配合坐标输入功能绘制零件外轮廓线。命令行操作如下：

```
命令: _mline
当前设置: 对正 = 上，比例 = 25.00，样式 = STANDARD
指定起点或 [对正(J)/比例(S)/样式(ST)]:     //s Enter，激活"比例"选项
输入多线比例 <0.00>:                       //2.5 Enter，设置多线的比例
```

当前设置: 对正 = 上, 比例 = 2.50, 样式 = STANDARD	
指定起点或 [对正(J)/比例(S)/样式(ST)]:	//j Enter, 激活"对正"选项
输入对正类型 [上(T)/无(Z)/下(B)] <上>:	//b Enter, 设置对正方式
当前设置: 对正 = 下, 比例 = 2.50, 样式 = STANDARD	
指定起点或 [对正(J)/比例(S)/样式(ST)]:	//拾取一点作为起点
指定下一点:	//@13.5,0 Enter
指定下一点或 [放弃(U)]:	//@4,−7 Enter
指定下一点或 [闭合(C)/放弃(U)]:	//@68,0 Enter
指定下一点或 [闭合(C)/放弃(U)]:	//@4,7 Enter
指定下一点或 [闭合(C)/放弃(U)]:	//@13.5 ,0Enter
指定下一点或 [闭合(C)/放弃(U)]:	//Enter, 绘制结果如图1-52所示

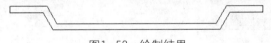

图1-52　绘制结果

05 单击【修改】工具栏中的按钮,将多线分解。

🔍**提示** 另外也可以使用快捷键"X"激活【分解】命令,将单个复合图形"炸开"。

06 选择【修改】|【圆角】菜单命令,将圆角半径设置为2,对拐角处的相交线段进行圆角。命令行操作如下:

命令: _fillet	
当前设置: 模式 = 修剪, 半径 = 0.0000	
选择第一个对象或 [放弃(U)/多段线(P)/半径(R)/修剪(T)/多个(U)]:	//r Enter
指定圆角半径 <10.0000>:	//2 Enter, 设置圆角半径
选择第一个对象或 [放弃(U)/多段线(P)/半径(R)/修剪(T)/多个(U)]:	//选择水平直线1
选择第二个对象, 或按住 Shift 键选择对象以应用角点或 [半径(R)]:	
	//选择倾斜直线2, 圆角结果如图1-53所示

图1-53　圆角结果

07 重复执行第6步操作,圆角半径不变,分别对其他位置的轮廓线进行圆角,结果如图1-54所示。

08 使用快捷键"L"激活【直线】命令,配合【端点捕捉】和【捕捉追踪】功能绘制如图1-55所示的垂直轮廓线和中心线。

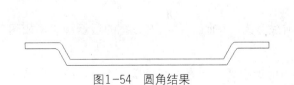

图1-54　圆角结果

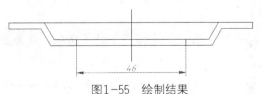

图1-55　绘制结果

09 单击【绘图】工具栏上的█按钮，打开【图案填充和渐变色】对话框，然后单击【图案】列表框右侧的按钮███，弹出【填充图案选项板】对话框，选择如图1-56所示的图案。

10 系统返回【图案填充和渐变色】对话框，设置填充参数如图1-57所示。

图1-56 选择图案

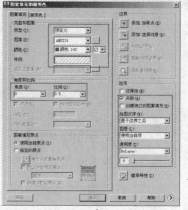

图1-57 设置填充参数

11 单击【添加：拾取点】按钮█，返回绘图区拾取填充边界，为零件图填充如图1-58所示的剖面线。

12 重复执行【图案填充】命令，修改填充【比例】为90，其他参数不变，继续为零件图填充剖面线，结果如图1-59所示。

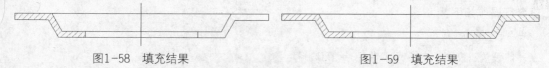

图1-58 填充结果　　　　　　　　　　图1-59 填充结果

13 最后执行【保存】命令，将图形命名存储为"实例05.dwg"。

实例006　绘制螺旋结构

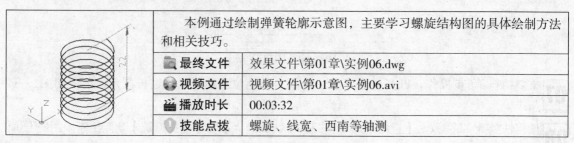

	本例通过绘制弹簧轮廓示意图，主要学习螺旋结构图的具体绘制方法和相关技巧。
最终文件	效果文件\第01章\实例06.dwg
视频文件	视频文件\第01章\实例06.avi
播放时长	00:03:32
技能点拨	螺旋、线宽、西南等轴测

01 单击快速访问工具栏上的█按钮，创建一个新的空白文件。

02 选择【格式】|【线宽】菜单命令，设置当前线宽为0.30mm，并打开线宽的显示功能，如图1-60所示。

03 使用快捷键"Z"激活视图的缩放功能，将当前视图高度调整为24个绘图单位，命令行操作如下：

命令: z　　　　　　　　　　　　　　　　//Enter

ZOOM指定窗口的角点，输入比例因子 (nX 或 nXP)，或者[全部(A)/中心(C)/动态(D)/范围(E)/上一个(P)/比例(S)/窗口(W)/对象(O)]<实时>:　　　　//c Enter，激活"中心"选项

指定中心点:　　　　　　　　　　　//在绘图区拾取一点

输入比例或高度 <1961.1386>:　　　　//24 Enter

04 选择【绘图】|【螺旋】菜单命令，或单击【建模】工具栏上的▣按钮，绘制圈数为10、高度为22的弹簧示意轮廓线。命令行操作如下:

命令: _Helix

圈数 = 3.0000　　　扭曲=CCW

指定底面的中心点:　　　　　　　//在绘图区拾取一点

指定底面半径或 [直径(D)] <1.0000>:　　//7.5 Enter

指定顶面半径或 [直径(D)] <1.0000>:　　//7.5 Enter

指定螺旋高度或 [轴端点(A)/圈数(T)/圈高(H)/扭曲(W)] <1.0000>:

　　　　　　　　　　　　　　　//t Enter，激活"圈数"选项

输入圈数 <3.0000>:　　　　　　　//10 Enter

指定螺旋高度或 [轴端点(A)/圈数(T)/圈高(H)/扭曲(W)] <1.0000>:

　　　　　　　　　　　　　　　//22 Enter，绘制结果如图1-61所示

05 选择【视图】|【三维视图】|【西南等轴测】菜单命令，将当前视图切换为西南视图，结果如图1-62所示。

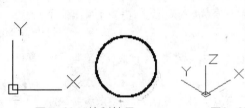

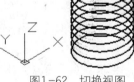

图1-60 【线宽设置】对话框　　　　图1-61 绘制结果　　　　图1-62 切换视图

06 最后执行【保存】命令，将图形命名存储为"实例06.dwg"。

实例007　绘制矩形结构

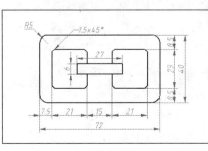

　　本例主要学习标准矩形、圆角矩形和倒角矩形结构的具体绘制技能。

📁 最终文件	效果文件\第01章\实例07.dwg
💿 视频文件	视频文件\第01章\实例07.avi
⏱ 播放时长	00:02:29
🛡 技能点拨	矩形、捕捉自

01 执行【新建】命令，以"无样板打开－公制（M）"方式新建文件，如图1-63所示。

图1-63　无样板方式新建文件

02 选择【格式】|【图形界限】菜单命令，重新设置图形界限。命令行操作如下：

命令：'_limits

重新设置模型空间界限：

指定左下角点或 [开(ON)/关(OFF)] <0.0000,0.0000>：　//Enter，以原点作为左下角点

指定右上角点 <420.0000,297.0000>：　　　　　　　//150,100 Enter，定位右上角点

03 选择【视图】|【缩放】|【全部】菜单命令，将作图区域最大化显示。

04 选择【绘图】|【矩形】菜单命令，或单击【绘图】工具栏上的口按钮，激活【矩形】命令，绘制长为27、宽为6的矩形。命令行操作如下：

命令：_rectang

指定第一个角点或 [倒角(C)/标高(E)/圆角(F)/厚度(T)/宽度(W)]：

　　　　　　　　　　　　　　　　　//在绘图区拾取一点作为角点

指定另一个角点或 [面积(A)/尺寸(D)/旋转(R)]：　　//@27,6 Enter　结果如图1-64所示

05 单击【绘图】工具栏上的口按钮，激活【矩形】命令，绘制倒角矩形。命令行操作如下：

命令：_rectang

指定第一个角点或 [倒角(C)/标高(E)/圆角(F)/厚度(T)/宽度(W)]：

　　　　　　　　　　　　　　　　　//c Enter，激活"倒角"功能

指定矩形的第一个倒角距离 <0.0000>：　　　　　//1.5 Enter，输入第一倒角距离

指定矩形的第二个倒角距离 <1.5000>：　　　　　//1.5 Enter，输入第二倒角距离

指定第一个角点或 [倒角(C)/标高(E)/圆角(F)/厚度(T)/宽度(W)]：//激活【捕捉自】功能

_from 基点：　　　　　　　　　　　　　//捕捉刚绘制的矩形的左下角点

<偏移>：　　　　　　　　　　　　　　//@-15,-8.5 Enter

指定另一个角点或 [面积(A)/尺寸(D)/旋转(R)]：　　//@21,23 Enter，结果如图1-65所示

🔍提示 使用【矩形】命令中的"倒角"选项，可以绘制具有倒角特征的矩形。

图1-64 绘制结果

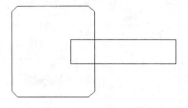

图1-65 绘制倒角矩形

06 重复执行【矩形】命令，配合【捕捉自】功能绘制右侧的倒角矩形。命令行操作如下：

命令：	//Enter，重复执行【矩形】命令
RECTANG当前矩形模式：倒角=1.5000 x 1.5000	
指定第一个角点或 [倒角(C)/标高(E)/圆角(F)/厚度(T)/宽度(W)]:	//激活【捕捉自】功能
_from 基点：	//捕捉右侧矩形的右下角点
<偏移>:	//@15,-8.5 Enter
指定另一个角点或 [面积(A)/尺寸(D)/旋转(R)]:	//D Enter，激活"尺寸"选项
指定矩形的长度 <10.0000>:	//21 Enter，指定矩形的长度
指定矩形的宽度 <10.0000>:	//23 Enter，指定矩形的宽度
指定另一个角点或 [面积(A)/尺寸(D)/旋转(R)]:	//在左上方单击左键，结果如图1-66所示

07 重复执行【矩形】命令，配合【端点捕捉】和【捕捉自】功能绘制外侧的圆角矩形。命令行操作如下：

命令: _rectang	
当前矩形模式：倒角=1.5000 x 1.5000	
指定第一个角点或 [倒角(C)/标高(E)/圆角(F)/厚度(T)/宽度(W)]:	//C Enter
指定矩形的第一个倒角距离 <1.5000>:	//0 Enter，恢复为0
指定矩形的第二个倒角距离 <1.5000>:	//0 Enter，恢复为0
指定第一个角点或 [倒角(C)/标高(E)/圆角(F)/厚度(T)/宽度(W)]:	//f Enter，激活"圆角"选项
指定矩形的圆角半径 <0.0000>:	//5 Enter，输入圆角尺寸
指定第一个角点或 [倒角(C)/标高(E)/圆角(F)/厚度(T)/宽度(W)]:	//激活【捕捉自】功能
_from 基点：	//捕捉内侧标准矩形的左下角点
<偏移>:	//@-22.5,-17 Enter
指定另一个角点或 [面积(A)/尺寸(D)/旋转(R)]:	//@72,40 Enter，结果如图1-67所示

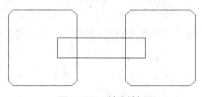

图1-66 绘制结果

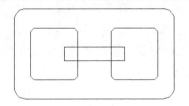

图1-67 绘制圆角矩形

08 使用快捷键"TR"激活【修剪】命令，选择如图1-68所示的矩形作为边界，对两个倒角矩形进行修剪，结果如图1-69所示。

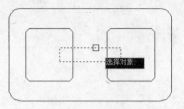

图1-68 选择边界

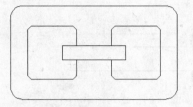

图1-69 修剪结果

09 按Ctrl+S组合键，将图形命名存储为"实例07.dwg"。

实例008 绘制圆形结构

本例主要学习圆形结构与相切弧结构的具体绘制技能。	
📁 最终文件	效果文件\第01章\实例08.dwg
🎬 视频文件	视频文件\第01章\实例08.avi
🎞 播放时长	00:04:00
🛡 技能点拨	圆、圆心标记、捕捉自

01 单击快速访问工具栏上的 按钮，创建一个空白文件。

02 选择【格式】|【图形界限】菜单命令，重新设置图形界限。命令行操作如下：

命令: '_limits
重新设置模型空间界限:
指定左下角点或 [开(ON)/关(OFF)] <0.0000,0.0000>:　　//Enter，以原点作为左下角点
指定右上角点 <420.0000,297.0000>:　　　　　　　　//140,100 Enter，定位右上角点

03 选择【视图】|【缩放】|【全部】菜单命令，将作图区域最大化显示。

04 单击【绘图】工具栏上的 按钮，激活【圆】命令，以"两点"画圆方式绘制直径为19的圆图形。命令行操作如下：

命令: _circle
指定圆的圆心或 [三点(3P)/两点(2P)/切点、切点、半径(T)]://2P Enter
指定圆直径的第一个端点:　　　　　　　　　　　//在绘图区单击左键，拾取直径的一个端点
指定圆直径的第二个端点:　　　　　　　　　　　//@19,0 Enter，绘制结果如图1-70所示

05 按Enter键，重复执行【圆】命令，使用"圆心、直径"方式绘制直径为8的同心圆。命令行操作如下：

命令:　　　　　　　　　　　　　　　　　　//Enter，重复执行【圆】命令
CIRCLE 指定圆的圆心或 [三点(3P)/两点(2P)/切点、切点、半径(T)]: //捕捉圆心

指定圆的半径或 [直径(D)] <9.5000>: //d Enter

指定圆的直径 <19.0000>: //8 Enter，绘制结果如图1-71所示

06 使用快捷键 "C" 激活【圆】命令，配合【捕捉自】功能绘制直径为22和38的同心圆。命令行操作如下：

命令: C //Enter，激活【圆】命令

指定圆的圆心或 [三点(3P)/两点(2P)/切点、切点、半径(T)]://激活【捕捉自】功能

_from 基点: //捕捉刚绘制的圆的圆心

<偏移>: //@65,0 Enter

指定圆的半径或 [直径(D)] <4.0000>: //d Enter

指定圆的直径 <8.0000>: //22 Enter

命令: //Enter

CIRCLE 指定圆的圆心或 [三点(3P)/两点(2P)/切点、切点、半径(T)]:

//捕捉刚绘制的圆的圆心

指定圆的半径或 [直径(D)] <11.0000>: //d Enter

指定圆的直径 <22.0000>: //38 Enter，绘制结果如图1-72所示

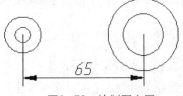

图1-70 "两点"画圆   图1-71 绘制结果   图1-72 绘制同心圆

提示 直接在命令行指定点的提示下，输入 "_from" 并按Enter键，也可快速激活【捕捉自】功能。

07 单击【绘图】工具栏上的⊙按钮，使用 "切点、切点、半径" 方式绘制直径为200和190的两个相切圆。命令行操作如下：

命令: _circle

指定圆的圆心或 [三点(3P)/两点(2P)/切点、切点、半径(T)]: //t Enter

指定对象与圆的第一个切点: //在如图1-73所示的圆位置单击左键

指定对象与圆的第二个切点: //在如图1-74所示的圆位置单击左键

指定圆的半径 <19.0000>: //100 Enter，绘制结果如图1-75所示

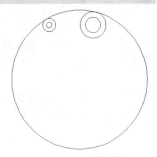

图1-73 拾取第一相切圆   图1-74 拾取第二相切圆   图1-75 绘制结果

命令:

CIRCLE 指定圆的圆心或 [三点(3P)/两点(2P)/切点、切点、半径(T)]:　　 //t Enter

指定对象与圆的第一个切点:　　　　　　　 //在如图1-76所示的位置拾取第一个相切点

指定对象与圆的第二个切点:　　　　　　　 //在如图1-77所示的位置拾取第二个相切点

指定圆的半径 <28.0000>:　　　　　　　　 //85 Enter，绘制结果如图1-78所示

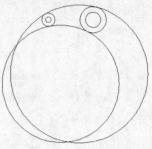

图1-76　拾取第一相切点　　　　图1-77　拾取第二相切点　　　　图1-78　绘制相切圆

🔍**提示** 在绘制相切圆时，相切点的拾取位置不同，结果所绘制的相切圆也不同，所以要根据相切圆的所在位置，适当定位切点的位置。

08 选择【修改】|【修剪】菜单命令，对两个相切圆进行修剪。命令行操作如下:、

命令: _trim

当前设置:投影=UCS，边=无

选择剪切边...选择对象或 <全部选择>:　　 //选择直径为19的圆

选择对象:　　　　　　　　　　　　　　 //选择直径为38的圆，如图1-79所示

选择对象:　　　　　　　　　　　　　　 //Enter，结束修剪边界的选择

选择要修剪的对象，或按住 Shift 键选择要延伸的对象，或[栏选(F)/窗交(C)/投影(P)/边(E)/删除(R)/放弃(U)]:　　　　　 //在半径为85的圆的下部单击左键

选择要修剪的对象，或按住 Shift 键选择要延伸的对象，或[栏选(F)/窗交(C)/投影(P)/边(E)/删除(R)/放弃(U)]:　　　　　 //在半径为100的圆下部单击左键

选择要修剪的对象，或按住 Shift 键选择要延伸的对象，或[栏选(F)/窗交(C)/投影(P)/边(E)/删除(R)/放弃(U)]:　　　　　 //Enter，结束命令，修剪结果如图1-80所示

09 设置捕捉模式为【象限点】捕捉，然后执行【圆】命令，配合【两点之间的中点】功能绘制如图1-81所示的4个圆，圆的半径为2。

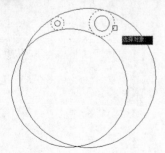

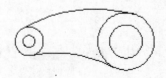

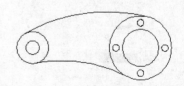

图1-79　选择修剪边界　　　　图1-80　修剪结果　　　　图1-81　修剪结果

10 选择【标注】|【标注样式】菜单命令，修改圆心标记，如图1-82所示。

11 选择【标注】|【圆心标记】菜单命令，分别单击直径为19和38的圆，为其标注圆心标记，结果如图1-83所示。

12 执行【直线】命令，配合【捕捉追踪】功能绘制其他圆的中心线，结果如图1-84所示。

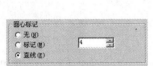

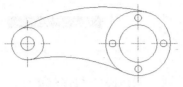

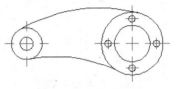

图1-82　设置参数　　　　　　图1-83　标注结果　　　　　　图1-84　绘制结果

13 最后执行【保存】命令，将图形命名存储为"实例08.dwg"。

实例009　绘制多边形结构

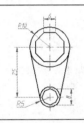

	本实例主要学习正多边形结构的具体绘制方法和相关绘制技能。
📁 最终文件	效果文件\第01章\实例09.dwg
🎬 视频文件	视频文件\第01章\实例09.avi
⏱ 播放时长	00:02:13
🛡 技能点拨	圆、圆心标记、正多边形、捕捉自

01 单击快速访问工具栏上的▭按钮，创建空白文件。

02 单击【视图】或【标准】工具栏中的🔍按钮，将当前的视口高度调整为60。

03 选择【绘图】|【正多边形】菜单命令，或单击【绘图】工具栏中的⬠按钮，激活【正多边形】命令，绘制边长为6的正八边形。命令行操作如下：

```
命令：_polygon
输入边的数目 <4>：                //8 Enter，设置多边形的边数
指定正多边形的中心点或 [边(E)]：   //e Enter，激活"边"功能
指定边的第一个端点：              //在绘图区中央拾取一点
指定边的第二个端点：              //@6,0 Enter，绘制结果如图1-85所示
```

04 使用快捷键"C"激活【圆】命令，以正八边形的中心点作为圆心，绘制直径为20的圆。命令行操作如下：

```
命令：C                          //Enter，激活画圆命令
CIRCLE 指定圆的圆心或 [三点(3P)/两点(2P)/切点、切点、半径(T)]：
                                //分别以正八边形下侧边和右侧边中点作为追踪点，引
                                  出两条相互垂直的对象追踪虚线，然后捕捉追踪虚线
                                  的交点，如图1-86所示
```

| 指定圆的半径或 [直径(D)]: | //d Enter |
| 指定圆的直径: | //20 Enter，绘制结果如图1-87所示 |

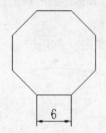

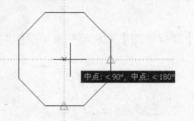

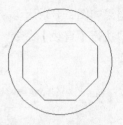

| 图1-85 绘制正多边形 | 图1-86 引出追踪虚线 | 图1-87 绘制结果 |

05 按Enter键，重复执行【圆】命令，配合【捕捉自】功能绘制直径为10的圆。命令行操作如下：

命令:	//Enter，重复执行【圆】命令
CIRCLE 指定圆的圆心或 [三点(3P)/两点(2P)/切点、切点、半径(T)]:	
_from 基点:	//激活【捕捉自】功能， 然后捕捉圆心
<偏移>:	//@0,-25 Enter
指定圆的半径或 [直径(D)] <10.0000>:	//d Enter，激活"直径"选项
指定圆的直径 <20.0000>:	//10 Enter，绘制结果如图1-88所示

06 在命令行输入"Line"并按Enter键，激活【直线】命令，配合【切点捕捉】功能绘制圆的外公切线。命令行操作如下：

命令: line	//Enter，激活【直线】命令
指定第一点:	//单击【对象捕捉】工具栏上的⊙按钮
_tan 到	//在如图1-89所示的位置单击左键
指定下一点或 [放弃(U)]:	//单击【对象捕捉】工具栏上的⊙按钮
_tan 到	//在如图1-90所示的位置上单击左键
指定下一点或 [放弃(U)]:	//Enter

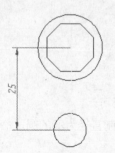

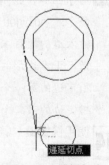

| 图1-88 "圆心、直径"画圆 | 图1-89 捕捉切点 | 图1-90 捕捉切点 |

命令: line	//Enter，激活【直线】命令
指定第一点:	//单击【对象捕捉】工具栏上的⊙按钮
_tan 到	//在如图1-91所示的位置单击左键
指定下一点或 [放弃(U)]:	//单击【对象捕捉】工具栏上的⊙按钮

```
_tan 到                              //在如图1-92所示的位置上单击左键
指定下一点或 [放弃(U)]:              //Enter，结果如图1-93所示
```

07 单击【绘图】工具栏上的 ◯ 按钮，激活【正多边形】命令，绘制外接圆半径为4的正八边形。命令行操作如下：

```
命令: _polygon
输入边的数目 <8>:                    //Enter，采用当前参数设置
指定正多边形的中心点或 [边(E)]:      //捕捉直径为10的圆的圆心
输入选项 [内接于圆(I)/外切于圆(C)] <I>:  //Enter，采用默认参数设置
指定圆的半径:                        //@0,4Enter，绘制结果如图1-94所示
```

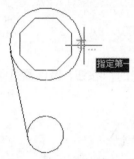 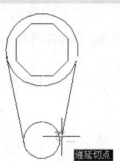  

图1-91 捕捉切点　　图1-92 捕捉切点　　图1-93 绘制结果　　图1-94 绘制结果

08 选择【格式】|【颜色】菜单命令，设置当前颜色，如图1-95所示。

09 选择【标注】|【标注样式】菜单命令，修改参数，如图1-96所示。

10 选择【标注】|【圆心标记】菜单命令，分别标注直径为20和10的2个圆的圆心标记，结果如图1-97所示。

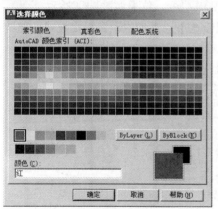

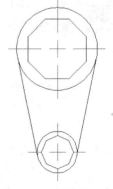

图1-95 设置当前颜色　　　　　　图1-96 设置圆心标记　　　　　图1-97 标注中心线

11 最后执行【保存】命令，将当前图形命名存储为"实例09.dwg"。

实例010　绘制相切弧结构

	本实例主要学习各类圆弧以及相切圆弧的具体绘制方法和相关绘制技能。
📁 最终文件	效果文件\第01章\实例10.dwg
🌐 视频文件	视频文件\第01章\实例10.avi
🎞 播放时长	00:05:26
⚡ 技能点拨	圆、圆弧、对象捕捉

01 单击快速访问工具栏上的 □ 按钮，创建空白文件。

02 选择【视图】|【缩放】|【中心点】菜单命令，将视图的高度调整为100。

03 选择【绘图】|【圆弧】|【三点】菜单命令，或单击【绘图】工具栏中的 ⌒ 按钮，激活画弧命令，绘制半径为2的圆弧。命令行操作如下：

```
命令: _arc
指定圆弧的起点或 [圆心(C)]:                   //在绘图区单击左键
指定圆弧的第二个点或 [圆心(C)/端点(E)]:        //@2,-2 Enter，定位弧的第二点
指定圆弧的端点:                              //@2,2 Enter，绘制结果如图1-98所示
```

04 选择【绘图】|【圆弧】|【起点、圆心、角度】菜单命令，绘制包含角为90的圆弧。命令行操作如下：

```
命令: _arc
指定圆弧的起点或 [圆心(C)]:                            //捕捉图如1-98所示的端点
指定圆弧的第二个点或 [圆心(C)/端点(E)]: _c 指定圆弧的圆心: //@-21,0 Enter
指定圆弧的端点或 [角度(A)/弦长(L)]: _a 指定包含角: //90 Enter，结果如图1-99所示
```

05 选择【工具】|【草图设置】菜单命令，在打开的【草图设置】对话框中设置捕捉模式和追踪功能，如图1-100所示。

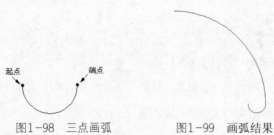

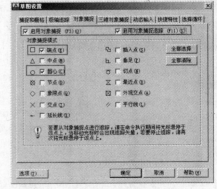

图1-98　三点画弧　　　　　图1-99　画弧结果　　　　　图1-100　设置参数

06 选择【绘图】|【圆弧】|【圆心、起点、角度】菜单命令，以刚绘制的圆弧的端点作为起点，绘制角度为40的圆弧。命令行操作如下：

命令: _arc

指定圆弧的起点或 [圆心(C)]: _c 指定圆弧的圆心:

　　　　　　　　　　　　　//以包含角为90度的弧的圆心作为对象追踪点，向下引

　　　　　　　　　　　　　出如图1-101所示的垂直追踪虚线，输入8 Enter

指定圆弧的起点:　　　　　　//捕捉包含角为90度的圆弧的端点，如图1-102所示

指定圆弧的端点或 [角度(A)/弦长(L)]: _a 指定包含角: //40 Enter，结果如图1-103所示

图1-101　引出圆心追踪虚线　　　　　图1-102　捕捉弧的端点　　　　　　图1-103　绘制结果

提示 在配合角度绘制圆弧时，如果输入的中心角为正值，系统将按逆时针方向绘制圆弧；如果中心角为负值，系统将按顺时针方向绘制圆弧。

07 选择【绘图】|【圆弧】|【继续】菜单命令，以刚绘制的圆弧的端点作为起点，配合【捕捉自】功能，继续绘制圆弧。命令行操作如下：

命令: _arc

指定圆弧的起点或 [圆心(C)]:

指定圆弧的端点:　　　　　　　　　　　//激活【捕捉自】功能。

_from 基点:　　　　　　　　　　　　　//捕捉如图1-104所示的圆心

<偏移>:　　　　　　　　　　　　　　　//@-49,5 Enter，绘制结果如图1-105所示

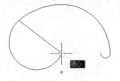

图1-104　捕捉圆心　　　　　　　　　　　　图1-105　绘制的圆弧

提示 使用【继续】功能可以连续地绘制圆弧，所绘制的圆弧的起点就是上一个圆弧的终点，并且与上一个圆弧相切。

08 重复【圆弧【】命令，以刚绘制的圆弧的端点作为起点，绘制直径为10的圆弧。命令行操作如下：

命令:　　　　　　　　　　　　　　　　//Enter，重复【圆弧】命令

ARC 指定圆弧的起点或 [圆心(C)]:　　　//捕捉刚绘制的圆弧的端点

指定圆弧的第二个点或 [圆心(C)/端点(E)]:　//@-5,-5 Enter

指定圆弧的端点:　　　　　　　　　　　//@5,-5 Enter，绘制结果如图1-106所示

09 配合【端点捕捉】与【圆心捕捉】功能绘制内侧的弧形线。命令行操作如下：

命令: _arc

指定圆弧的起点或 [圆心(C)]:　　　　　//捕捉如图1-107所示的圆弧的端点

指定圆弧的第二个点或 [圆心(C)/端点(E)]:　　//c Enter,激活"圆心"功能
指定圆弧的圆心:　　　　　　　　　　　　　//捕捉如图1-108所示的圆心

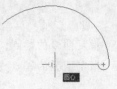

　　图1-106　"三点"画弧　　　　　　图1-107　定位起点　　　　　　图1-108　定位圆心

指定圆弧的端点或 [角度(A)/弦长(L)]:　　//捕捉如图1-109所示的圆弧的端点,
　　　　　　　　　　　　　　　　　　　　　绘制出如图1-110所示的圆弧

　　　图1-109　定位弧端点　　　　　　　　　　　图1-110　绘制结果

10 按Enter键,重复执行【圆弧】命令,以刚绘制的圆弧的端点作为起点,绘制半为24圆弧。命令行操作如下:

命令:　　　　　　　　　　　　　　　　　　//Enter,重复执行【圆弧】命令
ARC 指定圆弧的起点或 [圆心(C)]:　　　　//捕捉刚绘制的圆弧的端点
指定圆弧的第二个点或 [圆心(C)/端点(E)]:　//e Enter
指定圆弧的端点:　　　　　　　　　　　　　//激活【捕捉自】功能
_from 基点:　　　　　　　　　　　　　　　//捕捉如图1-111所示的圆心
<偏移>:　　　　　　　　　　　　　　　　　//@31,9 Enter
指定圆弧的圆心或 [角度(A)/方向(D)/半径(R)]:　//r Enter
指定圆弧的半径:　　　　　　　　　　　　　//24 Enter,绘制结果如图1-112所示

　　　图1-111　捕捉圆心　　　　　　　　　　　图1-112　绘制的圆弧

11 选择【绘图】|【圆弧】|【继续】菜单命令,以刚绘制的圆弧端点作为起点,进行连续画弧。命令行操作如下:

命令: _arc
指定圆弧的起点或 [圆心(C)]:　　　　　　//系统自动捕捉上一个圆弧的端点
指定圆弧的端点:　　　　　　　　　　　　　//捕捉左侧半圆弧的下端点,绘制结果
　　　　　　　　　　　　　　　　　　　　　如图1-113所示

12 使用两点画圆命令,配合【象限点捕捉】功能绘制半径分别为2和5的两个圆,如图1-114所示。

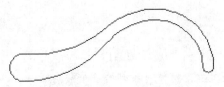

图1-113 绘制结果

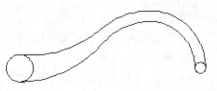

图1-114 绘制结果

13 选择【修改】|【旋转】菜单命令，将图形旋转90°，结果如图1-115所示。

14 执行【圆心标记】或【直线】命令，绘制如图1-116所示的中心线。

15 最后使用【保存】命令，将图形命名存储为"实例10.dwg"。

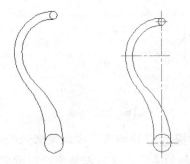

图1-115 旋转结果 图1-116 绘制结果

实例011 绘制椭圆弧结构

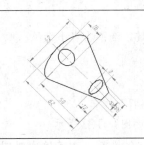

本实例主要学习椭圆与椭圆弧结构的具体绘制方法和相关绘制技能。

📁 最终文件	效果文件\第01章\实例11.dwg
🔴 视频文件	视频文件\第01章\实例11.avi
⏲ 播放时长	00:03:51
🛡 技能点拨	直线、椭圆、线型

01 创建文件，然后使用【比例缩放】工具将当前视口放大6倍显示。

02 激活【对象捕捉】功能，并设置捕捉模式，如图1-117所示。

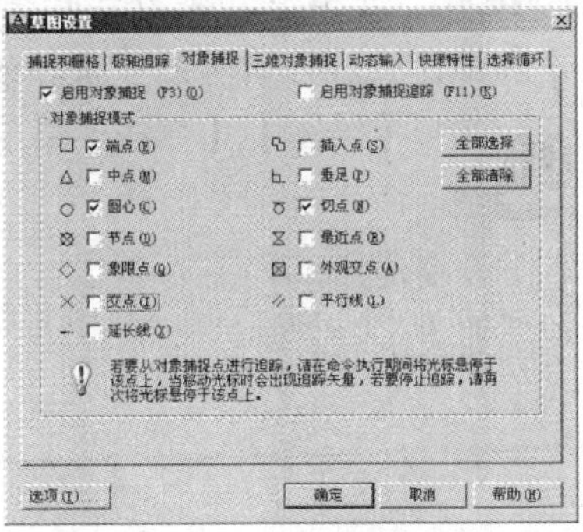

03 单击【绘图】工具栏上的 ⬭ 按钮，或选择【绘图】|【椭圆】|【轴、端点】菜单命令，绘制长轴为52、短轴为24的椭圆。命令行操作如下：

图1-117 设置捕捉模式

命令：_ellipse

指定椭圆的轴端点或[圆弧(A)/中心点(C)]： //拾取一点作为轴的端点

指定轴的另一个端点： //@52,0 Enter，定位轴的另一侧端点

指定另一条半轴长度或[旋转(R)]： //12 Enter，绘制结果如图1-118所示

🔍提示 另外用户也可以在命令行输入"Ellipse"或使用快捷键"EL"，快速激活命令。

04 选择【绘图】|【椭圆】|【中心点】菜单命令，以刚绘制的椭圆中心点为中心，绘制长轴为16、短轴为14的同心椭圆。命令行操作如下：

命令：_ellipse

指定椭圆的轴端点或 [圆弧(A)/中心点(C)]: _c

指定椭圆的中心点：   //捕捉如图1-119所示的圆心

指定轴的端点：   //@7,0 Enter，定位一条轴的一个端点

指定另一条半轴长度或 [旋转(R)]:   //8 Enter，绘制结果如图1-120所示

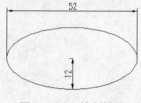

图1-118　绘制椭圆　　　　　　　　图1-119　定位中心点　　　　　　　图1-120　绘制内部椭圆

🔍**提示**　"轴端点"方式是默认绘制椭圆的方式，通过指定一条轴的两个端点，然后输入另一条轴的半长，就可以精确绘制所需椭圆。

05 按Enter键，重复执行【椭圆】命令，绘制长轴为16、短轴为8的椭圆。命令行操作如下：

命令：   //Enter，重复【椭圆】命令

ELLIPSE指定椭圆的轴端点或 [圆弧(A)/中心点(C)]:   //c Enter

指定椭圆的中心点：   //按住Shift键单击右键，选择【自】选项

_from 基点：   //捕捉椭圆的中心点

<偏移>：   //@0,-38 Enter

指定轴的端点：   //@8,0 Enter，定位轴的右端点

指定另一条半轴长度或 [旋转(R)]:   //4 Enter，绘制结果如图1-121所示

🔍**提示**　"中心点"是另一种绘制椭圆的方法，通过中心点和轴的一个端点，来定位出椭圆的一条轴，然后再输入另一条轴的半长。

06 选择【绘图】|【直线】菜单命令，配合【特征点捕捉】与【相对捕捉】功能绘制右下侧轮廓线。命令行操作如下：

命令：_line

指定第一点：   //按住Shift键单击鼠标右键，选择【自】选项

_from 基点：   //捕捉最后绘制的椭圆的中心点

<偏移>：   //@-5,-12 Enter

指定下一点或 [放弃(U)]:   //@10,0 Enter

指定下一点或 [放弃(U)]:   //按住Shift键单击右键，选择【切点】选项

_tan 到   //在如图1-122所示的位置捕捉切点

指定下一点或 [闭合(C)/放弃(U)]:   //Enter，绘制结果如图1-123所示

07 执行【直线】命令，配合【端点捕捉】和【切点捕捉】功能绘制左侧的切线，如图1-124所示。

08 选择【修改】|【修剪】菜单命令，对上侧的椭圆进行修剪，结果如图1-125所示。

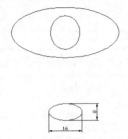

图1-121　"中心点"绘制椭圆

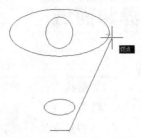

图1-122　捕捉切点

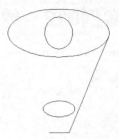

图1-123　绘制结果

09 执行【直线】命令，配合【捕捉追踪】功能绘制如图1-126所示的中心线。

图1-124　绘制切线

图1-125　修剪结果

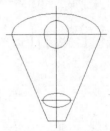

图1-126　绘制中心线

10 选择【格式】|【线型】菜单命令，在弹出的【线型管理器】对话框中单击 加载(L)... 按钮，弹出【加载或重载线型】对话框，选择如图1-127所示的CENTER线型。

11 在无命令执行的前提下选择中心线，使其夹点显示，如图1-128所示。

12 在命令行中输入系统变量LTSCALE，设置当前的线型比例为0.5。

13 单击【特性】工具栏上的"线型控制"下拉列表框，从弹出的下拉列表内选择CENTET线型，并取消夹点显示状态，结果如图1-129所示。

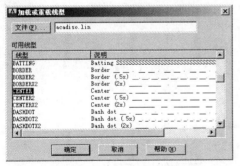

图1-127　选择CENTER线型

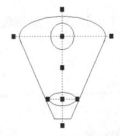

图1-128　选择中心线

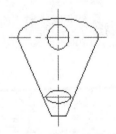

图1-129　修改线型

14 选择【修改】|【旋转】菜单命令，将零件图旋转45°，结果如图1-130所示。

15 最后执行【保存】命令，将当前图形命名存储为"实例11.dwg"。

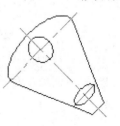

图1-130　旋转结果

实例012　绘制边界和面域

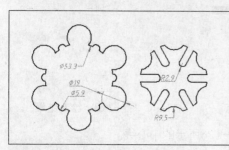

本例主要学习面域与边界的创建技能以及面域的合并技能。

📁 最终文件	效果文件\第01章\实例12.dwg	
🌐 素材文件	素材文件\1-12.dwg	
🎬 视频文件	视频文件\第01章\实例12.avi	
⏱ 播放时长	00:02:08	
🛡 技能点拨	面域、并集、边界	

01 打开随书光盘中的"素材文件\1-12.dwg"文件，如图1-131所示。

02 选择【绘图】|【边界】菜单命令，打开如图1-132所示的【边界创建】对话框。

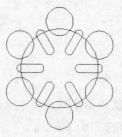

图1-131　打开结果　　　　　　　　　图1-132　【边界创建】对话框

🔍**提示** 【对象类型】列表框用于设置导出的是边界还是面域，默认为【多段线】边界。如果需要导出面域，即可将【面域】设置为当前。

03 单击对话框左上角的【拾取点】按钮📷，返回绘图区，根据命令行"拾取内部点："的提示，在图形内部拾取一点，此时系统自动分析出一个闭合的虚线边界，如图1-133所示。

04 继续在命令行"拾取内部点："的提示下，按Enter键，结束命令，结果创建出一个闭合的多段线边界。

05 使用快捷键"M"激活【移动】命令，使用点选的方式选择刚创建的闭合边界进行外移，结果如图1-134所示。

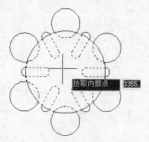

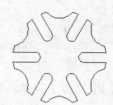

图1-133　创建虚线边界　　　　　　　　　图1-134　移出边界

🔍**提示** 将光标放在需要选择的图线上后，单击左键就可以选择该对象，此种选择方式则称为"点选"。

06 选择【绘图】|【面域】菜单命令，拉出如图1-135所示的窗交选择框，选择所有的图形，将其转化为面域。命令行操作如下：

```
命令：_region
选择对象：                    //拉出如图1-135所示的窗交选择框
选择对象：                    //Enter
已提取 13个环。已创建 13 个面域。
```

07 选择【修改】|【实体编辑】|【并集】菜单命令，选择13个面域进行并集，结果如图1-136所示。

08 执行【圆心标记】或【直线】命令，绘制如图1-137所示的中心线。

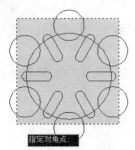  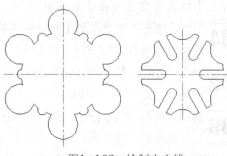

图1-135 窗交选择　　　　　图1-136 并集结果　　　　　图1-137 绘制中心线

09 最后执行【另存为】命令，将图形另名存储为"实例12.dwg"。

实例013 绘制图案填充

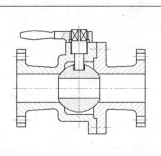

	本例通过为零件组装图填充剖面，主要学习填充图案的具体填充过程和填充技巧。
最终文件	效果文件\第01章\实例13.dwg
素材文件	素材文件\1-13.dwg
视频文件	视频文件\第01章\实例13.avi
播放时长	00:02:45
技能点拨	图案填充

01 执行【打开】命令，打开随书光盘中的"素材文件\1-13.dwg"文件，如图1-138所示。

02 选择【绘图】|【图案填充】菜单命令，或单击【绘图】工具栏上的按钮，打开【图案填充和渐变色】对话框。

提示 直接在命令行输入"H"按Enter键，也可打开【图案填充和渐变色】对话框。

03 单击【图案】列表框右侧的按钮，在打开的【填充图案选项板】对话框中选择图1-139所示的图案。

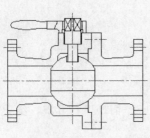

图1-138 打开结果

图1-139 选择图案

🔍 **提示** 在【图案填充和渐变色】对话框中，直接单击【样例】右侧的图案 ▭▭▭▭▭▭▭，也可打开【填充图案选项板】对话框。

04 单击【填充图案选项板】对话框中的 确定 按钮，返回【图案填充和渐变色】对话框，然后设置填充参数，如图1-140所示。

05 单击"添加：拾取点"按钮 ⊞，返回绘图区，在命令行"拾取内部点或 [选择对象(S)|删除边界(B)]:"提示下，拾取如图1-141所示的区域。

06 按Enter键，返回【图案填充和渐变色】对话框，单击 确定 按钮，结束命令，图案的填充结果如图1-142所示。

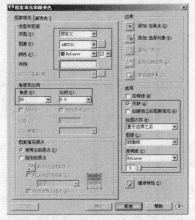

图1-140 设置填充图案与参数

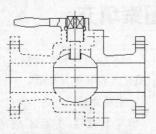

图1-141 拾取填充区域

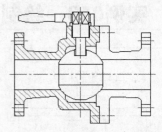

图1-142 填充结果

07 重复执行【图案填充】命令，在打开的【图案填充和渐变色】对话框中，设置填充图案的类型及参数，如图1-143所示；拾取如图1-144所示的区域，填充如图1-145所示的图案。

图1-143 设置填充图案与参数

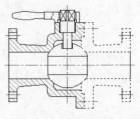

图1-144 拾取填充区域

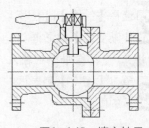

图1-145 填充结果

08 重复执行【图案填充】命令，设置填充图案的类型及参数，如图1-146所示；拾取如图1-147所示的区域，填充如图1-148所示的图案。

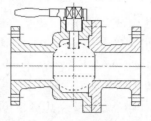

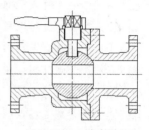

图1-146 设置填充图案与参数　　图1-147 拾取填充区域　　图1-148 填充结果

09 重复执行【图案填充】命令，设置填充图案的类型及参数，如图1-149所示；拾取如图1-150所示的区域，填充如图1-151所示的图案。

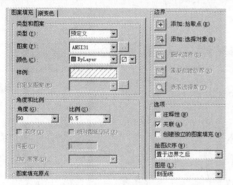

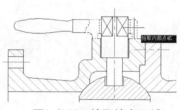

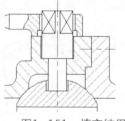

图1-149 设置填充图案与参数　　　图1-150 拾取填充区域　　　图1-151 填充结果

10 最后执行【另存为】命令，将图形命名存储为"实例13.dwg"。

实例014　绘制样条曲线结构

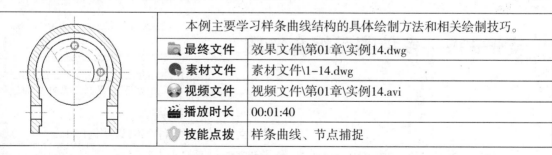

01 打开随书光盘中的"素材文件\1-14.dwg"文件，如图1-152所示。

02 打开【对象捕捉】功能，并设置捕捉模式为节点捕捉。

03 单击【绘图】工具栏上的 ～ 按钮，激活【样条曲线】命令，配合【节点捕捉】功能绘制样条曲线。命令行操作如下：

命令：_spline
当前设置：方式=拟合　节点=弦
指定第一个点或 [方式(M)/节点(K)/对象(O)]：　　　　　//捕捉如图1-152所示的节点1
输入下一个点或 [起点切向(T)/公差(L)]：　　　　　　　//捕捉节点2
输入下一个点或 [端点相切(T)/公差(L)/放弃(U)]：　　　　//捕捉节点3
输入下一个点或 [端点相切(T)/公差(L)/放弃(U)/闭合(C)]：　//捕捉节点4
输入下一个点或 [端点相切(T)/公差(L)/放弃(U)/闭合(C)]：　//捕捉节点5
输入下一个点或 [端点相切(T)/公差(L)/放弃(U)/闭合(C)]：　//捕捉节点6
输入下一个点或 [端点相切(T)/公差(L)/放弃(U)/闭合(C)]：　//捕捉节点7
输入下一个点或 [端点相切(T)/公差(L)/放弃(U)/闭合(C)]：　//捕捉节点8
输入下一个点或 [端点相切(T)/公差(L)/放弃(U)/闭合(C)]：　//Enter，结束命令

04 绘制结果如图1-153所示。

05 选择【修改】|【修剪】菜单命令，以刚绘制的样条曲线作为边界，对内部的中心圆和轮廓圆进行修剪，结果如图1-154所示。

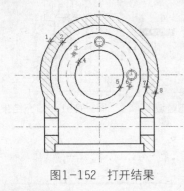
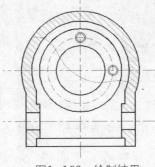
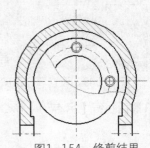

图1-152　打开结果　　　　　图1-153　绘制结果　　　　　图1-154　修剪结果

06 最后执行【另存为】命令，将图形另名存储为"实例14.dwg"。

实例015　多种图元综合绘图

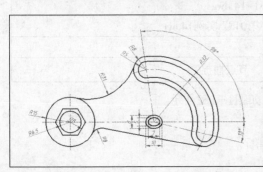

	本例主要对圆、弧、椭圆、多边形等多种几何结构进行综合应用和巩固练习。	
📁 最终文件	效果文件\第01章\实例15.dwg	
🔴 素材文件	素材文件\1-15.dwg	
💿 视频文件	视频文件\第01章\实例14.avi	
📺 播放时长	00:05:06	
🛡 技能点拨	直线、圆、圆弧、椭圆、多段线	

01 执行【新建】命令，快速创建文件。

🔍 **提示** 也可执行【打开】命令，直接调用随书光盘中的素材文件 "素材文件\1-15.dwg"。

02 使用快捷键 "Z" 激活【视图缩放】功能，将当前的视口高度调整为100。命令行操作如下：

> 命令：'_zoom
>
> 指定窗口的角点，输入比例因子 (nX 或 nXP)，或者[全部(A)/中心(C)/动态(D)/范围(E)/上一个(P)/比例(S)/窗口(W)/对象(O)] <实时>：_c
>
> 指定中心点： //在绘图区拾取一点
>
> 输入比例或高度 <200.5404>： //100 Enter

03 使用快捷键 "LT" 激活【线型】命令，选择如图1-155所示的线型进行加载；并设置线型比例和当前线型，如图1-156所示。

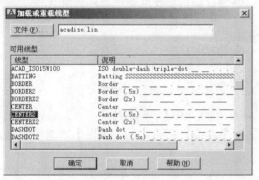

图1-155 选择线型　　　　　　　　　　图1-156 设置当前线型与比例

04 将当前颜色设置为红色，然后使用快捷键 "L" 激活【直线】命令，绘制如图1-157所示的直线作为中心线。

05 使用快捷键 "C" 激活【圆】命令，配合【交点捕捉】功能绘制半径为32的圆，如图1-158所示。

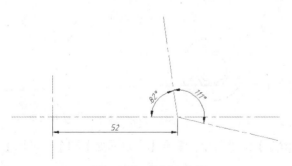
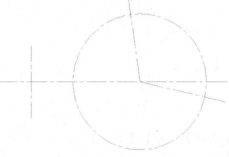

图1-157 绘制中心线　　　　　　　　　　图1-158 绘制圆

06 使用快捷键 "BR" 激活【打断】命令，配合【最近点捕捉】功能对圆图形进行打断，结果如图1-159所示。

07 在【特性】工具栏中设置当前线宽、当前颜色以及当前线型等，如图1-160所示。

图1-159 打断结果　　　　　　　　　图1-160 设置当前线型、颜色与线宽

08 打开状态栏上的【线宽显示】功能。

09 单击【绘图】工具栏中的◎按钮，激活【圆】命令，配合【交点捕捉】功能绘制同心圆。命令行操作如下：

> 命令：_circle
> 指定圆的圆心或 [三点(3P)/两点(2P)/切点、切点、半径(T)]：　//捕捉左侧中心线的交点
> 指定圆的半径或 [直径(D)] <0.5000>：　　　　　　　　//6.5 Enter
> 命令：　　　　　　　　　　　　　　　　　　　　　　//Enter
> CIRCLE 指定圆的圆心或 [三点(3P)/两点(2P)/切点、切点、半径(T)]：
> 　　　　　　　　　　　　　　　　　　　　　　　　　//捕捉刚绘制的圆的圆心
> 指定圆的半径或 [直径(D)] <6.5000>：　　　　　　　　//15 Enter，绘制结果如图1-161所示

10 单击【绘图】工具栏中的⬡按钮，激活【正多边形】命令，配合【圆心捕捉】功能绘制正六边形。命令行操作如下：

> 命令：_polygon
> 输入侧面数 <4>：　　　　　　　　　　　　　//6 Enter
> 指定正多边形的中心点或 [边(E)]：　　　　　//捕捉同心圆的圆心
> 输入选项 [内接于圆(I)/外切于圆(C)] <I>：　//c Enter
> 指定圆的半径：　　　　　　　　　　　　　　//8 Enter，绘制结果如图1-162所示

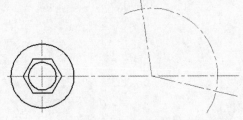

图1-161 绘制同心圆　　　　　　　　图1-162 绘制正六边形

11 选择【绘图】|【圆弧】|【圆心、起点、角度】菜单命令，配合【交点捕捉】和【极坐标】功能绘制圆弧。命令行操作如下：

> 命令：_arc
> 指定圆弧的起点或 [圆心(C)]：_c 指定圆弧的圆心：　//捕捉如图1-163所示的圆心
> 指定圆弧的起点：　　　　　　　　　　　　　　　//@8<98 Enter
> 指定圆弧的端点或 [角度(A)/弦长(L)]：_a 指定包含角：
> 　　　　　　　　　　　　　　　　　　　　　　　//180 Enter，绘制结果如图1-164所示

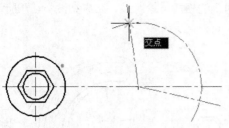

图1-163 捕捉交点

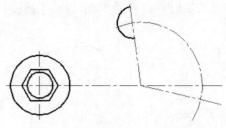

图1-164 绘制结果

12 选择【绘图】|【圆弧】|【继续】菜单命令，配合【捕捉自】和【极坐标】功能绘制相切弧轮廓线。命令行操作如下：

命令：_arc

指定圆弧的起点或 [圆心(C)]：

指定圆弧的端点：　　　　　　　　　//激活【捕捉自】功能

_from 基点：　　　　　　　　　　//捕捉如图1-165所示的交点

<偏移>：　　　　　　　　　　　　//@24<-13 Enter，绘制结果如图1-166所示

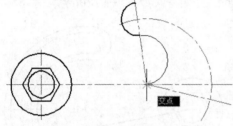

图1-165 捕捉交点

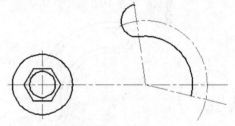

图1-166 绘制结果

13 重复执行【继续画弧】命令，配合【极坐标输入】功能继续绘制圆弧轮廓线。命令行操作如下：

命令：　　　　　　　　　　　　　　//Enter

ARC 指定圆弧的起点或 [圆心(C)]：　//Enter

指定圆弧的端点：　　　　　　　　　//@16<-13 Enter，绘制结果如图1-167所示

命令：　　　　　　　　　　　　　　//Enter

ARC 指定圆弧的起点或 [圆心(C)]：　//Enter

指定圆弧的端点：　　　　　　　　　//捕捉如图1-168所示的端点，绘制结果如图
　　　　　　　　　　　　　　　　　　1-169所示

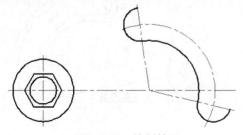

图1-167 绘制结果

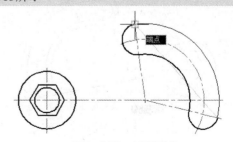

图1-168 捕捉端点

14 参照第11～13操作步骤，使用【圆弧】命令绘制内侧的相切弧轮廓线，结果如图1-170所示。

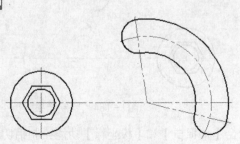

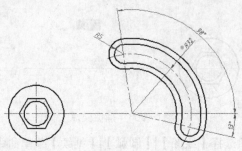

图1-169　绘制结果　　　　　　　　　　　　　图1-170　绘制内侧相切弧

15 选择【绘图】|【直线】菜单命令，配合【切点捕捉】功能绘制相切线。命令行操作如下：

命令：_line
指定第一点：　　　　　　　　　　　　　　//捕捉左侧同心圆的圆心
指定下一点或 [放弃(U)]：_tan 到　　　　　//捕捉如图1-171所示的切点
指定下一点或 [放弃(U)]：　　　　　　　　//Enter，绘制结果如图1-172所示

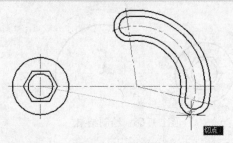

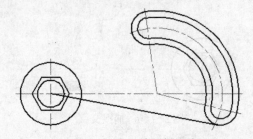

图1-171　捕捉切点　　　　　　　　　　　　　图1-172　绘制相切线

16 选择【绘图】|【圆】|【相切、相切、半径】菜单命令，绘制相切圆。命令行操作如下：

命令：_circle
指定圆的圆心或 [三点(3P)/两点(2P)/切点、切点、半径(T)]：_ttr
指定对象与圆的第一个切点：　　　　　　　//在如图1-173所示的位置单击
指定对象与圆的第二个切点：　　　　　　　//在如图1-174所示的位置单击
指定圆的半径 <1.0000>：　　　　　　　　//8 Enter，绘制结果如图1-175所示

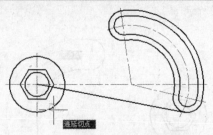

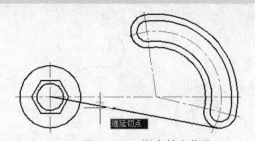

图1-173　指定单击位置　　　　　　　　　　　图1-174　指定单击位置

17 重复上一步骤，执行【圆】命令，绘制如图1-176所示的相切圆，相切圆的半径为31。

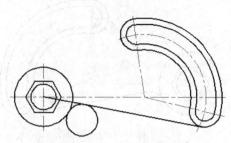

图1-175 绘制结果

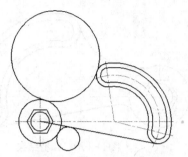

图1-176 绘制上侧的相切圆

18 选择【修改】|【修剪】菜单命令，对两个相切圆进行修剪。命令行操作如下：

命令：_trim

当前设置:投影=UCS，边=延伸

选择剪切边...

选择对象或 <全部选择>： //分别选择如图1-177所示的圆、直线和圆弧3个对象

选择对象： //Enter

选择要修剪的对象，或按住 Shift 键选择要延伸的对象，或[栏选(F)/窗交(C)/投影(P)/边(E)/删除(R)/放弃(U)]： //在上方相切圆的上侧单击左键

选择要修剪的对象，或按住 Shift 键选择要延伸的对象，或[栏选(F)/窗交(C)/投影(P)/边(E)/删除(R)/放弃(U)]： //在下方相切圆的下侧单击左键

选择要修剪的对象，或按住 Shift 键选择要延伸的对象，或[栏选(F)/窗交(C)/投影(P)/边(E)/删除(R)/放弃(U)]： //Enter，修剪结果如图1-178所示。

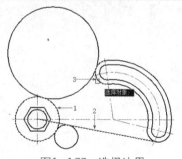

图1-177 选择边界

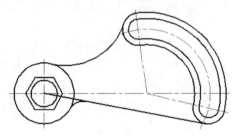

图1-178 修剪结果

19 重复执行【修剪】命令，以下方的相切弧作为边界，对相切线进行修剪，结果如图1-179所示。

20 选择【绘图】|【椭圆】|【圆心】菜单命令，配合交点捕捉功能绘制长轴为10、短轴为8的椭圆。命令行操作如下：

命令：_ellipse

指定椭圆的轴端点或 [圆弧(A)/中心点(C)]：_c

指定椭圆的中心点： //捕捉如图1-180所示的交点

指定轴的端点： //@5,0 Enter

指定另一条半轴长度或 [旋转(R)]： //4 Enter，绘制结果如图1-181所示

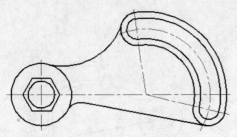

图1-179　修剪结果

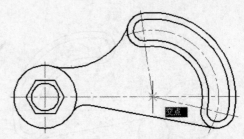

图1-180　捕捉交点

21 重复上一步骤，配合【交点捕捉】功能制长轴为7、短轴为5的同心椭圆，结果如图1-182所示。

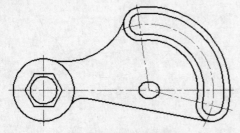

图1-181　绘制椭圆

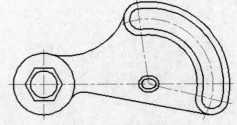

图1-182　绘制同心椭圆

22 最后执行【保存】命令，将图形命名存储为"实例15.dwg"。

第2章 二维编辑技能

本章将通过12个典型实例，集中讲解AutoCAD的图形常用编辑功能，以方便用户对其进行编辑和修饰完善。

实例016 修剪图形

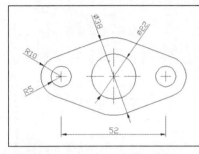

	本实例主要学习【修剪】命令的使用方法和相关的操作技巧。	
最终文件	效果文件\第02章\实例16.dwg	
素材文件	素材文件\2-16.dwg	
视频文件	视频文件\第02章\实例16.avi	
播放时长	00:01:43	
技能点拨	修剪	

01 打开随书光盘中的"素材文件\2-16.dwg"文件，如图2-1所示。

02 选择【修改】|【修剪】菜单命令，或单击【修改】工具栏中的 ∕ 按钮，激活【修剪】命令，对3组同心圆进行修剪。命令行操作如下：

```
命令: _trim
当前设置:投影=UCS，边=无
选择剪切边...
选择对象或＜全部选择＞:                    //选择如图2-1所示的切线1
选择对象:                                //选择切线2
选择对象:                                //选择切线3
选择对象:                                //选择切线4
选择对象:                                //Enter，选择结果如图2-2所示
```

选择要修剪的对象，或按住 Shift 键选择要延伸的对象，或[栏选(F)/窗交(C)/投影(P)/边(E)/删除(R)/放弃(U)]:   //在如图2-3所示的位置单击左键

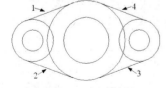

图2-1　打开结果

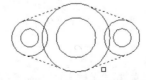

图2-2　选择修剪边界

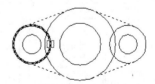

图2-3　指定修剪位置

选择要修剪的对象，或按住 Shift 键选择要延伸的对象，或[栏选(F)/窗交(C)/投影(P)/边(E)/删除(R)/放弃(U)]:   //在如图2-4所示的位置单击左键

选择要修剪的对象，或按住 Shift 键选择要延伸的对象，或[栏选(F)/窗交(C)/投影(P)/边(E)/删除(R)/放弃(U)]:   //在如图2-5所示的位置单击左键

选择要修剪的对象，或按住 Shift 键选择要延伸的对象，或[栏选(F)/窗交(C)/投影(P)/边(E)/删除(R)/放弃(U)]:   //在如图2-6所示的位置单击左键

选择要修剪的对象，或按住 Shift 键选择要延伸的对象，或[栏选(F)/窗交(C)/投影(P)/边(E)/删除(R)/放弃(U)]:   //Enter，结束命令，修剪如图2-7所示

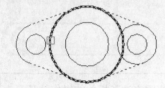
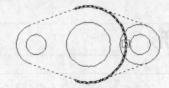
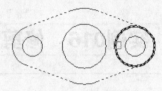

图2-4　指定修剪位置　　　　图2-5　指定修剪位置　　　　图2-6　指定修剪位置

🔍**提示**　【修剪】命令是以指定的修剪边界作为剪切边，将对象位于剪切边一侧的部分修剪掉。此命令的表达式为"Trim"，快捷键为"TR"。

03 展开【特性】工具栏上的【颜色控制】下拉列表，设置"红色"作为当前颜色。

04 选择【标注】|【标注样式】菜单命令，在打开的对话框中单击 修改(M)... 按钮，设置参数如图2-8所示。

05 选择【标注】|【圆心标记】菜单命令，为图形标注中心线，结果如图2-9所示。

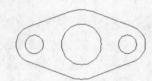

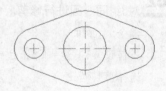

图2-7　修剪结果　　　　图2-8　设置圆心标注类型　　　　图2-9　标注结果

06 最后执行【另存为】命令，将图形另名存储为"实例16.dwg"。

实例017　延伸图形

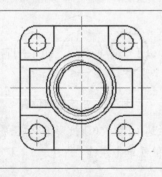

	本实例主要学习【延伸】命令的使用方法和相关的操作技巧。
📁 最终文件	效果文件\第02章\实例17.dwg
🔴 素材文件	素材文件\2-17.dwg
💿 视频文件	视频文件\第02章\实例17.avi
⏱ 播放时长	00:01:23
🛡 技能点拨	延伸

01 打开随书光盘中的"素材文件\2-17.dwg"文件。

02 选择【修改】|【延伸】菜单命令，对两条中心线进行延伸。命令行操作如下：

```
命令: _extend
当前设置:投影=UCS，边=无
选择边界的边...
选择对象或〈全部选择〉:        //选择如图2-10所示的边界
选择对象:                     //Enter，结束边界的选择
选择要延伸的对象，或按住 Shift 键选择要修剪的对象，或[栏选(F)/窗交(C)/投影(P)/边(E)/
放弃(U)]:                     //在如图2-11所示的位置1单击中心线
选择要延伸的对象，或按住 Shift 键选择要修剪的对象，或[栏选(F)/窗交(C)/投影(P)/边(E)/
放弃(U)]:                     //在如图2-11所示的位置2单击中心线
选择要延伸的对象，或按住 Shift 键选择要修剪的对象，或[栏选(F)/窗交(C)/投影(P)/边(E)/
放弃(U)]:                     //在如图2-11所示的位置3单击中心线
选择要延伸的对象，或按住 Shift 键选择要修剪的对象，或[栏选(F)/窗交(C)/投影(P)/边(E)/
放弃(U)]:                     //在如图2-11所示的位置4单击中心线
选择要延伸的对象，或按住 Shift 键选择要修剪的对象，或[栏选(F)/窗交(C)/投影(P)/边(E)/
放弃(U)]:                     //Enter，结束命令，延伸结果如图2-12所示
```

🔍**提示** 【延伸】命令用于将图线延伸至指定的边界上。用于延伸的对象有直线、圆弧、椭圆弧、非闭合的二维多段线和三维多段线、射线等，其命令快捷键为"EX"。

03 选择【修改】|【删除】菜单命令，删除外侧的闭合边界，结果如图2-12所示。

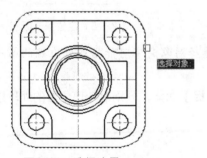
图2-10　选择边界

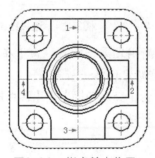
图2-11　指定单击位置

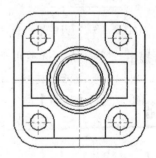
图2-12　延伸结果

🔍**提示** 在选择延伸对象时，要在靠近延伸边界的一端选择需要延伸的对象，否则对象将不被延伸。

04 最后执行【另存为】命令，将图形另名存储为"实例17.dwg"。

实例018 打断图形

	本实例主要学习【打断】命令的使用方法和相关的操作技巧。	
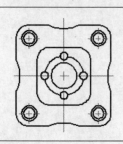	📁 最终文件	效果文件\第02章\实例18.dwg
	🌐 素材文件	素材文件\2-18.dwg
	💿 视频文件	视频文件\第02章\实例18.avi
	⏱ 播放时长	00:02:15
	🛡 技能点拨	打断

01 打开随书光盘中的 "素材文件\2-18.dwg" 文件，如图2-13所示。

02 单击【修改】工具栏上的 🔲 按钮，激活【打断】命令，配合交点捕捉对内部的水平图线进行打断。命令行操作如下：

命令：_break

选择对象：　　　　　　　　　　　　//选择如图2-14所示的水平图线

指定第二个打断点 或 [第一点(F)]：//f Enter，激活"第一点"选项

指定第一个打断点：　　　　　　　　//捕捉如图2-15所示的交点

指定第二个打断点：　　　　　　　　//捕捉如图2-16所示的交点，打断结果如图2-17所示

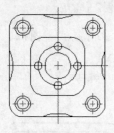　　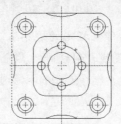　　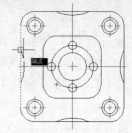

图2-13 打开结果　　　　　　图2-14 选择结果　　　　　　图2-15 定位第一断点

🔍 **提示**　"第一点"选项用于重新确定第一断点。由于在选择对象时不可能拾取到准确的第一点，所以需要激活该选项，以重新定位第一断点。

03 重复执行【打断】命令，配合【交点捕捉】或【端点捕捉】功能，分别对其他位置的外轮廓线线进行打断，结果如图2-18所示。

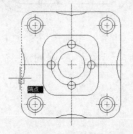　　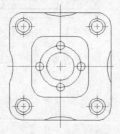　　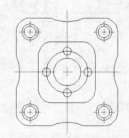

图2-16 定位第二断点　　　　图2-17 打断结果　　　　　　图2-18 打开其他图线

04 重复执行【打断】命令，配合【交点捕捉】功能，对内侧的圆形进行打断。命令行操作如下：

命令: _break

选择对象:　　　　　　　　　　　　//选择如图2-19所示的轮廓圆

指定第二个打断点 或 [第一点(F)]: //f Enter，激活"第一点"选项

指定第一个打断点:　　　　　　　//捕捉如图2-20所示的交点

指定第二个打断点:　　　　　　　//捕捉如图2-21所示的交点，打断结果如图2-22所示

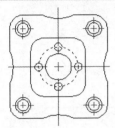
图2-19　选择结果

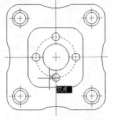
图2-20　定位第一断点

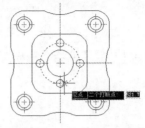
图2-21　定位第二断点

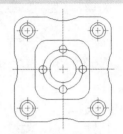
图2-22　打断结果

🔍 **提示** AutoCAD将按逆时针方向删除圆上第一点到第二点之间的部分。

05 接下来重复执行【打断】命令，以其他3个小圆与大圆的夹点作为断点，继续对内侧的大圆进行打断。

06 最后执行【另存为】命令，将图形另名存储为"实例18.dwg"。

实例019　合并图形

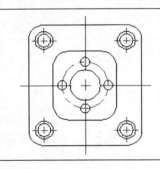

	本实例主要学习【合并】命令的使用方法和相关的操作技巧。	
📁 **最终文件**	效果文件\第02章\实例19.dwg	
🔴 **素材文件**	素材文件\2-19.dwg	
💿 **视频文件**	视频文件\第02章\实例19.avi	
🎬 **播放时长**	00:01:47	
🛡 **技能点拨**	合并	

01 打开随书光盘中的"素材文件\2-19.dwg"文件，如图2-23所示。

02 选择【修改】|【合并】菜单命令，或单击【修改】工具栏上的 ➤ 按钮，激活【合并】命令，将两段圆弧连接为一个对象。命令行操作如下:

命令: _join

选择源对象或要一次合并的多个对象:　　//选择如图2-24所示的轮廓线

选择要合并的对象:　　　　　　　　　　//选择如图2-25所示的轮廓线

选择要合并的对象:　　　　　　　　　　//Enter，结束命令，合并结果如图2-26所示

2 条直线已合并为 1 条直线

03 重复执行【合并】命令，配合【交点捕捉】功能分别对其他位置的外轮廓线进行合并，结果如图2-27所示。

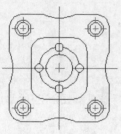
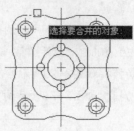
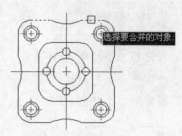

图2-23　打开结果　　　　图2-24　选择结果　　　　图2-25　选择结果

04 使用快捷键"E"激活【删除】命令，删除7条圆弧，结果如图2-28所示。

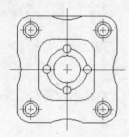
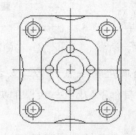
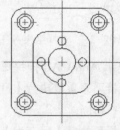

图2-26　合并结果　　　　图2-27　合并其他图线　　　　图2-28　删除结果

提示 在对直线进行合并时，用于合并的直线需要在同一角度益上；在对圆弧进行合并时，用于合并的两段圆弧必须是同心圆弧。

05 单击【修改】工具栏上的 ↤ 按钮，再次激活【合并】命令，对内侧的圆弧进行合并。命令行操作如下：

命令: _join

选择源对象或要一次合并的多个对象:　　　//选择如图2-29所示的圆弧

选择要合并的对象:　　　　　　　　　　　//Enter

选择圆弧，以合并到源或进行 [闭合(L)]:　//l Enter，合并结果如图2-30所示

已将圆弧转换为圆。

06 在无命令执行的前提下夹点显示如图2-31所示的圆，然后展开【图层控制】下拉列表，将其放到"中心线"图层上。

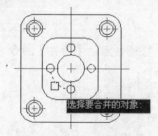
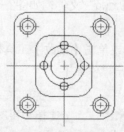
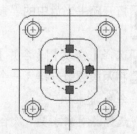

图2-29　选择结果　　　　图2-30　合并结果　　　　图2-31　夹点效果

提示 "闭合"选项用于将一段圆弧合并成一个闭合的圆图形。

07 最后执行【另存为】命令，将图形另名存储为"实例19.dwg"。

实例020 拉伸图形

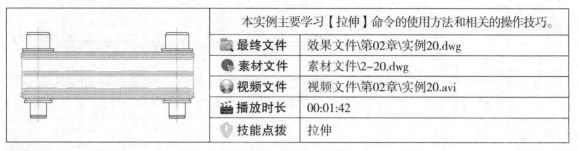

本实例主要学习【拉伸】命令的使用方法和相关的操作技巧。	
📁 最终文件	效果文件\第02章\实例20.dwg
🌐 素材文件	素材文件\2-20.dwg
🎬 视频文件	视频文件\第02章\实例20.avi
🎞 播放时长	00:01:42
🛡 技能点拨	拉伸

01 打开随书光盘中的 "素材文件\2-20.dwg" 文件。

02 单击【修改】工具栏上的□按钮，激活【拉伸】命令，对零件图进行水平拉伸。命令行操作如下。

命令: _stretch
以交叉窗口或交叉多边形选择要拉伸的对象…
选择对象: //拉出如图2-32所示的窗交选择框
选择对象: //Enter
指定基点或 [位移(D)]〈位移〉:   //捕捉任一点
指定第二个点或〈使用第一个点作为位移〉://@20,0 Enter，结果如图2-33所示

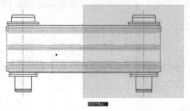

图2-32 窗交选择

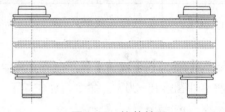

图2-33 拉伸结果

🔍 **提示** 如果图形对象完全处于选择框内时，结果只能是图形对象相对于原位置上的平移。

03 重复执行【拉伸】命令，配合窗交选择功能对零件图进行垂直拉伸。命令行操作如下:

命令: _stretch
以交叉窗口或交叉多边形选择要拉伸的对象…
选择对象: //拉出如图2-34所示的窗交选择框

🔍 **提示** 在选择拉伸对象时，只能使用"交叉窗口"或"交叉多边形"方式。

选择对象: //Enter，结束对象的选择
指定基点或 [位移(D)]〈位移〉:   //捕捉任一点
指定第二个点或〈使用第一个点作为位移〉://@0,10 Enter，拉伸结果如图2-35所示

🔍 **提示** 【拉伸】命令用于将选择的目标对象按照指定的方向矢量拉长或缩短。用于拉伸的对象有直线、圆弧、椭圆弧、多段线、射线和样条曲线等，而点、圆、椭圆、文本和图块不能被拉伸。

04 最后选择【另存为】命令，将图形另名存储为"实例20.dwg"。

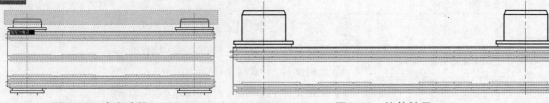

图2-34 窗交选择　　　　　　　　　　图2-35 拉伸结果

实例021　旋转图形

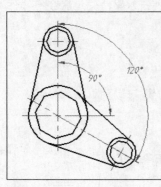

	本实例主要学习【旋转】命令的使用方法和相关的操作技巧。	
📁 最终文件	效果文件\第02章\实例21.dwg	
🔵 素材文件	素材文件\2-21.dwg	
🎥 视频文件	视频文件\第02章\实例21.avi	
🎬 播放时长	00:01:28	
🛡 技能点拨	旋转	

01 打开随书光盘中的"素材文件\2-21.dwg"文件，如图2-36所示。

02 选择【修改】|【旋转】菜单命令，或单击【修改】工具栏中的⟳按钮，激活【旋转】命令，将零件图旋转-30°。命令行操作如下：

```
命令: _rotate
UCS 当前的正角方向: ANGDIR=逆时针  ANGBASE=0
选择对象:                          //选择如图2-37所示的对象
选择对象:                          //Enter，结束对象的选择
指定基点:                          //捕捉如图2-38所示的交点
指定旋转角度，或 [复制(C)/参照(R)] <0>:  //60 Enter，结果如图2-39所示
```

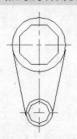 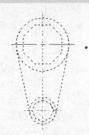  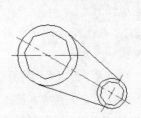

图2-36 打开结果　　图2-37 选择对象　　图2-38 捕捉交点　　图2-39 旋转结果

🔍提示 在旋转对象时，输入的角度为正值，系统将按逆时针方向旋转；输入的角度为负值，则按顺时针方向旋转。

03 单击【修改】工具栏中的 ⭕ 按钮，重复执行【旋转】命令，继续对零件图进行旋转。命令行操作如下：

命令：_rotate

UCS 当前的正角方向：ANGDIR=逆时针　ANGBASE=0

选择对象：　　　　　　　　　　　　//窗交选择如图2-40所示的对象

选择对象：　　　　　　　　　　　　//Enter，结束对象的选择

指定基点：　　　　　　　　　　　　//捕捉如图2-41所示的交点

指定旋转角度，或 [复制(C)/参照(R)] <60>：//c Enter，激活"复制"选项

指定旋转角度，或 [复制(C)/参照(R)] <60>：//120 Enter，结果如图2-42所示

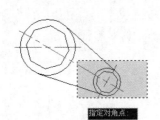

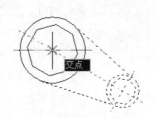

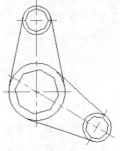

图2-40　框选图形　　　　　　　图2-41　捕捉圆心　　　　　　图2-42　旋转结果

04 最后执行【另存为】命令，将图形另名存储为"实例21.dwg"。

实例022　缩放图形

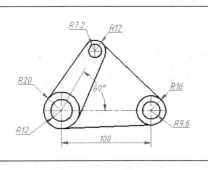

本实例主要学习【缩放】命令的使用方法和相关的操作技巧。

📁 最终文件	效果文件\第02章\实例22.dwg
🔵 素材文件	素材文件\2-22.dwg
🔴 视频文件	视频文件\第02章\实例22.avi
📅 播放时长	00:03:02
🛡 技能点拨	缩放

01 打开随书光盘中的"素材文件\2-22.dwg"文件，如图2-43所示。

🔍 **提示** 从左向右拉出的矩形选择框为窗口选择框，边框为实线；从右向左拉出的矩形选择框为窗交选择框，边框为虚线。

02 选择【修改】|【缩放】菜单命令，或单击【修改】工具栏中的 🔲 按钮，激活【缩放】命令，对右侧的同心圆进行缩放。命令行操作如下：

命令：_scale

选择对象：　　　　　　　　　　　　//选择如图2-44所示的图形

选择对象：	//Enter，结束对象的选择
指定基点：	//捕捉右侧同心圆的圆心
指定比例因子或 [复制(C)/参照(R)] <0 >：	//0.8 Enter，结果如图2-45所示

图2-43　打开结果

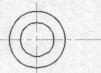

图2-44　窗交选择

03 使用快捷键 "SC" 激活【缩放】命令，使用 "复制" 功能对左侧的同心圆进行缩放。命令行操作如下：

命令: sc	//Enter，激活【缩放】命令
SCALE选择对象：	//窗交选择如图2-46所示的对象
选择对象：	//Enter，结束选择
指定基点：	//捕捉如图2-47所示的圆心
指定比例因子或 [复制(C)/参照(R)]：	//c Enter
缩放一组选定对象。	
指定比例因子或 [复制(C)/参照(R)]：	//0.6 Enter，缩放结果如图2-48所示

图2-45　缩放结果

图2-46　窗交选择

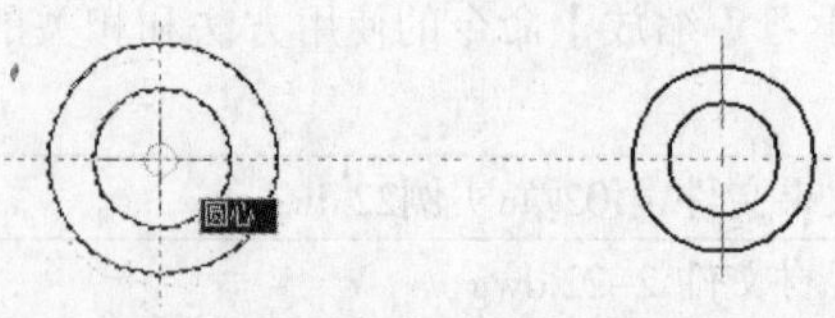

图2-47　捕捉圆心

图2-48　缩放结果

04 选择【修改】|【移动】菜单命令，选择缩放复制出的对象进行位移。命令行操作如下：

命令: _move	
选择对象：	//选择如图2-49所示的对象
选择对象：	//Enter
指定基点或 [位移(D)] <位移>：	//捕捉如图2-50所示的圆心
指定第二个点或 <使用第一个点作为位移>：	//@75<60 Enter，位移结果如图2-51所示

05 将当前捕捉模式设置为切点捕捉，然后选择【绘图】|【直线】菜单命令，配合切点捕捉功能绘制如图2-52所示的公切线。

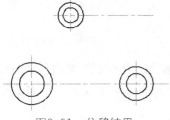
图2-49 选择结果

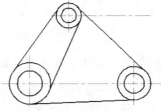

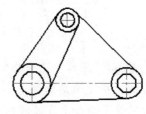
图2-50 捕捉圆心

06 使用快捷键"TR"激活【修剪】命令，对图形进行修剪完善，结果如图2-53所示。

图2-51 位移结果　　　　图2-52 绘制切线　　　　图2-53 修剪结果

07 按Ctrl+Shift+S组合键，将图形另名存储为"实例22.dwg"。

实例023　倒角图线

	本实例主要学习【倒角】命令的使用方法和相关的操作技巧。	
📁 **最终文件**	效果文件\第02章\实例23.dwg	
🔴 **素材文件**	素材文件\2-23.dwg	
🎬 **视频文件**	视频文件\第02章\实例23.avi	
⏱ **播放时长**	00:02:33	
🛡 **技能点拨**	倒角	

（图中标注：2.5×45°　3×45°）

01 打开随书光盘中的"素材文件\2-23.dwg"文件，如图2-54所示。

02 单击【修改】工具栏上的□按钮，激活【倒角】命令，对零件图进行距离倒角。命令行操作如下。

命令: _chamfer
（"修剪"模式）当前倒角距离 1 = 0.0000, 距离 2 = 0.0000
选择第一条直线或 [放弃(U)/多段线(P)/距离(D)/角度(A)/修剪(T)/方式(E)/多个(M)]:
　　　　　　　　　　　　　　　　　//d Enter, 激活"距离"选项
指定第一个倒角距离 <0.0000>:　　　　//3 Enter, 设置第一倒角长度
指定第二个倒角距离 <1.0000>:　　　　//3 Enter, 设置第二倒角长度

🔍 **提示** 由于在设置倒角参数后，系统将继续延用到后续的倒角操作中，所以一般情况下，在倒角操作结束之后，需要将当前的倒角参数恢复为默认设置。

选择第一条直线或 [放弃(U)/多段线(P)/距离(D)/角度(A)/修剪(T)/方式(E)/多个(M)]:
　　　　　　　　　　　　　　　　　//在最左侧垂直轮廓线的上端单击

选择第二条直线，或按住 Shift 键选择直线以应用角点或 [距离(D)/角度(A)/方法(M)]:

//在如图2-55所示的轮廓线位置单击，倒角结
果如图2-56所示

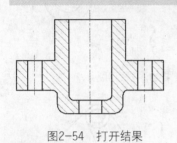

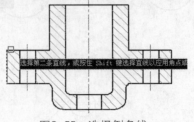

选择第二条直线，或按住 Shift 键选择直线以应用角点或

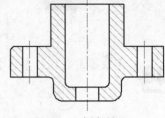

图2-54　打开结果　　　　　　图2-55　选择倒角线　　　　　　图2-56　倒角结果

🔍**提示**　"距离"选项指的就是直接输入两条图线上的第一倒角距离和第二倒角距离进行倒角
图线。用于倒角的两个倒角距离值不能为负值，如果将两个倒角距离设置为零，那么倒角的
结果就是两条图线被修剪或延长，直至相交于一点。

03 重复执行【倒角】命令，按照当前的参数设置，使用命令中的"多个"选项继续对零件外侧
轮廓线进行倒角，结果如图2-57所示。

04 重复执行【倒角】命令，使用"角度"倒角方式继续对零件图进行倒角。命令行操作如下:

```
命令: _chamfer
（"修剪"模式）当前倒角距离 1 = 3.0，距离 2 = 3.0
选择第一条直线或 [放弃(U)/多段线(P)/距离(D)/角度(A)/修剪(T)/方式(E)/多个(M)]:
                                                    //t Enter
输入修剪模式选项 [修剪(T)/不修剪(N)] <修剪>:      //n Enter
选择第一条直线或 [放弃(U)/多段线(P)/距离(D)/角度(A)/修剪(T)/方式(E)/多个(M)]:
                                                    //a Enter
```

🔍**提示**　"角度"选项指的是通过设置一条图线的倒角长度和倒角角度为图线倒角。使用此种
方式为图线倒角时，首先需要设置对象的长度尺寸和角度尺寸。

```
指定第一条直线的倒角长度 <3.0>:               //2.5 Enter
指定第一条直线的倒角角度 <45>:                //45 Enter
选择第一条直线或 [放弃(U)/多段线(P)/距离(D)/角度(A)/修剪(T)/方式(E)/多个(M)]:
                                                    //m Enter
选择第一条直线或 [放弃(U)/多段线(P)/距离(D)/角度(A)/修剪(T)/方式(E)/多个(M)]:
                                            //单击如图2-58所示的轮廓线
选择第二条直线，或按住 Shift 键选择直线以应用角点或 [距离(D)/角度(A)/方法(M)]:
                                            //在如图2-58所示轮廓线1的左端单击
选择第一条直线或 [放弃(U)/多段线(P)/距离(D)/角度(A)/修剪(T)/方式(E)/多个(M)]:
                                            //在如图2-58所示轮廓线1的右端单击
选择第二条直线，或按住 Shift 键选择直线以应用角点或 [距离(D)/角度(A)/方法(M)]:
                                            //在如图2-58所示轮廓线2的上端单击
选择第一条直线或 [放弃(U)/多段线(P)/距离(D)/角度(A)/修剪(T)/方式(E)/多个(M)]:
```

//Enter，倒角结果如图2-59所示

05 执行【修剪】命令，以刚创建的两条倒角线作为边界，对内部的两条垂直轮廓线进行修剪，结果如图2-60所示。

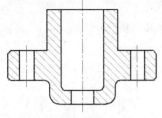

图2-57 倒角结果

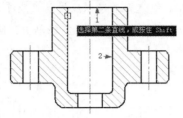

图2-58 选择倒角线

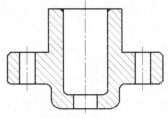

图2-59 倒角结果

06 使用快捷键"L"激活【直线】命令，配合【端点捕捉】功能绘制倒角位置的水平轮廓线，结果如图2-61所示。

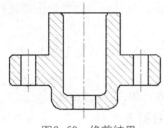

图2-60 修剪结果

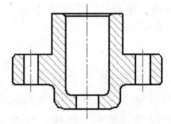

图2-61 绘制结果

07 最后执行【另存为】命令，将图形另名存储为"实例23.dwg"。

实例024 圆角图形

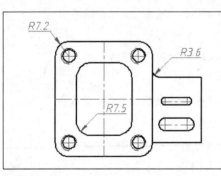

本实例主要学习【圆角】命令的使用方法和相关的操作技巧。

📁 最终文件	效果文件\第02章\实例24.dwg
🕐 素材文件	素材文件\2-24.dwg
💿 视频文件	视频文件\第02章\实例24.avi
⏱ 播放时长	00:02:25
🛡 技能点拨	圆角

01 打开随书光盘中的"素材文件\2-24.dwg"文件，如图2-62所示。

02 选择【修改】|【圆角】菜单命令，或单击【修改】工具栏中的 ⌐ 按钮，激活【圆角】命令，对外轮廓进行圆角。命令行操作如下：

命令：_fillet

当前设置：模式 = 修剪，半径 = 0.0

选择第一个对象或 [放弃(U)/多段线(P)/半径(R)/修剪(T)/多个(M)]：

//r Enter，激活"半径"选项

指定圆角半径 <0>:　　　　　//7.2 Enter，设置圆角半径

选择第一个对象或 [放弃(U)/多段线(P)/半径(R)/修剪(T)/多个(M)]:

　　　　　　　　　　　　//在左侧外轮廓线的下端单击

选择第二个对象，或按住 Shift 键选择对象以应用角点或 [半径(R)]:

　　　　　　　　　　　　//在下侧外轮廓线的左端单击，圆角结果如图2-63所示

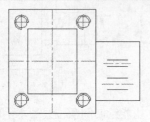
图2-62　打开结果

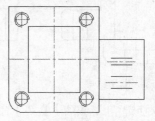
图2-63　圆角结果

03 按Enter键，重复执行【圆角】命令，圆角半径保持不变，分别对其他外轮廓边进行圆角。命令行操作如下:

命令:　　　　　　　　　　　　　　//Enter，重复执行【圆角】命令

FILLET当前设置: 模式 = 修剪，半径 = 7.2

选择第一个对象或 [放弃(U)/多段线(P)/半径(R)/修剪(T)/多个(M)]: //m Enter

🔍**提示** 巧妙使用"多个"选项，可以一次为多个对象进行圆角。

选择第一个对象或 [放弃(U)/多段线(P)/半径(R)/修剪(T)/多个(M)]:

　　　　　　　　　　　　//在如图2-64所示的轮廓线1的上端单击

选择第二个对象，或按住 Shift 键选择对象以应用角点或 [半径(R)]:

　　　　　　　　　　　　//在如图2-64所示的轮廓线2的左端单击

选择第一个对象或 [放弃(U)/多段线(P)/半径(R)/修剪(T)/多个(M)]:

　　　　　　　　　　　　//在如图2-64所示的轮廓线2的右端单击

选择第二个对象，或按住 Shift 键选择对象以应用角点或 [半径(R)]:

　　　　　　　　　　　　//在如图2-64所示的轮廓线3的上端单击

选择第一个对象或 [放弃(U)/多段线(P)/半径(R)/修剪(T)/多个(M)]:

　　　　　　　　　　　　//在如图2-64所示的轮廓线3的下端单击

选择第二个对象，或按住 Shift 键选择对象以应用角点或 [半径(R)]:

　　　　　　　　　　　　//在如图2-64所示的轮廓线4的右端单击

选择第一个对象或 [放弃(U)/多段线(P)/半径(R)/修剪(T)/多个(M)]:

　　　　　　　　　　　　//Enter，圆角结果如图2-65所示

04 在命令行输入"Fillet"或使用快捷键"F"激活【圆角】命令，对内部的矩形进行圆角。命令行操作如下:

命令: f　　　　　　　　　　　//Enter，激活【圆角】命令

FILLET当前设置: 模式 = 修剪，半径 = 7.2

选择第一个对象或 [放弃(U)/多段线(P)/半径(R)/修剪(T)/多个(M)]: //r Enter

指定圆角半径 <7.2>:　　　　　//7.5 Enter，重新设置圆角半径

选择第一个对象或 [放弃(U)/多段线(P)/半径(R)/修剪(T)/多个(M)]: //p Enter

选择二维多段线或 [半径(R)]: //选择内部的矩形，圆角结果如图2-66所示

4 条直线已被圆角

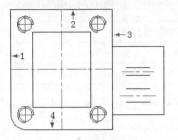

图2-64 指定圆角边

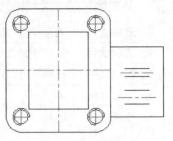

图2-65 圆角结果

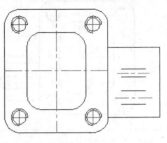

图2-66 圆角结果

05 单击右键，从弹出的快捷菜单中选择"重复FILLET"命令，对右侧的两组平行线进行圆角，结果如图2-67所示。

🔍 **提示** 在对平行线进行圆角时，与当前的圆角半径无关，平行线圆的结构是使用一个半圆光滑两条平行线。

06 重复执行【圆角】命令，在"不修剪"模式下继续对零件图进行圆角。命令行操作如下：

命令: _fillet

当前设置: 模式 = 修剪，半径 = 7.5

选择第一个对象或 [放弃(U)/多段线(P)/半径(R)/修剪(T)/多个(M)]: //r

指定圆角半径 <7.5>: //3.6

选择第一个对象或 [放弃(U)/多段线(P)/半径(R)/修剪(T)/多个(M)]: //t

输入修剪模式选项 [修剪(T)/不修剪(N)] <修剪>: //n

选择第一个对象或 [放弃(U)/多段线(P)/半径(R)/修剪(T)/多个(M)]:

//在如图2-67所示轮廓线1的上端单击

选择第二个对象，或按住 Shift 键选择对象以应用角点或 [半径(R)]:

//在如图2-67所示轮廓线2的左端单击，圆角结
果如图2-68所示

07 接下来执行【修剪】命令，以圆角后产生的圆弧作为边界，对水平轮廓线2进行修剪，结果如图2-69所示。

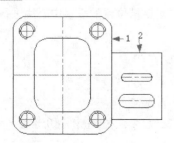

图2-67 圆角结果

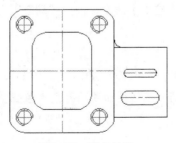

图2-68 圆角结果

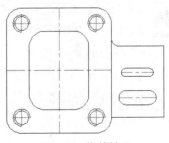

图2-69 修剪结果

08 最后使用【另存为】命令，将当前图形另名存储为"实例24.dwg"。

实例025 拉长图形

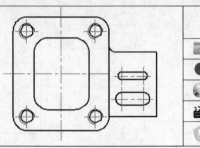

本实例主要学习【拉长】命令的使用方法和相关的操作技巧。

📁 最终文件	效果文件\第02章\实例25.dwg
🔴 素材文件	素材文件\2-25.dwg
🎬 视频文件	视频文件\第02章\实例25.avi
⏱ 播放时长	00:02:07
🛡 技能点拨	拉长

01 打开随书光盘中的"素材文件\2-25.dwg"文件，如图2-70所示。

02 选择【修改】|【拉长】菜单命令，或在命令行输入"Lenthen"后按Enter键，激活【拉长】命令，对中心线进行拉长。命令行操作如下：

命令：_lengthen

选择对象或 [增量(DE)/百分数(P)/全部(T)/动态(DY)]: //de Enter，激活"增量"选项

输入长度增量或 [角度(A)] <0.0000>: //5 Enter，设置拉长的长度

选择要修改的对象或 [放弃(U)]: //在垂直中心线上端单击，如图2-71所示；
此中心线上端被拉长，如图2-72所示

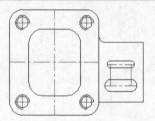

图2-70 打开结果

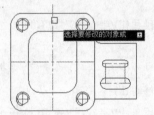

图2-71 指定单击位置

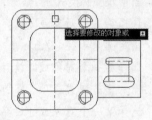

图2-72 拉长结果

选择要修改的对象或 [放弃(U)]: //在垂直中心线的下端单击左键

选择要修改的对象或 [放弃(U)]: //在水平中心线的左端单击左键

选择要修改的对象或 [放弃(U)]: //Enter，拉长结果如图2-73所示

03 重复执行【拉长】命令，将长度增量设置为2，分别对内部的螺纹中心线和右侧的键槽中心线进行拉长，结果如图2-74所示。

04 使用快捷键"LEN"再次激活【拉长】命令，使用"动态"选项对键槽位置的垂直中心线进行适当拉长。命令行操作如下：

命令：_lengthen

选择对象或 [增量(DE)/百分数(P)/全部(T)/动态(DY)]: //dy Enter，激活"动态"选项

选择要修改的对象或 [放弃(U)]: //在如图2-75所示位置上单击左键

指定新端点: //此时系统自动进行动态拉长过程中，在如图2-76所示位置
单击左键，结果该中心线被缩短到该位置，如图2-77所示

🔍 **提示** "全部"选项用于指定对象拉长后的总长度（或总角度）进行修改。如果源对象的总长度（或总角度）小于所设置的总长度（或总角度），那么源对象将被拉长；反之被缩短。

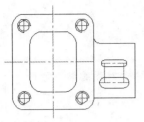
图2-73 拉长结果

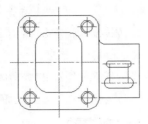
图2-74 拉长其他中心线

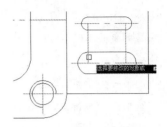
图2-75 在此位置单击对象

05 继续根据命令行的提示，分别对其他位置的中心线进行动态拉长，结果如图2-78所示。

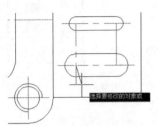
图2-76 在光标位置单击

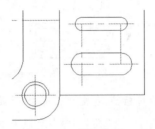
图2-77 操作结果

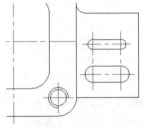
图2-78 动态拉长结果

🔍**提示** "动态"选项就是在不明确拉长或缩短的具体参数情况下，动态地根据实际情况拉长或缩短对象。

06 最后按Ctrl+Shift+S组合键，将当前图形另名存储为"实例25.dwg"。

实例026 对齐图形

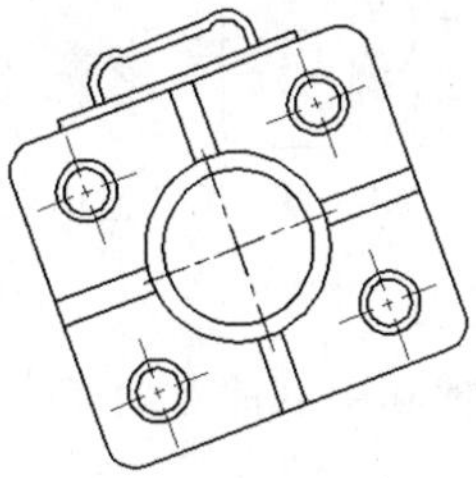

	本实例主要学习【对齐】命令的使用方法和相关的操作技巧。
📁 最终文件	效果文件\第02章\实例26.dwg
🔵 素材文件	素材文件\2-26.dwg
💿 视频文件	视频文件\第02章\实例26.avi
🎬 播放时长	00:01:36
🛡 技能点拨	对齐

01 打开随书光盘中的"素材文件\2-26.dwg"文件，如图2-79所示。

02 使用快捷键"DS"激活【草图设置】命令，设置捕捉模式，如图2-80所示。

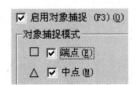
☑ 启用对象捕捉（F3）(O)
对象捕捉模式
□ ☑ 端点(E)
△ ☑ 中点(M)

图2-79 打开结果   图2-80 设置捕捉模式

03 在命令行输入"Align"并按Enter键，激活【对齐】命令，将左侧的两个图形进行对齐。命令行操作如下：

命令: align	//Enter，激活【对齐】命令
选择对象:	//拉出如图2-81所示选择框
选择对象:	//Enter，结束选择
指定第一个源点:	//捕捉如图2-82所示的中点作为对齐的第一源点
指定第一个目标点:	//捕捉如图2-83所示的中点作为对齐的第一目标点

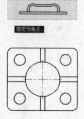

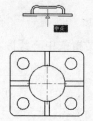

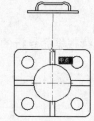

图2-81　框选对象　　　　图2-82　定位第一源点　　　　图2-83　定位第一目标点

提示 用于对齐的第一个源点和目标点是关键，必须捕捉准确。

指定第二个源点:	//捕捉如图2-84所示的端点作为对齐的第二源点
指定第二个目标点:	//捕捉如图2-85所示的端点作为对齐的第二目标点
指定第三个源点或〈继续〉:	//捕捉如图2-86所示的端点作为对齐的第三源点
指定第三个目标点:	//在如图2-87所示的光标位置拾取一点，作为对齐的第
	三个目标点，对齐结果如图2-88所示

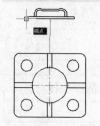

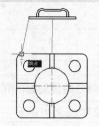

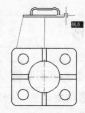

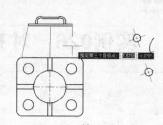

图2-84　第二源点　　　图2-85　第二目标点　　　图2-86　第三源点　　　图2-87　第三目标点

提示 用于对齐的3个源点或3个目标点不能处在同一水平或垂直位置上。

04 使用快捷键"DS"再次激活【草图设置】命令，取消当前的端点捕捉和中点捕捉功能，设置捕捉模式为圆心捕捉。

05 使用快捷键"AL"激活【对齐】命令，继续对当前图形进行对齐操作。命令行操作如下：

命令: al	//Enter，激活【对齐】命令
ALIGN选择对象:	//使用框选方式从右向左拉出如图2-89所示的选择框，
	选择如图2-90所示的图形作为对齐的源对象

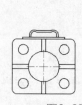

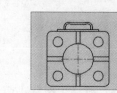

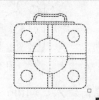

图2-88　对齐结果　　　　图2-89　窗口选择框　　　　图2-90　选择结果

选择对象:　　　　　　　　　　//Enter，结束选择
指定第一个源点:　　　　　　　//捕捉如图2-91所示的圆心作为对齐的第一源点
指定第一个目标点:　　　　　　//捕捉如图2-92所示的圆心作为对齐的第一目标点
指定第二个源点:　　　　　　　//捕捉如图2-93所示的圆心作为对齐的第二源点

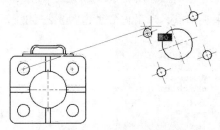

图2-91　定位第一源点　　　　　图2-92　定位第一目标点　　　　图2-93　定位第二源点

指定第二个目标点:　　　　　　//捕捉如图2-94所示的圆心作为对齐的第二目标点
指定第三个源点或〈继续〉:　　//捕捉如图2-95所示的圆心作为对齐的第三源点
指定第三个目标点:　　　　　　//捕捉如图2-96所示的圆心作为对齐的第三目标点，将
　　　　　　　　　　　　　　　　选择的源对象与目标对象对齐

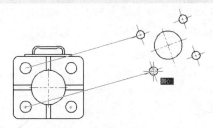
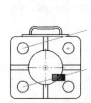
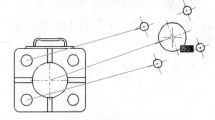

图2-94　定位第二目标点　　　　图2-95　定位第三源点　　　　　图2-96　定位第三目标点

06 最后执行【另存为】命令，并图形另名存储为"实例26.dwg"。

实例027　夹点编辑

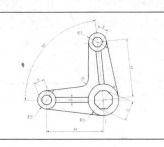

　　　　本实例在综合应用所学知识的前提下，主要学习夹点编辑工具的使用方法和相关的操作技巧。

🖼 最终文件	效果文件\第02章\实例27.dwg
🔴 视频文件	视频文件\第02章\实例27.avi
⏱ 播放时长	00:04:57
🎯 技能点拨	圆、直线、修剪、拉长、夹点编辑

01 首先新建文件并设置捕捉与追踪模式，如图2-97所示。

02 单击【绘图】工具栏中的按钮，激活【圆】命令，配合捕捉与追踪功能绘制圆形。命令行操作如下:

命令: _circle
指定圆的圆心或 [三点(3P)/两点(2P)/切点、切点、半径(T)]:

指定圆的半径或 [直径(D)] <5.0000>:	//d Enter
指定圆的直径 <10.0000>:	//14 Enter,输入圆的直径
命令:	//Enter,重复执行画圆命令

CIRCLE 指定圆的圆心或 [三点(3P)/两点(2P)/切点、切点、半径(T)]:

//以圆的圆心作为对象追踪点,水平向右引出如图2-98所示的对象追踪虚线,输入44 Enter

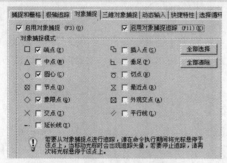

图2-97　设置捕捉模式

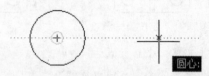

图2-98　引出对象追踪矢量

指定圆的半径或 [直径(D)] <7.0000>:	//d Enter
指定圆的直径 <14.0000>:	//24 Enter,绘制结果如图2-99所示

 选择【绘图】|【直线】菜单命令,绘制两圆的外公切线和中心线,结果如图2-100所示。

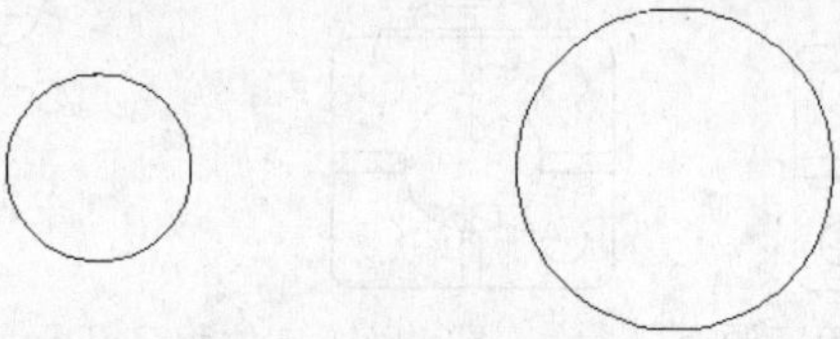

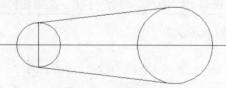

图2-99　绘制结果

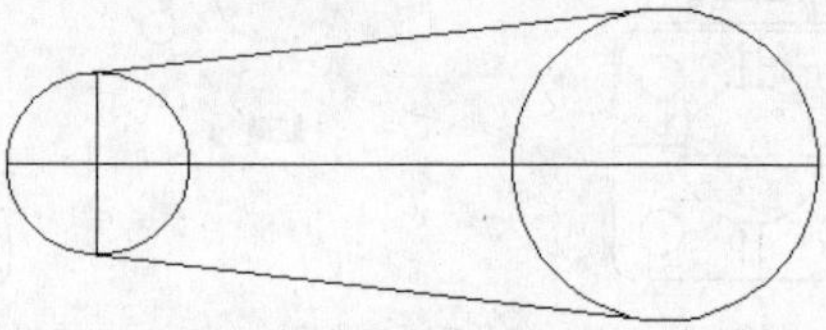

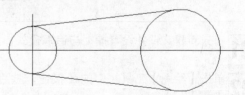

图2-100　绘制结果

04 使用快捷键"LEN"激活【拉长】命令,对刚绘制的中心线进行两端拉长。命令行操作如下:

命令: len	//Enter,激活命令
LENGTHEN选择对象或 [增量(DE)/百分数(P)/全部(T)/动态(DY)]: //de Enter	
输入长度增量或 [角度(A)] <0.0000>:	//7 Enter,设置拉长的长度
选择要修改的对象或 [放弃(U)]:	//在水平中心线的左端单击左键
选择要修改的对象或 [放弃(U)]:	//在水平中心线的右端单击左键
选择要修改的对象或 [放弃(U)]:	// Enter,拉长结果如图2-101所示

05 重复执行【拉长】命令,将垂直线两端拉长7个绘图单位,结果如图2-102所示。

图2-101　拉长水平中心线

图2-102　拉长垂直中心线

06 选择【修改】|【偏移】菜单命令，将偏移间距设置为2，对水平中心线进行对称偏移复制。命令行操作如下：

> 命令: _offset
>
> 当前设置: 删除源=否　图层=源　OFFSETGAPTYPE=0
>
> 指定偏移距离或 [通过(T)/删除(E)/图层(L)] <通过>: //2 Enter，设置偏移距离
>
> 选择要偏移的对象，或 [退出(E)/放弃(U)] <退出>: //选择水平中心线作为偏移对象
>
> 指定要偏移的那一侧上的点，或 [退出(E)/多个(M)/放弃(U)] <退出>:
>
> //在中心线的上端单击左键，指定偏移位置
>
> 选择要偏移的对象，或 [退出(E)/放弃(U)] <退出>: //继续选择水平中心线
>
> 指定要偏移的那一侧上的点，或 [退出(E)/多个(M)/放弃(U)] <退出>:
>
> //在中心线的下端单击左键，指定偏移位置
>
> 选择要偏移的对象，或 [退出(E)/放弃(U)] <退出>: //Enter，偏移结果如图2-103所示

07 选择【修改】|【修剪】菜单命令，选择如图2-104所示的两个圆图形作为剪切边界，对偏移出的水平线进行修剪，结果如图2-105所示。

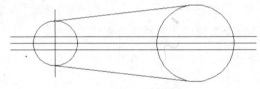

图2-103　偏移结果

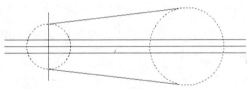

图2-104　选择剪切边界

08 选择【格式】|【线型】菜单命令，在打开的【线型管理器】对话框中加载名为CENTER的线型，并设置线型比例，如图2-106所示。

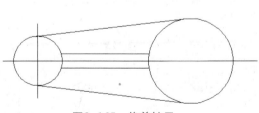

图2-105　修剪结果

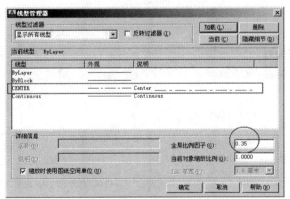

图2-106　【线型管理器】对话框

09 在无命令执行的前提下，选择水平中心线和垂直中心线，使其呈现夹点显示，如图2-107所示。

10 单击【特性】工具栏上的【颜色控制】列表和【线型控制】列表，分别将当前对象的颜色和线型设置为"红色"和CENER，对象的显示结果如图2-108所示。

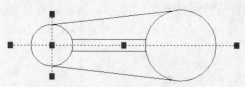

图2-107　中心线的夹点显示

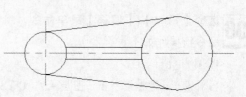

图2-108　更改线型和颜色

11 选择【绘图】|【正多边形】菜单命令，配合【圆心捕捉】功能，以两端圆的圆心作为中心点，绘制内部的正八边形。命令行操作如下：

命令：_polygon

输入边的数目 <4>：　　　　　　　　　　　　//8 Enter，设置边数

指定正多边形的中心点或 [边(E)]：　　　　　　//捕捉左端圆的圆心

输入选项 [内接于圆(I)/外切于圆(C)] <I>：　　//i Enter，激活【内接于圆】选项

指定圆的半径：　　　　　　　　　　　　　//4 Enter，输入外接圆半径

命令：　　　　　　　　　　　　　　　　　//Enter，重复执行命令

POLYGON 输入边的数目 <8>：　　　　　　　//Enter，采用当前设置

指定正多边形的中心点或 [边(E)]：　　　　　　//捕捉右端圆的圆心

输入选项 [内接于圆(I)/外切于圆(C)] <I>：　　//i Enter，激活【内接于圆】选项

指定圆的半径：　　　　　　　　　　　　　//7.5 Enter，结果如图2-109所示

12 在无命令执行的前提下，拉出如图2-110所示的窗交选择框，选择需要编辑的对象。

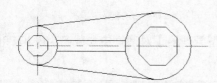

图2-109　绘制正八边形轮廓

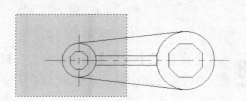

图2-110　窗交选择

13 单击其中的一个夹点，进入夹点编辑模式，根据命令行的操作提示，将夹点显示的图形进行旋转复制。操作如下：

命令：

** 拉伸 **

指定拉伸点或 [基点(B)/复制(C)/放弃(U)/退出(X)]：　　// Enter，进入夹点移动模式

** 移动 **

指定移动点或 [基点(B)/复制(C)/放弃(U)/退出(X)]：　　// Enter，进入夹点旋转模式

** 旋转 **

指定旋转角度或 [基点(B)/复制(C)/放弃(U)/参照(R)/退出(X)]：//c Enter

** 旋转（多重）**

指定旋转角度或 [基点(B)/复制(C)/放弃(U)/参照(R)/退出(X)]：//b Enter

指定基点：　　　　　　　　　　　　　　　//捕捉大圆的圆心

** 旋转（多重）**

指定旋转角度或 [基点(B)/复制(C)/放弃(U)/参照(R)/退出(X)]: //-84 Enter

** 旋转（多重）**

指定旋转角度或 [基点(B)/复制(C)/放弃(U)/参照(R)/退出(X)]:

//Enter，退出夹点编辑模式，
结果如图2-111所示

14 按Esc键，取消对象的夹点显示，结果如图2-112所示。

15 选择【修改】|【圆角】菜单命令，对轮廓线A、B进行圆角。命令行操作如下：

命令: _fillet

当前设置: 模式 = 修剪，半径 = 2.0000

选择第一个对象或 [放弃(U)/多段线(P)/半径(R)/修剪(T)/多个(M)]: //r Enter

指定圆角半径 <2.0000>: //6 Enter，设置圆角半径

选择第一个对象或 [放弃(U)/多段线(P)/半径(R)/修剪(T)/多个(M)]:

//选择如图2-112所示的轮廓
线A

选择第二个对象，或按住 Shift 键选择要应用角点的对象:

//选择轮廓线B，圆角结果如图
2-113所示

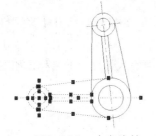

图2-111　夹点旋转

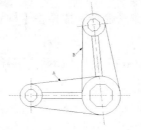

图2-112　取消夹点

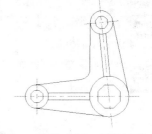

图2-113　圆角结果

16 最后执行【保存】命令，将图形命名存储为"实例27.dwg"。

第3章 零件图文字注解

本章将通过12个典型实例，集中讲解AutoCAD各类文字的快速标注技能，以方便为零件图标注文字注解、技术要求和填充明细等。

实例028 标注零件图单行文字注解

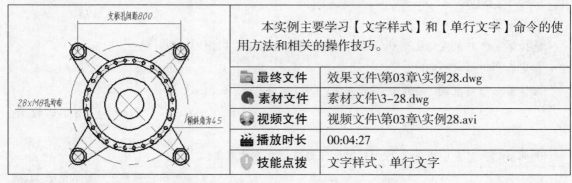

	本实例主要学习【文字样式】和【单行文字】命令的使用方法和相关的操作技巧。	
📁 最终文件	效果文件\第03章\实例28.dwg	
📀 素材文件	素材文件\3-28.dwg	
🎥 视频文件	视频文件\第03章\实例28.avi	
⏱ 播放时长	00:04:27	
🛡 技能点拨	文字样式、单行文字	

01 打开随书光盘中的"素材文件\3-28.dwg"文件，如图3-1所示。

02 选择【格式】|【文字样式】菜单命令，或单击【样式】工具栏中的 按钮，打开【文字样式】对话框。

03 单击对话框中的 新建(N)... 按钮，在打开的【新建文字样式】对话框中输入新样式的名称，如图3-3所示。

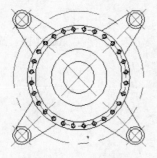

图3-1 打开结果

图3-2 为新样式命名

04 单击 确定 按钮返回【文字样式】对话框，分别设置字体以及宽度因子参数，如图3-3所示。

05 单击 应用(A) 按钮，并关闭【文字样式】对话框，然后使用【直线】命令绘制如图3-4所示的直线段作为文字注释的指示线。

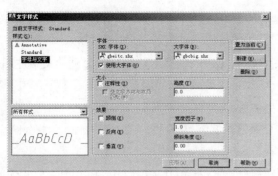

图3-3 设置新样式

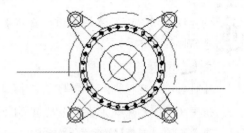

图3-4 绘制文字指示线

06 选择【绘图】|【文字】|【单行文字】菜单命令，标注单行文字。命令行操作如下：

命令：_dtext

当前文字样式：字母与文字 当前文字高度：2.5000 注释性：否

指定文字的起点或 [对正(J)/样式(S)]: //在左侧指示线的左端拾取文字的起点

指定高度 <2.5000>: //6 Enter，设置字体的高度

指定文字的旋转角度 <0>: //Enter，此时绘图区出现如图3-5所示的单行文
字输入框，然后输入如图3-6所示的文字

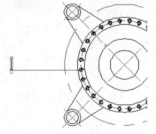

图3-5 单行文字输入框

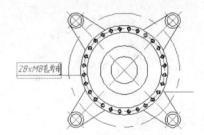

图3-6 输入单行文字

🔍**提示** 当输入完汉字时，必须将当前的输入法转换为"英文"输入法状态，才能输入数字。
以前的CAD版本不存在这种现象。

07 按Enter键，结束命令，标注结果如图3-7所示。

08 重复执行【单行文字】命令，按照当前的参数设置，标注右侧的文字注解，结果如图3-8
所示。

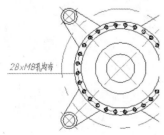

图3-7 标注结果

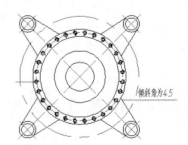

图3-8 标注右侧文字

09 执行【直线】命令，配合捕捉与追踪功能绘制如图3-9所示的文字指示线。

10 使用快捷键"DT"激活【单行文字】命令，配合【中点捕捉】功能标注上侧的文字注解。命令行操作如下：

命令：dt

TEXT当前文字样式："字母与文字"　文字高度：6.0　注释性：否

指定文字的起点或 [对正(J)/样式(S)]：　　　　/j Enter

输入选项 [对齐(A)/布满(F)/居中(C)/中间(M)/右对齐(R)/左上(TL)/中上(TC)/右上(TR)/左中(ML)/正中(MC)/右中(MR)/左下(BL)/中下(BC)/右下(BR)]：

　　　　　　　　　　　　　　　　//在打开的右键菜单中选择如图3-10所示的对正方式

指定文字的中心点：　　　　　　　//捕捉如图3-11所示的中点

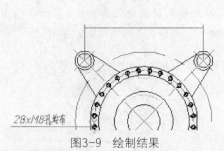
图3-9　绘制结果

输入选项
对齐(A)
布满(F)
居中(C)
中间(M)
右对齐(R)
左上(TL)
中上(TC)
右上(TR)
左中(ML)
正中(MC)
右中(MR)
左下(BL)
中下(BC)
右下(BR)

图3-10　右键菜单

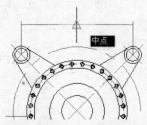
图3-11　捕捉中点

指定高度 <6.0>：　　　　　　　　//Enter

指定文字的旋转角度 <0.00>：　　　//Enter，输入"支板孔间距800"，然后按Enter键，标注结果如图3-12所示

11 使用快捷键"M"激活【移动】命令，将标注的文字对象垂直向上移动2个单位，结果如图3-13所示。

图3-12　标注结果

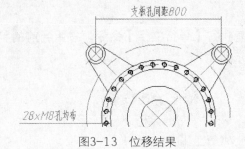
图3-13　位移结果

12 最后执行【另存为】命令，将图形另名存储为"实例28.dwg"。

实例029　添加零件图文字符号注解

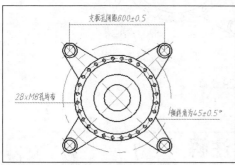

本实例主要学习【编辑文字】命令的使用方法和相关的操作技巧。

最终文件	效果文件\第03章\实例29.dwg
素材文件	素材文件\3-29.dwg
视频文件	视频文件\第03章\实例29.avi
播放时长	00:01:32
技能点拨	编辑文字

01 打开随书光盘中的"素材文件\3-29.dwg"文件。

02 使用快捷键"ED"激活【编辑文字】命令，或选择【修改】|【对象】|【文字】|【编辑】菜单命令，在命令行"选择注释对象或 [放弃(U)]:"提示下，选择如图3-14所示的文字对象。

03 当选择文字后，文字呈现反白显示状态，如图3-15所示。

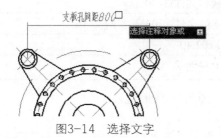

图3-14　选择文字

图3-15　反白显示状态

04 在文字的后面输入"％％P0.5"按Enter键，修改结果如图3-16所示。

05 重复执行【编辑文字】命令，修改其他位置的文字，为其添加特殊字符。命令行操作如下：

> 命令：
> DDEDIT选择注释对象或 [放弃(U)]:　　//选择如图3-17所示的文字，此时文字反白显示，如图
> 　　　　　　　　　　　　　　　　　　　3-18所示
> 选择注释对象或 [放弃(U)]:　　　　　//在文字的后面输入"％％P0.5％％D"

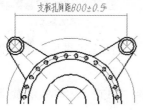

图3-16　修改结果

图3-17　选择文字

06 按Enter键结束命令，修改结果如图3-19所示。

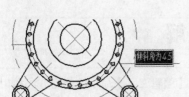

图3-18 反白显示

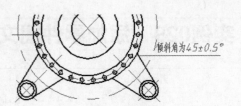

图3-19 修改结果

07 最后执行【另存为】命令，将图形另名存储为"实例29.dwg"。

实例030 标注零件图段落文字注解

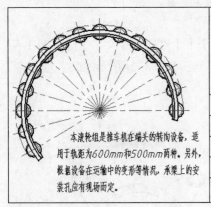

	本实例主要学习【多行文字】命令的使用方法和相关的操作技巧。
📁 最终文件	效果文件\第03章\实例30.dwg
🔵 素材文件	素材文件\3-30.dwg
👤 视频文件	视频文件\第03章\实例30.avi
🎬 播放时长	00:02:40
🛡 技能点拨	多行文字

01 打开随书光盘中的"素材文件\3-30.dwg"文件，如图3-20所示。

02 在命令行输入"Style"或使用快捷键"ST"，激活【文字样式】命令，打开的对话框如图3-21所示。

图3-20 打开结果

图3-21 设置字体参数

03 选择【绘图】|【文字】|【多行文字】菜单命令，或单击【绘图】工具栏上的**A**按钮，激活【多行文字】命令。

🔍**提示** 直接在命令行输入"Mtext"或使用快捷键"T"和"MT"，都可以激活【多行文字】命令。

04 根据命令行的提示，从左上向右下拉出如图3-22所示的矩形框，打开如图3-23所示的【文字格式】编辑器。

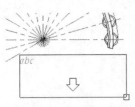

图3-22 拉出矩形框

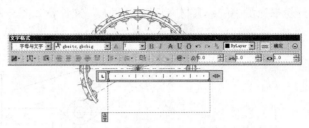

图3-23 打开【文字格式】编辑器

05 在【文字格式】编辑器中，当前的文字样式、字体及字体高度等参数不变，在下侧的文字输入框内输入如图3-24所示的段落文字。

图3-24 输入段落文字

06 将光标放在段落的开始位置，按空格键调整段落文字的格式，如图3-25所示。

🔍 **提示** 在调整段落格式时，需要将当前的输入法状态设置为英文输入法状态。

07 单击【文字格式】编辑器中的 确定 按钮，结束【多行文字】命令，标注结果如图3-26所示。

图3-25 调整段落格式

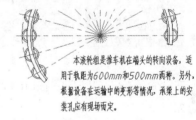

图3-26 标注结果

08 最后执行【另存为】命令，将图形另名存储为"实例30.dwg"。

实例031　标注零件图引线文字注解

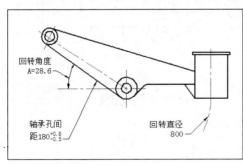

		本实例主要学习【快速引线】命令的使用方法和相关的操作技巧。
📋	**最终文件**	效果文件\第03章\实例31.dwg
🔵	**素材文件**	素材文件\3-31.dwg
🔴	**视频文件**	视频文件\第03章\实例31.avi
📷	**播放时长**	00:03:42
🛡	**技能点拨**	快速引线、标注样式

01 打开随书光盘中的"素材文件3-31.dwg"文件，如图3-27所示。

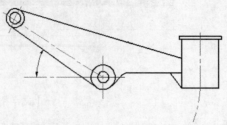

图3-27 打开结果

02 选择【标注】|【标注样式】菜单命令，修改尺寸的全局比例，如图3-28所示。

> 命令: LE
> QLEADER指定第一个引线点或 [设置(S)] <设置>:
> //s Enter，打开【引线设置】对话框，设置参数如图3-29和图3-30所示

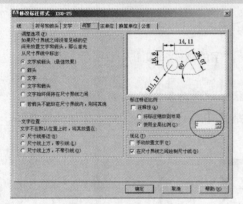

图3-28 修改标注比例

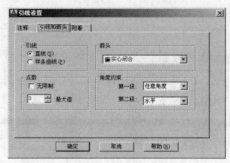

图3-29 设置引线参数

03 在命令行输入"LE"后按Enter键，激活【快速引线】命令，标注引线注解。命令行操作如下：

04 根据命令行的提示指定引线点，绘制如图3-31所示的引线。

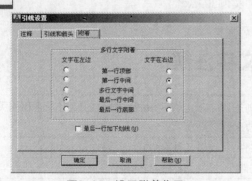

图3-30 设置附着位置

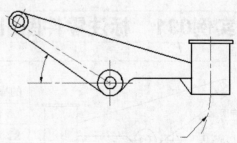

图3-31 绘制引线

05 在命令行"指定文字宽度 <0>:"提示下按Enter键，采用默认设置。

06 在命令行"输入注释文字的第一行〈多行文字(M)〉:"提示下，输入"回转直径800"后，按Enter键，标注结果如图3-32所示。

🔍**提示** 在对象上拾取第一个引线点时，可以配合【最近点】捕捉功能。

07 按Enter键，重复执行【快速引线】命令，标注侧的引线注释，结果如图3-33所示。

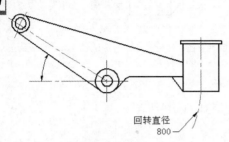
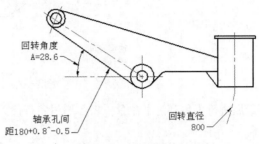

图3-32 标注结果 　　　　　　　　　图3-33 标注结果

08 在左下侧文字对象上双击左键，打开【文字格式】编辑器，如图3-34所示。

图3-34 打开【文字格式】编辑器

09 在多行文字输入框内反白显示如图3-35所示的文字内容。

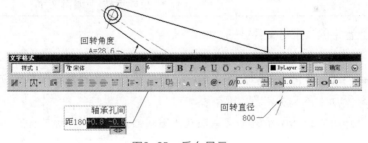

图3-35 反白显示

10 单击堆叠按钮，将选择的文字堆叠，结果如图3-36所示。

图3-36 堆叠结果

🔍**提示** 符号"^"是按Shift+6组合键输入的。

11 单击 确定 按钮，关闭【文字格式】编辑器，标注结果如图3-37所示。

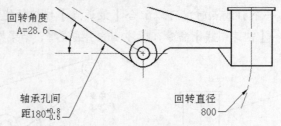

回转角度
A=28.6°

轴承孔间
距180$^{+0.8}_{-0.5}$

回转直径
800

图3-37 修改结果

12 最后执行【另存为】命令，将图形另名存储为"实例31.dwg"。

实例032 编辑零件图引线文字注解

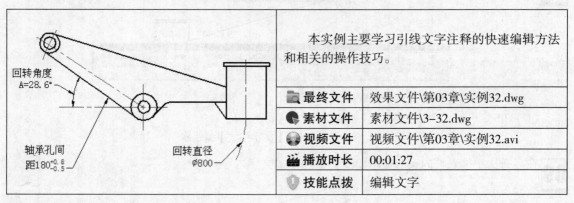

回转角度
A=28.6°

轴承孔间
距180$^{+0.8}_{-0.5}$

回转直径
Ø800

本实例主要学习引线文字注释的快速编辑方法和相关的操作技巧。

最终文件	效果文件\第03章\实例32.dwg	
素材文件	素材文件\3-32.dwg	
视频文件	视频文件\第03章\实例32.avi	
播放时长	00:01:27	
技能点拨	编辑文字	

01 打开随书光盘中的"素材文件\3-32.dwg"文件。

02 使用快捷键"ED"激活【编辑文字】命令，在命令行"选择注释对象或[放弃(U)]:"提示下，选择如图3-38所示的文字对象。

03 此时系统打开如图3-39所示的【文字格式】编辑器，然后将光标放在文字内容的后面。

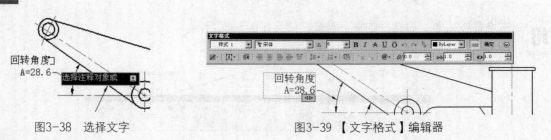

回转角度
A=28.6°
选择注释对象或

回转角度
A=28.6

图3-38 选择文字   图3-39 【文字格式】编辑器

04 在【文字格式】编辑器中单击"符号"按钮 @·，在打开的菜单中选择如图3-40所示的"度数"符号代码。

05 单击确定按钮，结果为选择的文字添加度数符号，结果如图3-41所示。

图3-40 添加度数符号

图3-41 添加度数符号

06 继续在命令行"选择注释对象或[放弃(U)]:"提示下，选择右下侧的文字对象，为其添加直径符号，如图3-42所示。

07 单击 确定 按钮，为选择的文字添加度数符号，结果如图3-43所示。

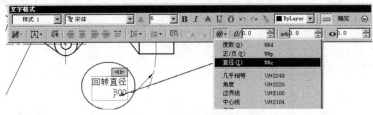

图3-42 选择直径符号

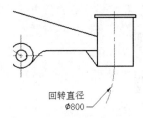

图3-43 添加结果

08 最后执行【另存为】命令，将图形另名存储为"实例32.dwg"。

实例033 标注减速器箱体技术要求

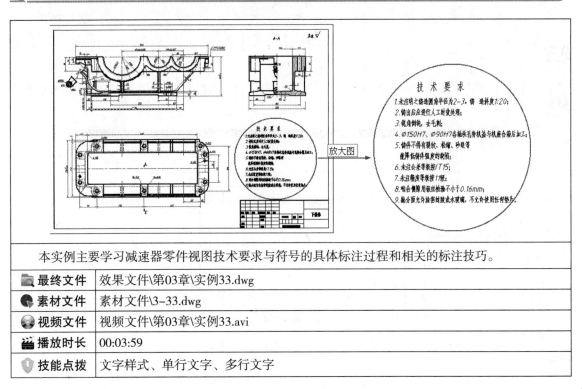

本实例主要学习减速器零件视图技术要求与符号的具体标注过程和相关的标注技巧。

📁 最终文件	效果文件\第03章\实例33.dwg
🔴 素材文件	素材文件\3-33.dwg
🔵 视频文件	视频文件\第03章\实例33.avi
📼 播放时长	00:03:59
🛡 技能点拨	文字样式、单行文字、多行文字

01 打开随书光盘中的"素材文件\3-33.dwg"文件。

02 选择【格式】|【文字样式】菜单命令，打开【文字样式】对话框，新建如图3-3所示的文字样式。

03 使用快捷键"DT"激活【单行文字】命令，在图框右上角标注"其余"字样。命令行操作如下：

```
命令: dt                                    //Enter，激活【单行文字】命令
TEXT当前文字样式："字母与文字"  文字高度：3.5  注释性：否
指定文字的起点或［对正(J)/样式(S)］:        //在图框右上角指定文字的起点
指定高度 <3.5>:                             //7 Enter，输入文字高度
指定文字的旋转角度 <0>:                      // Enter
```

04 此时绘图区出现如图3-44所示的单行文字输入框，输入"其余"字样，如图3-45所示。

05 连续两次按Enter键，结束【单行文字】命令，结果如图3-46所示。

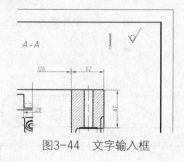
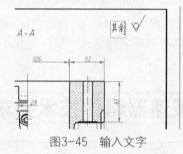
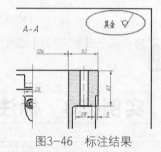

图3-44 文字输入框　　　　　图3-45 输入文字　　　　　图3-46 标注结果

06 单击【绘图】工具栏上的 **A** 按钮，激活【多行文字】命令，在图框的右下侧空白区域内拾取两点，打开【文字格式】编辑器。

07 在【文字格式】编辑器内设置文字样式和字体高度，然后输入如图3-47所示的"技术要求"字样。

图3-47 输入标题内容

08 在多行文字输入框内为输入的"技术要求"标题添加空格，结果如图3-48所示。

图3-48 添加空格

09 修改当前文字高度为7，在文字输入框内输入第一条技术要求内容，如图3-49所示。

10 按Enter键，分别输入其他行技术内容，结果如图3-50所示。

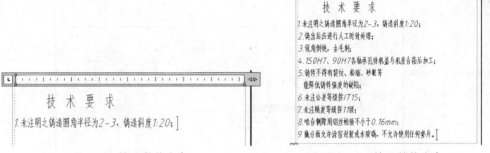

图3-49 输入段落内容　　　　　　　图3-50 输入其他内容

11 将光标分别放在"150H7"和"90H7"前面，为其添加直径符号，如图3-51所示。

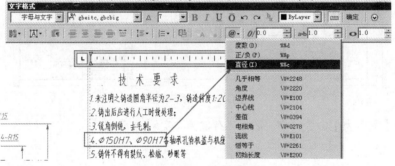

图3-51 添加符号

12 单击 确定 按钮结束【多行文字】命令，标注结果如图3-52所示。

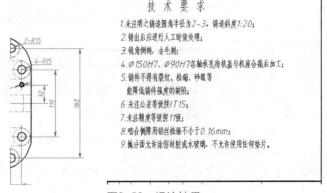

图3-52 标注结果

13 重复执行【多行文字】命令，设置字体高度为7，文字样式为"汉字"，对正方式为"正中"对正，为标题栏填充图名，如图3-53所示。

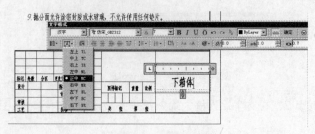

图3-53　填充图名

14 使用视图缩放功能调整视图，将图形全部显示，观看其整体效果，如图3-54所示。

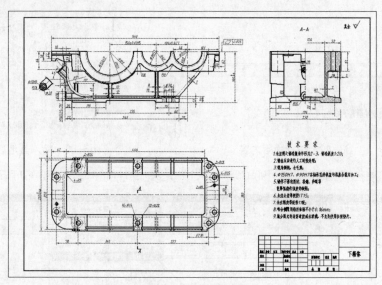

图3-54　调整视图

15 最后执行【另存为】命令，将图形另名存储为"实例33.dwg"。

实例034　快速创建零件图明细表格

本实例主要学习零件装配图明细表格的快速创建和填充技巧。

📁 **最终文件**	效果文件\第03章\实例34.dwg
🌐 **视频文件**	视频文件\第03章\实例34.avi
⏱ **播放时长**	00:05:20
🛡 **技能点拨**	表格样式、表格

01 新建文件，然后执行【文字样式】命令，打开【文字样式】对话框，创建如图3-3所示的文字样式。

02 单击【样式】工具栏上的🔲按钮，激活【表格样式】命令，打开【表格样式】对话框，新建如图3-55所示的表格样式。

03 单击 继续 按钮,打开【新建表格样式:明细表】对话框,设置表格的方向和数据参数,如图3-56所示。

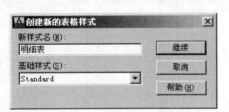

图3-55 为样式赋名

图3-56 设置数据参数

04 在【新建表格样式:明细表】对话框中展开【文字】选项卡,设置字体高度参数和文字样式,如图3-57所示。

05 在对话框中展开【单元样式】下拉列表,选择【表头】选项,并设置表格参数,如图3-58所示。

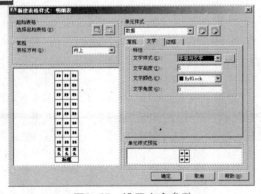

图3-57 设置文字参数

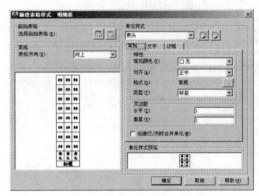

图3-58 设置表头参数

06 展开【文字】选项卡,设置文字的高度参数,如图3-59所示。

07 在对话框中展开【单元样式】下拉列表,选择【标题】选项,并设置标题参数,如图3-60所示。

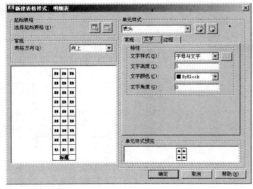

图3-59 设置表头字高

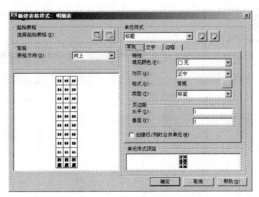

图3-60 设置标题参数

08 展开【文字】选项卡，设置文字的高度参数，如图3-61所示。

09 单击 确定 按钮返回【表格样式】对话框，将新设置的表格样式置为当前，如图3-62所示。

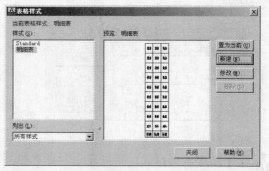

图3-61　设置字高　　　　　　　　　　　　　图3-62　【表格样式】对话框

10 单击【绘图】工具栏上的 按钮，激活【表格】命令，在打开的【插入表格】对话框中设置参数，如图3-63所示。

11 单击 确定 按钮，在命令行"指定插入点："提示下，在绘图区拾取一点，插入表格，系统同时打开【文字格式】对话框，用于输入表格内容，如图3-64所示。

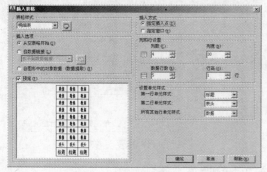

图3-63　【插入表格】对话框　　　　　　　　　图3-64　插入表格

12 在反白显示的表格内输入"序号"，如图3-65所示。

13 按Tab键，在右侧的表格内输入"名称"，如图3-66所示。

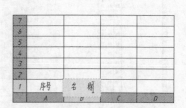

图3-65　输入表格文字　　　　　　　　　　　　图3-66　输入表格文字

14 通过按Tab键，分别在其他表格内输入文字内容，并适当添加空格，结果如图3-67所示。

15 单击 确定 按钮，所创建的明细表及表格列表题内容如图3-68所示。

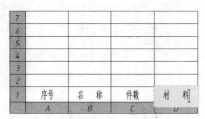

图3-67 输入列表题内容

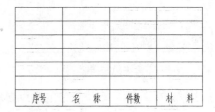

图3-68 创建明细表

16 最后执行【保存】命令，将图形命名存储为"实例34.dwg"。

实例035 编辑与填充零件图明细表

14	30	14	44	
6	调节支承	1	45	
5	弹 簧	1	碳素弹簧钢丝	
4	螺 栓	1	45	
3	定位套	2	GCr15	
2	支承套	2	GCr15	
1	夹具体	1	45	
序号	名 称	件数	材 料	

本实例主要学习零件图明细表格的快速编辑与表格文字的快速填充技能。		
📁 最终文件	效果文件\第03章\实例35.dwg	
🔵 素材文件	素材文件\3-35.dwg	
🔘 视频文件	视频文件\第03章\实例35.avi	
📷 播放时长	00:03:26	
🛡 技能点拨	夹点编辑、编辑文字	

01 打开随书光盘中的"素材文件\3-35.dwg"文件。

02 在无命令执行的前提下，选择刚创建的明细表格，使其夹点显示，如图3-69所示。

03 单击夹点1，进入夹点拉伸编辑模式，在命令行"** 拉伸 **指定拉伸点或 [基点(B)|复制(C)|放弃(U)|退出(X)]："提示下，输入"@16,0"并按Enter键，夹点拉伸的结果如图3-70所示。

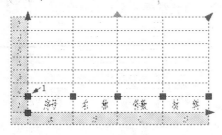

图3-69 表格的夹点显示

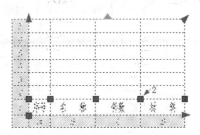

图3-70 夹点拉伸1

04 单击夹点2，进入夹点编辑模式，将其水平向左拉伸16个绘图单位，结果如图3-71所示。

05 单击夹点3，进入夹点编辑模式，将其水平向左拉伸2个绘图单位，结果如图3-72所示。

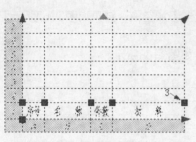

图3-71　夹点拉伸2

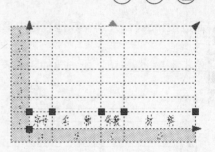

图3-72　夹点拉伸3

06 按键盘上的Esc键，取消表格的夹点显示状态，结果如图3-73所示。

07 在"序号"上方的方格内双击，在弹出的【文字格式】对话框中输入序号"1"，并修改对正方式为"正中"，结果如图3-74所示。

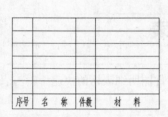

图3-73　编辑结果

图3-74　填充表格

08 按键盘上的Tab键，或按右方向键，切换方格，并输入如图3-75所示的表格内容。

09 通过按键盘上的Tab键，依次在其他单元格内输入明细表内容，并调整文字的对正方式，结果如图3-76所示。

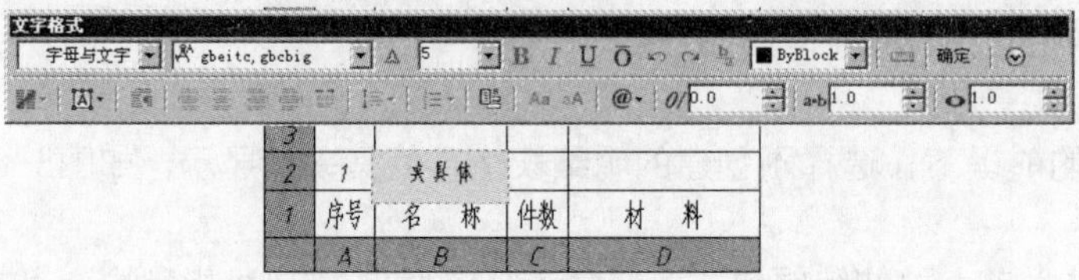

图3-75　填充表格

10 在【文字格式】编辑器单击 确定 按钮，结束命令，最终结果如图3-77所示。

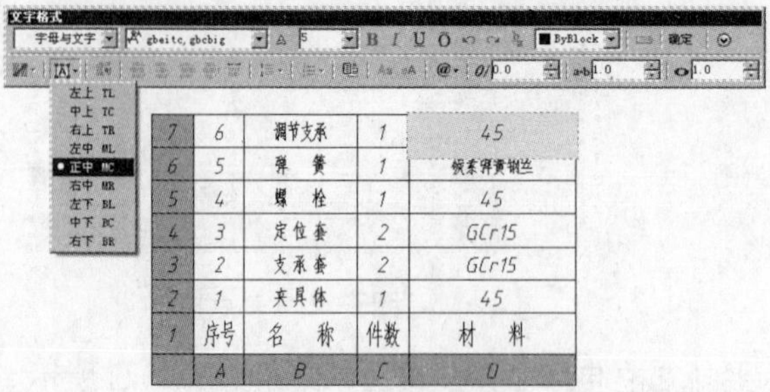

图3-76　填充结果

图3-77　最终结果

6	调节支承	1	45
5	弹簧	1	碳素弹簧钢丝
4	螺栓	1	45
3	定位套	2	GCr15
2	支承套	2	GCr15
1	夹具体	1	45
序号	名称	件数	材料

11 最后执行【另存为】命令，将图形另名存储为"实例35.dwg"。

实例036 标注轴零件技术要求与剖视符号

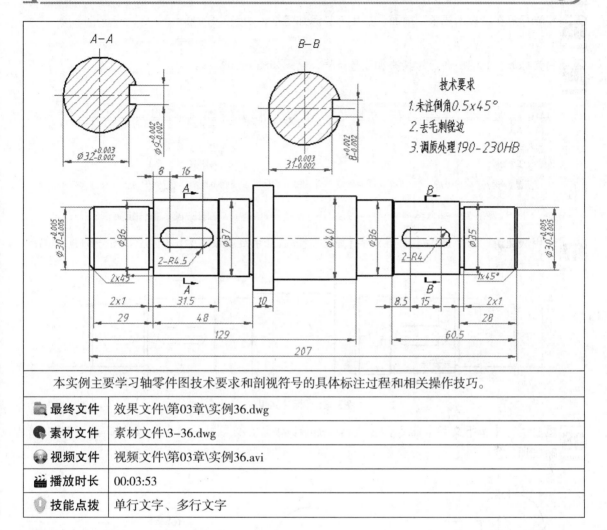

本实例主要学习轴零件图技术要求和剖视符号的具体标注过程和相关操作技巧。

📁 最终文件	效果文件\第03章\实例36.dwg
🔵 素材文件	素材文件\3-36.dwg
⚫ 视频文件	视频文件\第03章\实例36.avi
⏱ 播放时长	00:03:53
🛡 技能点拨	单行文字、多行文字

01 打开随书光盘中的"素材文件\3-36.dwg"文件。

02 使用快捷键"ST"激活【文字样式】命令,将"字母与文字"设置为当前文字样式。

03 使用快捷键"T"激活【多行文字】命令,为零件图标注如图3-78所示的技术要求标题等,其中字高为6。

图3-78 输入标题

04 按Enter键，分别输入技术要求的内容，如图3-79所示。

05 将光标放在"技术要求"前面，然后为其添加空格，如图3-80所示。

06 将光标放在45的后面，为其添加度数符号，结果如图3-80所示。

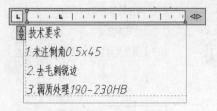

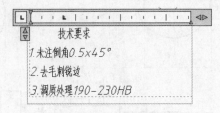

图3-79　输入结果　　　　　　　　　　　图3-80　操作结果

07 使用快捷键"DT"激活【单行文字】命令，设置文字高度设置为5，标注如图3-81所示的剖视字母编号。

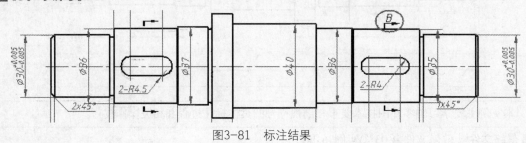

图3-81　标注结果

08 重复执行【单行文字】命令，按照当前的参数设置，分别标注其他位置的编号，结果如图3-82所示。

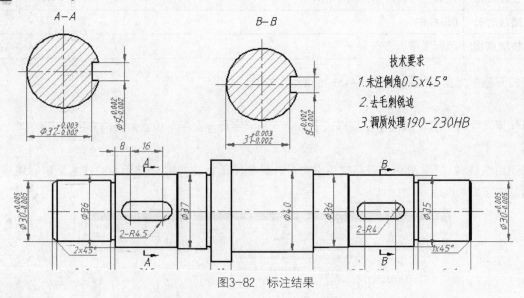

图3-82　标注结果

09 最后执行【另存为】命令，将图形另名存储为"实例36.dwg"。

实例037 标注铣床零件装配图技术要求

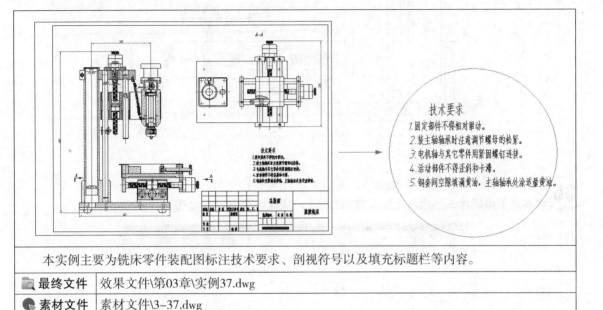

本实例主要为铣床零件装配图标注技术要求、剖视符号以及填充标题栏等内容。

📁 最终文件	效果文件\第03章\实例37.dwg
🎨 素材文件	素材文件\3-37.dwg
🎬 视频文件	视频文件\第03章\实例37.avi
⏱ 播放时长	00:05:58
🛡 技能点拨	单行文字、多行文字、文字样式

01 打开随书光盘中的"素材文件\3-37.dwg"文件。

02 将"细实线"设置为当前图层，然后单击【样式】工具栏上的 按钮，激活【文字样式】命令，设置文字样式如图3-3所示。

03 单击【文字】工具栏上的 按钮，激活【单行文字】命令，标注剖视符号。命令行操作如下：

命令: _text

当前文字样式: "字母与文字" 文字高度: 3.5 注释性: 否

指定文字的起点或 [对正(J)/样式(S)]: //在所需位置指定起点

指定高度 <3.5>: //7 Enter

指定文字的旋转角度 <0>: //0 Enter

04 此时绘图区出现如图3-83所示的单行文字输入框，然后输入如图3-84所示的单行文字。

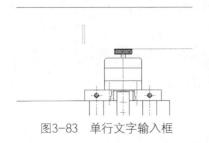

图3-83 单行文字输入框

图3-84 输入文字

05 分别将光标移至其他位置，标注如图3-85所示的剖视符号，并结束【单行文字】命令。

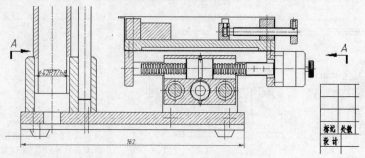

图3-85　标注结果

06 单击【绘图】工具栏上的 **A** 按钮，激活【多行文字】命令，在空白区域指定两点，打开【文字格式】编辑器，然后将文字高度设置为9，输入标题内容，如图3-86所示。

图3-86　输入标题

07 按Enter键，将文字高度设置为7，然后输入第一行技术要求内容，如图3-87所示。

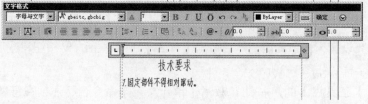

图3-87　输入第一行内容

08 多次按Enter键，分别输入其他行文字内容，如图3-88所示。

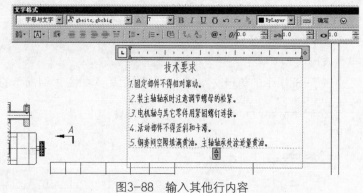

图3-88　输入其他行内容

09 单击 确定 按钮，关闭【文字格式】编辑器。

10 重复执行【多行文字】命令，分别捕捉如图3-89所示的点A和点B，打开【文字格式】编辑器。

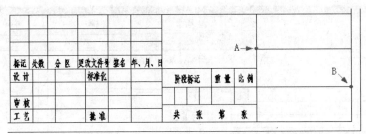

图3-89 定位点

11 在【文字格式】编辑器内设置文字样式、字体高度和对正方式等参数，如图3-90所示。

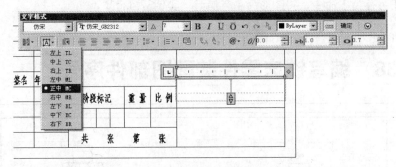

图3-90 设置参数

12 在下侧的多行文字输入框内输入如图3-91所示的文字内容。

图3-91 输入文字

13 单击 确定 按钮，关闭【文字格式】编辑器，标注结果如图3-92所示。

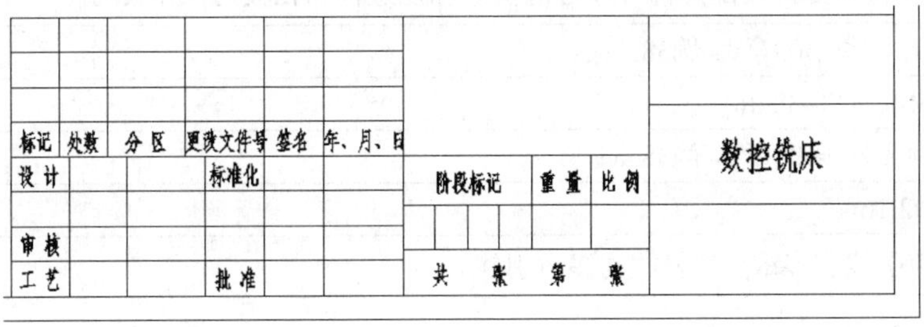

图3-92 标注结果

14 重复执行【多行文字】命令，按照当前的参数设置，标注如图3-93所示的文字内容。

图3-93　输入文字

15 最后执行【另存为】命令，将图形另名存储为"实例37.dwg"。

实例038　编写铣床零件装配图部件序号

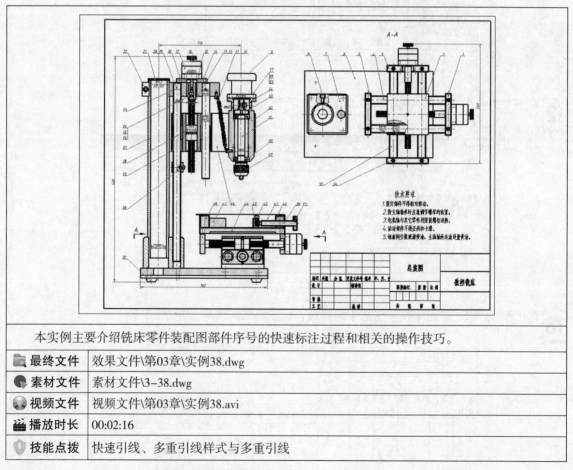

本实例主要介绍铣床零件装配图部件序号的快速标注过程和相关的操作技巧。

📁 最终文件	效果文件\第03章\实例38.dwg
🌐 素材文件	素材文件\3-38.dwg
🎬 视频文件	视频文件\第03章\实例38.avi
⏱ 播放时长	00:02:16
🛡 技能点拨	快速引线、多重引线样式与多重引线

01 打开随书光盘中的"素材文件\3-38.dwg"文件。

02 展开【图层控制】下拉列表，将"标注线"设置为当前图层。

03 使用快捷键"LE"激活【快速引线】命令，在命令行"指定第一个引线点或［设置(S)］〈设置〉："提示下激活【设置】选项，在【引线和箭头】选项卡内设置参数如图3-94所示。

04 展开【附着】选项卡，设置文字的附着位置，如图3-95所示。

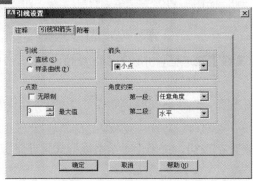
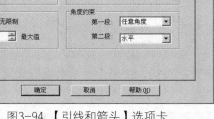
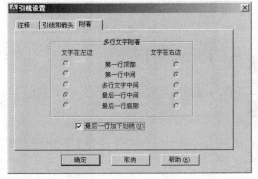

图3-94 【引线和箭头】选项卡　　　　图3-95 【附着】选项卡

05 单击 确定 按钮返回绘图区，根据命令行的提示绘制引线并标注序号。

命令行操作如下：

指定第一个引线点或［设置(S)］〈设置〉：〈对象捕捉 关〉
　　　　　　　　　　　　　//在如图3-96所示位置拾取第一个引线点
指定下一点：　　　　　　　　//在如图3-97所示位置拾取第二个引线点
指定下一点：　　　　　　　　//向右引导光标拾取第三个引线点
指定文字宽度〈0〉：　　　　//Enter
输入注释文字的第一行〈多行文字(M)〉：//1 Enter
输入注释文字的下一行：　　　//Enter，标注结果如图3-98所示

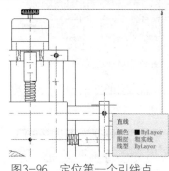
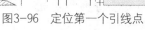
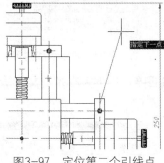
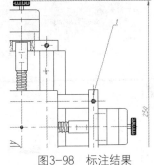

图3-96 定位第一个引线点　　图3-97 定位第二个引线点　　图3-98 标注结果

06 重复执行【快速引线】命令，按照当前的参数设置，标注其他侧的序号，结果如图3-99所示。

07 选择【格式】|【多重引线样式】菜单命令，在打开的【多重引线样式管理器】对话框中单击 修改(M)... 按钮，在【引线格式】选项卡内修改箭头及大小参数，如图3-100所示。

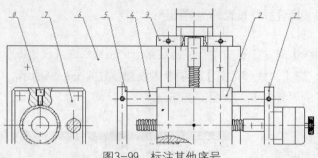

图3-99 标注其他序号　　　　　　　　　　图3-100 设置引线格式

08 展开【引线结构】选项卡，取消选中【自动包含基线】复选框，并设置引线点数，如图3-101所示。

09 展开【内容】选项卡，设置多重引线类型及引线连接，如图3-102所示。

10 返回【多重引线样式管理器】对话框，单击 关闭 按钮，关闭【多重引线样式管理器】对话框。

11 选择【标注】|【多重引线】菜单命令，继续为零件图标注序号。命令行操作如下：

命令：_mleader
指定引线箭头的位置或 [引线基线优先(L)/内容优先(C)/选项(O)] <选项>：
　　　　　　　　　　//在如图3-103所示的位置拾取点
指定引线基线的位置：　　　//在如图3-104所示的位置拾取点

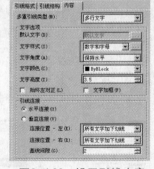

图3-101 设置引线结构　　图3-102 设置引线内容　　图3-103 定位引线箭头

12 此时系统打开【文字格式】编辑器，接下来在多行文字输入框内输入如图3-105所示的零件序号。

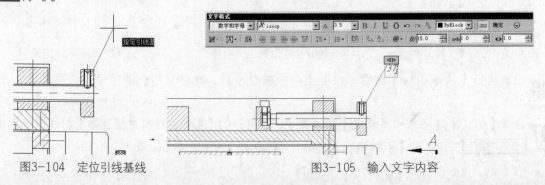

图3-104 定位引线基线　　　　　　　图3-105 输入文字内容

13 单击 确定 按钮,标注结果如图3-106所示。

14 重复执行【多重引线】命令,按照当前的参数设置,标注左侧的零件序号,结果如图3-107所示。

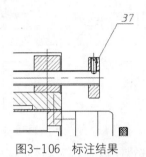

图3-106 标注结果

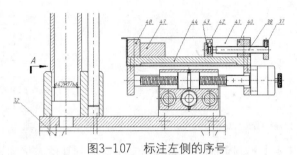

图3-107 标注左侧的序号

15 综合使用【快速引线】和【多重引线】命令,继续为组装图标注其他位置的序号,标注结果如图3-108所示。

16 最后执行【另存为】命令,将图形另名存储为"实例38.dwg"。

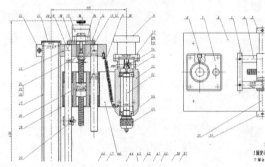

图3-108 标注其他序号

实例039 快速填充齿轮零件明细表格

模数		4
齿数Z		45
压力角		20°
精度等级		7FL
配偶齿轮	件号	02
	齿数	20

本实例主要学习齿轮零件明细表格文字的快速填充技能和相关的操作技巧。

📁	**最终文件**	效果文件\第03章\实例39.dwg
🌐	**素材文件**	素材文件\3-39.dwg
💿	**视频文件**	视频文件\第03章\实例39.avi
⏱	**播放时长**	00:04:16
🛡	**技能点拨**	多行文字、复制、编辑文字

01 打开随书光盘中的"素材文件\3-39.dwg"文件,如图3-109所示。

02 单击【绘图】工具栏中的 **A** 按钮,在命令行"指定第一角点:"提示下捕捉如图3-109所示的M点作为文字边界框的第一个角点。

03 根据命令行的提示,拾取N点作为文字边界框的对角点。

04 此时打开【文字格式】编辑器,然后设置文字对正方式为"正中",字体为"宋体"、字高为3.5。

05 在多行文字输入框内输入"模数"字样，然后单击 确定 按钮，结果此方格内被填写上文字，如图3-110所示。

06 选择【绘图】|【多段线】菜单命令，连接每个方格的两个对角点绘制对角线作为辅助线，结果如图3-111所示。

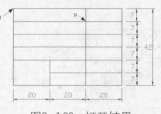　　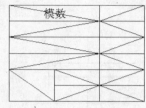

图3-109　打开结果　　　　　　图3-110　填写文字　　　　　　图3-111　绘制对角线

07 使用【复制】命令，将表格文字复制到其他方格内，基点为方格对角线中点，目标点为其他方格对角线的中点，结果如图3-112所示。

08 使用快捷键"E"激活【删除】命令，删除表格对角线，结果如图3-113所示。

09 选择【修改】|【对象】|【文字】|【编辑】菜单命令，在命令行"选择注释对象或[放弃（U）]:"提示下，选择复制出的多行文字。

10 此时系统自动弹出【文字格式】编辑器，在文本编辑框内选择文字对象，将其修改为"齿数Z"，结果如图3-114所示。

图3-112　复制结果　　　　　　图3-113　删除结果　　　　　　图3-114　修改文字

11 继续在命令行"选择注释对象或[放弃（U）]:"提示下，分别对其他位置的方格文字进行修改，最终结果如图3-115所示。

12 再次执行文本编辑命令，选择"配偶齿轮"文字对象，在打开的【文字格式】编辑器内修改文本对象的宽度，如图3-116所示。

13 单击 确定 按钮，结果此方格内的文本宽度被修改，如图3-117所示。

模数	4
齿数Z	45
压力角	20°
精度等级	7FL
配偶齿轮	件数 02
	齿数 20

图3-115　修改其他文字　　　　图3-116　修改文本宽度　　　　图3-117　修改结果

14 最后执行【另存为】命令，将图形另名存储为"实例39.dwg"。

第4章　零件图尺寸标注

本章将通过12个典型实例，集中讲解AutoCAD各类尺寸和公差的快速标注技能，以方便为零件图标注尺寸、形位公差和尺寸公差等。

实例040　标注零件图线性尺寸

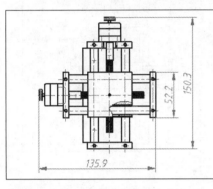

本实例主要学习【线性】命令的使用方法和相关的操作技巧。	
📁 最终文件	效果文件\第04章\实例40.dwg
🔖 素材文件	素材文件\4-40.dwg
🎬 视频文件	视频文件\第04章\实例40.avi
⏱ 播放时长	00:01:48
🛡 技能点拨	线性、对象捕捉

01 打开随书光盘中的"素材文件\4-40.dwg"文件，如图4-1所示。

02 单击【标注】工具栏上的┗┛按钮，激活【线性】命令，配合【端点捕捉】功能标注零件图下侧的长度尺寸。命令行操作如下：

命令：_dimlinear
指定第一个尺寸界线原点或〈选择对象〉：
　　　　　　　　　　　　　　//捕捉如图4-2所示的交点
指定第二条尺寸界线原点：　//捕捉如图4-3所示的交点
指定尺寸线位置或[多行文字(M)/文字(T)/角度(A)/水平(H)/垂直(V)/旋转(R)]：
　　　　　　　　　　　　　　//向下移动光标，在适当位置拾取点，标注结果如图4-4所示
标注文字 = 135.9

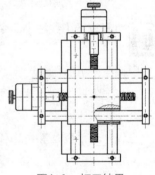

图4-1　打开结果

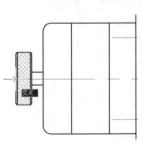

图4-2　捕捉交点1

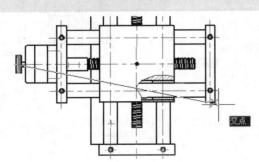

图4-3　捕捉交点2

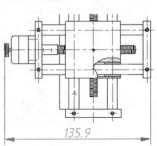

图4-4　标注结果

03 重复执行【线性】命令，配合【交点捕捉】功能标注零件图的宽度尺寸。命令行操作如下：

命令：_dimlinear
指定第一个尺寸界线原点或 <选择对象>：　　　//捕捉如图4-5所示的交点
指定第二条尺寸界线原点：　　　　　　　　　　//捕捉如图4-6所示的交点
指定尺寸线位置或[多行文字(M)/文字(T)/角度(A)/水平(H)/垂直(V)/旋转(R)]：
　　　　　　　　　　　　　　　　　　　　　//向右移动光标，在适当位置拾取点，标注结果
　　　　　　　　　　　　　　　　　　　　　　　如图4-7所示

标注文字 = 150.3

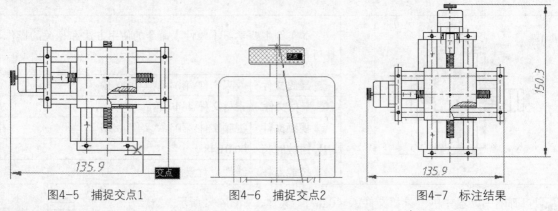

图4-5　捕捉交点1　　　　　　图4-6　捕捉交点2　　　　　　图4-7　标注结果

04 重复执行【线性】命令，继续标注零件图右侧的宽度尺寸。命令行操作如下：

命令：_dimlinear
指定第一个尺寸界线原点或 <选择对象>：　　　//Enter
选择标注对象：　　　　　　　　　　　　　　　//选择如图4-8所示的垂直轮廓线
指定尺寸线位置或[多行文字(M)/文字(T)/角度(A)/水平(H)/垂直(V)/旋转(R)]：
　　　　　　　　　　　　　　　　　　　　　//向右移动光标在适当位置拾取点，标注结果如
　　　　　　　　　　　　　　　　　　　　　　　图4-9所示

标注文字 = 52.2

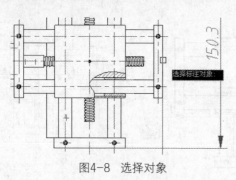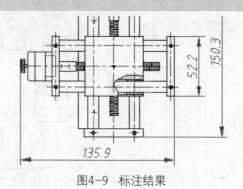

图4-8　选择对象　　　　　　　　　　　　図4-9　标注结果

05 最后执行【另存为】命令，将图形另名存储为"实例40.dwg"。

实例041 标注半径和直径尺寸

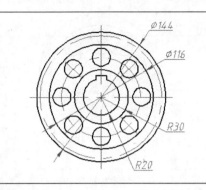

本实例主要学习【半径】和【直径】命令的使用方法和相关的操作技巧。

📁 最终文件	效果文件\第04章\实例41.dwg
🔖 素材文件	素材文件\4-41.dwg
🎬 视频文件	视频文件\第04章\实例41.avi
⏲ 播放时长	00:01:21
❗ 技能点拨	直径、半径

01 打开随书光盘中的"素材文件\4-41.dwg"文件，如图4-10所示。

02 选择【标注】|【半径】菜单命令，或单击【标注】工具栏上的◎
按钮，标注零件图的半径尺寸。命令行操作如下：

```
命令：_dimradius
选择圆弧或圆：                    //选择如图4-11所示
                                  的圆弧

标注文字 =20
指定尺寸线位置或 [多行文字(M)/文字(T)/角度(A)]：
                                //指定尺寸的位置，标注结果如图4-12所示
```

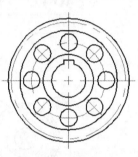

图4-10 打开结果

03 重复执行【半径】命令，标注如图4-13所示的半径尺寸。

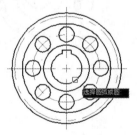

图4-11 选择圆弧

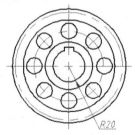

图4-12 标注结果1

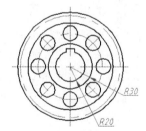

图4-13 标注结果2

04 选择【标注】|【直径】菜单命令，或单击【标注】工具栏上的◎按钮，标注零件图的直径尺寸。命令行操作如下：

```
命令：_dimdiameter
选择圆弧或圆：                    //选择如图4-14所示的圆
标注文字 = 144
指定尺寸线位置或 [多行文字(M)/文字(T)/角度(A)]：
                                //指定尺寸的位置，标注结果如图4-15所示
```

05 重复执行【直径】命令，标注如图4-16所示的直径尺寸。

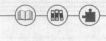

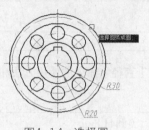

图4-14 选择圆

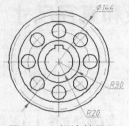

图4-15 标注结果1

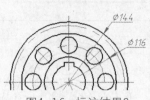

图4-16 标注结果2

06 最后执行【另存为】命令，将图形另名存储为"实例41.dwg"。

实例042 标注零件图对齐尺寸

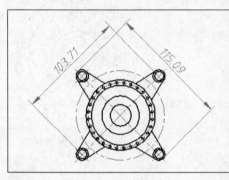

本实例主要学习【对齐】命令的使用方法和相关的操作技巧。

📁 最终文件	效果文件\第04章\实例42.dwg
🔴 素材文件	素材文件\4-42.dwg
🧑 视频文件	视频文件\第04章\实例42.avi
🎬 播放时长	00:01:10
🛡 技能点拨	对齐、对象捕捉

01 打开随书光盘中的"素材文件\4-42.dwg"文件，如图4-17所示。

02 单击【标注】工具栏中的 ↖ 按钮，执行【对齐】命令，配合【交点捕捉】功能标注对齐线尺寸。命令行操作如下：

命令：_dimaligned

指定第一个尺寸界线原点或 <选择对象>： //捕捉如图4-18所示的交点

指定第二条尺寸界线原点： //捕捉如图4-19所示的交点

指定尺寸线位置或[多行文字(M)/文字(T)/角度(A)]：

//在适当位置指定尺寸线位置，标注结果如图4-20所示

标注文字 = 115.09

图4-17 打开结果

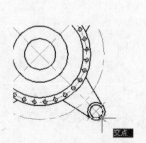

图4-18 捕捉交点1

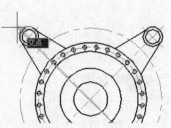

图4-19 捕捉交点2

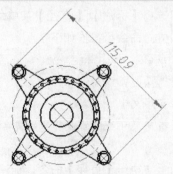

图4-20 标注结果

03 重复执行【对齐】命令，配合【交点捕捉】功能继续标注对齐线尺寸。命令行操作如下：

命令：_dimaligned

指定第一个尺寸界线原点或〈选择对象〉：   //捕捉如图4-21所示的交点

指定第二条尺寸界线原点：   //捕捉如图4-22所示的交点

指定尺寸线位置或[多行文字(M)/文字(T)/角度(A)]：

//在适当位置指定尺寸线位置，标注结果如图4-23所示

标注文字 = 103.71

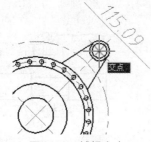
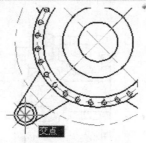
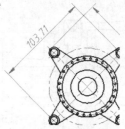

图4-21 捕捉交点1   图4-22 捕捉交点2   图4-23 标注结果

04 最后执行【另存为】命令，将图形另名存储为"实例42.dwg"。

实例043　标注零件图基线尺寸

本实例主要学习【基线】命令的使用方法和相关的操作技巧。	
📁 最终文件	效果文件\第04章\实例43.dwg
🔵 素材文件	素材文件\4-43.dwg
🔵 视频文件	视频文件\第04章\实例43.avi
📺 播放时长	00:01:27
🛡 技能点拨	基线、对象捕捉

01 打开随书光盘中的"素材文件\4-43.dwg"文件，如图4-24所示。

02 执行【线性】命令，配合【端点捕捉】功能标注如图4-25所示的线性尺寸作为基准尺寸。

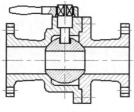
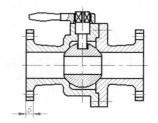

图4-24 打开结果   图4-25 标注结果

03 单击【标注】工具栏上的⊟按钮，激活【基线】命令，配合【端点捕捉】功能标注基线尺寸。命令行操作过程如下：

命令：_dimbaseline

指定第二条尺寸界线原点或［放弃(U)/选择(S)]〈选择〉：

//系统自动进入如图4-26所示的基线标注状态，此时捕捉如图4-27所示的端点

🔍**提示** 当激活【基线】命令后，AutoCAD会自动以刚创建的线性尺寸作为基准尺寸，进入基线尺寸的标注状态。

标注文字 = 51

指定第二条尺寸界线原点或［放弃(U)/选择(S)]〈选择〉： //捕捉如图4-28所示的端点

标注文字 = 64

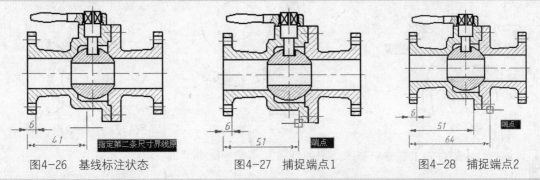

图4-26 基线标注状态　　　图4-27 捕捉端点1　　　图4-28 捕捉端点2

指定第二条尺寸界线原点或［放弃(U)/选择(S)]〈选择〉：//捕捉如图4-29所示的端点

标注文字 = 92

指定第二条尺寸界线原点或［放弃(U)/选择(S)]〈选择〉： //Enter，退出基线标注状态

选择基准标注： //Enter，退出命令。

🔍**提示** 命令中的"选择"选项用于提示选择一个线性、坐标或角度标注作为基线标注的基准，"放弃"选项用于放弃所标注的最后一个基线标注。

04 标注结果如图4-30所示。

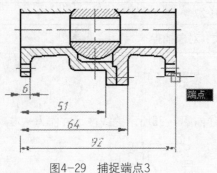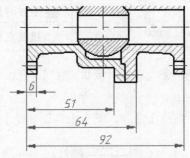

图4-29 捕捉端点3　　　　　　图4-30 标注结果

05 最后执行【另存为】命令，将图形另名存储为"实例43.dwg"。

实例044　标注零件图连续尺寸

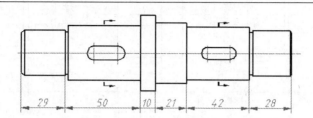

本实例主要学习【连续】命令的使用方法和相关的操作技巧。

📁 最终文件	效果文件\第04章\实例44.dwg
🌐 素材文件	素材文件\4-44.dwg
💿 视频文件	视频文件\第04章\实例44.avi
🎞 播放时长	00:01:19
💡 技能点拨	连续、对象捕捉

01 打开随书光盘中的"素材文件\4-44.dwg"文件。

02 使用【线性】命令标注如图4-31所示的线性尺寸。

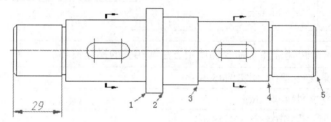

图4-31　标注结果

03 选择【标注】|【连续】菜单命令，配合【端点捕捉】功能，标注轴零件下侧的连续尺寸。命令行操作如下：

```
命令：_dimcontinue
指定第二条尺寸界线原点或 [放弃(U)/选择(S)] <选择>：        //捕捉图4-31所示的端点1
标注文字 = 50
指定第二条尺寸界线原点或 [放弃(U)/选择(S)] <选择>：        //捕捉端点2
标注文字 = 10
指定第二条尺寸界线原点或 [放弃(U)/选择(S)] <选择>：        //捕捉端点3
标注文字 = 21
指定第二条尺寸界线原点或 [放弃(U)/选择(S)] <选择>：        //捕捉端点4
标注文字 = 42
指定第二条尺寸界线原点或 [放弃(U)/选择(S)] <选择>：        //捕捉端点5
标注文字 = 28
指定第二条尺寸界线原点或 [放弃(U)/选择(S)] <选择>：        //Enter，退出连续尺寸状态
选择连续标注：                                          //Enter，退出命令。
```

04 标注结果如图4-32所示。

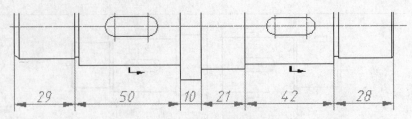

图4-32　标注结果

05 最后执行【另存为】命令，将图形另名存储为"实例44.dwg"。

实例045　快速标注零件图尺寸

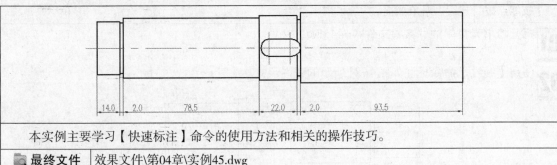

本实例主要学习【快速标注】命令的使用方法和相关的操作技巧。

📁 最终文件	效果文件\第04章\实例45.dwg
🔵 素材文件	素材文件\4-45.dwg
😀 视频文件	视频文件\第04章\实例45.avi
🎬 播放时长	00:01:14
🛡 技能点拨	快速标注

01 打开随书光盘中的"素材文件\4-45.dwg"文件。

02 单击【标注】工具栏上的 按钮，激活【快速标注】命令，根据命令行的提示快速标注对象间的水平尺寸。命令行操作如下：

　命令：_qdim

　选择要标注的几何图形：　　　//拉出如图4-33所示的窗交选择框

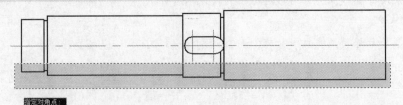

指定对角点：

图4-33　窗交选择框

　选择要标注的几何图形：　　　//Enter，此时出现如图4-34所示的快速标注状态

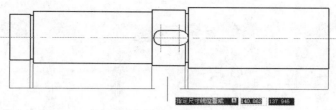

图4-34 选择结果

指定尺寸线位置或 [连续(C)/并列(S)/基线(B)/坐标(O)/半径(R)/直径(D)/基准点(P)/编辑(E)/设置(T)]<连续>:   //向下引导光标，指定尺寸线位置。

03 标注结果如图4-35所示。

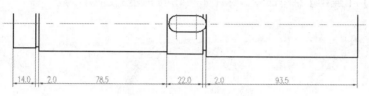

图4-35 标注结果

04 最后执行【另存为】命令，将图形另名存储为"实例45.dwg"。

实例046　标注零件图角度尺寸

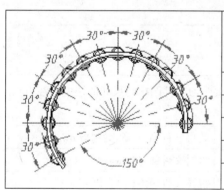

本实例主要学习【基线】命令的使用方法和相关的操作技巧。

📁 **最终文件**	效果文件\第04章\实例46.dwg
🔴 **素材文件**	素材文件\4-46.dwg
🔵 **视频文件**	视频文件\第04章\实例46.avi
🎬 **播放时长**	00:01:17
🛡 **技能点拨**	角度、基线

01 打开随书光盘中的"素材文件\4-46.dwg"文件，如图4-36所示。

02 选择【标注】|【角度】菜单命令，或单击【标注】工具栏上的△按钮，激活【角度】标注命令，标注内侧的角度尺寸。命令行操作如下：

命令：_dimangular
选择圆弧、圆、直线或〈指定顶点〉:   //单击如图4-37所示的直线
选择第二条直线: //单击如图4-38所示的直线
指定标注弧线位置或 [多行文字(M)/文字(T)/角度(A) /象限点(Q)]:
//向右下移动光标，定位角度尺寸，结果如图4-39所示

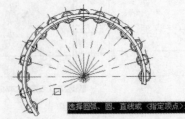

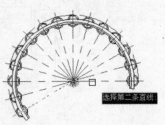

图4-36　打开结果　　　　　　图4-37　选择直线1　　　　　　图4-38　选择直线2

03 重复执行【角度】命令，标注如图4-40所示的角度尺寸。

04 选择【标注】|【连续】菜单命令，标注如图4-41所示的连续尺寸。

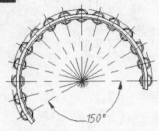

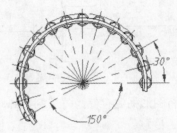

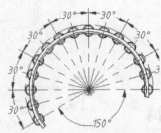

图4-39　标注结果1　　　　　　图4-40　标注结果2　　　　　　图4-41　标注结果3

05 最后执行【另存为】命令，将图形另名存储为"实例46.dwg"。

实例047　标注零件图抹角尺寸

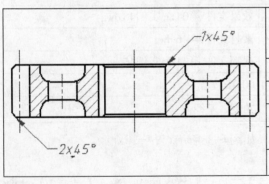

本实例主要学习零件图抹角尺寸的快速标注方法和相关的操作技巧。

📁 **最终文件**	效果文件\第04章\实例47.dwg
📄 **素材文件**	素材文件\4-47.dwg
📹 **视频文件**	视频文件\第04章\实例47.avi
⏱ **播放时长**	00:02:12
🛡 **技能点拨**	快速引线

01 打开随书光盘中的"素材文件\4-47.dwg"文件，如图4-42所示。

02 使用快捷键"LE"激活【快速引线】命令，为零件图标注外侧的倒角尺寸。命令行操作如下：

命令：le　　　　　　　　　　　//Enter
QLEADER
指定第一个引线点或 [设置(S)] <设置>: //捕捉如图4-43所示的端点
指定下一点：　　　　　　　　　//引出如图4-44所示的延伸矢量

指定下一点：	//引出如图4-45所示的矢量，然后在适当位置拾取点
指定文字宽度 <0>：	//Enter
输入注释文字的第一行 <多行文字(M)>：	// 2x45%%D Enter
输入注释文字的下一行：	//Enter，标注结果如图4-46所示

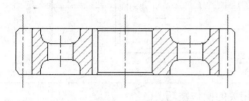

图4-42 打开结果

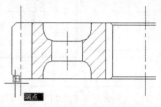

图4-43 捕捉端点

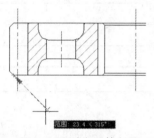

图4-44 引出延伸矢量

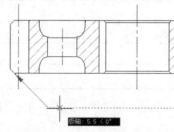

图4-45 引出极轴矢量

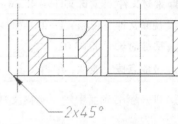

图4-46 标注结果

03 重复执行【快速引线】命令，标注零件图内侧的抹角尺寸。命令行操作如下：

命令: le	//Enter
QLEADER	
指定第一个引线点或 [设置(S)] <设置>：	//捕捉如图4-47所示的交点
指定下一点：	//引出如图4-48所示的延伸矢量
指定下一点：	//引出如图4-49所示的矢量，然后在适当位置拾取点
指定文字宽度 <0>：	//Enter
输入注释文字的第一行 <多行文字(M)>：	//1x45%%D Enter
输入注释文字的下一行：	//Enter，标注结果如图4-50所示

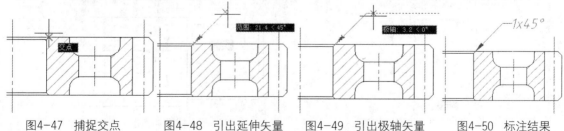

图4-47 捕捉交点　　图4-48 引出延伸矢量　　图4-49 引出极轴矢量　　图4-50 标注结果

04 最后执行【另存为】命令，将图形另名存储为"实例47.dwg"。

实例048　标注零件图尺寸公差

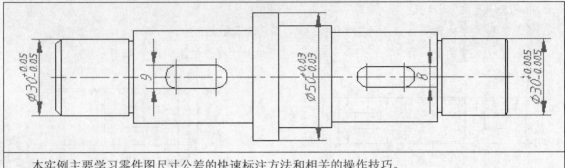

本实例主要学习零件图尺寸公差的快速标注方法和相关的操作技巧。

📁 最终文件	效果文件\第04章\实例48.dwg
🔴 素材文件	素材文件\4-48.dwg
🎥 视频文件	视频文件\第04章\实例48.avi
⏱ 播放时长	00:03:02
🛡 技能点拨	线性、编辑文字

01 打开随书光盘中的"素材文件\4-48.dwg"文件，如图4-48所示。

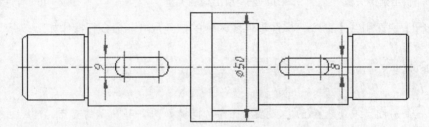

图4-51　打开结果

02 选择【标注】|【线性】菜单命令，配合【交点捕捉】和【端点捕捉】功能标注零件左侧的尺寸公差。命令行操作如下：

命令：_dimlinear
指定第一个尺寸界线原点或 <选择对象>：　　//捕捉如图4-52所示的端点
指定第二条尺寸界线原点：　　　　　　　　//捕捉如图4-53所示的端点

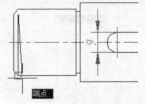

图4-52　捕捉端点1

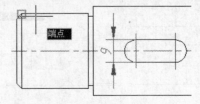

图4-53　捕捉端点2

指定尺寸线位置或[多行文字(M)/文字(T)/角度(A)/水平(H)/垂直(V)/旋转(R)]：
　　　　　　　　　　　　　　//m Enter，打开如图4-54所示的【文字格式】编辑器

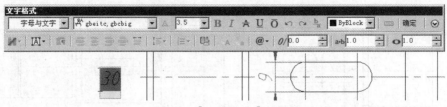

图4-54 【文字格式】编辑器

03 在【文字格式】编辑器内为尺寸文字添加直径前缀，如图4-55所示。

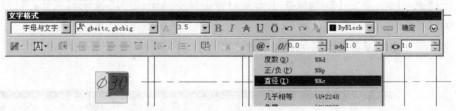

图4-55 添加直径前缀

04 在【文字格式】编辑器内为尺寸文字添加公差后缀，如图4-56所示。

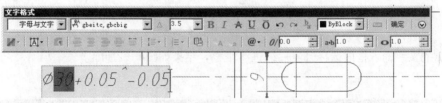

图4-56 添加尺寸公差后缀

05 选择尺寸公差后缀，然后单击如图4-57所示的堆叠按钮，将公差进行堆叠，结果如图4-58所示。

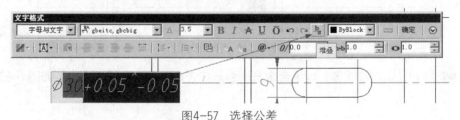

图4-57 选择公差

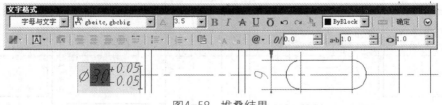

图4-58 堆叠结果

06 单击 确定 按钮，返回绘图区，根据命令行的提示指定尺寸线位置，标注结果如图4-59所示。

07 参照上述操作，标注右侧的尺寸公差，结果如图4-60所示。

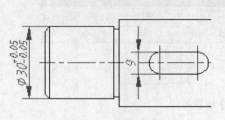

图4-59 标注结果　　　　　　　　图4-60 标注右侧公差

08 使用快捷键"ED"激活【编辑文字】命令，根据命令行的提示选择轴肩尺寸，打开【文字格式】编辑器。

09 在【文字格式】编辑器内为添加公差后缀，如图4-61所示。

图4-61 添加公差后缀

10 在下侧的文字输入框内选择公差后缀进行堆叠，结果如图4-62所示。

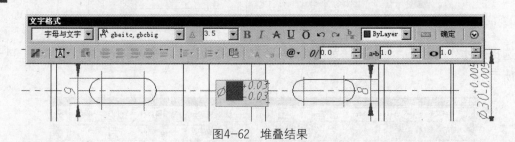

图4-62 堆叠结果

11 单击 确定 按钮，返回绘图区，根据命令行的提示指定尺寸线位置，标注结果如图4-63所示。

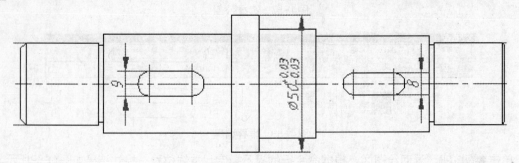

图4-63 标注结果

12 最后执行【另存为】命令，将图形另名存储为"实例48.dwg"。

实例049　标注零件图形位公差

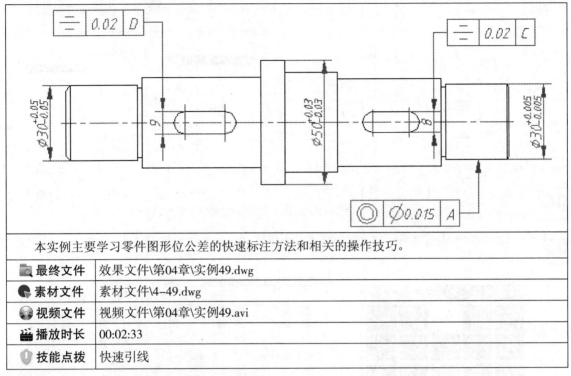

本实例主要学习零件图形位公差的快速标注方法和相关的操作技巧。

📁 最终文件	效果文件\第04章\实例49.dwg
🌐 素材文件	素材文件\4-49.dwg
🎬 视频文件	视频文件\第04章\实例49.avi
🎞 播放时长	00:02:33
🛡 技能点拨	快速引线

01 打开随书光盘中的"素材文件\4-49.dwg"文件。

02 在命令行输入"LE"后按Enter键，激活【快速引线】命令，设置引线参数并标注形位公差。
命令行操作过程如下：

命令: le　　　　　　　　　　//Enter，激活【快速引线】命令

QLEADER指定第一个引线点或 [设置(S)] <设置>：

　　　　　　　　　　//s Enter，激活"设置"选项，在打开的【引线设置】
　　　　　　　　　　对话框中设置引线参数，如图4-64和图4-65所示

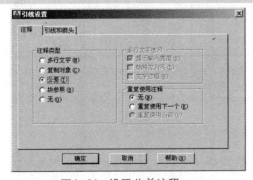

图4-64　设置公差注释

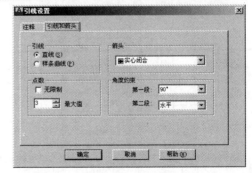

图4-65　设置引线格式

03 单击【引线设置】对话框中的 确定 按钮，返回绘图区，根据命令行的提示，继续标注形位公差。命令行操作如下：

指定第一个引线点或 [设置(S)] <设置>:	//捕捉如图4-66所示的端点
指定下一点:	//引出如图4-67所示的矢量，拾取第二引线点
指定下一点:	//引出如图4-68所示的矢量，拾取第三引线点

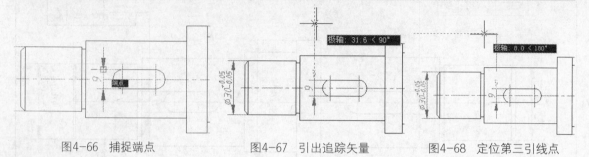

图4-66　捕捉端点　　　　图4-67　引出追踪矢量　　　　图4-68　定位第三引线点

04 此时系统自动打开【形位公差】对话框，然后在"符号"色块上单击，打开【特征符号】对话框，选择如图4-69所示的符号。

05 返回【形位公差】对话框，分别设置公差和基准代号，如图4-70所示。

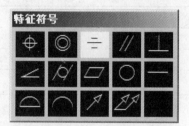

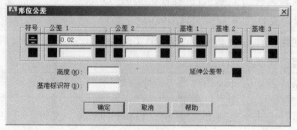

图4-69　【特征符号】对话框　　　　　　　　图4-70　设置公差

06 单击【形位公差】对话框中的 确定 按钮，结束命令，公差的标注效果如图4-71所示。

07 参照上述操作，重复执行【快速引线】命令，分别标注其他位置的形位公差，标注结果如图4-72所示。

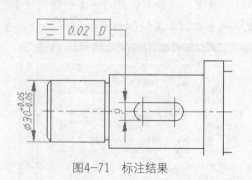

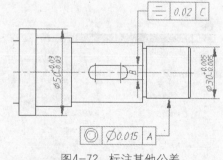

图4-71　标注结果　　　　　　　　　　图4-72　标注其他公差

08 最后执行【另存为】命令，将图形另名存储为"实例49.dwg"。

实例050 标注减速器三视图尺寸

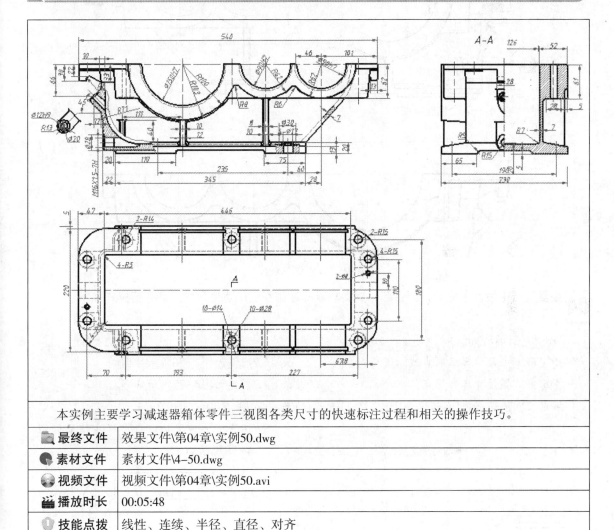

本实例主要学习减速器箱体零件三视图各类尺寸的快速标注过程和相关的操作技巧。

📁 **最终文件**	效果文件\第04章\实例50.dwg
🔴 **素材文件**	素材文件\4-50.dwg
🌐 **视频文件**	视频文件\第04章\实例50.avi
🎬 **播放时长**	00:05:48
🛡 **技能点拨**	线性、连续、半径、直径、对齐

01 打开随书光盘中的"素材文件\4-50.dwg"文件。

02 使用快捷键"D"激活【标注样式】命令，修改当前标注样式的全局比例为1.2。

03 选择【标注】|【线性】菜单命令，配合【端点捕捉】功能标注主视图总长度。命令行操作如下：

```
命令：_dimlinear
指定第一个尺寸界线原点或 <选择对象>：        //捕捉如图4-73所示的端点
指定第二条尺寸界线原点：                      //捕捉如图4-74所示的端点
指定尺寸线位置或[多行文字(M)/文字(T)/角度(A)/水平(H)/垂直(V)/旋转(R)]：
                                            //在适当的位置拾取点，标注结果如图
                                              4-75所示
```

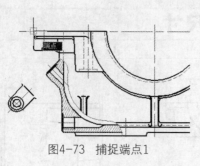

图4-73　捕捉端点1　　　　　　　　图4-74　捕捉端点2

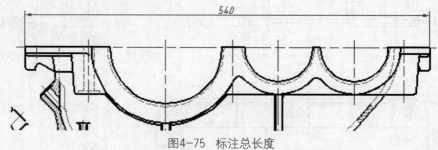

图4-75　标注总长度

04 重复执行【线性】命令，配合圆心捕捉功能标注俯视图的宽度尺寸。命令行操作如下：

命令: _dimlinear
指定第一个尺寸界线原点或 <选择对象>:　　　　　　//捕捉如图4-76所示的圆心
指定第二条尺寸界线原点:　　　　　　　　　　　　//捕捉如图4-77所示的圆心
指定尺寸线位置或[多行文字(M)/文字(T)/角度(A)/水平(H)/垂直(V)/旋转(R)]:
　　　　　　　　　　　　　　　　　　　　　　　//在适当的位置拾取点，标注结果如图
　　　　　　　　　　　　　　　　　　　　　　　　4-78所示

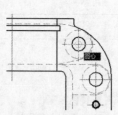
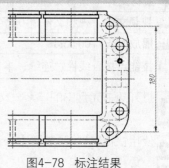

图4-76　捕捉圆心1　　　　图4-77　捕捉圆心2　　　　图4-78　标注结果

05 重复执行【线性】命令，配合【端点捕捉】功能标注孔的直径尺寸。命令行操作如下：

命令: _dimlinear
指定第一个尺寸界线原点或 <选择对象>:　　　　　　//捕捉如图4-79所示位置的端点
指定第二条尺寸界线原点:　　　　　　　　　　　　//捕捉如图4-80所示位置的端点
指定尺寸线位置或[多行文字(M)/文字(T)/角度(A)/水平(H)/垂直(V)/旋转(R)]:
　　　　　　　　　　　　　　　　　　　　　　　//t Enter
输入标注文字 <26>:　　　　　　　　　　　　　　//4-%%C7 Enter

指定尺寸线位置或[多行文字(M)/文字(T)/角度(A)/水平(H)/垂直(V)/旋转(R)]:

//在适当的位置拾取点，结果如图4-81所示

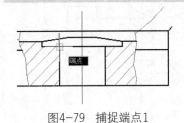

图4-79 捕捉端点1

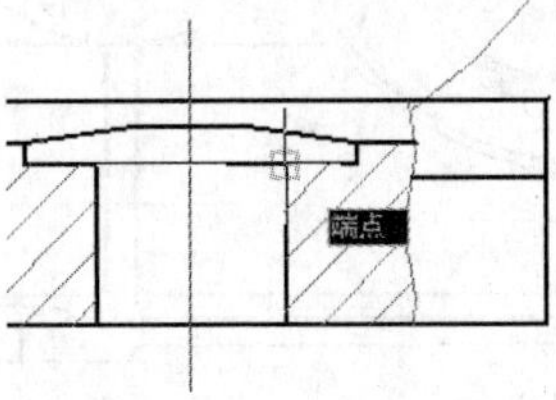

图4-80 捕捉端点2

图4-81 标注结果

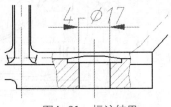

06 参照上述操作步骤，使用【线性】命令，分别标注其他位置的尺寸，标注结果如图4-82所示。

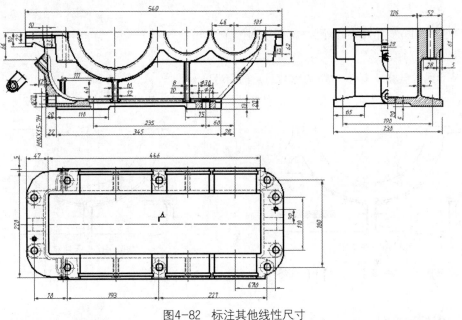

图4-82 标注其他线性尺寸

07 选择【标注】|【对齐】菜单命令，配合【最近点捕捉】和【垂足捕捉】功能，标注对齐性型尺寸。命令行操作如下:

命令: _dimaligned

指定第一个尺寸界线原点或〈选择对象〉: _nea 到　　//捕捉如图4-83所示的最近点

指定第二条尺寸界线原点: _per 到　　　　　　　//捕捉如图4-84所示的垂足点

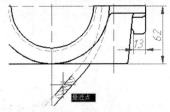

图4-83 捕捉最近点

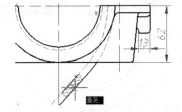

图4-84 捕捉垂足点

指定尺寸线位置或[多行文字(M)/文字(T)/角度(A)]:　　//标注结果如图4-85所示

标注文字 = 7

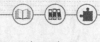
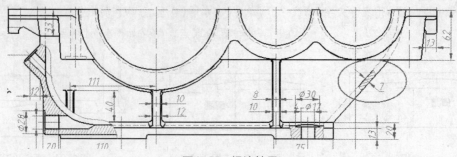

图4-85 标注结果

08 标注半径尺寸。单击【标注】工具栏上的 ◎ 按钮，激活【半径】标注命令，标注弧的半径尺寸。命令行操作如下：

命令：_dimradius

选择圆弧或圆：   //单击如图4-86所示的圆弧

标注文字 = 7

指定尺寸线位置或 [多行文字(M)/文字(T)/角度(A)]：

　　　　　　　//在适当位置单击左键，指定半径尺寸的位置，结果如图4-87所示

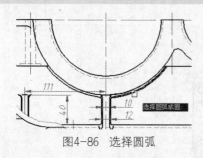

图4-86 选择圆弧

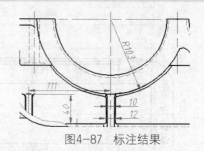

图4-87 标注结果

09 标注直径尺寸。选择【标注】|【直径】菜单命令，标注直径尺寸。命令行操作如下：

命令：_dimdiameter

选择圆弧或圆：   //单击如图4-88所示圆弧

标注文字 = 75

指定尺寸线位置或 [多行文字(M)/文字(T)/角度(A)]： //t Enter

输入标注文字 <75>: //%%C150-H7 Enter

指定尺寸线位置或 [多行文字(M)/文字(T)/角度(A)]：

　　　　　　　//在适当位置单击左键，指定半径尺寸的位置，结果如图4-89所示

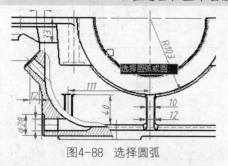

图4-88 选择圆弧

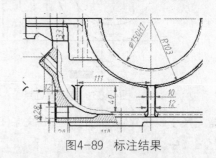

图4-89 标注结果

10 重复执行【半径】和【直径】命令，分别标注其他位置的半径尺寸和直径尺寸，结果如图4-90所示。

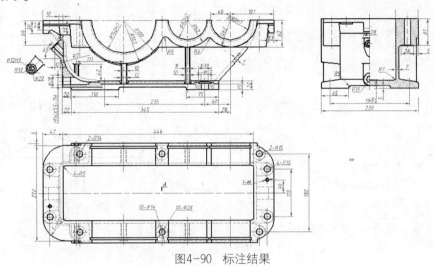

图4-90 标注结果

11 最后执行【另存为】命令，将图形另名存储为"实例50.dwg"。

实例051 标注减速器三视图公差

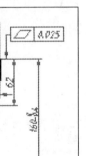

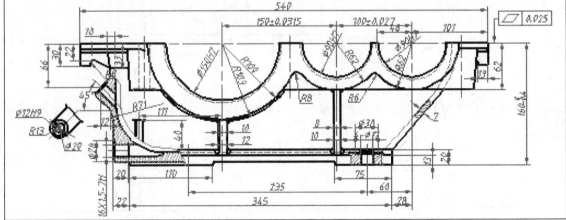

本实例主要学习减速器箱体零件图形位公差和尺寸公差的快速标注过程和相关操作技巧。

📁 最终文件	效果文件\第04章\实例51.dwg
💿 素材文件	素材文件\4-51.dwg
🎬 视频文件	视频文件\第04章\实例51.avi
⏱ 播放时长	00:03:47
🛡 技能点拨	线性、编辑文字、快速引线

01 打开随书光盘中的"素材文件\4-51.dwg"文件。

02 标注对称公差。选择【标注】|【线性】菜单命令，配合捕捉功能标注零件图的对称尺寸公差。命令行操作如下：

命令：_dimlinear

指定第一个尺寸界线原点或 <选择对象>：　　//捕捉如图4-91所示的端点1

指定第二条尺寸界线原点：　　　　　　　　//捕捉如图4-92所示的端点2

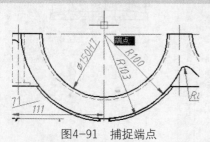
图4-91　捕捉端点

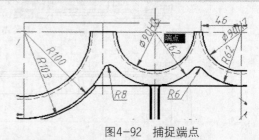
图4-92　捕捉端点

指定尺寸线位置或[多行文字(M)/文字(T)/角度(A)/水平(H)/垂直(V)/旋转(R)]：

　　　　　　　　　　　　　　//t Enter，激活"文字"选项

输入标注文字 <150>：　　　　　　　//150%%P0.0315 Enter

指定尺寸线位置或[多行文字(M)/文字(T)/角度(A)/水平(H)/垂直(V)/旋转(R)]：

　　　　　　　　　　　　　　//结束命令，标注结果如图4-93所示

标注文字 = 150

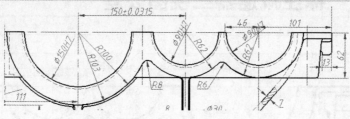
图4-93　标注结果

03 重复执行【线性】命令，参照上步操作，分别标注右侧的对称尺寸公差，结果如图4-94所示。

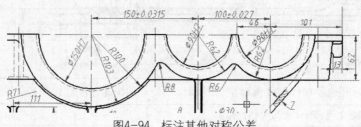
图4-94　标注其他对称公差

04 选择【标注】|【线性】菜单命令，在命令行"指定第一个尺寸界线原点或 <选择对象>："提示下，捕捉如图4-95所示的端点。

05 在"指定第二条尺寸界线原点："提示下，捕捉如图4-96所示的端点。

06 在"指定尺寸线位置或[多行文字(M)|文字(T)|角度(A)|水平(H)|垂直(V)|旋转(R)]："提示下，激活【多行文字】选项，打开如图4-97所示的【文字格式】编辑器。

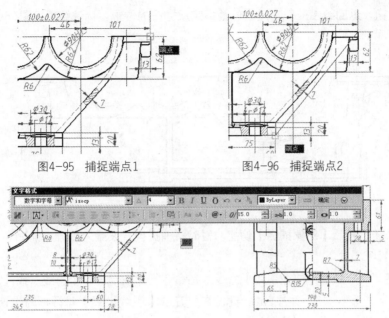

图4-95 捕捉端点1   图4-96 捕捉端点2

图4-97 打开【文字格式】编辑器

07 在尺寸文字的后面输入公差后缀，如图4-98所示。

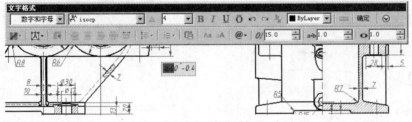

图4-98 输入后缀

08 选择所输入的尺寸公差后缀，如图4-99所示，然后将其堆叠，结果如图4-100所示。

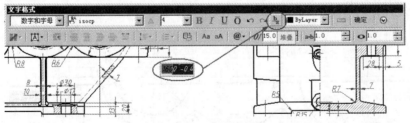

图4-99 选择后缀

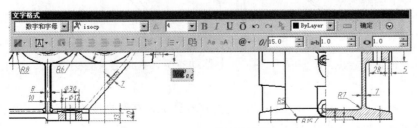

图4-100 堆叠结果

09 单击 确定 按钮，返回绘图区，在适当位置指定尺寸线的位置，标注结果如图4-101所示。

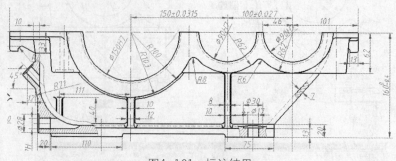

图4-101 标注结果

10 标注形位公差。开启【对象捕捉】功能，暂时将捕捉模式设置为最近点捕捉。

11 使用快捷键"LE"激活【快速引线】命令，在命令行"指定第一个引线点或 [设置(S)] <设置>："提示下，输入"S"并按Enter键，在打开的【引线设置】对话框内设置引线的注释类型，如图4-102所示。

12 在【引线设置】对话框中打开【引线和箭头】选项卡，设置引线参数，如图4-103所示。

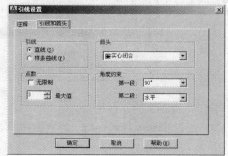

图4-102 设置公差注释   图4-103 设置引线格式

13 单击 确定 按钮，在命令行"指定第一个引线点或 [设置(S)] <设置>："的提示下，配合最近点捕捉功能，在如图4-104所示位置拾取第一个引线点。

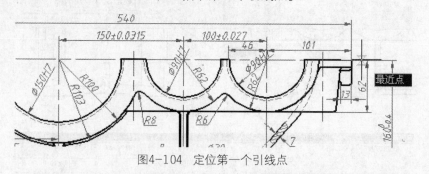

图4-104 定位第一个引线点

14 在命令行"指定下一点："的提示下，向上移动光标，在适当位置拾取第二个引线点。

15 在命令行"指定下一点："的提示下，向右移动光标，在适当位置拾取第三个引线点，此时系统自动打开【形位公差】对话框。

16 在【符号】颜色块上单击，打开【特征符号】对话框，然后选择如图4-105所示的公差符号。

17 此时被选择的公差符号出现在【形位公差】对话框内，在此对话框内输入公差值，如图4-106所示。

图4-105 选择公差符号　　　　　　　　图4-106 【形位公差】对话框

18 单击【形位公差】对话框中的 确定 按钮，所标注的形位公差结果如图4-107所示。

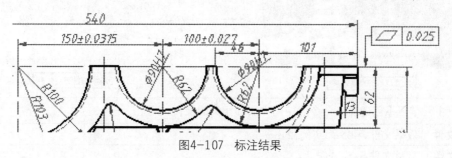

图4-107 标注结果

19 最后执行【另存为】命令，将图形另名存储为"实例51.dwg"。

第5章　高效绘图技能

本章将通过14个典型实例，主要学习AutoCAD的图形高级组织工具，以及图形资源的高级管理和共享工具。

实例052　定义内部块

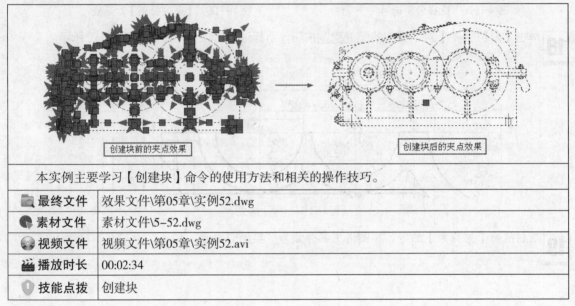

创建块前的夹点效果　　　　　　　　　　创建块后的夹点效果

本实例主要学习【创建块】命令的使用方法和相关的操作技巧。

📁 最终文件	效果文件\第05章\实例52.dwg
🌑 素材文件	素材文件\5-52.dwg
💿 视频文件	视频文件\第05章\实例52.avi
🕮 播放时长	00:02:34
🛡 技能点拨	创建块

01 打开随书光盘中的"素材文件\5-52.dwg"文件，如图5-1所示。

02 单击【绘图】工具栏上的 按钮，激活【创建块】命令，打开如图5-2所示的【块定义】对话框。

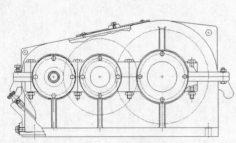

图5-1　打开结果

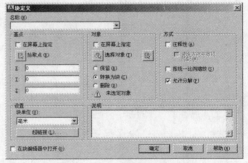

图5-2　【块定义】对话框

03 在【名称】文本框内输入bolck01作为块的名称，在【对象】选项组单击【保留】单选按钮，其他参数采用默认设置。

04 在【基点】选项组中，单击【拾取点】按钮 ⬚，返回绘图区捕捉一点作为块的基点。

🔍**技巧** 在定位图块的基点时，最好是在图形上的特征点中进行捕捉。

05 单击【选择对象】按钮 ⬚，返回绘图区，框选如图5-3所示的所有图形对象。

06 按Enter键返回到【块定义】对话框，则在此对话框内出现图块的预览，如图5-4所示。

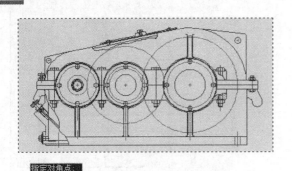

指定对角点：

图5-3　窗交选择

图5-4　参数设置

07 单击 确定 按钮关闭【块定义】对话框，结果所创建的内部块存在于文件内部，它将会与文件一起进行保存。

08 最后执行【另存为】命令，将图形另名存储为"实例52.dwg"。

实例053　定义外部块

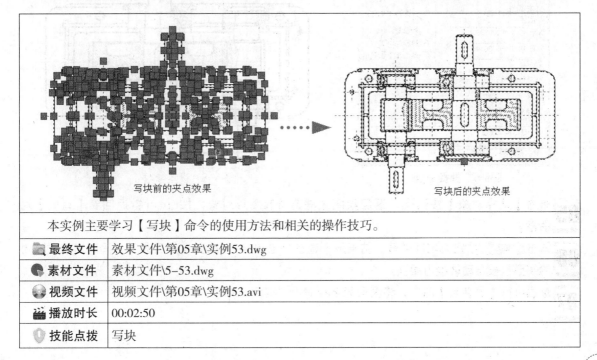

写块前的夹点效果

写块后的夹点效果

	本实例主要学习【写块】命令的使用方法和相关的操作技巧。
📁 **最终文件**	效果文件\第05章\实例53.dwg
💿 **素材文件**	素材文件\5-53.dwg
🎬 **视频文件**	视频文件\第05章\实例53.avi
🎞 **播放时长**	00:02:50
🛡 **技能点拨**	写块

01 打开随书光盘中的"素材文件\5-53.dwg"文件，如图5-5所示。

02 使用快捷键"W"激活【写块】命令，打开如图5-6所示的【写块】对话框，然后在【源】选项组内单击【对象】单选按钮，在【对象】选项组中单击【保留】单选按钮。

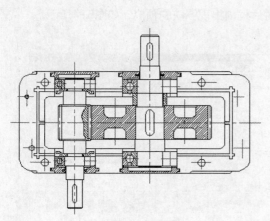

图5-5 打开结果

图5-6 【写块】对话框

03 在【目标】选项组内设置块的名称及存盘路径，如图5-7所示。

04 在【基点】选项组中，单击【拾取点】按钮，返回绘图区捕捉如图5-8所示的交点作为块的基点。

图5-7 捕捉交点

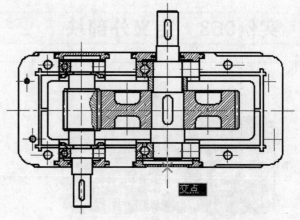

图5-8 设置参数

05 单击【选择对象】按钮，返回绘图区框选所有图形对象，按Enter键返回到【写块】对话框。

06 单击 确定 按钮关闭对话框，结果所创建的外部块被存储到E盘根目录下，同时当前文件内的图形也被自动转换为图块。

07 最后执行【另存为】命令，将图形另名存储为"实例53.dwg"。

实例054 插入图块

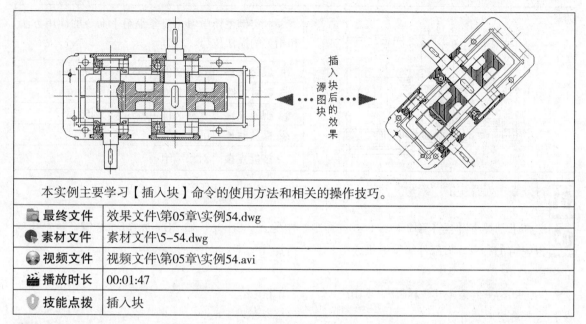

本实例主要学习【插入块】命令的使用方法和相关的操作技巧。

📁 最终文件	效果文件\第05章\实例54.dwg
🔴 素材文件	素材文件\5-54.dwg
🔵 视频文件	视频文件\第05章\实例54.avi
🎬 播放时长	00:01:47
🛡 技能点拨	插入块

01 打开随书光盘中的"素材文件\5-54.dwg"文件。

02 单击【绘图】工具栏上的 🖳 按钮,打开【插入】对话框。

03 单击【名称】文本框,在展开的下拉文本框中选择"柱齿轮减速器"内部块。

04 在【比例】选项组中勾选下侧的【统一比例】复选框,同时设置图块的缩放比例,如图5-9所示。

05 其他参数采用默认设置,单击 确定 按钮返回绘图区,在命令行"指定插入点或 [基点(B)|比例(S)|旋转(R)]:"提示下,拾取一点作为块的插入点,结果如图5-10所示。

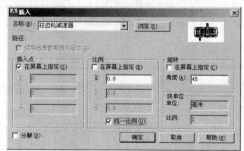

图5-9 设置插入参数

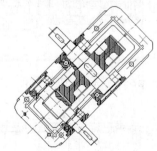

图5-10 插入结果

🔍**技巧** 如果勾选了【分解】复选框,那么插入的图块则不是一个独立的对象,而是被还原成一个个单独的图形对象。

06 最后执行【另存为】命令,将图形另名存储为"实例54.dwg"。

实例055　将图形编组

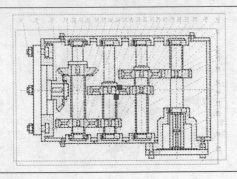

本实例主要学习【对象编组】命令的使用方法和相关的操作技巧。

📁 最终文件	效果文件\第05章\实例55.dwg
💿 素材文件	素材文件\5-55.dwg
🎬 视频文件	视频文件\第05章\实例55.avi
⏱ 播放时长	00:01:56
🔘 技能点拨	对象编组

01 打开随书光盘中的"素材文件\5-55.dwg"文件，如图5-11所示。

02 选择【工具】|【组】菜单命令，或在命令行中输入"Group"和"G"后按Enter键，执行【对象编组】命令，将部件编号编集成组。命令行操作如下：

```
命令: g
GROUP 选择对象或 [名称(N)/说明(D)]:        //n Enter
输入编组名或 [?]:                         //部件编号Enter
选择对象或 [名称(N)/说明(D)]:              //窗交选择如图5-12所示的对象
选择对象或 [名称(N)/说明(D)]:              //窗交选择如图5-13所示的对象
选择对象或 [名称(N)/说明(D)]:              //Enter，结束命令
组"部件编号"已创建。
```

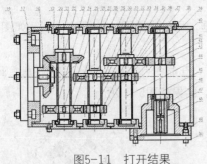

图5-11　打开结果

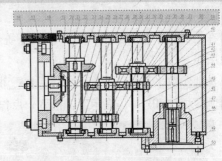

图5-12　窗交选择1

03 在无命令执行的前提下单击"部件编号"组，观看其夹点效果，如图5-14所示。

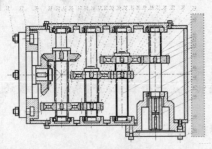

图5-13　窗交选择2

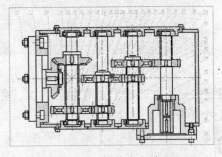

图5-14　组的夹点效果

04 重复执行【对象编组】命令，将零件装配图编集成组。命令行操作过程如下：

命令: g

GROUP 选择对象或 [名称(N)/说明(D)]:   //n Enter

输入编组名或 [?]:   //零件装配Enter

选择对象或 [名称(N)/说明(D)]:   //窗口选择如图5-15所示的对象

选择对象或 [名称(N)/说明(D)]:   //Enter，结束命令

组 "零件装配" 已创建。

05 在无命令执行的前提下单击 "件装配" 组，观看其夹点效果，如图5-16所示。

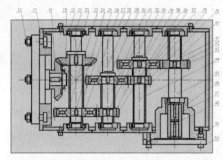

图5-15 窗口选择

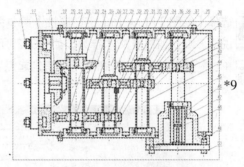

图5-16 夹点效果

06 最后执行【另存为】命令，将图形另名存储为 "实例55.dwg"。

实例056 为装配图编号

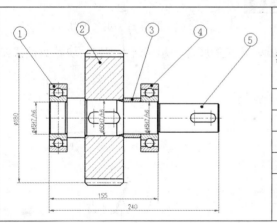

本实例主要学习属性块的定义、应用和编辑方法以及相关的操作技巧。

最终文件	效果文件\第05章\实例56.dwg
素材文件	素材文件\5-56.dwg
视频文件	视频文件\第05章\实例56.avi
播放时长	00:04:26
技能点拨	创建块、定义属性、插入块 编辑属性

01 打开随书光盘中的 "素材文件\5-56.dwg" 文件，如图5-17所示。

02 按F3功能键，激活【对象捕捉】功能，并设置对象捕捉模式，如图5-18所示。

03 展开【图层控制】下拉列表，将"0图层"设为当前层，然后使用快捷键"C"激活【圆】命令，绘制半径为9的圆，如图5-19所示。

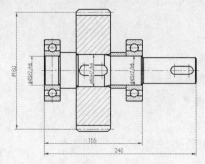

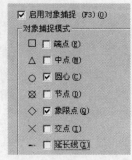

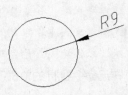

图5-17 打开结果   图5-18 设置捕捉模式   图5-19 绘制结果

04 选择【绘图】|【块】|【定义属性】菜单命令，打开【属性定义】对话框，设置标记名、提示说明、默认值以及文本参数，如图5-20所示。

05 单击 确定 按钮，在命令行"指定起点："提示下，捕捉圆的圆心作为属性的起点，结果如图5-21所示。

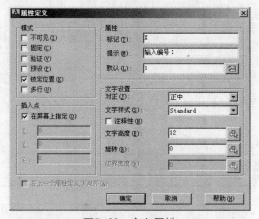

图5-20 定义属性   图5-21 定义属性

06 选择【绘图】|【块】|【创建】菜单命令，将圆及定义的属性一起创建为图块，块参数设置如图5-22所示，基点为如图5-23所示的象限点。

图5-22 定义块基点   图5-23 基点

07 使用快捷键"LE"激活【快速引线】命令，在"指定第一个引线点或［设置(S)］〈设置〉："提示下，激活"设置"选项，设置注释类型和其他参数，如图5-24和图5-25所示。

图5-24 设置注释类型

图5-25 设置引线参数

08 单击 确定 按钮，然后根据命行的提示，为零件图编写序号。命令行操作如下：

指定第一个引线点或 [设置(S)] <设置>:	//在图形上拾取第一个引线点
指定下一点：	//在适当位置拾取第二个引线点，绘制 如图5-26所示的指示线
输入块名或 [?]：	//编号Enter，输入块名
指定插入点或 [基点(B)/比例(S)/X/Y/Z/旋转(R)]：	//捕捉指示线的上端点
输入 X 比例因子，指定对角点，或 [角点(C)/XYZ(XYZ)] <1>:	//Enter
指定旋转角度 <0>:	//Enter，采用默认设置
输入属性值 输入零件序号： <1>:	//Enter，标注结果如图5-27所示

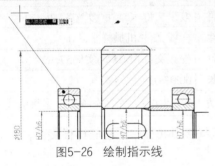

图5-26 绘制指示线

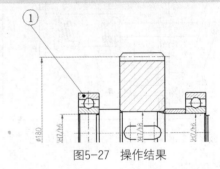

图5-27 操作结果

09 按Enter键，重复执行【快速引线】命令，分别标注其他位置的零件序号，标注结果如图5-28所示。

10 选择【修改】|【对象】|【属性】|【单个】菜单命令，在"选择块："提示下，选择刚标注的第二个零件序号。

11 此时系统打开【增强属性编辑器】对话框，在【属性】选项卡内修改其零件的序号为2，如图5-29所示。

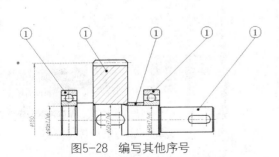

图5-28 编写其他序号

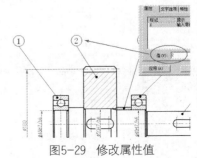

图5-29 修改属性值

12 单击 应用(A) 按钮，结果该块的属性值被更改。

13 单击对话框右上角的"选择块"按钮 ，返回绘图区，分别选择其他位置的零件序号，修改相应的编号，结果如图5-30所示。

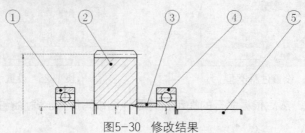

图5-30　修改结果

14 最后执行【另存为】命令，将图形另名存储为"实例56.dwg"。

实例057　快速组装零件图

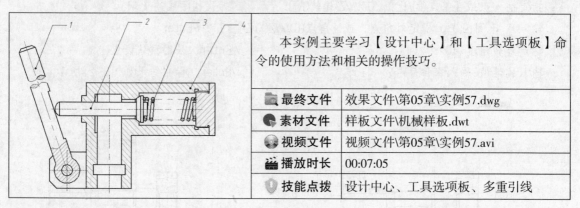

本实例主要学习【设计中心】和【工具选项板】命令的使用方法和相关的操作技巧。

图标	项目	内容
📁	最终文件	效果文件\第05章\实例57.dwg
🔵	素材文件	样板文件\机械样板.dwt
⚫	视频文件	视频文件\第05章\实例57.avi
💿	播放时长	00:07:05
⚠	技能点拨	设计中心、工具选项板、多重引线

01 执行【新建】命令，以光盘中的"样板文件\机械样板.dwt"作为基础样板文件，新建空白文件。

02 单击【标准】工具栏上的 🔳 按钮，打开【设计中心】选项板，然后定位光盘中的"素材文件"文件夹，如图5-31所示。

03 在右侧窗口中向下拖动滑块，然后在"57-4.dwg"文件图标上单击右键，选择【复制】命令，如图5-32所示。

图5-31　定位目标文件夹

图5-32　定位目标文件

04 返回绘图区单击右键，选择【粘贴】命令，将图形共享到当前文件内。命令行操作如下：

```
命令: _pasteclip
命令: _-INSERT 输入块名或 [?]:单位: 毫米    转换:      1.0
指定插入点或 [基点(B)/比例(S)/X/Y/Z/旋转(R)]:              //在绘图区拾取一点
输入 X 比例因子,指定对角点, 或 [角点(C)/XYZ(XYZ)] <1>:  //Enter
输入 Y 比例因子或 <使用 X 比例因子>:                   //Enter
指定旋转角度 <0>:                                 //Enter, 共享结果如图5-33所示
```

05 在【设计中心】选项板右侧的窗口中定位"57-1.dwg"文件，然后在此文件图标上单击右键，选择【插入为块】命令，如图5-34所示。

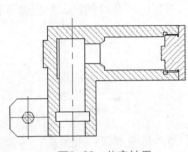

图5-33　共享结果

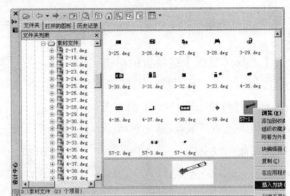

图5-34　选择"插入为块"选项

06 此时系统自动打开【插入】对话框，在此对话框内设置插入参数，如图5-35所示。

07 单击 确定 按钮，然后根据命令行的操作提示，将图形共享到当前文件内，结果如图5-36所示。

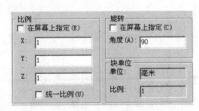

图5-35　设置参数

图5-36　共享文件后的结果

08 在【设计中心】选项板左侧的窗口中定位"素材文件"文件夹，然后在此文件夹上单击右键，选择【创建块的工具选项板】命令，如图5-37所示。

09 此时系统会自动将"素材文件"创建为块的选项板，并自动打开【工具选项板】选项板，创建选项板后的结果如图5-38所示。

10 在【工具选项板】选项板中向下拖动滑块，然后定位"57-3.dwg"文件，如图5-39所示。

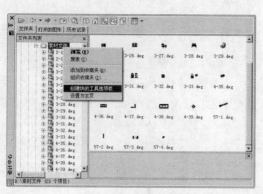

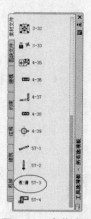

图5-37　创建选项板　　　　　　　　图5-38　创建选项板　　图5-39　定位文件

11 在"57-3.dwg"文件上按住鼠标左键不放，将其拖曳至绘图区，以块的形式共享此图形。

12 在【工具选项板】选项板中单击"57-2.dwg"文件，然后将光标移至绘图区，根据命令行的
操作提示，将"57-2.dwg"图形以块的形式共享到当前文件内。操作过程如下：

命令：　忽略块 _DotSmall 的重复定义。

指定插入点或 [基点(B)/比例(S)/X/Y/Z/旋转(R)]: //r Enter

指定旋转角度 <0>: 　　　　　　　　　//90 Enter

指定插入点或 [基点(B)/比例(S)/X/Y/Z/旋转(R)]:

　　　　　　　　　　　　　　　//在绘图区拾取一点，插入结果如图5-40所示

13 选择【修改】|【移动】菜单命令，对共享后的各零件进行组装。命令行操作如下：

命令：_move

选择对象：　　　　　　　　　　　　　//选择共享后的"57-1"零件图

选择对象：　　　　　　　　　　　　　//Enter

指定基点或 [位移(D)] <位移>: 　　　　//捕捉如图5-41所示的圆心作为基点

指定第二个点或 <使用第一个点作为位移>: //捕捉如图5-42所示的圆心作为目标点

命令：_move

选择对象：　　　　　　　　　　　　　//选择共享后的"57-3"零件图

选择对象：　　　　　　　　　　　　　//Enter

指定基点或 [位移(D)] <位移>: 　　　　//捕捉如图5-43所示的交点作为基点

指定第二个点或 <使用第一个点作为位移>: //捕捉如图5-44所示的追踪虚线的交点

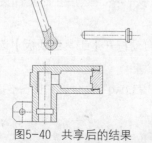

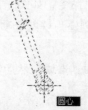

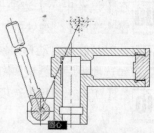

图5-40　共享后的结果　　　　　　图5-41　定位基点　　　　　图5-42　定位目标点

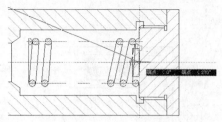

图5-43　定位基点

图5-44　定位目标点

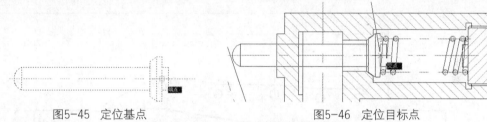

命令：_move
选择对象：　　　　　　　　　　　　　//选择共享后的"57-2"零件图
选择对象：　　　　　　　　　　　　　//Enter
指定基点或 [位移(D)] <位移>：　　　　//捕捉如图5-45所示的端点作为基点
指定第二个点或 <使用第一个点作为位移>：//捕捉如图5-46所示的交点作为目标点

图5-45　定位基点

图5-46　定位目标点

14 结束【移动】命令，组装后的零件图效果如图5-47所示。

15 使用快捷键"X"激活【分解】命令，将如图5-48所示的夹点图形分解。

16 使用快捷键"TR"激活【修剪】命令，对零件图进行修整，将被挡住的轮廓线修剪掉，结果如图5-49所示。

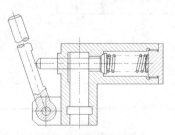

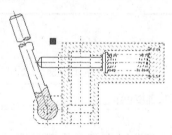

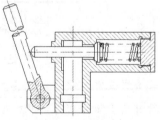

图5-47　组装结果　　　　　　图5-48　夹点显示　　　　　　图5-49　修剪结果

17 打开【线宽】显示功能，图形的显示结果如图5-50所示。

18 选择【格式】|【多重引线样式】菜单命令，修改箭头为小点、大小为4；修改引线点数为2、基线距离为8、全局比例为2。

19 选择【标注】|【多重引线】菜单命令，为零件图编号，结果如图5-51所示。

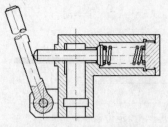

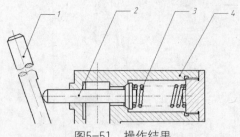

图5-50　打开线宽后的效果　　　　　　　　图5-51　操作结果

20 最后执行【另存为】命令，将图形另名存储为"实例57.dwg"。

实例058　零件图的规划与特性编辑

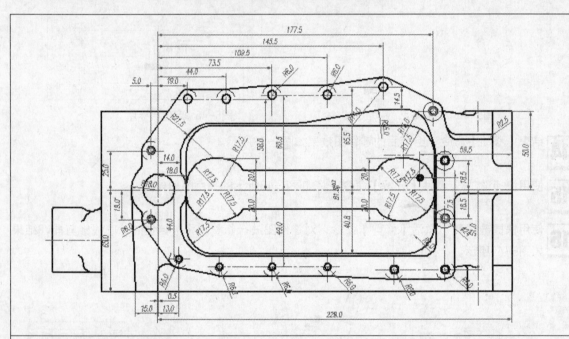

本实例主要学习复杂零件图规划管理和特性编辑方法以及相关的操作技巧。

📁 最终文件	效果文件\第05章\实例58.dwg
💿 素材文件	素材文件\5-58.dwg
💿 视频文件	视频文件\第05章\实例58.avi
📷 播放时长	00:02:58
💡 技能点拨	特性、特性匹配、快速选择

01 打开随书光盘中的"素材文件\5-58.dwg"文件。

02 执行【快速选择】命令，设置过滤参数，如图5-52所示，选择所有的尺寸对象，选择结果如图5-53所示。

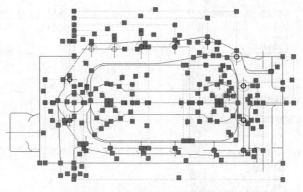

图5-52 设置过滤参数　　　　　　　　　图5-53 选择结果

03 执行【特性】命令，打开【特性】选项板，然后修改夹点对象的所在图层为"标注线"，如图5-54所示。

04 在【特性】选项板中展开【颜色】下拉列表，修改夹点对象的颜色，如图5-55所示。

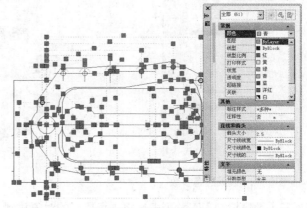

图5-54 修改对象层　　　　　　　　　图5-55 修改对象颜色

05 按Esc键取消对象的夹点显示，然后执行【快速选择】命令，设置过滤参数，如图5-56所示；选择所有位置的中心线，如图5-57所示。

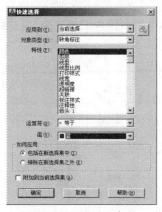

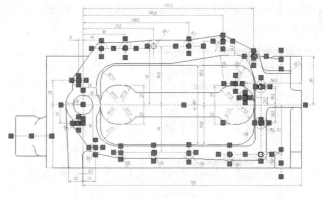

图5-56 设置过滤参数　　　　　　　　　图5-57 选择结果

06 展开【特性】选项板，修改夹点对象的图层特性、颜色特性和线型比例参数，如图5-58所示；修改后的结果如图5-59所示。

图5-58 修改内部特性

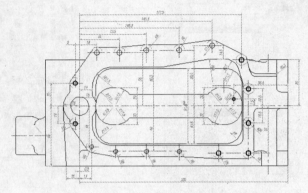

图5-59 修改后的效果

07 重复执行【快速选择】命令，设置过滤参数，如图5-60所示；选择所有颜色为"绿色"的图形对象，选择结果如图5-61所示。

图5-60 设置过滤参数

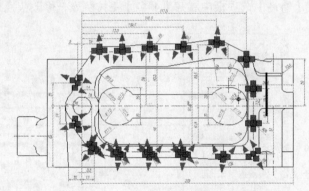

图5-61 选择结果

08 展开【图层控制】下拉列表，将夹点显示的对象放到"细实线"图层上。

09 展开【特性】工具栏上的【颜色控制】下拉列表，修改夹点对象的颜色为"随层"、图层为"细实线"。

10 执行【快速选择】命令，设置过滤参数，如图5-62所示；选择所有位置的图案填充，选择结果如图5-63所示。

图5-62 设置过滤参数

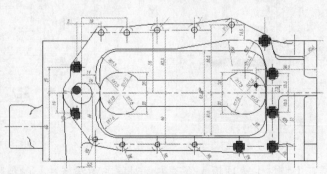

图5-63 选择结果

11 展开【特性】选项板，修改夹点对象的颜色特性和图层特性，如图5-64所示，修改后的结果如图5-65所示。

12 展开【图层控制】下拉列表，关闭"标注线"、"剖面线"、"细实线"和"中心线"图层，此时零件图的显示效果如图5-66所示。

图5-64 修改内部特性

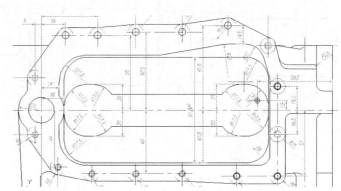

图5-65 修改后的效果

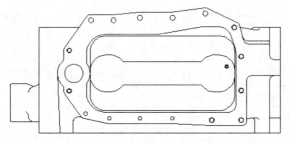

图5-66 图形的显示效果

13 选择如图5-66所示的所有图形对象，然后展开【图层控制】下拉列表，修改其图层为"轮廓线"。

14 按Esc键取消图线的夹点效果，然后打开线宽的显示功能，结果如图5-67所示。

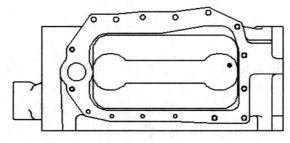

图5-67 操作结果

15 展开【图层控制】下拉列表，打开所有被关闭的图层。

16 最后执行【另存为】命令，将图形另名存储为"实例58.dwg"。

实例059　标注零件粗糙度与基面代号

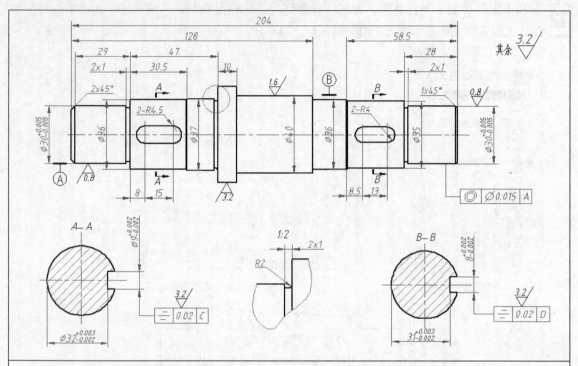

本实例主要学习轴零件图粗糙度与基面代号的快速标注过程和相关的操作技巧。

📁 最终文件	效果文件\第05章\实例59.dwg
🌐 素材文件	素材文件\5-59.dwg
🌐 视频文件	视频文件\第05章\实例59.avi
⏱ 播放时长	00:04:37
🛡 技能点拨	定义属性、创建块、插入块、编辑属性

01 打开随书光盘中的"素材文件\5-59.dwg"文件。

02 展开【图层控制】下拉列表，将"细实线"设置为当前层。

03 使用快捷键"I"激活【插入块】命令，插入随书光盘中的"素材文件\粗糙度.dwg"属性块，块参数设置如图5-68所示。命令行操作如下：

命令：I　　　　　　　　　　　　//Enter，激活【插入块】命令

INSERT指定插入点或 [基点(B)/比例(S)/X/Y/Z/旋转(R)]：

　　　　　　　　　　　　　　　　//在A-A断面图形位公差上拾取一上点作为插入点

输入属性值

输入粗糙度值：<3.2>：　　　　//Enter，结果如图5-69所示

04 使用快捷键"CO"激活【复制】命令，将插入的粗糙度属性块复制到其他位置上，结果如图5-70所示。

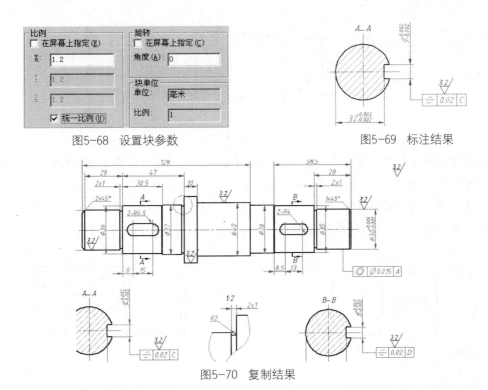

图5-68 设置块参数   图5-69 标注结果

图5-70 复制结果

05 在复制出的粗糙度属性块上双击左键，激活【编辑属性】命令，修改粗糙度的属性值，如图5-71所示。

06 重复执行【编辑属性】命令，或双击其他位置的粗糙度属性块，修改其属性值，如图5-72所示。

图5-71 编辑结果1

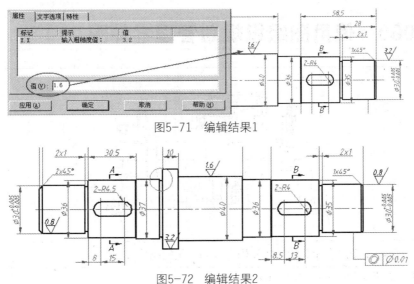

图5-72 编辑结果2

07 使用快捷键"SC"激活【缩放】命令，选择右上角的粗糙度属性块，将其等比缩放1.4倍。

08 选择【修改】|【镜像】菜单命令，选择主视图左下侧的两个粗糙度进行水平镜像和垂直镜像，在镜像的过程中将源对象删除，结果如图5-73所示。

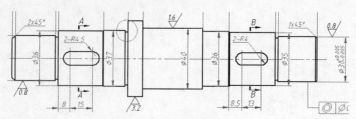

图5-73　镜像结果

09 标注传动轴基面代号。使用快捷键 "I" 激活【插入块】命令，采用默认参数插入随书光盘中的 "素材文件\基面代号.dwg" 属性块，属性值为B，插入结果如图5-74所示。

10 选择【修改】|【镜像】菜单命令，对刚插入的基面代号属性块进行镜像，然后将镜像出的基面代号进行位移，结果如图5-75所示。

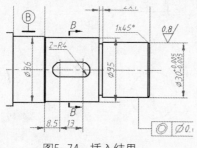

图5-74　插入结果

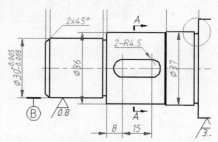

图5-75　镜像结果

11 执行【编辑属性】命令，选择位移出的基面代号上双击左键，修改其属性值为A。

12 最后执行【另存为】命令，将图形另名存储为 "实例59.dwg"。

实例060　使用图组织规划管理零件图

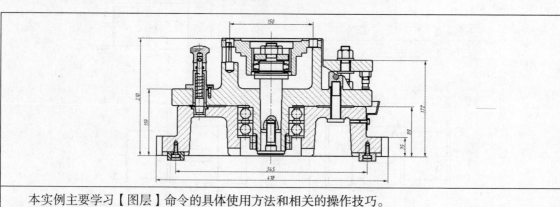

本实例主要学习【图层】命令的具体使用方法和相关的操作技巧。

📁 **最终文件**	效果文件\第05章\实例60.dwg
🔵 **素材文件**	素材文件\5-60.dwg
💀 **视频文件**	视频文件\第05章\实例60.avi
🎬 **播放时长**	00:03:17
🛡 **技能点拨**	图层

01 打开随书光盘中的"素材文件\5-60.dwg"文件。

02 单击【图层】工具栏上的 按钮，打开【图层特性管理器】选项板，创建如图5-76所示的4个图层。

03 分别在图层的颜色图标上单击左键，从打开的"选择颜色"对话框中设置各个图层的颜色，结果如图5-77所示。

状态	名称 /	开	冻结	锁定	颜色	线型	线宽
✔	0				■ 白	Continuous	—— 默认
	DEFPO...				■ 白	Continuous	—— 默认
	标注线				■ 白	Continuous	—— 默认
	轮廓线				■ 白	Continuous	—— 默认
	剖面线				■ 白	Continuous	—— 默认
	中心线				■ 白	Continuous	—— 默认

图5-76 新建图层

状态	名称 /	开	冻结	锁定	颜色	线型	线宽
✔	0				□ 白	Continuous	—— 默认
	DEFPO...				■ 白	Continuous	—— 默认
	标注线				■ 蓝	Continuous	—— 默认
	轮廓线				■ 白	Continuous	—— 默认
	剖面线				■ 82	Continuous	—— 默认
	中心线				■ 红	Continuous	—— 默认

图5-77 设置图层颜色

04 选择"中心线"图层，在该图层的Continuous位置上单击左键，在打开的【选择线型】对话框中加载CENTER2线型，然后将加载的线型赋给"中心线"图层，如图5-78所示。

05 选择"轮廓线"图层，为图层设置线宽为0.3mm，结果如图5-79所示。

状态	名称 /	开	冻结	锁定	颜色	线型	线宽
✔	0				□ 白	Continuous	—— 默认
	DEFPO...				■ 白	Continuous	—— 默认
	标注线				■ 蓝	Continuous	—— 默认
	轮廓线				■ 白	Continuous	—— 默认
	剖面线				■ 82	Continuous	—— 默认
	中心线				■ 红	CENTER2	—— 默认

图5-78 设置线型

状态	名称 /	开	冻结	锁定	颜色	线型	线宽
✔	0				□ 白	Continuous	—— 默认
	DEFPO...				■ 白	Continuous	—— 默认
	标注线				■ 蓝	Continuous	—— 默认
	轮廓线				■ 白	Continuous	—— 0.30 毫米
	剖面线				■ 82	Continuous	—— 默认
	中心线				■ 红	CENTER2	—— 默认

图5-79 设置线宽

06 在无命令执行的前提下，夹点显示零件图中心线，然后展开【图层控制】下拉列表，将夹点显示的中心线放到"中心线"层上，然后取消夹点的显示，结果如图5-80所示。

07 在无命令执行的前提下夹点显示零件图中的所有尺寸对象，然后展开【图层控制】下拉列表，修改其图层为"标注线"图层，颜色设置为"随层"，结果如图5-81所示。

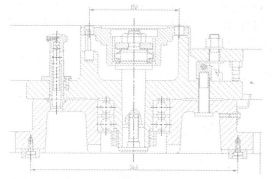

图5-80 更改层后的效果

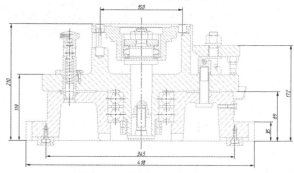

图5-81 更改尺寸的图层

08 在无命令执行的前提下夹点显示零件图中的所有剖面线，然后展开【图层控制】下拉列表，修改图层为"剖面线"图层，颜色设置为"随层"，结果如图5-82所示。

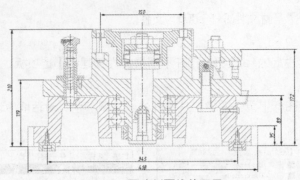

图5-82　更改剖面线的图层

09 展开【图层控制】下拉列表，暂时关闭"标注线"、"剖面线"和"中心线"3个图层，此时平面图的显示效果如图5-83所示。

10 夹点显示如图5-83所有的图线，然后展开【图层控制】下拉列表，修改其图层为"轮廓线"层，并打开状态栏上的【线宽】显示功能，结果如图5-84所示。

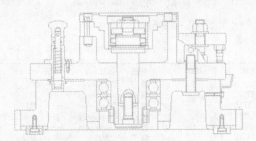

图5-83　图形的显示效果

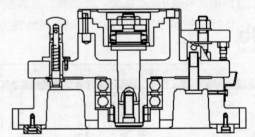

图5-84　修改轮廓线的图层

11 打开所有被关闭的图层，然后将图形另名存储为"实例60.dwg"。

实例061　设置机械样板绘图环境

　　本例主要学习机械工程样板绘图环境的制作过程和制作技巧。具体内容包括绘图单位、图形界限、捕捉模数、追踪功能以及各种常用变量的设置等。

📁 最终文件	效果文件\第05章\实例61.dwg	⏱ 播放时长	00:02:06
💿 视频文件	视频文件\第05章\实例61.avi	🛡 技能点拨	新建、图形界限、单位、草图设置

01 执行【新建】命令，以acadISO-Named Plot Styles作为基础样板，新建空白文件。

02 执行【格式】|【单位】菜单命令，或使用快捷键"UN"激活【单位】命令，打开【图形单位】对话框。

03 在【图形单位】对话框中设置长度类型、角度类型以及单位精度等参数，如图5-85所示。

🔍 **提示** 在系统默认设置下，是以逆时针作为角的旋转方向，其基准角度为"东"，也就是以坐标系X轴正方向作为起始方向。

04 执行【格式】|【图形界限】菜单命令，设置默认作图区域为594×420。命令行操作如下：

命令: '_limits
重新设置模型空间界限:
指定左下角点或 [开(ON)/关(OFF)] <0.0,0.0>:   //Enter
指定右上角点 <420.0,297.0>:   //Enter

05 执行【视图】|【缩放】|【全部】菜单命令，将设置的图形界限最大化显示。

06 如果想直观地观察到设置的图形界限，可按F7功能键，打开【栅格】功能，通过坐标的栅格点直观形象地显示出图形界限，如图5-86所示。

图5-85 【图形单位】对话框

图5-86 栅格显示

07 执行【工具】|【草图设置】菜单命令，或使用快捷键"DS"激活【草图设置】命令，打开【草图设置】对话框。

08 在【草图设置】对话框中打开【对象捕捉】选项卡，启用和设置一些常用的对象捕捉功能，如图5-87所示。

09 展开【极轴追踪】选项卡，设置追踪角参数，如图5-88所示。

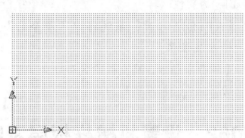

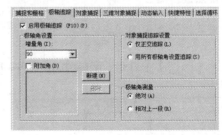

图5-87 设置对象捕捉

图5-88 设置极轴模式

10 按12功能键，打开【动态输入】功能。

11 在命令行输入系统变量LTSCALE，以调整线型的显示比例。命令行操作如下：

命令: LTSCALE   //Enter
输入新线型比例因子 <1.0000>:   //1 Enter

12 使用系统变量DIMSCALE设置和调整尺寸标注样式的比例。命令行操作如下：

| 命令: DIMSCALE | //Enter |
| 输入 DIMSCALE 的新值 <1>: | //1 Enter |

13 系统变量MIRRTEXT用于设置镜像文字的可读性。当变量值为0时，镜像后的文字具有可读性；当变量为1时，镜像后的文字不可读。具体设置如下：

| 命令: MIRRTEXT | //Enter |
| 输入 MIRRTEXT 的新值 <1>: | //0 Enter |

14 由于属性块的引用一般有"对话框"和"命令行"两式，可以使用系统变量ATTDIA控制属性值的输入方式。命令行操作如下：

| 命令: ATTDIA | //Enter |
| 输入 ATTDIA 的新值 <1>: | //0 Enter |

🔍 **提示** 当变量ATTDIA=0时，系统将以"命令行"形式提示输入属性值；为1时，以"对话框"形式提示输入属性值。

15 最后执行【保存】命令，将文件命名存储为"实例61.dwg"。

实例062 设置机械样板层及特性

本例通过为机械样板设置常用的图层及图层特性，学习层及层特性的设置方法和技巧，以方便对图形资源进行组织和管理。

📁 **最终文件**	效果文件\第05章\实例62.dwg	🔴 **素材文件**	素材文件\5-62.dwg
🔵 **视频文件**	视频文件\第05章\实例62.avi	📺 **播放时长**	00:03:12
🛡 **技能点拨**	图层		

01 打开随书光盘中的"素材文件\5-62.dwg"文件。

02 单击【图层】工具栏中的 按钮，执行【图层】命令，打开【图层特性管理器】选项板。

03 单击【新建图层】按钮 ，创建一个名为"标注线"的新图层。

🔍 **提示** 图层名最长可达255个字符，可以是数字、字母或其他字符；图层名中不允许含有大于号（>）、小于号（<）、斜杠（/）、反斜杠（\）以及标点等符号等；另外，为图层命名时，必须确保图层名的唯一性。

04 连续按Enter键，分别创建"波浪线"、"点画线"、"轮廓线"、"剖面线"、"细实线"、"隐藏线"和"中心线"等图层，如图5-89所示。

🔍 **提示** 连续两次按Enter键，也可以创建多个图层。所创建出的新图层将继承先前图层的一切特性（如颜色、线型等）。

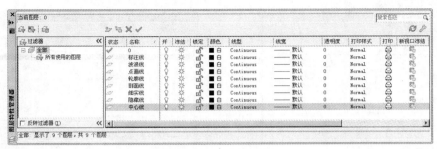

图5-89　设置新图层

05 设置工程样板颜色特性。选择"标注线"图层，然后在如图5-90所示的颜色图标上单击，打开【选择颜色】对话框。

06 在【选择颜色】对话框的【颜色】文本框中输入150，为所选图层设置颜色值，如图5-91所示。

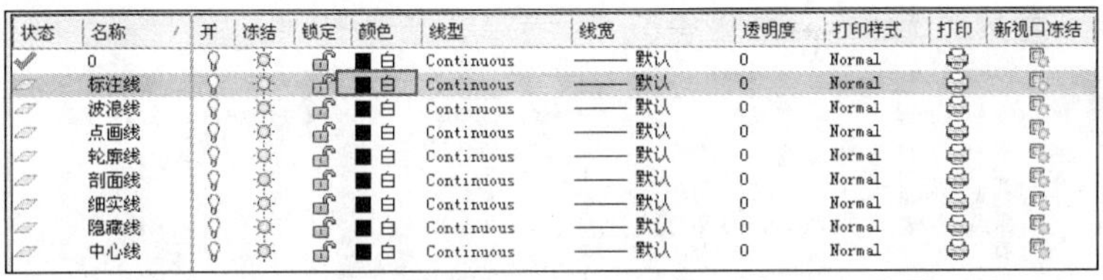

图5-90　指定单击位置

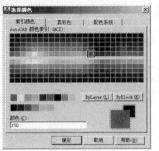

图5-91　【选择颜色】对话框

07 单击 确定 按钮返回【图层特性管理器】选项板，结果"标注线"图层的颜色被设置为150号色，如图5-92所示。

08 参照第5~7操作步骤，分别为其他图层设置颜色特性，设置结果如图5-93所示。

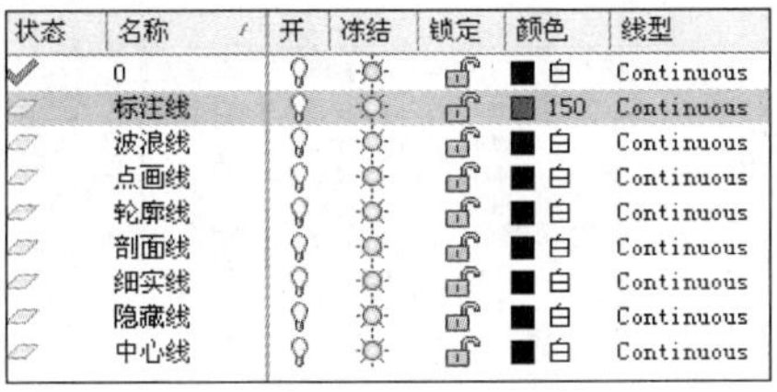

图5-92　设置图层颜色

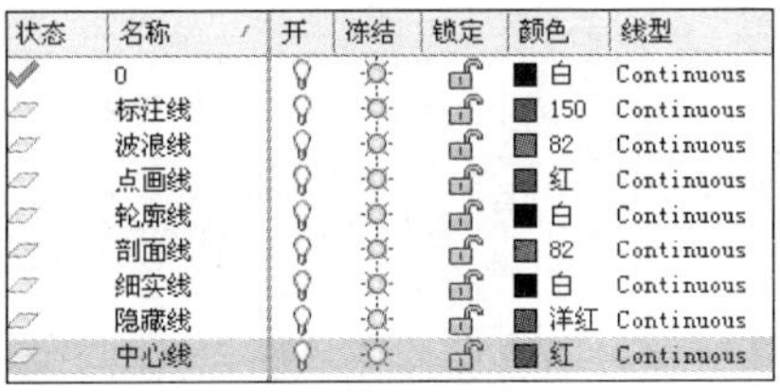

图5-93　设置颜色特性

09 设置工程样板线型特性。选择"中心线"，在Continuous位置上单击左键，打开【选择线型】对话框。

10 在【选择线型】对话框中单击 加载... 按钮，从打开的【加载或重载线型】对话框中，选择如图5-94所示的线型进行加载。

11 单击 确定 按钮，结果选择的线型被加载到【选择线型】对话框中，如图5-95所示。

12 选择刚加载的线型单击 确定 按钮，将加载的线型附给当前被选择的图层"中心线"，结果如图5-96所示。

图5-94 选择线型　　　　　　　图5-95 【选择线型】对话框

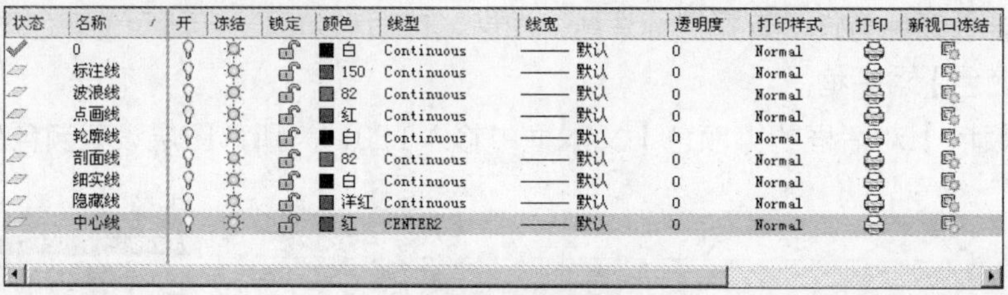

图5-96 设置线型

13 参照第9~12操作步骤，分别为其他图层设置线型特性，结果如图5-97所示。

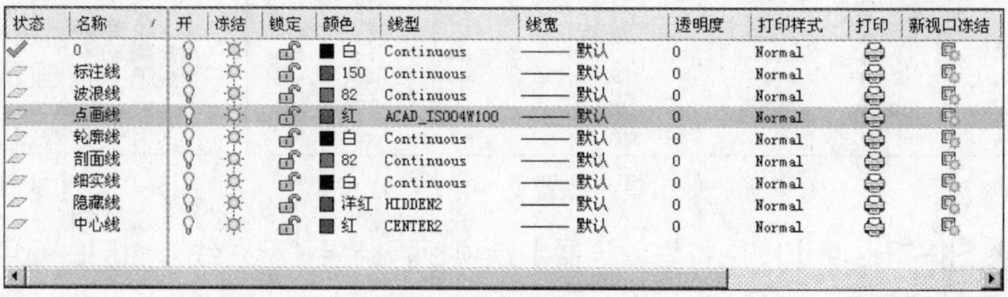

图5-97 设置其他线型

14 设置工程样板线宽特性。选择【图层特性管理器】选项板中的"轮廓线"，然后在如图5-98所示的位置上单击左键，以对其设置线宽。

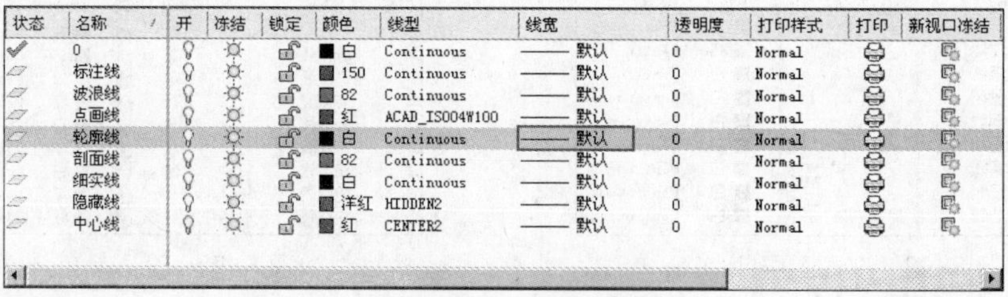

图5-98 指定单击位置

15 此时系统自动打开【线宽】对话框，然后选择0.30mm的线宽，如图5-99所示。

16 单击　确定　按钮返回【图层特性管理器】选项板，结果"轮廓线"图层的线宽被设置为0.30mm，如图5-100所示。

17 在【图层特性管理器】选项板中单击✕按钮，关闭选项板。

18 最后执行【另存为】命令，将文件另名存储为"实例62.dwg"。

图5-99 选择线宽　　　　　　　　图5-100 设置线宽

实例063 设置机械样板绘图样式

本例主要学习机械样板中各类常用制图样式的具体设置过程和相关技巧。

📁 最终文件	效果文件\第05章\实例63.dwg	🌐 素材文件	素材文件\5-63.dwg
🌐 视频文件	视频文件\第05章\实例63.avi	⏱ 播放时长	00:03:48
🛡 技能点拨	文字样式、标注样式		

01 打开随书光盘中的"素材文件\5-63.dwg"文件。

02 单击【样式】工具栏中的 A 按钮，激活【文字样式】命令，打开【文字样式】对话框。

03 单击 新建(N) 按钮，在弹出的【新建文字样式】对话框中为新样式命名，如图5-101所示。

04 单击 确定 按钮返回【文字样式】对话框，设置新样式的字体、字高以及宽度因子等参数，如图5-102所示。

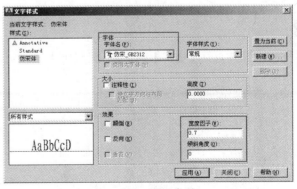

图5-101 为新样式命名　　　　　　图5-102 设置参数

05 单击 应用(A) 按钮，结果创建了一种名为"仿宋体"文字样式。

06 参照第2~5操作步骤，设置一种名为"数字和字母"的文字样式，其参数设置如图5-103所示。

07 参照第2~5操作步骤，设置一种名为"字母与文字"的文字样式，其参数设置如图5-104所示。

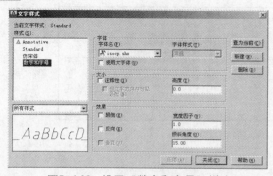

图5-103 设置"数字和字母"样式　　　图5-104 设置"字母与文字"样式

08 单击【样式】工具栏中的⬛按钮，在打开的【标注样式管理器】对话框中单击 新建(N)... 按钮，为新样式命名，如图5-105所示。

09 单击 继续 按钮，打开【新建标注样式】对话框，设置基线间距、起点偏移量等参数，如图5-106所示。

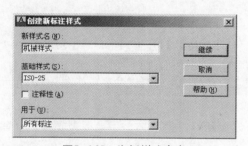

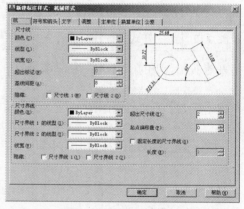

图5-105 为新样式命名　　　　　图5-106 设置线参数

10 展开【符号和箭头】选项卡，设置尺寸箭头、大小等参数，如图5-107所示。

11 在对话框中展开【文字】选项卡，设置尺寸字本的样式、颜色、大小等参数，如图5-108所示。

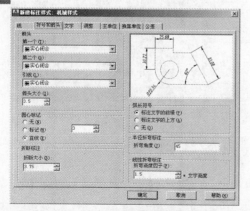

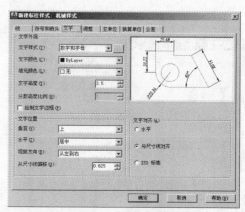

图5-107 设置符号和箭头　　　　　图5-108 设置文字参数

12 展开【调整】选项卡，调整文字、箭头与尺寸线等的位置，如图5-109所示。

13 展开【主单位】选项卡，设置线型参数和角度标注参数，如图5-110所示。

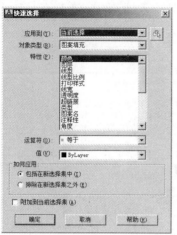

图5-109 设置调整参数

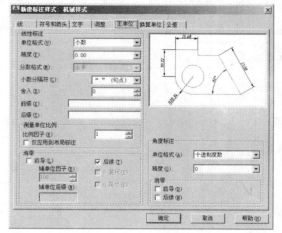

图5-110 设置主单位参数

14 单击 确定 按钮返回【标注样式管理器】对话框。

15 参照第8~14操作步骤，设置名为"角度标注"的新样式，其参数设置如图5-111所示，其他参数不变，新样式的预览效果如图5-112所示。

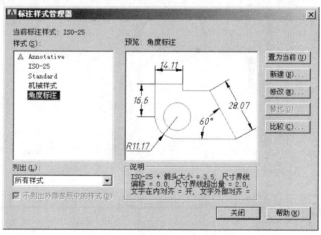

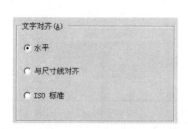

图5-111 设置文字对齐

图5-112 新样式效果

16 选择"机械样式"，单击 置为当前 按钮，将其设置为当前样式。

17 最后执行【另存为】命令，将当前文件另名存储为"实例63.dwg"。

实例064　设置机械样板图纸边框

本例主要学习机械样板中3号标准图框的具体绘制过程和相关填充技能。

📁 最终文件	效果文件\第05章\实例64.dwg	🌐 素材文件	素材文件\5-64.dwg
💿 视频文件	视频文件\第05章\实例64.avi	🎬 播放时长	00:05:22
💡 技能点拨	矩形、多行文字、偏移、阵列、修剪		

01 打开随书光盘中的"素材文件\5-64.dwg"文件。

02 单击【绘图】工具栏中的▱按钮，绘制长度为420、宽度为297的矩形，作为3号图纸的外边框，如图5-113所示。

03 按Enter键，重复执行【矩形】命令，配合【捕捉自】功能绘制内框。命令行操作如下：

```
命令:                                          //Enter
RECTANG
指定第一个角点或 [倒角(C)/标高(E)/圆角(F)/厚度(T)/宽度(W)]: //激活【捕捉自】功能
_from 基点:                                    //捕捉外框的左下角点
<偏移>:                                        //@25,5 Enter
指定另一个角点或 [面积(A)/尺寸(D)/旋转(R)]:      //激活【捕捉自】功能
_from 基点:                                    //捕捉外框右上角点
<偏移>:                                        //@-5,-5 Enter，绘制结果如图5-114所示
```

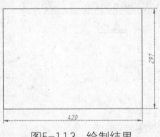

图5-113　绘制结果

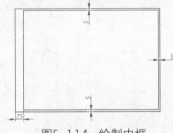

图5-114　绘制内框

04 单击【绘图】工具栏中的▱按钮，配合【端点捕捉】功能绘制标题栏框。命令行操作如下：

```
命令: _rectang
指定第一个角点或 [倒角(C)/标高(E)/圆角(F)/厚度(T)/宽度(W)]: //捕捉内框右下角点
指定另一个角点或 [面积(A)/尺寸(D)/旋转(R)]:      //@-180,56 Enter，结果如图
                                                5-115所示
```

05 使用快捷键"X"激活【分解】命令，将刚绘制的标题栏外框分解为4条独立的线段。

06 使用快捷键"O"激活【偏移】命令，将分解后的矩形右侧垂直边向左偏移50和100个单位，结果如图5-116所示。

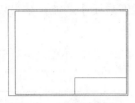

图5-115 绘制结果

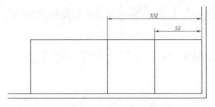

图5-116 偏移结果

07 重复执行【偏移】命令，根据如图5-117所示尺寸，对矩形左侧的垂直边向右偏移。

08 使用快捷键"AR"激活【阵列】命令，将标题栏上侧水平边向下阵列9行，行偏移为7，结果如图5-118所示。

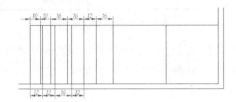

图5-117 偏移结果

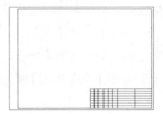

图5-118 阵列结果

09 使用快捷键"O"激活【偏移】命令，将标题栏两侧的水平边向内偏移，结果如图5-119所示。

10 使用快捷键"TR"激活【修剪】命令，对偏移出的图线进行修剪编辑，并删除多余图线，编辑结果如图5-120所示。

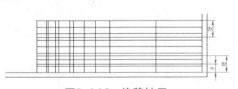

图5-119 偏移结果

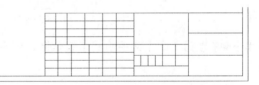

图5-120 修剪结果

11 设置图框的宽度特性。在无命令执行的前提下，夹点显示图纸内框及标题栏外框，如图5-121所示。

12 按Crtl+1组合键，打开【特性】选项板，修改图线的图层，如图5-122所示。

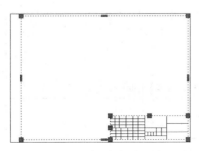

图5-121 夹点效果

图5-122 修改图层特性

13 关闭【特性】选项板，取消图线的夹点显示，然后打开【线宽显示】功能，结果如图5-123所示。

14 使用快捷键"ST"激活【文字样式】命令，为标题栏设置如图5-124所示的文字样式。

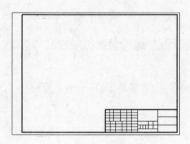

图5-123 操作结果

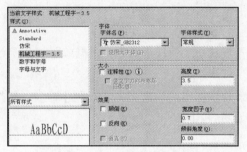

图5-124 设置文字样式

15 将"细实线"设置为当前图层，然后单击【绘图】工具栏中的 **A** 按钮，分别捕捉方格的对角点，在打开的【文字格式】编辑器内为标题栏填充如图5-125所示的文字，文字对正方式为"正中"。

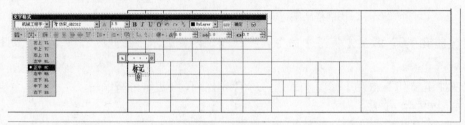

图5-125 输入文字

16 单击 确定 按钮关闭【文字格式】编辑器，观看文字的填充结果，如图5-56所示。

图5-126 操作结果

17 接下来重复执行【多行文字】命令，设置文字样式、高度和对正方式不变，继续为标题栏填充如图5-127所示的文字。

标记	处数	分区	更改文件号	签名	年、月、日			
设计			标准化			阶段标记	质量	比例
审核								
工艺			批准			共　张　第　张		

图5-127 填充其他文字

18 单击【绘图】工具栏中的 🖳 按钮，打开【块定义】对话框，将图框及填充的文字一同创建为图块，块名为"A3-H"，基点为外框左下角点，其他块参数如图5-128所示。

19 最后执行【另存为】命令，将图形另名存储为"实例64.dwg"。

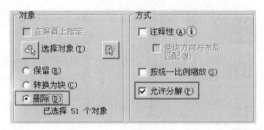

图5-128 设置块参数

实例065 设置机械样板页面布局

本例主要学习机械样板中3号标准图框的具体绘制过程和相关填充技能。

📁 最终文件	效果文件\第05章\实例65.dwg	🔴 素材文件	素材文件\5-65.dwg
🔵 视频文件	视频文件\第05章\实例65.avi	📀 播放时长	00:04:26
🛡 技能点拨	矩形、多行文字、复制、编辑文字		

01 打开随书光盘中的"素材文件\5-65.dwg"文件。

02 单击绘图区底部的"布局1"标签，进入到布局1操作空间，并删除系统自动产生的视口。

03 选择【文件】|【页面设置管理器】菜单命令，打开【页面设置管理器】对话框，然后单击 新建(N)... 按钮，打开【新建页面设置】对话框，为新页面命名，如图5-129所示。

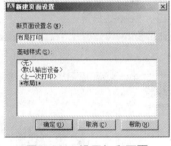

图5-129 设置打印页面

04 单击 确定(O) 按钮进入【页面设置-布局1】对话框，然后设置打印设备、图纸尺寸、打印样式、打印比例等参数，如图5-130所示。

05 单击 确定(O) 按钮返回【页面设置管理器】话框，将刚设置的新页面设置为当前，如图5-131所示。

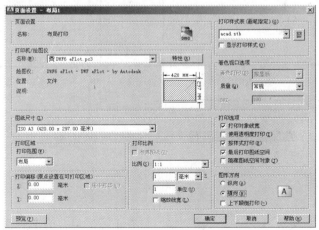

图5-130 设置打印页面

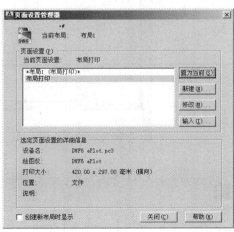

图5-131 【页面设置管理器】对话框

06 单击 关闭(C) 按钮，结束命令，新布局的页面设置效果如图5-132所示。

07 单击【绘图】工具栏中的 按钮，或使用快捷键"I"激活【插入块】命令，打开【插入】对话框。

08 在【插入】对话框中选择"A3-H"图框并设置插入点、轴向的缩放比例等参数，如图5-133所示。

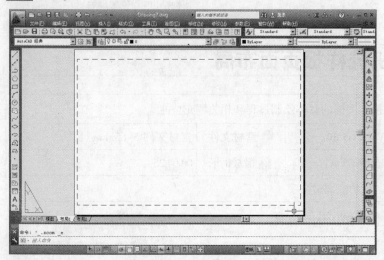

图5-132 页面效果　　　　　　　　　　　　　　图5-133 设置块参数

09 单击 确定(O) 按钮，结果A3-H图表框被插入到当前布局中的原点位置上，如图5-134所示。

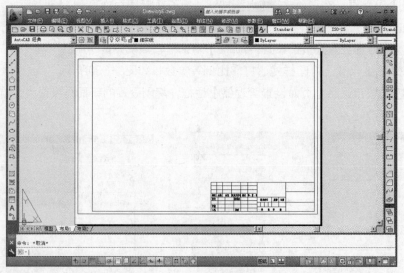

图5-134 配置图框

10 单击状态栏上的 图纸 按钮，返回模型空间。

11 执行【文件】|【另存为】菜单命令，或按Ctrl+Shift+S组合键，打开【图形另存为】对话框。

12 在【图形另存为】对话框中，设置文件的存储类型为"AutoCAD 图形样板（*dwt）"，如图5-135所示。

13 在【图形另存为】对话框下部的【文件名】文本框内输入"机械样板"，如图5-136所示。

AutoCAD 图形样板 (*.dwt)
AutoCAD 2013 图形 (*.dwg)
AutoCAD 2010/LT2010 图形 (*.dwg)
AutoCAD 2007/LT2007 图形 (*.dwg)
AutoCAD 2004/LT2004 图形 (*.dwg)
AutoCAD 2000/LT2000 图形 (*.dwg)
AutoCAD R14/LT98/LT97 图形 (*.dwg)
AutoCAD 图形标准 (*.dws)
AutoCAD 图形样板 (*.dwt)
AutoCAD 2013 DXF (*.dxf)
AutoCAD 2010/LT2010 DXF (*.dxf)
AutoCAD 2007/LT2007 DXF (*.dxf)
AutoCAD 2004/LT2004 DXF (*.dxf)
AutoCAD 2000/LT2000 DXF (*.dxf)
AutoCAD R12/LT2 DXF (*.dxf)

图5-135　设置存储类型　　　　图5-136　设置文件名

14 单击 保存... 按钮，打开【样板说明】对话框，输入"A3-H幅面样板文件"。

15 单击 确定 按钮，结果创建了制图样板文件，保存于AutoCAD安装目录的Template文件夹下。

16 最后执行【另存为】命令，将当前文件另名存储为"实例65.dwg"。

第6章　常见零件结构

本章通过13个典型实例，主要学习机械制图领域内一些典型图形结构的具体创建方法和创建技巧。

实例066　图形镜像

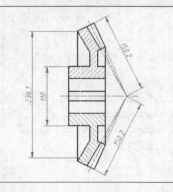

本实例主要学习【镜像】命令的使用方法和相关的操作技巧。

最终文件	效果文件\第06章\实例66.dwg
素材文件	素材文件\6-66.dwg
视频文件	视频文件\第06章\实例66.avi
播放时长	00:01:20
技能点拨	镜像

01 打开随书光盘中的"素材文件\6-66.dwg"文件，如图6-1所示。

02 按F3功能键，打开【对象捕捉】辅助绘图功能。

03 选择【修改】|【镜像】菜单命令，或单击【修改】工具栏上的 按钮，激活【镜像】命令，将锥齿轮零件进行镜像。命令行操作如下。

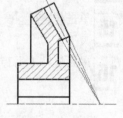

图6-1　打开结果

```
命令: _mirror
选择对象:                    //拉出如图6-2所示的窗交选择框
选择对象:                    //Enter
指定镜像线的第一点:           //捕捉如图6-3所示的端点作为镜线轴上的第一点
指定镜像线的第二点:           //捕捉如图6-4所示的端点作为镜线轴上的第二点
要删除源对象吗？[是(Y)/否(N)] <N>: //Enter，镜像结果如图6-5所示
```

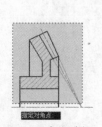

图6-2　窗交选择

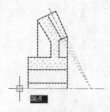

图6-3　捕捉端点1

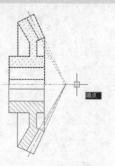

图6-4　捕捉端点2

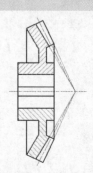

图6-5　镜像结果

04 最后选择【另存为】命令，将图形另名存储为"实例66.dwg"。

实例067 矩形阵列

本实例主要学习【矩形阵列】命令的使用方法和相关的操作技巧。

📁 最终文件	效果文件\第06章\实例67.dwg
🔵 素材文件	素材文件\6-67.dwg
🌐 视频文件	视频文件\第06章\实例67.avi
🎬 播放时长	00:02:21
🛡 技能点拨	矩形阵列

01 打开随书光盘中的"素材文件\6-67.dwg"，文件如图6-6所示。

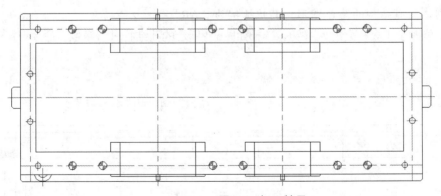

图6-6 打开结果

02 单击【修改】工具栏上的▦按钮，激活【矩形阵列】命令，窗交选择如图6-7所示的图形进行阵列。命令行操作如下：

命令: _arrayrect	
选择对象:	//窗交选择如图6-7所示的对象
选择对象:	//Enter

类型 = 矩形　关联 = 否

选择夹点以编辑阵列或 [关联(AS)/基点(B)/计数(COU)/间距(S)/列数(COL)/行数(R)/层数(L)/退出
(X)] <退出>:　　　　　　　　　　　　　　　　　//cou Enter

输入列数数或 [表达式(E)] <4>:　　　　　　　//5 Enter

输入行数数或 [表达式(E)] <3>:　　　　　　　//2 Enter

选择夹点以编辑阵列或 [关联(AS)/基点(B)/计数(COU)/间距(S)/列数(COL)/行数(R)/层数(L)/退出
(X)] <退出>:　　　　　　　　　　　　　　　　　//s Enter

指定列之间的距离或 [单位单元(U)] <714.5932>:　//470 Enter

指定行之间的距离 <714.5932>:　　　　　　　//810 Enter

选择夹点以编辑阵列或 [关联(AS)/基点(B)/计数(COU)/间距(S)/列数(COL)/行数(R)/层数(L)/退出
(X)] <退出>:　　　　　　　　　　　　　　　　　//as Enter

创建关联阵列 [是(Y)/否(N)] <否>:　　　　　　//n Enter

选择夹点以编辑阵列或 [关联(AS)/基点(B)/计数(COU)/间距(S)/列数(COL)/行数(R)/层数(L)/退出
(X)] <退出>:　　　　　　　　　　　　//Enter, 结束命令, 阵列结果如图6-8所示

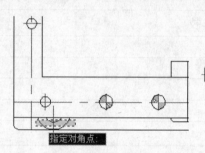

图6-7　窗口选择对象　　　　　　　　　　图6-8　阵列结果

🔍**提示**【矩形阵列】用于将对象按照指定的行数和列数，成矩形的排列方式进行大规模复制，通常创建均布结构的复合图形，其快捷键为"AR"。

03 单击【修改】工具栏上的⚎按钮，选择如图6-9所示的孔结构进行镜像。命令行操作如下：

命令: _mirror

选择对象:　　　　　　　　　　　　　　//选择如图6-9所示的对象

图6-9　选择结果

选择对象:　　　　　　　　　　　　　　//Enter

指定镜像线的第一点:　　　　　　　　　//捕捉孔结构的圆心

指定镜像线的第二点:　　　　　　　　　//@1,0 Enter

要删除源对象吗? [是(Y)/否(N)] <N>:　　//Enter, 镜像结果如图6-10所示

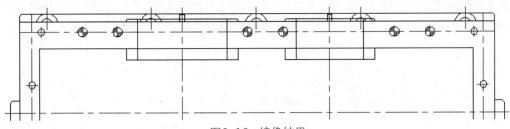

图6-10 镜像结果

04 最后选择【另存为】命令，将图形另名存储为"实例67.dwg"。

实例068 环形阵列

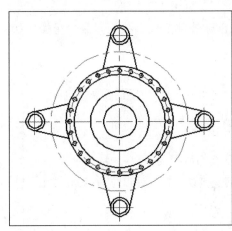

本实例主要学习【环形阵列】命令的使用方法和相关的操作技巧。

📁 最终文件	效果文件\第06章\实例68.dwg	
🔴 素材文件	素材文件\6-68.dwg	
💿 视频文件	视频文件\第06章\实例68.avi	
🎬 播放时长	00:01:50	
🛡 技能点拨	环形阵列	

01 打开随书光盘中的"素材文件\6-68.dwg"文件，如图6-11所示。

02 单击【修改】工具栏上的 按钮，激活【环形阵列】命令，配合窗交选择功能创建内部的聚心结构。命令行操作如下：

命令：_arraypolar

选择对象：   //窗交选择如图6-12所示的图形

选择对象：   //Enter

类型 = 极轴　关联 = 是

指定阵列的中心点或 [基点(B)/旋转轴(A)]：   //捕捉如图6-13所示的圆心

选择夹点以编辑阵列或 [关联(AS)/基点(B)/项目(I)/项目间角度(A)/填充角度(F)/行(ROW)/层(L)/旋转项目(ROT)/退出(X)] <退出>：   //i Enter

输入阵列中的项目数或 [表达式(E)] <6>：   //28 Enter

选择夹点以编辑阵列或 [关联(AS)/基点(B)/项目(I)/项目间角度(A)/填充角度(F)/行(ROW)/层(L)/旋转项目(ROT)/退出(X)] <退出>：   //f Enter

指定填充角度(+=逆时针、-=顺时针)或 [表达式(EX)] <360>：   //Enter

选择夹点以编辑阵列或 [关联(AS)/基点(B)/项目(I)/项目间角度(A)/填充角度(F)/行(ROW)/层(L)/旋转项目(ROT)/退出(X)] <退出>:   //Enter,阵列结果如图6-14所示

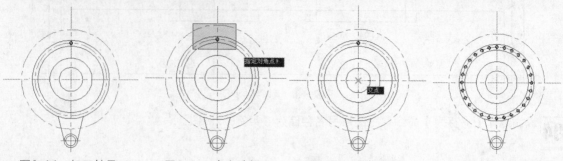

图6-11 打开结果   图6-12 窗交选择   图6-13 捕捉圆心   图6-14 阵列结果

🔍**提示** 【环形阵列】命令用于将图形按照指定的中心点和阵列数目,成圆形排列。通过使用此命令创建聚心结构的复制图形,其快捷键为"AR"。

03 重复执行【环形阵列】命令,配合【圆心捕捉】功能创建外部的聚心结构。命令行操作如下:

命令: _arraypolar

选择对象: //选择如图6-15所示的图形

选择对象: //Enter

类型 = 极轴 关联 = 是

指定阵列的中心点或 [基点(B)/旋转轴(A)]:   //捕捉同心圆的圆心

选择夹点以编辑阵列或 [关联(AS)/基点(B)/项目(I)/项目间角度(A)/填充角度(F)/行(ROW)/层(L)/旋转项目(ROT)/退出(X)] <退出>:   //i Enter

输入阵列中的项目数或 [表达式(E)] <6>:   //4 Enter

选择夹点以编辑阵列或 [关联(AS)/基点(B)/项目(I)/项目间角度(A)/填充角度(F)/行(ROW)/层(L)/旋转项目(ROT)/退出(X)] <退出>:   //f Enter

指定填充角度(+=逆时针、-=顺时针)或 [表达式(EX)] <360>:   //Enter

选择夹点以编辑阵列或 [关联(AS)/基点(B)/项目(I)/项目间角度(A)/填充角度(F)/行(ROW)/层(L)/旋转项目(ROT)/退出(X)] <退出>:   //Enter,阵列结果如图6-16所示

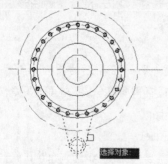
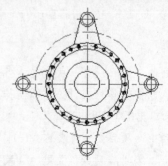

图6-15 选择对象   图6-16 阵列结果

04 最后选择【另存为】命令,将图形另名存储为"实例68.dwg"。

实例069 偏移对象

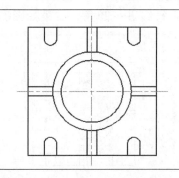

本实例主要学习【偏移】命令的使用方法和相关的操作技巧。

📁 最终文件	效果文件\第06章\实例69.dwg
🔴 素材文件	素材文件\6-69.dwg
🔵 视频文件	视频文件\第06章\实例69.avi
⏱ 播放时长	00:02:04
🛡 技能点拨	偏移、镜像

01 打开随书光盘中的 "素材文件\6-69.dwg" 文件, 如图6-17所示。

02 单击【修改】工具栏上的 📎 按钮, 激活【偏移】命令, 对垂直轮廓线进行偏移。命令行操作如下:

```
命令: _offset
当前设置: 删除源=否  图层=源  OFFSETGAPTYPE=0
指定偏移距离或 [通过(T)/删除(E)/图层(L)] <10.0000>:       //34 Enter, 设置偏移距离
选择要偏移的对象, 或 [退出(E)/放弃(U)] <退出>:           //单击左侧的垂直轮廓线
指定要偏移的那一侧上的点, 或 [退出(E)/多个(M)/放弃(U)] <退出>:
                                                          //在所选轮廓线右侧拾取一点
选择要偏移的对象, 或 [退出(E)/放弃(U)] <退出>:           //单击最右侧的垂直轮廓线
指定要偏移的那一侧上的点, 或 [退出(E)/多个(M)/放弃(U)] <退出>:
                                                          //在所选轮廓线左侧拾取一点
选择要偏移的对象, 或 [退出(E)/放弃(U)] <退出>:
                                                          //Enter, 结束命令, 偏移结果
                                                          如图6-18所示
```

03 重复执行【偏移】命令, 将两侧的垂直轮廓线向内偏移60.5个单位, 将两侧的水平轮廓线向内侧偏移25, 结果如图6-19所示。

🔍 **提示** 在执行【偏移】命令时, 只能以点选的方式选择对象, 且每次只能偏移一个对象。

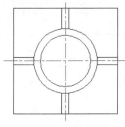

图6-17 打开结果

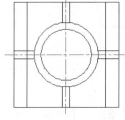

图6-18 偏移结果

图6-19 偏移结果

04 执行【修剪】命令, 以偏移出的水平轮廓线作为边界, 对垂直轮廓线进行修剪, 结果如图6-20所示。

05 执行【删除】命令，将偏移出的水平轮廓线删除，结果如图6-21所示。

06 使用快捷键"F"激活【圆角】命令，对修剪后的四组平行线进行圆角，结果如图6-22所示。

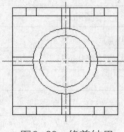
图6-20　修剪结果

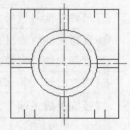
图6-21　删除结果

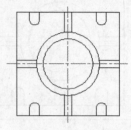
图6-22　圆角结果

07 最后选择【另存为】命令，将图形另名存储为"实例69.dwg"。

实例070　绘制平行对称结构

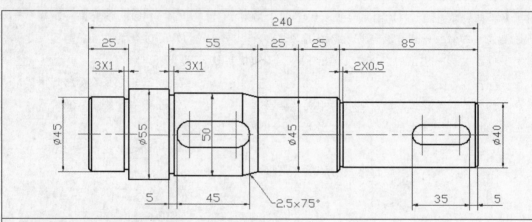

本实例主要学习平行对称零件结构图具体绘制方法和相关的操作技巧。

📁 最终文件	效果文件\第06章\实例70.dwg
🌐 素材文件	样板文件\机械样板.dwt
🎬 视频文件	视频文件\第06章\实例70.avi
⏱ 播放时长	00:05:50
🛡 技能点拨	偏移、镜像

01 执行【新建】命令，以"机械样板.dwt"作为基础样板，新建文件。

02 启用状态栏上【正交】功能或【极轴追踪】功能。

03 启用状态栏上的【对象捕捉】功能，并设置对象捕捉模式为端点捕捉、交点捕捉、延伸捕捉和垂足捕捉功能。

04 展开【图层控制】列表，将"点画线"设置为当前图层。

05 绘制基准线。使用快捷键"L"激活【直线】命令，绘制如图6-23所示的水平基准线和垂直基准线。

06 选择【修改】|【偏移】菜单命令，将垂直基准线向右偏移22和25个绘图单位。命令行操作如下：

```
命令：_offset
当前设置：删除源=否  图层=源  OFFSETGAPTYPE=0
指定偏移距离或 [通过(T)/删除(E)/图层(L)] <通过>：  //22 Enter
选择要偏移的对象，或 [退出(E)/放弃(U)] <退出>：  //选择垂直直线
指定要偏移的那一侧上的点，或 [退出(E)/多个(M)/放弃(U)] <退出>：
                                        //在所选线段的右侧拾取一点
选择要偏移的对象，或 [退出(E)/放弃(U)] <退出>：  //Enter
命令：                                    //Enter，重复执行命令
OFFSET当前设置：删除源=否  图层=源  OFFSETGAPTYPE=0
指定偏移距离或 [通过(T)/删除(E)/图层(L)] <22.0>：  //3 Enter
选择要偏移的对象，或 [退出(E)/放弃(U)] <退出>：  //选择偏移出的垂直线段
指定要偏移的那一侧上的点，或 [退出(E)/多个(M)/放弃(U)] <退出>：
                                        //在所选线段的右侧拾取一点
选择要偏移的对象，或 [退出(E)/放弃(U)] <退出>：  //Enter，结果如图6-24所示
```

图6-23 绘制基准线   图6-24 偏移结果

07 使用快捷键"O"激活【偏移】命令，对垂直基准线进行多重偏移，创建出其他位置的垂直定位线，偏移间距分别为25、3、52、50、2和83，偏移结果如图6-25所示。

08 将"轮廓线"设为当前层，并打开【线宽】显示功能。

09 选择【绘图】|【直线】菜单命令，配合【对象捕捉】和【正交】功能绘第一段轮廓线。命令行操作如下：

```
命令：_line
指定第一点：                          //捕捉左端辅助线交点
指定下一点或 [放弃(U)]：                //引出90°的方向矢量，输入22.5 Enter
指定下一点或 [放弃(U)]：  //向右移动光标，捕捉线段与第二条垂直辅助线的垂足点
指定下一点或 [闭合(C)/放弃(U)]：        //向下移动光标，捕捉辅助线交点
指定下一点或 [闭合(C)/放弃(U)]：        //Enter，绘制结果如图6-26所示
```

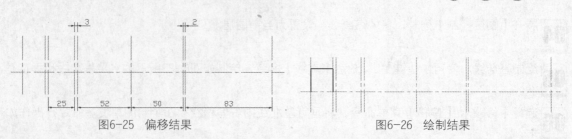

图6-25 偏移结果　　　　　　　　　　　图6-26 绘制结果

10 参照上一步骤，使用【直线】命令配合【正交】和【对象捕捉】功能制其他位置的轮廓线，结果如图6-27所示。

11 重复执行【直线】命令，配合【对象捕捉】和【极轴追踪】功能，绘制水平连接线。命令行操作如下：

```
命令：_line
指定第一点：              //以如图6-28所示点A作为延伸点，向下引出延伸线，输入1 Enter
指定下一点或 [放弃(U)]：   //向右移动光标，捕捉轮廓线与辅助线L的垂足点
指定下一点或 [放弃(U)]：   //Enter，绘制结果如图6-29所示
```

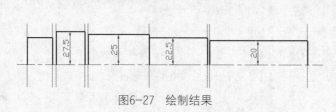

图6-27 绘制结果　　　　　　　　　　图6-28 定位延伸点

12 重复上一步骤，使用【直线】命令配合捕捉和追踪功能，分别绘制其他位置的水平连接线，深度分别为1和0.5，绘制结果如图6-30所示。

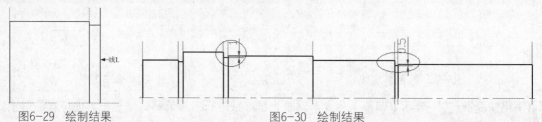

图6-29 绘制结果　　　　　　　图6-30 绘制结果

13 为图线倒角。单击【修改】工具栏的上⌐按钮，激活【倒角】命令，对轮廓线进行倒角。命令行操作如下：

```
命令：_chamfer
（"修剪"模式）当前倒角距离 1 = 0.0，距离 2 = 0.0
选择第一条直线或 [放弃(U)/多段线(P)/距离(D)/角度(A)/修剪(T)/方式(E)/多个(M)]：
                                    //a Enter，激活"角度"选项
指定第一条直线的倒角长度 <0.0>：     //2.5 Enter，设置倒角长度
指定第一条直线的倒角角度 <0.0>：     //75 Enter，设置倒角角度
选择第二条直线，或按住 Shift 键选择直线以应用角点或 [距离(D)/角度(A)/方法(M)]：
                                    //选择轮廓线S
选择第二条直线：                     //选择轮廓线W，倒角结果如图6-31所示
```

14 重复使用【倒角】命令，以倒角距离1.5、倒角角度为45°，分别对其他位置的轮廓线进行倒角，倒角结果如图6-32所示。

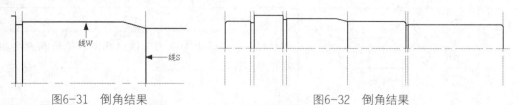

图6-31　倒角结果　　　　　　　　　　　　　　图6-32　倒角结果

15 绘制倒角线。使用快捷键"L"激活【直线】命令，配合点和垂足点捕捉功能，绘制倒角位置的垂直轮廓线，结果如图6-33所示。

16 重复使用【直线】命令，分别绘制其他倒角位置的垂直轮廓线，绘制结果如图6-34所示。

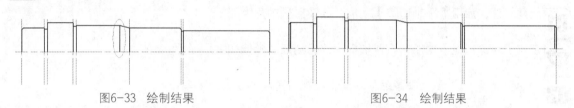

图6-33　绘制结果　　　　　　　　　　　　　　图6-34　绘制结果

17 使用快捷键"MI"激活【镜像】命令，对水平基准线上侧的轴零件轮廓线进行镜像。命令行操作过程如下：

| 命令：mi | //Enter，激活【镜像】命令 |
| MIRROR选择对象： | //拉出如图6-35所示的窗口选择框 |

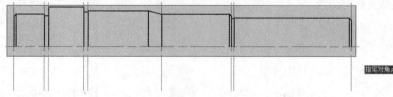

指定对角点

图6-35　窗口选择

选择对象：	//Enter，结束选择
指定镜像线的第一点：	//捕捉水平基准线的左端点
指定镜像线的第二点：	//捕捉水平基准线的右端点
是否删除源对象？[是(Y)/否(N)]<N>：	//Enter，结果如图6-36所示

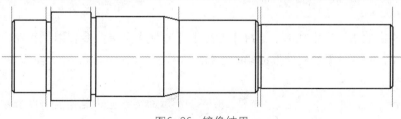

图6-36　镜像结果

18 最后使用【另存为】命令，将图形另名存储为"实例70.dwg"。

实例071　绘制垂直零件结构

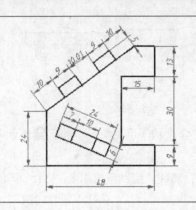

本实例主要学习垂直零件结构图具体绘制方法和相关的操作技巧。

📁 最终文件	效果文件\第06章\实例71.dwg
💿 视频文件	视频文件\第06章\实例71.avi
🎬 播放时长	00:04:28
🛡 技能点拨	偏移、修剪、极轴、正交

01 新建文件，启用【极轴追踪】功能，并设置极轴角为22.5°。

02 启用【对象捕捉】功能，设置捕捉模式为端点、延伸和垂足捕捉。

03 使用快捷键 "Z" 激活视窗缩放功能，将视口高度调整为85个单位。

04 打开【正交】功能，然后选择【绘图】|【直线】菜单命令，配合正交功能，绘制外侧的垂直结构轮廓图。命令行操作如下：

```
命令: _line
指定第一点：<正交 开>                    //在绘图区拾取一点作为起点
指定下一点或 [放弃(U)]:                   //向左移动光标，输入9 Enter
指定下一点或 [放弃(U)]:                   //向下移动光标，输入13 Enter
指定下一点或 [闭合(C)/放弃(U)]:           //向右移动光标，输入15 Enter
指定下一点或 [闭合(C)/放弃(U)]:           //向下移动光标，输入30 Enter
指定下一点或 [闭合(C)/放弃(U)]:           //向左移动光标，输入15 Enter
指定下一点或 [闭合(C)/放弃(U)]:           //向下移动光标，输入9 Enter
指定下一点或 [闭合(C)/放弃(U)]:           //向右移动光标，输入48 Enter
指定下一点或 [闭合(C)/放弃(U)]:           //向上移动光标，输入24 Enter
指定下一点或 [闭合(C)/放弃(U)]:           //c Enter，绘制结果如图6-37所示
```

05 选择【修改】|【偏移】菜单命令，将倾斜轮廓线向外偏移5个绘图单位，结果如图6-38所示。

06 关闭状态栏上的【正交】功能。选择【绘图】|【直线】菜单命令，以倾斜轮廓线的右下端点作为延伸点，配合对象的延伸捕捉功能绘制此位置的倾斜结构。命令行操作如下：

```
命令: _line
指定第一点：                             //以图6-39所示的端点作为延伸点，引出如图6-40所示
                                         的延伸虚线，输入10 Enter
指定下一点或 [放弃(U)]:                   //捕捉如图6-41所示的垂足点
指定下一点或 [放弃(U)]:                   //Enter，绘制结果如图6-42所示
```

图6-37 绘制垂直结构　　　　图6-38 偏移结果　　　　图6-39 捕捉对象延伸点

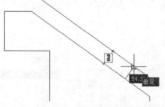
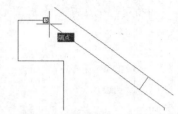

图6-40 引出处伸虚线　　　　图6-41 垂足捕捉　　　　图6-42 绘制结果

命令:	//Enter，重复执行【直线】命令
LINE 指定第一点:	//引出如图6-43所示的延伸虚线，输入10 Enter
指定下一点或 [放弃(U)]:	//配合垂足捕捉功能，捕捉上侧倾斜线上的垂足点，如图6-44所示，定位第二点
指定下一点或 [放弃(U)]:	//Enter，绘制结果如图6-45所示

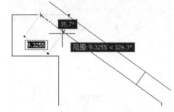

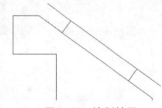

图6-43 引出延伸虚线　　　　图6-44 捕捉垂足点　　　　图6-45 绘制结果

07 使用快捷键"O"激活【偏移】命令，将刚绘制的两条倾斜轮廓线向内偏移9个绘图单位，如图6-46所示。

08 选择【修改】|【修剪】菜单命令，窗口选择如图6-47所示的4条线段作为边界，对倾斜轮廓线进行作剪，结果如图6-48所示。

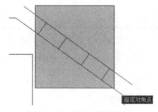
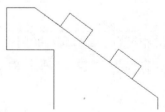

图6-46 偏移结果　　　　图6-47 窗口选择框　　　　图6-48 修剪结果

09 选择【绘图】|【直线】菜单命令，配合【极轴追踪】功能绘制内部的倾斜结构。命令行操作如下:

| 命令: _line | |
| 指定第一点: | //激活【捕捉自】功能 |

_from 基点:	//捕捉平面图的左下角点
〈偏移〉:	//@22,4 Enter，输入起点坐标
指定下一点或 [放弃(U)]:	//打开【极轴追踪】功能
〈极轴 开〉	//引出如图6-49所示的极轴虚线，输入24 Enter
指定下一点或 [放弃(U)]:	//引出如图6-50所示的极轴虚线，输入6 Enter
指定下一点或 [闭合(C)/放弃(U)]:	//引出如图6-51所示的极轴虚线，输入24 Enter
指定下一点或 [闭合(C)/放弃(U)]:	//c Enter，闭合图形，结果如图6-52所示

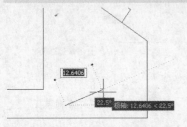

图6-49　引出22.5°的虚线

图6-50　引出112.5°的虚线

图6-51　引出202.5°的虚线

10 选择【绘图】|【直线】菜单命令，配合【延伸捕捉】功能绘制内部的轮廓线。命令行操作如下：

命令: _line	
指定第一点:	//以四边形左下角点作为对象延伸点，引出如图6-53所示的延伸虚线，输入7 Enter
指定下一点或 [放弃(U)]:	//捕捉如图6-54所示的垂足点

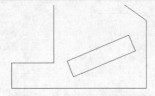

图6-52　绘制内部倾斜结构　　　图6-53　引出延伸虚线

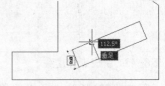

图6-54　捕捉垂足点

指定下一点或 [放弃(U)]:	//Enter，结束命令。
命令:	//Enter，重复执行命令
LINE 指定第一点:	//以四边形右下角点作为延伸点，引出如图6-55所示的延伸虚线，输入7 Enter
指定下一点或 [放弃(U)]:	//捕捉如图6-56所示的垂足点
指定下一点或 [放弃(U)]:	//Enter，绘制结果如图6-57所示

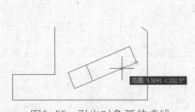

图6-55　引出对象延伸虚线

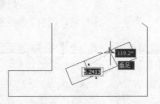

图6-56　捕捉垂足点

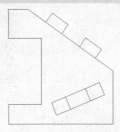

图6-57　绘制结果

11 执行【镜像】命令，将如图6-57所示的图形进行垂直镜像。

12 最后使用【另存为】命令，将如图形另名存储为"实例71.dwg"。

实例072　绘制相同零件结构

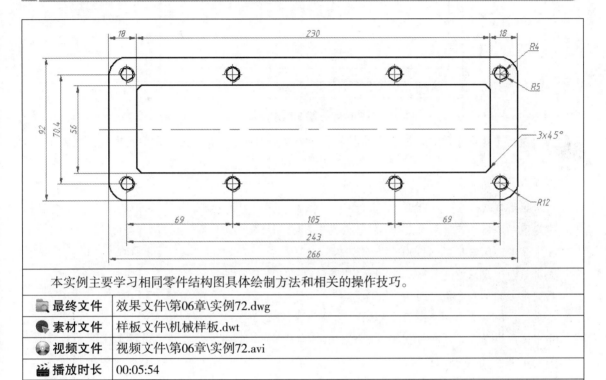

本实例主要学习相同零件结构图具体绘制方法和相关的操作技巧。

📁 最终文件	效果文件\第06章\实例72.dwg
🔵 素材文件	样板文件\机械样板.dwt
🔴 视频文件	视频文件\第06章\实例72.avi
🎬 播放时长	00:05:54
🛡 技能点拨	偏移、修剪、极轴、正交

01 执行【新建】命令，调用光盘中的"样板文件\机械样板.dwt"文件。

02 使用快捷键"Z"激活【视图缩放】功能，将当前视口高度调整为200。

03 打开【对象捕捉】功能，并设置捕捉模式为中点和象限点捕捉。

04 执行【矩形】命令，在"轮廓线"图层内绘制长为243、宽为70.4的矩形作为底垫外轮廓线。

05 重复执行【矩形】命令，配合【捕捉自】功能绘制外部的圆角矩形。命令行操作如下：

```
命令: _rectang
指定第一个角点或 [倒角(C)/标高(E)/圆角(F)/厚度(T)/宽度(W)]:          //f Enter
指定矩形的圆角半径 <0.0>:                                        //12 Enter
```

指定第一个角点或 [倒角(C)/标高(E)/圆角(F)/厚度(T)/宽度(W)]: //激活【捕捉自】功能

_from 基点: //捕捉刚绘制的矩形左下角点

<偏移>: //@-11.5,-10.8 Enter

指定另一个角点或 [面积(A)/尺寸(D)/旋转(R)]: //@266,92 Enter，结果如图6-58所示

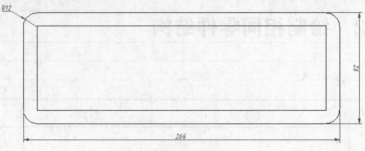

图6-58 绘制圆角矩形

06 再次执行【矩形】命令，配合【捕捉自】功能绘制内部的倒角矩形。命令行操作过程如下：

命令: _rectang

当前矩形模式： 圆角=12.0

指定第一个角点或 [倒角(C)/标高(E)/圆角(F)/厚度(T)/宽度(W)]: //f Enter

指定矩形的圆角半径 <12.0>: //0 Enter

指定第一个角点或 [倒角(C)/标高(E)/圆角(F)/厚度(T)/宽度(W)]: //c Enter

指定矩形的第一个倒角距离 <0.0>: //3 Enter

指定矩形的第二个倒角距离 <3.0>: //3 Enter

指定第一个角点或 [倒角(C)/标高(E)/圆角(F)/厚度(T)/宽度(W)]: //激活【捕捉自】功能

_from 基点: //捕捉内侧矩形的左下角点

<偏移>: //@6.5,7.2 Enter

指定另一个角点或 [面积(A)/尺寸(D)/旋转(R)]: //@230,56 Enter，结果如图6-59所示

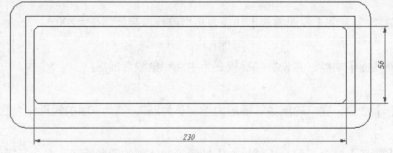

图6-59 绘制倒角矩形

07 单击【绘图】工具栏中的◎按钮，以中间矩形的左下角点为圆心，绘制半径分别为5和4的同心圆，结果如图6-60所示。

08 使用快捷键 "E" 激活【删除】命令，删除中间的辅助矩形，结果如图6-61所示。

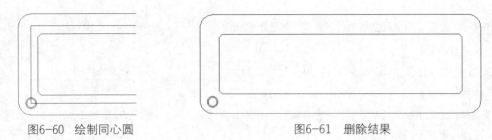

图6-60 绘制同心圆　　　　　　　　　　　图6-61　删除结果

09 在"中心线"图层绘制图形的中心线，结果如图6-62所示。

10 重复执行【直线】命令，配合象限点捕捉功能绘制同心圆的中心线，结果如图6-63所示。

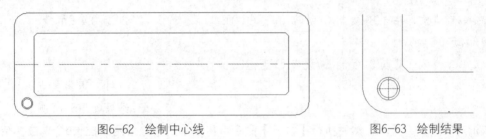

图6-62　绘制中心线　　　　　　　　　　图6-63　绘制结果

11 执行【修改】|【拉长】菜单命令，将圆的中心线两端拉长1.2个单位，结果如图6-64所示。

12 使用快捷键"TR"激活【修剪】命令，选择两条中心线作为边界，对外侧的螺纹圆进行修剪，结果如图6-65所示。

13 在无命令执行的前提下，拉出如图6-66所示的窗口选择框，将其进行夹点显示。

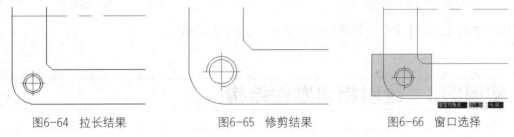

图6-64　拉长结果　　　　　　　　图6-65　修剪结果　　　　　　　图6-66　窗口选择

14 单击中间的一个夹点，进入夹点编辑模式，对夹点显示的所有对象进行移动并复制。命令行操作如下：

```
命令: ** 拉伸 **
指定拉伸点或 [基点(B)/复制(C)/放弃(U)/退出(X)]:          //Enter
** 移动 **
指定移动点或 [基点(B)/复制(C)/放弃(U)/退出(X)]:          //c Enter
** 移动（多重）**
指定移动点或 [基点(B)/复制(C)/放弃(U)/退出(X)]:          //@69,0 Enter
** 移动（多重）**
```

指定移动点或〔基点(B)/复制(C)/放弃(U)/退出(X)〕:　　　　　　//@174,0 Enter

** 移动（多重）**

指定移动点或〔基点(B)/复制(C)/放弃(U)/退出(X)〕:　　　　　　//@243,0 Enter

** 移动（多重）**

指定移动点或〔基点(B)/复制(C)/放弃(U)/退出(X)〕:　　　　　　//@0,70.4 Enter

** 移动（多重）**

指定移动点或〔基点(B)/复制(C)/放弃(U)/退出(X)〕:　　　　　　//@69,70.4 Enter

** 移动（多重）**

指定移动点或〔基点(B)/复制(C)/放弃(U)/退出(X)〕:　　　　　　//@174,70.4 Enter

** 移动（多重）**

指定移动点或〔基点(B)/复制(C)/放弃(U)/退出(X)〕:　　　　　　//@243,70.4 Enter

** 移动（多重）**

指定移动点或〔基点(B)/复制(C)/放弃(U)/退出(X)〕:

　　　　　　　　　　　　　　　　　　　　　　　　//Enter，退出夹点模式，编辑
　　　　　　　　　　　　　　　　　　　　　　　　结果如图6-67所示

15 取消对象的夹点显示，然后执行【拉长】命令，将水平的中心线两端拉长6个单位，结果如图6-68所示。

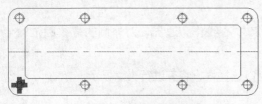

图6-67　夹点编辑结果

图6-68　偏移结果

16 最后执行【保存】命令，将图形命名存储为"实例72.dwg"。

实例073　绘制相切零件结构

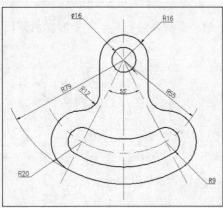

　　　本实例主要学习相切件结构图具体绘制方法和相关的操作技巧。

📁 最终文件	效果文件\第06章\实例73.dwg
📀 素材文件	样板文件\机械样板.dwt
🎬 视频文件	视频文件\第06章\实例73.avi
⏱ 播放时长	00:05:17
🛡 技能点拨	偏移、修剪、圆、夹点编辑

01 执行【新建】命令，调用光盘中的"样板文件\机械样板.dwt"文件。

02 启用【对象捕捉】功能，并设置对象的捕捉模式为圆心捕捉、象限点捕捉和交点捕捉。

03 选择【视图】|【缩放】|【中心点】菜单命令，将视图高度调整为120。

04 绘制一条垂直的构造线作为辅助线，然后选择垂直构造线使其夹点显示，使用夹点旋转工具对其进行夹点编辑。命令行操作如下：

```
命令：                                    //单击中间的夹点，进入夹点拉伸模式
** 拉伸 **
指定拉伸点或 [基点(B)/复制(C)/放弃(U)/退出(X)]：    //Enter，进入夹点移动模式
** 移动 **
指定移动点或 [基点(B)/复制(C)/放弃(U)/退出(X)]：    //Enter，进入夹点旋转模式
** 旋转 **
指定旋转角度或 [基点(B)/复制(C)/放弃(U)/参照(R)/退出(X)]：  //c Enter
** 旋转（多重）**
指定旋转角度或 [基点(B)/复制(C)/放弃(U)/参照(R)/退出(X)]：
                                    //27.5 Enter，结果如图6-69所示
** 旋转（多重）**
指定旋转角度或 [基点(B)/复制(C)/放弃(U)/参照(R)/退出(X)]：
                                    //-27.5 Enter，结果如图6-70所示
** 旋转（多重）**
指定旋转角度或 [基点(B)/复制(C)/放弃(U)/参照(R)/退出(X)]：
                                    //Enter，结束命令，并按Esc键取消夹
                                      点显示
```

05 执行【圆】命令，以构造线的交点作为圆心，绘制半径为16、8和55的同心圆，结果如图6-71所示。

06 重复执行【圆】命令，分别以交点1和交点2为圆心，绘制半径为20的两个圆，绘制结果如图6-72所示。

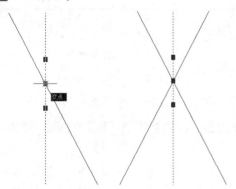
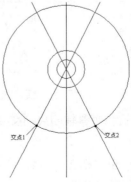
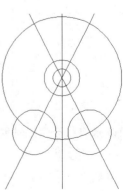

图6-69　旋转复制1　　　图6-70　旋转复制2　　　图6-71　绘制结果1　　　图6-72　绘制结果2

07 单击【修改】工具栏上的 按钮，使用"点偏移"方式，将垂直构造线对称偏移。命令行操作如下：

```
命令: _offset
当前设置: 删除源=否    图层=源    OFFSETGAPTYPE=0
指定偏移距离或 [通过(T)/删除(E)/图层(L)] <16.0000>:        //t Enter
选择要偏移的对象，或 [退出(E)/放弃(U)] <退出>:             //点选垂直的构造线
指定通过点或 [退出(E)/多个(M)/放弃(U)] <退出>:            //捕捉半径为16的圆的左象限点
选择要偏移的对象，或 [退出(E)/放弃(U)] <退出>:             //点选垂直的构造线
指定通过点或 [退出(E)/多个(M)/放弃(U)] <退出>:            //捕捉半径为16的圆的右象限点
选择要偏移的对象，或 [退出(E)/放弃(U)] <退出>:             //Enter，结果如图6-73所示
```

08 选择【绘图】|【圆】|【相切、相切、半径】菜单命令，绘制两个半径为12的相切圆，如图6-74所示。

09 使用快捷键"C"再次激活【圆】命令，绘制半径为79的相切圆，如图6-75所示。

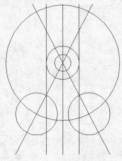

图6-73　偏移辅助线　　　　　图6-74　绘制相切圆　　　　　图6-75　绘制相切圆

10 单击【修改】工具栏上的 按钮，以如图6-76所示的3个圆作为剪切边界，对两侧的垂直辅助线进行修剪，结果如图6-77所示。

11 重复执行【修剪】命令，继续对图形进行修剪，结果如图6-78所示。

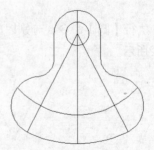

图6-76　选择修剪边界　　　·图6-77　辅助线修剪结果　　　图6-78　修剪结果

12 以修剪后产生的辅助圆弧和倾斜辅助线的交点作为圆心，绘制两个半径为9的圆，结果如图6-79所示。

13 重复执行【圆】命令，使用"相切、相切、半径"画圆方式，绘制内部的相切结构，相切圆半径为64和46，结果如图6-80所示。

14 执行【修剪】命令，对零件图进行修剪，结果如图6-81所示。

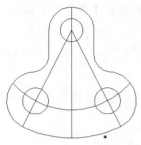  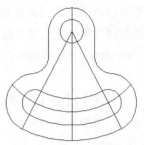

图6-79 绘制结果　　　　图6-80 绘制相切圆　　　　图6-81 修剪结果

15 夹点显示中心线，将其放到"中心线"图层上，结果如图6-82所示。

16 选择【修改】|【拉长】菜单命令，使用命令中的"动态"增长功能，对各中心线的两端进行适当拉长，结果如图6-83所示。

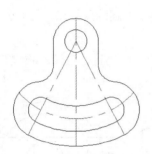 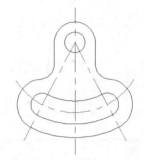

图6-82 修改线型及颜色　　　　　　图6-83 动态拉长中心线

17 最后执行【保存】命令，将图形命名存储为"实例73.dwg"。

实例074　绘制相切和聚心结构

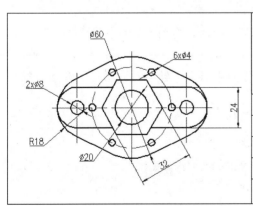

本实例主要学习相切和聚心零件结构的具体绘制方法和相关的操作技巧。

📁 **最终文件**	效果文件\第06章\实例74.dwg	
🌐 **素材文件**	样板文件\机械样板.dwt	
👤 **视频文件**	视频文件\第06章\实例74.avi	
🎬 **播放时长**	00:04:47	
🛡 **技能点拨**	环形阵列、圆、修剪	

01 执行【新建】命令，调用光盘中的"样板文件\机械样板.dwt"文件。

02 执行【图形界限】命令，设置绘图区域为240×200，并将其最大化显示。

03 设置"点画线"为当前图层，然后使用快捷键"XL"激活【构造线】命令，绘制如图6-84所示的构造线作为定位辅助线。

04 将"轮廓线"设置为当前图层，并打开【线宽】功能。

05 选择【绘图】|【圆】|【圆心、直径】菜单命令，以交点A、B为圆心，绘制直径为8和24的同心圆，结果如图6-85所示。

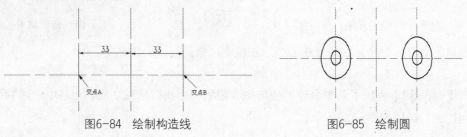

图6-84 绘制构造线　　　　　　　　　　　图6-85 绘制圆

06 使用快捷键"L"激活【直线】命令，分别连接两个大圆的象限点，绘制公切线，如图6-86所示。

07 使用快捷键"C"激活【圆】命令，以交点O为圆心，绘制直径为60、48和20的同心圆，结果如图6-87所示。

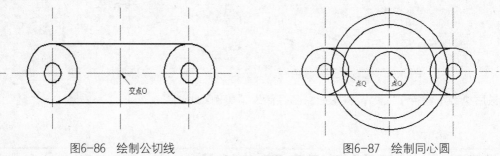

图6-86 绘制公切线　　　　　　　　　　　图6-87 绘制同心圆

08 重复执行【圆】命令，以交点Q作为圆心，绘制直径为4的小圆。

09 选择【修改】|【阵列】菜单命令，以交点O作为阵列中心点，将刚绘制的小圆环形阵列6份，结果如图6-88所示。

10 选择【绘图】|【正多边形】菜单命令，以交点O作为中心点，绘制正六边形。命令行操作如下：

```
命令: _polygon
输入边的数目 <4>:                    //6 Enter
指定正多边形的中心点或 [边(E)]:       //捕捉交点O作为中心点
输入选项 [内接于圆(I)/外切于圆(C)] <I>: //c Enter
指定圆的半径:                        //16 Enter，绘制结果如图6-89所示
```

11 以交点1和交点2为圆心，绘制半径为18的两个圆作为辅助圆，结果如图6-90所示。

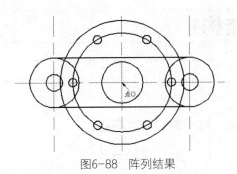

图6-88 阵列结果

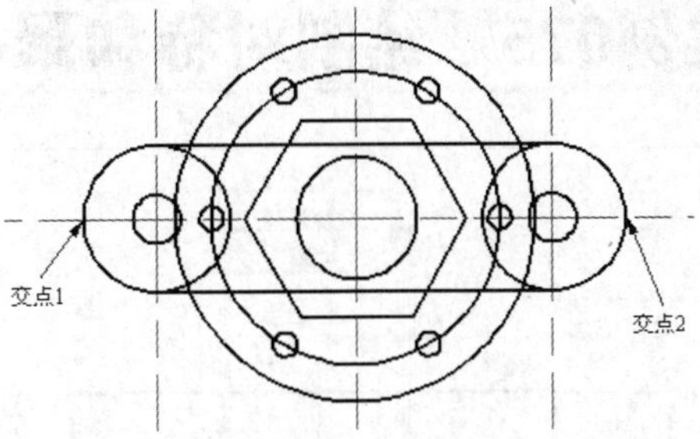

图6-89 绘制正多边形

12 重复执行【圆】命令，以交点3和交点4为圆心，绘制两个半径为18的圆，如图6-91所示。

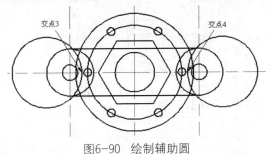

图6-90 绘制辅助圆

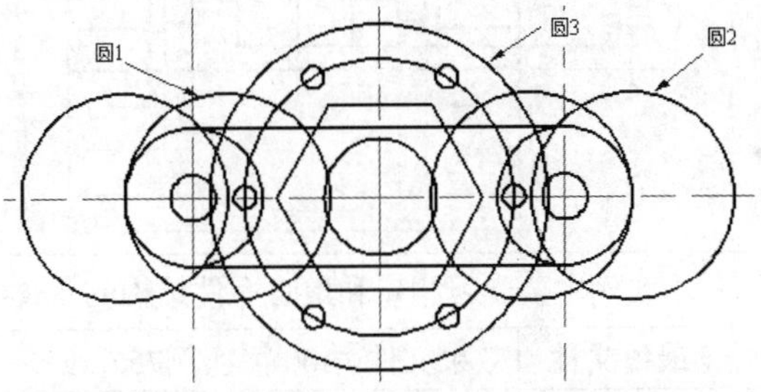

图6-91 绘制圆

13 使用快捷键"L"激活【直线】命令，配合【切点捕捉】功能绘制圆1、圆2和圆3的公切线，结果如图6-92所示。

14 执行【修剪】命令，修剪掉多余的线段及弧形轮廓，并删除所绘制的辅助圆，结果如图6-93所示。

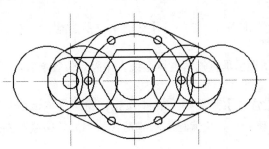

图6-92 绘制圆的外公切线

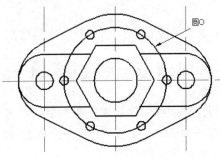

图6-93 修剪操作

15 使用快捷键"MA"激活【特性匹配】命令，以辅助线作为源对象，将其图层特性匹配给圆0，结果如图6-94所示。

16 最后执行【保存】命令，将图形命名存储为"实例74.dwg"。

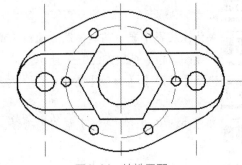

图6-94 特性匹配

实例075   绘制对称和聚心结构1

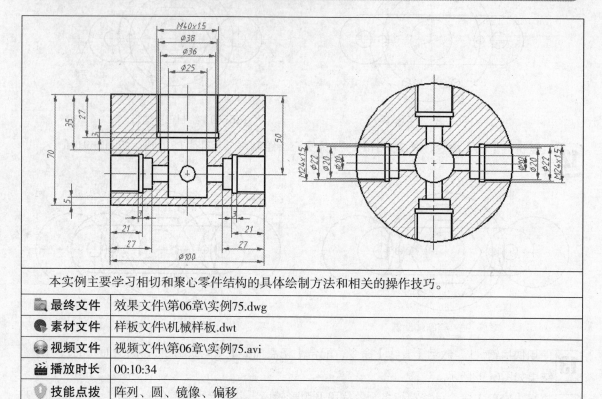

本实例主要学习相切和聚心零件结构的具体绘制方法和相关的操作技巧。

📁 最终文件	效果文件\第06章\实例75.dwg
🎬 素材文件	样板文件\机械样板.dwt
🎥 视频文件	视频文件\第06章\实例75.avi
⏱ 播放时长	00:10:34
🛡 技能点拨	阵列、圆、镜像、偏移

01 执行【新建】命令，调用光盘中的"样板文件\机械样板.dwt"文件。

02 将视图高度调整为220，将"轴线层"设置为当前图层，并打开【线宽】显示功能。

03 使用快捷键"XL"激活【构造线】命令，绘制相互垂直的两条构造线，作为定位基准线。

04 将"轮廓线"设置为当前图层，然后单击【修改】工具栏上的🖎按钮，将水平构造线向下偏移20、向上偏移50；将垂直构造线向右偏移50，并将偏移出的构造线放到"轮廓线"图层上，结果如图6-95所示。

05 选择【修改】|【圆角】菜单命令，将圆角半径设置为0，对偏移出的构造线进行编辑，结果如图6-96所示。

06 关闭【线宽】显示功能，然后执行【偏移】命令，将垂直构造线向右偏移12.5、18、19和20个绘图单位，结果如图6-97所示。

07 选择【修改】|【复制】菜单命令，对上侧的水平轮廓线向下复制24、27、35和65，结果如图6-98所示。

08 使用快捷键"TR"激活【修剪】命令，对偏移出的图形进行修剪，结果如图6-99所示。

09 单击【绘图】工具栏上的🔲按钮，激活【打断于点】命令，将垂直轮廓线L进行打断，断点为A，如图6-100所示。

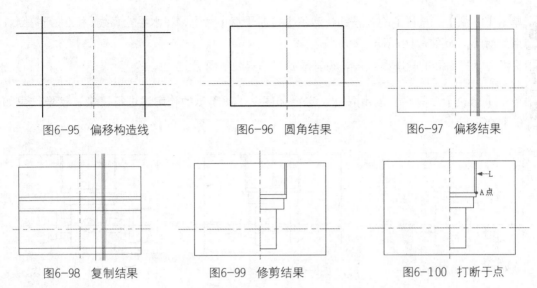

图6-95 偏移构造线　　　图6-96 圆角结果　　　图6-97 偏移结果

图6-98 复制结果　　　　图6-99 修剪结果　　　图6-100 打断于点

10 夹点显示打断后的轮廓线,如图6-101所示,将其放到"细实线"层上。

11 执行【圆】命令,配合【交点捕捉】功能绘制如图6-102所示的圆,圆的半径为5。

12 单击【修改】工具栏上的 按钮,激活【镜像】命令,对内部的图线进行镜像,结果如图6-103所示。

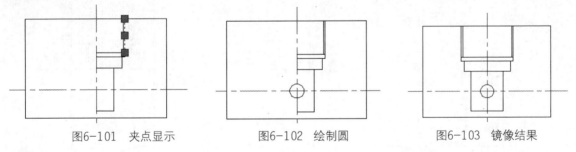

图6-101 夹点显示　　　图6-102 绘制圆　　　　图6-103 镜像结果

13 执行【偏移】命令,将水平构造线向下偏移5、10、11和12个绘图单位,结果如图6-104所示。

14 重复执行【偏移】命令,将两侧的垂直轮廓线向内偏移18、21和27个绘图单位,结果如图6-105所示。

15 使用快捷键"TR"激活【修剪】命令,对偏移出的图形进行修剪,结果如图6-106所示。

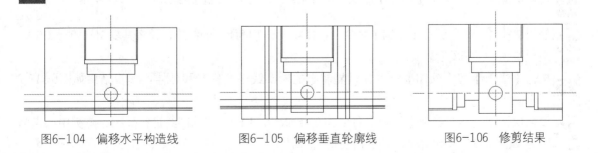

图6-104 偏移水平构造线　　图6-105 偏移垂直轮廓线　　图6-106 修剪结果

16 单击【绘图】工具栏上的 ⌐ 按钮，激活【打断于点】命令，将水平轮廓线1和2进行打断，断点为A和B，如图6-107所示。

17 夹点显示打断后的轮廓线1和2，将其放到"细实线"图层上。

18 单击【修改】工具栏上的 ⚲ 按钮，选择如图6-108所示的轮廓线进行镜像，镜像结果如图6-109所示。

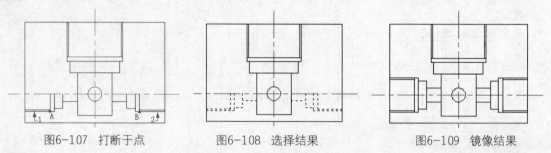

图6-107 打断于点　　　　图6-108 选择结果　　　　图6-109 镜像结果

19 将"剖面线"设置为当前图层，然后执行【图案填充】命令，以默认参数为主视图填充ANSI31图案，结果如图6-110所示。

20 将"中心线"设置为当前图层，然后执行【构造线】命令，在主视图的下侧绘制一条水平构造线，以定位俯视图，如图6-111所示。

21 将"轮廓线"设置为当前图层，然后根据视图间的对正关系，绘制如图6-112所示的垂直轮廓线。

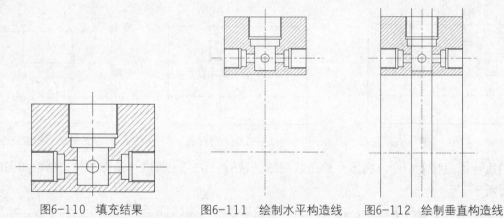

图6-110 填充结果　　　图6-111 绘制水平构造线　　　图6-112 绘制垂直构造线

22 使用快捷键"C"激活【圆】命令，配合【交点捕捉】功能绘制如图6-113所示的同心轮廓圆。

23 使用快捷键"E"激活【删除】命令，删除4条垂直的构造线，结果如图6-114所示。

24 使用快捷键"CO"激活【复制】命令，选择如图6-115所示的结构，并将其复制到俯视图中，结果如图6-116所示。

25 执行【修剪】和【延伸】命令，对复制出的轮廓线进行修剪和延伸，编辑结果如图6-117所示。

26 使用快捷键"AR"激活【阵列】命令，选择如图6-118所示的图线进行阵列，阵列中心点为同心圆的圆心，阵列结果如图6-119所示。

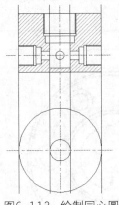
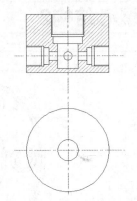
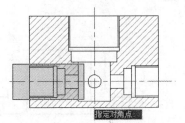

图6-113　绘制同心圆　　　图6-114　删除垂直构造线　　　图6-115　窗口选择

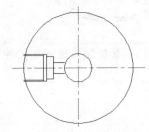
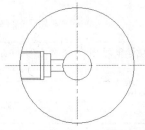
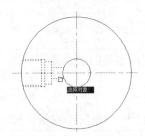

图6-116　复制结果　　　图6-117　编辑结果　　　图6-118　选择阵列对象

27 将"剖面线"设置为当前层，然后执行【图案填充】命令对俯视图进行填充，填充结果如图6-120所示。

28 执行【偏移】命令，将零件主视图和俯视图外轮廓线分别向外偏移6个绘图单位作为辅助线，如图6-121所示。

29 执行【修剪】命令，以偏移出的图线作为边界，对构造线进行修剪，将其转化为图形中心线，修剪结果如图6-122所示。

30 执行【删除】命令，删除偏移出的轮廓线，并打开【线宽】显示功能，最终结果如图6-123所示。

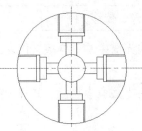
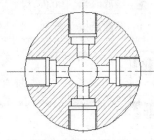

图6-119　阵列结果　　　图6-120　填充结果

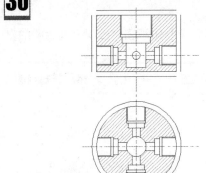

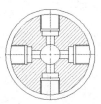
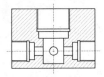
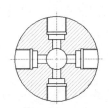

图6-121　偏移结果　　　图6-122　修剪结果　　　图6-123　最终结果

31 最后执行【保存】命令，将图形命名存储为"实例75.dwg"。

实例076　绘制对称和聚心结构2

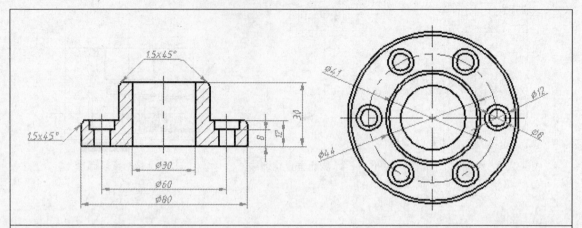

本实例通过绘制法兰盘零件图，继续学习相切和聚心零件结构的具体绘制方法和相关的操作技巧。

📁 最终文件	效果文件\第06章\实例76.dwg	
🔵 素材文件	样板文件\机械样板.dwt	
🔘 视频文件	视频文件\第06章\实例76.avi	
🎬 播放时长	00:07:32	
🛡 技能点拨	阵列、圆、镜像、偏移、倒角	

01 执行【新建】命令，调用光盘中的"样板文件\机械样板.dwt"文件。

02 单击状态栏➕按钮，激活【线宽】功能，并将"中心线"设置为当前层。

03 使用快捷键"XL"激活【构造线】命令，绘制如图6-124所示的3条构造线，以定位出法兰盘二视图位置。

04 展开【图层控制】下拉列表，将"轮廓线"设置为当前图层。

05 单击【绘图】工具栏上的◎按钮，配合【交点捕捉】功能，绘制俯视图中的同心圆，圆的直径分别为30、44、60和80，结果如图6-125所示。

06 选择直径为60的圆，展开【图层控制】下拉列表，修改其图层为"中心线"，然后按Esc键取消圆的夹点显示，结果如图6-126所示。

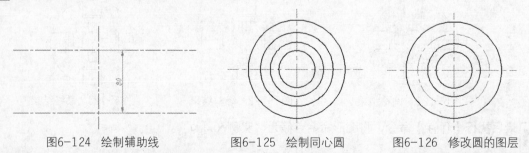

图6-124　绘制辅助线　　　　图6-125　绘制同心圆　　　　图6-126　修改圆的图层

07 使用快捷键 "C" 再次激活【圆】命令，绘制直径为8和12的同心圆，如图6-127所示。

08 执行【环形阵列】命令，将两个同心圆阵列6份，结果如图6-128所示。

09 单击【修改】工具栏上的按钮，激活【偏移】命令，对如图6-128所示的圆1和圆2向内偏移1.5个单位，创建内部的倒角圆轮廓线，结果如图6-129所示。

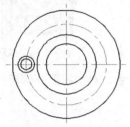 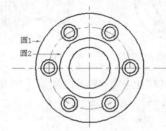 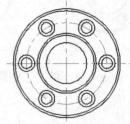

图6-127　绘制结果　　　　图6-128　阵列结果　　　　图6-129　偏移结果

10 单击【绘图】菜单上的【构造线】命令，根据视图间的对正关系，配合【圆心捕捉】和【交点捕捉】功能绘制如图6-130所示的垂直构造线。

11 单击【修改】工具栏上的按钮，激活【偏移】命令，将上侧的水平构造线向下偏移12、向上偏移30，结果如图6-131所示。

12 单击【修改】工具栏上的按钮，激活【修剪】命令，对构造线进行修剪，编辑出主视图主体结构，结果如图6-132所示。

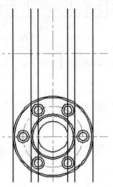 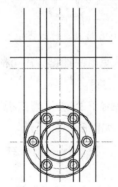 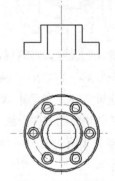

图6-130　绘制结果　　　　图6-131　偏移结果　　　　图6-132　修剪结果

13 单击主视图下侧水平轮廓线，使其夹点显示，如图6-133所示，然后展开【图层控制】列表，修改其图层为 "轮廓线"，结果如图6-134所示。

14 使用快捷键 "XL" 激活【构造线】命令，根据视图间的对正关系，绘制如图6-135所示的垂直构造线，作为圆孔定位辅助线。

15 使用快捷键 "O" 激活【偏移】命令，将主视图下侧水平轮廓线向上偏移8个单位，结果如图6-136所示。

16 使用快捷键 "TR" 激活【修剪】命令，对各图线进行修剪，编辑出柱形圆孔轮廓线，如图6-137所示。

17 单击柱形孔位置的两条垂直构造线，然后展开【图层控制】下拉列表，修改其图层为 "中心线" 层，结果如图6-138所示。

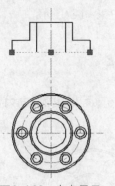

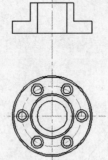
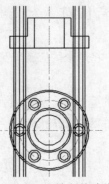
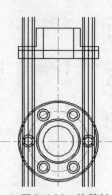

图6-133　夹点显示　　　　图6-134　修改图层　　　　图6-135　绘制构造线　　　　图6-136　偏移结果

18 绘制倒角线。单击【修改】工具栏上的 ⌐ 按钮，激活【倒角】命令，对主视图外轮廓线进行抹角，倒角长度为1.5、角度为45°，倒角结果如图6-139所示。

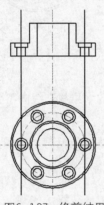
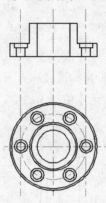
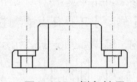

图6-137　修剪结果　　　　　图6-138　修改图层　　　　　　图6-139　倒角结果

19 将"轮廓线"设置为当前层，然后使用快捷键"H"激活【图案填充】命令，以默认参数为主视图填充如图6-140所示的ANSI31图案。

20 使用快捷键"TR"激活【修剪】命令，以法兰盘二视图外轮廓线作为边界，对构造线进行修剪，将其转化为图形中心线，结果如图6-141所示。

21 选择【修改】|【拉长】菜单命令，将二视图中心线进行两端拉长3个单位，最终结果如图6-142所示。

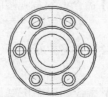

图6-140　填充结果　　　　　图6-141　修剪结果　　　　　图6-142　拉长结果

22 最后执行【保存】命令，将图形命名存储为"实例76.dwg"。

实例077 绘制对称和相切结构

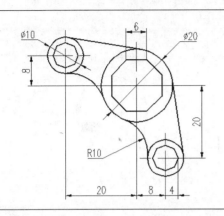

本实例主要学习对称和相切零件结构的具体绘制方法和相关的操作技巧。

📁 最终文件	效果文件\第06章\实例77.dwg
🏷 素材文件	样板文件\机械样板.dwt
🎬 视频文件	视频文件\第06章\实例77.avi
⏱ 播放时长	00:04:13
🛡 技能点拨	正多边形、圆、修剪、偏移

01 调用光盘中的"样板文件\机械样板.dwt"文件。使用快捷键"Z"激活【视图缩放】功能，将当前的视口高度调整为75。

02 执行【绘图】|【正多边形】菜单命令，或单击【绘图】工具栏中的⬡按钮，激活【正多边形】命令，绘制边长为6的正八边形。命令行操作如下：

```
命令：_polygon
输入边的数目 <4>：                   //8 Enter，设置多边形的边数
指定正多边形的中心点或 [边(E)]：     //E Enter，激活【边】选项功能
指定边的第一个端点：                 //在绘图区中央拾取一点
指定边的第二个端点：                 //@6,0 Enter
```

03 单击【绘图】工具栏中的⊙按钮，激活【圆】命令，以正八边形的中心点作为圆心，绘制直径为20的圆。命令行操作如下：

```
命令：_circle                        //Enter，激活【圆】命令
指定圆的圆心或 [三点(3P)/两点(2P)/切点、切点、半径(T)]：
                //分别以正八边形下侧边和右侧边中点作为追踪点，引出两条相互垂直
        的对象追踪虚线，然后捕捉追踪虚线的交点，如图6-143所示
指定圆的半径或 [直径(D)]：           //d Enter
指定圆的直径：                       //20 Enter，绘制结果如图6-144所示
```

04 按Enter键，重复执行【圆】命令，配合【捕捉自】功能绘制两个直径为10的圆。命令行操作如下：

```
命令：                               //Enter，重复执行【圆】命令
CIRCLE 指定圆的圆心或 [三点(3P)/两点(2P)/切点、切点、半径(T)]：
_from 基点：                         //激活【捕捉自】功能，然后捕捉圆的圆心
<偏移>：                             //@8,-20 Enter
指定圆的半径或 [直径(D)] <10.0000>：  //d Enter
指定圆的直径 <20.0000>：             //10 Enter，绘制结果如图6-145所示
命令：                               // Enter，重复执行画圆命令。
```

CIRCLE 指定圆的圆心或 [三点(3P)/两点(2P)/切点、切点、半径(T)]:

_from 基点: //激活【捕捉自】功能，并捕捉大圆的圆心

<偏移>:   //@-20,8 Enter

指定圆的半径或 [直径(D)] <5.0000>:   //d Enter

指定圆的直径 <10.0000>:   //10 Enter，绘制结果如图6-146所示

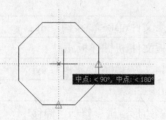
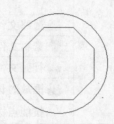
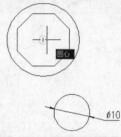

图6-143 引出追踪虚线   图6-144 绘制结果   图6-145 "圆心、直径"画圆

05 执行【绘图】|【圆】|【切点、切点、半径】菜单命令，绘制与大圆和小圆都相切的圆，半径为10，结果如图6-147所示。

06 执行【修改】|【修剪】菜单命令，对相切圆进行修剪，结果如图6-148所示。

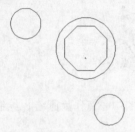

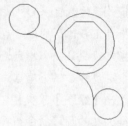

图6-146 绘制结果   图6-147 绘制相切圆   图6-148 修剪结果

07 使用快捷键"L"激活【直线】命令，配合【切点捕捉】功能绘制圆的公切线，结果如图6-149所示。

08 单击【绘图】工具栏中的○按钮，激活【正多边形】命令，绘制外接圆半径为4的正八边形，结果如图6-150所示。

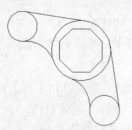
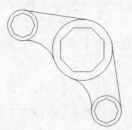

图6-149 绘制公切线   图6-150 绘制结果

09 使用快捷键"L"激活【直线】命令，配合【延伸捕捉】功能绘制中心线。

10 最后执行【保存】命令，将图形命名存储为"实例77.dwg"。

实例078　多种零件结构综合作图

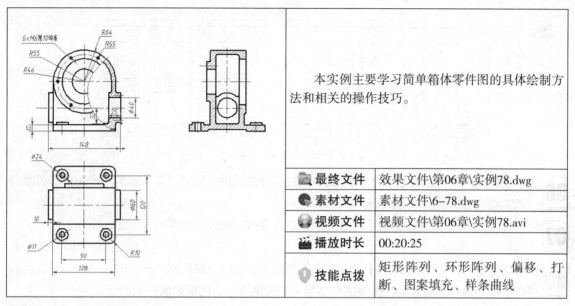

本实例主要学习简单箱体零件图的具体绘制方法和相关的操作技巧。

	最终文件	效果文件\第06章\实例78.dwg
	素材文件	素材文件\6-78.dwg
	视频文件	视频文件\第06章\实例78.avi
	播放时长	00:20:25
	技能点拨	矩形阵列、环形阵列、偏移、打断、图案填充、样条曲线

01 打开随书光盘中的"素材文件\6-78.dwg"文件，如图6-151所示。

02 使用快捷键"XL"激活【构造线】命令，根据视图间的对正关系，绘制如图6-152所示的构造线，作为定位辅助线。

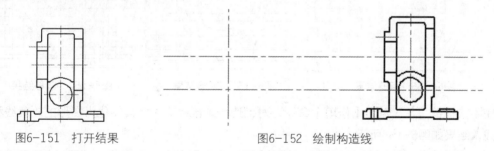

图6-151　打开结果　　　　　　　　　图6-152　绘制构造线

03 将"轮廓线"设置为当前图层，并暂时关闭状态栏上的【线宽】显示功能。

04 再次执行【构造线】命令，根据视图间的对正关系，配合【对象捕捉】功能绘制如图6-153所示的构造线。

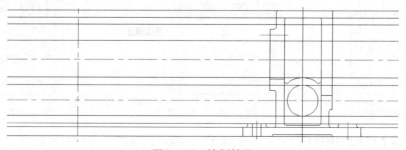

图6-153　绘制结果

05 使用快捷键"C"激活【圆】命令，配合【交点捕捉】功能绘制如图6-154所示的两组同心圆，其中小同心圆的直径分别为6和4.2。

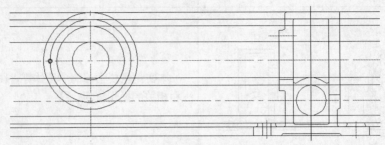

图6-154 绘制同心圆

06 使用快捷键"TR"激活【修剪】命令，对直径为6的圆进行修剪，并将修剪后产生的圆弧放到"细实线"图层上，结果如图6-155所示。

07 使用快捷键"E"激活【删除】命令，删除不需要的构造线，结果如图6-156所示。

08 使用快捷键"O"激活【偏移】命令，将垂直的构造线向左偏移33、45、57、64和74；向右偏移49、64和74，并更改偏移图线的所在层为"轮廓线"，结果如图6-157所示。

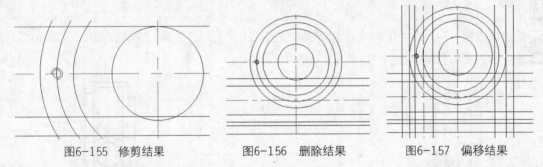

图6-155 修剪结果　　　　　图6-156 删除结果　　　　　图6-157 偏移结果

09 使用快捷键"TR"激活【修剪】命令，对构造线进行修剪，将其转化为图形的轮廓线和中心线，结果如图6-158所示。

10 单击【修改】工具栏中的按钮，激活【环形阵列】命令，窗口选择如图6-159所示的对象并阵列6份，结果如图6-160所示。

图6-158 修剪结果　　　　　图6-159 窗口选择　　　　　图6-160 阵列结果

11 使用【修剪】和夹点编辑功能，对中心线进行完善，结果如图6-161所示。

12 在"波浪线"图层内，使用【样条曲线】命令并配合【最近点捕捉】功能绘制如图6-162所示的样条曲线，作为剖切边界线。

13 使用快捷键"O"激活【偏移】命令，将下侧的水平中心线向下偏移32个单位，并将偏移出的图线放到"轮廓线"层上，结果如图6-163所示。

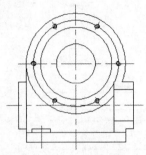 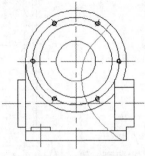 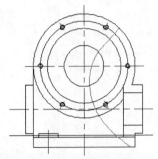

图6-161 完善结果   图6-162 绘制结果   图6-163 偏移结果

14 将最下侧的水平轮廓线向上偏移3个单位，将垂直中心线向右偏移55和64个单位，然后使用快捷键"TR"激活【修剪】命令，对图线进行修剪完善，结果如图6-164所示。

15 使用快捷键"F"激活【圆角】命令，设置圆角半径为3，对零件主视图进行圆角，结果如图6-165所示。

16 重复执行【圆角】命令，设置圆角半径不变，圆角的修剪模式为"不修剪"，继续对零件图进行圆角，结果如图6-166所示。

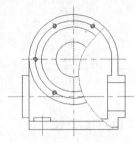 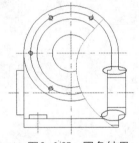 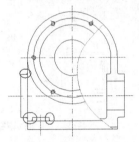

图6-164 修剪结果   图6-165 圆角结果   图6-166 圆角结果

17 使用快捷键"TR"激活【修剪】命令，将圆角后产生的圆弧作为边界，对圆角位置的图线进行修剪，结果如图6-167所示。

18 使用快捷键"XL"激活【构造线】命令，在"中心线"图层内绘制如图6-168所示的构造线。

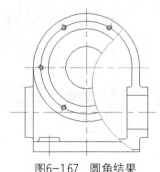  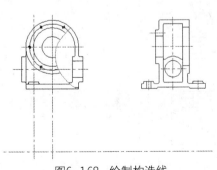

图6-167 圆角结果   图6-168 绘制构造线

19 在"轮廓线"图层内绘制如图6-169所示的垂直构造线。

20 执行【偏移】命令，将水平构造线向上偏移30、43和78；向下偏移30和78；将垂直构造线对称偏移40，结果如图6-170所示。

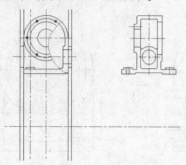

图6-169 绘制垂直构造线

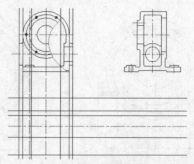

图6-170 偏移结果

21 使用快捷键"TR"激活【修剪】命令，对构造线进行修剪，编辑出箱体零件的俯视图，结果如图6-171所示。

22 使用快捷键"O"激活【偏移】命令，将水平构造线向上偏移35和60，向下偏移39，结果如图6-172所示。

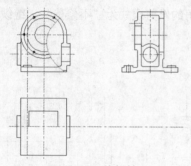

图6-171 编辑结果

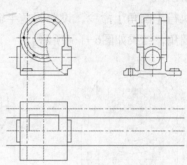

图6-172 偏移结果

23 使用快捷键"TR"激活【修剪】命令，对构造线进行修剪，编辑出箱体零件的俯视图，结果如图6-173所示。

24 使用快捷键"C"激活【圆】命令，配合【交点捕捉】功能绘制直径分别为11和24的同心圆，并适当调整中心线的长度，结果如图6-174所示。

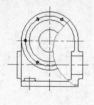

图6-173 编辑结果

图6-174 绘制结果

25 单击【修改】工具栏中的 品 按钮，激活【矩形阵列】命令，窗口选择如图6-175所示的图形并阵列4份，行偏移为-120、列偏移为90，结果如图6-176所示。

26 使用快捷键"F"激活【圆角】命令，对俯视图外轮廓线进行圆角，圆角半径为10，结果如图6-177所示。

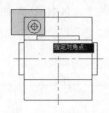 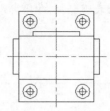 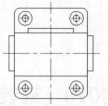

图6-175 窗口选择　　　　图6-176 阵列结果　　　　图6-177 圆角结果

27 将"剖面线"设置为当前图层，同时打开【线宽】的显示功能，结果如图6-178所示。

28 单击【修改】工具栏中的 ニ 按钮，激活【打断于点】命令，将内侧的圆弧打断，断点为交点A，然后将打断后的圆弧放到"中心线"图层上，结果如图6-179所示。

图6-178 图形的显示效果　　　　　　　　图6-179 打断于点

29 使用快捷键"H"激活【图案填充】命令，设置填充图案与参数如图6-180所示，为零件图填充如图6-181所示的剖面线。

图6-180 设置填充图案与参数　　　　图6-181 填充结果

30 最后执行【另存为】命令，将图形另名存储为"实例78.dwg"。

第7章 三维曲面建模

曲面模型是用表面的集合来定义三维物体，它是在线框模型的基础上增加了面边信息和表面特征信息等，以更形象逼真地表现物体的真实形态。本章将通过10个典型实例学习AutoCAD的曲面与网格建模功能。

实例079　旋转网格　

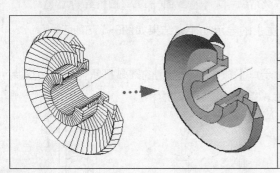

本实例主要学习【旋转网格】命令的使用方法和相关的操作技巧。	
📁 **最终文件**	效果文件\第07章\实例79.dwg
🔴 **素材文件**	素材文件\7-79.dwg
🔵 **视频文件**	视频文件\第07章\实例79.avi
🎬 **播放时长**	00:02:40
🛡 **技能点拨**	边界、旋转网格

01 打开随书光盘中的"素材文件\7-79.dwg"文件，如图7-1所示。

02 执行【删除】命令，删除不相关的图线，结果如图7-2所示。

03 使用快捷键"BO"激活【边界】命令，在如图7-3所示的闭合区域内单击击，提取多段线边界。

04 将提取的边界和水平中心线外移，并删除源图线，结果如图7-4所示。

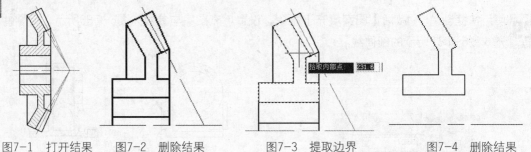

图7-1　打开结果　　　图7-2　删除结果　　　　　图7-3　提取边界　　　　　　图7-4　删除结果

05 将如图7-4所示的边界和中心线剪切到前视图，如图7-5所示。

06 分别使用系统变量SURFTAB1和SURFTAB2，设置网格的线框密度。命令行操作如下：

命令: surftab1	//Enter
输入 SURFTAB1 的新值 <6>:	//36 Enter
命令: surftab2	//Enter

输入 SURFTAB2 的新值 <6>: //36 Enter

07 选择【绘图】|【建模】|【网格】|【旋转网格】菜单命令，将边界旋转为网格。命令行操作如下：

命令：_revsurf

当前线框密度：SURFTAB1=36 SURFTAB2=36

选择要旋转的对象： //选择边界

选择定义旋转轴的对象： //选择水平中心线

指定起点角度 <0>： //90 Enter

指定包含角 (+=逆时针，-=顺时针) <360>：

//270 Enter，旋转结果如图7-6所示

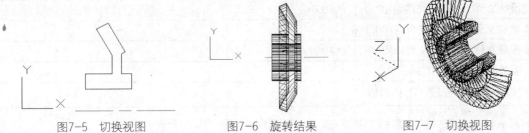

图7-5 切换视图　　　　　　图7-6 旋转结果　　　　　　图7-7 切换视图

08 单击【视图】菜单中的【三维视图】|【东北等轴测】命令，将视图切换到东北视图，结果如图7-7所示。

🔍**技巧** 在系统以逆时针方向为选择角度测量方向的情况下，如果输入的角度为正，则按逆时针方向旋转构造旋转曲面，否则按顺时针方向构造旋转曲面。

09 使用快捷键"HI"激活【消隐】命令，效果如图7-8所示。

10 使用快捷键"VS"激活【视觉样式】命令，对网格进行灰度着色，结果如图7-9所示。

11 使用快捷键"VS"激活【视觉样式】命令，对模型进行边缘着色，结果如图7-10所示。

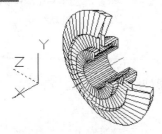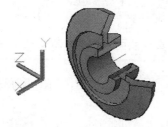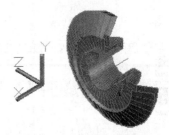

图7-8 消隐效果　　　　　　图7-9 灰度着色　　　　　　图7-10 边缘着色

12 最后执行【另存为】命令，将模型另名存储为"实例79.dwg"。

🔍**提示** 【旋转网格】命令用于将轨迹线绕一指定的轴进行空间旋转，生成回转体空间网格。用于旋转的轨迹线可以是直线、圆、圆弧、样条曲线、二维或三维多段线，旋转轴则可以是直线或非封闭的多段线。

实例080　平移网格

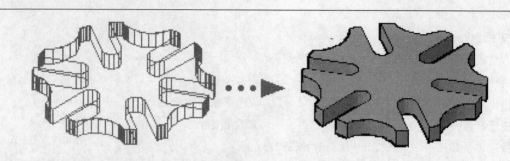

本实例主要学习【平移网格】命令的使用方法和相关的操作技巧。

📁 最终文件	效果文件\第07章\实例80.dwg
🔵 素材文件	素材文件\7-80.dwg
🔴 视频文件	视频文件\第07章\实例80.avi
📺 播放时长	00:01:38
🛡 技能点拨	面域、平移网格

01 打开随书光盘中的"素材文件\7-80.dwg"文件，如图7-11所示。

02 将视图切换到西南视图，结果如图7-12所示。

03 使用快捷键"L"激活【直线】命令，以中心线的交点作为第一点，沿Z轴正方向绘制高度为5的垂直直线，如图7-13所示。

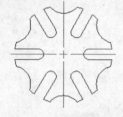

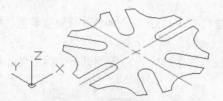

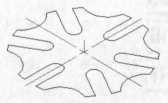

图7-11　打开结果　　　　　　　图7-12　切换视图　　　　　　　图7-13　绘制结果

04 使用系统变量SURFTAB1，设置直纹曲面表面的线框密度为36。

05 单击【常用】选项卡【图元】面板上的 按钮，创建平移网格模型。命令行操作如下：

```
命令: _tabsurf
当前线框密度: SURFTAB1=24
选择用作轮廓曲线的对象:        //选择如图7-14所示的闭合边界
选择用作方向矢量的对象:        //在如图7-15所示的位置单击直线
```

🔍 **技巧** 创建平移网格时，用于拉伸的轨迹线和方向矢量不能位于同一平面内，在指定位伸的方向矢量时，选择点的位置不同，结果也不同。

06 结果创建出如图7-16所示的平移网格。

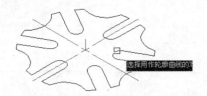

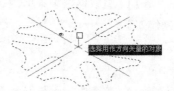

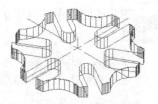

图7-14 选择边界　　　　图7-15 选择方向矢量　　　　图7-16 创建平移网格

07 使用快捷键 "VS" 激活【视觉样式】命令,对平移网格进行概念着色,结果如图7-17所示。

08 将平移网格进行后置,然后执行【面域】命令,选择如图7-18所示的边界,将其转化为面域,结果如图7-19所示。

09 删除中心线和垂直直线,并将模型另名存储为 "实例80.dwg"。

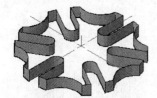

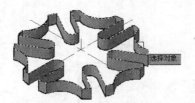

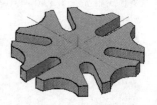

图7-17 概念着色　　　　图7-18 选择边界　　　　图7-19 创建面域

🔍 **提示** 【平移网格】命令用于将轨迹线沿着指定方向矢量平移延伸而形成的三维网格。轨迹线可以是直线、圆(圆弧)、椭圆(椭圆弧)、样条曲线、二维或三维多段线;方向矢量用于指明拉伸方向和长度,可以是直线或非封闭多段线,不能使用圆或圆弧来指定位伸的方向。

实例081 直纹网格

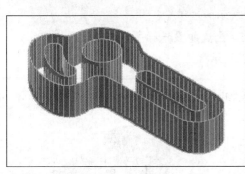

本实例主要学习【直纹网格】命令的使用方法和相关的操作技巧。

📁 **最终文件**	效果文件\第07章\实例81.dwg
💿 **素材文件**	素材文件\7-81.dwg
💿 **视频文件**	视频文件\第07章\实例81.avi
⏱ **播放时长**	00:03:08
🛡 **技能点拨**	面域、直纹网格

01 打开随书光盘中的 "素材文件\7-81.dwg" 文件。

02 执行【边界】命令,将图形编辑成4条闭合边界。

03 切换到东南视图,然后将4条闭合边界沿Z轴正方向复制45个单位,如图7-20所示。

04 在命令行设置系统变量SURFTAB1的值为36。

05 选择【绘图】|【建模】|【网格】|【直纹网格】菜单命令，创建直纹网格模型。命令行操作如下：

图7-20　复制结果

命令: _rulesurf	
当前线框密度: SURFTAB1=36	
选择第一条定义曲线:	//选择如图7-21所示的圆C
选择第二条定义曲线:	//选择圆c，如图生成如图7-22所示的直纹网格
命令: _rulesurf	
当前线框密度: SURFTAB1=36	
选择第一条定义曲线:	//选择如图7-21所示的边界B
选择第二条定义曲线:	//选择边界b
命令: _rulesurf	
当前线框密度: SURFTAB1=36	
选择第一条定义曲线:	//选择如图7-22所示的边界D
选择第二条定义曲线:	//选择边界d，如图生成如图7-23所示的直纹网格

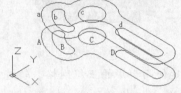
图7-21　定位边界

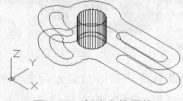
图7-22　创建直纹网格

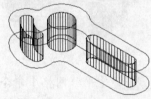
图7-23　创建直纹网格

06 将变量SURFTAB1设置为100，然后执行【直纹网格】命令，创建外侧的网格模型。命令行操作如下：

命令: _rulesurf	
当前线框密度: SURFTAB1=100	
选择第一条定义曲线:	//选择如图7-21所示的边界A
选择第二条定义曲线:	//选择边界a，结果生成如图7-24所示的直纹网格

07 执行【消隐】命令，对网格进行消隐，效果如图7-25所示。

08 执行【视觉样式】命令，对网格进行边缘着色，效果如图7-26所示。

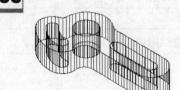
图7-24　创建直纹网格

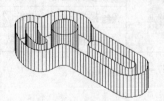
图7-25　消隐效果

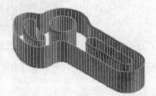
图7-26　着色效果

09 最后执行【另存为】命令，将模型另名存储为"实例81.dwg"。

实例082　旋转曲面

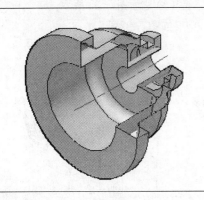

本实例主要学习【旋转】命令的使用方法和相关的操作技巧。

📁 最终文件	效果文件\第07章\实例82.dwg
🖱 素材文件	素材文件\7-82.dwg
🎞 视频文件	视频文件\第07章\实例82.avi
⏱ 播放时长	00:02:44
🛡 技能点拨	旋转

01 打开随书光盘中的"素材文件\7-82.dwg"文件，如图7-27所示。

02 删除剖面线，然后执行【边界】命令，在如图7-28所示的区域内拾取点，提取闭合边界。

03 执行【移动】命令，将提取的边界和水平中心线外移，并删除源图线，结果如图7-29所示。

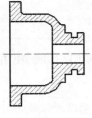

图7-27　打开结果

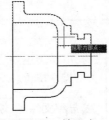

图7-28　拾取点

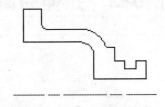

图7-29　外移结果

04 将如图7-29所示的图形剪切到前视图，然后再将视图切换到西南视图，结果如图7-30所示。

05 单击【建模】工具栏上的🔘按钮，激活【旋转】命令，将闭合边界旋转为三维曲面。命令行操作如下：

```
命令: _revolve
当前线框密度: ISOLINES=12, 闭合轮廓创建模式 = 实体
选择要旋转的对象或 [模式(MO)]: _MO 闭合轮廓创建模式 [实体(SO)/曲面(SU)] <实体>: _SO
选择要旋转的对象或 [模式(MO)]:              //mo Enter
闭合轮廓创建模式 [实体(SO)/曲面(SU)] <实体>:  //su Enter
选择要旋转的对象或 [模式(MO)]:              //选择图7-30所示的闭合边界
选择要旋转的对象或 [模式(MO)]:              //Enter
指定轴起点或根据以下选项之一定义轴 [对象(O)/X/Y/Z] <对象>:
                                        //捕捉中心线的左端点
指定轴端点:                               //捕捉中心线的右端点
指定旋转角度或 [起点角度(ST)/反转(R)/表达式(EX)] <360>: //ST Enter
```

指定起点角度 〈0.0〉:   //90 Enter

指定旋转角度或 [起点角度(ST)/表达式(EX)] 〈360〉:

                                                //270 Enter，旋转结果如图7-31所示

06 使用快捷键 "HI" 激活【消隐】命令，对模型进行消隐，效果如图7-32所示。

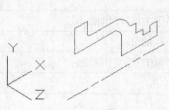

图7-30　切换视图　　　　　　　　图7-31　旋转结果　　　　　　　　图7-32　消隐效果

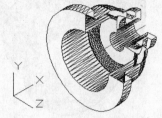

07 使用快捷键 "VS" 激活【视觉样式】命令，对模型进行灰度着色。

08 最后执行【另存为】命令，将模型另名存储为 "实例82.dwg"。

实例083　拉伸曲面

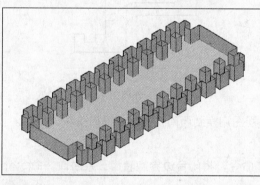

本实例主要学习【拉伸】命令的使用方法和相关的操作技巧。

📁 **最终文件**	效果文件\第07章\实例83.dwg	
🐾 **素材文件**	素材文件\7-83.dwg	
👤 **视频文件**	视频文件\第07章\实例83.avi	
⏱ **播放时长**	00:01:21	
🛡 **技能点拨**	拉伸、面域	

01 打开随书光盘中的 "素材文件\7-83.dwg" 文件，如图7-33所示。

02 使用快捷键 "REG" 激活【面域】命令，选择如图7-33所示的图形，将其转化为21个面域。

03 选择【绘图】|【建模】|【拉伸】菜单命令，或单击【建模】工具栏上的 按钮，激活【拉伸】命令，将21个面域伸为三维曲面。命令行操作如下：

命令: _extrude

当前线框密度: ISOLINES=12，闭合轮廓创建模式 = 实体

选择要拉伸的对象或 [模式(MO)]: _MO 闭合轮廓创建模式 [实体(SO)/曲面(SU)] 〈实体〉: _SO

选择要拉伸的对象或 [模式(MO)]: MO

闭合轮廓创建模式 [实体(SO)/曲面(SU)] 〈实体〉:   //su Enter

选择要拉伸的对象或 [模式(MO)]:   //选择如图7-34所示的面域

选择要拉伸的对象或 [模式(MO)]:   //Enter

指定拉伸的高度或 [方向(D)/路径(P)/倾斜角(T)/表达式(E)] <10.0>:

             //5 Enter，结束命令，拉伸结果如7-35所示

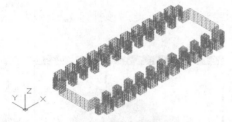

图7-33　打开结果

图7-34　选择面域

04 使用快捷键"HI"激活【消隐】命令，对模型进行消隐，效果如图7-36所示。

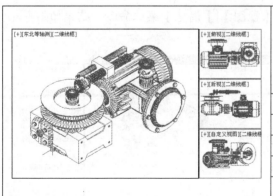

图7-35　拉伸结果

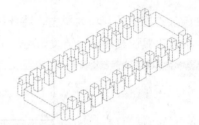

图7-36　消隐效果

05 使用快捷键"VS"激活【视觉样式】命令，对模型进行灰度着色。

06 最后执行【另存为】命令，将模型另名存储为"实例83.dwg"。

实例084　三维辅助功能

本实例主要对三维观察、三维显示和UCS坐标系等功能进行综合应用和巩固。

📁 **最终文件**	效果文件\第07章\实例84.dwg	
🌐 **素材文件**	素材文件\7-84.dwg	
🎬 **视频文件**	视频文件\第07章\实例84.avi	
⏱ **播放时长**	00:03:12	
🛡 **技能点拨**	视口、视图、视觉样式	

01 打开随书光盘中的"素材文件\7-84.dwg"文件，如图7-37所示。

02 选择【视图】|【视口】|【新建视口】菜单命令，打开【视口】对话框，然后选择如图7-38所示的视口模式。

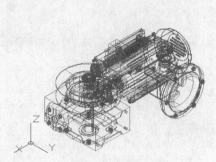

图7-37 打开结果

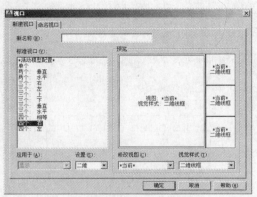

图7-38 【视口】对话框

03 单击 确定 按钮，系统将当前单个视口分割为4个视口，如图7-39所示。

04 将光标放在左侧的视口内单击，将此视口激活为当前视口，此时该视口边框变粗，然后使用实时缩放工具调整视图，结果如图7-40所示。

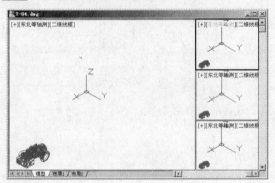

图7-39 分割视口

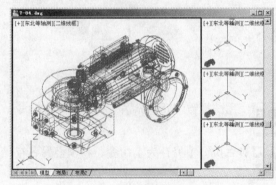

图7-40 调整视图

05 使用快捷键"VS"激活【视觉样式】命令，对模型进行平滑着色显示，结果如图7-41所示。

06 将着色方式恢复为二维线框着色，然后选择【视图】|【消隐】菜单命令，结果如图7-42所示。

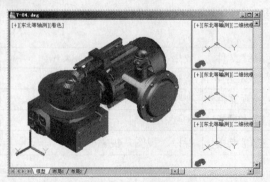

图7-41 灰度着色

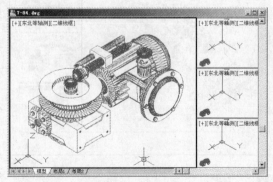

图7-42 消隐效果

07 在右上侧的矩形视口内单击左键，将此矩形视口激活。

08 选择【视图】|【三维视图】|【俯视】菜单命令，将当前视图切换为俯视图，结果如图7-43所示。

09 将光标放在右侧中间的视口内单击左键，将此视口激活为当前视口。

10 选择【视图】|【三维视图】|【后视】菜单命令，将当前视口切换为底视图，结果如图7-44所示。

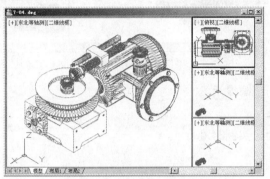

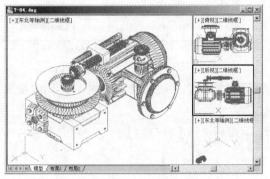

图7-43 切换俯视图   图7-44 切换后视图

11 将光标放在右下角的视口内单击左键，将此视口激活为当前视口。

12 在命令行输入"UCS"后按Enter键，将当前坐标系绕 Y 轴旋转-45°。命令行操作如下：

```
命令: ucs
当前 UCS 名称: *世界*
指定 UCS 的原点或 [面(F)/命名(NA)/对象(OB)/上一个(P)/视图(V)/世界(W)/X/Y/Z/Z 轴(ZA)] <世界
>:                      //y Enter
指定绕 Y 轴的旋转角度 <90>:        //-45 Enter，旋转结果如图7-45所示
```

13 选择【视图】|【三维视图】|【平面视图】|【当前UCS】菜单命令，将视图切换为当前坐标系的平面视图，结果如图7-46所示。

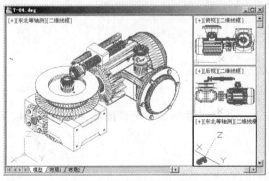

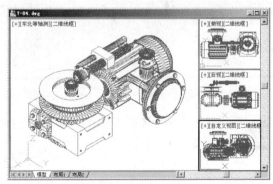

图7-45 旋转坐标系   图7-46 切换平面视图

14 使用快捷键"VS"激活【视觉样式】命令，对右下侧视口内的模型进行概念着色，效果如图7-47所示。

15 使用快捷键"VS"激活【视觉样式】命令，对左侧视口内的模型进行边缘着色，效果如图7-48所示。

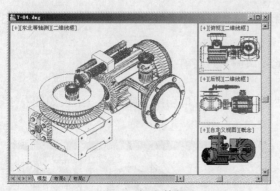

图7-47 概念着色　　　　　　　　图7-48 边缘着色

16 将着色方式恢复为二维线框，然后对视图进行消隐显示。

17 最后执行【另存为】命令，将图形另名存储为"实例84.dwg"。

实例085　制作阶梯轴曲面

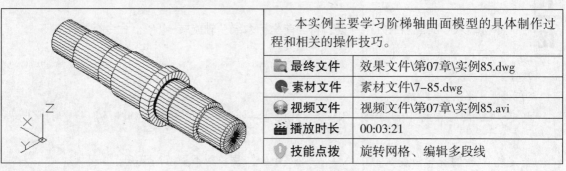

本实例主要学习阶梯轴曲面模型的具体制作过程和相关的操作技巧。

最终文件	效果文件\第07章\实例85.dwg
素材文件	素材文件\7-85.dwg
视频文件	视频文件\第07章\实例85.avi
播放时长	00:03:21
技能点拨	旋转网格、编辑多段线

01 打开随书光盘中的"素材文件\7-85.dwg"文件，如图7-49所示。

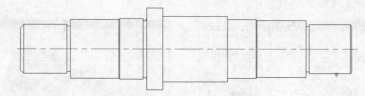

图7-49 打开结果

02 综合使用【修剪】和【删除】命令，对轮廓图进行修剪，并删除多余轮廓线，编辑结果如图7-50所示。

图7-50 编辑结果

03 使用快捷键"PE"激活【编辑多段线】命令，将轮廓图编辑成一条闭合的多段线。命令行操作如下：

命令: _pedit

选择多段线或 [多条(M)]:   //单击如图7-50所示的某一轮廓线

选定的对象不是多段线

是否将其转换为多段线? <Y>   //Enter, 采用当前设置

输入选项 [闭合(C)/合并(J)/宽度(W)/编辑顶点(E)/拟合(F)/样条曲线(S)/非曲线化(D)/线型生成(L)/

放弃(U)]:   //j Enter, 激活"合并"功能

选择对象: //选择如图7-51所示的轮廓线

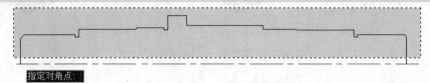

图7-51 窗交选择

选择对象: //Enter, 结束对象的选择

输入选项 [打开(O)/合并(J)/宽度(W)/编辑顶点(E)/拟合(F)/样条曲线(S)/非曲线化(D)/线型生成(L)/

放弃(U)]:   //j Enter, 激活【合并】选项

输入选项 [打开(O)/合并(J)/宽度(W)/编辑顶点(E)/拟合(F)/样条曲线(S)/非曲线化(D)/线型生成(L)/

放弃(U)]:   //Enter, 结果被选择的对象被合并为一条闭合的多段线

04 分别使用系统变量SURFTAB1和SURFTAB2, 设置回转曲面表面的线框密度。命令行操作如下:

命令: surftab1   //Enter, 激活该系统变量

输入 SURFTAB1 的新值 <6>:   //36 Enter, 输入变量值

命令: surftab2   //Enter, 激活该系统变量

输入 SURFTAB2 的新值 <6>:   //36 Enter, 输入变量值

05 选择【绘图】|【建模】|【网格】|【旋转网格】菜单命令, 根据命令行的操作提示进行作图。命令行操作如下:

命令: _revsurf

当前线框密度: SURFTAB1=36 SURFTAB2=36

选择要旋转的对象: //选择如图7-52所示的多段线

选择定义旋转轴的对象: //选择下侧的中心线

图7-52 定位轨迹线

指定起点角度 <0>:   //Enter, 采用当前设置

指定包含角 (+=逆时针, -=顺时针) <360>: //Enter, 结果如图7-53所示

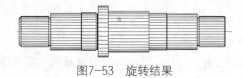

图7-53 旋转结果

06 选择【视图】|【三维视图】|【西北等轴测】菜单命令，将当前视图切换为西北视图，结果如图7-54所示。

07 选择【视图】|【视觉样式】|【灰度】菜单命令，对模型进行着色，最终结果如图7-55所示。

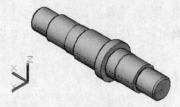

图7-54　切换西北视图　　　　　　　　图7-55　灰度着色

08 最后执行【另存为】命令，将图形另名存储为"实例85.dwg"。

实例086　制作放样曲面模型

	本实例主要学习放样曲面模型的具体制作过程和相关的操作技巧。	
📁 **最终文件**	效果文件\第07章\实例86.dwg	
🌐 **素材文件**	素材文件\7-86.dwg	
🎬 **视频文件**	视频文件\第07章\实例86.avi	
⏱ **播放时长**	00:02:35	
🛡 **技能点拨**	拉伸、边界	

01 打开随书光盘中的"素材文件\7-86.dwg"文件，如图7-56所示。

02 将视图切换到俯视图，如图7-57所示。

03 使用快捷键"BO"激活【边界】命令，在如图7-58所示的闭合区域内拾取点，提取一条闭合边界。

图7-56　打开结果　　　　　　　　图7-57　切换视图　　　　　　　　图7-58　提取边界

04 将视图切换到东南等轴测视图，调整边界的位置，并删除源图线。

05 选择【绘图】|【建模】|【拉伸】菜单命令，创建放样曲面。命令行操作如下：

```
命令: _extrude
当前线框密度: ISOLINES=12, 闭合轮廓创建模式 = 实体
选择要拉伸的对象或 [模式(MO)]: _MO 闭合轮廓创建模式 [实体(SO)/曲面(SU)] <实体>: _SO
```

选择要拉伸的对象或 [模式(MO)]: //mo Enter

闭合轮廓创建模式 [实体(SO)/曲面(SU)] <实体>: //su Enter

选择要拉伸的对象或 [模式(MO)]: //选择如图7-59所示的边界

选择要拉伸的对象或 [模式(MO)]: // Enter

指定拉伸的高度或 [方向(D)/路径(P)/倾斜角(T)/表达式(E)] <41.1>: //P Enter

选择拉伸路径或 [倾斜角(T)]: //选择如图7-60所示的圆弧，放样结果
如7-61所示

图7-59 选择边界　　　图7-60 选择路径　　　图7-61 放样结果

06 使用快捷键"HI"激活【消隐】命令，效果如图7-62所示。

07 使用快捷键"VS"激活【视觉样式】命令，对曲面模型进行边缘着色，效果如图7-63所示。

08 重复【视觉样式】命令，对模型进行灰度着色，效果如图7-64所示。

图7-62 消隐效果　　　图7-63 边缘着色　　　图7-64 灰度着色

09 最后执行【另存为】命令，将模型另名存储为"实例86.dwg"。

实例087　制作扫掠曲面模型

	本实例主要学习扫掠曲面模型的具体制作过程和相关的操作技巧。	
📁 最终文件	效果文件\第07章\实例87.dwg	
🔴 素材文件	素材文件\7-87.dwg	
🔵 视频文件	视频文件\第07章\实例87.avi	
📒 播放时长	00:01:58	
🛡 技能点拨	拉伸、边界	

01 打开随书光盘中的"素材文件\7-87.dwg"文件,如图7-65所示。

02 使用快捷键"REG"激活【面域】命令,选择如图7-66所示的闭合区域,将其转换为面域。

03 选择【绘图】|【建模】|【扫掠】菜单命令,创建三维曲面模型。命令行操作如下:

```
命令: _sweep
当前线框密度: ISOLINES=4,闭合轮廓创建模式 = 曲面
选择要扫掠的对象或 [模式(MO)]: _MO 闭合轮廓创建模式 [实体(SO)/曲面(SU)] <实体>: _SO
选择要扫掠的对象或 [模式(MO)]:                  //mo Enter
闭合轮廓创建模式 [实体(SO)/曲面(SU)] <实体>:     //su Enter
选择要扫掠的对象或 [模式(MO)]:                  //选择如图7-67所示的面域
选择要扫掠的对象或 [模式(MO)]:                  //Enter
选择扫掠路径或 [对齐(A)/基点(B)/比例(S)/扭曲(T)]:
                                            //选择如图7-68所示的圆弧,放样结果
                                              如图7-69所示
```

图7-65 打开结果　　　　图7-66 窗交选择　　　　图7-67 选择面域

04 使用快捷键"HI"激活【消隐】命令,效果如图7-70所示。

05 使用快捷键"VS"激活【视觉样式】命令,对曲面模型进行边缘着色,效果如图7-71所示。

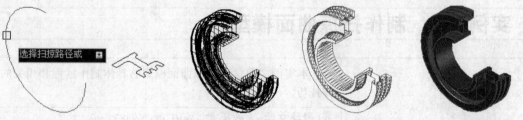

图7-68 选择路径　　　图7-69 扫掠结果　　图7-70 消隐效果　　图7-71 边缘着色

06 使用快捷键"VS"激活【视觉样式】命令,对模型进行灰度着色。

07 最后执行【另存为】命令,将模型另名存储为"实例87.dwg"。

实例088　制作支座曲面模型

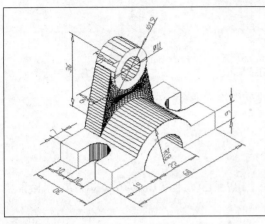

本实例主要学习扫掠曲面模型的具体制作过程和相关的操作技巧。

最终文件	效果文件\第07章\实例88.dwg
视频文件	视频文件\第07章\实例88.avi
播放时长	00:12:14
技能点拨	UCS、平移网格、直纹网格

01 新建文件并将视图切换为西南视图。

02 执行【图层】命令，创建如图7-72所示的图层，并将"线框层"设置为当前图层。

03 使用【直线】命令，以坐标系原点作为角点，绘制长边为60、短边为30的四边形，如图7-73所示。

状	名称	开	冻结	锁	颜色	线型	线宽
	0				■白	Contin...	—— 默认
	底座面				■92	Contin...	—— 默认
	肋板面				■92	Contin...	—— 默认
	凸台面				■92	Contin...	—— 默认
✓	线框层				■92	Contin...	—— 默认
	柱体面				■92	Contin...	—— 默认

图7-72　设置图层

图7-73　绘制矩形

04 选择【视图】|【三维视图】|【平面视图】|【当前UCS】菜单命令，将视图转换为平面视图，如图7-74所示。

05 选择【绘图】|【多段线】菜单命令，绘制如图7-75所示的两条多段线。

图7-74　平面视图

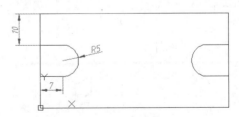

图7-75　绘制结果

06 切换到西南视图，然后使用【修剪】命令，以两条多段线作为剪切边界，将位于各边界内的轮廓线修剪掉，结果如图7-76所示。

07 使用快捷键"CO"激活【复制】命令，将底面轮廓线沿Z轴正方向复制9个绘图单位，结果如图7-77所示。

08 选择【绘图】|【直线】菜单命令，配合【端点捕捉】功能，绘制底座的边棱，绘制结果如图7-78所示。

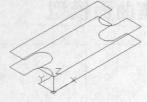

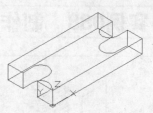

图7-76 修剪结果　　　　　　　图7-77 复制结果　　　　　　　图7-78 绘制结果

09 在命令行激活【UCS】命令，将当前坐标系统X轴旋转90°。命令行操作如下：

命令：ucs
当前 UCS 名称：*俯视*
指定 UCS 的原点或 [面(F)/命名(NA)/对象(OB)/上一个(P)/视图(V)/世界(W)/X/Y/Z/Z 轴(ZA)] ＜世界＞：　　　　　　　　　　　　　//x Enter
指定绕 X 轴的旋转角度 ＜90＞：　　　//Enter

10 执行【圆】命令，以如图7-79所示的中点为圆心，绘制半径为11和18所示的同心圆，如图7-80所示。

11 执行【复制】命令，配合【中点捕捉】功能，将同心圆复制到另一侧，如图7-81所示。

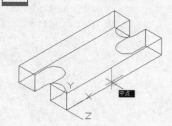

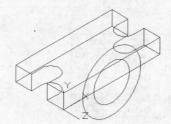

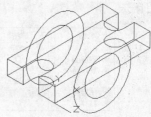

图7-79 捕捉中点　　　　　　　图7-80 绘制同心圆　　　　　　图7-81 复制同心圆

12 执行【修剪】命令，对同心圆和矩形边进行修剪，去掉不需要的轮廓线，结果如图7-82所示。

13 使用【直线】命令，绘制如图7-83所示的轮廓线，然后选择如图7-84所示的闭合轮廓线并转化为面域。

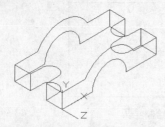

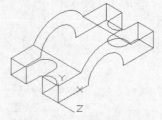

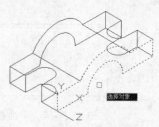

图7-82 修剪结果　　　　　　　图7-83 绘制结果　　　　　　　图7-84 选择对象

🔍**提示** 如果不操作过程中不能完成修剪操作，可以事先使用【分解】命令将矩形边分解。

14 选择【修改】|【复制】菜单命令，选择刚创建的面域并进行复制，基点为面域左下角点，目标点如图7-85所示。

15 设置系统变量SURFTAB1和SURFTAB2的值为24，然后选择【绘图】|【建模】|【网格】|【平移网格】菜单命令，创建底座网格模型。命令行操作如下：

```
命令: _tabsurf
当前线框密度: SURFTAB1=24
选择用作轮廓曲线的对象:                //选择如图7-86所示的轮廓线
选择用作方向矢量的对象:

                                      //在如图7-87所示线段位置单击左键，结果如图7-88所示
命令:                                 //Enter，重复执行命令
TABSURF当前线框密度: SURFTAB1=24
选择用作轮廓曲线的对象:                //选择如图7-89所示的轮廓线
选择用作方向矢量的对象:                //在如图7-90所示位置单击，创建如图7-91所示的网格
```

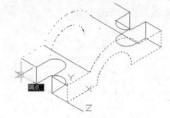

图7-85 定位目标点

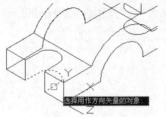

图7-86 定义轮廓曲线

图7-87 定义方向矢量

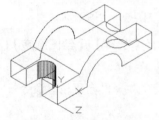

图7-88 创建平移网格

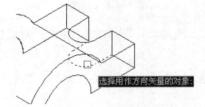

图7-89 定义轮廓曲线

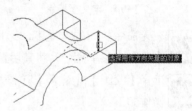

图7-90 选择方向矢量

16 夹点显示如图7-92所示的两个平移网格，将其放到"底座面"图层上，并关闭此图层，结果如图7-93所示。

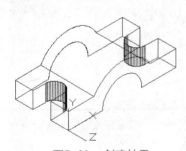

图7-91 创建结果

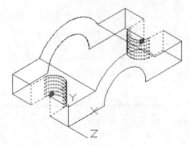

图7-92 网格的夹点显示

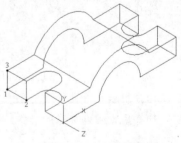

图7-93 显示结果

17 激活【UCS】命令，以如图7-93所示的点1为原心，以点2和点3定义X轴和Y轴正方向，创建如图7-94所示的UCS。

18 执行【面域】命令，使用框选方式选择如图7-95所示的闭合对象，将其转换为矩形面域。

19 选择【修改】|【复制】菜单命令，配合【交点捕捉】功能，将刚创建的矩形面域复制到其他位置，复制后的概念着色效果如图7-96所示。

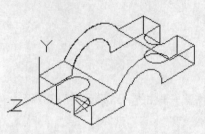

图7-94 定义UCS

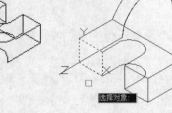

图7-95 创建矩形面域

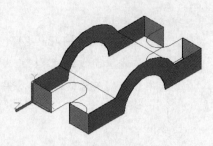

图7-96 概念着色

20 使用【UCS】命令创建如图7-97所示的坐标系，然后分别连接图7-98中的点1、2、3，点4、5、6和点7、8，绘制3条多段线。

21 选择【绘图】|【边界】菜单命令，分别在如图7-99所示的A、B区域内单击左键，以生成两个闭合面域，两个面域的夹点效果如图7-100所示。

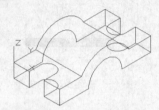

图7-97 定义坐标系

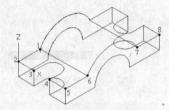

图7-98 定位目标点

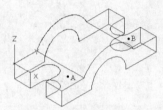

图7-99 指定边界区域

22 在无命令执行的前提下，选择如图7-101所示的3个面域，然后选择【工具】|【绘图顺序】|【后置】菜单命令，将其后置。

23 选择【绘图】|【建模】|【网格】|【平移网格】菜单命令，创建底座的拱形凸台网格。命令行操作如下：

```
命令：_tabsurf
当前线框密度：SURFTAB1=24
选择用作轮廓曲线的对象：          //选择如图7-102所示的轮廓线
选择用作方向矢量的对象：          //在如图7-103所示位置单击左键，结果如图
                                  7-104所示
命令：                            //Enter，重复执行命令
TABSURF当前线框密度：SURFTAB1=24
选择用作轮廓曲线的对象：          //选择如图7-105所示的轮廓线
选择用作方向矢量的对象：          //在如图7-106所示位置单击左键，结果如图
                                  7-107所示
```

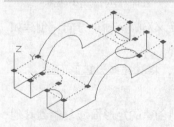

图7-100 创建面域

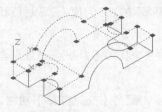

图7-101 夹点显示

图7-102 定义轮廓曲线

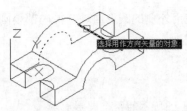
图7-103 定义方向矢量

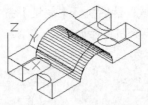
图7-104 创建平移网格

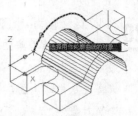
图7-105 选择结果

24 将凸台网格放到"凸台面"层上，并关闭该图层，然后选择【工具】|【新建UCS】|【Y】菜单命令，将坐标系绕Y轴旋转-90°，如图7-108所示。

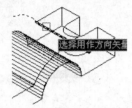
图7-106 选择方向矢量

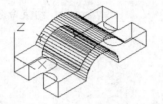
图7-107 创建拱形凸台

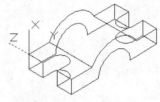
图7-108 旋转坐标系

25 执行【圆】命令，配合坐标输入功能绘制两个同心圆。命令行操作如下：

```
命令：_circle
指定圆的圆心或 [三点(3P)/两点(2P)/相切、相切、半径(T)]：
                                   //@27,30,0 Enter
指定圆的半径或 [直径(D)]：          //d Enter
指定圆的直径：                      //19 Enter
命令：                             //Enter
CIRCLE指定圆的圆心或 [三点(3P)/两点(2P)/相切、相切、半径(T)]：
                                   //捕捉刚绘制的圆的圆心
指定圆的半径或 [直径(D)]：          //d Enter
指定圆的直径：                      //11 Enter，绘制结果如图7-109所示
```

26 选择【修改】|【复制】菜单命令，选择两个圆进行复制，基点为圆心，目标点为"@0,0,-11"，结果如图7-110所示。

27 选择【绘图】|【建模】|【网格】|【直纹网格】菜单命令，创建如图7-111所示的两个直纹网格。

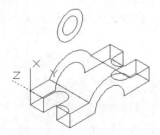
图7-109 绘制同心圆

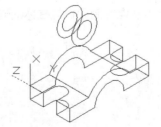
图7-110 复制结果

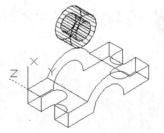
图7-111 创建内侧网格

28 将刚创建的两个直纹网格放到"柱体面"图层，并关闭此图层，然后定义如图7-112所示的坐标系。

29 将4个圆转化为4个圆形面域，然后执行【差集】命令，使用外侧的圆形面域减掉内部小圆形面域，以创建差集面域。命令行操作如下：

命令：_subtract
选择要从中减去的实体或面域...
选择对象：   //选择如图7-113所示的两个圆形面域
选择对象：   //Enter，结束选择
选择要减去的实体或面域 ..
选择对象：   //选择如图7-114所示的两个圆形面域
选择对象：   //Enter，结束命令

图7-112　创建UCS

图7-113　选择外侧面域

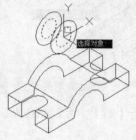
图7-114　选择内侧面域

30 选择【绘图】|【直线】菜单命令，配合端点和切点捕捉功能，绘制如图7-115所示的肋板轮廓线。

31 执行【复制】命令，选择刚绘制的肋板轮廓线进行复制。基点为任一点，目标点为"@0,0,9"，复制结果如图7-116所示。

32 使用快捷键"L"激活【直线】命令，配合【端点捕捉】功能绘制肋板上端的轮廓线，结果如图7-117所示。

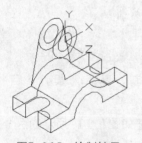
图7-115　绘制结果

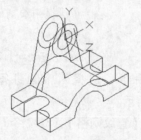
图7-116　复制结果

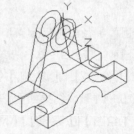
图7-117　绘制结果

33 执行【圆】命令，配合【捕捉自】功能绘制肋板与柱体的连接圆。命令行操作如下：

命令：_circle
指定圆的圆心或 [三点(3P)/两点(2P)/切点、切点、半径(T)]：   //激活【捕捉自】功能。
_from 基点：   //0,0,0 Enter
<偏移>：   //@0,0,-2 Enter
指定圆的半径或 [直径(D)] <10.0000>：   //d Enter
指定圆的直径 <38.0000>：   //19 Enter，结果如图7-118所示

34 选择【修改】|【修剪】菜单命令，选择如图7-119所示的两条边作为边界，对刚绘制的圆进行修剪，结果如图7-120所示。

 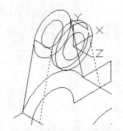 

图7-118 绘制圆 　　　图7-119 选择边界并指定修剪位置 　　　图7-120 修剪结果

35 执行【复制】命令，选择上侧的拱形凸台轮廓线进行复制，基点如图7-121所示，目标点如图7-122所示，复制结果如图7-123所示。

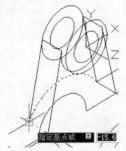  

图7-121 选择圆弧 　　　图7-122 定位目标点 　　　图7-123 复制结果

36 选择【绘图】|【建模】|【网格】|【平移网格】菜单命令，创建肋板网格模型。命令行操作如下：

```
命令：_tabsurf
当前线框密度：SURFTAB1=24
选择用作轮廓曲线的对象：        //选择如图7-124所示的轮廓线
选择用作方向矢量的对象：        //选择如图7-125所示轮廓线，结果如图7-126
                              所示
```

图7-124 选择轮廓线1 　　　图7-125 选择轮廓线2 　　　图7-126 创建平移网格

```
命令：                        // Enter，重复执行命令
TABSURF当前线框密度：SURFTAB1=24
选择用作轮廓曲线的对象：：      //选择如图7-127所示的轮廓线
选择用作方向矢量的对象：        //选择如图7-128所示轮廓线，创建结果如图7-129所示
```

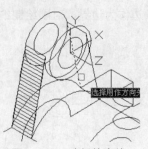
图7-127 选择轮廓线1

图7-128 选择轮廓线2

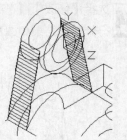
图7-129 创建平移网格

37 将刚创建的肋板网格模型放到"肋板面"图层上,并关闭此图层。

38 选择【绘图】|【建模】|【网格】|【边界网格】菜单命令,创建边界网格。命令行操作如下:

```
命令: _edgesurf
当前线框密度: SURFTAB1=24    SURFTAB2=24
选择用作网格边界的对象 1:        //选择如图7-130所示的轮廓线
选择用作网格边界的对象 2:        //选择如图7-131所示的轮廓线
选择用作网格边界的对象 3:        //选择如图7-132所示的轮廓线
选择用作网格边界的对象 4:        //选择如图7-133所示轮廓线,结果如图7-134所示
```

图7-130 选择轮廓线1　图7-131 选择轮廓线2　图7-132 选择轮廓线3　图7-133 选择轮廓线4

39 将当前坐标系恢复为世界坐标系,并打开所有被关闭的图层,结果如图7-135所示。

40 选择【视图】|【视觉样式】|【带边缘着色】菜单命令,对模型进行着色显示,结果如图7-136所示。

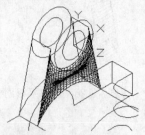
图7-134 创建边界网格

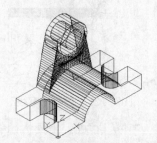
图7-135 打开图层后的效果

图7-136 带边缘着色

41 最后执行【保存】命令,将图形命名存储为"实例88.dwg"。

第8章 三维实体建模

实体模型能够完整地表达物体的几何信息，从而具有许多线框模型和曲面模型所不具备的优点，它是三维造型技术中比较完善且比较常用的一种形式。本章将通过16个典型的操作实例，详细讲述AutoCAD的实体建模功能。

实例089 拉伸实体

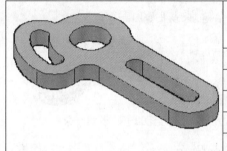

本实例主要学习拉伸实体的快速建模方法和相关的操作技巧。

📁 最终文件	效果文件\第08章\实例89.dwg	
🔵 素材文件	素材文件\8-89.dwg	
🎬 视频文件	视频文件\第08章\实例89.avi	
⏱ 播放时长	00:02:26	
🔘 技能点拨	边界、拉伸	

01 打开随书光盘中的"素材文件\8-89.dwg"文件，如图8-1所示。

02 使用快捷键"PE"激活【编辑多段线】命令，将图形编辑为4条边界。

03 执行【东南等轴测】命令，将视图切换为东南视图，如图8-2所示。

04 单击【建模】工具栏上的▣按钮，激活【拉伸】命令，将4条边界拉伸为三维实体。命令行操作如下：

```
命令: _extrude
当前线框密度：ISOLINES=4，闭合轮廓创建模式 = 实体
选择要拉伸的对象或 [模式(MO)]: _MO 闭合轮廓创建模式 [实体(SO)/曲面(SU)] <实体>: _SO
选择要拉伸的对象或 [模式(MO)]:    //选择4条边界
选择要拉伸的对象或 [模式(MO)]:    //Enter
指定拉伸的高度或 [方向(D)/路径(P)/倾斜角(T)/表达式(E)] <0.0>:0
                        //沿Z轴正方向引导光标，输入20 Enter，拉伸结果如图
                        8-3所示
```

图8-1 打开结果

图8-2 切换视图

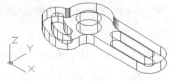

图8-3 拉伸结果

🔍**提示** "倾斜角"选项用于将闭合或非闭合对象按照一定的角度进行拉伸。

05 使用快捷键 "VS" 激活【视觉样式】命令，对拉伸实体进行着色，效果如图8-4所示。

06 使用快捷键 "SU" 激活【差集】命令，对拉伸实体进行差集，命令行操作如下：

命令: su   //Enter
SUBTRACT 选择要从中减去的实体、曲面和面域...
选择对象: //选择如图8-5所示的拉伸实体
选择对象: //Enter
选择要减去的实体、曲面和面域...
选择对象: //选择其他3个拉伸实体
选择对象: //Enter，结束命令，差集结果如图8-6所示

图8-4　着色效果　　　　图8-5　选择被减实体　　　　图8-6　差集结果

07 最后执行【另存为】命令，将模型另名存储为"实例89.dwg"。

实例090　放样实体

本实例主要学习放样实体模型的具体制作过程和相关的操作技巧。

📁 最终文件	效果文件\第08章\实例90.dwg
🔴 素材文件	素材文件\8-90.dwg
📹 视频文件	视频文件\第08章\实例90.avi
⏱ 播放时长	00:01:30
💡 技能点拨	拉伸、编辑多段线

01 打开随书光盘中的"素材文件\8-90.dwg"文件，如图8-7所示。

02 使用快捷键 "PE" 激活【编辑多段线】命令，将如图8-8所示的闭合图形转换为一条闭合多段线。命令行操作如下：

命令: PE   //Enter
PEDIT选择多段线或 [多条(M)]:   //窗交选择如图8-8所示的闭合图形
选择对象: //Enter
是否将直线、圆弧和样条曲线转换为多段线？[是(Y)/否(N)]? <Y>   //Enter
输入选项 [闭合(C)/打开(O)/合并(J)/宽度(W)/拟合(F)/样条曲线(S)/非曲线化(D)/线型生成(L)/反转
(R)/放弃(U)]:   //j Enter

合并类型 = 延伸

输入模糊距离或 [合并类型(J)] <0.0000>:　　// Enter

多段线已增加 28 条线段

输入选项 [闭合(C)/打开(O)/合并(J)/宽度(W)/拟合(F)/样条曲线(S)/非曲线化(D)/线型生成(L)/反转(R)/放弃(U)]:　　　　　　　　// Enter

03 将视图切换到左视图，然后执行【圆】命令，绘制半径为150的圆。

04 将视图切换到西南等轴测视图，结果如图8-9所示。

图8-7　打开结果　　　　图8-8　窗交选择　　　　　图8-9　切换视图

05 选择【绘图】|【建模】|【拉伸】菜单命令，创建放样实体。命令行操作如下：

命令: _extrude

当前线框密度: ISOLINES=4, 闭合轮廓创建模式 = 曲面

选择要拉伸的对象或 [模式(MO)]: _MO 闭合轮廓创建模式 [实体(SO)/曲面(SU)] <实体>: _SO

选择要拉伸的对象或 [模式(MO)]:　　　　　　//mo Enter

闭合轮廓创建模式 [实体(SO)/曲面(SU)] <曲面>:　//so Enter

选择要拉伸的对象或 [模式(MO)]:　　　　　//选择如图8-10所示的边界

选择要拉伸的对象或 [模式(MO)]:　　　　　//Enter

指定拉伸的高度或 [方向(D)/路径(P)/倾斜角(T)/表达式(E)] <41.1>:　　//p Enter

选择拉伸路径或 [倾斜角(T)]:　　　　　　//选择如图8-11所示的圆，放样结果如

　　　　　　　　　　　　　　　　图8-12所示

 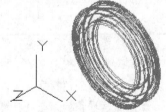

图8-10　选择边界　　　　　图8-11　选择路径　　　　　图8-12　放样结果

06 使用快捷键 "HI" 激活【消隐】命令，对模型进行消隐，效果如图8-13所示。

07 使用快捷键 "VS" 激活【视觉样式】命令，对曲面模型进行边缘着色，效果如图8-14所示。

08 使用快捷键 "VS" 激活【视觉样式】命令，对模型进行灰度着色，效果如图8-15所示。

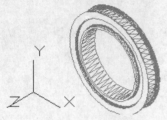

图8-13 消隐效果

图8-14 边缘着色

图8-15 灰度着色

09 最后执行【另存为】命令，将模型另名存储为 "实例90.dwg"。

实例091 扫掠实体

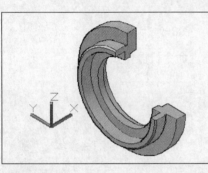

本实例主要学习扫掠实体模型的具体制作过程和相关的操作技巧。

📁 **最终文件**	效果文件\第08章\实例91.dwg	
🔵 **素材文件**	素材文件\8-91.dwg	
⚙ **视频文件**	视频文件\第08章\实例91.avi	
🎬 **播放时长**	00:01:10	
🛡 **技能点拨**	扫掠、面域	

01 打开随书光盘中的 "素材文件\8-91dwg" 文件，如图8-16所示。

02 使用快捷键 "REG" 激活【面域】命令，选择如图8-17所示的闭合区域，将其转换为面域。

03 选择【绘图】|【建模】|【扫掠】菜单命令，创建三维曲面模型。命令行操作如下：

```
命令: _sweep
当前线框密度: ISOLINES=4，闭合轮廓创建模式 = 曲面
选择要扫掠的对象或 [模式(MO)]: _MO 闭合轮廓创建模式 [实体(SO)/曲面(SU)] <实体>: _SO
选择要扫掠的对象或 [模式(MO)]:                //mo Enter
闭合轮廓创建模式 [实体(SO)/曲面(SU)] <实体>:     //so Enter
选择要扫掠的对象或 [模式(MO)]:                //选择如图8-18所示的面域
选择要扫掠的对象或 [模式(MO)]:                //Enter
选择扫掠路径或 [对齐(A)/基点(B)/比例(S)/扭曲(T)]:
                              //选择如图8-19所示的圆弧，放样结果如图8-20所示
```

04 使用快捷键 "HI" 激活【消隐】命令，对模型进行消隐，效果如图8-21所示。

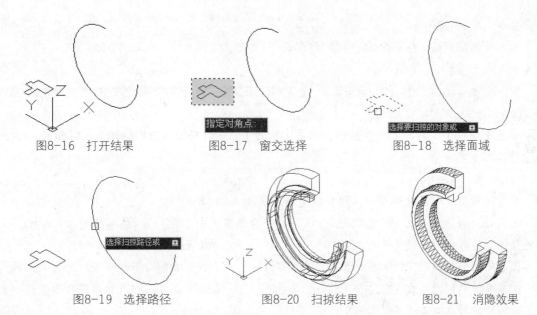

图8-16 打开结果   图8-17 窗交选择   图8-18 选择面域

图8-19 选择路径   图8-20 扫掠结果   图8-21 消隐效果

提示 系统变量FACETRES控制着实体曲面等消隐着色后的表面光滑度，值越大，表面就越光滑。

05 使用快捷键"VS"激活【视觉样式】命令，对模型进行灰度着色。

06 最后执行【另存为】命令，将模型另名存储为"实例91.dwg"。

实例092 旋转实体

本实例主要学习旋转实体模型的快速建模方法和相关的操作技巧。

📁 最终文件	效果文件\第08章\实例92.dwg
🔄 素材文件	素材文件\8-92.dwg
🎬 视频文件	视频文件\第08章\实例92.avi
⏱ 播放时长	00:02:09
🛡 技能点拨	旋转、编辑多段线

01 打开随书光盘中的"素材文件\8-92.dwg"文件，如图8-22所示。

02 使用快捷键"PE"激活【编辑多段线】命令，将如图8-22所示的闭合图形转换为一条闭合多段线。命令行操作如下：

```
命令: PE                                    //Enter
PEDIT选择多段线或 [多条(M)]:                   //窗交选择图8-23所示的闭合图形
选择对象:                                    //Enter
是否将直线、圆弧和样条曲线转换为多段线？ [是(Y)/否(N)]? <Y>        //Enter
输入选项 [闭合(C)/打开(O)/合并(J)/宽度(W)/拟合(F)/样条曲线(S)/非曲线化(D)/线型生成(L)/反转
(R)/放弃(U)]:                               //j Enter
```

合并类型 = 延伸

输入模糊距离或 [合并类型(J)] <0.0000>:   //Enter

多段线已增加 28 条线段

输入选项 [闭合(C)/打开(O)/合并(J)/宽度(W)/拟合(F)/样条曲线(S)/非曲线化(D)/线型生成(L)/反转(R)/放弃(U)]:   //Enter

03 单击【建模】工具栏上的 按钮,激活【旋转】命令,将闭合边界旋转为三维曲面。命令行操作如下。

命令: _revolve

当前线框密度: ISOLINES=4,闭合轮廓创建模式 = 实体

选择要旋转的对象或 [模式(MO)]: _MO 闭合轮廓创建模式 [实体(SO)/曲面(SU)] <实体>: _SO

选择要旋转的对象或 [模式(MO)]:   //mo Enter

闭合轮廓创建模式 [实体(SO)/曲面(SU)] <实体>:   //so Enter

选择要旋转的对象或 [模式(MO)]:   //选择如图8-24所示的闭合边界

选择要旋转的对象或 [模式(MO)]:   //Enter

指定轴起点或根据以下选项之一定义轴 [对象(O)/X/Y/Z] <对象>:

             //捕捉中心线的上端点

指定轴端点: //捕捉中心线的下端点

指定旋转角度或 [起点角度(ST)/反转(R)/表达式(EX)] <360>: //Enter

             //Enter,旋转结果如图8-25所示

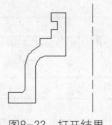
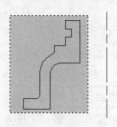

图8-22 打开结果   图8-23 窗交选择   图8-24 外移结果

04 将视图切换到西南视图,结果如图8-26所示。

🔍**提示** 系统变量ISOLINES控制实体的线框密度,值越大,实体线条就越密集。

05 使用快捷键"HI"激活【消隐】命令,对模型进行消隐,效果如图8-27所示。

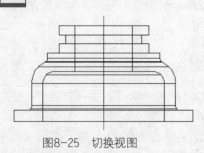
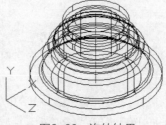
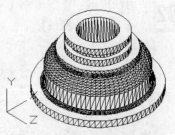

图8-25 切换视图   图8-26 旋转结果   图8-27 消隐效果

06 使用快捷键"VS"激活【视觉样式】命令，对模型进行灰度着色。

07 最后执行【另存为】命令，将模型另名存储为"实例92.dwg"。

实例093 剖切实体

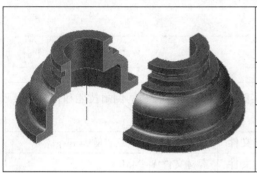

本实例主要学习剖切实体模型的快速建模方法和相关的操作技巧。

最终文件	效果文件\第08章\实例93.dwg
素材文件	素材文件\8-93.dwg
视频文件	视频文件\第08章\实例93.avi
播放时长	00:01:38
技能点拨	剖切

01 打开随书光盘中的"素材文件\8-93.dwg"文件。

02 执行【视觉样式】命令，对模型进行边缘着色，结果如图8-28所示。

03 使用快捷键"SL"或单击【常用】选项卡【实体编辑】面板上的按钮，激活【剖切】命令，对实心体进行剖切。命令行操作如下：

命令：_slice
选择要剖切的对象： //选择如图8-29所示的回转体
选择要剖切的对象： //Enter，结束选择
指定 切面 的起点或 [平面对象(O)/曲面(S)/Z 轴(Z)/视图(V)/XY(XY)/YZ(YZ)/ZX(ZX)/三点(3)] <三点>： //xy Enter，激活"XY平面"选项
指定 XY 平面上的点 <0,0,0>： //捕捉如图8-30所示的端点
在所需的侧面上指定点或 [保留两个侧面()] <保留两个侧面>： //b Enter

图8-28 边缘着色

图8-29 选择结果

图8-30 捕捉端点

04 剖切后的结果如图8-31所示。

05 使用快捷键"M"激活【移动】命令，将剖切后的实体进行位移，然后对模型进行消隐，结果如图8-32所示。

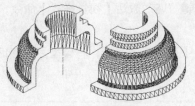

图8-31 剖切结果　　　　　　　图8-32 位移结果

06 最后执行【另存为】命令，将模型另名存储为"实例93.dwg"。

实例094 倒角实体边

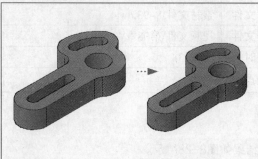

	本实例主要学习实体棱边的倒角技能和相关的操作技巧。	
最终文件	效果文件\第08章\实例94.dwg	
素材文件	素材文件\8-94.dwg	
视频文件	视频文件\第08章\实例94.avi	
播放时长	00:01:10	
技能点拨	倒角边	

01 打开随书光盘中的"素材文件\8-94.dwg"文件。

02 单击【实体编辑】工具栏上的按钮，激活【倒角边】命令，对实体边进行倒角编辑。命令行操作如下：

```
命令: _CHAMFEREDGE 距离 1 = 1.0000, 距离 2 = 1.0000
选择一条边或 [环(L)/距离(D)]:              //选择如图8-33所示的边
选择同一个面上的其他边或 [环(L)/距离(D)]:   //d Enter
指定距离 1 或 [表达式(E)] <1.0000>:         //3 Enter
指定距离 2 或 [表达式(E)] <1.0000>:         //3 Enter
选择同一个面上的其他边或 [环(L)/距离(D)]:   //Enter
按 Enter 键接受倒角或 [距离(D)]:            //Enter, 结束命令
```

03 倒角后的结果如图8-34所示。

04 对模型二维线框着色后，再对其进行消隐，结果如图8-35所示。

05 最后执行【另存为】命令，将模型另名存储为"实例94.dwg"。

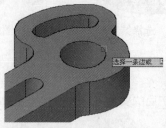

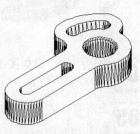

图8-33 选择边　　　　　图8-34 倒角结果　　　　　图8-35 消隐效果

实例095　圆角实体边

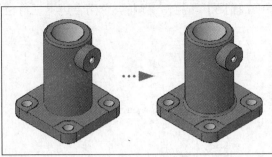

本实例主要学习实体棱边的圆角技能和相关的操作技巧。

最终文件	效果文件\第08章\实例95.dwg	
素材文件	素材文件\8-95.dwg	
视频文件	视频文件\第08章\实例95.avi	
播放时长	00:01:29	
技能点拨	圆角边	

01 打开随书光盘中的"素材文件\8-95.dwg"文件。

02 单击【实体编辑】工具栏上的◙按钮，激活【圆角边】命令，对实体边进行圆角编辑。命令行操作如下：

```
命令: _FILLETEDGE
半径 = 1.0000
选择边或 [链(C)/环(L)/半径(R)]:        //选择如图8-36所示的边
选择边或 [链(C)/环(L)/半径(R)]:        //r Enter
输入圆角半径或 [表达式(E)] <1.0000>:    //2.5 Enter
选择边或 [链(C)/环(L)/半径(R)]:        //Enter
已选定 1 个边用于圆角。
按 Enter 键接受圆角或 [半径(R)]:       //Enter，结束命令
```

03 圆角后的结果如图8-37所示。

04 执行【消隐】命令对模型进行消隐，结果如图8-38所示。

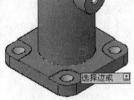

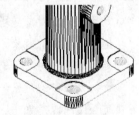

图8-36　选择圆角边　　　　图8-37　圆角结果　　　　图8-38　圆角结果

05 最后执行【另存为】命令，将模型另名存储为"实例95.dwg"。

实例096　压印实体边

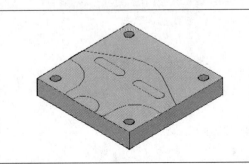

本实例主要学习【压印边】命令的使用方法和相关的操作技巧。

最终文件	效果文件\第08章\实例96.dwg	
素材文件	素材文件\8-96.dwg	
视频文件	视频文件\第08章\实例96.avi	
播放时长	00:01:53	
技能点拨	压印边	

01 打开随书光盘中的"素材文件\8-96.dwg"文件，如图8-39所示。

02 使用快捷键"M"激活【移动】命令，配合【中点捕捉】功能将左侧的3个闭合边界进行位移，结果如图8-40所示。

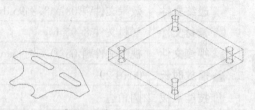

图8-39 打开结果

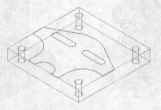

图8-40 位移效果

03 单击【实体编辑】工具栏或面板上的按钮，将3个闭合边界压印到模型的上表面。命令行操作如下：

命令：_imprint
选择三维实体或曲面： //选择如图8-41所示的模型
选择要压印的对象： //选择如图8-42所示的二维边界

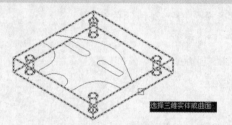

图8-41 选择实体

图8-42 选择压印对象1

是否删除源对象 [是(Y)/否(N)] <N>： //y Enter
选择要压印的对象： //选择如图8-43所示的二维边界
是否删除源对象 [是(Y)/否(N)] <N>： //y Enter
选择要压印的对象： //选择第三个闭合边界
是否删除源对象 [是(Y)/否(N)] <N>： //y Enter
选择要压印的对象： //Enter，压印结果如图8-44所示

图8-43 选择压印对象2

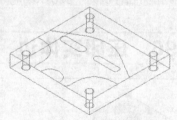

图8-44 压印结果

04 执行【视觉样式】命令，对模型进行概念着色。

05 最后执行【另存为】命令，将模型另名存储为"实例96.dwg"。

实例097 拉伸实体面

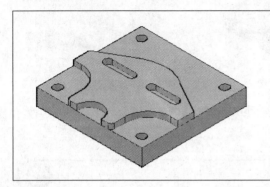

本实例主要学习实体表面的拉伸方法和相关的操作技巧。

📁 最终文件	效果文件\第08章\实例97.dwg
🎞 素材文件	素材文件\8-97.dwg
🎬 视频文件	视频文件\第08章\实例97.avi
⏱ 播放时长	00:01:38
🛡 技能点拨	拉伸面

01 打开随书光盘中的"素材文件\8-97.dwg"文件。

02 执行【视觉样式】命令，对模型进行概念着色。

🔍 **提示** 【拉伸面】命令用于对实心体的表面进行编辑，将实体面按照指定的高度或路径进行拉伸，以创建出新的形体。

03 单击【实体编辑】工具栏或面板上的 按钮，对表面进行拉伸。命令行操作如下：

```
命令: _solidedit
实体编辑自动检查: SOLIDCHECK=1
输入实体编辑选项 [面(F)/边(E)/体(B)/放弃(U)/退出(X)] <退出>: _face
输入面编辑选项[拉伸(E)/移动(M)/旋转(R)/偏移(O)/倾斜(T)/删除(D)/复制(C)/颜色(L)/材质(A)/放
弃(U)/退出(X)] <退出>: _extrude
  选择面或 [放弃(U)/删除(R)]:              //选择如图8-45所示的表面
  选择面或 [放弃(U)/删除(R)/全部(ALL)]:    //Enter，结束选择
  指定拉伸高度或 [路径(P)]:                //5 Enter
  指定拉伸的倾斜角度 <0>:                  //Enter
  已开始实体校验。
  输入面编辑选项[拉伸(E)/移动(M)/旋转(R)/偏移(O)/倾斜(T)/删除(D)/复制(C)/颜色(L)/材质(A)/放
弃(U)/退出(X)] <退出>:                    //x Enter
  实体编辑自动检查: SOLIDCHECK=1
  输入实体编辑选项 [面(F)/边(E)/体(B)/放弃(U)/退出(X)] <退出>:
                                        //x Enter，结束命令，拉伸结果如图8-46所示
```

🔍 **提示** "路径"选项是将实体表面沿着指定的路径进行拉伸，拉伸路径可以是直线、圆弧、多段线或二维样条曲线等。

04 执行【视觉样式】命令，将模型设置为二维线框着色，然后执行【消隐】命令，结果如图8-47所示。

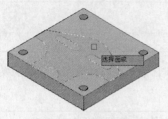

图8-45　选择拉伸面

图8-46　拉伸结果

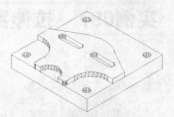

图8-47　消隐效果

05 最后执行【另存为】命令，将模型另名存储为"实例97.dwg"。

实例098　三维旋转

本实例主要学习【三维旋转】命令的使用方法和相关的操作技巧。

📁 最终文件	效果文件\第08章\实例98.dwg
💿 素材文件	素材文件\8-98.dwg
🎬 视频文件	视频文件\第08章\实例98.avi
⏱ 播放时长	00:01:26
🛡 技能点拨	三维旋转

01 打开随书光盘中的"素材文件\8-98.dwg"文件，如图8-48所示。

02 执行【东北等轴测】命令，将当前视图切换到东北视图，结果如图8-49所示。

03 单击【建模】工具栏上的按钮，激活【三维旋转】命令，将电机模型进行旋转。命令行操作如下：

```
命令: _3drotate
UCS 当前的正角方向: ANGDIR=逆时针　ANGBASE=0
选择对象:                //选择如图8-49所示的实体模型
选择对象:                //Enter，结束选择
指定基点:                //此时系统自动显示出如图8-50所示的旋转轴，在轴心处拾取基点
拾取旋转轴:              //在如图8-51所示轴方向上单击左键，定位旋转轴
```

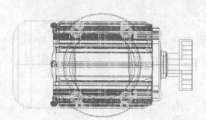

图8-48　打开结果

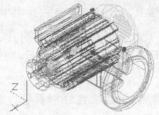

图8-49　切换视图

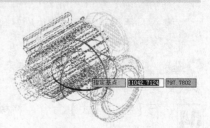

图8-50　旋转轴

指定角的起点或键入角度：　　　　　　//90 Enter，结束命令，旋转结果如图8-52所示

正在重生成模型。

04 使用快捷键"HI"激活【消隐】命令，对电机模型进行消隐，结果如图8-53所示。

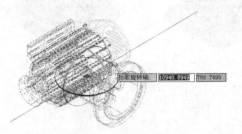 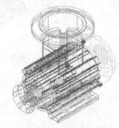 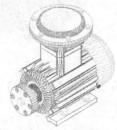

　　图8-51　拾取旋转轴　　　　　　　图8-52　旋转结果　　　　　图8-53　消隐效果

05 最后执行【另存为】命令，将模型另名存储为"实例98.dwg"。

实例099　三维阵列

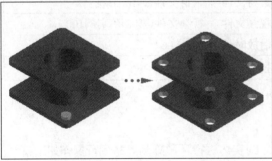

	本实例主要学习【三维阵列】命令的使用方法和相关的操作技巧。	
🔍 最终文件	效果文件\第08章\实例99.dwg	
🔵 素材文件	素材文件\8-99.dwg	
👤 视频文件	视频文件\第08章\实例99.avi	
🎬 播放时长	00:01:41	
🛡 技能点拨	三维阵列	

01 打开随书光盘中的"素材文件\8-99.dwg"文件，如图8-54所示。

02 选择【修改】|【三维操作】|【三维阵列】菜单命令，对圆柱体进行阵列。命令行操作如下：

命令: _3darray

选择对象:　　　　　　　　　　　　　//选择圆柱体

选择对象:　　　　　　　　　　　　　//Enter

输入阵列类型 [矩形(R)/环形(P)] <矩形>:　//Enter

输入行数 (———) <1>:　　　　　　　//2 Enter

输入列数 (|||) <1>:　　　　　　　　//2 Enter

输入层数 (...) <1>:　　　　　　　//2 Enter

指定行间距 (———):　　　　　　　//33.97 Enter

指定列间距 (|||):　　　　　　　//-37.35 Enter

指定层间距 (...):　　　　　　　//22 Enter，阵列结果如图8-55所示

03 对阵列出的8个圆柱体进行差集，结果如图8-56所示。

图8-54　打开结果　　　　　　　　图8-55　阵列结果　　　　　　　　图8-56　差集结果

04 最后执行【另存为】命令，将模型另名存储为"实例99.dwg"。

实例100　环形阵列

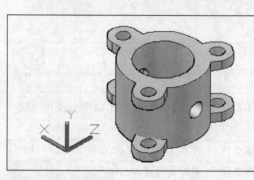

	本实例主要学习三维环形阵列功能的使用方法和相关的操作技巧。	
📁 最终文件	效果文件\第08章\实例100.dwg	
🔴 素材文件	素材文件\8-100.dwg	
💿 视频文件	视频文件\第08章\实例100.avi	
📺 播放时长	00:02:06	
🛡 技能点拨	环形阵列	

01 打开随书光盘中的"素材文件\8-100.dwg"文件，如图8-57所示。

02 选择【修改】|【阵列】|【环形阵列】菜单命令，对实体进行环形阵列。命令行操作如下：

```
命令: _arraypolar
选择对象:                                          //窗口选择如图8-58所示的对象
选择对象:                                          //Enter
类型 = 极轴  关联 = 否
指定阵列的中心点或 [基点(B)/旋转轴(A)]:           //a Enter
指定旋转轴上的第一个点:                            //捕捉如图8-59所示的圆心
指定旋转轴上的第二个点:                            //捕捉如图8-60所示的圆心
选择夹点以编辑阵列或 [关联(AS)/基点(B)/项目(I)/项目间角度(A)/填充角度(F)/行(ROW)/层(L)/旋
转项目(ROT)/退出(X)] <退出>:                      //l Enter
输入层数或 [表达式(E)] <1>:                        //2 Enter
指定 层 之间的距离或 [总计(T)/表达式(E)] <40>:   //48 Enter
选择夹点以编辑阵列或 [关联(AS)/基点(B)/项目(I)/项目间角度(A)/填充角度(F)/行(ROW)/层(L)/旋
转项目(ROT)/退出(X)] <退出>:                      //i Enter
```

输入阵列中的项目数或 [表达式(E)] <6>： //3 Enter

选择夹点以编辑阵列或 [关联(AS)/基点(B)/项目(I)/项目间角度(A)/填充角度(F)/行(ROW)/层(L)/旋转项目(ROT)/退出(X)] <退出>： //as Enter

创建关联阵列 [是(Y)/否(N)] <否>： //n Enter

选择夹点以编辑阵列或 [关联(AS)/基点(B)/项目(I)/项目间角度(A)/填充角度(F)/行(ROW)/层(L)/旋转项目(ROT)/退出(X)] <退出>： //Enter，结束命令，阵列结果如图8-61所示

 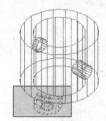  

图8-57 打开结果 　　 图8-58 窗口选择 　　 图8-59 捕捉圆心1 　 图8-60 捕捉圆心2

03 使用快捷键"VS"激活【视觉样式】命令，对模型进行概念着色，结果如图8-62所示。

04 使用快捷键"UNI"激提到【并集】命令，窗交选择如图8-63所示的实体进行并集，结果如图8-64所示。

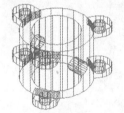 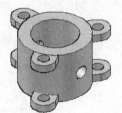 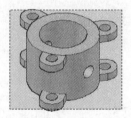 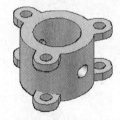

图8-61 阵列结果 　　 图8-62 概念着色 　　 图8-63 窗交选择 　　 图8-64 并集结果

05 最后执行【另存为】命令，将模型另名存储为"实例100.dwg"。

实例101 三维对齐

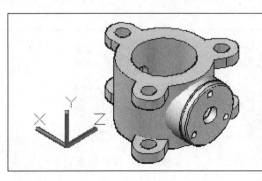

本实例主要学习【三维对齐】命令的使用方法和相关的操作技巧。	
📁 最终文件	效果文件\第08章\实例101.dwg
🔴 素材文件	素材文件\8-101.dwg
🔵 视频文件	视频文件\第08章\实例101.avi
⏱ 播放时长	00:01:20
🛡 技能点拨	三维对齐

01 打开随书光盘中的"素材文件\8-101.dwg"文件，如图8-65所示。

02 打开【对象捕捉】功能，并设置捕捉模式为圆心捕捉。

03 选择【修改】|【三维操作】|【三维对齐】菜单命令，对模型进行对齐。命令行操作如下：

```
命令: _3dalign
选择对象:                    //选择如图8-66所示的对象
选择对象:                    //Enter
指定源平面和方向 ...
指定基点或 [复制(C)]:         //捕捉如图8-67所示的圆心
```

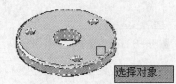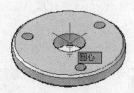

图8-65　打开结果　　　　图8-66　选择对象　　　　图8-67　捕捉圆心

```
指定第二个点或 [继续(C)] <C>:    //捕捉如图8-68所示的圆心
指定第三个点或 [继续(C)] <C>:    //捕捉如图8-69所示的圆心
指定目标平面和方向 ...
指定第一个目标点:               //捕捉如图8-70所示的圆心
```

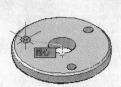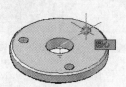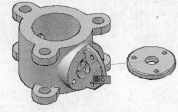

图8-68　捕捉圆心1　　　图8-69　捕捉圆心2　　　图8-70　捕捉圆心3

```
指定第二个目标点或 [退出(X)] <X>:    //捕捉如图8-71所示的圆心
指定第三个目标点或 [退出(X)] <X>:    //捕捉如图8-72所示的圆心，对齐结果如图
                                      8-73所示。
```

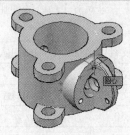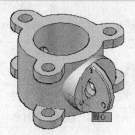

图8-71　捕捉圆心4　　　图8-72　捕捉圆心5　　　图8-73　对齐结果

04 最后执行【另存为】命令，将模型另名存储为"实例101.dwg"。

实例102　三维镜像

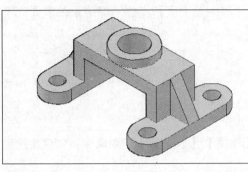

本实例主要学习【三维镜像】命令的使用方法和相关的操作技巧。

📁 最终文件	效果文件\第08章\实例102.dwg
🌐 素材文件	素材文件\8-102.dwg
🎬 视频文件	视频文件\第08章\实例102.avi
⏱ 播放时长	00:01:23
🛡 技能点拨	三维镜像

01 打开随书光盘中的"素材文件\8-102.dwg"文件，如图8-74所示。

02 选择【修改】|【三维操作】|【三维镜像】菜单命令，对模型进行镜像。命令行操作如下：

```
命令：_mirror3d
选择对象：                          //选择如图8-74所示的对象
选择对象：                          //Enter，结束选择
指定镜像平面（三点）的第一个点或  [对象(O)/最近的(L)/Z 轴(Z)/视图(V)/XY 平面(XY)/YZ 平面
(YZ)/ZX 平面(ZX)/三点(3)] <三点>： //zx Enter，激活"ZX平面"选项
指定 YZ 平面上的点 <0,0,0>：        //捕捉如图8-75所示的圆心
是否删除源对象？[是(Y)/否(N)] <否>： //Enter，结束命令
```

03 镜像结果如图8-76所示。

04 使用快捷键"UNI"激活【并集】命令，对模型进行并集。

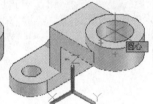

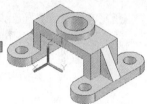

图8-74　打开结果　　　　图8-75　捕捉圆心　　　　图8-76　镜像结果

05 最后执行【另存为】命令，将模型另名存储为"实例102.dwg"。

实例103　三维综合建模

本实例主要对多种三维建模功能和三维编辑功能进行综合应用和巩固练习。

📁 最终文件	效果文件\第08章\实例103.dwg
🌐 视频文件	视频文件\第08章\实例103.avi
⏱ 播放时长	00:08:08
🛡 技能点拨	长方体、圆柱体、三维镜像、差集、拉伸、并集、剖切

01 快速新建文件，并打开【对象捕捉】功能。

02 在命令行输入ISOLINES和FACETRES，分别修改实体网格线密度和实体消隐渲染的表面光滑度。命令行操作如下：

命令: isolines	//Enter，激活变量
输入 ISOLINES 的新值 <4>:	//24 Enter
命令: facetres	//Enter，激活变量
输入 FACETRES 的新值 <0.5000>:	//10 Enter

03 将当前视图切换为西南视图，然后选择【绘图】|【建模】|【长方体】菜单命令，创建底座模型。命令行操作如下：

命令: _box	
指定第一个角点或 [中心(C)]:	//在绘图区拾取一点
指定其他角点或 [立方体(C)/长度(L)]:	//@224,128 Enter
指定高度或 [两点(2P)]:	//向上移动光标，输入32 Enter，结果如图8-77所示

04 重复执行【长方体】命令，配合【捕捉自】功能，创建长、宽、高为86×128×10的长方体。命令行操作如下：

命令:	//Enter，重复执行命令
BOX指定第一个角点或 [中心(C)]:	//激活【捕捉自】功能
_from 基点:	//捕捉如图8-78所示的端点
<偏移>:	//@69,0 Enter
指定其他角点或 [立方体(C)/长度(L)]:	//@86,128 Enter
指定高度或 [两点(2P)] <32.0000>:	//@0,0,10 Enter，创建结果如图8-79所示

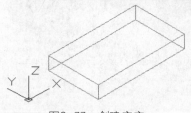
图8-77 创建底座

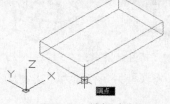
图8-78 捕捉端点

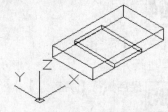
图8-79 创建长方体

05 选择【绘图】|【建模】|【圆柱体】菜单命令，创建底面直径为35的圆柱体。命令行操作如下：

命令: _cylinder	
指定底面的中心点或 [三点(3P)/两点(2P)/切点、切点、半径(T)/椭圆(E)]:	
	//激活【捕捉自】功能
_from 基点:	//捕捉如图8-78所示的端点
<偏移>:	//@39,38 Enter
指定底面半径或 [直径(D)]:	//d Enter
指定直径:	//35 Enter
指定高度或 [两点(2P)/轴端点(A)] <-22.0000>:	//@0,0,32 Enter，结果如图8-80所示

06 执行【三维镜像】命令，配合【中点捕捉】功能对圆柱体进行镜像，结果如图8-81所示。

07 选择【修改】|【实体编辑】|【差集】菜单命令，对各实体模型进行差集运算。命令行命令行操作如下：

命令：_subtract

选择要从中减去的实体或面域...

选择对象：   //选择底座方体

选择对象：   //Enter，结束对象的选择

选择要减去的实体或面域 ..

选择对象：   //选择如图8-82所示的方体和柱体

选择对象：   //Enter，结束对象的选择

选择对象：   //Enter，差集结果如图8-83所示

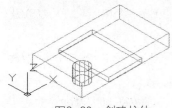

图8-80 创建柱体

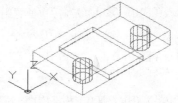

图8-81 创建右侧柱体

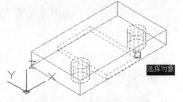

图8-82 选择减去实体

08 选择【工具】|【新建UCS】|【X】菜单命令，将当前坐标系进行旋转90°，并将其移至如图8-84所示的位置。

09 选择【视图】|【三维视图】|【平面视图】|【当前UCS】菜单命令，将当前视图切换为平面视图，如图8-85所示。

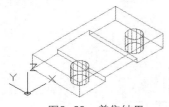

图8-83 差集结果

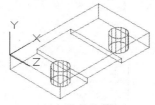

图8-84 移动坐标系

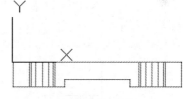

图8-85 切换平面视图

10 选择【绘图】|【多段线】菜单命令，配合坐标输入功能绘制闭合轮廓线。命令行操作如下：

命令：_pline

指定起点：   //32,0 Enter

指定下一个点或 [圆弧(A)/半宽(H)/长度(L)/放弃(U)/宽度(W)]：   //@0,168 Enter

指定下一点或 [圆弧(A)/闭合(C)/半宽(H)/长度(L)/放弃(U)/宽度(W)]： // a Enter

指定圆弧的端点或[角度(A)/圆心(CE)/闭合(CL)/方向(D)/半宽(H)/直线(L)/半径(R)/第二个点(S)/放弃(U)/宽度(W)]：   //@156,0 Enter

指定圆弧的端点或[角度(A)/圆心(CE)/闭合(CL)/方向(D)/半宽(H)/直线(L)/半径(R)/第二个点(S)/放弃(U)/宽度(W)]：   //l Enter

指定下一点或 [圆弧(A)/闭合(C)/半宽(H)/长度(L)/放弃(U)/宽度(W)]:　　　//@0,-168 Enter

指定下一点或 [圆弧(A)/闭合(C)/半宽(H)/长度(L)/放弃(U)/宽度(W)]:

　　　　　　　　　　　　　　　　　　　　//c Enter，结果如图8-86所示

11 重复执行【多段线】命令，配合【捕捉自】功能绘制内部的闭合轮廓线。命令行操作如下：

命令: _pline

指定起点:　　　　　　　　　　　　　//激活【捕捉自】功能

_from 基点:　　　　　　　　　　　　//捕捉刚绘制的多段线弧的圆心

<偏移>:　　　　　　　　　　　　　//@35,0 Enter，定位起点

当前线宽为 0.0000

指定下一个点或 [圆弧(A)/半宽(H)/长度(L)/放弃(U)/宽度(W)]://@0,-56 Enter

指定下一点或 [圆弧(A)/闭合(C)/半宽(H)/长度(L)/放弃(U)/宽度(W)]:　　　//a Enter

指定圆弧的端点或[角度(A)/圆心(CE)/闭合(CL)/方向(D)/半宽(H)/直线(L)/半径(R)/第二个点(S)/放弃(U)/宽度(W)]:　　　　　　　　　　//@-70,0 Enter

指定圆弧的端点或[角度(A)/圆心(CE)/闭合(CL)/方向(D)/半宽(H)/直线(L)/半径(R)/第二个点(S)/放弃(U)/宽度(W)]:　　　　　　　　　　//l Enter

指定下一点或 [圆弧(A)/闭合(C)/半宽(H)/长度(L)/放弃(U)/宽度(W)]:　　　//@0,56 Enter

指定下一点或 [圆弧(A)/闭合(C)/半宽(H)/长度(L)/放弃(U)/宽度(W)]:　　　//a Enter

指定圆弧的端点或[角度(A)/圆心(CE)/闭合(CL)/方向(D)/半宽(H)/直线(L)/半径(R)/第二个点(S)/放弃(U)/宽度(W)]:　　　　　　　　　　//cl Enter，绘制结果如图8-87所示

12 选择【修改】|【偏移】菜单命令，将刚绘制的闭合多段线向外偏移17个单位，结果如图8-88所示。

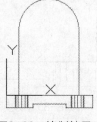
图8-86　绘制结果

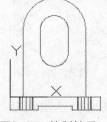
图8-87　绘制结果

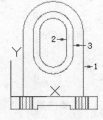
图8-88　偏移结果

13 选择【绘图】|【建模】|【拉伸】菜单命令，将多段线1拉伸28个单位，将多段线2和3拉伸100个单位，然后切换到西南视图，结果如图8-89所示。

14 使用快捷键"VS"激活【视觉样式】命令，对模型进行灰度着色，结果如图8-90所示。

15 执行【UCS】命令，配合【端点捕捉】功能重新设置当前用户坐标系，结果如图8-91所示。

16 选择【工具】|【新建UCS】|【原点】菜单命令，配合【中点捕捉】功能对坐标系进行位移，结果如图8-92所示。

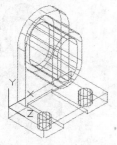
图8-89 切换视图

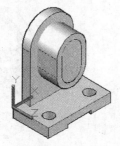
图8-90 灰度着色

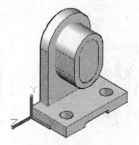
图8-91 定义UCS

17 选择【绘图】|【建模】|【圆柱体】菜单命令，创建同心圆柱体。命令行操作如下：

```
命令: _cylinder
指定底面的中心点或 [三点(3P)/两点(2P)/切点、切点、半径(T)/椭圆(E)]:
                                    //-36,0,43 Enter
指定底面半径或 [直径(D)] <45.8093>:     //d Enter
指定直径 <91.6186>:                    //35 Enter
指定高度或 [两点(2P)/轴端点(A)] <100.0000>:   //@0,0,-190 Enter，结果如图8-93所示
命令:                                  //Enter，重复执行命令
CYLINDER
指定底面的中心点或 [三点(3P)/两点(2P)/切点、切点、半径(T)/椭圆(E)]:
                                    //-36,0,43 Enter
指定底面半径或 [直径(D)] <17.5000>:      //d Enter
指定直径 <35.0000>:                    //70 Enter
指定高度或 [两点(2P)/轴端点(A)] <-190.0000>:  //@0,0,-190 Enter，结果如图8-94所示
```

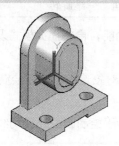
图8-92 移动坐标系

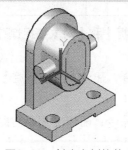
图8-93 创建内侧柱体

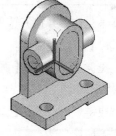
图8-94 创建外侧柱体

18 选择【修改】|【实体编辑】|【差集】菜单命令，对柱体和拉伸体模型进行差集运算，结果如图8-95所示。

19 选择【绘图】|【建模】|【长方体】菜单命令，创建长为100、宽为66、高为20的长方体，如图8-96所示。

20 执行【移动】命令，配合【中点捕捉】功能，将刚创建的长方体进行位移，结果如图8-97所示。

21 选择【修改】|【三维操作】|【剖切】菜单命令，配合【中点捕捉】和【端点捕捉】功能，对位移后的长方体进行剖切，结果如图8-98所示。

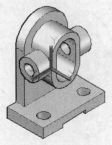

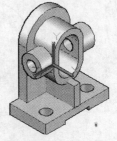

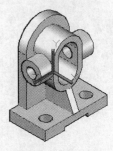

图8-95　差集结果　　　图8-96　创建结果　　　图8-97　位移结果　　　图8-98　剖切结果

22 执行【UCS】命令，将坐标系恢复为世界坐标系，将视图切换到东南等轴测视图。

23 使用快捷键"UNI"激活【并集】命令，选择所有的实体模型并集为一个实体。

24 最后执行【保存】命令，将图形命名存储为"实例103.dwg"。

实例104　三维细化编辑

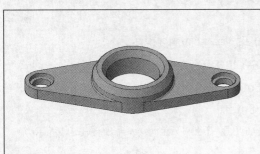

本实例主要对三维操作与实体面边细化功能进行综合应用和巩固练习。

📁 最终文件	效果文件\第08章\实例104.dwg
🌐 视频文件	视频文件\第08章\实例104.avi
🎬 播放时长	00:07:20
🛡 技能点拨	拉伸、三维镜像、压印、拉伸面、偏移面、三维旋转

01 快速新建文件，并打开【对象捕捉】和【对象捕捉追踪】功能，再将捕捉模式设置为【圆心捕捉】和【切点捕捉】。

02 使用快捷键"C"激活【圆】命令，配合【圆心捕捉】和【对象追踪】功能绘制如图8-99所示的两组同心圆。

03 使用快捷键"L"激活【直线】命令，配合【切点捕捉】功能绘制圆的外公切线，结果如图8-100所示。

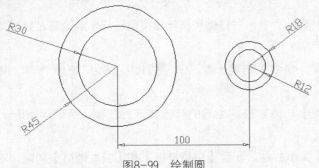

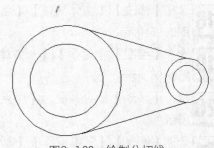

图8-99　绘制圆　　　　　　　　　　　　图8-100　绘制公切线

04 选择【修改】|【修剪】菜单命令，以两条公切线作为剪切边界，对右侧的大圆进行修剪，结果如图8-101所示。

05 使用快捷键"BO"激活【边界】命令，在如图8-102所示的虚线区域内拾取一点，创建闭合边界。

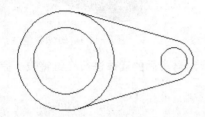
图8-101　修剪结果

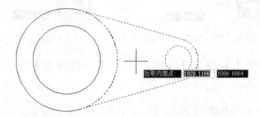
图8-102　指定单击位置

06 将视图切换为东北视图，然后在命令行输入ISOLINES，设置实体线框密度值为25。

07 选择【绘图】|【建模】|【拉伸】菜单命令，将同心圆拉伸20个单位；将另一侧的圆和边界拉伸12个单位，结果如图8-103所示，概念着色效果如图8-104所示。

08 使用快捷键"SU"激活【差集】命令，对刚创建的拉伸实体进行差集运算。命令行操作如下：

命令: su	//激活【差集】命令
SUBTRACT	
选择要从中减去的实体或面域...	
选择对象:	//选择如图8-105所示的拉伸实体
选择对象:	//Enter，结束对象的选择
选择要减去的实体或面域 ..	
选择对象:	//选择如图8-106所示的拉伸实体
选择对象:	//Enter，结束命令

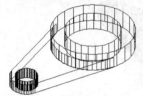
图8-103　拉伸结果

图8-104　着色结果

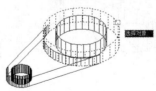
图8-105　选择大面域

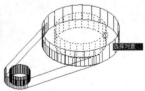
图8-106　选择小面域

命令:	//Enter，重复执行命令
SUBTRACT	
选择要从中减去的实体或面域...	
选择对象:	//选择如图8-107所示的拉伸实体
选择对象:	//Enter，结束对象的选择
选择要减去的实体或面域 ..	
选择对象:	//选择如图8-108所示的拉伸实体
选择对象:	//Enter，结束命令，差集后的着色效果如图8-109所示

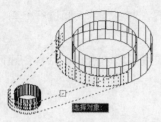

图8-107　选择异形面域

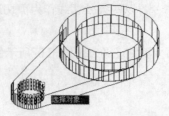

图8-108　选择圆形面域

图8-109　概念着色

09 选择【修改】|【三维操作】|【三维镜像】菜单命令，对差集后的实体进行三维镜像。命令行操作如下：

命令：_mirror3d

选择对象：　　　　　　　　　　　　//选择如图8-110所示的对象

选择对象：　　　　　　　　　　　　//Enter

指定镜像平面（三点）的第一个点或　[对象(O)/最近的(L)/Z 轴(Z)/视图(V)/XY 平面(XY)/YZ 平面(YZ)/ZX 平面(ZX)/三点(3)] <三点>：//YZ Enter

指定 YZ 平面上的点 <0,0,0>：　　　　//捕捉如图8-111所示的圆心

是否删除源对象？[是(Y)/否(N)] <否>：//Enter，镜像结果如图8-112所示

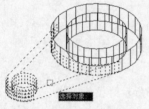

图8-110　选择结果

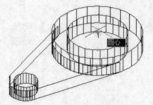

图8-111　捕捉圆心

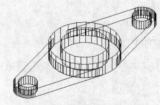

图8-112　镜像结果

10 选择【修改】|【实体编辑】|【并集】菜单命令，选择所有实体对象，组合为一个实体，结果如图8-113所示，其着色效果如图8-114所示。

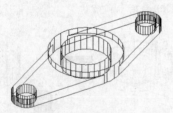

图8-113　环形阵列

图8-114　并集结果

11 单击【建模】工具栏上的⊕按钮，激活【三维旋转】命令，对并集实体进行三维旋转。命令行操作如下：

命令：_3drotate

UCS 当前的正角方向：ANGDIR=逆时针　ANGBASE=0

选择对象：　　　　　　　　　　　　//选择并集后的实体

选择对象：　　　　　　　　　　　　//Enter

指定基点：　　　　　　　　　　　　//捕捉如图8-115所示的圆心

拾取旋转轴：　　　　　　　　　　　//拾取如图8-116所示的旋转轴

指定角的起点或键入角度: 　　　　　　　　//-45 Enter，旋转结果如图8-117所示
正在重生成模型。

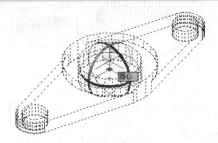

图8-115　捕捉圆心

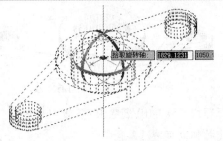

图8-116　定位旋转轴

12 将系统变量FACETRES的值设置为10，然后对旋转后的模型进行消隐显示，结果如图8-118所示。

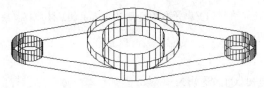

图8-117　旋转结果

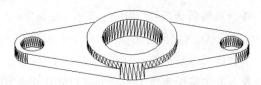

图8-118　消隐结果

13 恢复为线框显示，然后使用快捷键"F"激活【圆角】命令，对旋转后的立体模型进行细化编辑。命令行操作如下：

命令: F 　　　　　　　　　　　　　　　//Enter
FILLET当前设置: 模式 = 修剪，半径 = 0.0000
选择第一个对象或 [放弃(U)/多段线(P)/半径(R)/修剪(T)/多个(M)]:

　　　　　　　　　　　　　　　　　　　//选择如图8-119所示的棱边
输入圆角半径: 　　　　　　　　　　　　//1.5 Enter，输入圆角半径
选择边或 [链(C)/半径(R)]: //Enter，结果如图8-120所示，消隐效果如图8-121所示
已选定 1 个边用于圆角。

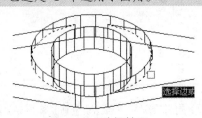

图8-119　选择结果

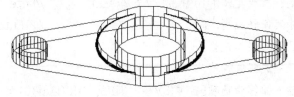

图8-120　圆角结果

14 单击【实体编辑】工具栏上的■按钮，激活【拉伸面】命令，对零件模型进行实体编辑。命令行操作如下：

命令: _solidedit
实体编辑自动检查: SOLIDCHECK=1
输入实体编辑选项 [面(F)/边(E)/体(B)/放弃(U)/退出(X)] <退出>: _face
输入面编辑选项[拉伸(E)/移动(M)/旋转(R)/偏移(O)/倾斜(T)/删除(D)/复制(C)/颜色(L)/材质(A)/放弃(U)/退出(X)] <退出>: _extrude

选择面或 [放弃(U)/删除(R)]:　　　　　　//选择如图8-122所示的拉伸面

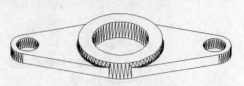

图8-121　圆角后的消隐效果

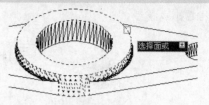

图8-122　选择面

选择面或 [放弃(U)/删除(R)/全部(ALL)]:　　//Enter

指定拉伸高度或 [路径(P)]:　　　　　　//8 Enter

指定拉伸的倾斜角度 <15>:　　　　　　//30 Enter

已开始实体校验。

已完成实体校验。

输入面编辑选项[拉伸(E)/移动(M)/旋转(R)/偏移(O)/倾斜(T)/删除(D)/复制(C)/颜色(L)/材质(A)/放弃(U)/退出(X)] <退出>:　　　　　　//Enter

实体编辑自动检查: SOLIDCHECK=1

输入实体编辑选项 [面(F)/边(E)/体(B)/放弃(U)/退出(X)] <退出>:

　　　　　　//Enter, 结束命令, 拉伸结果如图8-123所示

15 对模型进行概念着色, 然后单击【实体编辑】工具栏上的 ⬜ 按钮, 激活【偏移面】命令, 对柱形孔进行偏移。命令行操作如下:

　命令: _solidedit

　实体编辑自动检查: SOLIDCHECK=1

　输入实体编辑选项 [面(F)/边(E)/体(B)/放弃(U)/退出(X)] <退出>: _face

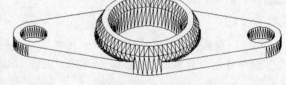

图8-123　拉伸结果

　输入面编辑选项[拉伸(E)/移动(M)/旋转(R)/偏移(O)/倾斜(T)/删除(D)/复制(C)/颜色(L)/材质(A)/放弃(U)/退出(X)] <退出>:_offset

选择面或 [放弃(U)/删除(R)]:　　　　　　//选择如图8-124所示的柱孔面

选择面或 [放弃(U)/删除(R)/全部(ALL)]:　　//Enter

指定偏移距离:　　　　　　//2 Enter

已开始实体校验。

已完成实体校验。

输入面编辑选项[拉伸(E)/移动(M)/旋转(R)/偏移(O)/倾斜(T)/删除(D)/复制(C)/颜色(L)/材质(A)/放弃(U)/退出(X)] <退出>:　　　　　　//Enter

实体编辑自动检查: SOLIDCHECK=1

输入实体编辑选项 [面(F)/边(E)/体(B)/放弃(U)/退出(X)] <退出>:

　　　　　　//Enter, 结束命令, 偏移结果如图8-125所示

16 使用快捷键 "C" 激活【圆】命令, 以圆孔上表面圆心作为圆心, 绘制半径为13.5的圆, 如图8-126所示。

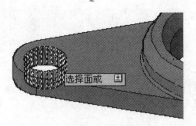

图8-124　选择结果

图8-125　偏移结果

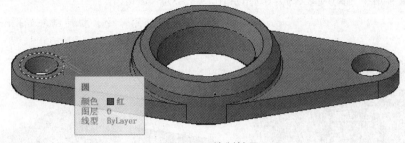

图8-126　绘制结果

17 单击【实体编辑】工具栏上的 按钮，激活【压印面】命令，将圆形压印到实体表面上。命令行操作如下：

命令: _imprint

选择三维实体或曲面:　　　　　　　//选择实体模型

选择要压印的对象:　　　　　　　　//选择半径为13.5的圆

是否删除源对象 [是(Y)/否(N)] <N>:　//y Enter

选择要压印的对象:　　　　　　　　//Enter，结束命令，压印结果如图8-127所示

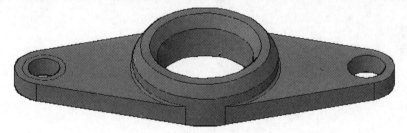

图8-127　压印结果

18 单击【实体编辑】工具栏上的 按钮，激活【拉伸面】命令，对压印后产生的表面进行拉伸。命令行操作如下：

命令: _solidedit

实体编辑自动检查: SOLIDCHECK=1

输入实体编辑选项 [面(F)/边(E)/体(B)/放弃(U)/退出(X)] <退出>: _face

输入面编辑选项[拉伸(E)/移动(M)/旋转(R)/偏移(O)/倾斜(T)/删除(D)/复制(C)/颜色(L)/材质(A)/放弃(U)/退出(X)] <退出>: _extrude

选择面或 [放弃(U)/删除(R)]:　　　　//选择如图8-128所示的拉伸面

选择面或 [放弃(U)/删除(R)/全部(ALL)]:　//Enter

指定拉伸高度或 [路径(P)]:　　　　　//-5 Enter

指定拉伸的倾斜角度 <30>:   //0 Enter

已开始实体校验。

已完成实体校验。

输入面编辑选项[拉伸(E)/移动(M)/旋转(R)/偏移(O)/倾斜(T)/删除(D)/复制(C)/颜色(L)/材质(A)/放弃(U)/退出(X)] <退出>:   //Enter

实体编辑自动检查: SOLIDCHECK=1

输入实体编辑选项 [面(F)/边(E)/体(B)/放弃(U)/退出(X)] <退出>:
                        //Enter，结束命令，拉伸结果如图8-129所示

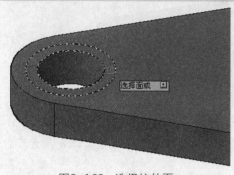

图8-128　选择拉伸面

图8-129　拉伸结果

19 参照上述操作，综合使用【偏移面】、【压印】、【拉伸面】等命令，编辑右侧的孔结构。

20 最后执行【保存】命令，将当前图形命名存储为"实例104.dwg"。

第9章　标准件与常用件设计

在不同类型、不同规格的各种机器中，有相当多的零部件是相同的，将这些零件加以标准化，并按尺寸不同加以系列化，即成为标准件或常用件。本章通过13个典型实例，主要学习标准件和常用件的绘制方法与绘制技巧。

实例105　绘制开口销

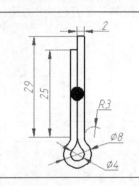

	本实例主要学习开口销标准件的具体绘制过程和相关的操作技巧。
📁 最终文件	效果文件\第09章\实例105.dwg
💿 视频文件	视频文件\第09章\实例105.avi
🎬 播放时长	00:04:29
🛡 技能点拨	射线、修剪、圆环、偏移

01 新建文件并设置视图高度为30个单位。

02 选择【绘图】|【射线】菜单命令，配合点的输入功能绘制定位辅助线。命令行操作如下：

命令：_ray
指定起点：　　　　　//在绘图区的左侧拾取一点作为射线的起点
指定通过点：　　　　//@1,0 Enter，绘制一条水平射线
指定通过点：　　　　//@0,1 Enter，绘制一条垂直射线
指定通过点：　　　　//Enter，结束命令，绘制结果如图9-1所示

03 在无命令执行的前提下选择水平射线，使其夹点显示，如图9-2所示。

图9-1　绘制射线　　　　　　　　　　　　图9-2　夹点显示对象

04 单击其中的一个夹点，进入夹点编辑模式，对其进行移动复制。命令行操作如下：

命令：
** 拉伸 **
指定拉伸点或 [基点(B)/复制(C)/放弃(U)/退出(X)]：　　//Enter，激活夹点移动工具

237

```
** 移动 **
指定移动点或 [基点(B)/复制(C)/放弃(U)/退出(X)]:        //c Enter，激活 "复制" 选项
** 移动 （多重）**
指定移动点或 [基点(B)/复制(C)/放弃(U)/退出(X)]:        //@0,2 Enter
** 移动 （多重）**
指定移动点或 [基点(B)/复制(C)/放弃(U)/退出(X)]:        //@0,4 Enter
** 移动 （多重）**
指定移动点或 [基点(B)/复制(C)/放弃(U)/退出(X)]:
                                              //Enter，退出夹点编辑模式，并取消夹
                                                点显示，结果如图9-3所示
```

05 使用快捷键 "C" 激活【圆】命令，以如图9-3所示的点A为圆心，绘制一个直径为8的圆，如图9-4所示。

图9-3 夹点复制

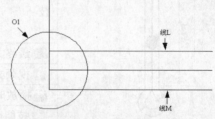

图9-4 绘制圆

06 选择【绘图】|【圆】|【切点、切点、半径】菜单命令，绘制两个半径为3的相切圆，命令行操作如下：

```
命令: _circle
指定圆的圆心或 [三点(3P)/两点(2P)/切点、切点、半径(T)]: _ttr
指定对象与圆的第一个切点:                       //选择圆O1
指定对象与圆的第二个切点:                       //选择射线L
指定圆的半径 <10.0000>:                         //3 Enter，输入相切圆半径
命令:                                          //Enter，重复执行命令
CIRCLE 指定圆的圆心或 [三点(3P)/两点(2P)/切点、切点、半径(T)]:   //t Enter
指定对象与圆的第一个切点:                       //选择圆O1
指定对象与圆的第二个切点:                       //选择射线M
指定圆的半径 <3.0000>:                          //Enter，绘制结果如图9-5所示
```

07 选择【修改】|【修剪】菜单命令，对两个相切圆进行修剪，结果如图9-6所示。

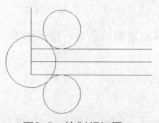

图9-5 绘制相切圆

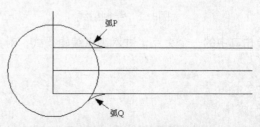

图9-6 修剪结果

08 重复执行【修剪】命令，以圆弧P和Q作为剪切边界，修剪掉位于二者之间的图形对象，修剪结果如图9-7所示。

09 选择【修改】|【偏移】菜单命令，对垂直射线进行偏移。命令行操作如下：

```
命令: _offset
当前设置: 删除源=否  图层=源  OFFSETGAPTYPE=0
指定偏移距离或 [通过(T)/删除(E)/图层(L)] <通过>:           //Enter
选择要偏移的对象，或 [退出(E)/放弃(U)] <退出>:            //选择垂直射线
指定通过点或 [退出(E)/多个(M)/放弃(U)] <退出>:           //捕捉圆弧与射线的切点
选择要偏移的对象，或 [退出(E)/放弃(U)] <退出>:            //Enter，结束命令
命令:                                              //Enter，重复执行命令
OFFSET当前设置: 删除源=否  图层=源  OFFSETGAPTYPE=0
指定偏移距离或 [通过(T)/删除(E)/图层(L)] <通过>:           //25 Enter
选择要偏移的对象，或 [退出(E)/放弃(U)] <退出>:            //选择偏移出的垂直射线
指定要偏移的那一侧上的点，或 [退出(E)/多个(M)/放弃(U)] <退出>:
                                                  //在所选对象的右侧单击
选择要偏移的对象，或 [退出(E)/放弃(U)] <退出>:            //Enter，结束命令
命令:                                              //Enter，重复执行命令
OFFSET当前设置: 删除源=否  图层=源  OFFSETGAPTYPE=0
指定偏移距离或 [通过(T)/删除(E)/图层(L)] <25>:            //4 Enter
选择要偏移的对象，或 [退出(E)/放弃(U)] <退出>:            //选择偏移出的垂直射线
指定要偏移的那一侧上的点，或 [退出(E)/多个(M)/放弃(U)] <退出>:
                                                  //在所选对象的右侧单击
选择要偏移的对象，或 [退出(E)/放弃(U)] <退出>:            //Enter，结果如图9-8所示
```

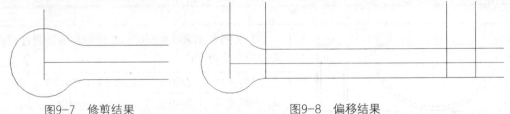

图9-7　修剪结果　　　　　　　　图9-8　偏移结果

10 重复执行【偏移】命令，将左侧的3段圆弧向内偏移2个绘图单位，结果如图9-9所示。

图9-9　偏移结果

11 综合使用【修剪】和【删除】命令，对图形进行修剪等编辑，结果如图9-10所示。

图9-10　修剪操作

12 选择【绘图】|【圆环】菜单命令，以最上侧的水平轮廓线的中点作为中心点绘制圆环。命令行操作如下：

命令：_donut

指定圆环的内径 <0.5000>:　　　　　//0 Enter，将圆环内径设置为0

指定圆环的外径 <1.0000>:　　　　　//4 Enter，将圆环外径设置为4

指定圆环的中心点或 <退出>:　　　　//捕捉最上侧水平轮廓线的中点

指定圆环的中心点或 <退出>:　　　　//Enter，结束命令，绘制结果如图9-11所示

13 执行【移动】命令，选择所绘制的圆环，将其垂直下移2个绘图单位，基点为任一点，目标点为"@0,-2"，结果如图9-12所示。

图9-11　绘制圆环　　　　　　　　　　　　　　　　图9-12　移动操作

14 选择销图形，修改其线宽为0.3毫米，并将其旋转90°。

15 最后执行【另存为】命令，将图形另名存储为"实例105.dwg"。

实例106　绘制半圆键

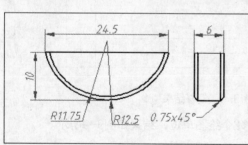

本实例主要学习半圆键标准件的具体绘制过程和相关的操作技巧。

📷 最终文件	效果文件\第09章\实例106.dwg
🎬 视频文件	视频文件\第09章\实例106.avi
⏱ 播放时长	00:02:57
❗ 技能点拨	射线、圆弧、偏移、延伸、倒角

01 新建文件并设置视图高度为50个单位。

02 选择【绘图】|【圆弧】|【起点、端点、半径】菜单命令，绘制圆弧。命令行操作如下：

命令：_arc

指定圆弧的起点或 [圆心(C)]:　　　　　//在绘图区拾取一点作为起点

指定圆弧的第二个点或 [圆心(C)/端点(E)]:e

指定圆弧的端点: //@24.5,0 Enter

指定圆弧的圆心或 [角度(A)/方向(D)/半径(R)]: r

指定圆弧的半径: //12.5 Enter，结果如图9-13所示

03 选择【修改】|【偏移】菜单命令，将圆弧向内偏移0.75个绘图单位，结果如图9-14所示。

图9-13 绘制圆弧   图9-14 偏移圆弧

04 选择【绘图】|【射线】菜单命令，分别通过大圆弧的左端点和象限点绘制两条水平的射线作为辅助线，如图9-15所示。

05 重复执行【射线】命令，配合坐标输入功能绘制两条垂直的射线。命令行操作如下：

命令: _ray

指定起点: //激活最近点捕捉功能

_nea 到   //在上侧的水平射线上拾取一点作为起点

指定通过点: //@0,1 Enter

指定通过点: //Enter，结果绘制了一条垂直射线

命令: //Enter，重复执行命令

RAY

指定起点: //激活【捕捉自】功能

_from 基点: //捕捉垂直射线的起点

<偏移>:   //@6,0 Enter

指定通过点: //@1,0 Enter

指定通过点: //Enter，结束命令，绘制结果如图9-16所示

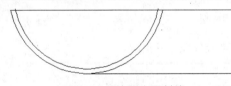 

图9-15 绘制水平射线   图9-16 绘制垂直射线

06 选择【修改】|【修剪】菜单命令，对射线进行修剪，编辑出半圆键的侧视图，结果如图9-17所示。

07 选择【修改】|【倒角】菜单命令，分别对侧视图中的a、b、c三条轮廓线进行倒角，倒角长度为0.75、角度为45，倒角结果如图9-18所示。

08 执行【直线】命令，配合端点捕捉和垂足点捕捉功能绘制两条垂直的倒角轮廓线，结果如图9-19所示。

09 执行【另存为】命令，将图形另名存储为"实例106.dwg"。

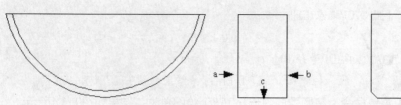

图9-17 修剪结果　　　　　　　　　　图9-18 倒角结果　　图9-19 绘制结果

实例107　绘制星形把手

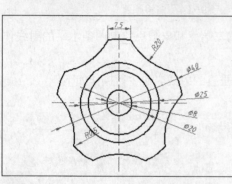

本实例主要学习星形把手常用件的具体绘制过程和相关的操作技巧。

📁 最终文件	效果文件\第09章\实例107.dwg
🌑 素材文件	样板文件\机械样板.dwt
📹 视频文件	视频文件\第09章\实例107.avi
📺 播放时长	00:03:49
🛡 技能点拨	构造线、圆、环形阵列、修剪、圆角

01 执行【新建】命令，调用随书光盘中的"样板文件\机械样板.dwt"文件。

02 将视图高度调整为70个单位，然后使用快捷键"LT"激活【线型】命令，设置线型比例为0.4。

03 展开【图层控制】下拉列表，将"中心线"设置为当前图层。

04 使用快捷键"XL"激活【构造线】命令，绘制两条相互垂直的构造线作为中心线，如图9-20所示。

05 将"轮廓线"设置为当前图层，然后单击【绘图】工具栏上的◎按钮，激活【圆】命令，绘制4个同心轮廓圆。命令行操作如下：

```
命令: _circle
指定圆的圆心或 [三点(3P)/两点(2P)/切点、切点、半径(T)]: //Enter
指定圆的半径或 [直径(D)]:          //d Enter
指定圆的直径:                      //8 Enter
命令:                             //Enter
CIRCLE 指定圆的圆心或 [三点(3P)/两点(2P)/切点、切点、半径(T)]: //@ Enter
指定圆的半径或 [直径(D)] <4.0>:    //d Enter
指定圆的直径 <8.0>:               //20 Enter
命令:                             //Enter
CIRCLE 指定圆的圆心或 [三点(3P)/两点(2P)/切点、切点、半径(T)]: //@ Enter
指定圆的半径或 [直径(D)] <10.0>: //d Enter
```

指定圆的直径 <20.0>: 25

命令: //Enter

CIRCLE 指定圆的圆心或 [三点(3P)/两点(2P)/切点、切点、半径(T)]: //@ Enter

指定圆的半径或 [直径(D)] <12.5>: //d Enter

指定圆的直径 <25.0>: //40 Enter，绘制结果如图9-21所示

06 重复执行【圆】命令，配合【捕捉自】功能绘制外侧的轮廓圆。命令行操作如下：

命令: CIRCLE

指定圆的圆心或 [三点(3P)/两点(2P)/切点、切点、半径(T)]: //2P Enter

指定圆直径的第一个端点: //激活【捕捉自】功能

 _from 基点: //捕捉如图9-22所示的圆心

<偏移>: //@0,-16.2 Enter

指定圆直径的第二个端点: //@0,-40 Enter，绘制结果如图9-23所示

图9-20 绘制结果　　　　图9-21 绘制同心圆　　　　图9-22 捕捉圆心

07 使用快捷键"AR"激活【环形阵列】命令，将下侧的圆阵列5份，中心点为同心圆的圆心，阵列结果如图9-24所示。

08 使用快捷键"TR"激活【修剪】命令，以外侧的大同心圆作为边界，对阵列出的圆和构造线进行修剪，结果如图9-25所示。

09 重复执行【修剪】命令，以修剪后产生的圆弧作为边界，对大同心圆进行修剪，结果如图9-26所示。

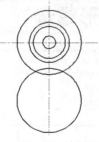

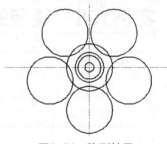

图9-23 绘制圆　　　　图9-24 阵列结果

10 使用快捷键"LEN"激活【拉长】命令，对中心线进行两端拉长2个单位，结果如图9-27所示。

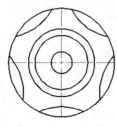

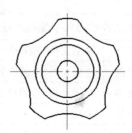

图9-25 修剪结果　　　　图9-26 修剪结果　　　　图9-27 拉长结果

11 选择【修改】|【圆角】菜单命令，对外侧的轮廓线进行圆角。命令行操作如下：

命令: _fillet
当前设置: 模式 = 修剪，半径 = 0.0
选择第一个对象或 [放弃(U)/多段线(P)/半径(R)/修剪(T)/多个(M)]: //r Enter
指定圆角半径 <0.0>: //0.5 Enter
选择第一个对象或 [放弃(U)/多段线(P)/半径(R)/修剪(T)/多个(M)]:
　　　　　　　　　　　　　　　　　//选择如图9-28所示的轮廓线
选择第二个对象，或按住 Shift 键选择对象以应用角点或 [半径(R)]:
　　　　　　　　　　　　　　　　　//选择如图9-29所示的轮廓线

12 重复执行【圆角】命令，按照当前的圆角设置，分别对其他角进行圆角，最终结果如图9-30 所示。

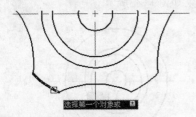　　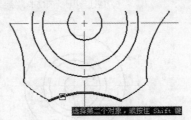　　

图9-28　选择圆角对象　　　　　图9-29　选择圆角对象　　　　图9-30　最终结果

13 最后执行【保存】命令，将图形命名存储为"实例107.dwg"。

实例108　绘制蝶形螺母

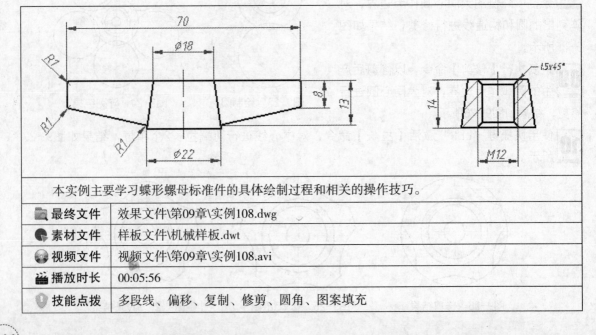

本实例主要学习蝶形螺母标准件的具体绘制过程和相关的操作技巧。

📁 最终文件	效果文件\第09章\实例108.dwg
🔴 素材文件	样板文件\机械样板.dwt
💿 视频文件	视频文件\第09章\实例108.avi
⏱ 播放时长	00:05:56
💡 技能点拨	多段线、偏移、复制、修剪、圆角、图案填充

01 执行【新建】命令，调用随书光盘中的"样板文件\机械样板.dwt"文件。

02 将视图高度调整为90个绘图单位，然后使用快捷键"LT"激活【线型】命令，设置线型比例为0.5。

03 展开【图层控制】下拉列表，将"轮廓线"设置为当前图层。

04 选择【绘图】|【多段线】菜单使命，配合点的坐标输入功能绘制左视图外轮廓线。命令行操作如下：

```
命令: _pline
指定起点:                                    //在绘图区拾取一点
当前线宽为 0.0
指定下一个点或 [圆弧(A)/半宽(H)/长度(L)/放弃(U)/宽度(W)]:     //@2,14 Enter
指定下一点或 [圆弧(A)/闭合(C)/半宽(H)/长度(L)/放弃(U)/宽度(W)]:  //@18,0 Enter
指定下一点或 [圆弧(A)/闭合(C)/半宽(H)/长度(L)/放弃(U)/宽度(W)]:  //@2,-14 Enter
指定下一点或 [圆弧(A)/闭合(C)/半宽(H)/长度(L)/放弃(U)/宽度(W)]:
                                   //c Enter，结束命令，绘制结果如图9-31所示
```

05 使用快捷键"L"激活【直线】命令，配合捕捉或追踪功能，绘制如图9-32所示的中心线。

06 使用快捷键"O"激活【偏移】命令，将垂直中心线对称偏移6个单位，然后再将偏移出的两条垂直轮廓线向内偏移1.5个单位，结果如图9-33所示。

图9-31　绘制外轮廓线

图9-32　绘制中心线

图9-33　偏移结果

07 重复执行【偏移】命令，将外侧的闭合轮廓线向内偏移1.5个单位，结果如图9-34所示。

08 使用快捷键"L"激活【直线】命令，在"轮廓线"图层内绘制如图9-35所示的4条倾斜轮廓线。

09 使用快捷键"TR"激活【修剪】命令，对偏移出的图线进行修剪，结果如图9-36所示。

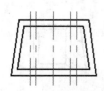
图9-34　偏移外轮廓线

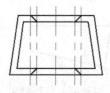
图9-35　绘制结果

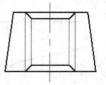
图9-36　修剪结果

10 将外侧的两条垂直图线放到"细实线"图层上，将内侧的两条垂直图线放到"轮廓线"层上，结果如图9-37所示。

11 使用快捷键"H"激活【图案填充】命令，在"剖面线"图层内填充如图9-38所示的剖面线，填充图案为ANSI31，填充比例为1。

12 选择【修改】|【复制】菜单命令，将左视图外轮廓线水平向左复制一份，结果如图9-39所示。

图9-37　更改图层

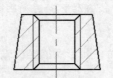
图9-38　填充剖面线

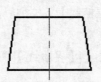
图9-39　复制结果

13 将复制出的外轮廓线分解，然后将分解后的下侧水平边向上偏移1个单位，将垂直中心线对称偏移35个单位，结果如图9-40所示。

14 使用【直线】命令配合【端点捕捉】和【极轴追踪】功能，绘制主视图外轮廓线，绘制结果如图9-41所示。

图9-40　偏移结果

15 使用快捷键"E"激活【删除】命令，删除偏移出的图线，结果如图9-42所示。

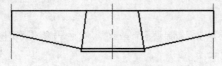
图9-41　绘制结果

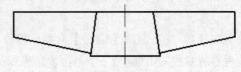
图9-42　删除结果

16 使用快捷键"F"激活【圆角】命令，设置圆角半径为1，模式为"修剪"，对主视图外轮廓线进行圆角，最终结果如图9-43所示。

17 重复执行【圆角】命令，将模式设置为"不修剪"，继续对主视图进行圆角，结果如图9-44所示。

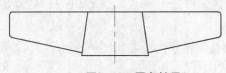
图9-43　圆角结果1

图9-44　圆角结果2

18 使用快捷键"TR"激活【修剪】命令，对下侧的两条倾斜轮廓线进行修剪完善，最终结果如图9-45所示。

图9-45　修剪结果

19 最后执行【保存】命令，将图形命名存储为"实例108.dwg"。

实例109 绘制螺杆

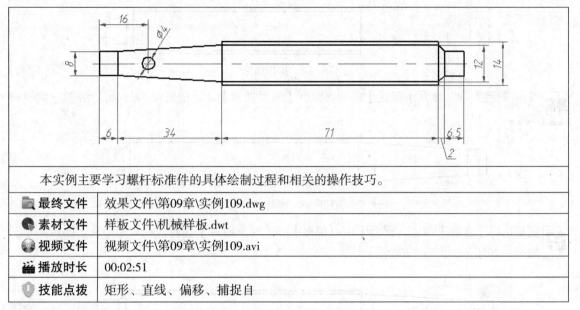

图9-46 绘制结果

本实例主要学习螺杆标准件的具体绘制过程和相关的操作技巧。

📁 最终文件	效果文件\第09章\实例109.dwg
🌐 素材文件	样板文件\机械样板.dwt
🎬 视频文件	视频文件\第09章\实例109.avi
📼 播放时长	00:02:51
🛡 技能点拨	矩形、直线、偏移、捕捉自

01 执行【新建】命令，调用随书光盘中的"样板文件\机械样板.dwt"文件。

02 选择【视图】|【缩放】|【圆心】菜单命令，将视图高度调整为95个绘图单位。

03 将"轮廓线"设置为当前图层。然后使用快捷键"REC"激活【矩形】命令，绘制长度为6、宽度为8的矩形。

04 重复执行【矩形】命令，配合【捕捉自】功能绘制右侧的矩形结构。命令行操作如下：

```
命令:RECTANG
指定第一个角点或 [倒角(C)/标高(E)/圆角(F)/厚度(T)/宽度(W)]: //激活【捕捉自】功能
_from 基点:                                    //捕捉刚绘制的矩形右下角点
<偏移>:                                        //@34,-3 Enter
指定另一个角点或 [面积(A)/尺寸(D)/旋转(R)]:      //@71,14 Enter
命令:                                          //Enter
RECTANG
指定第一个角点或 [倒角(C)/标高(E)/圆角(F)/厚度(T)/宽度(W)]: //激活【捕捉自】功能
_from 基点:                                    //捕捉刚绘制的矩形右下角点
<偏移>:                                        //@2,3 Enter
指定另一个角点或 [面积(A)/尺寸(D)/旋转(R)]:      //6.5,8 Enter，结果如图9-46所示
```

图9-46 绘制结果

05 选择【修改】|【分解】菜单命令，将中间的矩形分解为4条线段，然后将两条水平轮廓线向内偏移1个单位，结果如图9-47所示。

图9-47 操作结果

06 使用快捷键"L"激活【直线】命令，配合【端点捕捉】功能绘制如图9-48所示的4条倾斜轮廓线。

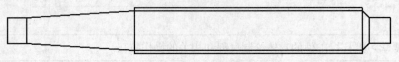

图9-48 绘制结果

07 重复执行【直线】命令，配合【中点捕捉】和【对象追踪】功能，在"中心线"图层内绘制如图9-49所示的水平中心线。

图9-49 绘制中心线

08 使用快捷键"C"激活【圆】命令，以中心线的交点为圆心，绘制直径为4的轮廓圆，结果如图9-50所示。

图9-50 绘制圆

09 最后执行【保存】命令，将图形命名存储为"实例109.dwg"。

实例110 绘制螺栓

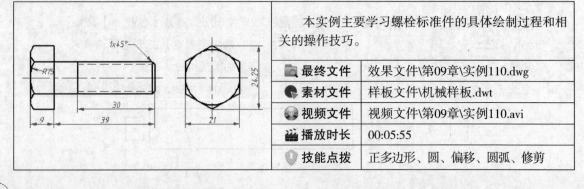

本实例主要学习螺栓标准件的具体绘制过程和相关的操作技巧。

📁 最终文件	效果文件\第09章\实例110.dwg
🔖 素材文件	样板文件\机械样板.dwt
🎬 视频文件	视频文件\第09章\实例110.avi
⏱ 播放时长	00:05:55
🛡 技能点拨	正多边形、圆、偏移、圆弧、修剪

01 执行【新建】命令，调用随书光盘中的"样板文件\机械样板.dwt"文件。

02 执行【图形界限】命令，设置图形界限为120×80，并将图形界限最大化显示。

03 将"点画线"设置为当前图层。使用快捷键"XL"激活【构造线】命令，绘制两条相互垂直的构造线作为定位基准线，如图9-51所示。

04 将"轮廓线"设置为当前图层，执行【正多边形】命令，以两条构造线的交点作中心点，绘制内切圆半径为10.5的正六边形作为左视图外轮廓线，命令行操作如下：

```
命令: _polygon
输入边的数目 <4>:              //6 Enter，设置边的数目
指定正多边形的中心点或 [边(E)]:   //捕捉两条构造线的交点
输入选项 [内接于圆(I)/外切于圆(C)] <I>:  //c Enter
指定圆的半径:                 //@10.5,0 Enter，绘制结果如图9-52所示
```

05 选择【绘图】|【圆】|【相切、相切、相切】菜单命令，绘制正六边形的内切圆，结果如图9-53所示。

 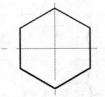

图9-51 绘制结果　　　图9-52 绘制正六边形　　图9-53 绘制相切圆

06 选择【修改】|【偏移】菜单命令，将垂直构造线向左偏移30、60、69和78，结果如图9-54所示。

图9-54 复制结果

07 重复执行【偏移】命令，分别以正六边形的顶点及边的中点作为通过点，对水平构造线进行偏移复制，结果如图9-55所示。

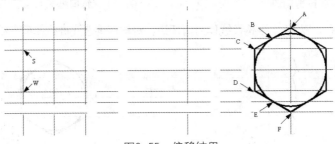

图9-55 偏移结果

08 选择【绘图】|【圆弧】|【起点、端点、半径】菜单命令，配合【交点捕捉】功能，以如图9-55所示的S和W点作起点和端点，绘制半径为15的圆弧，如图9-56所示。

09 使用【移动】命令，以圆弧的中点作为基点，以O点作为目标点，对圆弧进行移动。

10 执行【圆弧】，以移动后的圆弧的上端点作为起点，以P点作第二点，以如图9-57所示的交点作为第三点，进行画弧，绘制结果如图9-58所示。

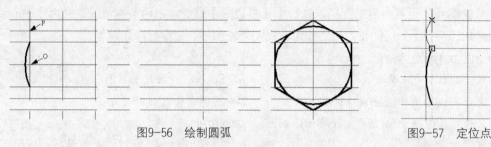

图9-56　绘制圆弧　　　　　　　　　　　　　　　　　　　　图9-57　定位点

11 重复上一步操作，配合【端点捕捉】和【极轴追踪】功能绘制下侧的圆弧，结果如图9-59所示。

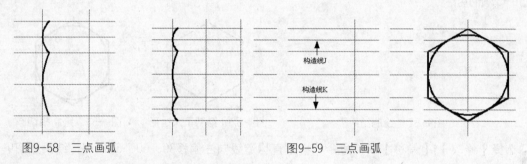

图9-58　三点画弧　　　　　　　　　　图9-59　三点画弧

12 选择构造线J和K后按Delete键，将其删除。

13 选择【修改】|【修剪】菜单命令，以3段圆弧和第二条垂直构造线（如图9-60所示）作为剪切边，对水平构造线和第一条垂直构造线进行修剪，结果如图9-61所示。

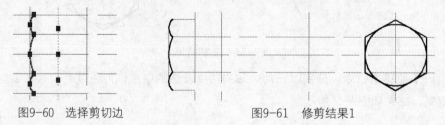

图9-60　选择剪切边　　　　　　　　　图9-61　修剪结果1

14 重复【修剪】命令，以3条水平构造线作为剪切边，对垂直构造线进行修剪，结果如图9-62所示。

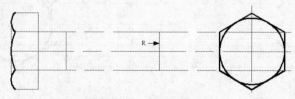

图9-62　修剪结果2

15 重复执行【修剪】命令，以线段R和正六边形作为剪切边，对构造线进行修剪，并删除多余构造线，结果如图9-63所示。

图9-63 修剪结果3

16 夹点显示如图9-64所示的图线，然后展开【图层控制】列表，修改其图层为"轮廓线"，结果如图9-65所示。

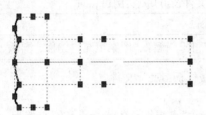

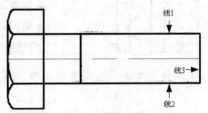

图9-64 选择对象 　　　　 图9-65 修改对象的图层特性

17 单击【修改】工具栏中的按钮，激活【倒角】命令，对如图9-65所示的轮廓线1、2、3进行倒角，倒角长度为1、角度为45，倒角结果如图9-66所示。

18 使用【直线】命令绘制倒角位置的水平轮廓线和垂直轮廓线，结果如图9-67所示。

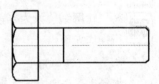

图9-66 倒角操作

19 展开【图层控制】列表，将刚绘制的两条水平轮廓线所在图层修改为"隐藏线"图层，将垂直轮廓线所在图层修改为"轮廓线"层，结果如图9-68所示。

20 选择【修改】|【拉长】菜单命令，将长度增量设置为3个绘图单位，分别对中心线进行拉长，结果如图9-69所示。

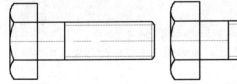

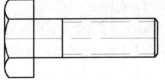

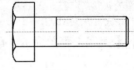

图9-67 绘制轮廓线 　　　　 图9-68 修改图层 　　　　 图9-69 拉长中心线

21 选择【格式】|【线型】菜单命令，修改全局比例因子为0.25，最终结果如图9-70所示。

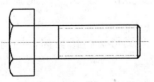

图9-70 最终结果

22 最后使用【保存】命令，将图形命名存储为"实例110.dwg"。

实例111　绘制轴承

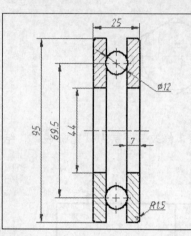

本实例主要学习轴承常用件的具体绘制过程和相关的操作技巧。

📁 最终文件	效果文件\第09章\实例111.dwg
🔎 素材文件	样板文件\机械样板.dwt
💿 视频文件	视频文件\第09章\实例111.avi
🎞 播放时长	00:04:12
🛡 技能点拨	矩形、圆、镜像、图案填充、偏移、圆弧、修剪

01 执行【新建】命令，调用随书光盘"样板文件\机械样板.dwt"文件。

02 将视图高度调整为120个单位，然后设置捕捉模式为端点捕捉、中点捕捉和交点捕捉。

03 将"轮廓线"设为当前层，然后选择【绘图】|【矩形】菜单命令，绘制轴承外轮廓线。命令行操作如下：

命令: _rectang
指定第一个角点或 [倒角(C)/标高(E)/圆角(F)/厚度(T)/宽度(W)]: //f Enter
指定矩形的圆角半径 <0.0000>: //1.8 Enter，设置圆角半径
指定第一个角点或 [倒角(C)/标高(E)/圆角(F)/厚度(T)/宽度(W)]:
　　　　　　　　　　　　　//在绘图区拾取矩形的左下角点
指定另一个角点或 [尺寸(D)]: //d Enter
指定矩形的长度 <0.0000>: //30 Enter
指定矩形的宽度 <0.0000>: //114 Enter
指定另一个角点或 [尺寸(D)]: //Enter，绘制结果如图9-71所示

04 选择【绘图】|【直线】菜单命令，配合【中点捕捉】功能绘制矩形水平中线和垂直中线，如图9-72所示。

05 选择【修改】|【偏移】菜单命令，对两条中线进行偏移，结果如图9-73所示。

06 单击【绘图】工具栏中的⊙按钮，以交点W为圆心，绘制直径为14.4的圆，结果如图9-74所示。

07 单击【修改】工具栏上的/按钮，将多余图形进行修剪掉，同时删除残留图形，结果如图9-75所示。

08 选择【绘图】|【图案填充】菜单命令，设置填充图案为ANSI31，填充比例为0.9，在"剖面线"图层内填充如图9-76所示的图案。

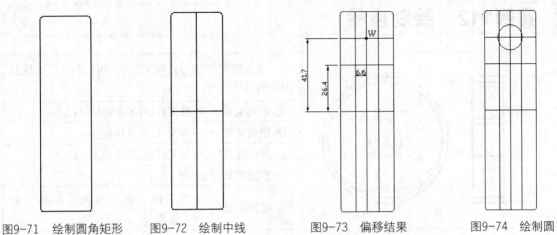

图9-71 绘制圆角矩形　　图9-72 绘制中线　　　　图9-73 偏移结果　　　　图9-74 绘制圆

09 选择【修改】|【镜像】菜单命令，对内部结构进行镜像，结果如图9-77所示。

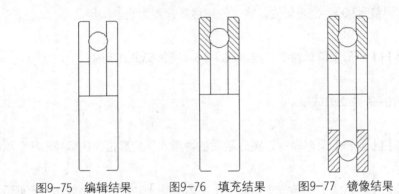

图9-75 编辑结果　　　图9-76 填充结果　　　图9-77 镜像结果

10 选择【标注】|【标注样式】菜单命令，修改圆心标记，如图9-78所示。

11 选择【标注】|【圆心标记】菜单命令，为圆心标记参数，如图9-79所示。

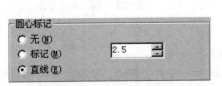

图9-78 修改圆心标记

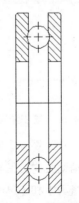

图9-79 标注结果

12 最后使用【保存】命令，将图形命名存储为"实例111.dwg"。

实例112 绘制齿轮

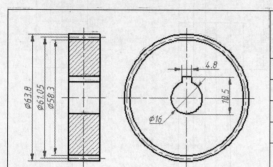

本实例主要学习齿轮常用件的具体绘制过程和相关的操作技巧。

📁 最终文件	效果文件\第09章\实例112.dwg	
🔵 素材文件	样板文件\机械样板.dwt	
🔴 视频文件	视频文件\第09章\实例112.avi	
⏱ 播放时长	00:05:18	
🛡 技能点拨	矩形、圆、图案填充、偏移、修剪、拉长	

01 执行【新建】命令，调用随书光盘中的"样板文件\机械样板.dwt"文件。

02 将视图高度调整为100个绘图单位，将"轮廓线"设置为当前图层。

03 选择【绘图】|【矩形】菜单命令，绘制长为16、宽为63.8的矩形。

04 将矩形分解为4条独立的线段。

05 选择【修改】|【偏移】菜单命令，将分解后的两条水平轮廓边向内偏移2.75个单位。

06 选择【绘图】|【构造线】菜单命令，配合【对象捕捉】功能，绘制如图9-80所示的构造线。

07 使用快捷键"C"激活【圆】命令，配合【交点捕捉】功能，绘制如图9-81所示的同心圆。

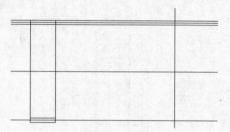

图9-80 绘制结果

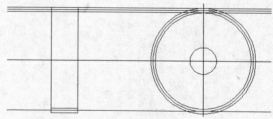

图9-81 绘制同心圆

08 使用快捷键"O"激活【偏移】命令，将左视图中心位置的水平辅助线向上偏移10.5个单位，将垂直辅助线向左偏移2.4个单位，结果如图9-82的示。

09 综合使用【修剪】和【删除】命令，对辅助线进行修剪和删除，结果如图9-83所示。

10 使用快捷键"L"激活【直线】命令，以如图9-84和图9-85所示的交点作为起点和端点，绘制水平的轮廓线，结果如图9-86所示。

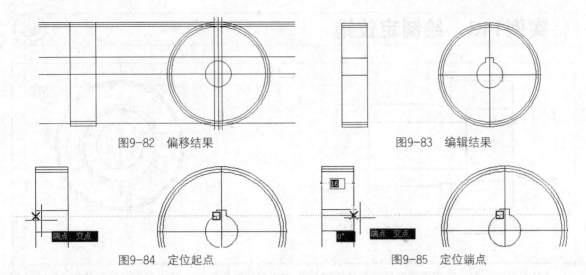

图9-82 偏移结果　　　　　　　　图9-83 编辑结果

图9-84 定位起点　　　　　　　　图9-85 定位端点

11 重复【直线】命令，配合【对象捕捉】和【对象追踪】功能，绘制下侧的水平轮廓线和垂直中心线，结果如图9-87所示。

12 在无命令执行的前提下，选择如图9-88所示的轮廓线，使其呈现夹点显示。

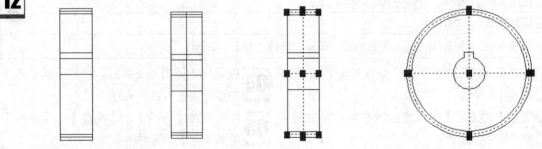

图9-86 绘制结果　　图9-87 绘制结果　　　　　图9-88 夹点显示

13 选择【工具】|【特性】菜单命令，在弹出的【特性】选项板中修改线型比例为0.4、图层为"点画线"，并取消对象的夹点显示状态，结果如图9-89所示。

14 选择【修改】|【拉长】菜单命令，将图形中心线两端拉长3个绘图单位，并打开状态栏上的【线宽】功能，结果如图9-90所示。

15 将"剖面线"设置为当前层。使用快捷键"H"激活【图案填充】命令，对主视图填充ANSI31图案，填充比例为0.5，填充结果如图9-91所示。

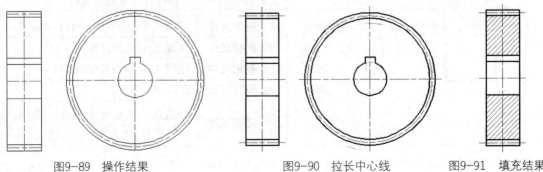

图9-89 操作结果　　　　　图9-90 拉长中心线　　　　图9-91 填充结果

16 最后执行【保存】命令，将图形命名存储为"实例112.dwg"。

实例113　绘制定位销

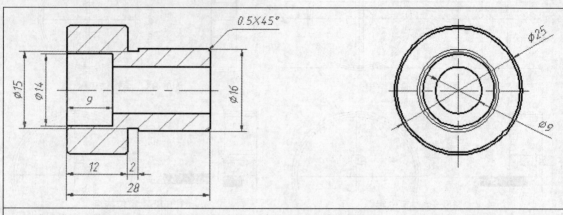

本实例主要学习定位销标准件的具体绘制过程和相关的操作技巧。具体操作参见视频文件。

📁 最终文件	效果文件\第09章\实例113.dwg
🔴 素材文件	样板文件\机械样板.dwt
🌐 视频文件	视频文件\第09章\实例113.avi
⏱ 播放时长	00:04:11
🛡 技能点拨	构造线、圆、图案填充、偏移、修剪、拉长、倒角

01 首先调用随书光盘中的"样板文件\机械样板.dwt"文件。

02 使用【构造线】命令绘制销零件二视图定位辅助线。

03 使用【圆】命令绘制左视图中的同心轮廓图。

04 根据视图间的对正关系，使用【构造线】命令绘制主视图中心线。

05 综合使用【修剪】、【倒角】、【删除】等命令绘制销零件主视图。

06 最后使用【拉长】、【图案填充】命令绘制剖面线和中心线。

实例114　绘制衬套

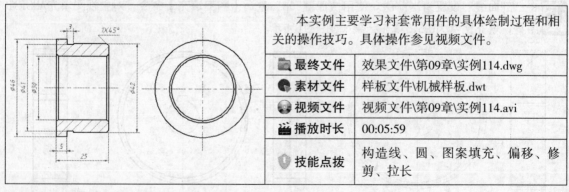

本实例主要学习衬套常用件的具体绘制过程和相关的操作技巧。具体操作参见视频文件。

📁 最终文件	效果文件\第09章\实例114.dwg
🔴 素材文件	样板文件\机械样板.dwt
🌐 视频文件	视频文件\第09章\实例114.avi
⏱ 播放时长	00:05:59
🛡 技能点拨	构造线、圆、图案填充、偏移、修剪、拉长

01 首先使用【新建】命令并调用"样板文件\机械样板.dwt"样板文件。

02 使用【构造线】命令绘制衬套二视图定位辅助性线。

03 使用【圆】命令绘制衬套左视图同心圆。

04 使用【构造线】命令绘制衬套主视图纵横定位辅助线。

05 使用【修剪】和【倒角】命令编辑与倒角衬套主视图。

06 最后使用【图案填充】和【拉长】命令绘制剖面线与中心线。

🔍**提示** 在绘制主视图内部倒角时，要注意更改倒角的模式为"不修剪"。

实例115 绘制螺钉

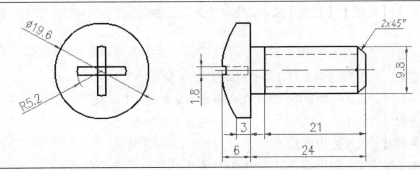

本实例主要学习螺钉常用件的具体绘制过程和相关的操作技巧。具体操作参见视频文件。

📁 最终文件	效果文件\第09章\实例115.dwg
🌐 素材文件	样板文件\机械样板.dwt
👤 视频文件	视频文件\第09章\实例115.avi
⏱ 播放时长	00:05:17
🛡 技能点拨	构造线、圆、偏移、修剪、拉长、倒角

01 首先使用【新建】命令并调用"样板文件\机械样板.dwt"样板文件。

02 使用【圆】、【多线】、【修剪】等命令绘制螺钉主视图。

03 使用【构造线】命令绘制螺钉左视图定位辅助线。

04 最后使用【修剪】、【倒角】、【直线】命令编辑与完善螺钉左视图。

实例116 制作螺母造型

本实例主要学习螺母标准件立体造型的具体制作过程和相关的操作技巧。

📁 最终文件	效果文件\第09章\实例116.dwg
👤 视频文件	视频文件\第09章\实例116.avi
⏱ 播放时长	00:02:40
🛡 技能点拨	拉伸、拉伸面、三维镜像、并集、交集、差集、三维旋转

01 新建文件并将当前视图切换到西南视图。

02 绘制半径为100的圆，然后选择【绘图】|【正多边形】菜单命令，以圆心为中心点，绘制正六边形。命令行操作如下：

```
命令: _polygon
输入边的数目 <4>:                      //6 Enter, 设置边数
指定正多边形的中心点或 [边(E)]:        //捕捉圆的圆心
输入选项 [内接于圆(I)/外切于圆(C)] <I>:  //Enter
指定圆的半径:                          //100 Enter, 绘制结果如图9-92所示
```

03 选择【绘图】|【建模】|【拉伸】菜单命令，将圆及正多边形拉伸为实体。命令行操作如下：

```
命令: _extrude
当前线框密度: ISOLINES=4, 闭合轮廓创建模式 = 实体
选择要拉伸的对象或 [模式(MO)]: _MO 闭合轮廓创建模式 [实体(SO)/曲面(SU)] <实体>: _SO
选择要拉伸的对象或 [模式(MO)]:          //选择正多边形
选择要拉伸的对象或 [模式(MO)]:          //Enter, 结束选择
指定拉伸的高度或 [方向(D)/路径(P)/倾斜角(T)/表达式(E)]:   //-25 Enter
命令:
EXTRUDE当前线框密度: ISOLINES=4, 闭合轮廓创建模式 = 实体
选择要拉伸的对象或 [模式(MO)]:          //选择圆图形
选择要拉伸的对象或 [模式(MO)]:          //Enter, 结束选择
指定拉伸的高度或 [方向(D)/路径(P)/倾斜角(T)/表达式(E)] <-25.0>:  //T Enter
指定拉伸的倾斜角度或 [表达式(E)] <0>:   //45 Enter
指定拉伸的高度或 [方向(D)/路径(P)/倾斜角(T)/表达式(E)] <-25.0>:
                                      //-120 Enter, 结束命令, 拉伸结果如图9-93所示
```

04 选择【修改】|【实体编辑】|【交集】菜单命令，将拉伸后的两个实体创建为如图9-94所示的对象。

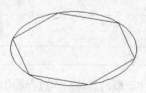 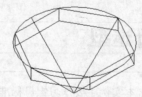 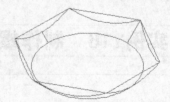

图9-92　绘制结果　　　　图9-93　拉伸结果　　　　图9-94　交集运算

05 选择【修改】|【实体编辑】|【拉伸面】菜单命令，或单击【实体编辑】工具栏上的按钮，将交集后的组合实体上顶面进行拉伸。命令行操作如下：

```
命令: _solidedit
实体编辑自动检查: SOLIDCHECK=1
输入实体编辑选项 [面(F)/边(E)/体(B)/放弃(U)/退出(X)] <退出>: _face
```

输入面编辑选项[拉伸(E)/移动(M)/旋转(R)/偏移(O)/倾斜(T)/删除(D)/复制(C)/颜色(L)/材质(A)/放弃(U)/退出(X)] <退出>: _extrude

　　选择面或 [放弃(U)/删除(R)]:　　　　　　//在交集实体的上项面单击左键

　　选择面或 [放弃(U)/删除(R)/全部(ALL)]:　//Enter，结束选择

　　指定拉伸高度或 [路径(P)]:　　　　　　　//40 Enter，指定面的拉伸高度

　　指定拉伸的倾斜角度 <0>:　　　　　　　//Enter

输入面编辑选项[拉伸(E)/移动(M)/旋转(R)/偏移(O)/倾斜(T)/删除(D)/复制(C)/颜色(L)/材质(A)/放弃(U)/退出(X)] <退出>:　　　　　　//Enter

　　输入实体编辑选项 [面(F)/边(E)/体(B)/放弃(U)/退出(X)] <退出>:

　　　　　　　　　　　　　　　　　　　　//Enter，拉伸结果如图9-95所示

06 选择【修改】|【三维操作】|【三维镜像】菜单命令，对拉伸后的模型进行镜像。命令行操作如下：

　　命令: _mirror3d

　　选择对象:　　　　　　　　　　　　　//选择如图9-95所示的实体模型

　　选择对象:　　　　　　　　　　　　　//Enter，结束选择

　　指定镜像平面（三点）的第一个点或 [对象(O)/最近的(L)/Z 轴(Z)/视图(V)/XY 平面(XY)/YZ 平面(YZ)/ZX 平面(ZX)/三点(3)] <三点>:　　//xy Enter，指定镜像平面

　　指定 XY 平面上的点 <0,0,0>:　　　//在顶面上拾取一点

　　是否删除源对象？[是(Y)/否(N)] <否>:　//Enter，镜像结果如图9-96所示

07 选择【修改】|【实体编辑】|【并集】菜单命令，将镜像后的两个实体进行合并，结果如图9-97所示。

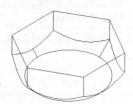　　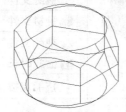　　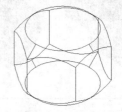

图9-95　拉伸面　　　　　图9-96　镜像结果　　　　　图9-97　并集结果

08 选择【绘图】|【建模】|【圆柱体】菜单命令，以螺母下底面的圆心为底面中心点，创建圆柱体。命令行操作如下：

　　命令: _cylinder

　　指定底面的中心点或 [三点(3P)/两点(2P)/切点、切点、半径(T)/椭圆(E)]:

　　　　　　　　　　　　　　　　　　//捕捉如图9-98所示的模型底面的圆心

　　指定底面半径或 [直径(D)] <378.7>:　//60 Enter，输入底面半径

　　指定高度或 [两点(2P)/轴端点(A)] <216.5>: //150 Enter

09 选择【修改】|【实体编辑】|【差集】菜单命令，对两个实体进行差集，以创建出螺母中间的螺孔。命令行操作如下：

　　命令: _subtract

　　选择要从中减去的实体或面域...

选择对象：	//选择并集后的组合实体
选择对象：	//Enter，结束选择
选择要减去的实体或面域 ..	
选择对象：	//选择刚创建的圆柱体
选择对象：	//Enter，差集结果如图9-99所示

10 选择【修改】|【三维操作】|【三维旋转】菜单命令，将模型沿X轴旋转90，结果如图9-100所示。

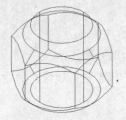
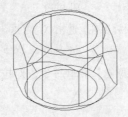
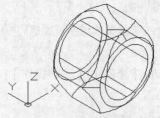

图9-98　创建圆柱体　　　　图9-99　差集运算　　　　图9-100　旋转结果

11 最后执行【保存】命令，将模型命名存储为"实例116.dwg"。

实例117　制作定位销造型

	本实例主要学习定位销标准件立体造型的具体制作过程和相关的操作技巧。
🔍 **最终文件**	效果文件\第09章\实例117.dwg
▶ **素材文件**	素材文件\9-117.dwt
🎬 **视频文件**	视频文件\第09章\实例117.avi
⏱ **播放时长**	00:03:08
🛡 **技能点拨**	边界、旋转、剖切、剪切、粘贴

01 首先调用随书光盘中的"素材文件\9-117.dwt"文件。

02 使用【剪切】、【粘贴】命令将主视图剪切到前视图中，并删除剖面线。

03 使用【边界】命令提取如图9-101所示的边界，并将提取的边界和水平中心线进行外移，结果如图9-102所示。

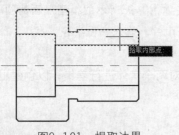
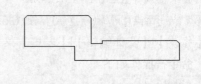

图9-101　提取边界　　　　　　　　　图9-102　外移结果

04 执行【删除】命令，删除源图线。

05 设置系统变量ISOLINES的值为12、设置变量FACETRES的值为10。

06 使用快捷键"REV"激活【旋转】命令，将边界绕水平中心线旋转360°，结果如图9-103所示。

07 将视图切换到西南视图，结果如图9-104所示。

08 使用快捷键"HI"激活【消隐】命令，效果如图9-105所示。

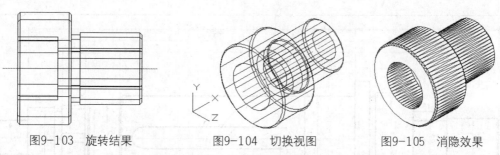

图9-103　旋转结果　　　　　图9-104　切换视图　　　　　图9-105　消隐效果

09 执行【视觉样式】命令，对模型进灰度着色，结果如图9-106所示。

10 使用快捷键"SL"激活【剖切】命令，对模型进行剖切，结果如图9-107所示。

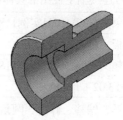

图9-106　灰度着色　　　　　　　　　图9-107　剖切结果

11 最后执行【另存为】命令，将图形另名存储为"实例117.dwg"。

第10章 绘制轴套类零件

在机械制造中，轴套类零件多用来支承安装回转体零件、传递动力或对其他零件进行定位等，是机器中经常遇到的典型零件之一。本章通过13个典型实例，主要学习轴套类零件图的具体绘制方法和绘制技巧。

实例118 绘制连接轴主视图

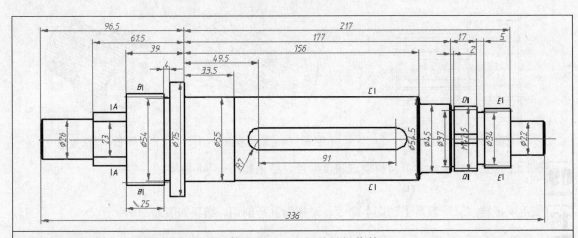

本实例主要学习连接轴主视图的具体绘制过程和相关的操作技巧。

📁 最终文件	效果文件\第10章\实例118.dwg
🌐 素材文件	样板文件\机械样板.dwt
🎬 视频文件	视频文件\第10章\实例118.avi
⏱ 播放时长	00:13:02
🛡 技能点拨	矩形、偏移、修剪、圆角、倒角

01 执行【新建】命令，调用随书光盘中的"样板文件\机械样板.dwt"文件。

02 将视图高度调整为300个单位，将"轮廓线"设置为当前图层，并打开【线宽】显示功能。

03 选择【绘图】|【矩形】菜单命令，绘制长为35、宽为26的矩形。

04 重复执行【矩形】命令，配合【捕捉自】和【端点捕捉】功能，绘制其他位置的矩形轮廓线。命令行操作如下：

命令: _rectang

指定第一个角点或 [倒角(C)/标高(E)/圆角(F)/厚度(T)/宽度(W)]: //激活【捕捉自】功能

_from 基点: //捕捉刚绘制的矩形右下角点

〈偏移〉:	//@22.5,−17 Enter
指定另一个角点或 [面积(A)/尺寸(D)/旋转(R)]:	//@25,60 Enter
命令: _rectang	//Enter
指定第一个角点或 [倒角(C)/标高(E)/圆角(F)/厚度(T)/宽度(W)]: //激活【捕捉自】功能	
_from 基点:	//捕捉刚绘制的矩形右下角点
〈偏移〉:	//@4,−7.5 Enter
指定另一个角点或 [面积(A)/尺寸(D)/旋转(R)]: //@10,7.5 Enter,结果如图10-1所示	
命令: _rectang	//Enter
指定第一个角点或 [倒角(C)/标高(E)/圆角(F)/厚度(T)/宽度(W)]: //激活【捕捉自】功能	
_from 基点:	//捕捉刚绘制的矩形右下角点
〈偏移〉:	//@33.5,10.25 Enter
指定另一个角点或 [面积(A)/尺寸(D)/旋转(R)]:	
	//@122.5,54.5 Enter,结果如图10-2所示

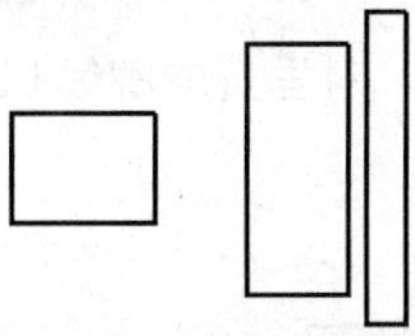

图10-1 绘制结果 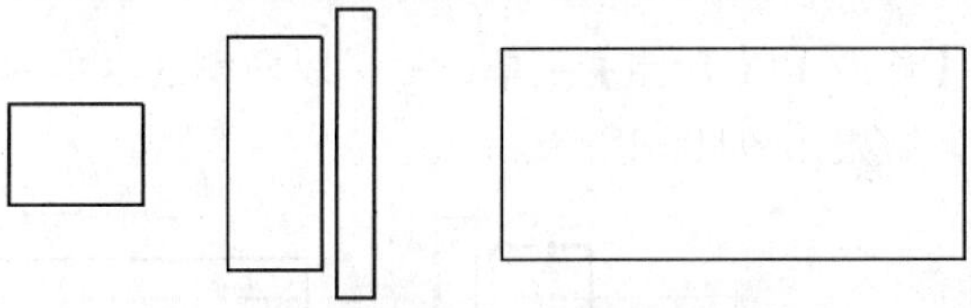   图10-2 绘制结果2

命令: _rectang	//Enter
指定第一个角点或 [倒角(C)/标高(E)/圆角(F)/厚度(T)/宽度(W)]: //激活【捕捉自】功能	
_from 基点:	//捕捉刚绘制的矩形右下角点
〈偏移〉:	//@23,6 Enter
指定另一个角点或 [面积(A)/尺寸(D)/旋转(R)]:	//@15,42.5 Enter,结果如图10-3所示
命令: _rectang	//Enter
指定第一个角点或 [倒角(C)/标高(E)/圆角(F)/厚度(T)/宽度(W)]: //激活【捕捉自】功能	
_from 基点:	//捕捉刚绘制的矩形右下角点
〈偏移〉:	//@5,1.75 Enter
指定另一个角点或 [面积(A)/尺寸(D)/旋转(R)]:	//@18,39 Enter,结果如图10-4所示

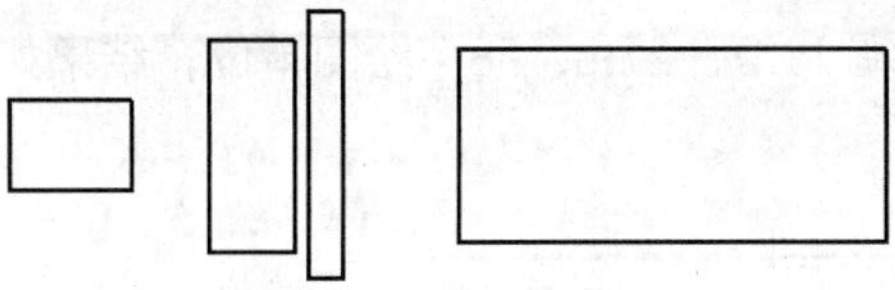

图10-3 绘制结果3 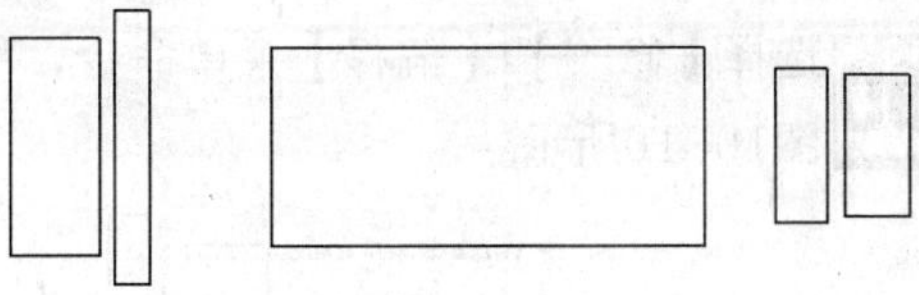   图10-4 绘制结果4

命令: _rectang	//Enter
指定第一个角点或 [倒角(C)/标高(E)/圆角(F)/厚度(T)/宽度(W)]: //激活【捕捉自】功能	
_from 基点:	//捕捉刚绘制的矩形右下角点
〈偏移〉:	//@0,8.5 Enter
指定另一个角点或 [面积(A)/尺寸(D)/旋转(R)]:	//@22.5,22 Enter,结果如图10-5所示

05 将各矩形分解，然后配合【中点捕捉】和【对象追踪】功能，在"中心线"图层内绘制如图10-6所示的中心线。

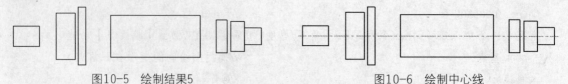

图10-5　绘制结果5　　　　　　　　　　　图10-6　绘制中心线

06 选择【修改】|【偏移】菜单命令，将水平中心线对称偏移10.5和17.5个单位，结果如图10-7所示。

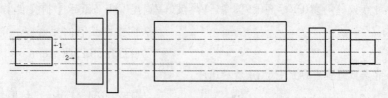

图10-7　偏移结果

07 选择【修改】|【延伸】菜单命令，以两侧的水平中心线作为边界，对垂直轮廓线1进行两端延伸，结果如图10-8所示。

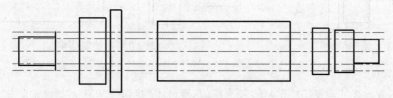

图10-8　延伸结果

08 选择【修改】|【修剪】菜单命令，以两条垂直轮廓线1和2作为边界，对偏移出的4条水平中心线进行修剪，结果如图10-9所示。

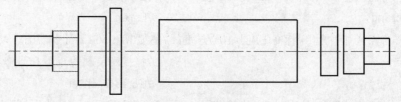

图10-9　修剪结果

09 选择【修改】|【偏移】菜单命令，将水平中心线对称偏移27、27.5、28个绘图单位，结果如图10-10所示。

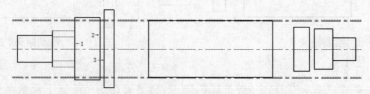

图10-10　偏移结果

10 选择【修改】|【修剪】菜单命令，以如图10-10所示的垂直轮廓线1和2作为边界，对两侧的水平中心线进行修剪，结果如图10-11所示。

11 选择【修改】|【修剪】菜单命令，以如图10-10所示的垂直轮廓线3和2作为边界，对两侧的水平中心线进行修剪，结果如图10-12所示。

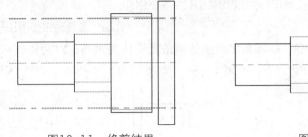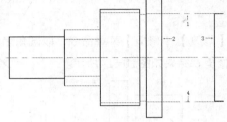

图10-11　修剪结果　　　　　　　　　图10-12　修剪结果

12 选择【修改】|【圆角】菜单命令，对图10-12所示的轮廓线1、2、3、4进行圆角。命令行操作如下：

```
命令: _fillet
当前设置: 模式 = 修剪, 半径 = 0.0
选择第一个对象或 [放弃(U)/多段线(P)/半径(R)/修剪(T)/多个(M)]:    //m Enter
选择第一个对象或 [放弃(U)/多段线(P)/半径(R)/修剪(T)/多个(M)]:
                                          //在水平中心线1的左端单击
选择第二个对象, 或按住 Shift 键选择对象以应用角点或 [半径(R)]:
                                          //在垂直轮廓线3的上端单击
选择第一个对象或 [放弃(U)/多段线(P)/半径(R)/修剪(T)/多个(M)]:
                                          //在垂直轮廓线3的下端单击
选择第二个对象, 或按住 Shift 键选择对象以应用角点或 [半径(R)]:
                                          //在水平中心线4的左端单击
选择第一个对象或 [放弃(U)/多段线(P)/半径(R)/修剪(T)/多个(M)]:    //Enter
```

🔍 **技巧** 在圆角半径为0的情况下对两条图线圆角，圆角的结果则使两图线垂直相交于一点。

```
命令:                                                    //Enter
FILLET当前设置: 模式 = 修剪, 半径 = 0.0
选择第一个对象或 [放弃(U)/多段线(P)/半径(R)/修剪(T)/多个(M)]: //t Enter
输入修剪模式选项 [修剪(T)/不修剪(N)] <修剪>:              //n Enter
选择第一个对象或 [放弃(U)/多段线(P)/半径(R)/修剪(T)/多个(M)]: //r Enter
指定圆角半径 <0.0>:                                       //1 Enter
选择第一个对象或 [放弃(U)/多段线(P)/半径(R)/修剪(T)/多个(M)]: //m Enter
选择第一个对象或 [放弃(U)/多段线(P)/半径(R)/修剪(T)/多个(M)]:
                                          //在水平中心线1的左端单击
选择第二个对象, 或按住 Shift 键选择对象以应用角点或 [半径(R)]:
                                          //在垂直轮廓线2的上端单击
选择第一个对象或 [放弃(U)/多段线(P)/半径(R)/修剪(T)/多个(M)]:
                                          //在垂直轮廓线2的下端单击
```

选择第二个对象，或按住 Shift 键选择对象以应用角点或 [半径(R)]:

//在水平中心线4的左端单击

选择第一个对象或 [放弃(U)/多段线(P)/半径(R)/修剪(T)/多个(M)]:

//Enter，圆角结果如图10-13所示

13 选择【修改】|【修剪】菜单命令，以圆角后产生的两条圆弧作为边界，对两侧的水平中心线进行修剪，结果如图10-14所示。

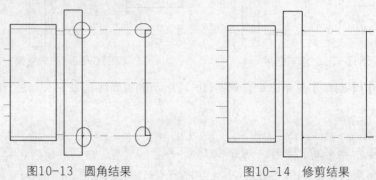

图10-13　圆角结果　　　　　　　　　图10-14　修剪结果

🔍 **技巧** 巧妙更改圆的修剪模式为"不修剪"，可以在确保原图线不发生改变的前提下进行圆角。这也是一种较为常用的操作技巧。

14 选择【修改】|【偏移】菜单命令，将水平中心线对称偏移22.5、18.5、3个绘图单位，将垂直轮廓线1向右偏移21个绘图单位，结果如图10-15所示。

图10-15　偏移结果

15 选择【修改】|【修剪】菜单命令，以如图10-15所示的垂直轮廓线1、2和3作为边界，对两侧的水平中心线进行修剪；以垂直轮廓线4和3作为边界，对内部的两条水平中心线进行修剪，结果如图10-16所示。

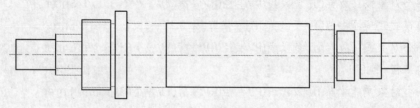

图10-16　修剪结果

16 选择【修改】|【偏移】菜单命令，将水平中心线对称偏移17、18个绘图单位，结果如图10-17所示。

17 选择【修改】|【修剪】菜单命令，以如图10-17所示的垂直轮廓线2、3作为边界，对外侧的水平中心线进行修剪；以垂直轮廓线1和2作为边界，对偏移出的另外两条水平中心线进行修剪，结果如图10-18所示。

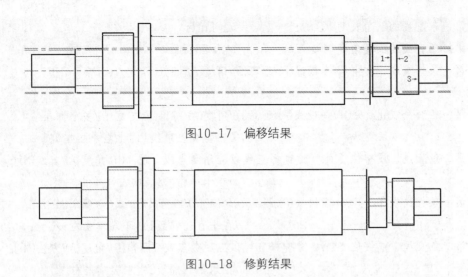

图10-17 偏移结果

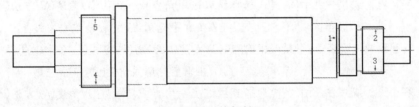

图10-18 修剪结果

18 使用夹点编辑功能对垂直轮廓线1进行缩短，对水平中心线2、3、4、5拉长1.2个单位，结果如图10-19所示。

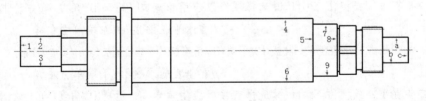

图10-19 编辑结果

19 夹点显示如图10-19所示的各位置的水平轮廓线，修改其图层为"轮廓线"图层，结果如图10-20所示。

图10-20 更改图层

20 为图线倒角。单击【修改】工具栏的上 □ 按钮，激活【倒角】命令，对轮廓线进行倒角细化。命令行操作如下：

命令：_chamfer

（"不修剪"模式）当前倒角距离 1 = 0.0，距离 2 = 0.0

选择第一条直线或 [放弃(U)/多段线(P)/距离(D)/角度(A)/修剪(T)/方式(E)/多个(M)]：

//t Enter

输入修剪模式选项 [修剪(T)/不修剪(N)] <不修剪>：

//t Enter

选择第一条直线或 [放弃(U)/多段线(P)/距离(D)/角度(A)/修剪(T)/方式(E)/多个(M)]：

//a Enter

指定第一条直线的倒角长度 <0.0>:　　　　　　//1 Enter

指定第一条直线的倒角角度 <0>:　　　　　　　//45 Enter

选择第一条直线或 [放弃(U)/多段线(P)/距离(D)/角度(A)/修剪(T)/方式(E)/多个(M)]:

//m Enter

选择第一条直线或 [放弃(U)/多段线(P)/距离(D)/角度(A)/修剪(T)/方式(E)/多个(M)]:

//在垂直轮廓线1的上端单击左键

选择第二条直线，或按住 Shift 键选择直线以应用角点或 [距离(D)/角度(A)/方法(M)]:

//在水平轮廓线2的左端单击左键

选择第一条直线或 [放弃(U)/多段线(P)/距离(D)/角度(A)/修剪(T)/方式(E)/多个(M)]:

//在垂直轮廓线1的下端单击左键

选择第二条直线，或按住 Shift 键选择直线以应用角点或 [距离(D)/角度(A)/方法(M)]:

//在水平轮廓线3的左端单击左键

选择第一条直线或 [放弃(U)/多段线(P)/距离(D)/角度(A)/修剪(T)/方式(E)/多个(M)]:

//在垂直轮廓线5的下端单击左键

选择第二条直线，或按住 Shift 键选择直线以应用角点或 [距离(D)/角度(A)/方法(M)]:

//在水平轮廓线6的右端单击左键

选择第一条直线或 [放弃(U)/多段线(P)/距离(D)/角度(A)/修剪(T)/方式(E)/多个(M)]:

//在垂直轮廓线5的上端单击左键

选择第二条直线，或按住 Shift 键选择直线以应用角点或 [距离(D)/角度(A)/方法(M)]:

//在水平轮廓线4的右端单击左键

选择第一条直线或 [放弃(U)/多段线(P)/距离(D)/角度(A)/修剪(T)/方式(E)/多个(M)]:

//在垂直轮廓线8的上端单击左键

选择第二条直线，或按住 Shift 键选择直线以应用角点或 [距离(D)/角度(A)/方法(M)]:

//在水平轮廓线7的右端单击左键

选择第一条直线或 [放弃(U)/多段线(P)/距离(D)/角度(A)/修剪(T)/方式(E)/多个(M)]:

//在垂直轮廓线8的下端单击左键

选择第二条直线，或按住 Shift 键选择直线以应用角点或 [距离(D)/角度(A)/方法(M)]:

//在水平轮廓线9的右端单击左键

选择第一条直线或 [放弃(U)/多段线(P)/距离(D)/角度(A)/修剪(T)/方式(E)/多个(M)]:

//在垂直轮廓线c的下端单击左键

选择第二条直线，或按住 Shift 键选择直线以应用角点或 [距离(D)/角度(A)/方法(M)]:

//在水平轮廓线b的右端单击左键

选择第一条直线或 [放弃(U)/多段线(P)/距离(D)/角度(A)/修剪(T)/方式(E)/多个(M)]:

//在垂直轮廓线c的上端单击左键

选择第二条直线，或按住 Shift 键选择直线以应用角点或 [距离(D)/角度(A)/方法(M)]:

//在水平轮廓线a的右端单击左键

选择第一条直线或 [放弃(U)/多段线(P)/距离(D)/角度(A)/修剪(T)/方式(E)/多个(M)]:

// Enter，倒角结果如图10-21所示

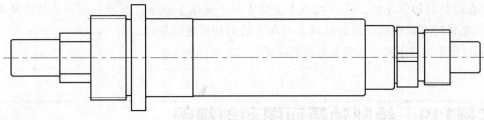

图10-21 倒角结果

21 绘制倒角线。使用快捷键"L"激活【直线】命令，配合端点和垂足点捕捉功能，绘制倒角位置的垂直轮廓线，结果如图10-22所示。

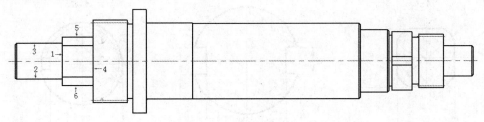

图10-22 绘制结果

22 执行【圆角】命令，对如图10-22所示的轮廓线1、2、3、4、5和6进行圆角，圆角半径为1、模式为"不修剪"，结果如图10-23所示。

23 使用快捷键"TR"激活【修剪】命令，以圆角后产生的4条圆弧作为边界，对图轮廓线1、2、3和4进行修剪，结果如图10-24所示。

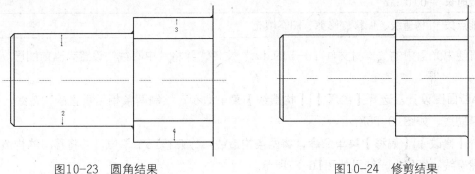

图10-23 圆角结果　　　　　　　　　　图10-24 修剪结果

🔍**技巧** 在对轮廓线进行倒角时，需要注意倒角线的选择顺序。不同的选择顺序，倒角的结果是不同的。

24 执行【多段线】命令，在"轮廓线"图层内绘制如图10-25所示的剖面符号和键槽轮廓线。

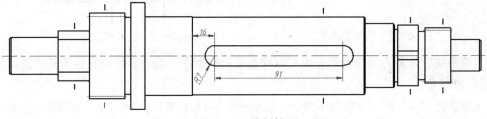

图10-25 绘制结果

技巧 在绘制剖切符号时，可以配合【复制】和【镜像】命令，在绘制出一个位置的剖切线时，将其复制到中心线同一侧，然后再对所有的剖切线进行镜像。

25 最后执行【保存】命令，将图形另名存储为"实例118.dwg"。

实例119 绘制轴断面图和剖视图

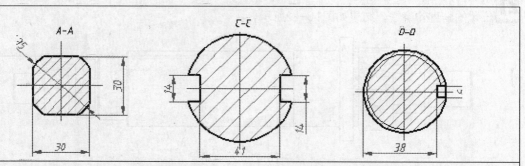

本实例主要学习连接轴A–A、C–C断面图和D–D剖视图的具体绘制过程和相关的操作技巧。

📁 最终文件	效果文件\第10章\实例119.dwg
🔴 素材文件	素材文件\10–119.dwg
🔵 视频文件	视频文件\第10章\实例119.avi
📹 播放时长	00:07:32
🛡 技能点拨	构造线、偏移、修剪、图案填充

01 打开随书光盘中的"素材文件\10–119.dwg"文件，并将"中心线"设置为当前图层。

02 A–A断面图设计。选择【绘图】|【构造线】菜单命令，绘制两条相互垂直的构造线，作为定位辅助线，如图10–26所示。

03 选择【修改】|【偏移】菜单命令，将两条构造线对称偏移15个单位，并将移出的构造线放到"轮廓线"图层上，结果如图10–27所示。

技巧 巧妙使用【偏移】命令中的"图层"选项，可以控制偏移对象的所在层。

图10–26 绘制构造线   图10–27 偏移构造线

04 将"轮廓线"设置为当前图层，然后以构造线的交点作为圆心，绘制直径为35的圆，结果如图10–28所示。

05 使用快捷键"TR"激活【修剪】命令，以偏移出的4条构造线作为边界，对圆进行修剪，结果如图10–29所示。

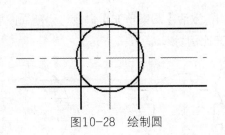　

图10-28　绘制圆　　　　　　　　　　图10-29　修剪圆

06 重复执行【修剪】命令，以修剪后产生的4条圆弧作为边界，对构造线进行修剪，修剪结果如图10-30所示。

07 重复执行【修剪】命令，以修剪后产生的4条直线段作为边界，对中心线进行修剪，修剪结果如图10-31所示。

08 使用快捷键"LEN"激活【拉长】命令，为中心线两端拉长4.5个单位，结果如图10-32所示。

09 将"剖面线"设置为当前图层。使用快捷键"H"激活【图案填充】命令，为断面图填充如图10-33所示的剖面线，填充图案为ANSI31，填充比例为1.2。

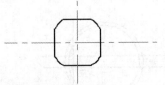　　　　　　

图10-30　修剪结果1　　　图10-31　修剪结果2　　图10-32　拉长结果　　图10-33　填充结果

10 C-C断面图设计。将"中心线"设置为当前图层，然后绘制两条相互垂直的直线作为中心线，如图10-34所示。

11 将"轮廓线"设置为当前图层，然后以中心线的交点作为圆心，绘制直径为55的轮廓圆，如图10-35所示。

12 使用快捷键"O"激活【偏移】命令，将水平中心线对称偏移7个单位，将垂直中心线对称偏移20.5个单位，结果如图10-36所示。

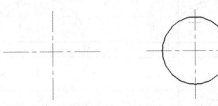　　　　　　　　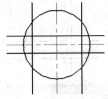

图10-34　绘制中心线　　图10-35　绘制轮廓圆　　　　图10-36　偏移结果

🔍**提示** 在偏移中心线时，要注意当前的偏移模式，当前的图层模式需要设为"图层=当前"。

13 使用快捷键"TR"激活【修剪】命令，以偏移出的两条垂直线和轮廓圆作为边界，对水平图线和中心线进行修剪，结果如图10-37所示。

14 重复执行【修剪】命令，以4条水平图线作为边界，对垂直图线和轮廓圆进行修剪，结果如图10-38所示。

15 使用快捷键"LEN"激活【拉长】命令，将两条中心线两端拉长4.5个单位，结果如图10-39所示。

16 将"剖面线"设置为当前图层。使用快捷键"H"激活【图案填充】命令，为断面图填充如图10-40所示的剖面线，填充图案为ANSI31、填充比例为2.1。

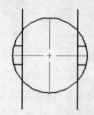 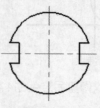 

图10-37　修剪结果1　　　图10-38　修剪结果2　　　图10-39　拉长结果　　　图10-40　填充结果

17 D-D剖面图设计。将"中心线"设置为当前图层，然后绘制两条相互垂直的直线作为中心线，如图10-41所示。

18 将"轮廓线"设置为当前图层，然后以中心线的交点作为圆心，绘制直径为42.5和38.5的同心的轮廓圆，如图10-42所示。

19 使用快捷键"O"激活【偏移】命令，将垂直中心线向右偏移16.8个单位，将水平中心线对称偏移3个单位，结果如图10-43所示。

图10-41　绘制中心线　　　　　图10-42　绘制轮廓圆　　　　　图10-43　偏移结果

20 使用快捷键"TR"激活【修剪】命令，选择如图10-44所示的两条边作为边界，对内侧的圆进行修剪，并将修剪后产生的圆弧放到"细实线"图层上，结果如图10-45所示。

21 重复执行【修剪】命令，以如图10-46所示的图线作为边界，对水平图线和中心线进行修剪，结果如图10-47所示。

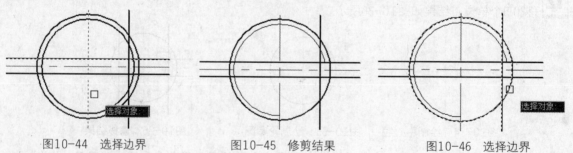

图10-44　选择边界　　　　　图10-45　修剪结果　　　　　图10-46　选择边界

22 重复执行【修剪】命令，以修剪后产生的两条水平图线作为边界，对垂直图线进行修剪，结果如图10-48所示。

23 将"剖面线"设置为当前图层，然后执行【图案填充】命令，为断面图填充如图10-49所示的剖面线，填充图案为ANSI31、填充比例为1.1。

24 使用快捷键"LEN"激活【拉长】命令，将两条中心线进行两端拉长4.5个单位，结果如图10-50所示。

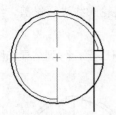
图10-47　修剪结果1

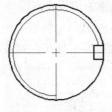
图10-48　修剪结果2

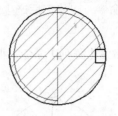
图10-49　填充结果

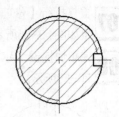
图10-50　拉长结果

25 最后执行【另存为】命令，将图形另名存储为"实例119.dwg"。

实例120　绘制花键轴断面图

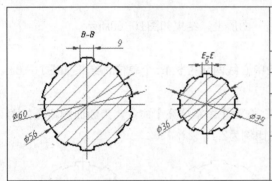

本实例主要学习花键轴B–B、E–E断面图的具体绘制过程和相关的操作技巧。	
📁 最终文件	效果文件\第10章\实例120.dwg
🔴 素材文件	素材文件\10-120.dwg
🎬 视频文件	视频文件\第10章\实例120.avi
⏱ 播放时长	00:06:28
🛡 技能点拨	构造线、偏移、修剪、图案填充、拉长

01 打开随书光盘中的"素材文件\10-120.dwg"文件。

02 B–B断面图设计。将"轮廓线"设置为当前图层，然后绘制直径为60和56的两个同心圆，如图10-51所示。

03 选择【绘图】|【构造线】菜单命令，通过同心圆的圆心绘制两条相互垂直的构造线作为辅助线，如图10-52所示。

04 使用快捷键"0"激活【偏移】命令，将垂直的构造线对称偏移4.5个单位，结果如图10-53所示。

05 使用快捷键"TR"激活【修剪】命令，以外侧的大圆作为边界，对所有构造线进行修剪，结果如图10-54所示。

图10-51　绘制同心圆

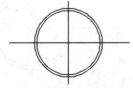
图10-52　绘制构造线

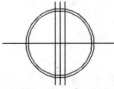
图10-53　偏移结果

图10-54　修剪结果

06 重复执行【修剪】命令，以两侧的垂直轮廓线作为边界，对同心圆进行修剪，结果如图10-55所示。

07 重复执行【修剪】命令，以修剪后产生的圆弧作为边界，对两侧的垂直轮廓线进行修剪，结果如图10-56所示。

08 使用快捷键"AR"激活【阵列】命令，框选如图10-57所示的对象并阵列10份，阵列结果如图10-58所示。

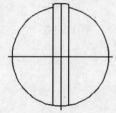 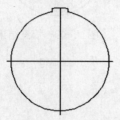 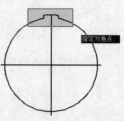 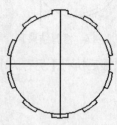

图10-55 修剪同心圆　　　图10-56 修剪结果　　　图10-57 窗口选择　　　图10-58 阵列结果

09 选择【修改】|【修剪】菜单命令，以阵列出的直线轮廓作为边界，对内侧的圆弧进行修剪，结果如图10-59所示。

10 夹点显示内部的两条中心线，将其放到"中心线"图层上，结果如图10-60所示。

11 使用快捷键"LEN"激活【拉长】命令，将两条中心线两端拉长4.5个单位，结果如图10-61所示。

12 将"剖面线"设置为当前图层。使用快捷键"H"激活【图案填充】命令，为断面图填充如图10-62所示的剖面线，填充图案为ANSI31、填充比例为2.1。

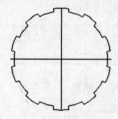 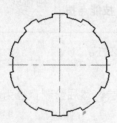 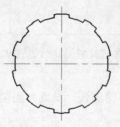 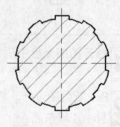

图10-59 修剪结果　　　图10-60 更改图层　　　图10-61 拉长结果　　　图10-62 填充结果

13 E-E断面图设计。将"中心线"设置为当前图层，然后绘制两条相互垂直的直线作为中心线，如图10-63所示。

14 将"轮廓线"设置为当前图层。然后使用快捷键"C"激活【圆】命令，绘制直径为36和39的两个同心轮廓圆，如图10-64所示。

 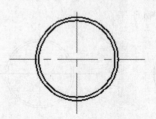

图10-63 绘制中心线　　　　　　　　图10-64 绘制同心圆

15 使用快捷键"O"激活【偏移】命令，将垂直中心线对称偏移3个单位，结果如图10-65所示。

提示 在偏移中心线时，要注意当前的偏移模式，当前的图层模式需要设为"图层=当前"。

16 使用快捷键 "TR" 激活【修剪】命令，选择如图10-66所示的垂直图线和外侧的轮廓圆作为边界，对内侧的轮廓圆和中心线进行修剪，结果如图10-67所示。

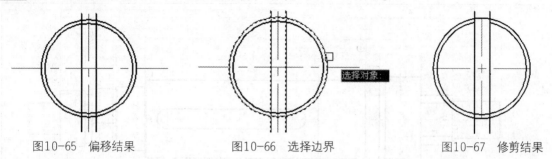

图10-65 偏移结果   图10-66 选择边界   图10-67 修剪结果

17 重复执行【修剪】命令，选择如图10-68所示的圆及圆弧作为边界，对两条垂直的图线进行修剪，结果如图10-69所示。

18 重复执行【修剪】命令，以修剪后产生的两条垂直图线作为边界，对外侧的轮廓圆进行修剪，结果如图10-70所示。

19 使用快捷键 "AR" 激活【阵列】命令，框选如图10-71所示的对象并阵列10份，阵列结果如图10-72所示。

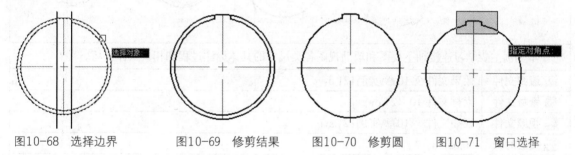

图10-68 选择边界   图10-69 修剪结果   图10-70 修剪圆   图10-71 窗口选择

20 选择【修改】|【修剪】菜单命令，以阵列出的图线作为边界，对内侧的圆弧进行修剪，结果如图10-73所示。

21 使用快捷键 "LEN" 激活【拉长】命令，将两条中心线两端拉长4.5个单位，结果如图10-74所示。

22 将"剖面线"设置为当前图层。使用快捷键 "H" 激活【图案填充】命令，为断面图填充如图10-75所示的剖面线，填充图案为ANSI31、填充比例为1.4。

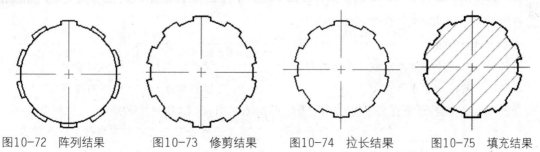

图10-72 阵列结果   图10-73 修剪结果   图10-74 拉长结果   图10-75 填充结果

23 最后执行【另存为】命令，将图形另名存储为"实例120.dwg"。

实例121 标注连接轴零件尺寸

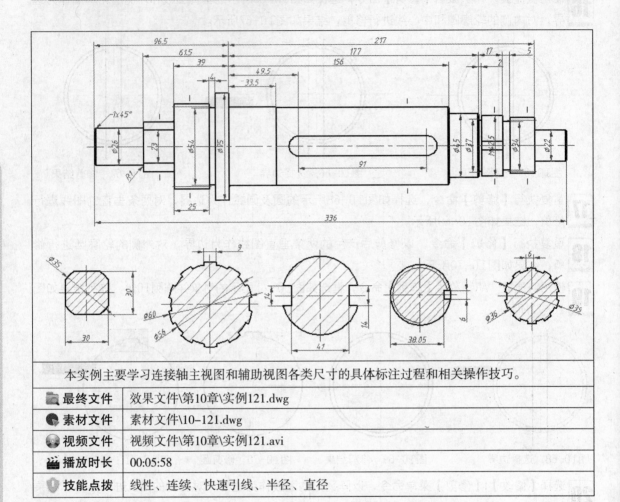

本实例主要学习连接轴主视图和辅助视图各类尺寸的具体标注过程和相关操作技巧。

📁 最终文件	效果文件\第10章\实例121.dwg
🔴 素材文件	素材文件\10-121.dwg
🔵 视频文件	视频文件\第10章\实例121.avi
⏱ 播放时长	00:05:58
🛡 技能点拨	线性、连续、快速引线、半径、直径

01 打开随书光盘中的 "素材文件\10-121.dwg" 文件，如图10-76所示。

02 选择【标注】|【标注样式】菜单命令，将 "机械样式" 样式设置为当前样式，并修改基线间距为6、标注比例为1.2。

03 将 "标注线" 设置为当前图层，然后选择【标注】|【线性】菜单命令，配合捕捉与追踪功能标注第一个尺寸对象。命令行操作如下：

命令：_dimlinear

指定第一个尺寸界线原点或 <选择对象>：   //捕捉如图10-77所示的端点

指定第二条尺寸界线原点：   //捕捉如图10-78所示的端点

指定尺寸线位置或[多行文字(M)/文字(T)/角度(A)/水平(H)/垂直(V)/旋转(R)]：

              //向上引导光标，在适当位置拾取一点，结果如图10-79所示

04 选择【标注】|【基线】菜单命令，继续标注零件图的基线尺寸。命令行操作如下：

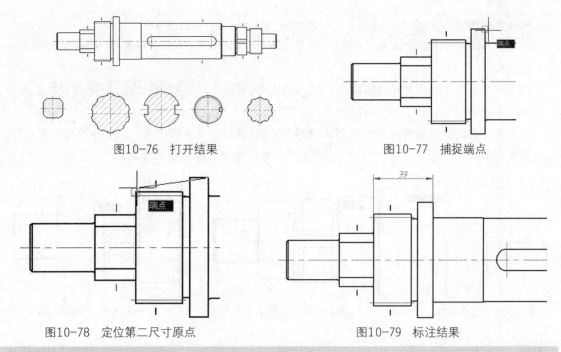

图10-76　打开结果　　　　　　　　　　　　　图10-77　捕捉端点

图10-78　定位第二尺寸原点　　　　　　　　　图10-79　标注结果

命令：_dimbaseline
指定第二条尺寸界线原点或 [放弃(U)/选择(S)] <选择>：　　　　//捕捉如图10-80所示的端点
标注文字 = 61.5
指定第二条尺寸界线原点或 [放弃(U)/选择(S)] <选择>：　　　　//捕捉如图10-81所示的端点
标注文字 = 96.5
指定第二条尺寸界线原点或 [放弃(U)/选择(S)] <选择>：// Enter，退出基线标注状态
选择基准标注：　　　　　　　　　　　　　　　　　//Enter，结束命令，标注结果
　　　　　　　　　　　　　　　　　　　　　　　　　如图10-82所示

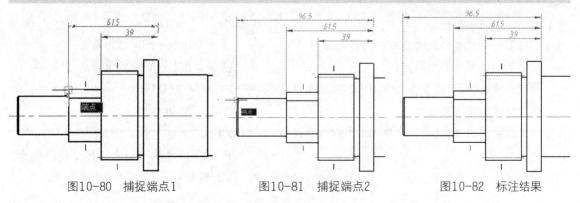

图10-80　捕捉端点1　　　　　图10-81　捕捉端点2　　　　　图10-82　标注结果

05 选择【标注】|【连续】菜单命令，继续为零件图标注尺寸。命令行操作如下：

命令：_dimcontinue
指定第二条尺寸界线原点或 [放弃(U)/选择(S)] <选择>：　　　//Enter，退出连续标注状态
选择连续标注：　　　　　　　　　　　　　　　　　//选择如图10-83所示的尺寸
指定第二条尺寸界线原点或 [放弃(U)/选择(S)] <选择>：　　　//捕捉如图10-84所示的端点

标注文字 = 177

指定第二条尺寸界线原点或 [放弃(U)/选择(S)] <选择>:　　　　//捕捉如图10-85所示的端点

标注文字 = 17

指定第二条尺寸界线原点或 [放弃(U)/选择(S)] <选择>:　　　　//捕捉如图10-86所示的端点

标注文字 = 15

指定第二条尺寸界线原点或 [放弃(U)/选择(S)] <选择>:　　　　//Enter，退出连续标注状态

选择连续标注:　　　　　　　　　　　//Enter，退出命令，标注结果如图10-87所示

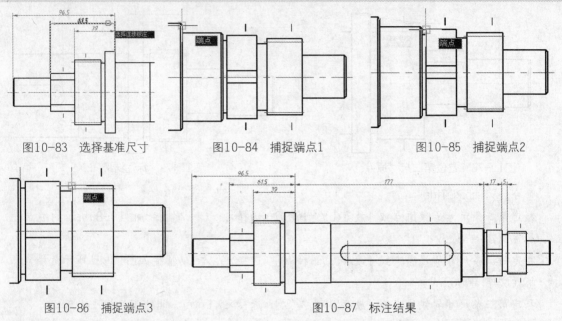

图10-83　选择基准尺寸　　　　　图10-84　捕捉端点1　　　　　图10-85　捕捉端点2

图10-86　捕捉端点3　　　　　　　　图10-87　标注结果

06 选择【标注】|【线性】菜单命令，配合【端点捕捉】功能，标注传动轴左侧的直径尺寸。命令行操作如下:

命令: _dimlinear

指定第一个尺寸界线原点或 <选择对象>:　　　　//捕捉如图10-88所示的端点

指定第二条尺寸界线原点:　　　　　　//捕捉如图10-89所示的端点

指定尺寸线位置或[多行文字(M)/文字(T)/角度(A)/水平(H)/垂直(V)/旋转(R)]:　　//t Enter

输入标注文字 <30>:　　　　　　　　//M42.5 Enter

指定尺寸线位置或[多行文字(M)/文字(T)/角度(A)/水平(H)/垂直(V)/旋转(R)]:

　　　　　　　　　　　　　　//在适当位置拾取一点，标注结果如图
　　　　　　　　　　　　　　10-90所示

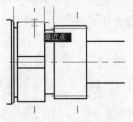
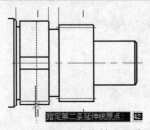
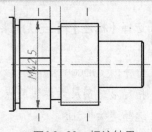

图10-88　定位第一原点　　　　　图10-89　定位第二原点　　　　　图10-90　标注结果

07 参照上一步操作，使用【线性】命令分别标注其他位置的线性尺寸，标注结果如图10-91所示。

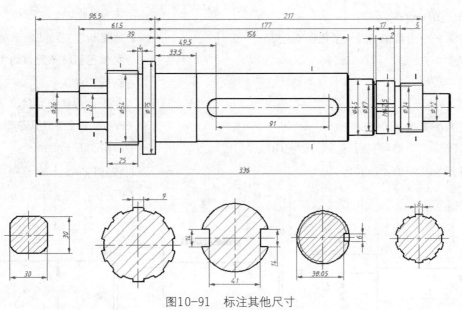

图10-91 标注其他尺寸

08 选择【标注】|【直径】菜单命令，为零件图标注直径尺寸。命令行操作如下：

```
命令：_dimradius
选择圆弧或圆：                              //选择如图10-92所示的圆弧
标注文字 = 35
指定尺寸线位置或 [多行文字(M)/文字(T)/角度(A)]：  //拾取点，结果如图10-93所示
```

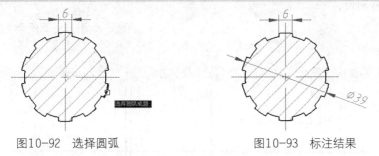

图10-92 选择圆弧   图10-93 标注结果

09 重复执行上一操作步骤，使用【直径】命令标注其他侧的直径尺寸，标注结果如图10-94所示。

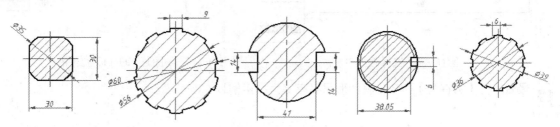

图10-94 标注其他直径尺寸

10 标注抹角尺寸。使用快捷键"LE"激活【快速引线】命令，或配合【端点捕捉】功能标注倒角尺寸。命令行操作如下：

命令：_qleader

指定第一个引线点或 [设置(S)] <设置>：　　　　　//捕捉如图10-95所示的端点

指定下一点：　　　　　　　　　　　　　　　　　//在如图10-96所示的矢量上定
　　　　　　　　　　　　　　　　　　　　　　　　位第二点

指定下一点：　　　　　　　　　　　　　　　　　//在适当位置定位第三点

指定文字宽度 <0>：　　　　　　　　　　　　　　//Enter，采用默认设置

输入注释文字的第一行 <多行文字(M)>：　　　　　//1x45%%D Enter

输入注释文字的下一行：　　　　　　　　　　　　//Enter，标注结果如图10-97
　　　　　　　　　　　　　　　　　　　　　　　　所示

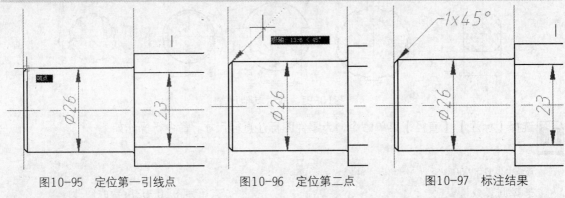

图10-95　定位第一引线点　　　图10-96　定位第二点　　　图10-97　标注结果

11 选择【标注】|【半径】菜单命令，标注零件图的圆角尺寸。命令行操作如下：

命令：_dimradius

选择圆弧或圆：　　　　　　　　　　　　　　　//选择如图10-98所示的圆弧

标注文字 = 1

指定尺寸线位置或 [多行文字(M)/文字(T)/角度(A)]：　　//Enter，结果如图10-99所示

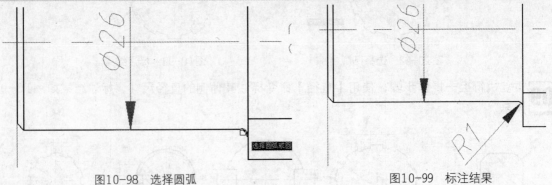

图10-98　选择圆弧　　　　　　图10-99　标注结果

12 最后执行【另存为】命令，将图形另名存储为"实例121.dwg"。

实例122 标注连接轴零件图公差

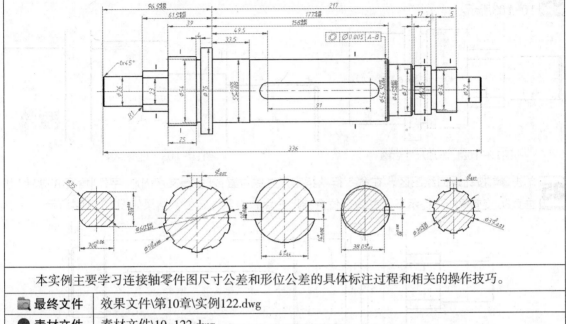

本实例主要学习连接轴零件图尺寸公差和形位公差的具体标注过程和相关的操作技巧。

📁 最终文件	效果文件\第10章\实例122.dwg
🔖 素材文件	素材文件\10-122.dwg
🎬 视频文件	视频文件\第10章\实例122.avi
📷 播放时长	00:06:20
🛡 技能点拨	线性、编辑文字、快速引线

01 打开随书光盘中的"素材文件\10-122.dwg"文件。

02 选择【标注】|【线性】菜单命令，配合【最近点捕捉】功能标注零件的尺寸公差。命令行操作如下：

```
命令：_dimlinear
指定第一个尺寸界线原点或〈选择对象〉：    //捕捉如图10-100所示的最近点
指定第二条尺寸界线原点：                //捕捉如图10-101所示的最近点
```

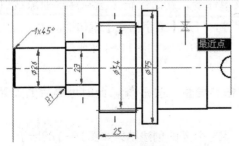

图10-100 捕捉最近点1

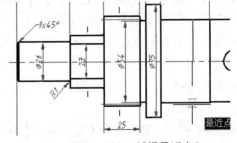

图10-101 捕捉最近点2

```
指定尺寸线位置或[多行文字(M)/文字(T)/角度(A)/水平(H)/垂直(V)/旋转(R)]：
                            //m Enter，打开【文字格式】编辑器
```

03 在尺寸右侧单击左键，然后输入"+0.025^+0.005"，如图10-102所示。

04 选择"+0.025^+0.005"文字，然后单击【堆叠】按钮 $\frac{b}{a}$，将尺寸后缀进行堆叠，结果如图 10-103所示。

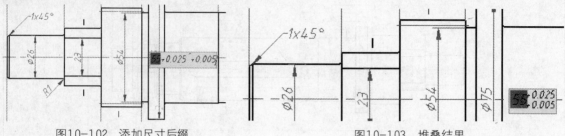

图10-102　添加尺寸后缀　　　　　　　　　　　图10-103　堆叠结果

05 单击 确定 按钮返回绘图区，在命令行"指定尺寸线位置或[多行文字(M)|文字(T)|角度(A)|水平(H)| 垂直(V)|旋转(R)]:"提示下，在适当位置拾取一点，为尺寸定位，结果如图10-104所示。

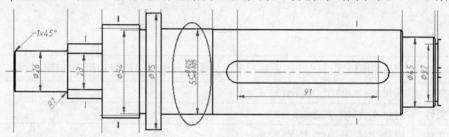

图10-104　标注尺寸公差

06 参照第2~5操作步骤，使用【线性】命令标注右侧的尺寸公差，标注结果如图10-105所示。

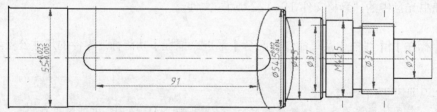

图10-105　标注其他尺寸公差

07 选择【修改】|【对象】|【文字】|【编辑】菜单命令，在命令行"选择注释对象或［放弃 (U)］:"提示下，选择左侧断面图的水平线性尺寸，打开【文字格式】编辑器。

08 在反白显示的尺寸文字后，输入尺寸公差后缀"+0.06^0"，如图10-106所示。

09 选择刚输入的尺寸公差后缀"+0.06^0"，单击"堆叠"按钮 $\frac{b}{a}$，此时堆叠后的效果如图 10-107所示。

10 单击 确定 按钮，暂时关闭【文字格式】编辑器，尺寸公差的创建结果如图10-108所示。

11 在命令行"选择注释对象或［放弃(U)］:"提示下，分别修改其他位置的尺寸，以创建各位置 的尺寸公差，结果如图10-109所示。

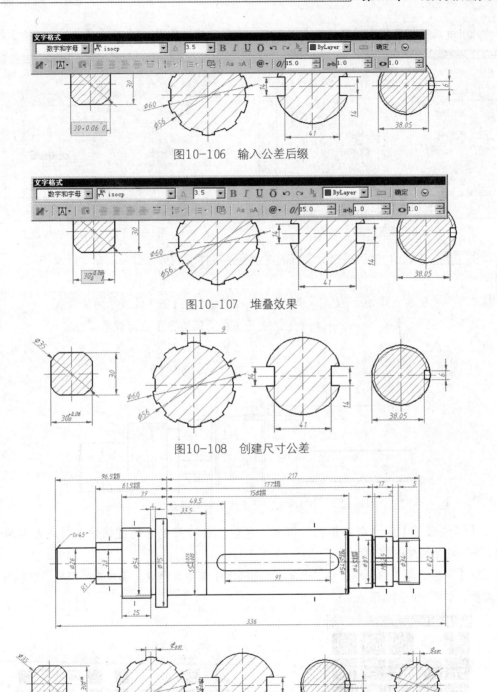

图10-106 输入公差后缀

图10-107 堆叠效果

图10-108 创建尺寸公差

图10-109 创建其他位置的公差

12 标注形位公差。使用快捷键"LE"激活【快速引线】命令，配合【最近点捕捉】功能标注零件图的形位公差。命令行操作如下：

命令：_qleader

指定第一个引线点或 [设置(S)] <设置>：

//s Enter，在打开的【引线设置】对话框中设置参数，如图10-110和图10-111所示

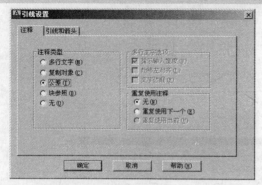

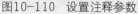

图10-110 设置注释参数

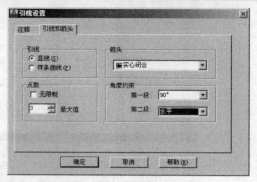

图10-111 设置引线和箭头

13 单击 ▊确定▊ 按钮，然后根据命令行的提示标注零件图的形位公差。命令行操作如下：

指定第一个引线点或［设置(S)］〈设置〉：	//捕捉如图10-112所示的最近点
指定下一点：	//在上侧适当位置定位第二引线点
指定下一点：	//在左侧适当位置定位第三引线点，打开【形位公差】对话框

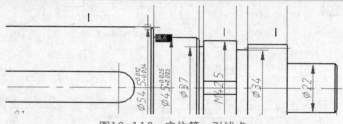

图10-112 定位第一引线点

14 在【形位公差】对话框中单击"符号"色块，在打开的【特征符号】对话框中单击如图10-113所示的公差符号。

15 返回【形位公差】对话框，在"公差1"选项组中单击颜色块，添加直径符号；然后设置其他参数，如图10-114所示。

图10-113 【特征符号】对话框

图10-114 设置公差符号与值

16 单击 ▊确定▊ 按钮，关闭【形位公差】对话框，结果如图10-115所示。

17 选择【修改】|【打断】菜单命令，将与尺寸文字重合的水平中心线打断，结果如图10-116所示。

18 最后执行【另存为】命令，将图形另名存储为"实例122.dwg"。

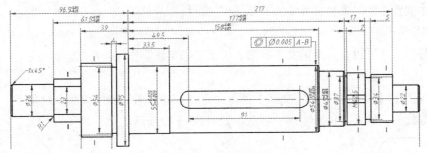

图10-115　标注形位公差

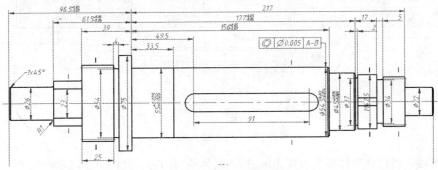

图10-116　打断结果

实例123　标注轴零件技术要求与代号

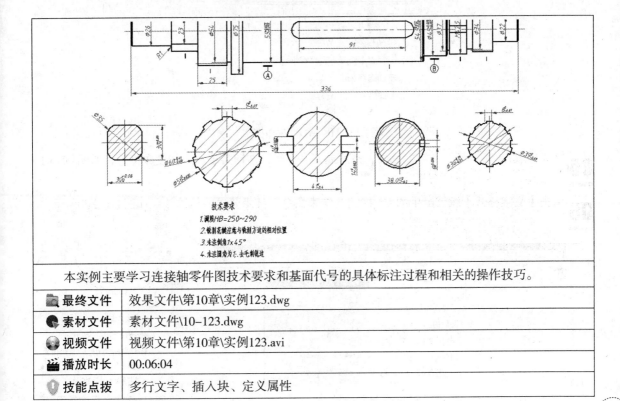

本实例主要学习连接轴零件图技术要求和基面代号的具体标注过程和相关的操作技巧。

📁 最终文件	效果文件\第10章\实例123.dwg
💿 素材文件	素材文件\10-123.dwg
🎬 视频文件	视频文件\第10章\实例123.avi
⏱ 播放时长	00:06:04
💡 技能点拨	多行文字、插入块、定义属性

01 打开随书光盘中的"素材文件\10-123.dwg"文件。

02 将"字母与文字"设置为当前文字样式，设置"细实线"作为当前层。

03 选择【绘图】|【文字】|【多行文字】菜单命令，在零件图下侧拾取两个对角点，打开【文字格式】编辑器，输入"技术要求"标题，如图10-117所示。

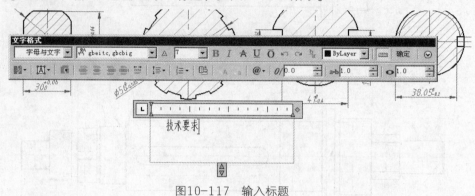

图10-117 输入标题

04 按Enter键，然后将字体高度设置为6，输入技术要求内容，如图10-118所示。

图10-118 输入技术内容

05 将光标放在"1×45"文字的后面，然后展开"符号"按钮菜单，添加度数符号，如图10-119所示。

06 单击【文字格式】编辑器中的 确定 按钮，结束命令，技术要求的标注效果如图10-120所示。

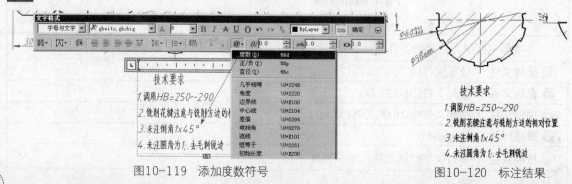

图10-119 添加度数符号　　　　　　　　　　图10-120 标注结果

07 标注基面代号。将"0图层"设置为当前图层，然后执行【多段线】、【圆】命令，配合捕捉和追踪功能绘制如图10-121所示的基准代号。

08 夹点显示基准代号下侧的短划线，然后打开【特性】选项板，更改其线宽为0.40mm，结果如图10-122所示。

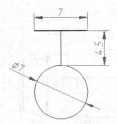

图10-121 绘制代号

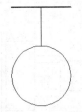

图10-122 编辑效果

09 将"细实线"设置为当前图层。选择【绘图】|【块】|【定义属性】菜单命令，为基准代号定义文字属性，如图10-123所示。

10 单击【属性定义】对话框中的 确定 按钮，返回绘图区，根据命令行的提示捕捉圆的圆心，插入文字属性，结果如图10-124所示。

图10-123 定义属性

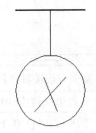

图10-124 插入属性

11 夹点显示文字属性，然后在【特性】选项板中更改其倾斜角度为0，结果如图10-125所示。

12 使用快捷键"B"激活【创建块】命令，将基准代号和定义的文字属性创建为属性块，块的基点为水平短划线的中点，块名为"基准代号"。

13 单击【绘图】工具栏上的 按钮，采用默认设置，插入刚定义的"基准代号"属性块，结果如图10-126所示。

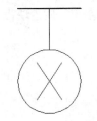

图10-125 编辑结果

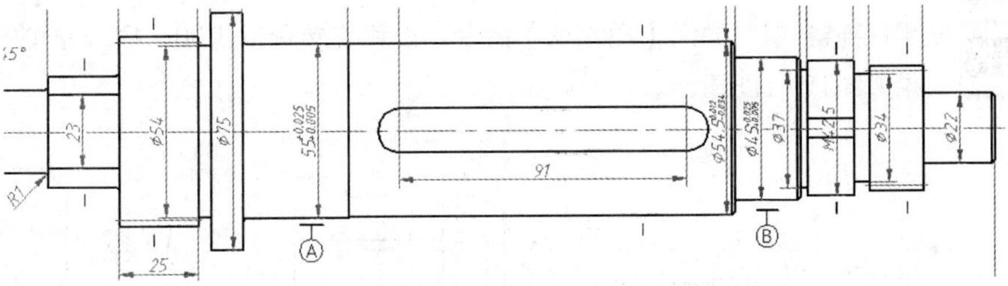

图10-126 标注基准代号

14 最后执行【另存为】命令，将图形另名存储为"实例123.dwg"。

实例124　标注连接轴零件表面粗糙度

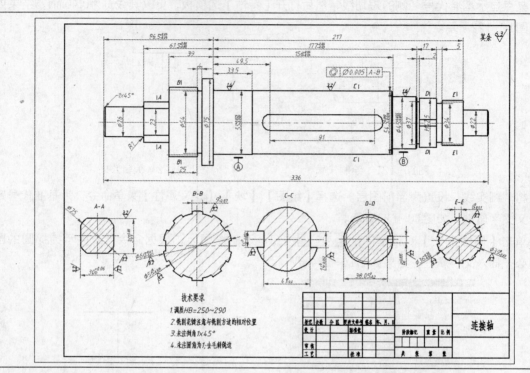

本实例主要学习连接轴零件表面粗糙度和字母代号的具体标注过程与相关的操作技巧。

📁 最终文件	效果文件\第10章\实例124.dwg
🌐 素材文件	素材文件\10-124.dwg
📹 视频文件	视频文件\第10章\实例124.avi
⏱ 播放时长	00:05:10
🛡 技能点拨	插入块、单行文字、多行文字

01 打开随书光盘中的"素材文件\10-124.dwg"文件。

02 使用快捷键"I"激活【插入块】命令，采用默认参数插入"粗糙度"属性块，结果如图 10-127所示。

03 使用快捷键"I"激活【插入块】命令，设置旋转角度为90，插入左侧的"粗糙度"属性块，结果如图10-128所示。

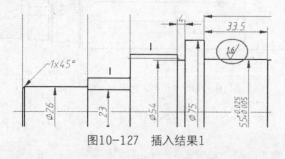
图10-127　插入结果1

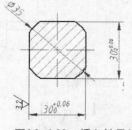
图10-128　插入结果2

04 重复执行【插入块】命令，配合【旋转】和【复制】命令，分别标注轴零件其他位置的粗糙度，结果如图10-129所示。

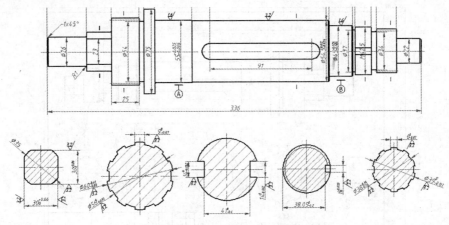

图10-129 标注其他粗糙度

05 重复执行【插入块】命令，将插入比例设置为1.4，左零件图的右上侧标注如图10-130所示的粗糙度。

06 使用快捷键"DT"激活【单行文字】命令，标注"其余"字样，字体高度为7，结果如图10-131所示。

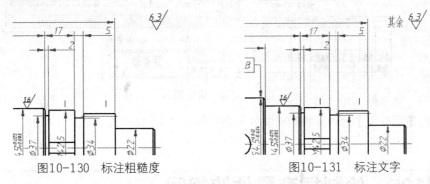

图10-130 标注粗糙度　　　　　　　　图10-131 标注文字

07 重复执行【单行文字】命令，设置字体高度为4.5，为零件图标注字母符号，如图10-132所示。

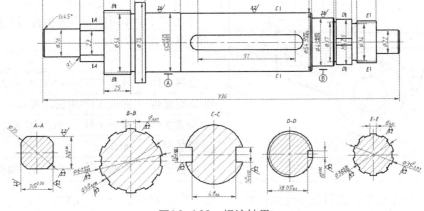

图10-132 标注结果

08 使用【插入块】命令，采用默认参数，插入随书光盘中的"素材文件\A3-H.dwg"图框，结果如图10-133所示。

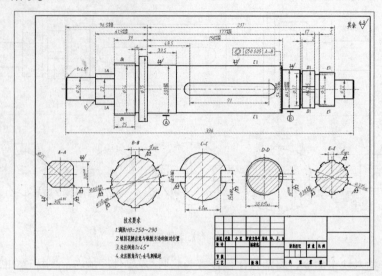

图10-133 插入结果

09 选择【绘图】|【文字】|【多行文字】菜单命令，为标题栏填充图名，如图10-134所示。

图10-134 填充图名

10 最后执行【另存为】命令，将当前文件另名存储为"实例124.dwg"。

实例125 绘制插套零件俯视图

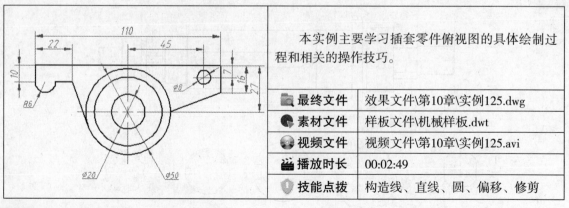

本实例主要学习插套零件俯视图的具体绘制过程和相关的操作技巧。

📁 **最终文件**	效果文件\第10章\实例125.dwg	
⚫ **素材文件**	样板文件\机械样板.dwt	
🌐 **视频文件**	视频文件\第10章\实例125.avi	
⏱ **播放时长**	00:02:49	
🛡 **技能点拨**	构造线、直线、圆、偏移、修剪	

01 执行【新建】命令，调用随书光盘中的"样板文件\机械样板.dwt"文件。

02 将视图高度设置为240，将"中心线"设置为当前图层。

03 使用快捷键"XL"激活【构造线】命令，绘制如图10-135所示的3条构造线作为辅助线。

04 选择【修改】|【偏移】菜单命令，将下侧水平构造线向下偏移16和27，将垂直构造线对称偏移55个绘图单位，结果如图10-136所示。

图10-135　绘制结果　　　　　　　　　图10-136　偏移结果

05 设置"轮廓线"为当前层，然后以如图10-136所示的交点A作为圆心，绘制直径为50、40和20的3个同心圆，如图10-137所示。

06 选择【绘图】|【直线】菜单命令，配合【交点捕捉】和【坐标输入】功能，绘制俯视图的外部结构。命令行操作如下：

```
命令: _line
指定第一点:                        //捕捉如图10-138所示的交点
指定下一点或 [放弃(U)]:             //捕捉交点1
指定下一点或 [放弃(U)]:             //捕捉交点2
指定下一点或 [闭合(C)/放弃(U)]:     //捕捉交点3
指定下一点或 [闭合(C)/放弃(U)]:     //@0,-10 Enter
指定下一点或 [闭合(C)/放弃(U)]:     //@22,0 Enter
指定下一点或 [闭合(C)/放弃(U)]:     //捕捉如图10-139所示的切点
指定下一点或 [闭合(C)/放弃(U)]:     //Enter，绘制结果如图10-140所示
```

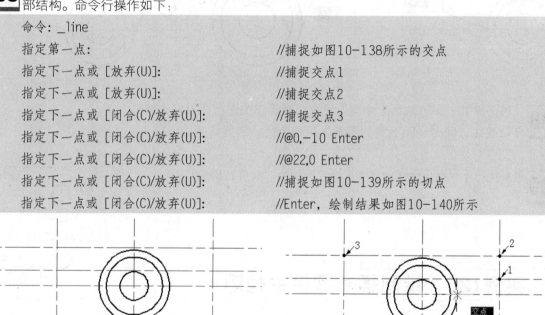

图10-137　绘制同心圆　　　　　　　　　图10-138　捕捉交点

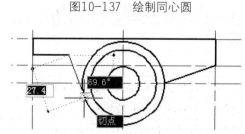

图10-139　捕捉切点

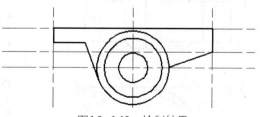

图10-140　绘制结果

07 使用快捷键"C"激活【圆】命令，配合【端点捕捉】和【捕捉自】功能，绘制圆形。命令行操作如下：

命令: _circle
指定圆的圆心或 [三点(3P)/两点(2P)/切点、切点、半径(T)]: //激活【捕捉自】功能
_from 基点: //捕捉如图10-141所示的端点
<偏移>: //@-10,-7 Enter
指定圆的半径或 [直径(D)]: //4 Enter
命令: //Enter，重复执行命令
CIRCLE
指定圆的圆心或 [三点(3P)/两点(2P)/切点、切点、半径(T)]:
//激活【捕捉自】功能
_from 基点: //捕捉如图10-142所示的端点
<偏移>: //@6,0 Enter
指定圆的半径或 [直径(D)] <4.0>: //6 Enter，绘制结果如图10-143所示

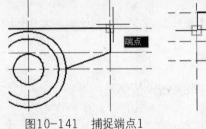

图10-141　捕捉端点1

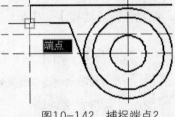

图10-142　捕捉端点2

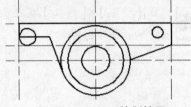

图10-143　绘制结果

08 使用快捷键"TR"激活【修剪】命令，对俯视图进行修剪，去掉多余图线，同时删除下侧的两条水平构造线，结果如图10-144所示。

09 最后执行【保存】命令，将图形命名存储为"实例125.dwg"。

图10-144　操作结果

实例126　绘制插套零件主视图

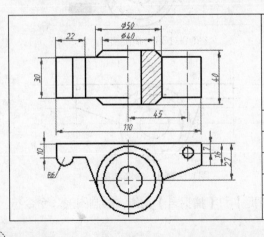

本实例主要学习插套零件主视图的具体绘制过程和相关的操作技巧。

📁 最终文件	效果文件\第10章\实例126.dwg
🔗 素材文件	素材文件\10-126.dwg
📀 视频文件	视频文件\第10章\实例126.avi
⏱ 播放时长	00:05:14
🛡 技能点拨	构造线、偏移、修剪、图案填充

01 打开随书光盘中的"素材文件\10-126.dwg"文件。

02 选择【修改】|【偏移】菜单命令，将最上侧的水平构造线对称偏移15和20，并删除源偏移对象。

03 重复【偏移】命令，使用命令中的"定点偏移"功能，通过俯视图各对正点偏移垂直构造线，如图10-145所示。

04 使用快捷键"TR"激活【修剪】命令，对各构造线进行修剪，并使用【直线】命令补画上下两侧的倾斜图线，如图10-146所示。

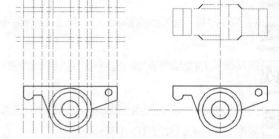

图10-145 偏移垂直构造线　　图10-146 操作结果

05 夹点显示刚编辑的主视图轮廓线，修改其图层为"轮廓线"，结果如图10-147所示。

06 将"剖面线"设置为当前层，然后执行【图案填充】命令，设置填充图案为LIEN，填充角度为45，为主视图填充剖面线，结果如图10-148所示。

07 综合使用【直线】和【修剪】命令，创建二视图中心线，并删除多余图线，最终结果如图10-149所示。

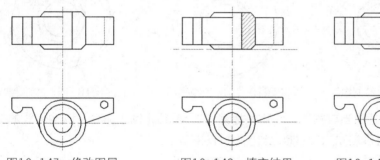

图10-147 修改图层　　　图10-148 填充结果　　　图10-149 最终结果

08 最后执行【另存为】命令，将图形另名存储为"实例126.dwg"。

实例127　绘制连接套零件左视图

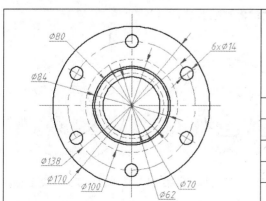

本实例主要学习连接套零件左视图的具体绘制过程和相关的操作技巧。

📁 最终文件	效果文件\第10章\实例127.dwg
🔵 素材文件	样板文件\机械样板.dwt
💿 视频文件	视频文件\第10章\实例127.avi
⏱ 播放时长	00:03:05
🛡 技能点拨	构造线、直线、圆、环形阵列

01 执行【新建】命令，调用随书光盘中的"样板文件\机械样板.dwt"文件。

02 使用快捷键"LT"激活【线型】命令，设置线型比例为2。

03 将"中心线"设置为当前图层，然后绘制两条相互垂直的两条构造线。

04 以构造线的交点作为圆心，绘制直径为138的中心圆。

05 将"轮廓线"设置为当前图层，然后以构造线的交点作为圆心，绘制直径为170、84、80和62的4个同心圆，如图10-150所示。

06 重复执行【圆】命令，配合【交点捕捉】功能绘制半径为7的圆，如图10-151所示。

07 使用快捷键"AR"激活【阵列】命令，将刚绘制的小圆环形阵列6份，阵列结果如图10-152所示。

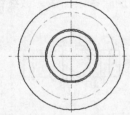　　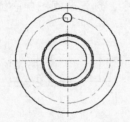　　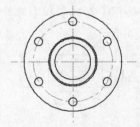

图10-150　绘制结果　　　　图10-151　绘制结果　　　　图10-152　阵列结果

08 将"隐藏线"设置为当前图层，使用快捷键"C"激活【圆】命令，以构造线的交点作为圆心，绘制直径为100和70的同心圆，如图10-153所示。

09 将"中心线"设置为当前图层，然后绘制小圆的垂直中心线，其夹点效果如图10-154所示。

10 使用快捷键"AR"激活【阵列】命令，对刚绘制的圆孔中心线进行环形阵列6份，结果如图10-155所示。

11 在无命令执行的前提下夹点显示如图10-156所示的两条垂直中心线，然后按Delete键进行删除。

12 最后执行【另存为】命令，将图形命名存储为"实例127.dwg"。

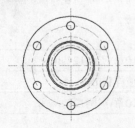　　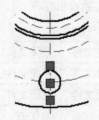　　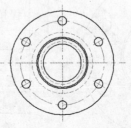　　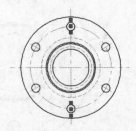

图10-153　绘制结果　　图10-154　绘制结果　　图10-155　阵列结果　　图10-156　夹点效果

实例128 绘制连接套零件主视图

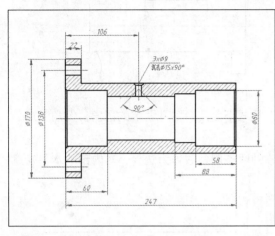

本实例主要学习连接套零件主视图的具体绘制过程和相关的操作技巧。

📁 最终文件	效果文件\第10章\实例128.dwg
🍰 素材文件	素材文件\10-128.dwg
📀 视频文件	视频文件\第10章\实例128.avi
⏱ 播放时长	00:08:15
🛡 技能点拨	构造线、偏移、修剪、图案填充、拉长

01 打开随书光盘中的"素材文件\10-128.dwg"文件。

02 将"轮廓线"设为当前图层,然后配合【对象捕捉】功能,根据视图间的对正关系绘制如图10-157所示的5条构造线。

03 选择【修改】|【偏移】菜单命令,将垂直的构造线向左偏移247和225个单位,结果如图10-158所示。

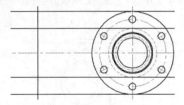

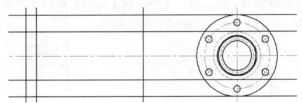

图10-157 绘制结果   图10-158 偏移结果

04 选择【修改】|【修剪】菜单命令,对偏移出的构造线进行修剪,编辑出主视图外部结构轮廓,结果如图10-159所示。

05 使用快捷键"XL"激活【构造线】命令,根据视图间的对正关系绘制如图10-160所示的5条构造线。

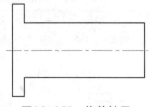

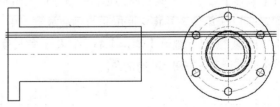

图10-159 修剪结果   图10-160 绘制结果

06 将最左侧的垂直轮廓线向右偏移60个单位,将最右侧的垂直轮廓线向左偏移58和88个单位,结果如图10-161所示。

07 选择【修改】|【修剪】菜单命令,对构造线进行修剪,编辑出内部的台阶孔结构,结果如图10-162所示。

图10-161　偏移结果　　　　　　　　　　　图10-162　修剪结果

08 选择【修改】|【倒角】菜单命令，在"不修剪"模式下创建台阶孔两端的倒角，倒角长度为2、角度为45，结果如图10-163所示。

09 使用快捷键"TR"激活【修剪】命令，以刚创建的两条倒角线作为边界，对内部的水平轮廓线进行修剪，结果如图10-164所示。

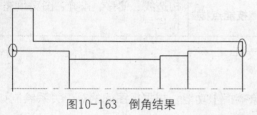
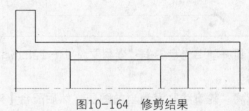

图10-163　倒角结果　　　　　　　　　　　图10-164　修剪结果

10 使用快捷键"L"激活【直线】命令，配合捕捉和追踪功能绘制倒角位置的轮廓线，如图10-165所示。

11 使用快捷键"XL"激活【构造线】命令，配合【对象捕捉】功能，根据视图间的对正关系绘制如图10-166所示的3条水平构造线。

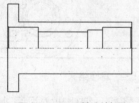
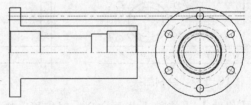

图10-165　绘制结果　　　　　　　　　　　图10-166　绘制构造线

12 使用快捷键"TR"激活【修剪】命令，对3条构造线进行修剪，结果如图10-167所示。

13 执行【偏移】命令，将最左侧的垂直轮廓线向右偏移106个单位，然后将偏移出的垂直轮廓线对称偏移4.5个单位，并将中间的垂直图线放到"中心线"层上，结果如图10-168所示。

14 使用快捷键"CHA"激活【倒角】命令，将倒角长度设置为3、角度为45°，在"不修剪"模式下创建如图10-169所示的倒角。

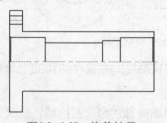
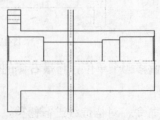
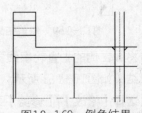

图10-167　修剪结果　　　　　　图10-168　偏移结果　　　　　　图10-169　倒角结果

15 接下来使用【直线】和【修剪】命令，绘制沉孔内部的水平轮廓线，并对其他图线进行修剪，结果如图10-170所示。

16 使用夹点拉伸功能适当调整通孔与沉孔位置的中心线长度，结果如图10-171所示。

17 使用快捷键"MI"激活【镜像】命令，对通孔和台阶孔结构进行镜像，结果如图10-172所示。

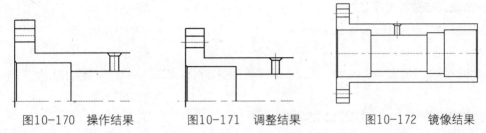

图10-170　操作结果　　　　图10-171　调整结果　　　　图10-172　镜像结果

18 使用快捷键"H"激活【图案填充】命令，为主视图填充如图10-173所示的剖面线，填充图案为ANSI31、填充比例为1.3。

19 执行【拉长】命令，将视图中心线分别向两端拉长10个单位，结果如图10-173所示。

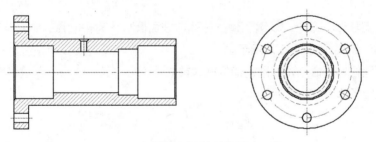

图10-173　填充剖面线并拉长中心线

20 最后执行【另存为】命令，将图形另名存储为"实例128.dwg"。

实例129　制作转轴零件立体造型

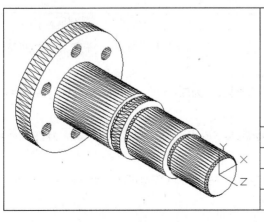

本实例主要学习转轴零件立体造型的具体制作过程和相关的操作技巧。

📁 **最终文件**	效果文件\第10章\实例129.dwg
🌐 **视频文件**	视频文件\第10章\实例129.avi
⏱ **播放时长**	00:04:41
🛡 **技能点拨**	矩形、偏移、修剪、圆角、倒角

01 新建文件，将当前视图切换为前视图。

02 将视图切换到西南视图，然后选择【绘图】|【建模】|【圆柱体】菜单命令，以原点作为底面中心点，创建圆柱体。命令行操作如下：

```
命令: _cylinder
指定底面的中心点或 [三点(3P)/两点(2P)/切点、切点、半径(T)/椭圆(E)]: //0,0 Enter
指定底面半径或 [直径(D)]:                           //20 Enter
指定高度或 [两点(2P)/轴端点(A)]:                    //45 Enter
命令:                                              //Enter
CYLINDER指定底面的中心点或 [三点(3P)/两点(2P)/切点、切点、半径(T)/椭圆(E)]:
                                                  //0,0,45 Enter
指定底面半径或 [直径(D)] <13.2000>:                 //18 Enter
指定高度或 [两点(2P)/轴端点(A)] <45.0000>:          //5 Enter，结果如图10-174所示
```

03 重复执行【圆柱体】命令，以刚创建的柱体前表面圆心作为中心点，创建半径为24、高度为45的圆柱体。

04 重复执行【圆柱体】命令，以刚创建的柱体前表面圆心作为中心点，创建半径为21、高度为5的圆柱体。

05 重复执行【圆柱体】命令，以刚创建的柱体前表面圆心作为中心点，创建半径为28、高度为10的圆柱体，结果如图10-175所示。

06 重复执行【圆柱体】命令，以刚创建的柱体前表面圆心作为中心点，创建半径为24、高度为5的圆柱体，结果如图10-176所示。

图10-174　创建结果1　　　　图10-175　创建结果2　　　　图10-176　捕捉圆心

07 重复执行【圆柱体】命令，以坐标点"0,0,115"为中心点，创建半径为28、高度为67的圆柱体。

08 重复执行【圆柱体】命令，捕捉如图10-176所示的圆心作为中心点，创建半径为58、高度为18的圆柱体，结果如图10-177所示。

09 重复执行【圆柱体】命令，以点"0,43,182"作为底面中心点，创建半径为6、高度为18的柱体，如图10-178所示。

10 使用快捷键"3A"激活【三维阵列】命令，将刚创建的柱体环形阵列6份，结果如图10-179所示。

11 对阵列出的6个柱体进行差集，并将差集实体绕当前坐标系的XZ平面进行镜像，然后对其进行概念着色，结果如图10-180所示。

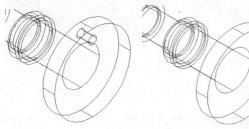 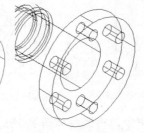 

图10-177　创建结果1　　图10-178　创建结果2　　图10-179　阵列结果　　图10-180　操作结果

12 最后执行【保存】命令，将图形另名存储为"实例129.dwg"。

实例130　制作连接套零件立体造型

本实例主要学习连接套零件立体造型的具体制作过程和相关的操作技巧。

📁 最终文件	效果文件\第10章\实例130.dwg
🌐 素材文件	素材文件\10-130.dwg
🎬 视频文件	视频文件\第10章\实例130.avi
🎞 播放时长	00:04:54
🛡 技能点拨	边界、删除、旋转、三维阵列、差集

01 打开随书光盘中的"素材文件\10-130.dwg"文件，如图10-181所示。

02 执行【删除】和【修剪】命令，将图形编辑成如图10-182所示的结构。

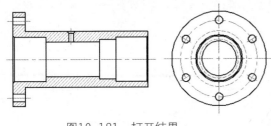 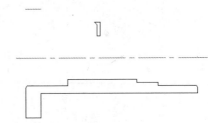

图10-181　打开结果　　　　　　　　　　图10-182　编辑结果

03 将两个闭合区域转化为面域，然后选择所有对象并剪切到前视图中。

04 执行【旋转】命令，分别将两个面域旋转为三维实心体，角度为360，结果如图10-183所示；切换到西南视图，结果如图10-184所示。

05 将坐标系统Y轴旋转－90°，然后执行【圆柱体】命令，配合【端点捕捉】功能创建底面半径为7的圆柱体，结果如图10-185所示。

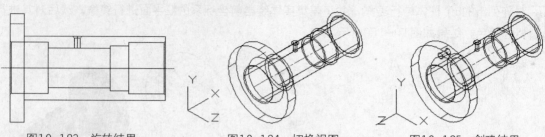

图10-183　旋转结果　　　　图10-184　切换视图　　　　图10-185　创建结果

06 执行【三维阵列】命令，将圆柱体阵列6份，将右侧的回转体阵列3份，结果如图10-186所示。

07 使用快捷键"SU"激活【差集】命令，对阵列出的实体进行差集，然后对差集后的实体进行消隐，效果如图10-187所示。

08 执行【视觉样式】命令，对模型进行灰度着色，效果如图10-188所示。

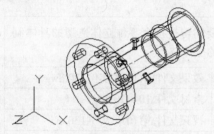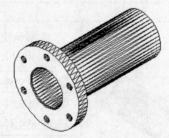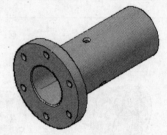

图10-186　阵列结果　　　　图10-187　消隐效果　　　　图10-188　灰度着色

09 最后执行【保存】命令，将图形另名存储为"实例130.dwg"。

第11章 绘制盘座类零件

盘座类零件的结构一般是沿着轴线方向长度较短的回转体，或几何形状比较简单的板状体。本章通过16个典型实例，主要学习盘座类零件图的具体绘制方法和绘制技巧。

实例131 绘制固定盘零件左视图

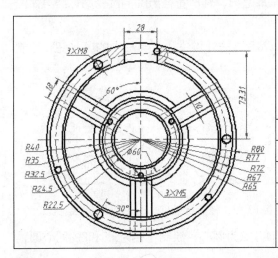

本实例主要学习固定盘零件左视图的具体绘制过程和相关的操作技巧。

📁 最终文件	效果文件\第11章\实例131.dwg
🔴 素材文件	样板文件\机械样板.dwt
🔵 视频文件	视频文件\第11章\实例131.avi
📀 播放时长	00:13:10
🛡 技能点拨	圆、偏移、修剪、环形阵列、旋转、样条曲线

01 执行【新建】命令，然后调用随书光盘中的"样板文件\机械样板.dwt"文件。

02 将"中心线"设置为当前层，然后绘制两条相互垂直的中心线。

03 将"轮廓线"设置为当前层，然后单击【绘图】工具栏上的◎按钮，以中心线交点为圆心，绘制直径为45、49、65、70、80、130、134、154、160的同心圆，结果如图11-1所示。

04 绘制槽轮廓。单击【修改】工具栏上的▲按钮，将垂直中心线左右各偏移5和9个单位，结果如图11-2所示。

05 单击【修改】工具栏上的 ▰ 按钮，以直径为45和160的圆为修剪边界，修剪偏移所得的垂直线，结果如图11-3所示。

06 重复执行【修剪】命令，以偏移9个单位的垂直线为修剪边界，修剪直径为80的圆，结果如图11-4所示。

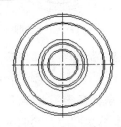

图11-1　绘制结果

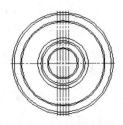

图11-2　偏移结果

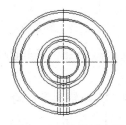

图11-3　修剪垂直线

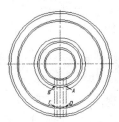

图11-4　修剪圆

07 单击【修改】工具栏上的⊏按钮，将偏移9个单位所得的两条直线在其与直径为70和130的圆的交点A、B、C、D处打断。

08 重复执行【打断于点】命令，将偏移5个单位所得的两条垂直线在其与半径70和130的交点处打断。

09 选择圆70和130之间的线段，修改其图层为"轮廓线"；选择被打断后的其他线段，修改其图层为"虚线"，结果如图11-5所示。

10 单击【修改】工具栏上的 品 按钮，将槽轮廓环形阵列3份，阵列中心点为同心圆的圆心，阵列结果如图11-6所示。

11 单击【修改】工具栏上的 ╱ 按钮，以槽轮廓为修剪边界，修剪直径为80的圆轮廓，结果如图11-7所示。

12 绘制M5螺钉孔。将"中心线"设置为当前图层，然后单击【绘图】工具栏中的⊙按钮，绘制半径为30的圆，结果如图11-8所示。

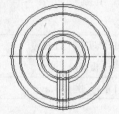
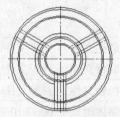
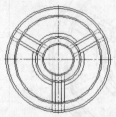
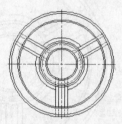

图11-5 更改图层　　　　图11-6 阵列结果　　　　图11-7 修剪结果　　　　图11-8 绘制圆R30

13 重复执行【圆】命令，以半径为30的圆的下侧1|4分点为圆心，绘制半径为2.5和2的同心圆，结果如图11-9示。

14 将半径为2的圆放到"轮廓线"层，将半径为2.5的圆放到"细实线"层，然后修剪掉半径为2.5的左下方1|4的轮廓，结果如图11-10所示。

15 单击【修改】工具栏上的 品 按钮，以左视图中心线交点为阵列中心，阵列M5螺钉孔轮廓，结果如图11-11所示。

16 绘制M8螺钉孔。单击【绘图】工具栏中的⊙按钮，在"中心线"图层内绘制半径为72的圆，如图11-12所示。

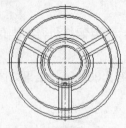
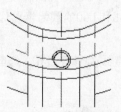
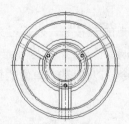
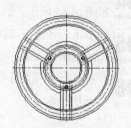

图11-9 绘制螺钉孔　　　图11-10 修剪结果　　　图11-11 阵列螺钉孔　　　图11-12 绘制圆R72

17 单击【修改】工具栏上的 ○ 按钮，将垂直中心线绕中心线交点旋转并复制-30°，结果如图11-13所示。

🔍提示 盘盖类零件上的槽、孔等轮廓多为均布排列，可利用【阵列】命令提高绘图效率。

18 单击【绘图】工具栏上的⊙按钮，以旋转后的直线与圆R72的左下方交点为圆心，绘制半径为4和3.5的同心圆，结果如图11-14所示。

19 选择半径为3.5的圆，更改其图层为"轮廓线"；选择半径为4的圆，更改其图层为"细实线"；然后修剪掉半径为4的左下方1|4的轮廓，结果如图11-15所示。

20 使用夹点拉伸功能调整M8螺钉孔中心线，将其超出M8螺钉孔轮廓2个单位，结果如图11-16所示。

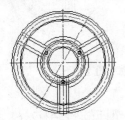 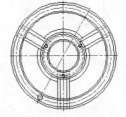  

图11-13 旋转线段   图11-14 绘制同心圆   图11-15 修剪结果   图11-16 夹点编辑

21 单击【修改】工具栏上的器按钮，以左视图中心线交点为阵列中心，阵列M5螺钉孔及其中心线，结果如图11-17所示。

22 绘制M6螺钉孔。单击【修改】工具栏上的按钮，将左视图垂直中心线向右偏移13.5，将水平中心线向上偏移73.3，结果如图11-18所示。

23 单击【绘图】工具栏上的按钮，以偏移所得的两条直线的交点为圆心，绘制直径为5和6的同心圆，结果如图11-19所示。

24 单击【修改】工具栏上的按钮，修剪掉圆直径为6的第3象限1/4圆，结果如图11-20所示。

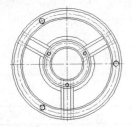 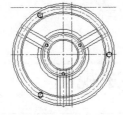  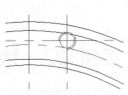

图11-17 阵列螺钉孔   图11-18 偏移线段   图11-19 绘制结果   图11-20 修剪结果

25 删除偏移出的两条线段，然后选择直径为5的圆，更改其图层为"轮廓线"；选择直径为6的圆，更改其图层为"细实线"。

26 单击【修改】工具栏上的器按钮，，以左视图中心线交点为阵列中心，将M6螺钉孔阵列三份，结果如图11-21所示。

27 绘制孔轮廓。单击【修改】工具栏上的按钮，将左视图垂直中心线左右对称偏移14个单位，结果如图11-22所示。

28 单击【修改】工具栏上的按钮，以圆R65和R80为修剪边界，修剪偏移所得的两条垂直线，结果如图11-23所示。

29 设置名为"波浪线"的图层，并将"波浪线"设置为当前层，然后单击【绘图】工具栏上的按钮，绘制剖切断裂线，结果如图11-24所示。

30 单击【修改】工具栏上的按钮，修剪断裂线间的圆轮廓，结果如图11-25所示。

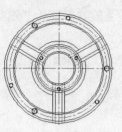
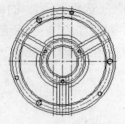
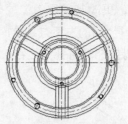
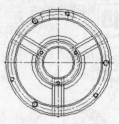

图11-21　阵列结果　　　　图11-22　偏移结果　　　　图11-23　修剪结果　　　　图11-24　绘制结果

31 单击【修改】工具栏上的 按钮，删除剖切线内M6的外螺纹轮廓，结果如图11-26所示。

32 选择剖切线内的两条垂直线轮廓，更改其图层为"轮廓线"，然后以M6螺钉孔为修剪边界，修剪垂直线轮廓，结果如图11-27所示。

33 单击【绘图】工具栏中的 按钮，以剖切线为边界，采用默认填充参数，填充ANSI31图案，填充结果如图11-28所示。

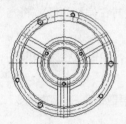
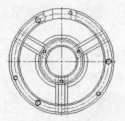
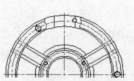
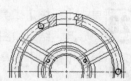

图11-25　修剪结果　　　　图11-26　删除结果　　　　图11-27　修剪结果　　　　图11-28　填充剖面线

34 执行【保存】命令，将当前文件命名存储为"实例131.dwg"。

实例132　绘制固定盘零件主视图

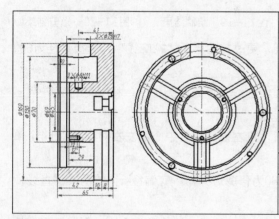

		本实例主要学习固定盘零件主视图的具体绘制过程和相关的操作技巧。
📁 **最终文件**	效果文件\第11章\实例132.dwg	
🔵 **素材文件**	素材文件\11-132.dwg	
📹 **视频文件**	视频文件\第11章\实例132.avi	
⏱ **播放时长**	00:16:37	
⚠ **技能点拨**	偏移、修剪、圆弧、倒角、图案填充	

01 打开随书光盘中的"素材文件\11-132.dwg"文件。

02 单击【绘图】工具栏中的 按钮，配合【捕捉追踪】功能绘制如图11-29所示的中心线和定位轮廓线。

03 单击【修改】工具栏上的 ⚙ 按钮，将主视图垂直定位线向右偏移65个单位，然后对各辅助线进行修剪，编辑出如图11-30所示的主视图外轮廓。

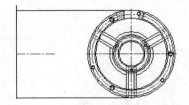

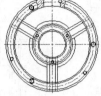

图11-29　绘制结果　　　　　　　　图11-30　偏移并修剪

04 单击【修改】工具栏上的 ⚙ 按钮，将主视图水平中心线上下对称偏移22.5、34.5、35和65；将主视图左侧垂直线向右偏移2、10、13、30和46，结果如图11-31所示。

05 单击【修改】工具栏上的 ✂ 按钮，以L1、L2为修剪边界，修剪水平线H1和H8；以L3和主视图右侧垂直轮廓线为修剪边界，修剪H4、H5；以L3和L4为修剪边界，修剪水平线H3和H6；以L4和L5为修剪边界，修剪水平线H2和H7。

06 重复【修剪】命令，以修剪后的H1、H8为修剪边界，修剪垂直线L1和L2；以修剪后的水平线H2、H3、H6和H7为修剪边界，修剪垂直线L4；以H3和H6为修剪边界，修剪垂直线L3；以H2、H7为修剪边界，修剪垂直线L5，结果如图11-31所示。

07 框选修剪后的图元，更改其图层为"轮廓线"，结果如图11-32所示。

08 单击【绘图】工具栏中的 ✏ 按钮，以如图11-33所示点A、B为起点，绘制长度为10、角度分别为135°和-135°的两条倾斜线段，如图11-34所示。

09 单击【修改】工具栏上的 ✂ 按钮，，以主视图左侧垂直轮廓线为修剪边界，修剪斜线段，结果如图11-35所示。

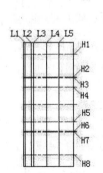
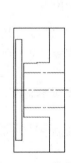
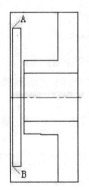
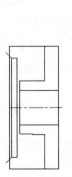
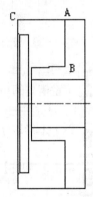

图11-31　偏移　　图11-32　修剪结果　　图11-33　更改图层　　图11-34　绘制结果　　图11-35　修剪结果

10 单击【修改】工具栏上的 ⚙ 按钮，将垂直线AB向左偏移22，然后将偏移出的线段左右对称偏移14个单位，结果如图11-36所示。

11 单击【绘图】工具栏中的 ✏ 按钮，从左视图向主视图引出如图11-37所示的水平辅助线。

12 单击【绘图】工具栏中的 ⌒ 按钮，过D、E、F三点绘制圆弧，结果如图11-38所示。

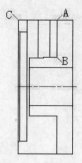

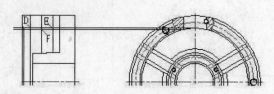

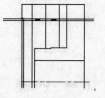

图11-36 偏移结果　　　　　　　图11-37 绘制辅助线　　　　　　　图11-38 绘制圆弧

🔍 **提示** 斜线段的绘制有以下两种方法：①利用相对坐标进行绘制；②设置【极轴追踪】角度，利用极轴追踪功能绘制斜线段。本处利用第①种方法进行绘制。

13 单击【修改】工具栏上的✐按钮，删除辅助线，结果如图11-39所示。

14 单击【绘图】工具栏上的✐按钮，以E点为起点，绘制水平轮廓线，结果如图11-40所示。

15 单击【修改】工具栏上的✐按钮，以水平线EG为修剪边界，修剪过G点、E点的垂直线，结果如图11-41所示。

16 选择过F点的垂直线，将其放到"中心线"层上，结果如图11-42所示。

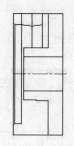
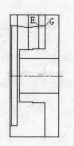
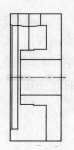
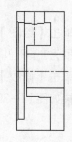

图11-39 删除结果　　　图11-40 绘制结果　　　图11-41 修剪结果　　　图11-42 更改图层

17 绘制工型槽。单击【绘图】工具栏中的✐按钮，从左视图工型槽与圆Φ45及其倒角圆交点、工型槽与圆Φ160及其倒角圆交点处向主视图引辅助线，共12条，从上到下依次为H1～H12，如图11-43所示。

18 单击【修改】工具栏上的🗗按钮，将主视图右侧垂直轮廓线向左偏移5次，偏移距离分别为2、5、13、19和23个单位。

19 单击【绘图】工具栏上的✐按钮，配合【交点捕捉】功能绘制如图11-44所示的4条斜线段。

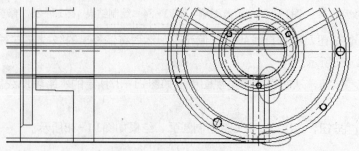

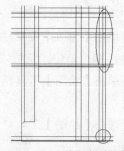

图11-43 绘制水平辅助线　　　　　　　　图11-44 绘制斜线段

20 单击【修改】工具栏上的 ✁ 按钮，对各图线进行修剪编辑，结果如图11-45所示。

21 单击【绘图】工具栏上的 ✎ 按钮，以点A为起点，绘制长度为5、角度为45°倒角线，如图11-46所示。

22 单击【修改】工具栏上的 ✁ 按钮，修剪斜线段和过A点的水平轮廓线，结果如图11-47所示。

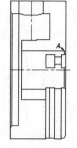

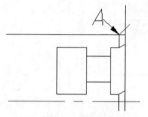
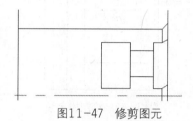

图11-45 修剪结果　　　　图11-46 绘制斜线段　　　　　　　图11-47 修剪图元

23 单击【绘图】工具栏上的 ✎ 按钮，从左视图向主视图引出一条水平辅助线，结果如图11-48所示。

24 单击【修改】工具栏上的 ✁ 按钮，修剪刚绘制的辅助线，结果如图11-49所示。

25 单击【修改】工具栏上的 ✐ 按钮，删除如图11-49所示的线段L4，结果如图11-50所示。

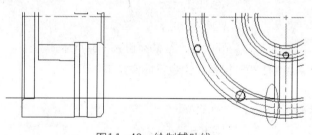
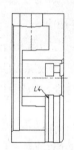
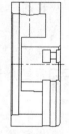

图11-48 绘制辅助线　　　　　　　图11-49 修剪结果　　　图11-50 删除图元

26 绘制主视图螺钉孔。单击【绘图】工具栏上的 ✎ 按钮，从左视图M5螺钉孔处向主视图引出5条水平投影线，结果如图11-51所示。

27 单击【修改】工具栏上的 ✑ 按钮，将图11-51所示的线段L1向右偏移10和12，然后执行【修剪】命令，将各图线编辑成如图11-52所示的结构。

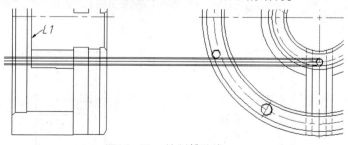
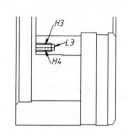

图11-51 绘制辅助线　　　　　　　图11-52 修剪结果

28 单击【绘图】工具栏中的 ✐ 按钮，分别以H3与L3的交点、H4与L3的交点为起点，绘制长为 5、角度为60和−60° 椎角线，如图11-53所示。

29 单击【修改】工具栏上的 ✐ 按钮，对刚绘制的两条椎角线进行修剪，结果如图11-54所示。

30 将水平线H1、H2放置到"细实线"层，将水平线H5放置到"中心线"层，并使用夹点编辑功能调整中心线长度，使其超出螺钉孔轮廓2个单位，结果如图11-55所示。

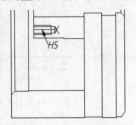
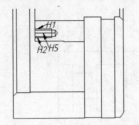
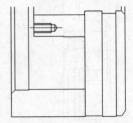

图11-53 绘制椎角线   图11-54 修剪椎角轮廓   图11-55 更改图层

31 绘制孔Φ8H11。单击【修改】工具栏上的 ✐ 按钮，将Φ28孔的中心线向左偏移4个单位，结果如图11-56所示。

32 单击【绘图】工具栏上的 ✐ 按钮，以偏移出的图线与下侧水平图线交点A作为起点，绘制Φ8 孔轮廓，命令行操作如下：

命令: _line 指定第一点:	//捕捉点A
指定下一点或 [放弃(U)]:	//@0,−7 Enter
指定下一点或 [放弃(U)]:	//@8,0 Enter
指定下一点或 [闭合(C)/放弃(U)]:	//@0,7 Enter
指定下一点或 [闭合(C)/放弃(U)]:	//Enter，结果如图11-57所示

33 重复执行【直线】命令，以B、C为起点，绘制120° 椎角，命令行操作如下：

命令: _line 指定第一点:	//捕捉点B
指定下一点或 [放弃(U)]:	//@8<−30 Enter
指定下一点或 [放弃(U)]:	//Enter
命令:	//Enter
LINE 指定第一点:	//捕捉点C
指定下一点或 [放弃(U)]:	//@8<−150 Enter
指定下一点或 [放弃(U)]:	//Enter，结果如图11-58所示

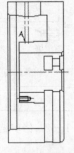
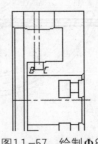
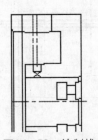

图11-56 偏移结果   图11-57 绘制Φ8孔   图11-58 绘制椎角

34 单击【修改】工具栏上的 ✕ 按钮，对两条刚绘制的斜线段进行修剪，结果如图11-59所示。

35 删除偏移所得的垂直中心线，然后夹点显示Φ28孔的中心线，对其进行夹点拉长，使其超出Φ8孔轮廓2个单位，结果如图11-60所示。

36 绘制倒角与填充线。

37 单击【修改】工具栏上的 ◻ 按钮，对主视图外轮廓倒角，倒角尺寸为3×45°，倒角结果如图11-61所示。

38 将"剖面线"设置为当前层，然后单击【绘图】工具栏中的 ▨ 按钮，采用默认填充参数，为主视图填充ANSI31图案，填充结果如图11-62所示。

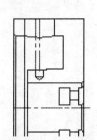 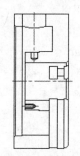 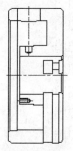 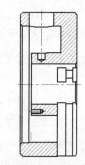

图11-59 修剪椎角　　图11-60 调整长度　　　　图11-61 倒角　　　　图11-62 填充剖面线

39 最后执行【另存为】命令，将文件另名存储为"实例132.dwg"。

实例133 绘制固定盘局部剖视图

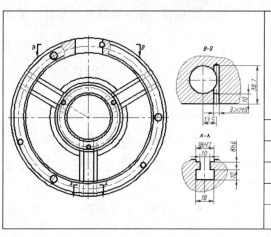

本实例主要学习固定盘零件局部剖视图的具体绘制过程和相关的操作技巧。

📁 最终文件	效果文件\第11章\实例133.dwg
🌐 素材文件	素材文件\11-133.dwg
🎬 视频文件	视频文件\第11章\实例133.avi
⏱ 播放时长	00:09:38
🛡 技能点拨	样条曲线、偏移、修剪、图案填充

01 打开随书光盘中的"素材文件\11-133.dwg"文件。

02 绘制A-A剖视图。将"轮廓线"层设置为当前层，然后单击【绘图】工具栏中的 ✎ 按钮，执行【直线】命令，绘制A-A剖视图轮廓。命令行操作如下：

```
命令: _line
指定第一点:                          //在绘图区拾取一点
指定下一点或 [放弃(U)]:               //@5,0 Enter
指定下一点或 [放弃(U)]:               //@0,-2 Enter
指定下一点或 [闭合(C)/放弃(U)]:       //@4,0 Enter
指定下一点或 [闭合(C)/放弃(U)]:       //@0,-8 Enter
指定下一点或 [闭合(C)/放弃(U)]:       //@-4,0 Enter
指定下一点或 [闭合(C)/放弃(U)]:       //@0,-10 Enter
指定下一点或 [闭合(C)/放弃(U)]:       //@18.5,0 Enter
指定下一点或 [闭合(C)/放弃(U)]:       //@0,10 Enter
指定下一点或 [闭合(C)/放弃(U)]:       //@-4,0 Enter
指定下一点或 [闭合(C)/放弃(U)]:       //@0,8 Enter
指定下一点或 [闭合(C)/放弃(U)]:       //@4,0 Enter
指定下一点或 [闭合(C)/放弃(U)]:       //@0,2 Enter
指定下一点或 [闭合(C)/放弃(U)]:       //@5,0 Enter
指定下一点或 [闭合(C)/放弃(U)]:       //Enter，结果如图11-63示
```

03 将"波浪线"层设置为当前层，然后单击【绘图】工具栏中的 ∿ 按钮，绘制A-A剖视图边界线，结果如图11-64所示。

04 展开【图层】工具栏上的【图层控制】下拉列表，将"中心线"层设置为当前层。

05 单击【绘图】工具栏上的 ✎ 按钮，执行【直线】命令，绘制A-A剖视图中心线，结果如图11-65所示。

06 将"剖面线"设为当前层，然后单击【绘图】工具栏上的 ▨ 按钮，采用默认填充参数，填充ANSI31图案，填充结果如图11-66所示。

图11-63 绘制结果　　图11-64 绘制边界线　　图11-65 绘制中心线　　图11-66 填充剖面线

07 绘制B-B视图。将"中心线"层位当前层，然后单击【绘图】工具栏上的 ✎ 按钮，执行【直线】命令，绘制B-B视图中心线，结果如图11-67所示。

08 将"轮廓线"设置为当前层，然后单击【绘图】工具栏上的 ⊙ 按钮，以左侧中心线交点为圆心，绘制半径为14的圆，结果如图11-68所示。

09 单击【修改】工具栏上的 ⊕ 按钮，将右侧垂直中心线左右对称偏移2.5和3；将水平中心线向下偏移14和24，结果如图11-69所示。

图11-67 绘制中心线　　　　　图11-68 绘制圆　　　　　图11-69 偏移结果

10 单击【修改】工具栏上的 ╱ 按钮，以H2、H3为修剪边界，修剪垂直线L1、L2、L4、L5；以修剪后的L1、L5为边界，修剪水平线H2；以圆轮廓为边界，修剪垂直线L2，结果如图11-70所示。

11 单击【修改】工具栏上的 ▣ 按钮，将水平线H3向上偏移38.7，结果如图11-71所示。

12 单击【修改】工具栏上的 ╱ 按钮，以L2、L4为边界，修剪水平线H4；以修剪后的H4为边界，修剪垂直线L2、L4，结果如图11-72所示。

13 选择外螺纹线，将其放置到"细实线"层上；选择最下端水平轮廓线及螺纹孔其他轮廓线，放置到"轮廓线"层，结果如图11-73所示。

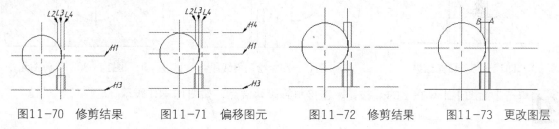

图11-70 修剪结果　　　图11-71 偏移图元　　　图11-72 修剪结果　　　图11-73 更改图层

14 单击【绘图】工具栏上的 ╱ 按钮，分别以A、B两点为起点，绘制120°椎角，如图11-74所示。

15 单击【修改】工具栏上的 ╱ 按钮，对刚绘制的两条倾斜图线进行修剪，结果如图11-75所示。

16 选择B-B视图中心线，对其进行夹点编辑，调整中心线的长度，结果如图11-76所示。

17 将"波浪线"设置为当前层，然后单击【绘图】工具栏上的 ∿ 按钮，绘制B-B视图剖切界面线，结果如图11-77所示。

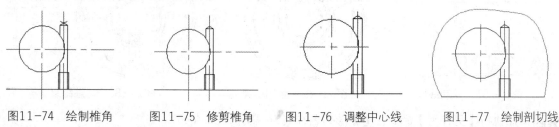

图11-74 绘制椎角　　　图11-75 修剪椎角　　　图11-76 调整中心线　　　图11-77 绘制剖切线

18 将"剖面线"设置为当前层，然后单击【绘图】工具栏上的 ▣ 按钮，采用默认填充参数填充ANSI31图案，填充结果如图11-78所示。

19 单击【绘图】工具栏上的 ╱ 按钮，以螺纹线与下方水平轮廓线交点为起点，绘制斜线段。命令行操作如下：

命令: _line 指定第一点:	//捕捉左侧螺纹线与下方水平轮廓线交点
指定下一点或 [放弃(U)]:	//@3<60Enter
指定下一点或 [放弃(U)]:	//Enter
命令:	//Enter
LINE 指定第一点:	//捕捉右侧螺纹线与下方水平轮廓线交点
指定下一点或 [放弃(U)]:	//@3<120 Enter
指定下一点或 [放弃(U)]:	//Enter，结果如图11-79所示

20 单击【修改】工具栏上的 ╱ 按钮，修剪斜线段，结果如图11-80所示。

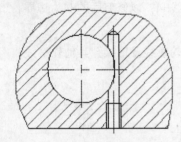
图11-78　填充结果

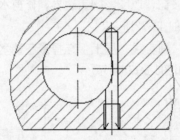
图11-79　绘制斜线段

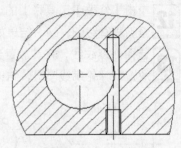
图11-80　修剪图元

21 单击【绘图】工具栏上的 ╱ 按钮，连接斜线段两端点，如图11-81所示。

22 将"轮廓线"设置为当前层，然后设置"数字与字母"为当前文字样式。

23 执行【线性】或【多段线】命令，绘制如图11-82所示的剖视符号。

24 选择【绘图】|【文字】|【单行文字】菜单命令，为两个剖视图标注如图11-83所示的图名，文字高度为5。

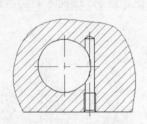
图11-81　绘制线段

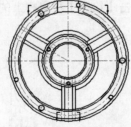
图11-82　绘制结果

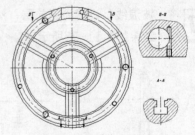
图11-83　标注结果

25 最后执行【另存为】命令，将图形另名存储为"实例133.dwg"。

实例134　标注固定盘零件图尺寸

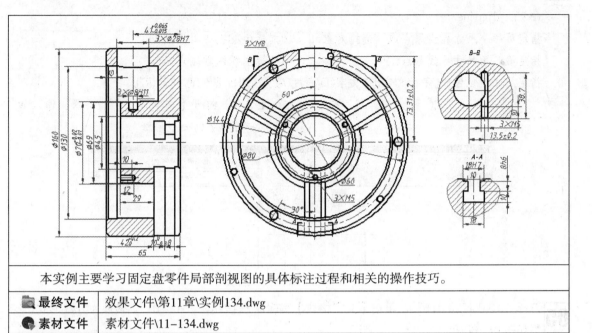

本实例主要学习固定盘零件局部剖视图的具体标注过程和相关的操作技巧。

📁 最终文件	效果文件\第11章\实例134.dwg
🔵 素材文件	素材文件\11-134.dwg
🔴 视频文件	视频文件\第11章\实例134.avi
📷 播放时长	00:04:43
🛡 技能点拨	线性、半径、直径

01 打开随书光盘中的"素材文件\11-134.dwg"文件。

02 将"标注线"层设置为当前层，将"机械样式"设置为当前标注样式，并修改标注比例为1.5。

03 选择【标注】|【线性】菜单命令，标注主视图Φ28孔轮廓。命令行操作如下：

```
命令：_dimlinear
指定第一个尺寸界线原点或 <选择对象>：    //捕捉如图11-84所示的端点
指定第二条尺寸界线原点：                 //捕捉如图11-85所示的端点
指定尺寸线位置或[多行文字(M)/文字(T)/角度(A)/水平(H)/垂直(V)/旋转(R)]：  //t Enter
输入标注文字 <28>：                      //3x%%C28H7 Enter，结果如图11-86所示
标注文字 = 28
```

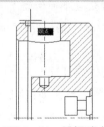

图11-84　捕捉端点1

图11-85　捕捉端点2

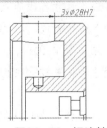

图11-86　标注结果

04 重复执行【线性】命令，配合【端点捕捉】功能标注Φ28孔的定位尺寸。命令行操作如下：

命令：_dimlinear
指定第一个尺寸界线原点或〈选择对象〉：　　　//捕捉Φ28孔中心线端点
指定第二条尺寸界线原点：　　　　　　　　　//捕捉主视图右端点
指定尺寸线位置或[多行文字(M)/文字(T)/角度(A)/水平(H)/垂直(V)/旋转(R)]：
　　　　　　　　　　　　　　　//m Enter，打开【文字格式】编辑器，输入如
　　　　　　　　　　　　　　　图11-87所示的公差后缀

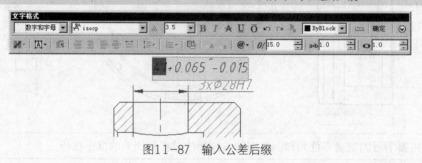

图11-87　输入公差后缀

05 选择 "+0.065^-0.015"，单击【文字格式】编辑器 按钮，"+0.2^0" 则转换为分数形式，结果如图11-88所示。

06 单击 确定 按钮，返回绘图区指定标注线位置，结果如图11-89所示。

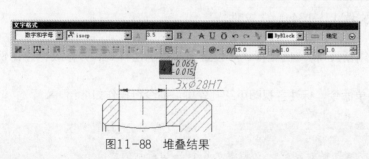

图11-88　堆叠结果

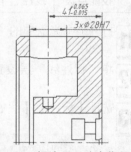

图11-89　标注Φ28孔定位尺寸

07 选择【标注】|【线性】菜单命令，标注主视图高度尺寸 "Φ160"。命令行操作如下：

命令：_dimlinear
指定第一个尺寸界线原点或〈选择对象〉：　　　//捕捉固定盘左端法兰上角的端点
指定第二条尺寸界线原点：　　　　　　　　　///捕捉固定盘左端法兰下面的端点
指定尺寸线位置或[多行文字(M)/文字(T)/角度(A)/水平(H)/垂直(V)/旋转(R)]：　//t Enter
输入标注文字 〈90〉：　　　　　　　　　　//%%c160 Enter
指定尺寸线位置或[多行文字(M)/文字(T)/角度(A)/水平(H)/垂直(V)/旋转(R)]：
　　　　　　　　　　　　　　　//指定尺寸标注位置，结果如图11-90所示

08 参照上述操作，使用【线性】命令分别标注固定盘零件其他位置的水平尺寸和垂直尺寸，结果如图11-91所示。

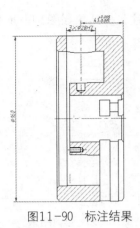 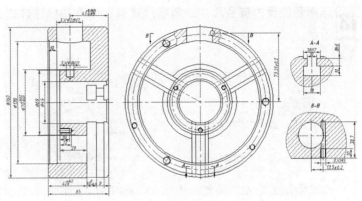

图11-90 标注结果　　　　　　　　　　　图11-91 标注其他尺寸

09 选择【标注】|【角度】菜单命令，标注左视图M8螺钉孔位置的角度。命令行操作如下：

命令：_dimangular

选择圆弧、圆、直线或〈指定顶点〉://捕捉左下方M8螺钉孔圆心

选择第二条直线：　　　　　　　　　　//捕捉左视图中心线交点

指定标注弧线位置或 [多行文字(M)/文字(T)/角度(A)/象限点(Q)]：

　　　　　　　　　　　　//捕捉一点放置标注线，标注结果如图11-92所示

标注文字 = 30

10 重复执行【角度】命令，标注左上侧的角度尺寸，结果如图11-93所示。

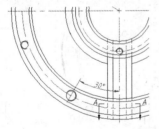 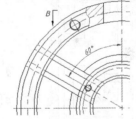

图11-92 标注M8螺钉孔位置角度30°　　　图11-93 标注上侧的角度尺寸

11 标注直径尺寸。选择【标注】|【直径】菜单命令，标注左视图M8螺纹孔的直径尺寸。命令行操作如下：

命令：_dimdiameter

选择圆弧或圆：　　　　　　　　　　//选择左视图左上侧的圆

标注文字 = 8

指定尺寸线位置或 [多行文字(M)/文字(T)/角度(A)]：//t Enter

输入标注文字〈8〉：　　　　　　　//3×M8 Enter

指定尺寸线位置或 [多行文字(M)/文字(T)/角度(A)]：

　　　　　　　　　　　//指定尺寸线位置放置尺寸线，结果如

　　　　　　　　　　　图11-94所示

12 重复执行【标注】|【直径】菜单命令，标注其他直径尺寸，结果如图11-95所示。

13 选择各位置的直径尺寸、角度尺寸等，修改其标注样式为"角度标注"，结果如图11-96所示。

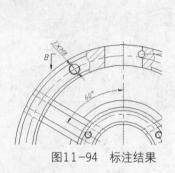
图11-94 标注结果

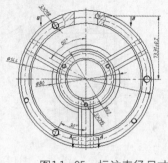
图11-95 标注直径尺寸

图11-96 修改结果

14 执行【另存为】命令，将图形另名存储为"实例134.dwg"。

实例135 标注固定盘形位公差与代号

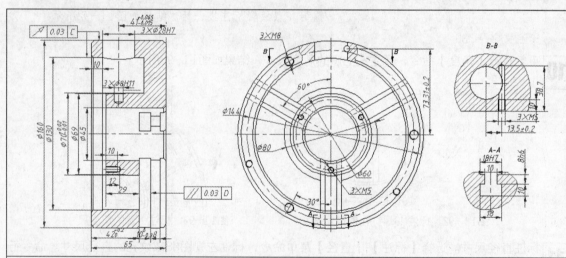

本实例主要学习固定盘零件图形位公差与基面代号的具体标注过程和相关的操作技巧。

📁 最终文件	效果文件\第11章\实例135.dwg
🟢 素材文件	素材文件\11-135.dwg
💿 视频文件	视频文件\第11章\实例135.avi
🎬 播放时长	00:04:09
🛡 技能点拨	快速引线

01 打开随书光盘中的"素材文件\11-134.dwg"文件，将捕捉模式设置为【最近点捕捉】。

02 使用快捷键"LE"激活【快速引线】命令，为固定盘主视图标注形位公差。命令行操作如下：

命令: le   //Enter，激活【快速引线】命令

QLEADER指定第一个引线点或 [设置(S)] <设置>:

                                   //s Enter，激活"设置"选项，在打开的【引线设置】

                                   对话框中设置引线参数，如图11-97和图11-98所示

图11-97 设置注释类型

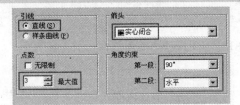

图11-98 设置引线和剪头

03 单击 确定 按钮，返回绘图区，根据命令行的提示，继续标注形位公差。命令行操作如下：

指定第一个引线点或 [设置(S)] <设置>:

                              //配合【最近点捕捉】功能拾取如图11-99所示位置的第一个引线点

指定下一点: //拾取如图11-99所示位置的第二个引线点

指定下一点: //拾取如图11-99所示位置的第三个引线点

04 此时系统打开【形位公差】对话框，在此对话框内设置公差符号、公差以及基准代号，如图11-100所示。

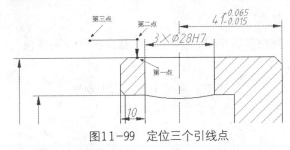

图11-99 定位三个引线点

图11-100 【形位公差】对话框

05 单击 确定 按钮结束命令，标注结果如图11-101所示。

06 重复【快速引线】命令，激活命令中的"设置"选项，设置参数如图11-102和图11-103所示，然后根据命令行的提示，绘制如图11-104所示的引线作为公差指示线。

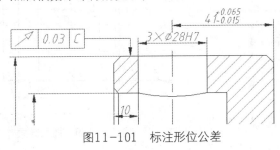

图11-101 标注形位公差

图11-102 设置注释

07 重复【快速引线】命令，设置参数如图11-105和图11-106所示，然后根据命令行的提示，标注主视图工型槽轮廓处的形位公差，结果如图11-107所示。

图11-103　设置引线和箭头

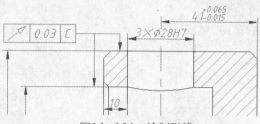

图11-104　绘制引线

图11-105　设置注释

图11-106　设置引线和箭头

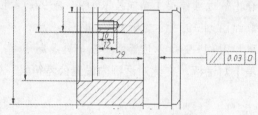

图11-107　标注结果

08 使用快捷键"I"激活【插入块】命令，插入随书光盘中的"素材文件\基面代号"属性块，其中块参数如图11-108所示。命令行操作如下：

命令：I　　　　　　　　　　　　　　　　　　　　//Enter，激活【插入块】命令

INSERT指定插入点或［基点(B)/比例(S)/X/Y/Z/旋转(R)］：//在所需位置单击左键

输入属性值

输入基准代号：＜A＞：　　　　　　　　　　　　//d Enter，结果如图11-09所示

正在重生成模型。

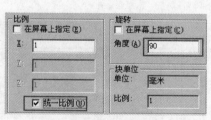

图11-108　设置参数

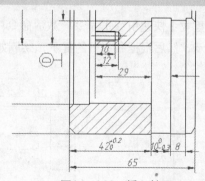

图11-109　插入结果

09 重复执行【插入块】命令，插入另一位置的基准代号。命令行操作如下：

命令: I　　　　　　　　　　　　　　//Enter，激活【插入块】命令
INSERT
指定插入点或 [基点(B)/比例(S)/X/Y/Z/旋转(R)]:　　//在所需位置单击左键
输入属性值
输入基准代号: <A>:　　　　　　//c Enter，结果如图11-110所示
正在重生成模型。

10 选择【修改】|【对象】|【属性】|【单个】菜单命令，选择下侧的基准代号D，打开【增强属性编辑器】对话框。

11 展开【文字选项】选项卡，然后修改文字属性的旋转角度，如图11-111所示。

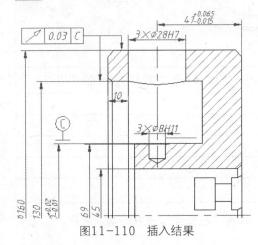

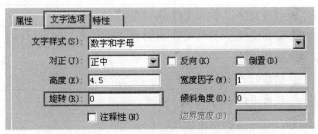

图11-110　插入结果　　　　　　　　　　　图11-111　修改旋转角度

12 关闭【增强属性编辑器】对话框，结束命令，编辑后的基准代号如图11-112所示。

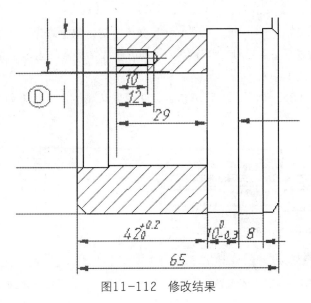

图11-112　修改结果

13 最后执行【另存为】命令，将图形另名保存为"实例135.dwg"。

【 实例136　标注固定盘粗糙度和技术要求

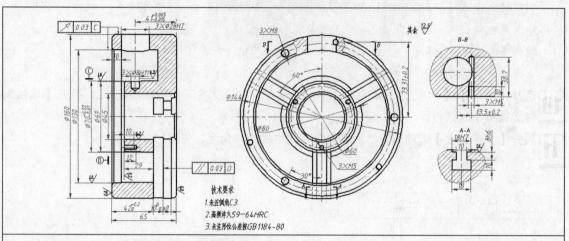

本实例主要学习固定盘零件图表面粗糙度与技巧术要求内容的具体标注过程和相关的操作技巧。

📁 最终文件	效果文件\第11章\实例136.dwg
💿 素材文件	素材文件\11-136.dwg
🎬 视频文件	视频文件\第11章\实例136.avi
⏱ 播放时长	00:05:03
🛡 技能点拨	插入块、复制、编辑属性、多行文字

01 打开随书光盘中的"素材文件\11-136.dwg"文件，并将"细实线"设置为当前图层。

02 将使用快捷键"I"激活【插入块】命令，设置参数如图11-113所示，为固定盘标注"粗糙度"属性块，命令行操作如下：

```
命令: I                            //Enter，激活【插入块】命令
INSERT指定插入点或 [基点(B)/比例(S)/X/Y/Z/旋转(R)]: //在所需位置单击左键
输入属性值
输入粗糙度值：<0.8>:              //Enter，采用默认属性值，结果如图11-114所示
正在重生成模型。
```

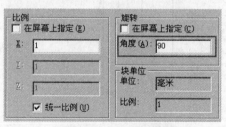

图11-113　设置参数

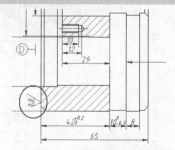

图11-114　插入结果

03 使用快捷键"I"激活【插入块】命令，设置插入参数如图11-115所示，插入左侧的"粗糙度"属性块，结果如图11-116所示。

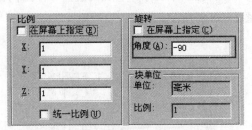

图11-115 设置参数

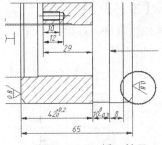

图11-116 插入结果

04 使用快捷键 "I" 激活【插入块】命令，采用默认参数，标注如图11-117所示位置的粗糙度。命令行操作如下：

命令: I //Enter，激活【插入块】命令
INSERT指定插入点或 [基点(B)/比例(S)/X/Y/Z/旋转(R)]: //在所需位置单击左键
输入属性值
输入粗糙度值: <0.8>: //1.6 Enter，结果如图11-117所示
正在重生成模型。

05 使用快捷键 "CO" 激活【复制】命令，将以上标注的粗糙度分别复制到其他位置上，必要时可绘制指示线，复制结果如图11-118所示。

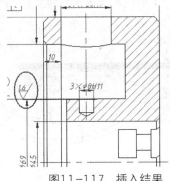

图11-117 插入结果

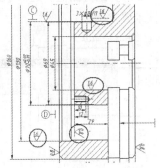

图11-118 复制结果

06 使用快捷键 "ED" 激活【编辑文字】命令，选择复制出的粗糙度属性块，在打开的【增强属性编辑器】对话框中修改属性值，如图11-119所示。

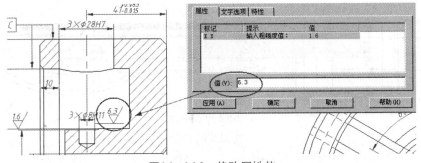

图11-119 修改属性值

07 在【增强属性编辑器】对话框中单击 应用(A) 按钮，然后单击右上角的 "选择块" 按钮，返回绘图区选择其他位置的粗糙度属性块，修改其属性值，结果如图11-120所示。

08 选择【插入】|【块】菜单命令，设置插入参数如图11-121所示，在固定盘零件图的右上角标注其他粗糙度，并标注"其余"字样，如图11-122所示。

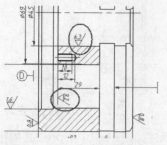

图11-120 修改其他属性值

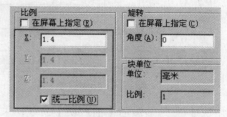

图11-121 设置参数

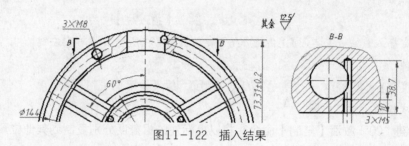

图11-122 插入结果

09 标注技术要求并配置图框。选择【绘图】|【文字】|【多行文字】菜单命令，标注如图11-123所示的技术要求标题。

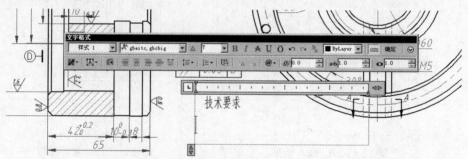

图11-123 输入标题

10 按Enter键，并修改字体高度为7，然后输入如图11-124所示的技术要求内容。

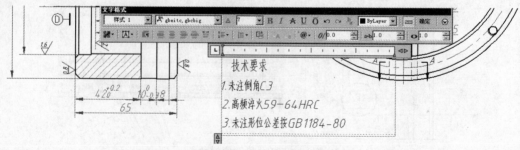

图11-124 标注技术要求

11 最后执行【另存为】命令，将图形另名保存为"实例136.dwg"。

实例137 绘制法兰盘零件左视图

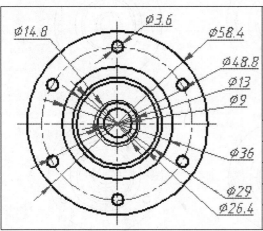

本实例主要学习法兰盘零件左视图的具体绘制过程和相关的操作技巧。

📁 最终文件	效果文件\第11章\实例137.dwg
🛸 素材文件	样板文件\机械样板.dwt
🌐 视频文件	视频文件\第11章\实例137.avi
⏱ 播放时长	00:02:51
🛡 技能点拨	圆、构造线、环形阵列

01 执行【新建】命令，调用随书光盘中的"样板文件\机械样板.dwt"文件。

02 将"中心线"设置为当前操作层，并打开【线宽】显示功能。

03 将当前视图高度调整为100个单位，然后执行【线型】命令，修改线型比例为0.4。

04 选择【绘图】|【构造线】菜单命令，绘制如图11-125所示的构造线作为两视图定位辅助线。

05 设置"轮廓线"作为当前图层，然后单击【绘图】工具栏上的 ⊘ 按钮，绘制左视图中的同心轮廓圆，圆的直径分别为9、13、14.8、26.4、29、36、48.8和58.4，结果如图11-126所示。

图11-125　绘制辅助线　　　　　　　图11-126　绘制同心圆

06 在无命令执行的前提下夹点显示如图11-127所示的圆形，然后展开【图层控制】下拉列表，修改其图层为"细实线"。

07 在无命令执行的前提下夹点显示如图11-128所示的圆形，修改其图层为"中心线"，结果如图11-129所示。

08 使用快捷键"C"激活【圆】命令，捕捉如图11-130所示的象限点作为圆心，绘制直径为3.6的小圆，结果如图11-131所示。

09 单击【修改】工具栏上的上的 ▦ 按钮，选择直径为3.6的小圆进行阵列，阵列结果如图11-132所示。

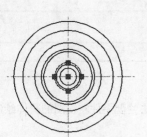

图11-127 夹点效果

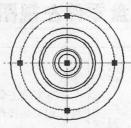

图11-128 夹点显示

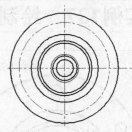

图11-129 操作结果

图11-130 捕捉象限点

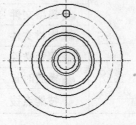

图11-131 绘制结果

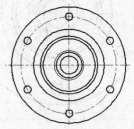

图11-132 阵列结果

10 最后执行【保存】命令，将图形命名存储为"实例137.dwg"。

实例138 绘制法兰盘零件剖视图

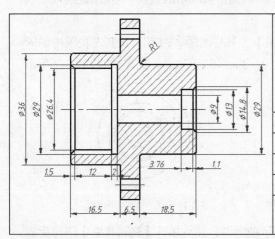

本实例主要学习法兰盘零件主剖视图的 具体绘制过程和相关的操作技巧。

📖 最终文件	效果文件\第11章\实例138.dwg
🌐 素材文件	素材文件\11-138.dwg
🎬 视频文件	视频文件\第11章\实例138.avi
⏱ 播放时长	00:05:22
🛡 技能点拨	偏移、修剪、构造线、倒角、图案填充

01 打开随书光盘中的"素材文件\11-138.dwg"文件。

02 选择【修改】|【偏移】菜单命令，将左侧的垂直构造线向左偏移18.5、25、41.5个单位，并将偏移出的构造线放到"轮廓线"图层上，结果如图11-133所示。

03 使用快捷键"XL"激活【构造线】命令，根据视图间的对正关系，配合【对象捕捉】功能绘制如图11-134所示的水平构造线。

04 使用快捷键"TR"激活【修剪】命令，对构造线进行修剪，编辑出主视图外轮廓结构，结果如图11-135所示。

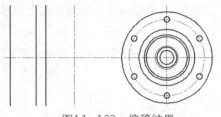

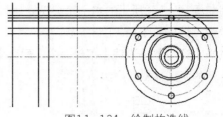

图11-133 偏移结果　　　　　　　　　　图11-134 绘制构造线

05 将圆柱孔的中心线放到"中心线"图层上，将右侧的垂直轮廓线放到"轮廓线"图层上，结果如图11-136所示。

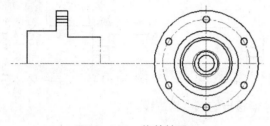
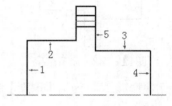

图11-135 修剪结果　　　　　　　　　　图11-136 更改图层

06 选择【修改】|【圆角】菜单命令，对如图11-136所示的轮廓线1、2、34和5进行圆角，圆角半径为1，结果如图11-137所示。

07 使用快捷键"MI"激活【镜像】命令，选择如图11-138所示的图形进行镜像，结果如图11-139所示。

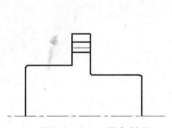
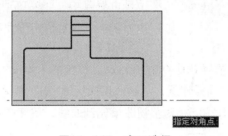
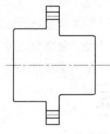

图11-137 圆角结果　　　　图11-138 窗口选择　　　　图11-139 镜像结果

08 使用快捷键"XL"激活【构造线】命令，根据视图间的对正关系，配合【对象捕捉】功能绘制如图11-140所示的水平构造线。

09 使用快捷键"O"激活【偏移】命令，将如图11-140所示的垂直轮廓线1向左偏移1.1、4.86个单位；将轮廓线2向右偏移1.5和12.5、14.5个单位，结果如图11-141所示。

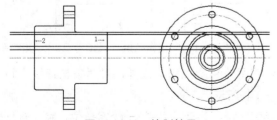
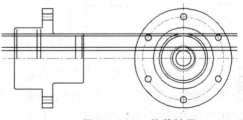

图11-140 绘制结果　　　　　　　　　　图11-141 偏移结果

10 选择【修改】|【修剪】菜单命令，对偏移出的轮廓线和水平构造线进行修剪，编辑出主视图的内部结构，结果如图11-142所示。

11 将如图11-142所示的水平轮廓线A放到"细实线"图层上，然后将水平构造线向上偏移7.4个单位，结果如图11-143所示。

12 选择【绘图】|【直线】菜单命令，配合【交点捕捉】和【端点捕捉】功能，绘制如图11-144所示的两条倾斜轮廓线。

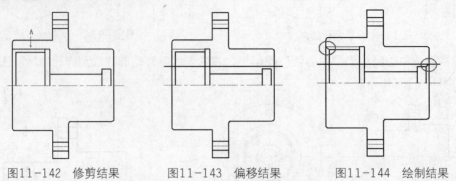

图11-142　修剪结果　　　　图11-143　偏移结果　　　　图11-144　绘制结果

13 使用快捷键"E"激活【删除】命令，删除偏移出的水平构造线。

14 使用快捷键"MI"激活【镜像】命令，对内部的结构图进行镜像。命令行操作如下：

命令: mi	//Enter
MIRROR选择对象:	//拉出如图11-145所示的窗口选择框
选择对象:	//拉出如图11-146所示的窗口选择框
指定镜像线的第一点:	//捕捉水平构造线上的一点
指定镜像线的第二点:	//@1,0 Enter
要删除源对象吗? [是(Y)/否(N)] <N>:	//Enter，镜像结果如图11-147所示

15 设置"剖面线"作为当前操作层，然后使用快捷键"H"激活【图案填充】命令，设置填充图案为ANSI31，填充比例为0.5，对主视图填充剖面线，填充结果如图11-148所示。

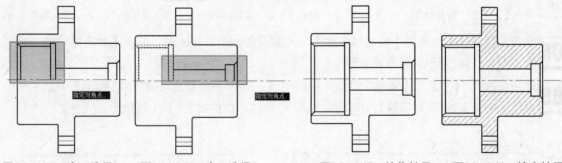

图11-145　窗口选择1　　图11-146　窗口选择2　　　　图11-147　镜像结果　　图11-148　填充结果

16 使用快捷键"TR"激活【修剪】命令，以两视图外轮廓线作为边界，对两条构造线进行修剪，使其转化为图形的中心线，结果如图11-149所示。

17 使用快捷键"LEN"激活【拉长】命令，将两视图中心线两端拉长3个绘图单位，将主剖视图柱孔中心线两端拉长1.5个单位，结果如图11-150所示。

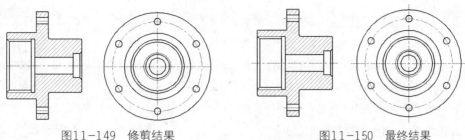

图11-149 修剪结果 　　　　　　　　　　　图11-150 最终结果

18 最后使用【另存为】命令，将图形另名存储为"实例138.dwg"。

实例139　绘制轴瓦座零件二视图

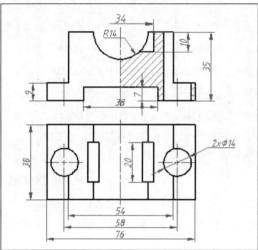

本实例主要学习轴瓦座零件左视图的具体绘制过程和相关的操作技巧。

📁 最终文件	效果文件\第11章\实例139.dwg
🔵 素材文件	样板文件\机械样板.dwt
🔴 视频文件	视频文件\第11章\实例139.avi
📀 播放时长	00:08:14
🛡 技能点拨	圆、构造线、偏移、修剪、图案填充

01 执行【新建】命令，调用随书光盘中的"样板文件\机械样板.dwt"文件。

02 将视图高度设置为180个单位，将将"中心线"设置为当前图层。

03 使用快捷键"XL"激活【构造线】命令，绘制如图11-151所示的构造线作为定位辅助线。

04 将"轮廓线"设置为当前图层，执行【绘图】|【多段线】菜单命令，以上侧的辅助线交点为起点，绘制主视图外轮廓。命令行操作如下：

```
命令: _pline
指定起点:                                            //捕捉上侧辅助线的交点
当前线宽为 0.0
指定下一个点或 [圆弧(A)/半宽(H)/长度(L)/放弃(U)/宽度(W)]:    //@19,0 Enter
指定下一点或 [圆弧(A)/闭合(C)/半宽(H)/长度(L)/放弃(U)/宽度(W)]:  //@0,-7 Enter
指定下一点或 [圆弧(A)/闭合(C)/半宽(H)/长度(L)/放弃(U)/宽度(W)]:  //@19,0 Enter
```

指定下一点或 [圆弧(A)/闭合(C)/半宽(H)/长度(L)/放弃(U)/宽度(W)]:	//@0,9 Enter
指定下一点或 [圆弧(A)/闭合(C)/半宽(H)/长度(L)/放弃(U)/宽度(W)]:	//@-11,0 Enter
指定下一点或 [圆弧(A)/闭合(C)/半宽(H)/长度(L)/放弃(U)/宽度(W)]:	//@0,26 Enter
指定下一点或 [圆弧(A)/闭合(C)/半宽(H)/长度(L)/放弃(U)/宽度(W)]:	//@-13,0 Enter
指定下一点或 [圆弧(A)/闭合(C)/半宽(H)/长度(L)/放弃(U)/宽度(W)]:	//a Enter
指定圆弧的端点或[角度(A)/圆心(CE)/闭合(CL)/方向(D)/半宽(H)/直线(L)/半径(R)/第二	
个点(S)/放弃(U)/宽度(W)]:	//ce Enter
指定圆弧的圆心:	//-14,0 Enter
指定圆弧的端点或 [角度(A)/长度(L)]:	//a Enter
指定包含角:	//-180 Enter
指定圆弧的端点或[角度(A)/圆心(CE)/闭合(CL)/方向(D)/半宽(H)/直线(L)/半径(R)/第二	
个点(S)/放弃(U)/宽度(W)]:	//l Enter，转入画线模式
指定下一点或 [圆弧(A)/闭合(C)/半宽(H)/长度(L)/放弃(U)/宽度(W)]:	//@-13,0 Enter
指定下一点或 [圆弧(A)/闭合(C)/半宽(H)/长度(L)/放弃(U)/宽度(W)]:	//@0,-26 Enter
指定下一点或 [圆弧(A)/闭合(C)/半宽(H)/长度(L)/放弃(U)/宽度(W)]:	//@-11,0 Enter
指定下一点或 [圆弧(A)/闭合(C)/半宽(H)/长度(L)/放弃(U)/宽度(W)]:	//@0,-9 Enter
指定下一点或 [圆弧(A)/闭合(C)/半宽(H)/长度(L)/放弃(U)/宽度(W)]:	//@19,0 Enter
指定下一点或 [圆弧(A)/闭合(C)/半宽(H)/长度(L)/放弃(U)/宽度(W)]:	//@0,7 Enter
指定下一点或 [圆弧(A)/闭合(C)/半宽(H)/长度(L)/放弃(U)/宽度(W)]:	
	//c Enter，绘制结果 如图11-152所示

05 重复执行【多段线】命令，以圆弧的右端点作为偏移的基点，绘制内轮廓线。命令行操作如下：

命令: _pline	
指定起点:	//激活【捕捉自】功能
_from 基点:	//捕捉圆弧右端点
<偏移>:	//@3,0 Enter
指定下一个点或 [圆弧(A)/半宽(H)/长度(L)/放弃(U)/宽度(W)]:	//@0,-10 Enter
指定下一点或 [圆弧(A)/闭合(C)/半宽(H)/长度(L)/放弃(U)/宽度(W)]:	
	//配合【极轴追踪】功能捕捉轮廓线与圆弧的水平交点
指定下一点或 [圆弧(A)/闭合(C)/半宽(H)/长度(L)/放弃(U)/宽度(W)]:	
	//Enter，结束命令，绘制结果如图11-153所示

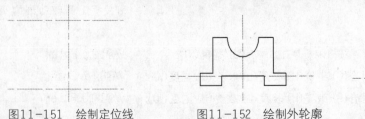

图11-151 绘制定位线   图11-152 绘制外轮廓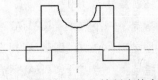

图11-153 绘制内轮廓

06 使用快捷键"O"激活【偏移】命令，将垂直构造线对称偏移38，将下侧的水平辅助线对称偏移19，结果如图11-154所示。

07 执行【多段线】命令，分别连接各构造线的交点，绘制俯视图的外部轮廓线，绘制结果如图11-155所示。

08 执行【偏移】命令，将构造线M左右偏移29个绘图单位，将构造线L上下偏移10个绘图单位，结果如图11-156所示。

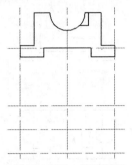
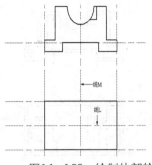
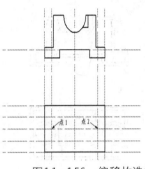

图11-154 偏移结果　　　　图11-155 绘制外部轮廓　　　　图11-156 偏移构造线

09 分别以辅助线交点1、2为圆心，绘制两个直径为14的圆。

10 使用快捷键"XL"激活【构造线】命令，根据零件图的对应关系，分别通过各轮廓图上的特征点，绘制构造线作为二视图内部轮廓线的定位辅助线，结果如图11-157所示。

11 选择【修改】|【修剪】菜单命令，对各构造线进行修剪，并删除不需要的构造线，结果如图11-158所示。

12 使用快捷键"MI"激活【镜像】命令，对俯视图内部的线型轮廓进行镜像，并修改对象的图层特性，结果如图11-159所示。

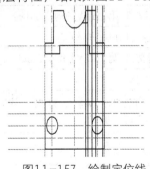
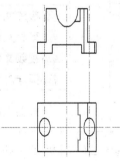
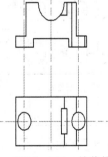

图11-157 绘制定位线　　　　图11-158 修剪结果　　　　图11-159 镜像操作

13 重复执行【镜像】命令，以中间的一条垂直构造线作为镜像轴，对右侧的部分轮廓线进行镜像复制，结果如图11-160所示。

14 将"剖面线"设置为当前图层，使用快捷键"H"激活【图案填充】命令，设置填充图案为ANSI31，填充比例为0.75，对主视图进行填充剖面线，填充结果如图11-161所示。

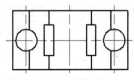
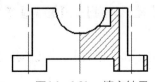

图11-160 镜像结果　　　　　　图11-161 填充结果

15 执行【偏移】命令，将中心线位置处的轮廓线分别向外偏移2.5个绘图单位，结果如图11-162所示。

16 将修剪边的模式改为"延伸"，以偏移出的轮廓线作为剪切边，对各位置的构造线进行修剪，将其转化为图形的中心线，结果如图11-163所示。

17 删除多余图线，并将中心线适当拉长，最终结果如图11-164所示。

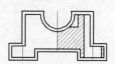
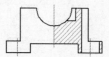
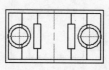
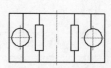

图11-162 偏移结果　　图11-163 修剪结果　　图11-164 最终结果

18 最后执行【保存】命令，将图形命名存储为"实例139.dwg"。

实例140　绘制轴支座零件俯视图

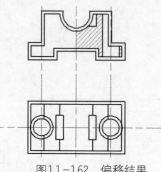

本实例主要学习轴支座零件俯视图的具体绘制过程和相关的操作技巧。具体操作参见视频教程。

最终文件	效果文件\第11章\实例140.dwg
素材文件	样板文件\机械样板.dwt
视频文件	视频文件\第11章\实例140.avi
播放时长	00:04:25
技能点拨	圆、构造线、偏移、修剪、矩形阵列、拉长、圆角

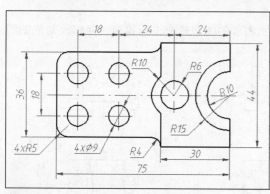

01 执行【新建】命令，调用随书光盘中的"样板文件\机械样板.dwt"文件。

02 使用【构造线】命令绘制支座零件二视图定位辅助线

03 使用【圆】、【修剪】、【圆角】等命令绘制支座俯视图外轮廓。

04 使用【圆】、【矩形阵列】、【修剪】等命令绘制支座俯视图内部结构。

05 最后使用【修剪】和【拉长】命令绘制支座俯视图中心线。

实例141 绘制轴支座零件剖视图

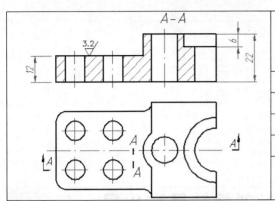

本实例主要学习轴支座零件剖视图的具体绘制过程和相关的操作技巧。具体操作参见视频教程。

📁 最终文件	效果文件\第11章\实例141.dwg
🔴 素材文件	素材文件\11-141.dwg
🌐 视频文件	视频文件\第11章\实例141.avi
📺 播放时长	00:03:41
🛡 技能点拨	旋转、复制、构造线、偏移、倒角、拉长、图案填充

01 打开随书光盘中的"素材文件\11-141.dwg"文件。

02 使用【旋转】、【复制】命令复制并参照旋转零件主视图。

03 使用【构造线】命令，根据视图间的对正关系绘制剖视图横向定位线。

04 使用【偏移】命令绘制支座剖视图纵向定位线。

05 使用【修剪】、【倒角】、【删除】等命令编辑与完善零件剖视图。

06 最后综合使用【图案填充】和【拉长】命令绘制剖面线与填充线。

实例142 标注支座零件尺寸与公差

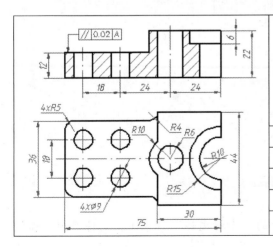

本实例主要学习轴支座零件尺寸和公差的具体标注过程和相关的操作技巧。

📁 最终文件	效果文件\第11章\实例142.dwg
🔴 素材文件	素材文件\11-142.dwg
🌐 视频文件	视频文件\第11章\实例142.avi
📺 播放时长	00:04:15
🛡 技能点拨	线性、半径、快速引线、多重引线

01 打开随书光盘中的"\素材文件\11-142.dwg"文件。

02 使用【线性】命令标注支座零件图线性尺寸。

03 使用【半径】命令标注支座零件图半径尺寸。

04 使用【多重引线】命令标注支座零件图引线尺寸。

05 使用【快速引线】命令标注支座零件图形位公差。

实例143 标注支座粗糙度、剖视符号和代号

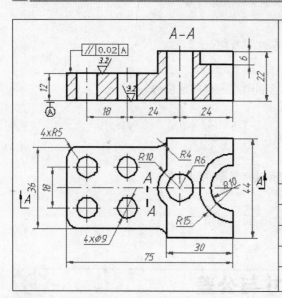

本实例主要学习轴支座零件表面粗糙度、基准代号和剖视符号等内容的具体标注过程和相关的操作技巧。具体操作参见视频教程。

📁 最终文件	效果文件\第11章\实例143.dwg
🌐 素材文件	素材文件\11-143.dwg
🎬 视频文件	视频文件\第11章\实例143.avi
⏱ 播放时长	00:03:20
🛡 技能点拨	插入块、多段线、单行文字

01 打开随书光盘中的"素材文件\11-142.dwg"文件。

02 使用【插入块】命令标注支座零件图表面粗糙度。

03 使用【插入块】命令标注支座零件图基准代号。

04 使用【多段线】命令为支座俯视图标注剖面符号。

05 使用【单行文字】命令为支座零件剖视图标注图名。

🔍 **提示** 本例粗糙度及基准代号收录在随书光盘中的"素材文件"目录下，文件名为"粗糙度.dwg"和"基准代号.dwg"。

实例144 制作连接盘零件立体造型

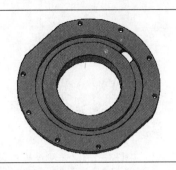

本实例主要学习连接盘零件立体造型的具体制作过程和相关的操作技巧。

📁 最终文件	效果文件\第11章\实例144.dwg	
🔵 素材文件	素材文件\11-144.dwg	
🎬 视频文件	视频文件\第11章\实例144.avi	
⏱ 播放时长	00:05:38	
🛡 技能点拨	旋转、圆柱体、差集、三维阵列、UCS	

01 打开随书光盘中的"素材文件\11-144.dwg"文件。

02 设置系统变量ISOLINES的值为12,修改变量FACETRES的值为10。

03 将图形编辑成如图11-165所示的状态,然后再将编辑后的闭合区域转换为面域。

04 切换为西南视图,然后单击【建模】工具栏中的⬡按钮,将闭合面域旋转为三维实体,结果如图11-166所示。

05 执行【UCS】命令,将当前坐标系绕Y轴旋转90°,重新定义用户坐标系。命令行操作如下:

```
命令: ucs                          //Enter
当前 UCS 名称: *俯视*
指定 UCS 的原点或 [面(F)/命名(NA)/对象(OB)/上一个(P)/视图(V)/世界(W)/X/Y/Z/Z 轴(ZA)]<世界>:
                                    //y Enter
指定绕 Y 轴的旋转角度 <90>:        //Enter,旋转结果如图11-167所示
```

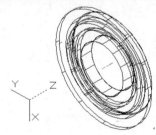

图11-165 编辑结果   图11-166 旋转结果1   图11-167 旋转结果2

06 修改当前颜色为"红色",然后使用快捷键"CYL"激活【圆柱体】命令,配合【端点捕捉】功能创建直径为11的圆柱体。命令行操作如下:

```
命令: cyl                          //Enter
CYLINDER指定底面的中心点或 [三点(3P)/两点(2P)/切点、切点、半径(T)/椭圆(E)]:
                                    //捕捉如图11-168所示的中心线端点
指定底面半径或 [直径(D)]:          //d Enter
指定直径:                          //11 Enter
```

指定高度或 [两点(2P)/轴端点(A)]: //12 Enter，创建结果如图11-169所示

07 使用快捷键 "3A" 激活【三维阵列】命令，配合【端点捕捉】功能将刚创建的圆柱体进行三维阵列，结果如图11-170所示。

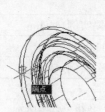
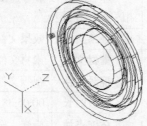

图11-168 捕捉端点　　　图11-169 创建柱体　　　　图11-170 阵列结果

08 夹点显示如图11-171所示的两个柱体并进行删除，然后通过中心盘孔中心线的端点，绘制如图11-172所示的垂直构造线。

09 选择【修改】|【偏移】菜单命令，将刚绘制的构造线对称偏移160个绘图单位，结果如图11-173所示。

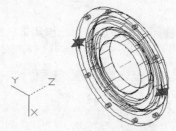
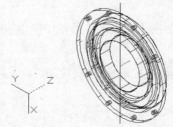
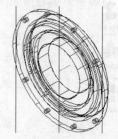

图11-171 夹点效果　　　　图11-172 绘制结果　　　　图11-173 偏移结果

10 单击【实体编辑】工具栏中的 按钮，激活【压印】命令，对旋转体和构造线进行编辑。命令行操作如下：

命令: _imprint

选择三维实体或曲面: //选择旋转体

选择要压印的对象: //选择一侧的构造线

是否删除源对象 [是(Y)/否(N)] <N>: //y Enter

选择要压印的对象: //选择另一侧的构造线

是否删除源对象 [是(Y)/否(N)] <Y>: //y Enter

选择要压印的对象: //Enter，压印结果如图11-174所示

11 使用快捷键 "HI" 激活【消隐】命令，对其进行消隐显示，结果如图11-175所示。

12 单击【实体编辑】工具栏中的 按钮，激活【拉伸面】命令，对压印后的表面进行拉伸。命令行操作如下：

命令: _solidedit

实体编辑自动检查: SOLIDCHECK=1

输入实体编辑选项 [面(F)/边(E)/体(B)/放弃(U)/退出(X)] <退出>: _face

输入面编辑选项[拉伸(E)/移动(M)/旋转(R)/偏移(O)/倾斜(T)/删除(D)/复制(C)/颜色(L)/材质(A)/放弃(U)/退出(X)] <退出>: _extrude

选择面或 [放弃(U)/删除(R)]:   //选择如图11-176所示的压印面

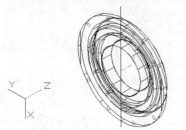 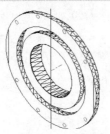 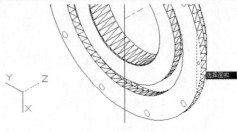

图11-174 压印结果   图11-175 消隐效果   图11-176 选择拉伸面

选择面或 [放弃(U)/删除(R)/全部(ALL)]:   //Enter

指定拉伸高度或 [路径(P)]:   //-12 Enter

指定拉伸的倾斜角度 <0>:   //Enter

已开始实体校验。

已完成实体校验。

输入面编辑选项[拉伸(E)/移动(M)/旋转(R)/偏移(O)/倾斜(T)/删除(D)/复制(C)/颜色(L)/材质(A)/放弃(U)/退出(X)] <退出>:   //x Enter

实体编辑自动检查: SOLIDCHECK=1

输入实体编辑选项 [面(F)/边(E)/体(B)/放弃(U)/退出(X)] <退出>:

                      //x Enter，拉伸结果如图11-177所示

13 重复执行【拉伸面】命令，将另一侧的压印面拉伸-12个单位，结果如图11-178所示，其消隐效果如图11-179所示。

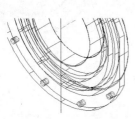 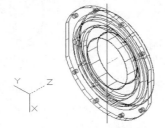 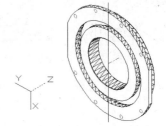

图11-177 拉伸结果   图11-178 拉伸结果   图11-179 消隐效果

14 将当前视切换为东南视图，然后使用快捷键"RO"激活【旋转】命令，配合【中点捕捉】功能将中间孔的中心线旋转90°。命令行操作如下：

命令: ro   //Enter

ROTATEUCS 当前的正角方向: ANGDIR=逆时针 ANGBASE=0

选择对象: //选择如图11-180所示的中心线

指定基点: _mid 于   //捕捉如图11-181所示的中点

指定旋转角度，或 [复制(C)/参照(R)] <0>:

                   //90 Enter，旋转结果如图11-182所示

15 使用快捷键"CYL"激活【圆柱体】命令，配合【端点捕捉】功能创建底面半径为20的圆柱体。命令行操作如下：

命令: cyl   //Enter
CYLINDER指定底面的中心点或 [三点(3P)/两点(2P)/切点、切点、半径(T)/椭圆(E)]:
                                                   //捕捉如图11-183所示的中心线端点
指定底面半径或 [直径(D)] <5.5000>:   //20 Enter
指定高度或 [两点(2P)/轴端点(A)] <12.0000>:   //-28 Enter，创建结果如图11-184所示

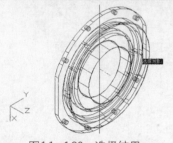
图11-180　选择结果

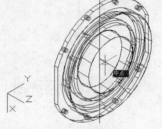
图11-181　捕捉中点

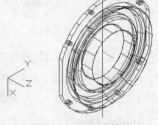
图11-182　旋转结果

16 删除构造线和3条盘孔中心线，然后使用快捷键"SU"激活【差集】命令，对旋转体和圆柱体进行差集运算，差集后的消隐效果如图11-185所示。

17 使用【自由动态观察】命令调整视点，并对模型进行灰度着色，效果如图11-186所示。

图11-183　捕捉端点

图11-184　创建结果

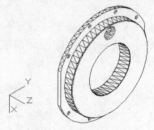
图11-185　消隐效果

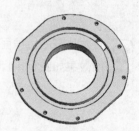
图11-186　灰度着色

18 最后执行【另存为】命令，将图形另名存储为"实例144.dwg"。

实例145　制作轴支座零件立体造型

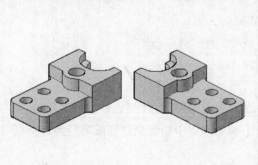

本实例主要学习轴支座零件立体造型的具体制作过程和相关的操作技巧。具体操作参见视频教程。

📁 最终文件	效果文件\第11章\实例145.dwg
🔴 素材文件	素材文件\11-145.dwg
⚫ 视频文件	视频文件\第11章\实例145.avi
⏱ 播放时长	00:02:31
❗ 技能点拨	圆柱体、三维阵列、面域、差集

01 打开随书光盘中的"素材文件\11-145.dwg"文件。

02 综合使用【删除】、【修剪】、【面域】等命令对支座俯视图进行修整和完善。

03 使用【拉伸】和【差集】命令制作支座零件主体造型。

04 使用【圆柱体】、【三维阵列】、【差集】等命令制作支座零件柱孔造型。

实例146 制作法兰盘零件立体造型

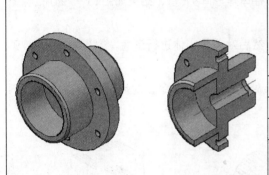

		本实例主要学习法兰盘零件立体造型的具体制作过程和相关的操作技巧。
📁 **最终文件**	效果文件\第11章\实例146.dwg	
🔴 **素材文件**	素材文件\11-146.dwg	
🔵 **视频文件**	视频文件\第11章\实例146.avi	
⏱ **播放时长**	00:04:37	
🛡 **技能点拨**	编辑多段线、旋转、圆柱体、三维阵列、差集、剖切	

01 打开随书光盘中的"素材文件\11-146.dwg"文件,如图11-187所示。

02 综合使用【删除】、【修剪】命令将图形编辑成如图11-188所示的结构。

03 执行【编辑多段线】命令,将轮廓线编辑成一条闭合的多段线边界,然后将边界和中心线剪切到前视图中。

04 设置系统变量ISOLINES为12、变量FACETRES值为10。

05 使用快捷键"REV"激活【旋转】命令,将边界绕下侧水平中心线旋转360°,结果如图11-189所示。

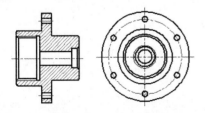

图11-187 打开结果

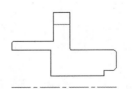

图11-188 编辑结果

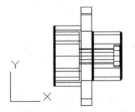

图11-189 旋转结果

06 将视图切换到西南视图,结果如图11-190所示。

07 执行【UCS】命令，将坐标系绕Y轴旋转90°，结果如图11-191所示。

08 执行【圆柱体】命令，以如图11-192所示的端点作为底面中心点，创建底面直径为3.6的圆柱体，结果如图11-193所示。

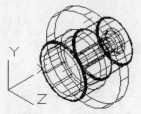
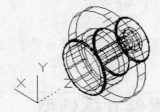
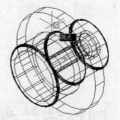
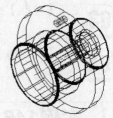

图11-190　切换视图　　　　图11-191　旋转UCS　　　　图11-192　捕捉端点　　图11-193　创建结果

09 使用快捷键"3A"激活【三维阵列】命令，将圆柱体环形阵列6份，结果如图11-194所示。

10 执行【差集】命令，对阵列出的柱体进行差集，然后对差集实体进行消隐，效果如图11-195所示。

11 将差集实体复制一份，然后使用快捷键"SL"激活【剖切】命令，对复制出的实体进行剖切，结果如图11-196所示。

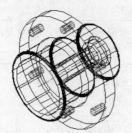
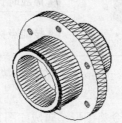
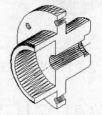

图11-194　阵列结果　　　　图11-195　差集后的消隐效果　　　　图11-196　剖切结果

12 最后对模型进行灰度着色，然后将其另名存储为实例"实例146.dwg"。

第12章　绘制盖轮类零件

盖轮零件也是一种常用的回转体零件。本章通过13个典型实例，主要学习盖轮类零件图的具体绘制方法和绘制技巧。

实例147　绘制阀盖零件剖视图

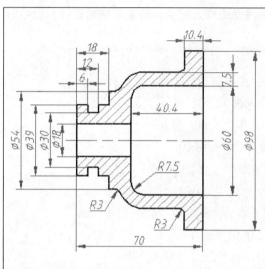

本实例主要学习阀盖零件剖视图的具体绘制过程和相关的操作技巧。

📁 **最终文件**	效果文件\第12章\实例147.dwg	
🔵 **素材文件**	样板文件\机械样板.dwt	
👤 **视频文件**	视频文件\第12章\实例147.avi	
🎬 **播放时长**	00:03:59	
❗ **技能点拨**	多段线、构造线、镜像、图案填充、圆角	

01 执行【新建】命令，调用随书光盘中的"样板文件\机械样板.dwt"文件。

02 将视图高度设置为150，并将"中心线"设置为当前图层。

03 使用快捷键"XL"激活【构造线】命令，绘制如图12-1所示的构造线作为定位辅助线。

04 将"轮廓线"设置为当前图层，然后选择【绘图】|【多段线】菜单命令，绘制主视图轮廓线。命令行操作如下：

```
命令: _pline
指定起点:                                              //捕捉中间定位线的交点
指定下一个点或 [圆弧(A)/半宽(H)/长度(L)/放弃(U)/宽度(W)]:      //@0,30 Enter
指定下一点或 [圆弧(A)/闭合(C)/半宽(H)/长度(L)/放弃(U)/宽度(W)]:  //@-32.9,0 Enter
指定下一点或 [圆弧(A)/闭合(C)/半宽(H)/长度(L)/放弃(U)/宽度(W)]:  //a Enter
指定圆弧的端点或[角度(A)/圆心(CE)/闭合(CL)/方向(D)/半宽(H)/直线(L)/半径(R)/第二个点(S)/放
弃(U)/宽度(W)]:                                        //@-7.5,-7.5 Enter
```

指定圆弧的端点或[角度(A)/圆心(CE)/闭合(CL)/方向(D)/半宽(H)/直线(L)/半径(R)/第二个点(S)/放弃(U)/宽度(W):   //l Enter，转入画线模式

指定下一点或 [圆弧(A)/闭合(C)/半宽(H)/长度(L)/放弃(U)/宽度(W)]:   //@0,-22.5 Enter

指定下一点或 [圆弧(A)/闭合(C)/半宽(H)/长度(L)/放弃(U)/宽度(W)]:   //Enter，绘制结果如图
                                                                12-2所示

图12-1　绘制结果　　　　　　　　　　　　　　　图12-2　绘制结果

05 选择【绘图】|【多段线】菜单命令，以左端辅助线交点作为起点，绘制左侧轮廓线。命令行操作如下：

命令: _pline

指定起点: //捕捉左端辅助线交点

指定下一个点或 [圆弧(A)/半宽(H)/长度(L)/放弃(U)/宽度(W)]:
                                       //向上移动光标，输入19.5 Enter

指定下一点或 [圆弧(A)/闭合(C)/半宽(H)/长度(L)/放弃(U)/宽度(W)]:
                                       //向右移动光标，输入6 Enter

指定下一点或 [圆弧(A)/闭合(C)/半宽(H)/长度(L)/放弃(U)/宽度(W)]:
                                       //向下移动光标，输入4.5 Enter

指定下一点或 [圆弧(A)/闭合(C)/半宽(H)/长度(L)/放弃(U)/宽度(W)]:
                                       //向右移动光标，输入6 Enter

指定下一点或 [圆弧(A)/闭合(C)/半宽(H)/长度(L)/放弃(U)/宽度(W)]:
                                       //向上移动光标，输入4.5 Enter

指定下一点或 [圆弧(A)/闭合(C)/半宽(H)/长度(L)/放弃(U)/宽度(W)]: 6
                                       //向右移动光标，输入6 Enter

指定下一点或 [圆弧(A)/闭合(C)/半宽(H)/长度(L)/放弃(U)/宽度(W)]:
                                       //向上移动光标，输入7.5 Enter

指定下一点或 [圆弧(A)/闭合(C)/半宽(H)/长度(L)/放弃(U)/宽度(W)]:
                                       //向右移动光标，输入12 Enter

指定下一点或 [圆弧(A)/闭合(C)/半宽(H)/长度(L)/放弃(U)/宽度(W)]:
                                       //Enter，绘制结果如图12-3所示

06 重复执行【多段线】命令，配合点的坐标输入功能绘制右上侧的轮廓线。命令行操作如下：

命令: _pline

指定起点: //捕捉如图12-3所示的点A

当前线宽为 0.0

指定下一个点或 [圆弧(A)/半宽(H)/长度(L)/放弃(U)/宽度(W)]:   //@0,19 Enter

指定下一点或 [圆弧(A)/闭合(C)/半宽(H)/长度(L)/放弃(U)/宽度(W)]://@-10.4,0 Enter

指定下一点或 [圆弧(A)/闭合(C)/半宽(H)/长度(L)/放弃(U)/宽度(W)]:   //@0,-8.5 Enter

指定下一点或 [圆弧(A)/闭合(C)/半宽(H)/长度(L)/放弃(U)/宽度(W)]:   //a Enter

指定圆弧的端点或[角度(A)/圆心(CE)/闭合(CL)/方向(D)/半宽(H)/直线(L)/半径(R)/第二个点(S)/放弃(U)/宽度(W)]:   //@-3,-3 Enter

指定圆弧的端点或[角度(A)/圆心(CE)/闭合(CL)/方向(D)/半宽(H)/直线(L)/半径(R)/第二个点(S)/放弃(U)/宽度(W)]:   //l Enter，转入画线模式

指定下一点或 [圆弧(A)/闭合(C)/半宽(H)/长度(L)/放弃(U)/宽度(W)]:   //@-25,0 Enter

指定下一点或 [圆弧(A)/闭合(C)/半宽(H)/长度(L)/放弃(U)/宽度(W)]:   //Enter，绘制结果如
图12-4的所示

07 选择【修改】|【分解】菜单命令，选择如图12-4所示的多段线L和左端的轮廓线进行分解。

08 执行【偏移】命令，将分解后的弧轮廓线向外偏移7.5个绘图单位，结果如图12-5所示。

 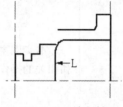 

图12-3 绘制结果   图12-4 绘制结果   图12-5 偏移结果

09 使用快捷键"F"激活【圆角】命令，对轮廓线进行圆角编辑，圆角半径为3，圆角结果如图12-6所示。

10 使用快捷键"O"激活【偏移】命令，对下侧的水平构造线向上偏移9个单位，偏移结果如图12-7所示。

11 使用快捷键"TR"激活【修剪】命令，对图形进行修整完善，并删除多余图线，结果如图12-8所示。

图12-6 圆角结果   图12-7 偏移结果   图12-8 修剪操作

12 使用快捷键"MI"激活【镜像】命令，将修剪后的图形进行镜像。命令行操作如下:

命令: mi   //Enter

MIRROR选择对象: //选择水平中心上侧的所有图线

选择对象: //Enter，结束选择

指定镜像线的第一点: //捕捉水平中心左端点

指定镜像线的第二点: //@1,0 Enter

要删除源对象吗? [是(Y)/否(N)] <N>:   //Enter，镜像结果如图12-9所示

13 使用快捷键"H"激活【图案填充】命令，设置填充图案为ANSI31，为阀盖主视图填充剖面线，填充结果如图12-10所示。

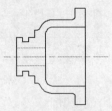

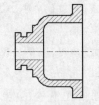

图12-9　镜像结果　　　　　　　　　图12-10　填充结果

14 最后使用【保存】命令，将图形命名存储为"实例147.dwg"。

实例148　绘制阀盖零件左视图

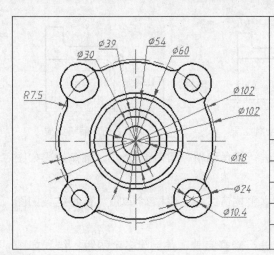

本实例主要学习阀盖零件左视图的具体绘制过程和相关的操作技巧。

📁 最终文件	效果文件\第12章\实例148.dwg
🔵 素材文件	素材文件\12-148.dwg
🎬 视频文件	视频文件\第12章\实例148.avi
🎞 播放时长	00:04:16
🛡 技能点拨	构造线、圆、修剪、环形阵列、旋转

01 打开随书光盘中的"素材文件\12-148.dwg"文件。

02 选择【绘图】|【构造线】菜单命令，配合【端点捕捉】功能，利用视图之间的对应关系，绘制如图12-11所示的水平构造线。

图12-11　绘制水平构造线

03 使用快捷键"C"激活【圆】命令，配合【交点捕捉】功能绘制如图12-12所示的同心圆。

04 选择【修改】|【删除】菜单命令，删除多余的构造线。

05 使用快捷键"C"激活【圆】命令，以最大圆的下象限点为圆心，绘制半径为5.2和12的同心圆，如图12-13所示。

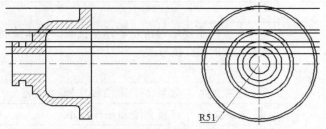

R51

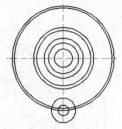

图12-12 绘制同心圆1   图12-13 绘制同心圆2

06 选择【绘图】|【圆】|【相切、相切、半径】菜单命令，绘制半径为7.5的相切圆，如图12-14所示。

07 使用快捷键"AR"激活【环形阵列】命令，将下侧的同心圆和两相切圆环形阵列4份，结果如图12-15所示。

08 选择【修改】|【旋转】菜单命令，将左视图轮廓旋转45°，结果如图12-16所示。

09 使用快捷键"TR"激活【修剪】命令，对旋转后的左视图轮廓进行修剪，结果如图12-17所示。

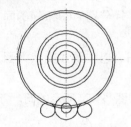 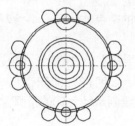 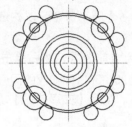 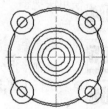

图12-14 绘制相切圆   图12-15 阵列结果   图12-16 旋转结果   图12-17 修剪结果

10 使用快捷键"TR"激活【修剪】命令，对中心线进行修剪，并对相关轮廓线修改图层特性，结果如图12-18所示。

11 使用快捷键"LEN"激活【拉长】命令，将主视图和左视图中的中心线两端拉长6个绘图单位，结果如图12-19所示。

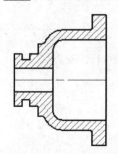 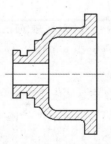 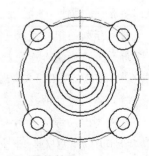

图12-18 编辑结果   图12-19 最终结果

12 最后使用【另存为】命令，将图形另名存储为"实例148.dwg"。

实例149　绘制齿轮零件左视图

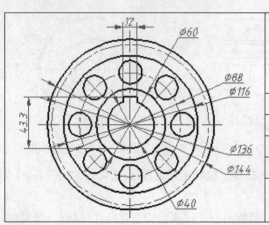

本实例主要学习齿轮零件左视图的具体绘制过程和相关的操作技巧。

📁 最终文件	效果文件\第12章\实例149.dwg	
🌐 素材文件	样板文件\机械样板.dwt	
🎥 视频文件	视频文件\第12章\实例149.avi	
⏱ 播放时长	00:03:45	
🛡 技能点拨	多段线、构造线、镜像、图案填充、圆角	

01 执行【新建】命令，调用随书光盘中的"样板文件\机械样板.dwt"文件。

02 将视图高度设置为200，将"中心线"设置为当前图层。

03 使用快捷键"XL"激活【构造线】命令，绘制两条相互垂直的构造线作为视图定位基准线。

04 使用快捷键"C"激活【圆】命令，以构造线的交点作为圆心，绘制半径分别为68和44的同心圆。

05 将"轮廓线"设置为当前图层，然后单击【绘图】工具栏上的 ⊙ 按钮，以辅助线交点为圆心，绘制半径分别为20、30、58和72的同心圆，如图12-20所示。

06 重复执行【圆】命令，配合【交点捕捉】功能绘制半径为10的小圆，如图12-21所示的圆。

07 单击【修改】工具栏中的 ⬚ 按钮，激活【环形阵列】命令，对刚绘制的圆进行阵列。命令行操作如下：

```
命令: _arraypolar
选择对象:                                              //选择直径为20的圆
选择对象:                                              //Enter
类型 = 极轴  关联 = 是
指定阵列的中心点或 [基点(B)/旋转轴(A)]:               //捕捉如图12-22所示的圆心
选择夹点以编辑阵列或 [关联(AS)/基点(B)/项目(I)/项目间角度(A)/填充角度(F)/行(ROW)/层(L)/旋
转项目(ROT)/退出(X)] <退出>:                          //i Enter
输入阵列中的项目数或 [表达式(E)] <6>:                 //8 Enter
选择夹点以编辑阵列或 [关联(AS)/基点(B)/项目(I)/项目间角度(A)/填充角度(F)/行(ROW)/层(L)/旋
转项目(ROT)/退出(X)] <退出>:                          //f Enter
指定填充角度(+=逆时针、-=顺时针)或 [表达式(EX)] <360>: //Enter
选择夹点以编辑阵列或 [关联(AS)/基点(B)/项目(I)/项目间角度(A)/填充角度(F)/行(ROW)/层(L)/旋
转项目(ROT)/退出(X)] <退出>:                          // Enter，阵列结果如图12-23所示
```

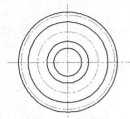 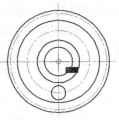 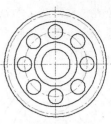

图12-20 绘制结果1　　图12-21 绘制结果2　　图12-22 捕捉圆心　　图12-23 阵列结果

08 绘制键槽结构。单击【修改】工具栏中的 按钮，将垂直构造线对称偏移6个单位，结果如图12-24所示。

09 重复执行【偏移】命令，将水平构造线向上偏移23.3个单位，如图12-25所示。

10 在无命令执行的前提下夹点显示偏移出的3条构造线，将其放到"轮廓线"图层上，结果如图12-26的示。

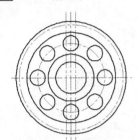 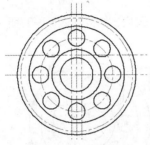 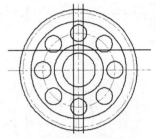

图12-24 偏移结果　　　　　图12-25 偏移结果　　　　　图12-26 更改图层

11 使用快捷键"TR"激活【修剪】命令，对构造线和圆进行修剪，编辑出键槽结构，结果如图12-27所示。

12 将"中心线"设置为当前图层，然后使用快捷键"L"激活【直线】命令，绘制如图12-28所示的中心线，中心线超出圆的长度为2。

13 单击【修改】工具栏中的 按钮，激活【环形阵列】命令，对刚绘制的圆中心线进行阵列。命令行操作如下：

命令：_arraypolar
选择对象：　　　　　　　　　　　　　　　　//选择刚绘制的圆中心线
选择对象：　　　　　　　　　　　　　　　　//Enter
类型 = 极轴 关联 = 是
指定阵列的中心点或 [基点(B)/旋转轴(A)]：　　　//捕捉如图12-29所示的交点
选择夹点以编辑阵列或 [关联(AS)/基点(B)/项目(I)/项目间角度(A)/填充角度(F)/行(ROW)/层(L)/旋转项目(ROT)/退出(X)] <退出>：　　//i Enter
输入阵列中的项目数或 [表达式(E)] <6>：　　　//8 Enter
选择夹点以编辑阵列或 [关联(AS)/基点(B)/项目(I)/项目间角度(A)/填充角度(F)/行(ROW)/层(L)/旋转项目(ROT)/退出(X)] <退出>：　　//f Enter
指定填充角度(+=逆时针、-=顺时针)或 [表达式(EX)] <360>：//Enter
选择夹点以编辑阵列或 [关联(AS)/基点(B)/项目(I)/项目间角度(A)/填充角度(F)/行(ROW)/层(L)/旋转项目(ROT)/退出(X)] <退出>：　　//as Enter

创建关联阵列 [是(Y)/否(N)] <否>:　　　　　　　　　　　//Enter

　　选择夹点以编辑阵列或 [关联(AS)/基点(B)/项目(I)/项目间角度(A)/填充角度(F)/行(ROW)/层(L)/旋转项目(ROT)/退出(X)] <退出>:　　　　　　//Enter，阵列结果如图12-30所示

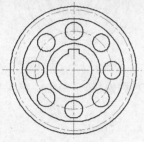

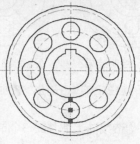

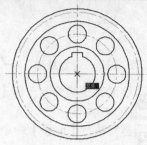

| 图12-27　修剪结果 | 图12-28　绘制中心线 | 图12-29　捕捉交点 |

14 在无命令执行的前提下夹点显示如图12-31所示的4条水平中心线。

15 按Delete键，将夹点显示的中心线删除，结果如图12-32所示。

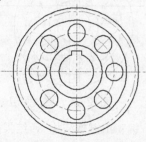

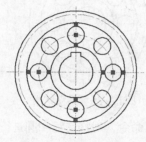

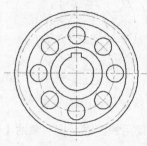

| 图12-30　阵列结果 | 图12-31　夹点效果 | 图12-32　删除结果 |

16 最后使用【另存为】命令，将图形另名存储为"实例149.dwg"。

实例150　绘制齿轮零件剖视图

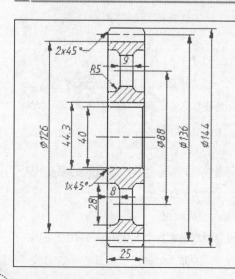

本实例主要学习齿轮零件剖视图的具体绘制过程和相关的操作技巧。

📁 最终文件	效果文件\第12章\实例150.dwg
🌀 素材文件	素材文件\12-150.dwg
💿 视频文件	视频文件\第12章\实例150.avi
🎞 播放时长	00:03:55
🛡 技能点拨	构造线、修剪、偏移、倒角、圆角、镜像、图案填充

01 打开随书光盘中的"素材文件\12-150.dwg"文件。

02 将"轮廓线"设置为当前图层,然后执行【构造线】命令,在左视图左侧绘制两条垂直的构造线,构造线之间的距离为25,结果如图12-33所示。

03 执行【构造线】命令,根据视图间的对正关系,配合【圆心捕捉】和【交点捕捉】功能绘制如图12-34所示的水平构造线。

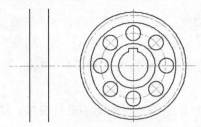
图12-33 绘制结果

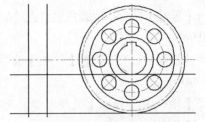
图12-34 绘制结果

04 单击【修改】工具栏中的 按钮,对构造线进行修剪,编辑出主视图主体结构,结果如图12-35所示。

05 使用快捷键"CHA"激活【倒角】命令,对主视图外轮廓线进行倒角,倒角线的长度为2、角度为45°,倒角结果如图12-36所示。

06 重复执行【倒角】命令,将倒角模式设置为【不修剪】,将倒角线长度设置为1、角度为45°,创建内部的倒角,结果如图12-37所示。

07 执行【修剪】命令,对内部的水平轮廓线进行修,结果如图12-38所示。

08 使用快捷键"L"激活【直线】命令,绘制倒角位置的垂直轮廓线,结果如图12-39所示。

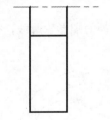
图12-35 修剪   图12-36 外倒角   图12-37 内倒角   图12-38 修剪   图12-39 绘制结果

09 使用快捷键"XL"激活【构造线】命令,根据视图间的对正关系,绘制如图12-40所示的水平构造线。

10 使用快捷键"O"激活【偏移】命令,将主视图外侧的两条垂直轮廓线向内偏移8个单位,结果如图12-41所示。

11 使用快捷键"TR"激活【修剪】命令,对各图线进行修剪,编辑出柱形圆孔轮廓线,如图12-42所示。

12 使用快捷键"F"激活【圆角】命令,将圆角半径设置为5,将圆角模式设置为【修剪】,对内部的图线进行圆角,结果如图12-43所示。

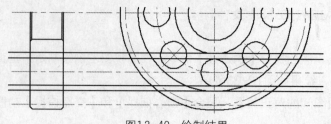

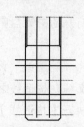

图12-40　绘制结果　　　　　　　　　　　　　　　　图12-41　偏移结果

13 执行【延伸】命令，以圆角后产生的4条圆弧作为边界，对圆弧之间的两条水平轮廓线进行两端延伸。

14 使用快捷键"LEN"激活【拉长】命令，将内部的水平中心线两端缩短4个单位，结果如图12-44所示。

15 选择【修改】|【镜像】菜单命令，选择如图12-44所示的主视图结构进行镜像，结果如图12-45所示。

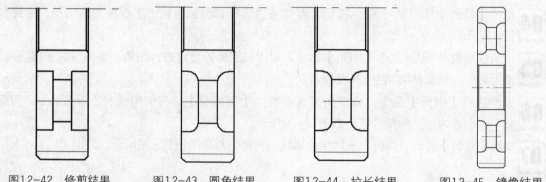

图12-42　修剪结果　　　图12-43　圆角结果　　　图12-44　拉长结果　　　图12-45　镜像结果

16 根据视图间的对正关系，使用【构造线】命令绘制如图12-46所示的水平构造线。

17 使用快捷键"TR"激活【修剪】命令，对水平构造线进行修剪，将其转换为图形轮廓线，结果如图12-47所示。

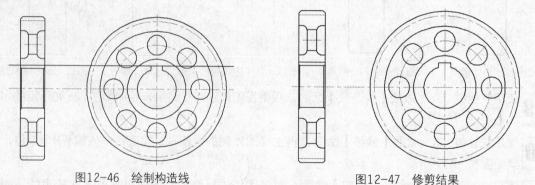

图12-46　绘制构造线　　　　　　　　　　　　　图12-47　修剪结果

18 将修剪出的水平轮廓线向上偏移39.7个单位，然后再将偏移出的水平轮廓线向下偏移126个单位，结果如图12-48所示。

19 展开【图层控制】下拉列表，将"剖面线"设置为当前图层。

20 执行【图案填充】命令，采用默认填充参数，为主视图填充如图12-49所示的剖面线，填充图案为ANSI31。

21 使用快捷键"TR"激活【修剪】命令，对两视图外轮廓线作为边界，对构造线进行修剪，将其转换为图形中心线。

22 选择【修改】|【拉长】菜单命令，将二视图中心线两端拉长7.5个单位，结果如图12-50所示。

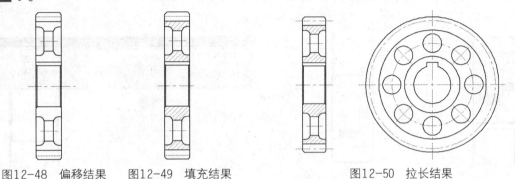

图12-48 偏移结果　　　图12-49 填充结果　　　　　　图12-50 拉长结果

23 最后执行【另存为】命令，将图形命名存储为"实例150.dwg"。

实例151 标注齿轮零件图尺寸

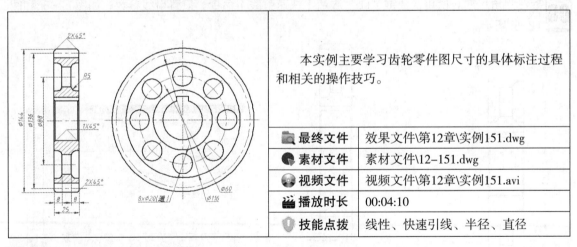

本实例主要学习齿轮零件图尺寸的具体标注过程和相关的操作技巧。

📁 最终文件	效果文件\第12章\实例151.dwg
🍰 素材文件	素材文件\12-151.dwg
💿 视频文件	视频文件\第12章\实例151.avi
⏱ 播放时长	00:04:10
🛡 技能点拨	线性、快速引线、半径、直径

01 打开随书光盘中的"素材文件\12-151.dwg"文件.

02 展开【图层控制】下拉列表，将"标注线"设为当前层。

03 执行【标注样式】命令，将"机械标注"样式设置为当前标注样式，并修改标注比例为1.5。

04 选择【标注】|【线性】菜单命令，配合【端点捕捉】功能标注主视图上侧的尺寸。命令行操作如下：

命令: _dimlinear
指定第一个尺寸界线原点或〈选择对象〉:   //捕捉如图12-51所示的端点
指定第二条尺寸界线原点: //捕捉如图12-52所示的端点
指定尺寸线位置或[多行文字(M)/文字(T)/角度(A)/水平(H)/垂直(V)/旋转(R)]:
                                 //m Enter, 打开【文字格式】编辑器

05 在打开的【文字格式】编辑器内为尺寸文字添加直径前缀, 如图12-53所示。

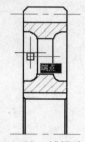
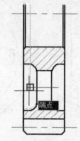

图12-51 捕捉端点1   图12-52 捕捉端点2   图12-53 添加前缀

06 单击 确定 按钮, 返回绘图区, 根据命令行的提示指定尺寸线位置, 标注结果如图12-54所示。

07 参照上述操作, 重复执行【线性】命令, 标注其他位置的尺寸, 结果如图12-55所示。

08 标注倒角尺寸。使用快捷键 "LE" 激活【快速引线】命令, 设置引线参数, 如图12-56和图12-57所示。

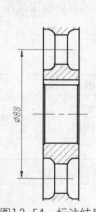
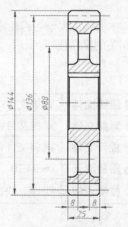
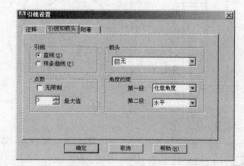

图12-54 标注结果   图12-55 标注线性尺寸   图12-56 设置引线和箭头

09 返回绘图区。根据命令行的提示, 绘制引线并标注引线注释, 结果如图12-58所示。

10 重复执行【快速引线】命令, 标注下侧的倒角尺寸, 标注结果如图12-59所示。

11 使用快捷键 "D" 激活【标注样式】命令, 将 "角度标注" 设置为当前标注样式, 修改标注比例为1.5。

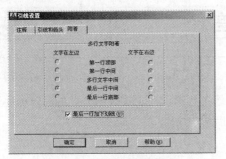

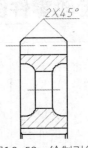

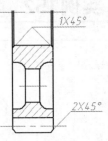

图12-57 设置附着位置 　　图12-58 绘制引线 　　图12-59 标注结果

12 选择【标注】|【直径】菜单命令，标注俯视图的直径尺寸。命令行操作如下：

命令：_dimdiameter

选择圆弧或圆： 　　　　　　　　　　　　　//选择如图12-60所示的圆

标注文字 = 20

指定尺寸线位置或 [多行文字(M)/文字(T)/角度(A)]： 　　//t Enter

输入标注文字 <20>： 　　　　　　　　　　//8x%%C20（通） Enter

指定尺寸线位置或 [多行文字(M)/文字(T)/角度(A)]： 　　//Enter，结束命令，标注结果

　　　　　　　　　　　　　　　　　　　　　　 如图12-61所示

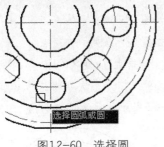

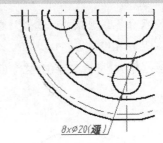

图12-60 选择圆 　　　　　　　　图12-61 标注结果

13 重复执行【直径】命令，分别标注其他位置的直径尺寸，结果如图12-62所示。

14 选择【标注】|【半径】菜单命令，标注主视图中的圆角尺寸，结果如图12-63所示。

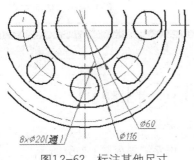

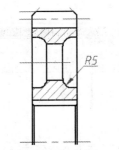

图12-62 标注其他尺寸 　　　　　图12-63 标注半径尺寸

15 最后执行【另存为】命令，将图形另名存储为"实例151.dwg"。

实例152　标注齿轮零件图公差

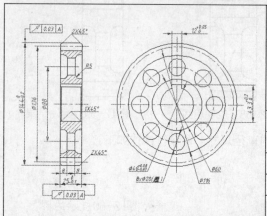

本实例主要学习齿轮零件图公差的具体标注过程和相关的操作技巧。

	最终文件	效果文件\第12章\实例152.dwg
	素材文件	素材文件\12-152.dwg
	视频文件	视频文件\第12章\实例152.avi
	播放时长	00:05:52
	技能点拨	线性、快速引线、编辑文字

01 打开随书光盘中的"素材文件\12-152.dwg"文件。

02 选择【标注】|【线性】菜单命令，配合【捕捉交点】和【端点捕捉】功能标注左视图右侧的尺寸公差。命令行操作如下：

```
命令：_dimlinear
指定第一个尺寸界线原点或〈选择对象〉：      //捕捉如图12-64所示的端点
指定第二条尺寸界线原点：                   //捕捉如图12-65所示的交点
指定尺寸线位置或[多行文字(M)/文字(T)/角度(A)/水平(H)/垂直(V)/旋转(R)]：
                                         //m Enter，打开【文字格式】编辑器，输入如
                                            图12-66所示的尺寸公差后缀
```

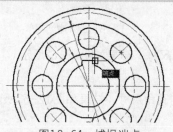

图12-64　捕捉端点

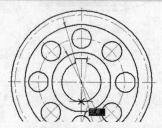

图12-65　捕捉交点

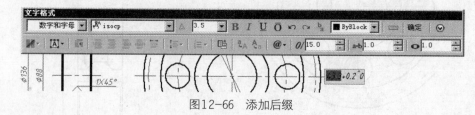

图12-66　添加后缀

03 在下侧的文字输入框内选择公差后缀进行堆叠，堆叠结果如图12-67所示。

04 单击 确定 按钮，返回绘图区，根据命令行的提示指定尺寸线位置，标注结果如图12-68所示。

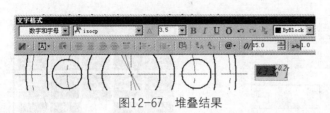

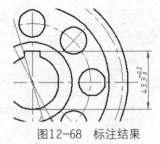

图12-67　堆叠结果　　　　　　　　　　图12-68　标注结果

05 参照上述操作，重复执行【线性】命令，标注上侧的尺寸公差，结果如图12-69所示。

06 将"角度标注"设置为当前样式，然后选择【标注】|【直径】菜单命令，标注如图12-70所示的尺寸公差。

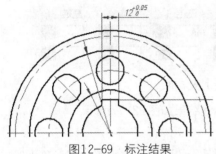

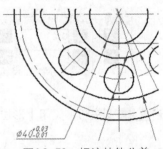

图12-69　标注结果　　　　　　　　　图12-70　标注其他公差

07 使用快捷键"ED"激活【编辑文字】命令，选择左侧文字为144的直径尺寸，打开【文字格式】编辑器，然后添加公差后缀，如图12-71所示。

08 选择公差后缀进行堆叠，然后单击 确定 按钮，结果如图12-72所示。

09 继续在"选择注释对象或［放弃（U）］："提示下，分别修改其他位置的尺寸，添加公差后缀，结果如图12-73所示。

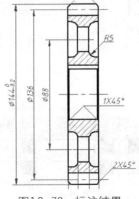

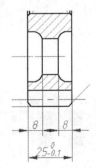

图12-71　添加公差后缀　　　图12-72　标注结果　　　图12-73　标注结果

10 使用快捷键"LE"激活【快速引线】命令，设置引线注释类型为"公差"，其他参数设置如图12-74所示。

11 单击 确定 按钮，返回绘图区。根据命令行的提示指定引线点，打开【形位公差】对话框。

12 在打开的【形位公差】对话框中的【符号】颜色块上单击，打开【特征符号】对话框，然后选择如图12-75所示的公差符号。

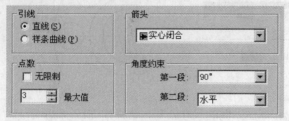

图12-74 设置引线和箭头

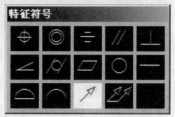

图12-75 【特征符号】对话框

13 返回【形位公差】对话框，在【公差1】选项组内的颜色块上单击，添加直径符号和公差值等，如图12-76所示。

图12-76 【形位公差】对话框

14 单击 确定 按钮，关闭【形位公差】对话框，标注结果如图12-77所示。

15 重复执行【快速引线】命令，设置引线参数（如图12-78所示），设置公差参数（如图12-79所示），标注主视图下侧的形位公差，标注结果如图12-80所示。

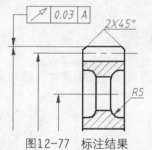

图12-77 标注结果

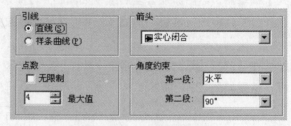

图12-78 设置引线参数

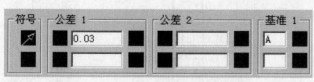

图12-79 设置公差参数

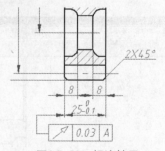

图12-80 标注结果

16 重复执行【快速引线】命令，设置引线注释（如图12-81所示），然后绘制如图12-82所示的引线。

17 最后执行【另存为】命令，将图形另名存储为"实例152.dwg"。

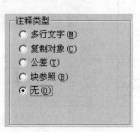

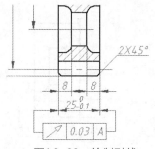

图12-81　设置引线注释　　　　图12-82　绘制引线

实例153　标注齿轮粗糙度与技术要求

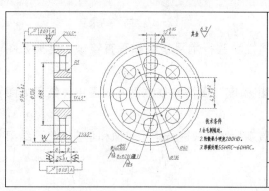

本实例主要学习齿轮零件图粗糙度与技术要求的具体标注过程和相关操作技巧。

最终文件	效果文件\第12章\实例153.dwg
素材文件	素材文件\12-153.dwg
视频文件	视频文件\第12章\实例153.avi
播放时长	00:04:40
技能点拨	插入块、多行文字

01 打开随书光盘中的"素材文件\12-153.dwg"文件。

02 展开【图层控制】下拉列表，将"细实线"设置为当前层。

03 使用快捷键"I"激活【插入块】命令，插入"粗糙度"属性块，块的缩放比例为1.4。命令行操作如下：

命令：I	//Enter，激活【插入块】命令
INSERT	
指定插入点或 [基点(B)/比例(S)/X/Y/Z/旋转(R)]：	//在主视图下侧水平轮廓线上单击左键
输入属性值	
输入粗糙度值：<3.2>：	//Enter，结果如图12-83所示

04 使用快捷键"CO"激活【复制】命令，将刚插入的"粗糙度"属性块进行复制，结果如图12-84所示。

05 在复制出的"粗糙度"属性块上双击，打开【增强属性编辑器】对话框，然后修改属性值，如图12-85所示。

06 重复执行【插入块】命令，设置块参数（如图12-86所示），标注主视图下侧的粗糙度，结果如图12-87所示。

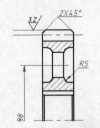

图12-83 插入结果

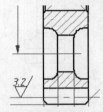

图12-84 复制结果

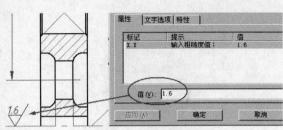

图12-85 修改属性值

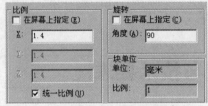

图12-86 设置参数

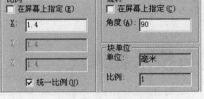

图12-87 插入结果

07 执行【镜像】命令，对刚插入的"粗糙度"属性块进行水平镜像和垂直镜像，结果如图12-88所示。

08 选择【修改】|【复制】菜单命令，将1.6号"粗糙度"属性块复制到左视图中，结果如图12-89所示。

09 连续两次执行【镜像】命令，对刚插入的"粗糙度"属性块进行水平镜像和垂直镜像，结果如图12-90所示。

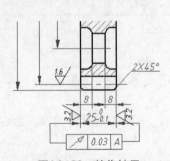

图12-88 镜像结果

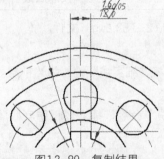

图12-89 复制结果

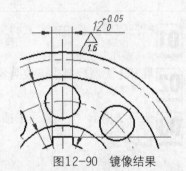

图12-90 镜像结果

10 选择【修改】|【复制】菜单命令，对镜像后的粗糙度属性块分别复制到其他位置上，结果如图12-91所示。

11 在最下侧的1.6号"粗糙度"属性块上双击，在打开的【增强属性编辑器】对话框中修改其属性值，如图12-92所示。

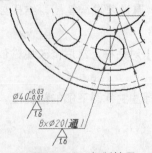

图12-91 复制结果

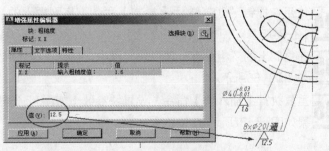

图12-92 编辑属性

12 重复执行【插入块】命令，设置块参数（如图12-93所示），标注如图12-94所示的粗糙度，其中属性值为6.3。

13 使用快捷键"DT"激活【单行文字】命令，标注如图12-95所示的"其余"字样，其中字高为8。

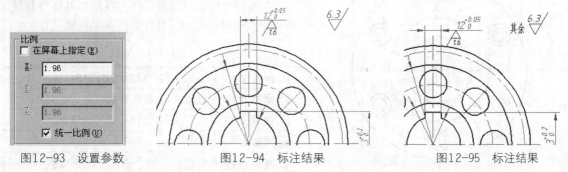

图12-93 设置参数　　　　图12-94 标注结果　　　　图12-95 标注结果

14 将"细实线"设置为当前图层。单击【绘图】工具栏上的 **A** 按钮，然后执行【多行文字】命令，为零件图标注技术要求，首先输入如图12-96所示的标题。

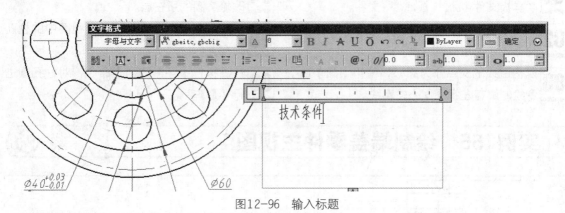

图12-96 输入标题

15 按Enter键，将文字高度设置为7，然后输入如图12-97所示的技术要求内容。

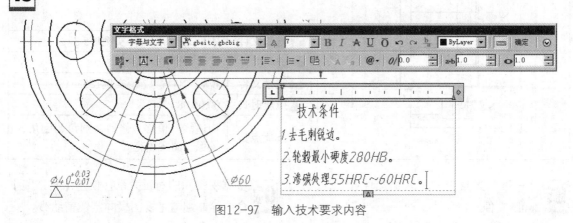

图12-97 输入技术要求内容

16 最后执行【另存为】命令，将图形另名存储为"实例153.dwg"。

实例154 绘制端盖零件左视图

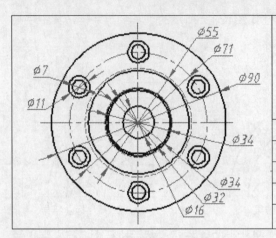

本实例主要学习端盖零件左视图的具体绘制过程和相关的操作技巧。具体操作参见视频文件。

📁 最终文件	效果文件\第12章\实例154.dwg
🔖 素材文件	样板文件\机械样板.dwt
🎬 视频文件	视频文件\第12章\实例154.avi
⏱ 播放时长	00:02:16
🛡 技能点拨	构造线、圆、特性、环形阵列

01 执行【新建】命令，调用随书光盘中的"样板文件\机械样板.dwt"文件。

02 使用【构造线】命令绘制两条相互垂直的构造线作为定位基准线。

03 以构造线的交点作为圆心，使用【圆】命令绘制端盖左视图同心轮廓线。

04 使用【特性】或【快捷特性】选项板，更改轮廓圆的所在层。

05 使用【圆】命令绘制端盖左视图中的柱孔轮廓圆。

06 最后执行【环形阵列】命令，对柱孔圆进行环形阵列。

实例155 绘制端盖零件主视图

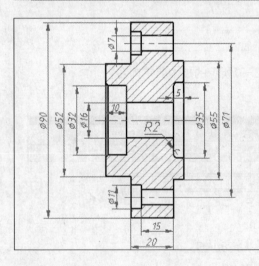

本实例主要学习端盖零件主视图的具体绘制过程和相关的操作技巧。具体操作参见视频文件。

📁 最终文件	效果文件\第12章\实例155.dwg
🔖 素材文件	素材文件\12–155.dwg
🎬 视频文件	视频文件\第12章\实例155.avi
⏱ 播放时长	00:06:08
⚠ 技能点拨	构造线、偏移、修剪、圆角、倒角、镜像、图案填充

01 打开随书光盘中的"素材文件\12–155.dwg"文件。

02 使用【构造线】和【偏移】命令绘制端盖主视图纵向定位辅助线。

03 根据视图间的对正关系，使用【构造线】命令绘制端盖主视图横向定位辅助线。

04 使用【修剪】和【删除】命令，对构造线进行编辑，编辑出主视图结构。

05 使用【倒角】和【圆角】命令对编辑出的主视图进行倒角和完善。

06 使用【镜像】、【图案填充】命令完善主视图并绘制剖面线。

07 最后使用【修剪】和【拉长】命令绘制两视图中心线。

实例156 标注端盖零件尺寸与公差

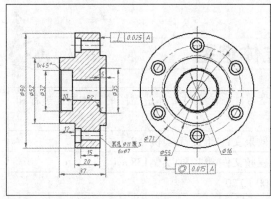

本实例主要学习端盖零件图尺寸与公差的具体标注过程和相关的操作技巧。具体操作参见视频文件。

📁 最终文件	效果文件\第12章\实例156.dwg
🔴 素材文件	素材文件\12-156.dwg
🔵 视频文件	视频文件\第12章\实例156.avi
🕐 播放时长	00:04:33
🛡 技能点拨	线性、快速引线、直径

01 打开随书光盘中的"素材文件\12-156.dwg"文件。

02 设置当前标注层和标注样式,并修改标注比例为1.1。

03 使用【线性】命令标注主视图中的长度尺寸和宽度尺寸,并对标注文字进行完善。

04 使用【直径】命令标注左视图中的直径尺寸。

05 使用【半径】命令标注零件图中的圆角尺寸。

06 使用【快速引线】命令标注零件图中的倒角尺寸和引线尺寸。

07 最后使用【快速引线】命令标注零件图中的形位公差。

实例157 标注端盖粗糙度与技术要求

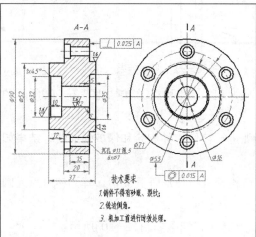

本实例主要学习端盖零件图表面粗糙度、剖视符号和技术要求等内容的具体标注过程和相关的操作技巧。具体操作参见视频文件。

📁 最终文件	效果文件\第12章\实例157.dwg
🔴 素材文件	素材文件\12-157.dwg
🔵 视频文件	视频文件\第12章\实例157.avi
🕐 播放时长	00:04:00
🛡 技能点拨	插入块、镜像、编辑属性、单行文字、多行文字

01 打开随书光盘中的"素材文件\12-157.dwg"文件。

02 使用【插入块】命令插入零件图表面粗糙度属性块。

03 使用【复制】、【镜像】命令快速标注其他位置粗糙度。

04 使用【编辑属性】命令对粗糙度属性块进行修改编辑。

05 使用【单行文字】命令标注端盖零件剖视符号。

06 最后使用【多行文字】命令标注端盖零件图技术要求。

🔍**提示** 本例粗糙度及基准代号收录在随书光盘中的"素材文件"目录下，文件名为"粗糙度.dwg"。

实例158 制作柱齿轮零件立体造型

本实例主要学习柱齿轮零件立体造型图的具体制作过程和相关的操作技巧。

📁 最终文件	效果文件\第12章\实例158.dwg
🎬 视频文件	视频文件\第12章\实例158.avi
🎞 播放时长	00:10:20
🛡 技能点拨	编辑多段线、平移网格、直纹网格、边界网格、三维旋转

01 新建文件并绘制4个半径分别为38、35.8、33.5和10的同心圆。

02 使用快捷键"XL"激活【构造线】命令，绘制如图12-98所示的构造线作为辅助线。

03 选择【修改】|【偏移】菜单命令，将水平构造线向左偏移0.6、1.6和2个绘图单位，结果如图12-99所示。

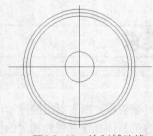

图12-98 绘制辅助线

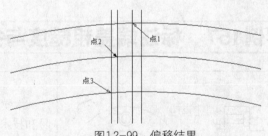

图12-99 偏移结果

04 选择【绘图】|【圆弧】|【三点】菜单命令，分别过点1、点2和点3绘制如图12-100所示的圆弧。

05 选择【修改】|【镜像】菜单命令，对刚绘制的圆弧进行镜像，并删除和修剪辅助线，结果如图12-101所示。

06 使用快捷键"AR"激活【阵列】命令，对上侧的齿轮牙进行环形阵列36份，阵列中心点为圆心，阵列结果如图12-102所示。

07 使用【修剪】和【删除】命令，对阵列后的图形进行编辑，结果如图12-103所示。

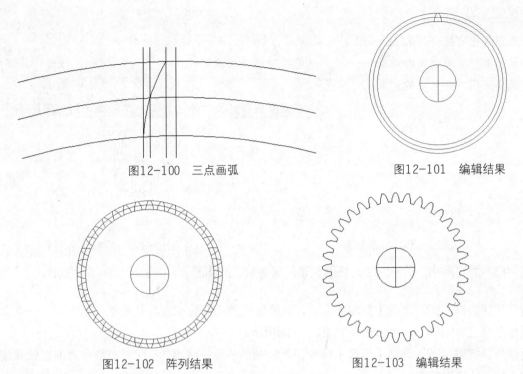

图12-100 三点画弧

图12-101 编辑结果

图12-102 阵列结果

图12-103 编辑结果

08 综合使用【偏移】、【修剪】和【删除】命令，参照图示尺寸，绘制内部的键槽轮廓图，结果如图12-104所示。

09 选择【修改】|【对象】|【多段线】菜单命令，将如图12-104所示的轮廓图创建为两条闭合的多段线。

10 将当前视图切换为西南视图，结果如图12-105所示。

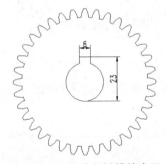

图12-104 绘制键槽轮廓图

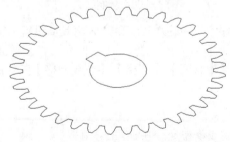

图12-105 切换视图

11 使用快捷键"L"激活【直线】命令，以圆心为起点，以"@0,0,20"为目标点，绘制长度为20的垂直线段，如图12-106所示。

12 在命令行中输入SURFTAB1和SURFTAB2，将其值都设置为30。

13 选择【绘图】|【建模】|【网格】|【平移网格】菜单命令，创建如图12-107所示的齿轮中心孔模型。命令行操作如下：

命令：_tabsurf
当前线框密度：SURFTAB1=30
选择用作轮廓曲线的对象：　　　　　　//选择键槽轮廓线
选择用作方向矢量的对象：

　　　　　　　　　　　　　//在垂直线侧的下侧单击左键，结果如图12-107所示

图12-106　绘制结果

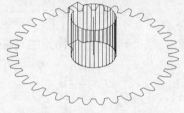

图12-107　平移网格

14 创建名为"网格"的新图层，把刚创建的网格放在此图层上，并关闭"网格"图层。

15 使用快捷键"CO"激活【复制】命令，选择外侧的闭合轮廓线将其复制，基点为任一点，目标点为"@0,0,20"，复制结果如图12-108所示。

16 使用快捷键"RO"激活【旋转】命令，将复制后的轮廓线旋转6.78°，基点为垂直辅助线的上端点，结果如图12-109所示。

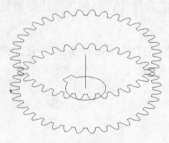

图12-108　复制结果

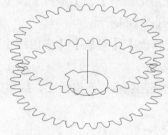

图12-109　旋转结果

17 在命令行中输入SURFTAB1，将其值设置为360°。

18 选择【绘图】|【网格】|【直纹网格】菜单命令，创建直纹网格模型。命令行操作如下：

命令：_rulesurf
当前线框密度：SURFTAB1=30
选择第一条定义曲线：　　　//选择刚旋转后的轮廓线
选择第二条定义曲线：　　　//选择底部的闭合轮廓线，创建如图12-110所示的直纹网格

19 选择刚创建的直纹网格，修改其图层为"网格"层。

20 使用【构造线】命令，通过圆心绘制一条如图12-111所示的垂直辅助线。

21 使用快捷键"BR"激活【打断】命令，以辅助线与内外轮廓线的交点作为断点，分别将内外轮廓线创建为两条多段线。

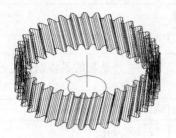

图12-110 直纹网格

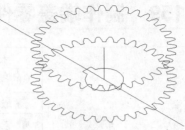

图12-111 绘制辅助线

22 重复执行【直纹网格】命令，创建如图12-112所示的直纹网格。

23 选择刚创建的网格模型，修改其图层为"网格"。

24 选择键槽轮廓线和辅助线，沿当前坐标系的Z轴正方向移动20个绘图单位，结果如图12-113所示。

25 参照上述操作步骤，创建如图12-114所示的直纹网格。

26 最后删除辅助线，并打开"网格"图层，结果如图12-115所示。

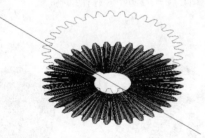

图12-112 创建直纹网格

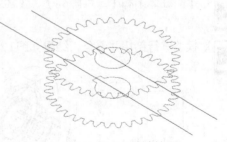

图12-113 移动结果

27 修改模型的颜色为254号色，将当前视图切换为东北视图。

28 选择【视图】|【消隐】菜单命令，对视图进行消隐显示，结果如图12-116所示。

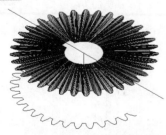

图12-114 创建结果

图12-115 创建结果

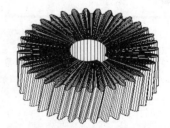

图12-116 消隐效果

29 最后执行【保存】命令，将图形命名存储为"实例158.dwg"。

实例159　制作端盖零件立体造型

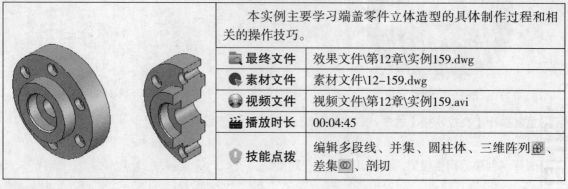

本实例主要学习端盖零件立体造型的具体制作过程和相关的操作技巧。

📁 最终文件	效果文件\第12章\实例159.dwg
🔵 素材文件	素材文件\12-159.dwg
💿 视频文件	视频文件\第12章\实例159.avi
📽 播放时长	00:04:45
🛡 技能点拨	编辑多段线、并集、圆柱体、三维阵列圌、差集◫、剖切

01 首先调用素材文件，并将图形编辑成如图12-117所示的结构。

02 将轮廓线编辑成一条闭合边界，然后将边界和中心线剪切到前视图中。

03 用快捷键"REV"激活【旋转】命令，将边界旋转为三维实体，如图12-118所示。

04 行【圆柱体】和【三维阵列】、【差集】命令，创建如图12-119所示的孔结构。

05 对模型进行剖切并着色，结果如图12-120所示。

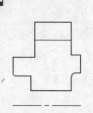
图12-117　编辑结果

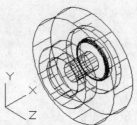
图12-118　旋转结果

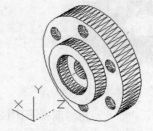
图12-119　创建孔

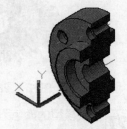
图12-120　剖切着色

06 后执行【另存为】命令，将模型另名存储为"实例159.dwg"。

第13章 绘制叉架类零件

叉架类零件一般是在机械制造业中起着操纵、支撑、传动、联接等重要作用的一种零件。本章通过15个典型实例，主要学习叉架类零件图的具体绘制方法和绘制技巧。

实例160 绘制轴架零件主视图

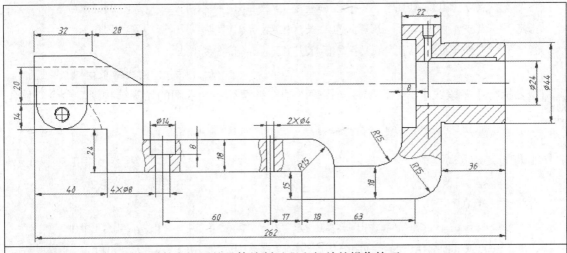

本实例主要学习轴架零件主视图的具体绘制过程和相关的操作技巧。

📁 最终文件	效果文件\第13章\实例160.dwg
🌐 素材文件	样板文件\机械样板.dwt
🎬 视频文件	视频文件\第13章\实例160.avi
🎞 播放时长	00:12:12
🛡 技能点拨	多段线、偏移、修剪、倒角、样条曲线、图案填充、圆

01 执行【新建】命令，调用随书光盘中的"样板文件\机械样板.dwt"文件。

02 将"轮廓线"设置为当前层，然后单击【绘图】工具栏中的 按钮，配合坐标输入功能绘制主视图外轮廓。命令行操作如下：

```
命令: _pline
指定起点:                                           //在绘图区拾取一点
当前线宽为 0.0
指定下一个点或 [圆弧(A)/半宽(H)/长度(L)/放弃(U)/宽度(W)]:     //@32,0 Enter
指定下一点或 [圆弧(A)/闭合(C)/半宽(H)/长度(L)/放弃(U)/宽度(W)]:  //@32.33<-30 Enter
指定下一点或 [圆弧(A)/闭合(C)/半宽(H)/长度(L)/放弃(U)/宽度(W)]:  //@0,-30 Enter
指定下一点或 [圆弧(A)/闭合(C)/半宽(H)/长度(L)/放弃(U)/宽度(W)]:  //@91,0 Enter
```

指定下一点或 [圆弧(A)/闭合(C)/半宽(H)/长度(L)/放弃(U)/宽度(W)]:   //a Enter

指定圆弧的端点或[角度(A)/圆心(CE)/闭合(CL)/方向(D)/半宽(H)/直线(L)/半径(R)/第二
个点(S)/放弃(U)/宽度(W)]:   //@15,-15 Enter

指定圆弧的端点或[角度(A)/圆心(CE)/闭合(CL)/方向(D)/半宽(H)/直线(L)/半径(R)/第二
个点(S)/放弃(U)/宽度(W)]:   //l Enter

指定下一点或 [圆弧(A)/闭合(C)/半宽(H)/长度(L)/放弃(U)/宽度(W)]:   //@0,-18 Enter
指定下一点或 [圆弧(A)/闭合(C)/半宽(H)/长度(L)/放弃(U)/宽度(W)]:   //@-18,0 Enter
指定下一点或 [圆弧(A)/闭合(C)/半宽(H)/长度(L)/放弃(U)/宽度(W)]:   //@0,15 Enter
指定下一点或 [圆弧(A)/闭合(C)/半宽(H)/长度(L)/放弃(U)/宽度(W)]:   //@-108,0 Enter
指定下一点或 [圆弧(A)/闭合(C)/半宽(H)/长度(L)/放弃(U)/宽度(W)]:   //@0,24 Enter
指定下一点或 [圆弧(A)/闭合(C)/半宽(H)/长度(L)/放弃(U)/宽度(W)]:   //@-40,0 Enter
指定下一点或 [圆弧(A)/闭合(C)/半宽(H)/长度(L)/放弃(U)/宽度(W)]:

                                             //c Enter，绘制结果如图13-1所示

03 重复执行【多段线】命令，配合坐标输入功能继续绘制主视图的轮廓结构图。命令行操作
如下：

命令：
PLINE指定起点：   //捕捉如图13-1所示
                                             的端点1

当前线宽为 0.0
指定下一个点或 [圆弧(A)/半宽(H)/长度(L)/放弃(U)/宽度(W)]:   //@45,0 Enter
指定下一点或 [圆弧(A)/闭合(C)/半宽(H)/长度(L)/放弃(U)/宽度(W)]:   //a Enter

指定圆弧的端点或[角度(A)/圆心(CE)/闭合(CL)/方向(D)/半宽(H)/直线(L)/半径(R)/第二
个点(S)/放弃(U)/宽度(W)]:   //@15,15 Enter

指定圆弧的端点或[角度(A)/圆心(CE)/闭合(CL)/方向(D)/半宽(H)/直线(L)/半径(R)/第二
个点(S)/放弃(U)/宽度(W)]:   //l Enter

指定下一点或 [圆弧(A)/闭合(C)/半宽(H)/长度(L)/放弃(U)/宽度(W)]:   //@0,26 Enter
指定下一点或 [圆弧(A)/闭合(C)/半宽(H)/长度(L)/放弃(U)/宽度(W)]:   //@36,0 Enter
指定下一点或 [圆弧(A)/闭合(C)/半宽(H)/长度(L)/放弃(U)/宽度(W)]:   //@0,44 Enter
指定下一点或 [圆弧(A)/闭合(C)/半宽(H)/长度(L)/放弃(U)/宽度(W)]:   //@-36,0 Enter
指定下一点或 [圆弧(A)/闭合(C)/半宽(H)/长度(L)/放弃(U)/宽度(W)]:   //@0,10 Enter
指定下一点或 [圆弧(A)/闭合(C)/半宽(H)/长度(L)/放弃(U)/宽度(W)]:   //@-22,0 Enter
指定下一点或 [圆弧(A)/闭合(C)/半宽(H)/长度(L)/放弃(U)/宽度(W)]:   //@0,-62 Enter
指定下一点或 [圆弧(A)/闭合(C)/半宽(H)/长度(L)/放弃(U)/宽度(W)]:   //a Enter

指定圆弧的端点或[角度(A)/圆心(CE)/闭合(CL)/方向(D)/半宽(H)/直线(L)/半径(R)/第二
个点(S)/放弃(U)/宽度(W)]:   //@-15,-15 Enter

指定圆弧的端点或[角度(A)/圆心(CE)/闭合(CL)/方向(D)/半宽(H)/直线(L)/半径(R)/第二
个点(S)/放弃(U)/宽度(W)]:   //l Enter

指定下一点或 [圆弧(A)/闭合(C)/半宽(H)/长度(L)/放弃(U)/宽度(W)]:

//向左捕捉与垂直轮廓的交点

指定下一点或 [圆弧(A)/闭合(C)/半宽(H)/长度(L)/放弃(U)/宽度(W)]:

//Enter，结束命令，绘制结果如图13-2所示

04 单击【修改】工具栏中的 按钮，将绘制的多段线分解，然后设置"中心线"为当前层。

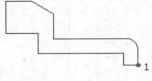
图13-1 绘制结果

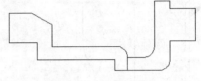
图13-2 绘制外轮廓

05 单击【绘图】工具栏中的 按钮，配合【中点捕捉】功能，绘制如图13-3所示的中心线。

06 绘制支架左侧的支撑结构。单击【修改】工具栏中的 按钮，将主视图中心线上下对称偏移10个单位，结果如图13-4所示。

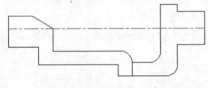
图13-3 绘制中心线

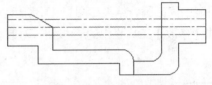
图13-4 偏移结果

07 单击【修改】工具栏中的 按钮，以主视图外轮廓线作为修剪边界，对偏移出的图线进行修剪，修剪结果如图13-5所示。

08 将修剪后的两条线段放到"隐藏线"图层上，然后将最左侧垂直轮廓线向右偏移15单位，结果如图13-6所示。

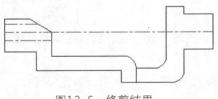
图13-5 修剪结果

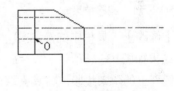
图13-6 偏移结果

09 将"轮廓线"层设置为当前层，然后以如图13-6所示的交点0为圆心，绘制半径为14的轮廓圆，结果如图13-7所示。

10 单击【修改】工具栏中的 按钮，对刚绘制的圆进行修剪，结果如图13-8所示。

11 单击【绘图】工具栏中的 按钮，以圆弧两端点为起点，绘制垂直线，结果如图13-9所示。

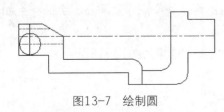
图13-7 绘制圆

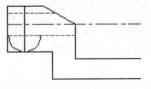
图13-8 修剪圆

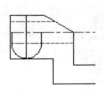
图13-9 绘制直线

12 绘制细轮廓结构。单击【修改】工具栏中的□按钮，在"不修剪"圆角模式下创建如图13-10所示的两处圆角，圆角半径为1。

13 单击【修改】工具栏中的✓按钮，以圆角轮廓为修剪边界，修剪垂直线，结果如图13-11所示。

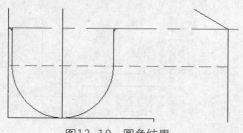

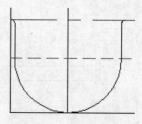

图13-10　圆角结果　　　　　　　　　　　图13-11　修改结果

14 将中间的垂直图线放置"中心线"层，然后将水平中心线向下偏移16个单位，结果如图13-12所示。

15 单击【绘图】工具栏中的◎按钮，以偏移所得的线段与垂直中心线交点为圆心，绘制半径为3.5和4的同心圆，结果如图13-13所示。

16 单击【修改】工具栏中的✓按钮，对圆和中心线进行修剪，结果如图13-14所示。

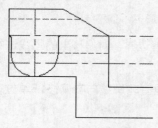

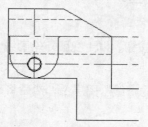

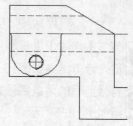

图13-12　偏移结果　　　　　图13-13　绘制同心圆　　　　　图13-14　修剪结果

17 单击【修改】工具栏中的❖按钮，将水平中心线向下偏移40，将最左侧垂直轮廓线向左偏移10，结果如图13-15所示。

18 选择偏移出的两条线段，将其夹点拉伸至如图13-16所示的状态，以定位圆心。

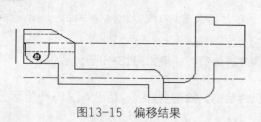

图13-15　偏移结果　　　　　　　　　　图13-16　夹点编辑

19 将"隐藏线"设为当前图层，然后以夹点拉伸后产生的两条线交点作为圆心，绘制半径为50的圆，结果如图13-17所示。

20 单击【修改】工具栏中的✓按钮，对刚绘制的圆进行修剪，结果如图13-18所示。

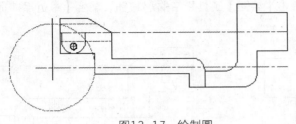

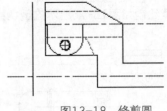

图13-17　绘制圆　　　　　　　　　　　　　图13-18　修剪圆

21 将左侧的垂直图线放置到"中心线"图层上，然后将两条图线夹点拉伸至如图13-19所示的状态。

22 绘制中间固定结构。单击【修改】工具栏中的 按钮，将线段AB向右偏移11个单位，结果如图13-20所示。

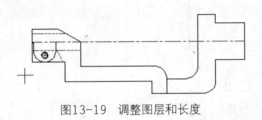

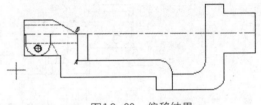

图13-19　调整图层和长度　　　　　　　　　图13-20　偏移结果

23 使用夹点编辑功能对偏移出的垂直线拉伸，调整其长度，结果如图13-21所示。

24 单击【修改】工具栏中的 按钮，将编辑后的垂直线段对称偏移4和7，将过A点的水平轮廓线向下偏移8个单位，结果如图13-22所示。

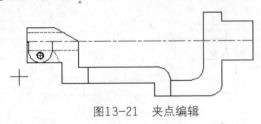

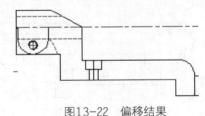

图13-21　夹点编辑　　　　　　　　　　　　图13-22　偏移结果

25 单击【修改】工具栏中的 按钮，将偏移出的各图线进行修剪，结果如图13-23所示。

26 单击【修改】工具栏中的 按钮，将阶梯孔中心线向右偏移60；然后将偏移后的线段对称偏移2个单位，结果如图13-24所示。

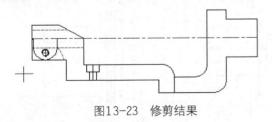

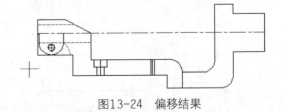

图13-23　修剪结果　　　　　　　　　　　　图13-24　偏移结果

27 将阶梯孔中心线和Φ4孔中心线放到"中心线"层上，并对其进行夹点拉伸，使其超出轮廓线2个单位，结果如图13-25所示。

28 将"波浪线"设置为当前层,然后单击【绘图】工具栏中的✓按钮,配合【最近点捕捉】功能绘制如图13-26所示的剖切线。

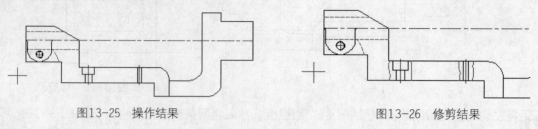

图13-25　操作结果　　　　　　　　　　图13-26　修剪结果

29 将"剖面线"设为当前层,然后单击【绘图】工具栏中的▨按钮,以默认参数填充如图13-27所示的剖面线。

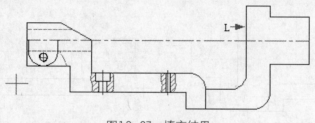

图13-27　填充结果

30 绘制右侧支撑结构。单击【修改】工具栏中的▲按钮,将水平中心线对称偏移12和24个单位,将垂直轮廓线L向右偏移8个单位,结果如图13-28所示。

31 单击【修改】工具栏中的✂按钮,对偏移出的图线进行修剪,结果如图13-29所示。

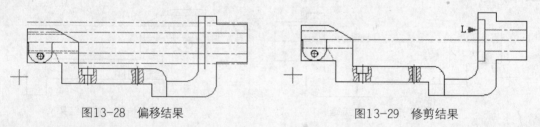

图13-28　偏移结果　　　　　　　　　　图13-29　修剪结果

32 选择修剪后的线段放置到"轮廓线"图层上,然后将垂直线L向右偏移15个单位,结果如图13-30所示。

33 绘制螺钉孔。将线段EF对称偏移2和3个单位,将水平轮廓线AE向下偏移6和7个单位,结果如图13-31所示。

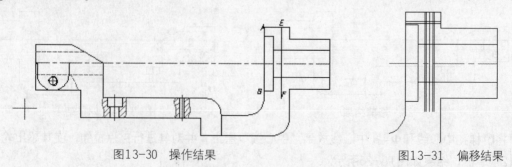

图13-30　操作结果　　　　　　　　　　图13-31　偏移结果

34 将线段EF放到"中心线"图层上，然后单击【修改】工具栏中的✚按钮，将图线编辑成如图13-32所示的状态。

35 将"轮廓线"设置为当前层，单击【绘图】工具栏中的✐按钮，配合【端点捕捉】功能绘制如图13-33所示的两条斜线段。

36 单击【修改】工具栏中的❀按钮，将最右侧垂直轮廓线向左偏移5个单位，结果如图13-34所示。

37 单击【绘图】工具栏中的✐按钮，以A为起点，补画主视图内部轮廓。命令行操作如下：

命令：_line 指定第一点：	//捕捉点A
指定下一点或 [放弃(U)]：	//@0,2 Enter
指定下一点或 [放弃(U)]：	//向左捕捉Φ4轮廓的交点
指定下一点或 [闭合(C)/放弃(U)]：	//@-2,-2 Enter
指定下一点或 [闭合(C)/放弃(U)]：	//Enter，结果如图13-35所示

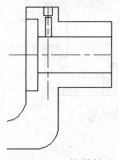 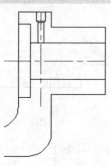 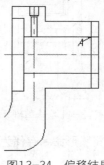 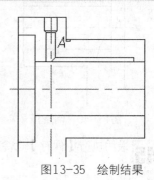

图13-32 修剪结果　　图13-33 绘制斜线段　　图13-34 偏移结果　　图13-35 绘制结果

38 删除不需要的垂直图线，然后以刚绘制的线段为修剪边界，修剪螺钉孔轮廓，结果如图13-36所示。

39 单击【绘图】工具栏中的✐按钮，绘制退刀槽。命令行操作如下：

命令：_line	
指定第一点：	//捕捉垂直线段L的下端点
指定下一点或 [放弃(U)]：	//@0,-0.5 Enter
指定下一点或 [放弃(U)]：	//@2,0 Enter
指定下一点或 [闭合(C)/放弃(U)]：	//@0,0.5 Enter
指定下一点或 [闭合(C)/放弃(U)]：	//Enter，结果如图13-37所示

40 单击【修改】工具栏中的▲按钮，以主视图水平中心线为镜像线，镜像退刀槽轮廓，结果如图13-38所示。

41 单击【修改】工具栏中的✚按钮，修剪退刀槽轮廓，结果如图13-39所示。

42 单击【修改】工具栏中的⌐按钮，对主视图轮廓线1、2、3进行倒角，倒角尺寸为1×45°，倒角结果如图13-40所示。

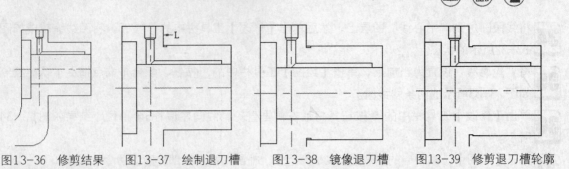

图13-36　修剪结果　　图13-37　绘制退刀槽　　图13-38　镜像退刀槽　　图13-39　修剪退刀槽轮廓

43 将"剖面线"设置为当前层，然后单击【绘图】工具栏中的╱按钮，绘制如图13-41所示的剖切线。

44 单击【绘图】工具栏▥按钮，执行【图案填充】命令，采用默认参数，填充ANSI31图案，填充结果如图13-42所示。

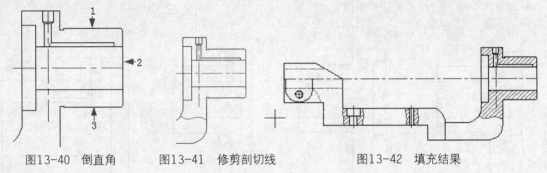

图13-40　倒直角　　　图13-41　修剪剖切线　　　图13-42　填充结果

45 最后执行【保存】命令，将图形命名存储为"实例160.dwg"。

实例161　绘制轴架零件A向视图

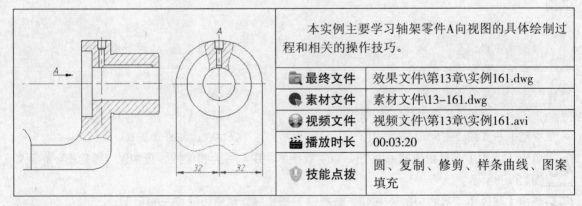

	本实例主要学习轴架零件A向视图的具体绘制过程和相关的操作技巧。
📁 **最终文件**	效果文件\第13章\实例161.dwg
🔴 **素材文件**	素材文件\13-161.dwg
🔵 **视频文件**	视频文件\第13章\实例161.avi
⏱ **播放时长**	00:03:20
⚠ **技能点拨**	圆、复制、修剪、样条曲线、图案填充

01 打开随书光盘中的"素材文件\13-161.dwg"文件。

02 展开【图层控制】下拉列表，将"中心线"设置为当前层。

03 单击【绘图】工具栏中的 按钮，绘制A向视图的中心线，如图13-43所示。

04 将"轮廓线"设置为当前层，然后单击【绘图】工具栏中的 按钮，绘制半径为12、24和32的同心圆，结果如图13-44所示。

05 重复执行【圆】命令，以半径为12的圆的上象限点为圆心，绘制半径为2的圆，结果如图13-45所示。

图13-43 绘制中心线

图13-44 绘制同心圆

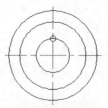
图13-45 绘制结果

06 单击【修改】工具栏中的 按钮，以点A为基点，将主视图螺钉孔轮廓复制到Φ4圆心处，结果如图13-46所示。

07 综合使用【修剪】和【延伸】命令，对复制出的图线进行修整和完善，结果如图13-47所示。

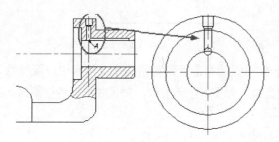
图13-46 复制结果

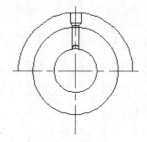
图13-47 操作结果

08 单击【绘图】工具栏中的 按钮，以半径为32的圆的两端点为起点，绘制垂直线，结果如图13-48所示。

09 选择【绘图】|【样条曲线】菜单命令，在"波浪线"图层内绘制A-A视图剖切线，结果如图13-49所示。

10 单击【修改】工具栏中的 按钮，对轮廓圆及剖切线进行修剪，结果如图13-50所示。

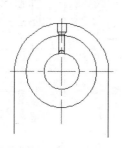
图13-48 绘制直线段

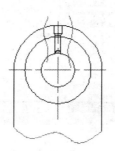
图13-49 绘制剖切线

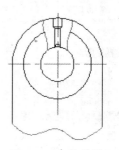
图13-50 修剪结果

11 将"剖面线"设置为当前层，然后执行【图案填充】命令，采用默认参数，填充A–A视图剖面线，结果如图13–51所示。

12 选择【绘图】|【文字】|【多行文字】菜单命令，在A向视图上方标注"A"字样，字高为5，结果如图13–52所示。

13 将"轮廓线"设置为当前层。选择【标注】|【线性】菜单命令，在主视图水平中心线上方标注线性尺寸，如图13–53所示。

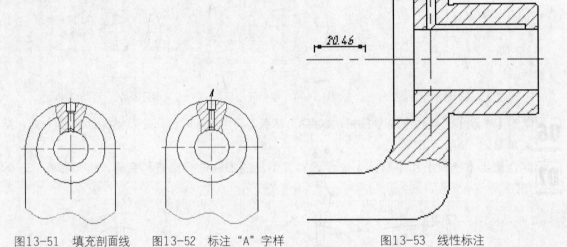

图13–51 填充剖面线　　图13–52 标注"A"字样　　　　　图13–53 线性标注

14 夹点显示线性尺寸，然后打开【特性】选项板，在【直线与箭头】选项卡中设置参数，如图13–54所示；在【文字选项卡】中设置参数，如图13–55所示，对尺寸进行特性编辑，结果如图13–56所示。

15 最后执行【另存为】命令，将图形另名存储为"实例161.dwg"。

  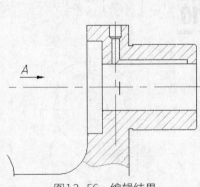

图13–54 【直线与箭头】选项卡　　　图13–55 【文字】选项卡　　　　图13–56 编辑结果

实例162 绘制轴架零件B向视图

本实例主要学习轴架零件B向视图的具体绘制过程和相关的操作技巧。

📁 最终文件	效果文件\第13章\实例162.dwg
🔵 素材文件	素材文件\13-162.dwg
🌐 视频文件	视频文件\第13章\实例162.avi
⏱ 播放时长	00:04:38
🛡 技能点拨	圆、偏移、直线、修剪、样条曲线、图案填充

01 打开随书光盘中的"素材文件\13-162.dwg"文件。

02 展开【图层控制】下拉列表,将"中心线"设置为当前层。

03 单击【绘图】工具栏中的 按钮,绘制B向视图中心线,结果如图13-57所示。

04 将"轮廓线"设置为当前层,然后单击【绘图】工具栏中的◎按钮,以上侧中心线交点为圆心,绘制半径为10和24的同心圆,结果如图13-58所示。

05 单击【修改】工具栏中的 按钮,将上侧的水平中心线向上偏移16个单位,结果如图13-59所示。

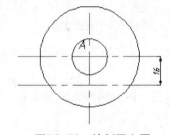
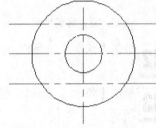

图13-57 绘制中心线   图13-58 绘制同心圆   图13-59 偏移结果

06 将偏移出的图线放置到"轮廓线"层上,然后单击【修改】工具栏中的 按钮,对外侧的圆进行修剪,结果如图13-60所示。

07 单击【绘图】工具栏中的 按钮,激活【直线】命令,绘制下侧的轮廓线。命令行操作如下:

```
命令: _line
指定第一点:                        //捕捉圆弧左象限点
指定下一点或 [放弃(U)]:            //@0,-24 Enter
指定下一点或 [放弃(U)]:            //@48,0 Enter
指定下一点或 [闭合(C)/放弃(U)]:    //捕捉圆弧右象限点
指定下一点或 [闭合(C)/放弃(U)]:    //Enter,结果如图13-61所示
```

08 单击【修改】工具栏中的⬚按钮，将垂直中心线对称偏移1个单位，将下侧水平中心线对称偏移3.5、4和4.25个单位，结果如图13-62所示。

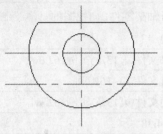 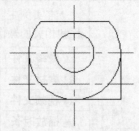 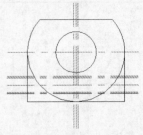

图13-60 修剪结果　　　　　图13-61 绘制直线轮廓　　　　　图13-62 偏移结果

09 单击【修改】工具栏中的⬚按钮，对偏移出的各图线进行修剪编辑，修剪结果如图13-63所示。

10 将左侧的4条修剪线段放到"轮廓线"层，将右侧的两条修剪线放到"隐藏线"层上，结果如图13-64所示。

11 单击【绘图】工具栏中的⬚按钮，激活【捕捉自】功能，以圆心作为偏移的参照基点，分别以点（@-43.6,-31.8）、（@43.6,-31.8）作为起点，绘制如图13-65所示的两条切线。

图13-63 修剪结果　　　　　图13-64 更改图层　　　　　图13-65 绘制切线

12 单击【绘图】工具栏中的⬚按钮，在"波浪线"图层内绘制如图13-66所示的两条剖切线。

13 单击【修改】工具栏中的⬚按钮，以剖切线为修剪边界，修剪半径24圆弧，结果如图13-67所示。

14 将"剖面线"设置当前层，然后单击【绘图】工具栏⬚按钮，采用默认参数填充ANSI31图案，填充结果如图13-68所示。

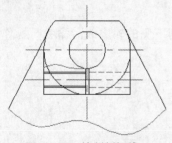 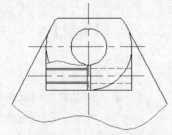 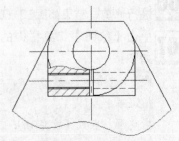

图13-66 绘制剖切线　　　　　图13-67 修剪结果　　　　　图13-68 填充剖面线

15 将"轮廓线"设置为当前层，然后执行【多行文字】命令，标注如图13-69所示的字母，字体高度为5。

16 将右侧的剖视符号及字母复制到左侧，并对其进行修改，结果如图13-70所示。

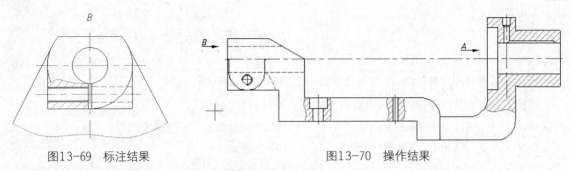

图13-69 标注结果   图13-70 操作结果

17 最后执行【另存为】命令，将图形另名存储为"实例162.dwg"。

实例163 绘制轴架零件俯视图

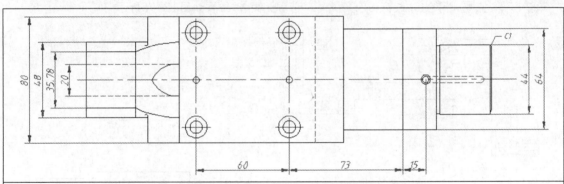

本实例主要学习轴架零件俯视图的具体绘制过程和相关的操作技巧。

📁 最终文件	效果文件\第13章\实例163.dwg
🔵 素材文件	素材文件\13-163.dwg
💿 视频文件	视频文件\第13章\实例163.avi
🎬 播放时长	00:07:41
🛡 技能点拨	圆、偏移、直线、修剪、样条曲线、图案填充

01 打开随书光盘中的"素材文件\13-163.dwg"文件。

02 展开【图层控制】下拉列表，将"中心线"设置为当前层。

03 单击【绘图】工具栏中的✏按钮，在下侧绘制一条水平直线作为俯视图中心线。

04 将"轮廓线"设置为当前层，然后单击【绘图】工具栏中的✏按钮，根据视图间的对正关系绘制垂直构造线作为辅助线，如图13-71所示。

05 单击【绘图】工具栏中的 ✎ 按钮，以辅助线与俯视图中心线交点为起点，绘制俯视图外轮廓。命令行操作如下：

命令: _line
指定第一点: //捕捉辅助线与俯视图中心线交点
指定下一点或 [放弃(U)]:   //@0,24Enter
指定下一点或 [放弃(U)]:   //@40,0Enter
指定下一点或 [闭合(C)/放弃(U)]:   //@0,16Enter
指定下一点或 [闭合(C)/放弃(U)]:   //@126,0Enter
指定下一点或 [闭合(C)/放弃(U)]:   //@0,-8Enter
指定下一点或 [放弃(U)]:   //@60,0 Enter
指定下一点或 [放弃(U)]:   //@0,-10.5 Enter
指定下一点或 [闭合(C)/放弃(U)]:   //@2,0 Enter
指定下一点或 [闭合(C)/放弃(U)]:   //@0,0.5 Enter
指定下一点或 [闭合(C)/放弃(U)]:   //@34,0Enter
指定下一点或 [闭合(C)/放弃(U)]:   //@0,-22Enter
指定下一点或 [闭合(C)/放弃(U)]:   //Enter，结果如图13-72所示

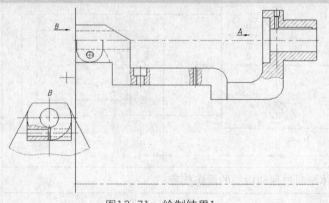

图13-71　绘制结果1

图13-72　绘制结果2

06 单击【修改】工具栏中的 ✎ 按钮，删除垂直的构造线，结果如图13-73所示。

图13-73　删除结果

07 使用快捷键 "L" 激活【直线】命令，补画主视图内部垂直的轮廓线，结果如图13-74所示。

08 单击【绘图】工具栏中的 ✎ 按钮，从主视图向俯视图引垂直的构造线作为辅助线，结果如图13-75所示。

09 单击【修改】工具栏中的 ✎ 按钮，以俯视图外轮廓与水平中心线为修剪边界修剪辅助线，结果如图13-76所示。

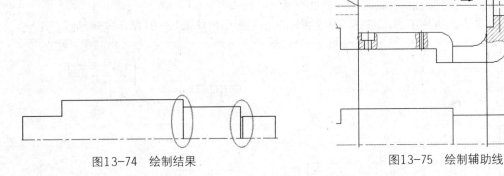

图13-74　绘制结果　　　　　　　　　　图13-75　绘制辅助线

10 单击【绘图】工具栏中的 ✎ 按钮，从主视图向俯视图引辅助线，如图13-77所示。

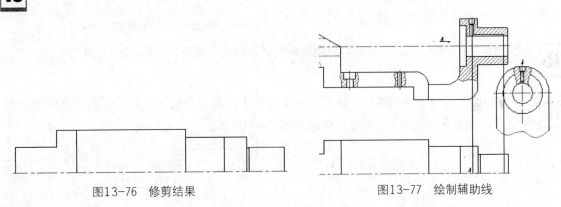

图13-76　修剪结果　　　　　　　　　　图13-77　绘制辅助线

11 单击【绘图】工具栏中的 ⊙ 按钮，以左侧垂直辅助线的下端点作为圆心，绘制半径为2和3的同心圆，结果如图13-78所示。

12 将"隐藏线"设置为当前层，然后单击【绘图】工具栏中的 ⌐ 按钮，以小圆的上象限点为起点，绘制多段线。命令行操作如下：

命令: _pline

指定起点: 　　　　　　　　　　　　　 //捕捉刚绘制的小圆上限点

当前线宽为 0.0

指定下一个点或 [圆弧(A)/半宽(H)/长度(L)/放弃(U)/宽度(W)]: //@36,0Enter

指定下一点或 [圆弧(A)/闭合(C)/半宽(H)/长度(L)/放弃(U)/宽度(W)]: //a Enter

指定圆弧的端点或[角度(A)/圆心(CE)/闭合(CL)/方向(D)/半宽(H)/直线(L)/半径(R)/第二个点(S)/放弃(U)/宽度(W)]: 　　　　　　　 //@2,-2 Enter

指定圆弧的端点或[角度(A)/圆心(CE)/闭合(CL)/方向(D)/半宽(H)/直线(L)/半径(R)/第二个点(S)/放弃(U)/宽度(W)]: 　　　　　　　 //Enter，结果如图13-79所示

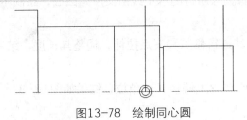

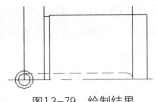

图13-78　绘制同心圆　　　　　　　　　　图13-79　绘制结果

13 使用快捷键"E"激活【删除】命令，删除两条垂直辅助线，结果如图13-80所示。

14 单击【绘图】工具栏中的 ✎ 按钮，从主视图向俯视图引出如图13-81所示的辅助线。

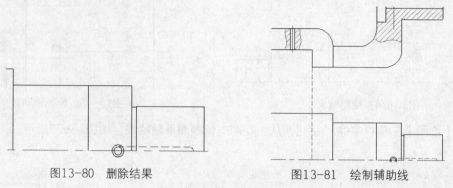

图13-80　删除结果　　　　　　　　图13-81　绘制辅助线

15 单击【修改】工具栏中的 ✎ 按钮，对刚绘制的辅助线进行修剪，结果如图13-82所示。

16 将"中心线"设置为当前图层。然后单击【绘图】工具栏中的 ✎ 按钮，从主视图阶梯孔及Φ4孔中心线处向俯视图引辅助线，结果如图13-83所示。

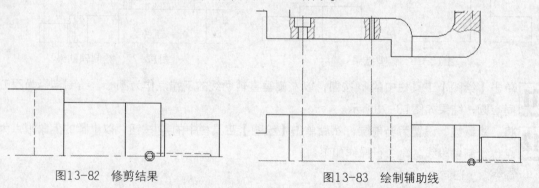

图13-82　修剪结果　　　　　　　　图13-83　绘制辅助线

17 单击【修改】工具栏中的 ✎ 按钮，将俯视图水平中心线向上偏移30个单位，结果如图13-84所示。

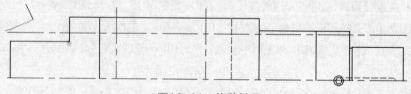

图13-84　偏移结果

18 将"轮廓线"设置为当前层，然后以辅助线与偏移所得的水平线的交点为圆心，绘制半径为4和7的同心圆，结果如图13-85所示。

19 选择过同心圆圆心的相互垂直的两线段，对其进行修剪和夹点拉伸，调整其长度，结果如图13-86所示。

20 单击【修改】工具栏中的 ✎ 按钮，将水平中心线向上偏移10个单位，结果如图13-87所示。

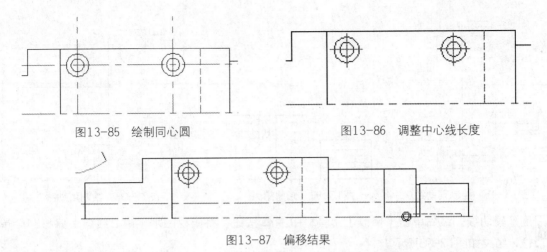

图13-85　绘制同心圆　　　　　　　图13-86　调整中心线长度

图13-87　偏移结果

21 单击【修改】工具栏中的 ✕ 按钮，对刚偏移出的水平图线进行修剪，结果如图13-88所示。

22 选择修剪后的水平图线，将其放置到"隐藏线"层上，然后执行【线性】命令，测量B向视图最上面水平轮廓线长度，结果如图13-89所示。

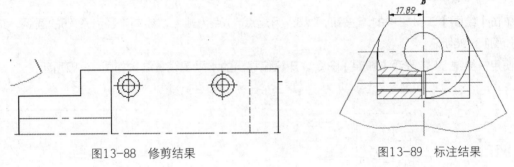

图13-88　修剪结果　　　　　　　　　图13-89　标注结果

23 单击【修改】工具栏中的 ☐ 按钮，将水平中心线向上偏移17.89，结果如图13-90所示。

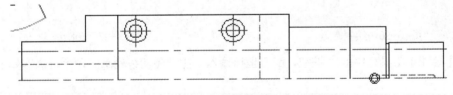

图13-90　偏移结果

24 单击【绘图】工具栏中的 ✎ 按钮，从主视图向俯视图引出如图13-91所示的垂直辅助线。

25 单击【修改】工具栏中的 ✕ 按钮，对偏移出的水平图线和刚绘制的垂直辅助线进行修剪，并将修剪后的两条图线放置到"轮廓线"层上，结果如图13-92所示。

26 单击【绘图】工具栏中的 ✎ 按钮，从主视图向俯视图引出如图13-93所示的垂直辅助线。

27 单击【绘图】工具栏中的 ⌒ 按钮，以B点为起点、A点为终点，绘制半径为17.01的圆弧，结果如图13-94所示。

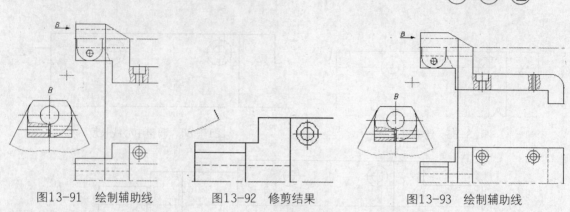

图13-91　绘制辅助线　　　　图13-92　修剪结果　　　　图13-93　绘制辅助线

28 删除辅助线，然后单击【修改】工具栏中的 按钮，将俯视图水平中心线向上偏移24个单位，结果如图13-95所示。

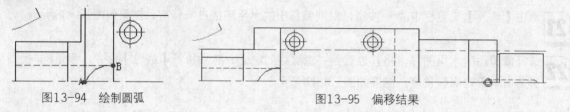

图13-94　绘制圆弧　　　　　　　　图13-95　偏移结果

29 单击【绘图】工具栏中的 按钮，以B点为起点，A点为端点，绘制半径为79.25的圆弧，结果如图13-96所示。

30 使用快捷键"E"激活【删除】命令，删除偏移出的水平图线，结果如图13-97所示。

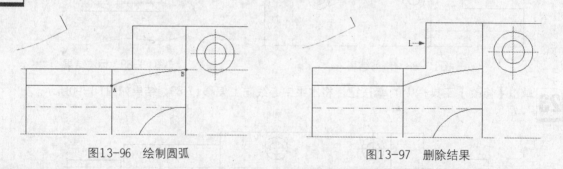

图13-96　绘制圆弧　　　　　　　　图13-97　删除结果

31 单击【绘图】工具栏中的 按钮，配合坐标输入功能绘制切线轮廓。命令行操作如下：

```
命令：_pline
指定起点：                          //捕捉垂直线L的下端点
当前线宽为 0.0
指定下一个点或 [圆弧(A)/半宽(H)/长度(L)/放弃(U)/宽度(W)]：   //@0,-1Enter
指定下一点或 [圆弧(A)/闭合(C)/半宽(H)/长度(L)/放弃(U)/宽度(W)]：   //a Enter
指定圆弧的端点或[角度(A)/圆心(CE)/闭合(CL)/方向(D)/半宽(H)/直线(L)/半径(R)/第二个点(S)/放
弃(U)/宽度(W)]：                    //@2<210 Enter
指定圆弧的端点或[角度(A)/圆心(CE)/闭合(CL)/方向(D)/半宽(H)/直线(L)/半径(R)/第二个点(S)/放
弃(U)/宽度(W)]：                    // Enter，结果如图13-98所示
```

32 单击【修改】工具栏中的 按钮，对俯视图最右侧垂直轮廓端点处倒直角，倒角尺寸为 1×45°，结果如图13-99所示。

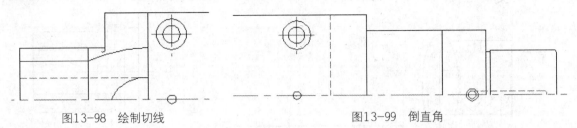

图13-98 绘制切线　　　　　　　　　　图13-99 倒直角

33 单击【绘图】工具栏中的 按钮，配合【端点捕捉】功能绘制倒角线，结果如图13-100所示。

34 单击【修改】工具栏中的 按钮，以俯视图水平中心线为镜像线，镜像俯视图轮廓，结果如图13-101所示。

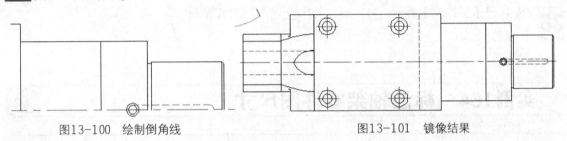

图13-100 绘制倒角线　　　　　　　　图13-101 镜像结果

35 单击【修改】工具栏中的 按钮，以俯视图水平中心线为延伸边界，延伸阶梯孔的垂直中心线，结果如图13-102所示。

36 单击【绘图】工具栏中的 按钮，以延伸后的垂直中心线与水平中心线的交点为圆心，绘制两个半径为2的圆，结果如图13-103所示。

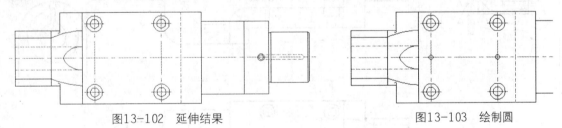

图13-102 延伸结果　　　　　　　　　图13-103 绘制圆

37 单击【绘图】工具栏中的 按钮，以主视图0点为起点补画切线轮廓。命令行操作如下：

```
命令: _pline
指定起点:                                              //捕捉点0
当前线宽为 0.0
指定下一个点或 [圆弧(A)/半宽(H)/长度(L)/放弃(U)/宽度(W)]:      //@0,32Enter
指定下一点或 [圆弧(A)/闭合(C)/半宽(H)/长度(L)/放弃(U)/宽度(W)]:  //a Enter
指定圆弧的端点或[角度(A)/圆心(CE)/闭合(CL)/方向(D)/半宽(H)/直线(L)/半径(R)/第二个点(S)/放弃(U)/宽度(W)]:                                        //@2<150 Enter
```

指定圆弧的端点或[角度(A)/圆心(CE)/闭合(CL)/方向(D)/半宽(H)/直线(L)/半径(R)/第二个点(S)/放弃(U)/宽度(W)]: //Enter，结果如图13-104所示

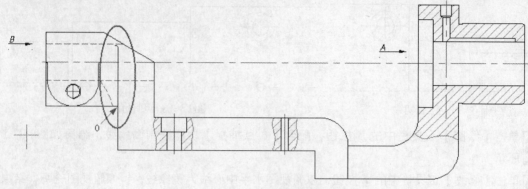

图13-104　绘制结果

38 最后执行【另存为】命令，将图形另名存储为"实例163.dwg"。

实例164　标注轴架零件图尺寸

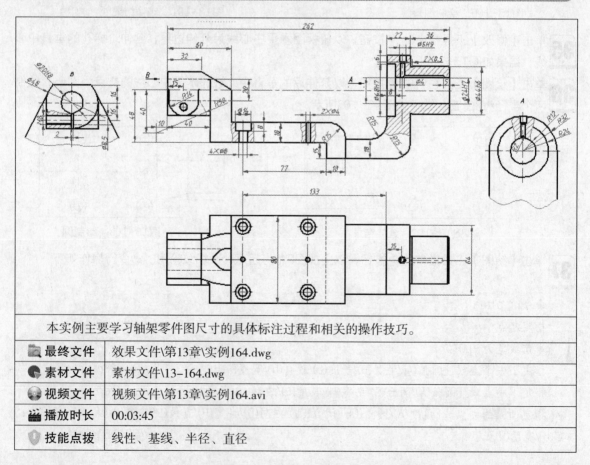

本实例主要学习轴架零件图尺寸的具体标注过程和相关的操作技巧。

📁 最终文件	效果文件\第13章\实例164.dwg
🔵 素材文件	素材文件\13-164.dwg
🔴 视频文件	视频文件\第13章\实例164.avi
🕐 播放时长	00:03:45
🛡 技能点拨	线性、基线、半径、直径

01 打开随书光盘中的"素材文件\13-164.dwg"文件。

02 将"标注线"设置为当前层,将"机械样式"设为当前标样式,并修改标注比例为1.5。

03 选择菜单栏中的【标注】|【线性】命令,标注主视图孔轮廓。命令行操作如下:

```
命令: _dimlinear
指定第一个尺寸界线原点或 <选择对象>:          //捕捉如图13-105所示的端点
指定第二条尺寸界线原点:                        //捕捉如图13-106所示的端点
指定尺寸线位置或[多行文字(M)/文字(T)/角度(A)/水平(H)/垂直(V)/旋转(R)]: //T Enter
输入标注文字 <6>:                              //%%C6H9 Enter
指定尺寸线位置或[多行文字(M)/文字(T)/角度(A)/水平(H)/垂直(V)/旋转(R)]:
                                              //在适当位置拾取点,标注结果如图13-107
                                              所示
标注文字 = 6
```

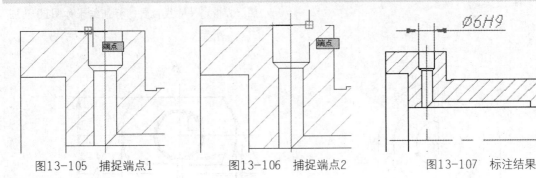

图13-105 捕捉端点1　　　　图13-106 捕捉端点2　　　　图13-107 标注结果

04 重复执行【线性】命令,配合【对象捕捉】功能标注上侧的线性尺寸,标注结果如图13-108所示。

05 参照上两操作步骤,使用【线性】命令,配合【对象捕捉】功能分别标注其他位置的水平尺寸和垂直尺寸,标注结果如图13-109所示。

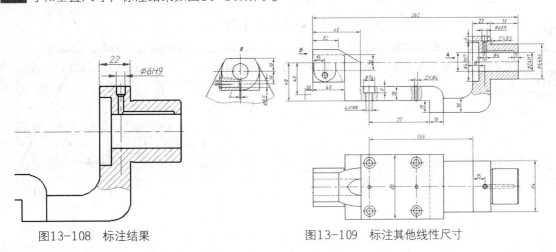

图13-108 标注结果　　　　　　图13-109 标注其他线性尺寸

06 标注半径尺寸和直径尺寸。选择菜单栏中的【标注】|【半径】命令，标注A向视图外轮廓圆弧的半径尺寸。命令行操作如下：

命令：_dimdiameter

选择圆弧或圆：　　　　　　　　　　　　　　//选择A向视图外轮廓圆弧

标注文字 = 32

指定尺寸线位置或 [多行文字(M)/文字(T)/角度(A)]：

　　　　　　　　　　　　　　　　　　//指定尺寸线位置，标注结果如图13-110所示

07 选择菜单栏中的【标注】|【直径】命令，标注B向视图轮廓圆的直径尺寸。命令行操作如下：

命令：_dimdiameter

选择圆弧或圆：　　　　　　　　　　　　　//选择如图13-111所示的圆

标注文字 = 20

指定尺寸线位置或 [多行文字(M)/文字(T)/角度(A)]：　//t Enter

输入标注文字 ⟨20⟩：　　　　　　　　　　　//%%C20H8

指定尺寸线位置或 [多行文字(M)/文字(T)/角度(A)]：

　　　　　　　　　　　　　　　　//指定尺寸线位置，标注结果如图13-112
　　　　　　　　　　　　　　　　所示

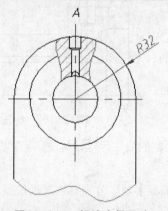

图13-110　标注半径尺寸

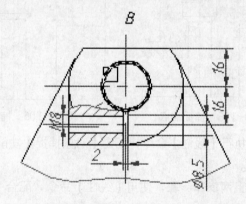

图13-111　选择圆

08 参照上两操作步骤，分别使用【半径】和【直径】命令，标注其他位置的半径尺寸和直径尺寸。

09 最后执行【另存为】命令，将图形另名存储为"实例164.dwg"。

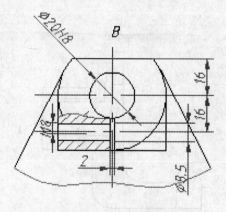

图13-112　标注结果

实例165 标注轴架零件公差与代号

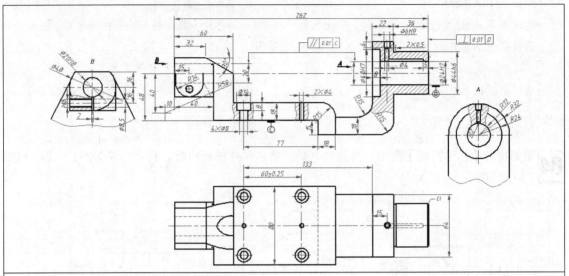

本实例主要学习轴架零件图尺寸公差、形位公差、角度尺寸、抹角尺寸以及基准代号等内容的具体标注过程和相关的操作技巧。

📁 最终文件	效果文件\第13章\实例165.dwg
🔖 素材文件	素材文件\13-165.dwg
💿 视频文件	视频文件\第13章\实例165.avi
🎬 播放时长	00:03:10
🛡 技能点拨	线性、角度、插入块、多重引线

01 打开随书光盘中的"素材文件\13-165.dwg"文件。

02 选择菜单栏中的【标注】|【角度】命令，标注主视图斜线段倾斜角度尺寸。命令行操作如下：

命令：_dimangular

选择圆弧、圆、直线或〈指定顶点〉://选择如图13-113所示的图线

选择第二条直线： //选择如图13-114所示的图线

指定标注弧线位置或 [多行文字(M)/文字(T)/角度(A)/象限点(Q)]：

//指定尺寸线放置位置，结果如图13-115所示

图13-113 选择水平图线

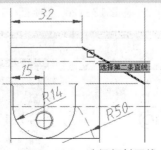

图13-114 选择倾斜图线

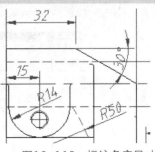

图13-115 标注角度尺寸

03 选择菜单栏中的【标注】|【标注打断】命令，对尺寸进行打断。命令行操作如下：

命令：_DIMBREAK

选择要添加/删除折断的标注或 [多个(M)]：　　　　　　//选择如图13-116所示的尺寸

选择要折断标注的对象或 [自动(A)/手动(M)/删除(R)]〈自动〉：

　　　　　　　　　　　　　　　　　　　　　　//选择刚标注的角度尺寸

选择要折断标注的对象：　　　　　　　　　　　//Enter，结束命令，打断结果如图13-117
　　　　　　　　　　　　　　　　　　　　　　　　所示

1 个对象已修改

04 重复执行【标注打断】命令，分别对其他位置的尺寸进行打断，打断结果如图13-118和图13-119所示。

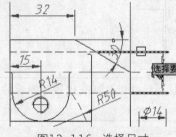
图13-116　选择尺寸

图13-117　打断结果1

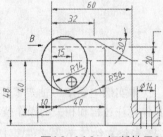
图13-118　打断结果2

05 选择菜单栏中的【标注】|【线性】命令，配合【圆心捕捉】功能标注尺寸公差。命令行操作如下：

命令：_dimlinear

指定第一个尺寸界线原点或〈选择对象〉：　　　　//捕捉如图13-120所示的圆心

指定第二条尺寸界线原点：　　　　　　　　　　//捕捉如图13-121所示的圆心

指定尺寸线位置或[多行文字(M)/文字(T)/角度(A)/水平(H)/垂直(V)/旋转(R)]：

　　　　　//m Enter，打开【文字格式】编辑器，输入公差后缀，如图13-122所示

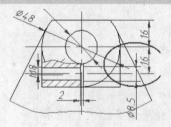
图13-119　打断结果3

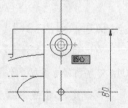
图13-120　捕捉圆心1

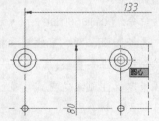
图13-121　捕捉圆心2

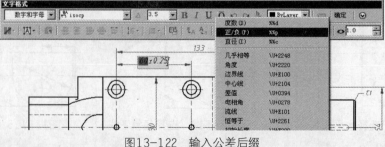
图13-122　输入公差后缀

指定尺寸线位置或 [多行文字(M)/文字(T)/角度(A)/水平(H)/垂直(V)/旋转(R)]:
//指定尺寸位置，标注结果如图13-123所示

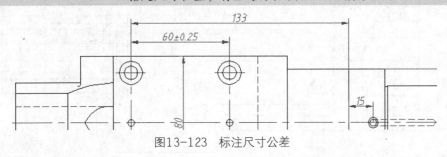

图13-123 标注尺寸公差

06 标注支架形位公差。选择菜单栏中的【标注】|【多重引线】命令，从主视图最右侧垂直轮廓基准线引出标注线，如图13-124所示。

07 选择菜单栏中的【标注】|【公差】命令，打开【形位公差】对话框，然后单击【符号】颜色块，打开【特征符号】对话框，选择如图13-125所示的垂直度符号。

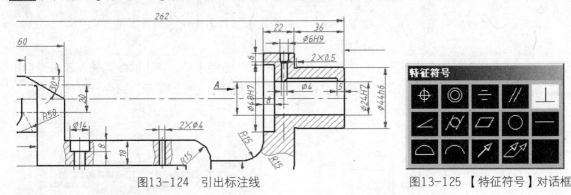

图13-124 引出标注线　　　　　图13-125 【特征符号】对话框

08 返回【形位公差】对话框，输入公差值及基准，结果如图13-126所示。

09 单击 确定 按钮返回绘图区，根据命令行的提示捕捉引线标注的端点，标注如图13-127所示的形位公差。

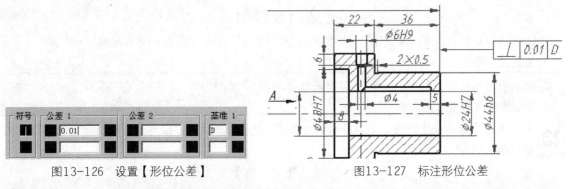

图13-126 设置【形位公差】　　　　图13-127 标注形位公差

10 参照第6~9操作步骤，标注零件图其他位置的形位公差，标注结果如图13-128所示。

11 选择菜单栏中的【标注】|【多重引线】命令，标注俯视图倒角尺寸。命令行操作如下:

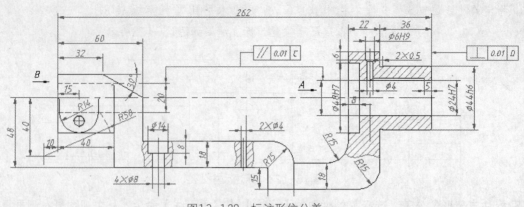

图13-128 标注形位公差

命令：_mleader

指定引线箭头的位置或 [引线基线优先(L)/内容优先(C)/选项(O)] ＜选项＞：

　　　　　　//在俯视图右上角倒角位置上拾取一点

指定引线基线的位置：　　　//在打开的【文字格式】编辑器中输入倒角尺寸"C1"，标注结

　　　　　　果如图13-129所示

12 将"细实线"设置为当前图层，然后使用快捷键"I"激活【插入块】命令，插入随书光盘中的"素材文件\基准代号.dwg"图块，其中块参数设置如图13-130所示，命令行操作如下：

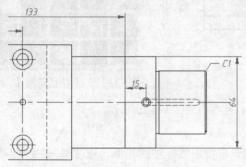

图13-129 标注结果

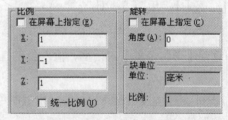

图13-130 设置参数

命令：I　　　　　　//Enter，激活【插入块】命令

INSERT指定插入点或 [基点(B)/比例(S)/X/Y/Z/旋转(R)]：　//在所需位置单击左键

输入属性值

输入基准代号：＜A＞：　　//c Enter，结果如图13-131所示

正在重生成模型。

13 重复执行【插入块】命令，设置块参数（如图13-130所示），插入右侧的基准代号。命令行操作如下：

命令：I　　　　　　//Enter，激活【插入块】命令

INSERT指定插入点或 [基点(B)/比例(S)/X/Y/Z/旋转(R)]：　//在所需位置单击左键

输入属性值

输入基准代号：＜A＞：　　//d Enter，结果如图13-132所示

正在重生成模型。

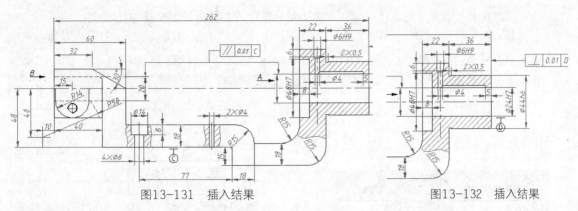

图13-131 插入结果　　　　　　　図13-132 插入结果

14 最后执行【另存为】命令，将图形另名保存为"实例165.dwg"。

实例166　标注轴架零件图表面粗糙度

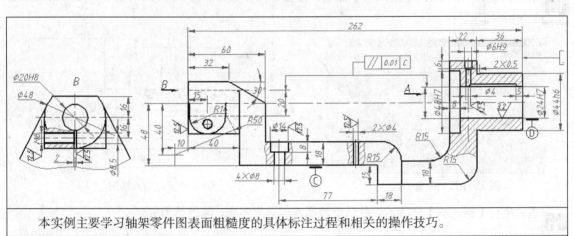

本实例主要学习轴架零件图表面粗糙度的具体标注过程和相关的操作技巧。

📁 最终文件	效果文件\第13章\实例166.dwg
🌐 素材文件	素材文件\13-166.dwg
💿 视频文件	视频文件\第13章\实例166.avi
📺 播放时长	00:03:06
🛡 技能点拨	插入块、复制、编辑属性

01 打开随书光盘中的"素材文件\13-166.dwg"文件。

02 展开【图层控制】下拉列表，将"细实线"设置为当前层。

03 使用快捷键"I"激活【插入块】命令，设置参数如图13-133所示，为支架标注"粗糙度"。
命令行操作如下：

命令：I	//Enter，激活【插入块】命令

INSERT指定插入点或 [基点(B)/比例(S)/X/Y/Z/旋转(R)]: //在所需位置单击左键

输入属性值

输入粗糙度值：<0.8>:   //12.5 Enter，插入结果如图13-134所示

正在重生成模型。

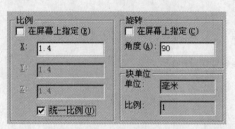

图13-133 设置块参数

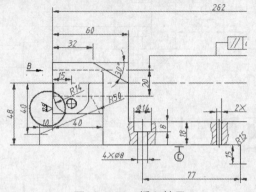

图13-134 插入结果

04 使用快捷键"I"激活【插入块】命令，设置插入参数（如图13-135所示），插入结果如图13-136所示。

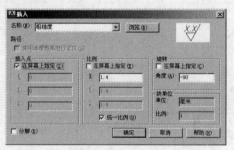

图13-135 设置参数

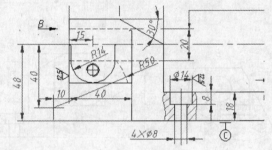

图13-136 插入结果

05 重复执行【插入块】命令，以默认参数插入粗糙度图块，属性值为6.3。

06 使用快捷键"CO"激活【复制】命令，将标注的粗糙度分别复制到其他位置上，必要时可绘制指示线，结果如图13-137所示。

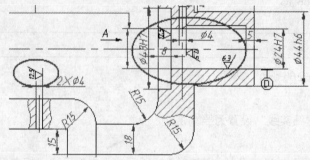
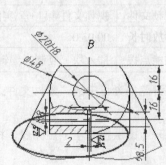

图13-137 复制结果

07 使用快捷键"ED"激活【编辑文字】命令，选择复制出的"粗糙度"属性块，在打开的【增强属性编辑器】中修改属性值，如图13-138所示。

08 单击 应用(A) 按钮，然后单击右上角的"选择块"按钮 ，返回绘图区选择左侧"粗糙度"属性块，修改其属性值，如图13-139所示。

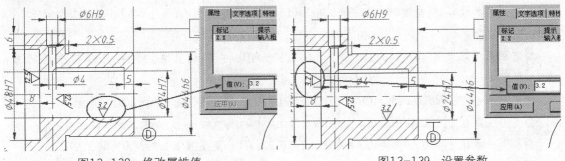

图13-138 修改属性值　　　　　　　　　图13-139 设置参数

09 选择所有位置的半径尺寸和直径尺寸，修改其标注样式为"角度标注"，并修改"角度标注"的比例为1.5。

10 最后执行【另存为】命令，将图形另名保存为"实例166.dwg"。

实例167　绘制拔叉零件主视图

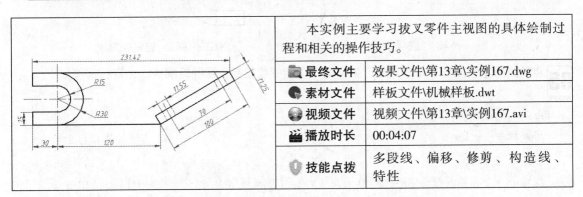

本实例主要学习拔叉零件主视图的具体绘制过程和相关的操作技巧。

📁 最终文件	效果文件\第13章\实例167.dwg
🎯 素材文件	样板文件\机械样板.dwt
🎬 视频文件	视频文件\第13章\实例167.avi
⏱ 播放时长	00:04:07
🛡 技能点拨	多段线、偏移、修剪、构造线、特性

01 执行【新建】命令，调用随书光盘中的"样板文件\机械样板.dwt"文件。

02 将视图高度调整为250个绘图单位，然后将"中心线"设置为当前图层。

03 选择【绘图】|【构造线】菜单命令，绘制水平构造线和垂直构造线作为定位辅助线，如图13-140所示。

04 将"轮廓线"设置为当前图层。然后选择【绘图】|【多段线】菜单命令，配合【正交】功能和坐标输入功能绘制主视图多段线。命令行操作如下：

```
命令：_pline
指定起点：                                      //捕捉构造交点
当前线宽为 0.0
指定下一个点或 [圆弧(A)/半宽(H)/长度(L)/放弃(U)/宽度(W)]:    //@-30,0 Enter
指定下一点或 [圆弧(A)/闭合(C)/半宽(H)/长度(L)/放弃(U)/宽度(W)]:    //@0,15 Enter
```

指定下一点或 [圆弧(A)/闭合(C)/半宽(H)/长度(L)/放弃(U)/宽度(W)]: //@30,0 Enter

指定下一点或 [圆弧(A)/闭合(C)/半宽(H)/长度(L)/放弃(U)/宽度(W)]: //a Enter

指定圆弧的端点或[角度(A)/圆心(CE)/闭合(CL)/方向(D)/半宽(H)/直线(L)/半径(R)/第二个点(S)/放弃(U)/宽度(W)]:   //向上移动光标，输入30 Enter

指定圆弧的端点或[角度(A)/圆心(CE)/闭合(CL)/方向(D)/半宽(H)/直线(L)/半径(R)/第二个点(S)/放弃(U)/宽度(W)]：   //l Enter，转入画线模式

指定下一点或 [圆弧(A)/闭合(C)/半宽(H)/长度(L)/放弃(U)/宽度(W)]: //@-30,0 Enter

指定下一点或 [圆弧(A)/闭合(C)/半宽(H)/长度(L)/放弃(U)/宽度(W)]: //@0,15 Enter

指定下一点或 [圆弧(A)/闭合(C)/半宽(H)/长度(L)/放弃(U)/宽度(W)]: //@30,0 Enter

指定下一点或 [圆弧(A)/闭合(C)/半宽(H)/长度(L)/放弃(U)/宽度(W)]: //a Enter

指定圆弧的端点或[角度(A)/圆心(CE)/闭合(CL)/方向(D)/半宽(H)/直线(L)/半径(R)/第二个点(S)/放弃(U)/宽度(W)]:   //向下移动光标，输入60 Enter

指定圆弧的端点或[角度(A)/圆心(CE)/闭合(CL)/方向(D)/半宽(H)/直线(L)/半径(R)/第二个点(S)/放弃(U)/宽度(W)]:   //Enter，绘制结果如图13-141所示

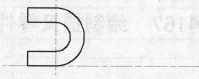

图13-140　绘制构造线　　　　　　　　　　图13-141　绘制轮廓线

05 重复执行【多段线】命令，配合坐标输入功能继续绘制主视图轮廓线。命令行操作如下：

命令: _pline

指定起点: //捕捉构造线的交点

当前线宽为 0.0

指定下一个点或 [圆弧(A)/半宽(H)/长度(L)/放弃(U)/宽度(W)]:   //@120,0 Enter

指定下一点或 [圆弧(A)/闭合(C)/半宽(H)/长度(L)/放弃(U)/宽度(W)]:   //@100<30 Enter

指定下一点或 [圆弧(A)/闭合(C)/半宽(H)/长度(L)/放弃(U)/宽度(W)]:   //@11.25<120 Enter

指定下一点或 [圆弧(A)/闭合(C)/半宽(H)/长度(L)/放弃(U)/宽度(W)]:   //@100<210 Enter

指定下一点或 [圆弧(A)/闭合(C)/半宽(H)/长度(L)/放弃(U)/宽度(W)]:   //@11.25<300 Enter

指定下一点或 [圆弧(A)/闭合(C)/半宽(H)/长度(L)/放弃(U)/宽度(W)]:

                                              //Enter，绘制结果如
                                              图13-142所示

06 重复执行【多段线】命令，连接如图13-142所示的点1和点2，绘制下侧的水平图线，结果如图13-143所示。

07 将刚绘制的多段线分解，然后选择如图13-144所示的图线并向中偏移15；将图13-145所示的图线向左偏移15，结果如图13-146所示。

08 夹点显示刚偏移出的两条图线，然后使用【特性】命令修改其图层为"中心线"，并取消图线的夹点显示，结果如图13-147所示。

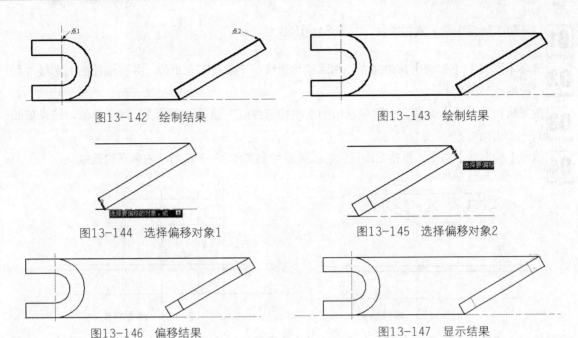

图13-142 绘制结果　　　　　　　　　图13-143 绘制结果

图13-144 选择偏移对象1　　　　　　图13-145 选择偏移对象2

图13-146 偏移结果　　　　　　　　　图13-147 显示结果

09 选择【修改】|【偏移】菜单命令，将偏移出的两条图线对称偏移5.775个单位，结果如图13-148所示。

10 夹点显示偏移出的4条图线，然后使用【特性】命令修改图线的图层为"隐藏线"，结果如图13-149所示。

图13-148 偏移结果　　　　　　　　　图13-149 编辑结果

11 最后执行【保存】命令，将图形命名存储为"实例167.dwg"。

实例168　绘制拔叉零件俯视图

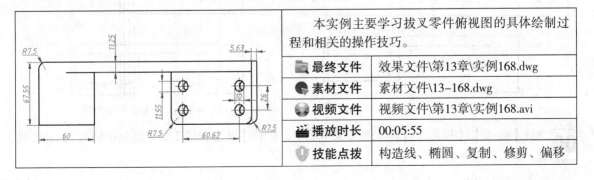

本实例主要学习拔叉零件俯视图的具体绘制过程和相关的操作技巧。

🗂 最终文件	效果文件\第13章\实例168.dwg
🥧 素材文件	素材文件\13-168.dwg
💿 视频文件	视频文件\第13章\实例168.avi
🎬 播放时长	00:05:55
🛡 技能点拨	构造线、椭圆、复制、修剪、偏移

01 打开随书光盘中的"素材文件\13-168.dwg"文件。

02 选择【修改】|【偏移】菜单命令，将水平构造线向下偏移90个单位，并将偏移出的图线放到"轮廓线"图层上。

03 重复执行【偏移】命令，将刚偏移出的水平构造线向下偏移67.55和11.25个单位，结果如图13-150所示。

04 执行【构造线】命令，根据视图间的对正关系绘制如图13-151所示的垂直构造线。

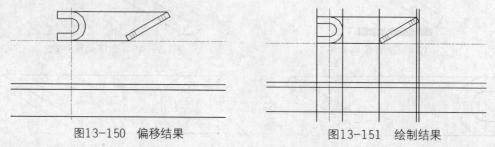

图13-150　偏移结果　　　　　　　图13-151　绘制结果

05 使用快捷键"TR"激活【修剪】命令，对各构造线进行修剪，编辑出拉杆俯视图轮廓，结果如图13-152所示。

06 选择【修改】|【圆角】菜单命令，将圆角半径设置为7.5，分别对修剪出轮廓线进行圆角，结果如图13-153所示。

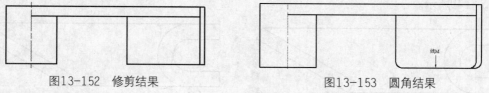

图13-152　修剪结果　　　　　　　图13-153　圆角结果

07 选择【修改】|【偏移】菜单命令，选择如图13-53所示的轮廓线M向上偏移15个绘图单位，如图13-154所示。

08 使用快捷键"XL"激活【构造线】命令，根据视图间的对正关系，绘制如图13-155所示的垂直构造线作为辅助线。

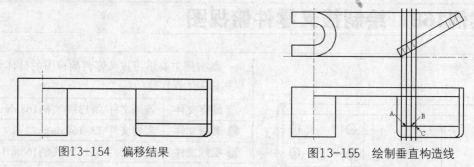

图13-154　偏移结果　　　　　　　图13-155　绘制垂直构造线

09 选择【绘图】|【椭圆】|【中心点】菜单命令，配合【交点捕捉】功能绘制长轴为11.55的椭圆。命令行操作如下：

```
命令: _ellipse
指定椭圆的轴端点或 [圆弧(A)/中心点(C)]: C
```

指定椭圆的中心点： //捕捉如图13-155所示的交点A
指定轴的端点： //捕捉交点B
指定另一条半轴长度或 [旋转(R)]： //5.775 Enter，绘制结果如图13-156所示

10 使用快捷键"CO"激活【复制】命令，以如图13-157所示的交点作为基点，以如图13-158所示的交点作为目标点，对椭圆进行复制，结果如图13-159所示。

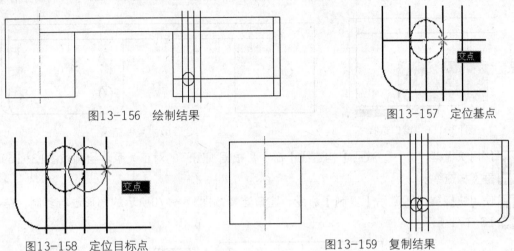

图13-156 绘制结果　　　　　　　　　　　　图13-157 定位基点

图13-158 定位目标点　　　　　　　　　图13-159 复制结果

11 选择【修改】|【修剪】菜单命令，以左侧的椭圆作为边界，对刚复制出的椭圆进行修剪，结果如图13-160所示。

12 使用快捷键"E"激活【删除】命令，删除不需要的构造线，结果如图13-161所示。

13 使用快捷键"O"激活【偏移】命令，将椭圆向外偏移3个绘图单位，结果如图13-162所示。

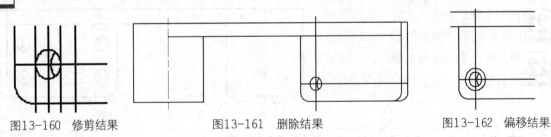

图13-160 修剪结果　　　　　图13-161 删除结果　　　　　图13-162 偏移结果

14 使用快捷键"TR"激活【修剪】命令，以偏移出的椭圆作为边界，对图线进行修剪，结果如图13-163所示。

15 将偏移出的椭圆删除，结果如图13-164所示。

16 夹点显示修剪出的两条图线，然后使用【特性】命令修改其图层为"中心线"，结果如图13-165所示。

17 使用快捷键"CO"激活【复制】命令，窗口选择如图13-166所示的孔洞轮廓和中心线，沿Y轴正方向复制26个单位，结果如图13-167所示。

18 选择【修改】|【偏移】菜单命令，将下侧的水平图线向上偏移15和41个单位，结果如图13-168所示。

图13-163 修剪结果

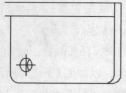
图13-164 删除结果

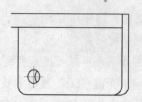
图13-165 修改后的显示效果

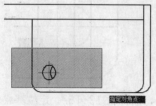
图13-166 窗口选择

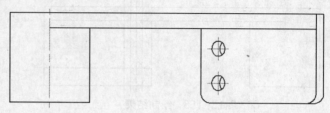
图13-167 复制结果

19 使用快捷键"ＸＬ"激活【构造线】命令，根据视图间的对正关系，绘制如图13-169所示的垂直构造线。

20 使用快捷键"CO激活【复制】命令，窗口选择如图13-170所示的图形进行复制，结果如图13-171所示。

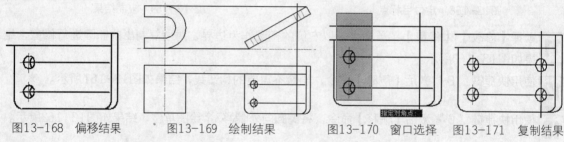
图13-168 偏移结果　　　　图13-169 绘制结果　　　　图13-170 窗口选择　　　图13-171 复制结果

21 将刚绘制的垂直构造线和刚偏移出的图线删除，结果如图13-172所示。

22 最后执行【另存为】命令，将图形另名存储为"实例168.dwg"。

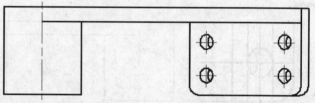
图13-172 删除结果

实例169　绘制拔叉零件斜视图

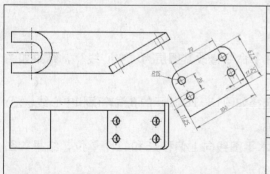

本实例主要学习拔叉零件斜视图的具体绘制过程和相关的操作技巧。

📁 最终文件	效果文件\第13章\实例169.dwg
🔴 素材文件	素材文件\13-169.dwg
🎬 视频文件	视频文件\第13章\实例169.avi
⏱ 播放时长	00:05:57
🛡 技能点拨	构造线、多段线、圆、复制、修剪、偏移、拉长、圆角

01 打开随书光盘中的"素材文件\13-169.dwg"文件。

02 使用快捷键"PL"激活【多段线】命令，配合坐标输入功能，绘制斜视图外轮廓。命令行操作如下：

```
命令: _pline
指定起点:                                                          //在绘图区拾取一点
当前线宽为 0.0
指定下一个点或 [圆弧(A)/半宽(H)/长度(L)/放弃(U)/宽度(W)]:        //@100,0 Enter
指定下一点或 [圆弧(A)/闭合(C)/半宽(H)/长度(L)/放弃(U)/宽度(W)]:  //@0,52.5 Enter
指定下一点或 [圆弧(A)/闭合(C)/半宽(H)/长度(L)/放弃(U)/宽度(W)]:  //a Enter
指定圆弧的端点或[角度(A)/圆心(CE)/闭合(CL)/方向(D)/半宽(H)/直线(L)/半径(R)/第二个点(S)/放
弃(U)/宽度(W)]:                                                  //ce Enter
指定圆弧的圆心:                                                  //@-15,0 Enter
指定圆弧的端点或 [角度(A)/长度(L)]:                              //a Enter
指定包含角:                                                      //90 Enter，输入弧的
                                                                     角度
指定圆弧的端点或[角度(A)/圆心(CE)/闭合(CL)/方向(D)/半宽(H)/直线(L)/半径(R)/第二个点(S)/放
弃(U)/宽度(W)]:                                                  //l Enter，转入画线模式
指定下一点或 [圆弧(A)/闭合(C)/半宽(H)/长度(L)/放弃(U)/宽度(W)]:  //@-70,0 Enter
指定下一点或 [圆弧(A)/闭合(C)/半宽(H)/长度(L)/放弃(U)/宽度(W)]:  //a Enter
指定圆弧的端点或[角度(A)/圆心(CE)/闭合(CL)/方向(D)/半宽(H)/直线(L)/半径(R)/第二个点(S)/放
弃(U)/宽度(W)]:                                                  //ce Enter
指定圆弧的圆心:                                                  //@0,-15 Enter
指定圆弧的端点或 [角度(A)/长度(L)]:                              //a Enter
指定包含角:                                                      //90 Enter
指定圆弧的端点或[角度(A)/圆心(CE)/闭合(CL)/方向(D)/半宽(H)/直线(L)/半径(R)/第二个点(S)/放
弃(U)/宽度(W)]:                                                  //l Enter，转入画线模式
指定下一点或 [圆弧(A)/闭合(C)/半宽(H)/长度(L)/放弃(U)/宽度(W)]:

                                                                //c Enter，闭合对象，绘
                                                                制结果如图13-173所示
```

03 执行【圆】命令，捕捉多段线圆弧的圆心，绘制直径为11.25的圆，如图13-174所示。

04 使用快捷键"AR"激活【阵列】命令，设置行数为2、列数为2、行偏移为-26、列偏移为70，对圆进行阵列，阵列结果如图13-175所示。

05 选择【修改】|【旋转】菜单命令，将斜视图旋转30°，结果如图13-176所示。

06 选择【修改】|【圆角】菜单命令，将圆角半径设置为7.5，对俯视图外轮廓线进行圆角，圆角结果如图13-177所示。

图13-173 绘制结果

图13-174 绘制圆

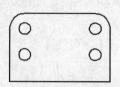
图13-175 阵列结果

图13-176 旋转结果

07 选择【修改】|【偏移】菜单命令，将主视图外轮廓线向外偏移15个单位，然后以偏移出的图线作为边界，对构造线进行修剪，将其转换为中心线，并删除偏移出的图线，结果如图13-178所示。

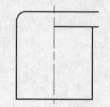
图13-177 圆角结果

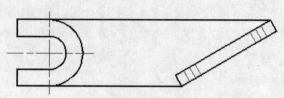
图13-178 删除结果

08 选择【修改】|【拉长】菜单命令，将右端的中心线两端拉长8个单位，结果如图13-179所示。

09 选择【修改】|【偏移】菜单命令，将斜视图内的4个圆图形向外偏移4.5个绘图单位，如图13-180所示。

图13-179 拉长结果

10 将"中心线"设置为当前图层，然后分别通过圆的圆心，绘制如图13-181所示的构造线。

11 选择【修改】|【修剪】菜单命令，以外侧的大圆作为修剪边界，对4条构造线进行修剪，结果如图13-182所示。

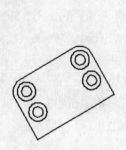
图13-180 偏移结果

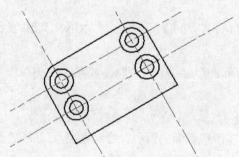
图13-181 绘制结果

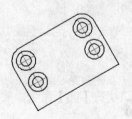
图13-182 修剪结果

12 选择【修改】|【删除】菜单命令，将外侧的大圆删除。

13 最后执行【另存为】命令，将图形另名存储为"实例169.dwg"。

实例170　绘制支架零件主视图

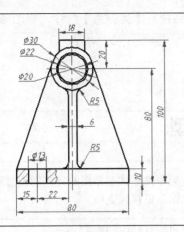

本实例主要学习支架零件主视图的具体绘制过程和相关的操作技巧。具体操作参见视频文件。

📁 最终文件	效果文件\第13章\实例170.dwg
🔵 素材文件	样板文件\机械样板.dwt
🔴 视频文件	视频文件\第13章\实例170.avi
🎬 播放时长	00:05:49
🛡 技能点拨	构造线、偏移、修剪、圆、圆角、直线

01 执行【新建】命令，调用随书光盘中的"样板文件\机械样板.dwt"文件。

02 使用【构造线】命令在"中心线"图层内绘制视图定位辅助线。

03 使用【圆】命令绘制主视图上侧的同心轮廓圆。

04 使用【偏移】和【修剪】命令绘制主视图主体结构图。

05 使用【直线】、【修剪】、【圆角】等命令绘制和完善主视图。

06 使用【样条曲线】和【图案填充】命令绘制剖面线和边界线。

07 最后执行【另存为】命令，将图形另名存储为"实例170.dwg"。

实例171　绘制支架零件左视图

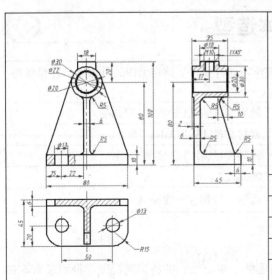

本实例主要学习支架零件左视图的具体绘制过程和相关的操作技巧。具体操作参见视频文件。

📁 最终文件	效果文件\第13章\实例171.dwg
🔵 素材文件	素材文件\13-171.dwg
🔴 视频文件	视频文件\第13章\实例171.avi
🎬 播放时长	00:07:58
🛡 技能点拨	构造线、修剪、圆角、图案填充、圆

01 打开随书光盘中的"素材文件\13-171.dwg"文件。

02 根据视图间的对正关系，使用【构造线】和【偏移】命令绘制俯视图定位线。

03 执行【修剪】、【删除】等命令快速编辑出俯视图结构图。

04 使用【圆】、【圆角】命令绘制俯视图抹角结构和内部的柱孔结构。

05 使用【图案填充】命令绘制俯视图剖面线。

06 最后执行【另存为】命令，将图形另名存储为"实例171.dwg"。

实例172　制作支架零件立体造型

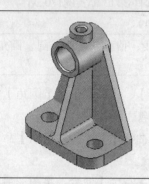

本实例主要学习支架零件立体造型图的具体制作过程和相关的操作技巧。具体操作参见视频文件。

📁 最终文件	效果文件\第13章\实例172.dwg
🔴 素材文件	素材文件\13-172.dwg
🔵 视频文件	视频文件\第13章\实例172.avi
📀 播放时长	00:07:29
❗ 技能点拨	长方体、圆柱体、拉伸🔲、并集、差集⬤

01 打开随书光盘中的"素材文件\13-172.dwg"文件。

02 使用【长方体】、【圆柱体】、【差集】命令制作底座造型。

03 使用【圆柱体】、【差集】命令制作上侧的柱筒结构。

04 使用【多段线】、【拉伸】等命令制作侧筋板和连接板造型，并对所有模型进行并集。

05 最后执行【另存为】命令，将图形另名存储为"实例172.dwg"。

实例173　制作转杆零件立体造型

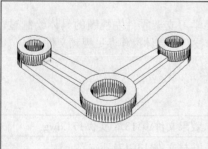

本实例主要学习转杆零件立体造型图的具体制作过程和相关的操作技巧。

📁 最终文件	效果文件\第13章\实例173.dwg
🔴 素材文件	素材文件\13-173.dwg
🔵 视频文件	视频文件\第13章\实例173.avi
📀 播放时长	00:03:22
❗ 技能点拨	边界、拉伸、三维旋转

01 打开随书光盘中的"素材文件\13-173.dwg"文件。

02 使用快捷键"E"激活【删除】命令，删除多余图线及中心线，并将当前视图切换到东南等轴测视图，结果如图13-183所示。

03 选择【修改】|【延伸】菜单命令，对外公切线进行延伸，结果如图13-184所示。

04 选择【绘图】|【边界】菜单命令，在如图13-185所示的位置拾取2、3、4三个点，创建3个面域。

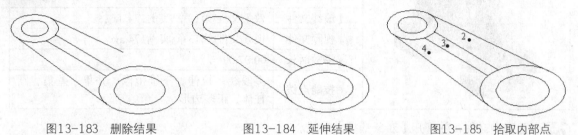

图13-183 删除结果　　　图13-184 延伸结果　　　图13-185 拾取内部点

05 选择【绘图】|【实体】|【拉伸】菜单命令，或使用快捷键"EXT"激活【拉伸】命令，将如图13-186所示的面域拉伸5个单位，将如图13-187所示的两个面域拉伸3个单位，将两端的圆拉伸8个单位，结果如图13-188所示。

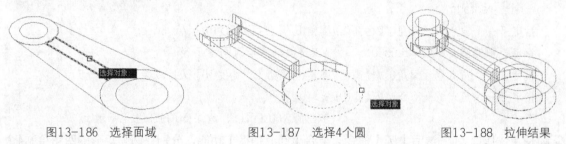

图13-186 选择面域　　　图13-187 选择4个圆　　　图13-188 拉伸结果

06 使用快捷键"SU"激活【差集】命令，将刚创建的拉伸实体进行差集运算，差集后的消隐效果如图13-189所示。

07 选择【修改】|【复制】菜单命令，窗交选择如图13-190所示的对象，进行原位置复制。

08 在命令输入"Rotate3d"激活【三维旋转】命令，分别单击复制出的实体模型，绕Z轴旋转-84°，结果如图13-191所示。

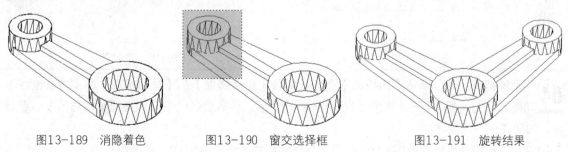

图13-189 消隐着色　　　图13-190 窗交选择框　　　图13-191 旋转结果

09 修改变量FACETRES的值为10，然后使用快捷键"HI"激活【消隐】命令，对其进行消隐。

10 最后执行【另存为】命令，将图形另名存储为"实例173.dwg"。

实例174　制作侧筋板零件立体造型

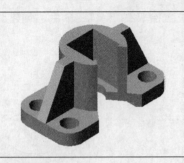

本实例主要学习侧筋板零件立体造型图的具体制作过程和相关的操作技巧。

📁 最终文件	效果文件\第13章\实例174.dwg
🌐 视频文件	视频文件\第13章\实例174.avi
⏱ 播放时长	00:07:09
🛡 技能点拨	多段线、拉伸、三维镜像、并集、差集、圆柱体、正多边形

01 创建空白文件，并打开【对象捕捉】功能。

02 选择【绘图】|【矩形】菜单命令，绘制圆角半径为36的圆角矩形。命令行操作如下：

```
命令: _rectang
指定第一个角点或 [倒角(C)/标高(E)/圆角(F)/厚度(T)/宽度(W)]: //f Enter
指定矩形的圆角半径 <0.0000>:        //36 Enter，输入圆角半径
指定第一个角点或 [倒角(C)/标高(E)/圆角(F)/厚度(T)/宽度(W)]: //拾取矩形的一个角点
指定另一个角点或 [面积(A)/尺寸(D)/旋转(R)]:
                    //@300,160 Enter，结果如图13-192所示
```

03 使用快捷键 "C" 激活【圆】命令，配合【圆心捕捉】功能，分别在圆角矩形的四角绘制4个半径为20的圆形，如图13-193所示。

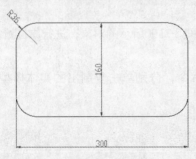

图13-192　绘制结果

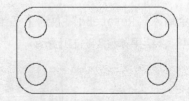

图13-193　绘制圆

04 使用快捷键 "PL" 激活【多段线】命令，配合【中点捕捉】、【垂足捕捉】和【对象追踪】功能，绘制长度为108、宽度为160的闭合四边形，使四边形的中心点与圆角矩形的中心点重合，如图13-194所示。

05 在命令行输入系统变量ISOLINES，设置实体线框的表面密度为12。

06 选择【绘图】|【实体】|【拉伸】菜单命令，选择圆角矩形和4个圆形，沿Z轴正方向拉伸32个单位；选择闭合多段线，拉伸12个单位，结果如图13-195所示。

07 选择【修改】|【实体编辑】|【差集】菜单命令，将拉伸后的实体模型进行差集运算。命令行操作如下：

命令: _subtract
选择要从中减去的实体或面域...
选择对象: //选择如图13-196所示的拉伸实体
选择对象: //Enter，结束对象的选择
选择要减去的实体或面域 ..
选择对象: //选择如图13-197所示的拉伸实体
选择对象: //Enter，结束命令，差集结果如图13-198所示

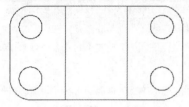

图13-194 绘制结果

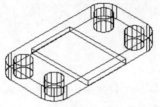

图13-195 拉伸结果

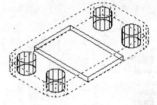

图13-196 选择被减实体

08 使用快捷键"HI"激活【消隐】命令，对视图进行消隐，结果如图13-199所示。

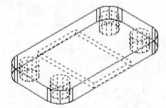

图13-197 选择减去实体

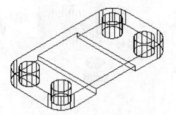

图13-198 差集结果

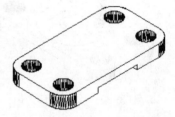

图13-199 消隐着色

09 选择【绘图】|【建模】|【圆柱体】菜单命令，配合【中点捕捉】和【对象追踪】功能创建半径为26的圆柱体。命令行操作如下：

命令: _cylinder
指定底面的中心点或 [三点(3P)/两点(2P)/切点、切点、半径(T)/椭圆(E)]:
                    //捕捉如图13-200所示的追踪虚线的交点
指定底面半径或 [直径(D)] <72.7964>:   //26 Enter，输入圆柱体底面半径
指定高度或 [两点(2P)/轴端点(A)] <30.0000>:
                    //-24 Enter，输入柱体的高度，创建结果如图13-201所示

10 使用快捷键"C"激活【圆】命令，以刚创建的柱体上顶面圆心作为圆心，绘制半径为70的圆，如图13-202所示。

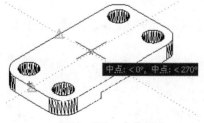

图13-200 定位圆心

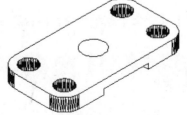

图13-201 创建结果

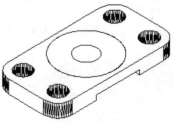

图13-202 绘制圆

11 选择【绘图】|【正多边形】菜单命令，以刚绘制的圆的圆心作为中心点，绘制边长为80的正四边形。命令行操作如下：

命令：_polygon

输入边的数目 <4>:   //Enter，采用当前设置

指定正多边形的中心点或 [边(E)]:   //捕捉刚绘制的圆的圆心

输入选项 [内接于圆(I)/外切于圆(C)] <I>:   //c Enter

指定圆的半径: //40 Enter，输入内切圆半径，绘制结

                                                  果如图13-203所示

12 选择【绘图】|【建模】|【拉伸】菜单命令，将圆和正四边形沿Z轴正方向拉伸114个绘图单位，结果如图13-204所示。

13 综合使用【正多边形】和【移动】命令，以拉伸柱体的上顶面圆心作为顶点，绘制一个边长为150的正三边形，如图13-205所示。

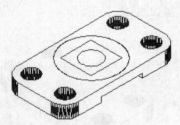
图13-203　绘制正四边形

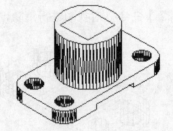
图13-204　拉伸结果

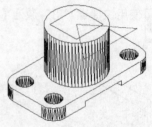
图13-205　绘制正三边形

14 使用快捷键"EXT"再次激活【拉伸】命令，将刚绘制的正三边形沿Z轴负方向进行拉伸152个单位。命令行操作如下：

命令：ext   //Enter，激活【拉伸】命令

EXTRUDE

当前线框密度：ISOLINES=12，闭合轮廓创建模式 = 实体

选择要拉伸的对象或 [模式(MO)]:   //选择刚绘制的正三边形

选择要拉伸的对象或 [模式(MO)]:   //Enter，结束对象的选择

指定拉伸的高度或 [方向(D)/路径(P)/倾斜角(T)/表达式(E)]:

                                         //-152 Enter，输入拉伸高度，拉伸结

                                         果如图13-206所示

15 选择【视图】|【视觉样式】|【二维线框】菜单命令，对模型进行线框着色，结果如图13-207所示。

16 选择【修改】|【实体编辑】|【差集】菜单命令，将各三维实体进行差集运算。命令行操作如下：

命令：_subtract

选择要从中减去的实体或面域...

选择对象: //选择如图13-208所示的实体

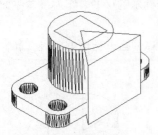

图13-206 拉伸结果

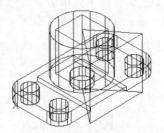

图13-207 二维线框着色

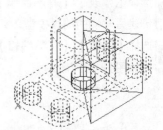

图13-208 选择被减实体

选择对象：	//Enter，结束对象的选择
选择要减去的实体或面域 ..	
选择对象：	//选择如图13-209所示的实体
选择对象：	//Enter，结果生成如图13-210所示的组合实体

17 使用【消隐】命令对组合实体进行消隐着色，可更直观真实地观察到差集后的效果，如图13-211所示。

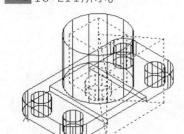

图13-209 选择减去实体

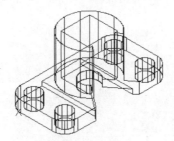

图13-210 差集结果

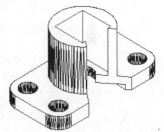

图13-211 消隐着色

18 使用【UCS】命令，将当前坐标系绕X轴旋转90°，结果如图13-212所示。

19 使用快捷键"PL"，配合【中点捕捉】功能，绘制如图13-213所示的闭合图形作为筋板截面轮廓线。

20 使用快捷键"EXT"激活【拉伸】命令，将刚绘制的筋板截面轮廓线拉伸24个图形单位，结果如图13-214所示。

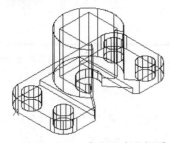

图13-212 定义用户坐标系

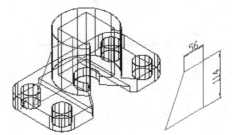

图13-213 绘制结果

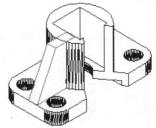

图13-214 拉伸结果

21 使用快捷键"M"激活【移动】命令，将刚创建的筋板模型进行居中位移，结果如图13-215所示。

22 选择【修改】|【基本操作】|【三维镜像】菜单命令，以当前坐标系的YZ平面作为镜像平面，创建另一侧的筋板模型，如图13-216所示。

23 选择【修改】|【实体编辑】|【并集】菜单命令，将两侧的筋板模型与主体模型进行合并，结果如图13-217所示。

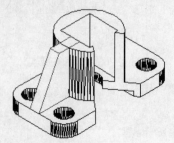 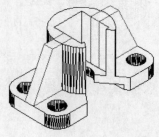 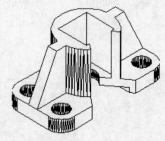

图13-215　位移结果图　　　　13-216　制作另一侧筋板　　　　图13-217　并集结果

24 最后执行【保存】命令，将图形命名存储为"实例174.dwg"。

第14章 绘制阀泵类零件

在机械制造业中，阀体与泵体类零件常用于容纳安装其他零件，是机器或部件中的主要零件；由于其结构形状千变万化，是一类较为复杂的零件。本章通过15个典型实例，主要学习阀体和泵体类零件图的具体绘制方法和绘制技巧。

实例175 绘制泵体零件俯视图

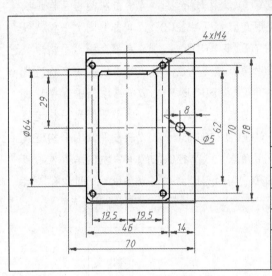

本实例主要学习泵体零件俯视图的具体绘制过程和相关的操作技巧。

📁 最终文件	效果文件\第14章\实例175.dwg
🌐 素材文件	样板文件\机械样板.dwt
💿 视频文件	视频文件\第14章\实例175.avi
⏱ 播放时长	00:07:41
🛡 技能点拨	矩形、偏移、修剪、圆角、矩形阵列、拉长、圆

01 执行【新建】命令，调用随书光盘中的"样板文件\机械样板.dwt"文件。

02 选择【格式】|【线型】菜单命令，设置线型比例为0.8。

03 展开【图层控制】下拉列表，将"轮廓线"设置为当前图层，然后打开线宽的显示功能。

04 选择【绘图】|【矩形】菜单命令，绘制半径为3的圆角矩形。命令行操作如下：

```
命令: _rectang
指定第一个角点或[倒角(C)/标高(E)/圆角(F)/厚度(T)/宽度(W)]:
                              //f Enter，激活"圆角"选项
指定矩形的圆角半径<0.0>:        //3 Enter
指定第一个角点或[倒角(C)/标高(E)/圆角(F)/厚度(T)/宽度(W)]:
                              //在绘图区拾取一点作为左下角点
指定另一个角点或[面积(A)/尺寸(D)/旋转(R)]: //@32,62 Enter，绘制结果如图14-1所示
```

05 将"中心线"设置为当前图层，然后配合【中点捕捉】功能绘制如图14-2所示的两条中心线。

06 使用快捷键"O"激活【偏移】命令，将水平构造线对称偏移41个单位，将垂直构造线向左偏移23个单位、向右偏移37个单位，结果如图14-3所示。

07 单击【修改】工具栏上的◯按钮，激活【圆角】命令，对偏移出的构造线进行编辑。命令行操作如下：

命令：_fillet

当前设置：模式 = 修剪，半径 = 0.0

选择第一个对象或 [放弃(U)/多段线(P)/半径(R)/修剪(T)/多个(M)]： //m Enter

选择第一个对象或 [放弃(U)/多段线(P)/半径(R)/修剪(T)/多个(M)]： //单击左侧垂直构造线

选择第二个对象，或按住 Shift 键选择对象以应用角点或 [半径(R)]：//单击上侧水平构造线

选择第一个对象或 [放弃(U)/多段线(P)/半径(R)/修剪(T)/多个(M)]： //单击上侧水平构造线

选择第二个对象，或按住 Shift 键选择对象以应用角点或 [半径(R)]：//单击右侧垂直构造线

选择第一个对象或 [放弃(U)/多段线(P)/半径(R)/修剪(T)/多个(M)]： //单击右侧垂直构造线

选择第二个对象，或按住 Shift 键选择对象以应用角点或 [半径(R)]：//单击下侧水平构造线

选择第一个对象或 [放弃(U)/多段线(P)/半径(R)/修剪(T)/多个(M)]： //单击下侧水平构造线

选择第二个对象，或按住 Shift 键选择对象以应用角点或 [半径(R)]：//单击左侧垂直构造线

选择第一个对象或 [放弃(U)/多段线(P)/半径(R)/修剪(T)/多个(M)]： //Enter，圆角结果如

图14-4所示

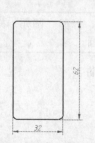

图14-1　绘制结果1

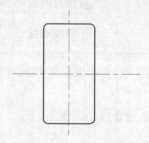

图14-2　绘制结果2

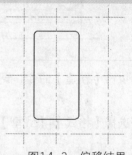

图14-3　偏移结果

08 在无命令执行的前提下夹点显示如图14-5所示的4条图线。

09 展开【图层控制】下拉列表，将夹点图线放到"轮廓线"图层上，并取消图线的夹点显示，结果如图14-6所示。

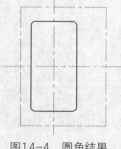

图14-4　圆角结果

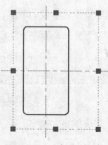

图14-5　夹点图线

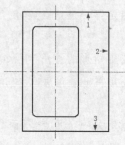

图14-6　更改图层后的效果

10 单击【修改】工具栏上的 按钮，激活【偏移】命令，将图14-6中的图线1向下偏移3个单位，将图线2向左偏移14个单位，将图线3向上偏移1个单位，结果如图14-7所示。

11 单击【修改】工具栏上的 按钮，激活【圆角】命令，对偏移出的构造线进行圆角。命令行操作如下：

命令：_fillet
当前设置：模式 = 修剪，半径 = 0.0
选择第一个对象或 [放弃(U)/多段线(P)/半径(R)/修剪(T)/多个(M)]:　　//r Enter
指定圆角半径 <0.0>:　　//3 Enter
选择第一个对象或 [放弃(U)/多段线(P)/半径(R)/修剪(T)/多个(M)]:　　//m Enter
选择第一个对象或 [放弃(U)/多段线(P)/半径(R)/修剪(T)/多个(M)]:
　　　　　　　　//在如图14-7所示轮廓线1的左端单击
选择第二个对象，或按住 Shift 键选择对象以应用角点或 [半径(R)]:
　　　　　　　　//在如图14-7所示轮廓线2的上端单击
选择第一个对象或 [放弃(U)/多段线(P)/半径(R)/修剪(T)/多个(M)]:
　　　　　　　　//在如图14-7所示轮廓线3的左端单击
选择第二个对象，或按住 Shift 键选择对象以应用角点或 [半径(R)]:
　　　　　　　　//在如图14-7所示轮廓线2的下端单击
选择第一个对象或 [放弃(U)/多段线(P)/半径(R)/修剪(T)/多个(M)]:
　　　　　　　　//Enter，结束命令，圆角结果如图14-8所示

提示 在选择圆角图线时，光标单击的位置不同，那么圆角结果也不同，因此要根据圆角位置单击图线。

12 重复执行【圆角】命令，继续对图线进行圆角编辑。命令行操作如下：

命令：_fillet
当前设置：模式 = 修剪，半径 = 3.0
选择第一个对象或[放弃(U)/多段线(P)/半径(R)/修剪(T)/多个(M)]://t Enter
输入修剪模式选项[修剪(T)/不修剪(N)] <修剪>:　　//n Enter
选择第一个对象或[放弃(U)/多段线(P)/半径(R)/修剪(T)/多个(M)]://m Enter，激活"多个"选项
选择第一个对象或[放弃(U)/多段线(P)/半径(R)/修剪(T)/多个(M)]:
　　　　　　　　//在如图14-8所示轮廓线1的下端单击
选择第二个对象，或按住 Shift 键选择对象以应用角点或 [半径(R)]:
　　　　　　　　//在如图14-8所示轮廓线2的左端单击
选择第一个对象或 [放弃(U)/多段线(P)/半径(R)/修剪(T)/多个(M)]:
　　　　　　　　//在如图14-8所示轮廓线1的上端单击
选择第二个对象，或按住 Shift 键选择对象以应用角点或 [半径(R)]:
　　　　　　　　//在如图14-8所示轮廓线3的左端单击
选择第一个对象或 [放弃(U)/多段线(P)/半径(R)/修剪(T)/多个(M)]:
　　　　　　　　//Enter，圆角结果如图14-9所示

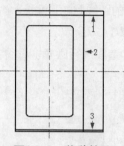

图14-7　偏移结果

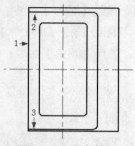

图14-8　圆角结果1

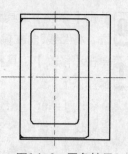

图14-9　圆角结果2

💡**提示**　在圆角图线时，要事先将修改圆角的修剪模式设置为"不修剪"。

13 单击【修改】工具栏上的 ✦ 按钮，以刚产生的两条圆角弧线作为边界，对内部的两条水平图线进行修剪，结果如图14-10所示。

14 单击【修改】工具栏上的 ⚌ 按钮，将垂直构造线对称偏移19.5个单位，将水平构造线向上偏移34个单位，向下偏移36个单位，结果如图14-11所示。

15 使用快捷键"C"激活【圆】命令，配合【交点捕捉】功能，在"轮廓线"图层内绘制直径为3和4的同心圆，并将直径为4的圆放到"细实线"图层上，结果如图14-12所示。

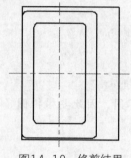

图14-10　修剪结果

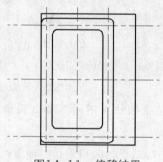

图14-11　偏移结果

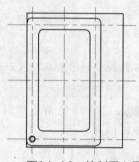

图14-12　绘制同心圆

16 执行【修剪】命令，以通过圆心的两条构造线作为边界，对直径为4的圆进行修剪，结果如图14-13所示。

17 使用快捷键"AR"激活【阵列】命令，将如图14-14所示的圆及圆弧阵列2行2列，列偏移为39、行偏移为70，阵列结果如图14-15所示。

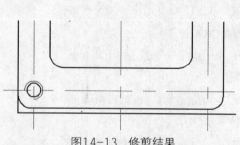

图14-13　修剪结果

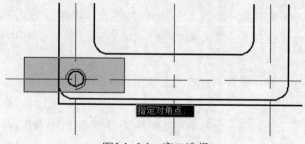

图14-14　窗口选择

18 单击【修改】工具栏上的 ✦ 按钮，以阵列后产生的4条圆弧作为边界，对构造线进行修剪，将其转化为图形中心线，修剪结果如图14-16所示。

19 使用快捷键"LEN"激活【拉长】命令，将4条中心线两端拉长1个单位，结果如图14-17所示。

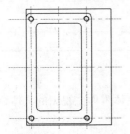

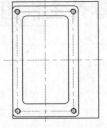

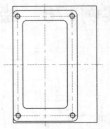

图14-15 阵列结果　　　　　　图14-16 修剪结果　　　　　　图14-17 拉长结果

20 单击【修改】工具栏上的 按钮，将垂直构造线向左偏移33个单位、向右偏移29个单位；将水平构造线对称偏移32个单位，结果如图14-18所示。

21 使用快捷键"C"激活【圆】命令，配合【交点捕捉】功绘制直径为5的圆，如图14-19所示。

22 单击【修改】工具栏上的 按钮，对构造线进行修剪，结果如图14-20所示。

23 执行【拉长】命令，将俯视图中心线两端拉长4个单位，将圆孔垂直中心线两端拉长2个单位，结果如图14-21所示。

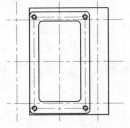

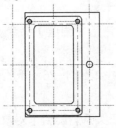

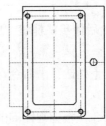

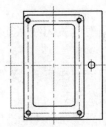

图14-18 偏移结果　　　图14-19 绘制结果　　　图14-20 修剪结果　　　图14-21 拉长结果

24 单击【修改】工具栏上的 按钮，将水平中心线向上偏移29个单位，将垂直中心线对称偏移11个单位，结果如图14-22所示。

25 单击【修改】工具栏上的 按钮，对偏移出的图线进行修剪，结果如图14-23所示。

26 在无命令执行的前提下夹点显示如图14-24所示的3条轮廓线。

27 展开【图层】工具栏中的【图层控制】下拉列表，将其放到"轮廓线"图层，最终结果如图14-25所示。

28 最后执行【另存为】命令，将图形命名存储为"实例175.dwg"。

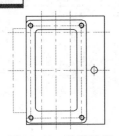

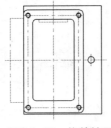

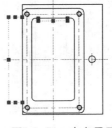

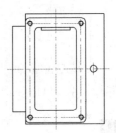

图14-22 偏移结果　　　图14-23 修剪结果　　　图14-24 夹点显示　　　图14-25 最终结果

实例176 绘制泵体零件主视图

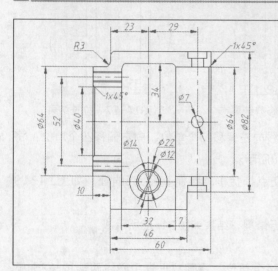

本实例主要学习泵体零件主视图的具体绘制过程和相关的操作技巧。

	最终文件	效果文件\第14章\实例176.dwg
	素材文件	素材文件\14-176.dwg
	视频文件	视频文件\第14章\实例176.avi
	播放时长	00:09:47
	技能点拨	圆、偏移、修剪、圆角、倒角、直线、构造线

01 打开随书光盘中的"素材文件\14-176.dwg"文件。

02 暂时关闭线宽功能，然后使用快捷键"LA"激活【图层】命令，将"中心线"设置为当前图层。

03 使用快捷键"XL"激活【构造线】命令，绘制如图14-26所示的两条构造线，以定位主视图位置。

04 重复执行【构造线】命令，根据视图间的对正关系，配合【对象捕捉】功能绘制如图14-27所示的垂直构造线。

05 单击【修改】工具栏上的 按钮，将水平构造线向上偏移34和41个单位，向下偏移41和51个单位，并将偏移出的图线放在"轮廓线"图层上，结果如图14-28所示。

🔍 **提示** 巧妙使用命令中的【当前】选项，可以将偏移出的对象放到当前层上。

06 单击【修改】工具栏上的 按钮，对各构造线进行修剪编辑，结果如图14-29所示。

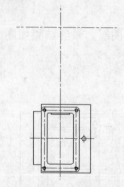
图14-26 绘制结果1

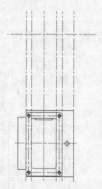
图14-27 绘制结果2

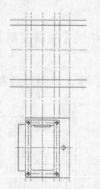
图14-28 偏移结果

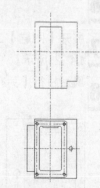
图14-29 修剪结果

07 在无命令执行的前提下夹点显示如图14-30所示的图线，然后展开【图层控制】下拉列表，更改其图层为"轮廓线"层，取消夹点后的效果如图14-31所示。

08 将"轮廓线"设置为当前图层，使用快捷键"F"激活【圆角】命令，对修剪后的轮廓线进行圆角编辑。命令行操作如下：

命令: f   //Enter

FILLET当前设置: 模式 = 修剪，半径 = 0.0

选择第一个对象或[放弃(U)/多段线(P)/半径(R)/修剪(T)/多个(M)]:   //r Enter

指定圆角半径 <0.0>:   //3 Enter

选择第一个对象或[放弃(U)/多段线(P)/半径(R)/修剪(T)/多个(M)]:   //m Enter

选择第一个对象或[放弃(U)/多段线(P)/半径(R)/修剪(T)/多个(M)]:

//在如图14-32所示轮廓线1的上端单击

选择第二个对象，或按住 Shift 键选择对象以应用角点或 [半径(R)]:

//在轮廓线2的左端单击

选择第一个对象或 [放弃(U)/多段线(P)/半径(R)/修剪(T)/多个(M)]:

//在如图14-32所示轮廓线3的上端单击

选择第二个对象，或按住 Shift 键选择对象以应用角点或 [半径(R)]:

//在轮廓线4的左端单击

选择第一个对象或 [放弃(U)/多段线(P)/半径(R)/修剪(T)/多个(M)]:

//在如图14-32所示轮廓线5的上端单击

选择第二个对象，或按住 Shift 键选择对象以应用角点或 [半径(R)]:

//在轮廓线4的右端单击

选择第一个对象或 [放弃(U)/多段线(P)/半径(R)/修剪(T)/多个(M)]:

//Enter，圆角结果如图14-33所示

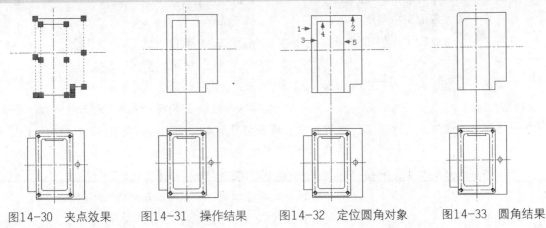

图14-30　夹点效果　　　图14-31　操作结果　　　图14-32　定位圆角对象　　　图14-33　圆角结果

09 单击【修改】工具栏上的 ⟂ 按钮，将水平构造线对称偏移20和32个单位，结果如图14-34所示。

10 选择【绘图】|【构造线】菜单命令，配合【端点捕捉】功能绘制如图14-35所示的垂直构造线。

11 单击【修改】工具栏上的 ⟋ 按钮，对构造线进行修剪，结果如图14-36所示。

12 单击【修改】工具栏上的 ⬜ 按钮，对修剪后的轮廓线进行圆角，圆角半径为3，圆角结果如图14-37所示。

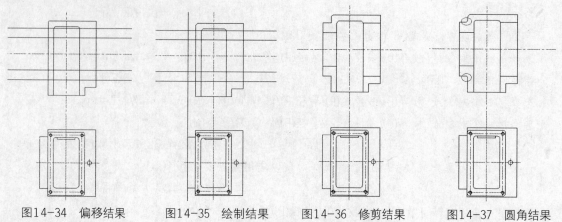

图14-34　偏移结果　　　图14-35　绘制结果　　　图14-36　修剪结果　　　图14-37　圆角结果

13 单击【修改】工具栏上的 ⬜ 按钮，对修剪后的轮廓线进行倒角。命令行操作如下：

```
命令: _chamfer
("修剪"模式) 当前倒角长度 = 0.0，角度 = 0
选择第一条直线或[放弃(U)/多段线(P)/距离(D)/角度(A)/修剪(T)/方式(E)/多个(M)]:      //t Enter
输入修剪模式选项[修剪(T)/不修剪(N)]<修剪>:                               //n Enter
选择第一条直线或[放弃(U)/多段线(P)/距离(D)/角度(A)/修剪(T)/方式(E)/多个(M)]:
                                          //a Enter，激活"角度"选项
指定第一条直线的倒角长度 <0.0>:                     //1 Enter
指定第一条直线的倒角角度 <0>:                       //45 Enter
选择第一条直线或 [放弃(U)/多段线(P)/距离(D)/角度(A)/修剪(T)/方式(E)/多个(M)]:
                                          //m Enter，激活"多个"选项
选择第一条直线或 [放弃(U)/多段线(P)/距离(D)/角度(A)/修剪(T)/方式(E)/多个(M)]:
                                    //在如图14-38所示轮廓线1的上端单击
选择第二条直线，或按住 Shift 键选择直线以应用角点或 [距离(D)/角度(A)/方法(M)]:
                                    //在轮廓线2的左端单击
选择第一条直线或 [放弃(U)/多段线(P)/距离(D)/角度(A)/修剪(T)/方式(E)/多个(M)]:
                                    //在如图14-38所示轮廓线1的下端单击
选择第二条直线，或按住 Shift 键选择直线以应用角点或 [距离(D)/角度(A)/方法(M)]:
                                    //在轮廓线3的左端单击
选择第一条直线或 [放弃(U)/多段线(P)/距离(D)/角度(A)/修剪(T)/方式(E)/多个(M)]:
                                    //在轮廓线4的下端单击
选择第二条直线，或按住 Shift 键选择直线以应用角点或 [距离(D)/角度(A)/方法(M)]:
                                    //在轮廓线6的右端单击
选择第一条直线或 [放弃(U)/多段线(P)/距离(D)/角度(A)/修剪(T)/方式(E)/多个(M)]:
```

//在轮廓线4的上端单击

选择第二条直线，或按住 Shift 键选择直线以应用角点或 [距离(D)/角度(A)/方法(M)]:

//在轮廓线5的右端单击

选择第一条直线或 [放弃(U)/多段线(P)/距离(D)/角度(A)/修剪(T)/方式(E)/多个(M)]:

//Enter，倒角结果如图14-39所示

14 单击【修改】工具栏上的 ╱ 按钮，以倒角后产生的4条倾斜线作为边界，对内部的4条水平图线进行修剪，结果如图14-40所示。

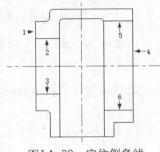
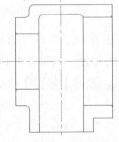
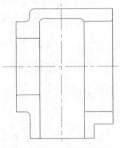

图14-38 定位倒角线　　　　图14-39 倒角结果　　　　图14-40 修剪结果

15 使用快捷键"L"激活【直线】命令，配合【端点捕捉】功能绘制如图14-41所示的两条垂直图线。

16 单击【修改】工具栏上的 ⚏ 按钮，将垂直构造线向右偏移29个单位，将水平构造线向下偏移35个单位，结果如图14-42所示。

17 使用快捷键"C"激活【圆】命令，配合【交点捕捉】功能绘制如图14-43所示的4个圆。

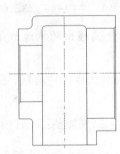
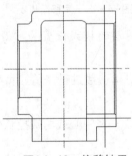
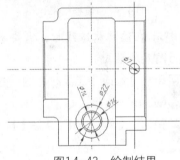

图14-41 绘制结果　　　　图14-42 偏移结果　　　　图14-43 绘制结果

18 将偏移出的两条构造线放到"中心线"图层上，并对下侧的水平构造线进行修剪，将其转化为中心线，结果如图14-44所示。

19 单击【修改】工具栏上的 ⚏ 按钮，将右侧的垂直构造线对称偏移3.5和5.5个单位，将水平构造线对称偏移37个单位，结果如图14-45所示。

20 单击【修改】工具栏上的 ╱ 按钮，对偏移出的各构造线进行修剪，结果如图14-46所示。

🔍提示 在偏移图线时，若要使用命令中的"图层"选项，要事先将图层模式设置为当前，以使偏移出的图线放在当前图层上。

21 单击【修改】工具栏上的 ⚏ 按钮，将水平构造线对称偏移23、23.5、28.5和29个单位，结果如图14-47所示。

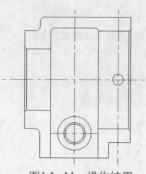
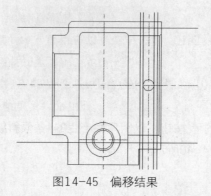
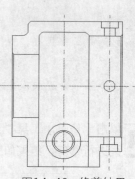

图14-44　操作结果　　　　　图14-45　偏移结果　　　　　图14-46　修剪结果

22 重复执行【偏移】命令，再次将主视图中心位置的水平构造线对称偏移26个单位，并将偏移出的两条构造线放到"中心线"图层上，结果如图14-48所示。

23 单击【修改】工具栏上的 ⊢ 按钮，激活【修剪】命令，对构造线进行修剪，结果如图14-49所示。

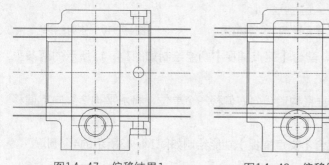
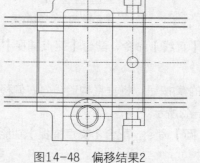
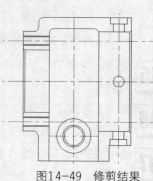

图14-47　偏移结果1　　　　　图14-48　偏移结果2　　　　　图14-49　修剪结果

🔍 **提示** 在偏移构造线时，需要事先将图层的模式设置为"源"，以使偏移出的构造线继承原来的图层特性。

24 单击【修改】工具栏上的 ⊢ 按钮，对构造线进行修剪，将构造线转化为图形中心线，结果如图14-50所示。

25 使用快捷键"LEN"激活【拉长】命令，将中心线两端拉长4个单位，结果如图14-51所示。

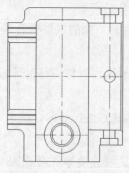
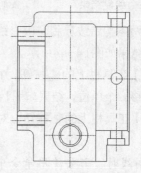

图14-50　修剪结果　　　　　图14-51　拉长结果

26 最后执行【另存为】命令，将图形命名存储为"实例176.dwg"。

实例177 绘制泵体零件左视图

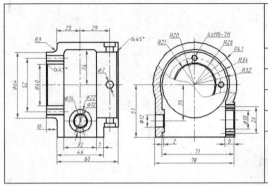

本实例主要学习泵体零件左视图的具体绘制过程和相关的操作技巧。	
📁 最终文件	效果文件\第14章\实例177.dwg
🍰 素材文件	素材文件\14-177.dwg
👤 视频文件	视频文件\第14章\实例177.avi
📼 播放时长	00:10:48
🛡 技能点拨	圆、倒角、修剪、样条曲线、图案填充、构造线、倒角

01 打开随书光盘中的"素材文件\14-177.dwg"文件。

02 展开【图层】工具栏上的【图层控制】下拉列表，将"中心线"设置为当前图层。

03 使用快捷键"XL"激活【构造线】命令，绘制如图14-52所示的两条构造线，以定位左视图。

04 将"轮廓线"设置为当前图层，然后重复执行【构造线】命令，根据视图间的对正关系，配合【端点捕捉】或【交点捕捉】功能绘制如图14-53所示的水平构造线。

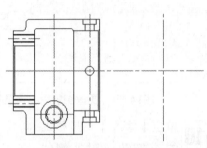

图14-52 绘制结果

05 使用快捷键"C"激活【圆】命令，配合【交点捕捉】功能绘制如图14-54所示的轮廓圆。

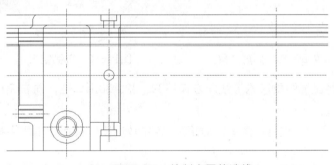

图14-53 绘制水平构造线

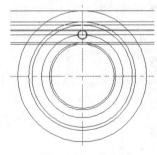

图14-54 绘制圆

06 使用快捷键"E"激活【删除】命令，删除不需要的水平构造线，结果如图14-55所示。

07 在无命令执行的前提下夹点显示如图14-56所示的圆。

08 展开【图层控制】下拉列表，将夹点显示的圆放到"中心线"图层上，结果如图14-57所示。

09 在无命令执行的前提下夹点显示如图14-58所示的圆，将其放到"细实线"图层上。

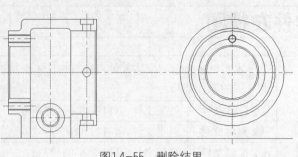

图14-55　删除结果

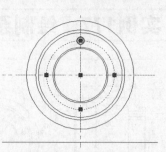

图14-56　夹点显示

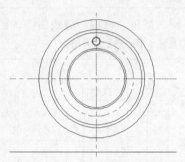

图14-57　更改图层后的效果

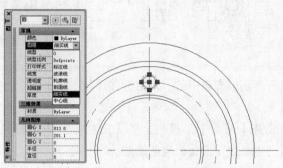

图14-58　更改所在层

10 单击【修改】工具栏上的 ✂ 按钮，对外侧的螺纹圆进行修剪，结果如图14-59所示。

11 使用快捷键"AR"激活【阵列】命令，将螺纹及圆环形阵列2份，填充角度为-90，结果如图14-60所示。

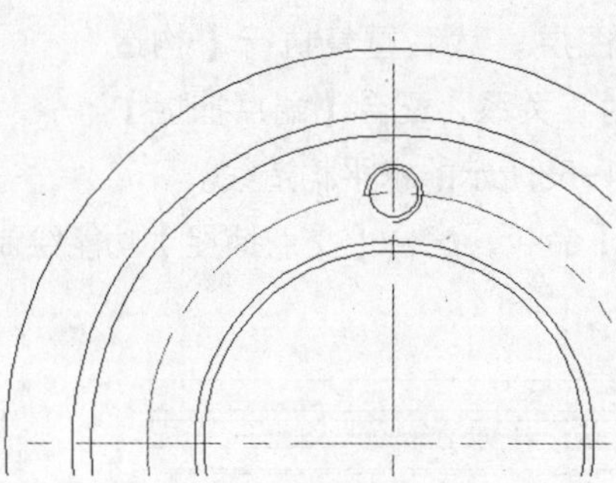

12 单击【修改】工具栏上的 ⬢ 按钮，激活【偏移】命令，将左视图垂直构造线向左偏移39、32、30个单位，向右偏移30和39个单位，结果如图14-61所示。

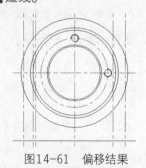

图14-59　修剪结果

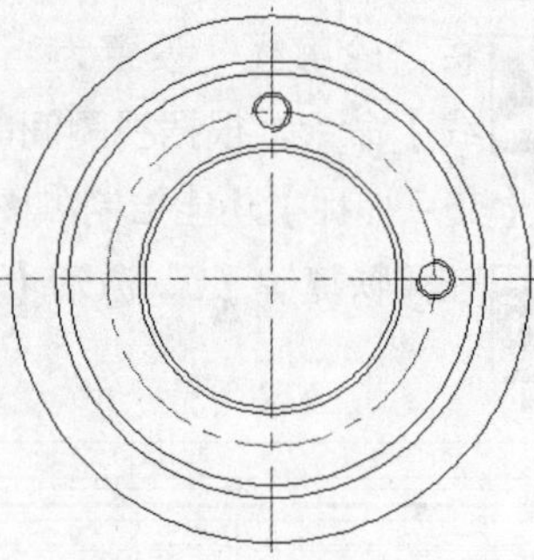

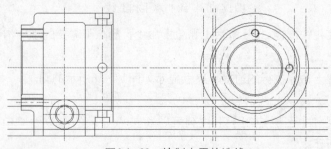

图14-60　阵列结果

13 使用快捷键"XL"激活【构造线】命令，根据视图间的对正关系绘制如图14-62所示的水平构造线。

图14-61　偏移结果

图14-62　绘制水平构造线

14 单击【修改】工具栏上的 ✂ 按钮，对构造线和同心圆进行修剪，编辑出左视图轮廓，结果如图14-63所示。

15 在无命令执行的前提下夹点显示如图14-64所示的轮廓线,将其放到"轮廓线"图层上。

16 按Esc键取消图形的夹点显示,结果如图14-65所示。

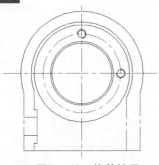

图14-63 修剪结果

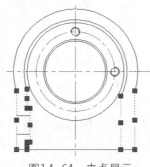

图14-64 夹点显示

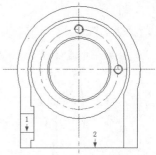

图14-65 更改图层后的效果

17 单击【修改】工具栏上的 按钮,将图14-65中的轮廓线1向上偏移6个单位,将轮廓线2向上偏移17个单位,结果如图14-66所示。

18 单击【修改】工具栏上的 按钮,将图14-66中的轮廓线 B 向上偏移34个单位,将轮廓线 A 对称偏移9、11、11.5、13、14.5和15个单位,结果如图14-67所示。

19 单击【修改】工具栏上的 按钮,以如图14-67所示的图线 A 作为边界,对外侧的圆弧进行延伸,结果如图14-68所示。

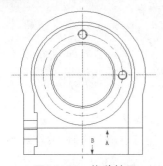

图14-66 偏移结果

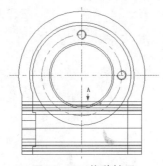

图14-67 偏移结果

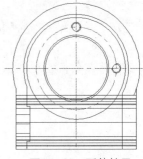

图14-68 延伸结果

20 单击【修改】工具栏上的 按钮,对图线进行修剪编辑,结果如图14-69所示。

21 在无命令执行的前提下夹点显示如图14-70所示的图线,将其放到"中心线"图层上,结果如图14-71所示。

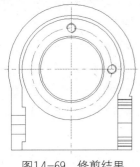

图14-69 修剪结果

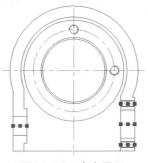

图14-70 夹点显示

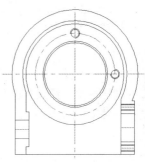

图14-71 更改图层后的结果

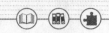
22 在无命令执行的前提下夹点显示如图14-72所示的图线，将其放到"细实线"图层上。

23 单击【修改】工具栏上的 按钮，对轮廓线进行内部倒角。命令行操作如下：

命令：_chamfer
（"修剪"模式）当前倒角长度 = 0.0，角度 = 0
选择第一条直线或 [放弃(U)/多段线(P)/距离(D)/角度(A)/修剪(T)/方式(E)/多个(M)]：
//t Enter
输入修剪模式选项 [修剪(T)/不修剪(N)] <修剪>：   //n Enter
选择第一条直线或 [放弃(U)/多段线(P)/距离(D)/角度(A)/修剪(T)/方式(E)/多个(M)]：
//a Enter，激活"角度"选项
指定第一条直线的倒角长度 <0.0>：   //1 Enter
指定第一条直线的倒角角度 <0>：   //45 Enter
选择第一条直线或 [放弃(U)/多段线(P)/距离(D)/角度(A)/修剪(T)/方式(E)/多个(M)]：
//m Enter，激活"多个"选项
选择第一条直线或 [放弃(U)/多段线(P)/距离(D)/角度(A)/修剪(T)/方式(E)/多个(M)]：
//在如图14-73所示轮廓线2的上端单击
选择第二条直线，或按住 Shift 键选择直线以应用角点或 [距离(D)/角度(A)/方法(M)]：
//在轮廓线1的右端单击
选择第一条直线或 [放弃(U)/多段线(P)/距离(D)/角度(A)/修剪(T)/方式(E)/多个(M)]：
//在如图14-73所示轮廓线2的下端单击
选择第二条直线，或按住 Shift 键选择直线以应用角点或 [距离(D)/角度(A)/方法(M)]：
//在轮廓线3的右端单击
选择第一条直线或 [放弃(U)/多段线(P)/距离(D)/角度(A)/修剪(T)/方式(E)/多个(M)]：
//在如图14-73所示轮廓线4的下端单击
选择第二条直线，或按住 Shift 键选择直线以应用角点或 [距离(D)/角度(A)/方法(M)]：
//在轮廓线6的右端单击
选择第一条直线或 [放弃(U)/多段线(P)/距离(D)/角度(A)/修剪(T)/方式(E)/多个(M)]：
//在如图14-73所示轮廓线4的上端单击
选择第二条直线，或按住 Shift 键选择直线以应用角点或 [距离(D)/角度(A)/方法(M)]：
//在轮廓线5的右端单击
选择第一条直线或 [放弃(U)/多段线(P)/距离(D)/角度(A)/修剪(T)/方式(E)/多个(M)]：
//Enter，倒角结果如图14-74所示

24 单击【修改】工具栏上的 按钮，以倒角后产生的4条倾斜线作为边界，对内部的4条水平图线进行修剪，结果如图14-75所示。

25 执行【直线】命令，配合【端点捕捉】功能绘制倒角位置的垂直轮廓线，结果如图14-76所示。

26 打开线宽的显示功能，然后配合【最近点捕捉】功能，在"波浪线"图层内绘制如图14-77所示的样条曲线，作为边界线。

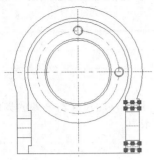

图14-72 夹点显示

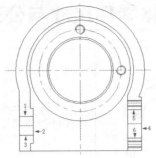

图14-73 定位倒角线

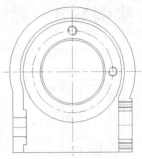

图14-74 倒角结果

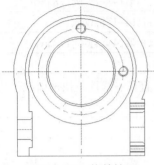

图14-75 修剪结果

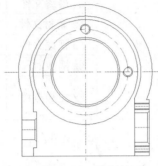

图14-76 绘制结果

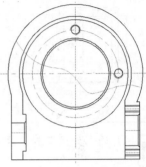

图14-77 绘制结果

27 执行【修剪】命令，以样条曲线作为边界，对同心圆进行修剪，结果如图14-78所示。

28 将"剖面线"设为当前层，然后执行【图案填充】命令，以默认参数填充ANSI31图案，填充结果如图14-79所示。

29 单击【修改】工具栏上的 ⊹ 按钮，对构造线进行修剪，将构造线转化为左视图中心线，结果如图14-80所示。

30 使用快捷键"LEN"激活【拉长】命令，将中心线两端拉长4个单位，结果如图14-81所示。

31 最后执行【另存为】命令，将图形命名存储为"实例177. dwg"。

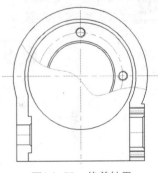

图14-78 修剪结果

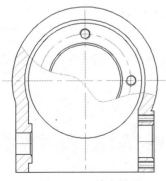

图14-79 填充结果

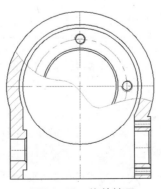

图14-80 修剪结果

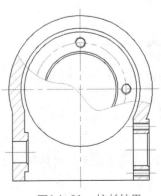

图14-81 拉长结果

实例178　标注泵体零件尺寸与公差

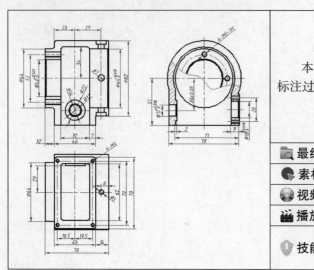

本实例主要学习泵体零件图尺寸与公差的具体标注过程和相关的操作技巧。

	最终文件	效果文件\第14章\实例178.dwg
	素材文件	素材文件\14-178.dwg
	视频文件	视频文件\第14章\实例178.avi
	播放时长	00:04:34
	技能点拨	半径、直径、线性、快速引线、快速标注

01 打开随书光盘中的"素材文件\14-178.dwg"文件。

02 展开【样式】工具栏上的【标注样式控制】下拉列表，将"机械样式"设置为当前标注样式，如图14-82所示。

图14-82　设置当前标注样式

03 展开【图层】工具栏上的【图层控制】下拉列表，将"标注线"设置为当前图层。

04 打开【对象捕捉】功能，并将捕捉模式设置为【端点捕捉】和【交点捕捉】。

05 选择【标注】|【线性】菜单命令，配合【端点捕捉】功能标注主视图上侧的线性尺寸。命令行操作如下：

命令：_dimlinear
指定第一个尺寸界线原点或〈选择对象〉：　　//捕捉如图14-83所示的端点
指定第二条尺寸界线原点：　　　　　　//捕捉如图14-84所示的端点
指定尺寸线位置或[多行文字(M)/文字(T)/角度(A)/水平(H)/垂直(V)/旋转(R)]：
　　　　　　　　//在适当位置定位尺寸线，标注结果如图14-85所示
标注文字 = 23

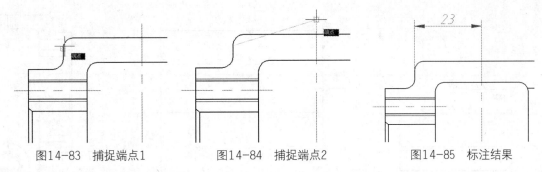

图14-83　捕捉端点1　　　　　图14-84　捕捉端点2　　　　　图14-85　标注结果

06 单击【标注】工具栏上的 ⊢⊣ 按钮，激活【连续】命令，继续标注主视图上侧的线性尺寸。命令行操作如下：

命令：_dimcontinue

指定第二条尺寸界线原点或 [放弃(U)/选择(S)] <选择>：

　　　　　　　　　//系统自动进入连续标注状态，此时捕捉如图14-86所示的端点

标注文字 = 29

指定第二条尺寸界线原点或 [放弃(U)/选择(S)] <选择>：

　　　　　　　　　//Enter，退出连续标注状态

选择连续标注：　　　　　　　//Enter，结束命令，标注结果如图14-87所示。

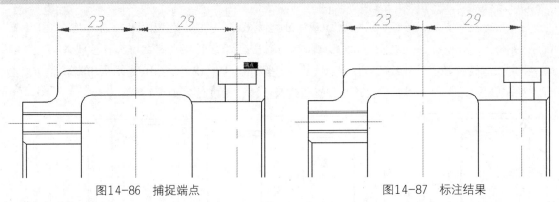

图14-86　捕捉端点　　　　　　　　　　图14-87　标注结果

07 选择【标注】|【线性】菜单命令，配合【端点捕捉】功能标注主视图左侧的直径尺寸。命令行操作如下：

命令：_dimlinear

指定第一个尺寸界线原点或 <选择对象>：　//捕捉如图14-88所示的端点

指定第二条尺寸界线原点：　　　　　　　//捕捉如图14-89所示的端点

指定尺寸线位置或[多行文字(M)/文字(T)/角度(A)/水平(H)/垂直(V)/旋转(R)]：

　　　　　　　　　//t Enter，激活 "文字" 选项

输入标注文字 <64>：　　　　　//%%C64 Enter

指定尺寸线位置或[多行文字(M)/文字(T)/角度(A)/水平(H)/垂直(V)/旋转(R)]：

　　　　　　　　　//在适当位置定位尺寸线，标注结果如图14-90所示

标注文字 = 64

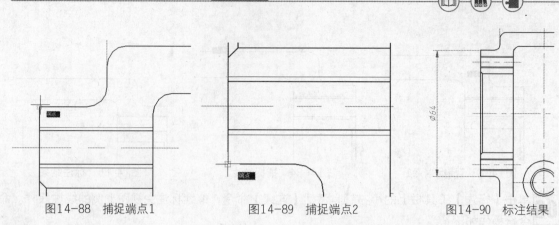

图14-88　捕捉端点1　　　　　图14-89　捕捉端点2　　　　　图14-90　标注结果

08 在无命令执行的前提下夹点显示如图14-91所示的圆角矩形，将其分解。

09 单击【标注】工具栏上的┗┛按钮，激活【快速标注】命令，标注俯视图右侧的垂直尺寸。命令行操作如下：

命令：_qdim

关联标注优先级 = 端点

选择要标注的几何图形：　　　//选择如图14-92所示的6条图线

选择要标注的几何图形：　　　//Enter

指定尺寸线位置或 [连续(C)/并列(S)/基线(B)/坐标(O)/半径(R)/直径(D)/基准点(P)/编辑(E)/设置(T)] <并列>：　　　　　　　//s Enter，此时系统进入如图14-93所示的并列标注状态

指定尺寸线位置或 [连续(C)/并列(S)/基线(B)/坐标(O)/半径(R)/直径(D)/基准点(P)/编辑(E)/设置(T)] <并列>：　　　　　　　//在适当位置指定尺寸线，标注结果如图14-94所示

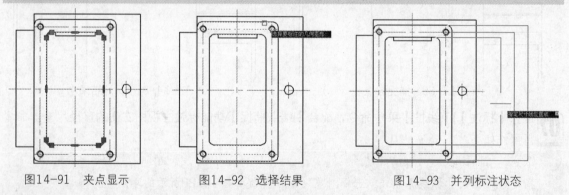

图14-91　夹点显示　　　　　图14-92　选择结果　　　　　图14-93　并列标注状态

10 单击【标注】工具栏上的┗┛按钮，激活【编辑标注文字】命令，对刚标注的尺寸进行编辑。命令行操作如下：

命令：_dimtedit

选择标注：　　　　　　　//选择如图14-95所示的尺寸

为标注文字指定新位置或 [左对齐(L)/右对齐(R)/居中(C)/默认(H)/角度(A)]：

　　　　　　　　　　　　　//c Enter

命令：DIMTEDIT

选择标注：　　　　　　　//选择标注文字为78的对象

为标注文字指定新位置或 [左对齐(L)/右对齐(R)/居中(C)/默认(H)/角度(A)]:

//c Enter，编辑结果如图14-96所示

标注公差尺寸。

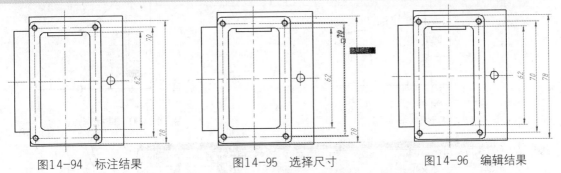

图14-94 标注结果　　　　图14-95 选择尺寸　　　　图14-96 编辑结果

11 参照上述操作，重复执行【线性】、【连续】、【快速标注】以及【编辑标注文字】等命令，分别标注其他位置的尺寸，标注结果如图14-97所示。

12 重复执行【直径】命令，分别标注其他位置的直径尺寸，标注结果如图14-98所示。

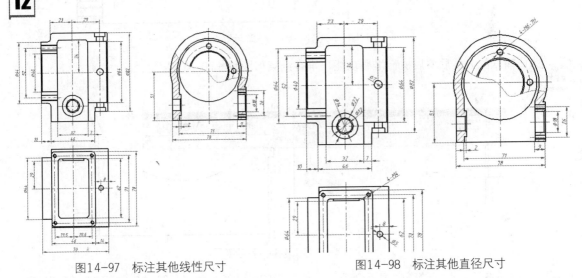

图14-97 标注其他线性尺寸　　　　　　　图14-98 标注其他直径尺寸

13 执行【线性】命令，配合【端点捕捉】功能标注左视图中的公差尺寸。命令行操作如下:

命令: _dimlinear

指定第一个尺寸界线原点或 <选择对象>:

　　　　　　　//捕捉如图14-99所示的端点

指定第二条尺寸界线原点:　　　　　//捕捉如图14-100所示的端点

指定尺寸线位置或[多行文字(M)/文字(T)/角度(A)/水平(H)/垂直(V)/旋转(R)]:

　　　　　　　//m，激活"多行文字"选项，打开【文字格式】编辑器

14 在【文字格式】编辑器中的文字输入框内输入如图14-101所示的公差后缀。

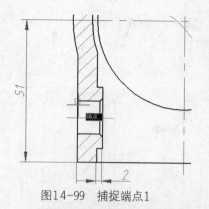

图14-99　捕捉端点1　　　　　　　　　图14-100　捕捉端点2

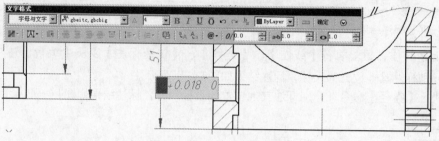

图14-101　输入公差后缀

15 选择输入的公差后缀后执行堆叠功能，堆叠结果如图14-102所示。

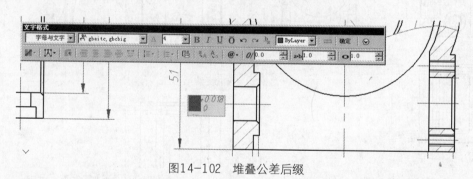

图14-102　堆叠公差后缀

16 单击 确定 按钮，返回绘图区根据命令行的提示指定尺寸线位置，标注结果如图14-103所示。

17 在无命令执行的前提下，使用夹点编辑功能调整标注文字的位置，结果如图14-104所示。

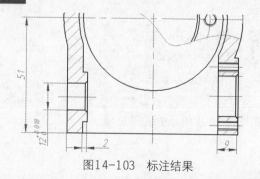

图14-103　标注结果

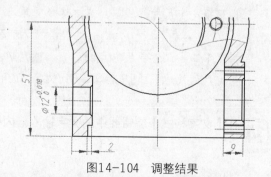

图14-104　调整结果

18 使用快捷键 "ED" 激活【编辑文字】命令，在 "选择注释对象或 [放弃(U)]: "提示下，选择主视图右侧的直径尺寸，打开如图14-105所示的【文字格式】编辑器。

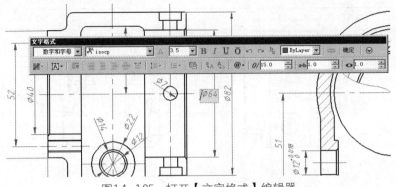

图14-105 打开【文字格式】编辑器

19 接下来在【文字格式】编辑器中的多行文字输入框内，输入如图14-106所示的公差后缀。

20 将输入的公差后缀进行堆叠，然后单击 确定 按钮关闭【文字格式】编辑器，创建出如图14-107所示的尺寸公差。

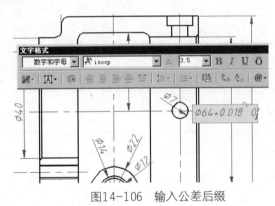

图14-106 输入公差后缀

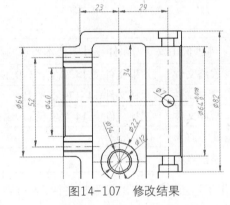

图14-107 修改结果

21 参照上述两种方式，综合使用【线性】和【编辑文字】命令分别标注其他位置的尺寸公差，结果如图14-108所示。

22 最后执行【另存为】命令，将图形命名存储为 "实例178.dwg"。

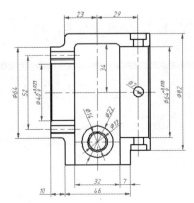

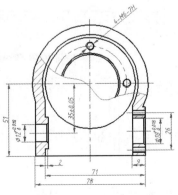

图14-108 标注其他公差

实例179 标注泵体零件技术要求

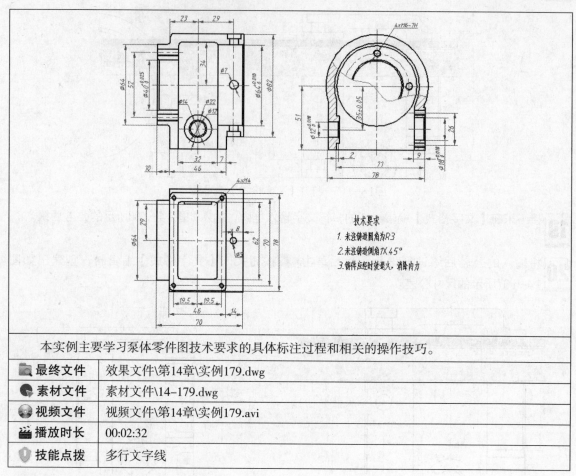

本实例主要学习泵体零件图技术要求的具体标注过程和相关的操作技巧。

📁 最终文件	效果文件\第14章\实例179.dwg
🔵 素材文件	素材文件\14-179.dwg
🔴 视频文件	视频文件\第14章\实例179.avi
📷 播放时长	00:02:32
🛡 技能点拨	多行文字线

01 打开随书光盘中的"素材文件\14-179.dwg"文件。

02 展开【图层控制】下拉列表,将"细实线"设置为当前图层。

03 标注技术要求。使用快捷键"M"激活【多行文字】命令,在空白区域拉出矩形框,打开【文字格式】编辑器。

04 在【文字格式】编辑器内设置字体高度为8,然后输入技术要求标题,如图14-109所示。

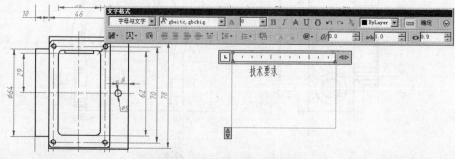

图14-109 输入技术要求标题

05 按Enter键换行，然后设置字体高度为7，然后输入如图14-110所示的技术要求内容。

图14-110 输入技术要求内容

06 按Enter键换行，然后输入如图14-111所示的技术要求内容。

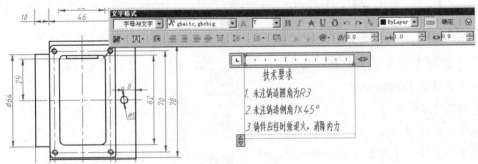

图14-111 输入其他行技术要求

07 单击 确定 按钮，关闭【文字格式】编辑器，标注结果如图14-112所示。

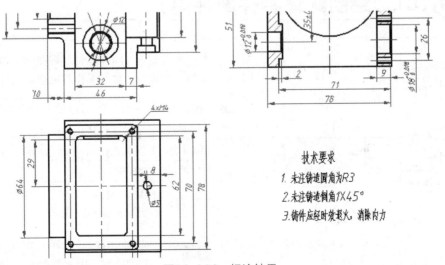

图14-112 标注结果

08 最后执行【另存为】命令，将图形另名存储为"实例179.dwg"。

实例180　绘制阀体零件左视图

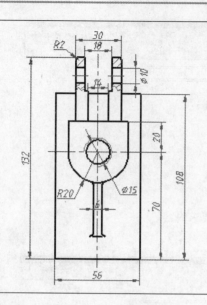

本实例主要学习阀体零件左视图的具体绘制过程和相关的操作技巧。具体操作参见视频文件。

📁 最终文件	效果文件\第14章\实例180.dwg
🌐 素材文件	样板文件\机械样板.dwt
💿 视频文件	视频文件\第14章\实例180.avi
🎬 播放时长	00:08:15
🛡 技能点拨	圆、偏移、修剪、圆角、图案填充、构造线、样条曲线

01 执行【新建】命令，调用随书光盘中的"样板文件\机械样板.dwt"文件。

02 综合使用【构造线】、【偏移】命令绘制阀体零件定位辅助线。

03 使用【修剪】和【删除】命令对辅助线修剪，编辑出零件左视图结构。

04 使用【打断】命令完善螺纹。

05 使用【圆角】命令对阀体左视图进行抹角完善。

06 最后执行【保存】命令，将图形另名存储为"实例180.dwg"。

实例181　绘制阀体零件剖视图

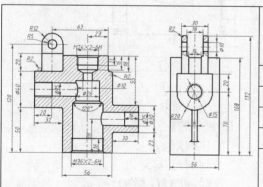

本实例主要学习阀体零件剖视图的具体绘制过程和相关的操作技巧。具体操作参见视频文件。

📁 最终文件	效果文件\第14章\实例181.dwg
🌐 素材文件	素材文件\14-181.dwg
💿 视频文件	视频文件\第14章\实例181.avi
🎬 播放时长	00:09:06
🛡 技能点拨	圆、偏移、修剪、圆角、图案填充、构造线、倒角

01 打开随书光盘中的"素材文件\14-181.dwg"文件。

02 使用【构造线】命令绘制剖视图纵向定位辅助线。

03 根据视图间的对正关系，使用【构造线】命令从左视图引出水平的定位辅助线。

04 使用【圆】、【修剪】命令对纵横向定位辅助线进行修剪，编辑出剖视图主体结构。

05 使用【圆角】、【倒角】、【直线】命令对剖视图进行完善。

06 使用【图案填充】命令绘制剖面图中的剖面线。

07 最后执行【另存为】命令将图形另名存储为"实例181.dwg"。

实例182 绘制阀体零件俯视图

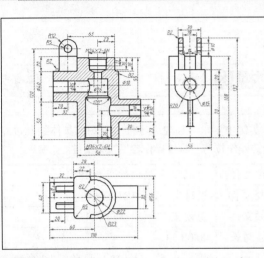

本实例主要学习阀体零件俯视图的具体绘制过程和相关的操作技巧。具体操作参见视频文件。

📁 最终文件	效果文件\第14章\实例182.dwg
🔵 素材文件	素材文件\14-182.dwg
💿 视频文件	视频文件\第14章\实例182.avi
🎬 播放时长	00:07:38
🛡 技能点拨	圆、偏移、修剪、圆角、构造线、拉长

01 打开随书光盘中的"素材文件\14-182.dwg"文件。

02 根据视图对正关系，使用【构造线】命令从剖视图引出垂直定位辅助线。

03 使用【构造线】和【偏移】命令绘制俯视图纵向定位辅助线。

04 使用【圆】、【修剪】命令对纵横向定位辅助线进行修剪，编辑出俯视图主体结构。

05 使用【圆角】、【直线】命令对俯视图进行完善。

06 使用【修剪】和【拉长】命令绘制零件图中心线。

07 最后执行【另存为】命令将图形另名存储为"实例182.dwg"。

实例183 绘制齿轮泵零件左视图

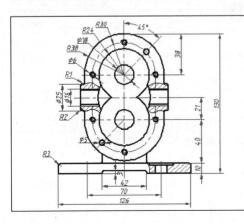

本实例主要学习齿轮泵零件左视图的具体绘制过程和相关的操作技巧。具体操作参见视频文件。

📁 最终文件	效果文件\第14章\实例183.dwg
🔵 素材文件	样板文件\机械样板.dwt
💿 视频文件	视频文件\第14章\实例183.avi
🎬 播放时长	00:14:48
🛡 技能点拨	圆、偏移、修剪、圆角、图案填充、构造线、样条曲线

01 执行【新建】命令，调用随书光盘"样板文件\机械样板.dwt"文件。

02 综合使用【构造线】、【偏移】、【旋转】命令绘制左视图定位辅助线。

03 综合使用【圆】、【环形阵列】和【复制】命令绘制左视图结构。

04 综合使用【修剪】和【删除】命令对左视图进行修整和完善。

05 使用【圆角】命令对阀体零件图进行抹角完善。

06 使用【样条曲线】和【图案填充】命令边界线和剖面线。

07 最后执行【保存】命令，将图形另名存储为"实例183.dwg"。

实例184　绘制齿轮泵零件主视图

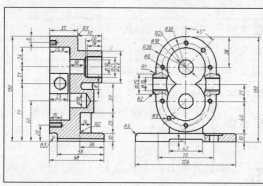

本实例主要学习齿轮泵零件主视图的具体绘制过程和相关操作技巧。具体操作参见视频文件。

📁 最终文件	效果文件\第14章\实例184.dwg
🥧 素材文件	素材文件\14-184.dwg
🎬 视频文件	视频文件\第14章\实例184.avi
⏱ 播放时长	00:09:53
🛡 技能点拨	圆、偏移、修剪、圆角、图案填充、构造线、直线

01 打开随书光盘中的"素材文件\14-184.dwg"文件。

02 根据视图对正关系，使用【构造线】命令从左视图引出水平定位辅助线。

03 使用【构造线】和【偏移】命令绘制主视图纵向定位辅助线。

04 使用【圆】、【修剪】命令对纵横向定位辅助线进行修剪，编辑出俯视图主体结构。

05 使用【圆角】、【直线】命令对主视图进行完善。

06 使用【修剪】和【拉长】命令绘制零件图中心线。

07 最后执行【另存为】命令，将图形另名存储为"实例184.dwg"。

实例185　绘制上阀体零件左视图

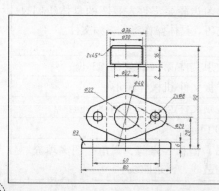

本实例主要学习上阀体零件左视图的具体绘制过程和相关的操作技巧。具体操作参见视频文件。

📁 最终文件	效果文件\第14章\实例185.dwg
🥧 素材文件	样板文件\机械样板.dwt
🎬 视频文件	视频文件\第14章\实例185.avi
⏱ 播放时长	00:07:28
🛡 技能点拨	圆、偏移、修剪、圆角、构造线、倒角、圆角

01 执行【新建】命令，调用随书光盘中的 "样板文件\机械样板.dwt" 文件。

02 综合使用【构造线】、【偏移】命令绘制上阀体零件左视图定位辅助线。

03 综合使用【圆】、【直线】命令绘制左视内部图结构。

04 综合使用【修剪】和【删除】命令对左视图进行修整和完善。

05 使用【圆角】和【倒角】命令对阀体零件图进行抹角完善。

06 最后执行【保存】命令，将图形另名存储为 "实例185.dwg"。

实例186　绘制上阀体零件剖视图

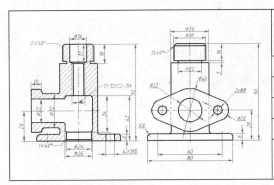

本实例主要学习上阀体零件剖视图的具体绘制过程和相关操作技巧。具体操作参见视频文件。

📁 最终文件	效果文件\第14章\实例186.dwg
🔻 素材文件	素材文件\14-186.dwg
🔘 视频文件	视频文件\第14章\实例186.avi
📅 播放时长	00:05:13
🛡 技能点拨	偏移、修剪、圆角、图案填充、构造线、倒角

01 打开随书光盘中的 "素材文件\14-186.dwg" 文件。

02 根据视图对正关系，使用【构造线】命令从左视图引出水平定位辅助线。

03 使用【构造线】和【偏移】命令绘制剖视图纵向定位辅助线。

04 使用【修剪】、【删除】命令对纵横向定位辅助线进行修剪，编辑出主视图主体结构。

05 使用【圆角】、【倒角】和【直线】命令对主视图进行修整和完善。

06 使用【图案填充】命令绘制主视图剖面线。

07 使用【修剪】和【拉长】命令绘制零件图中心线。

08 最后执行【另存为】命令，将图形另名存储为 "实例186.dwg"。

实例187　制作阀芯体零件立体造型

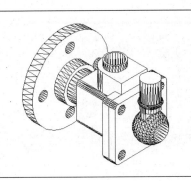

本实例主要学习阀芯体零件主体造型图的具体制作过程和相关的操作技巧。

📁 最终文件	效果文件\第14章\实例187.dwg
🔘 视频文件	视频文件\第14章\实例187.avi
📅 播放时长	00:17:33
🛡 技能点拨	图柱体、长方体、球体、圆环体、UCS、差集

01 创建空白文件，并设置捕捉模式为【端点捕捉】、【圆心捕捉】、【交点捕捉】等。

02 选择【视图】|【三维视图】|【西南等轴测】菜单命令，并将当前视图切换为西南视图。

03 选择【视图】|【视觉样式】|【三维线框】菜单命令，打开三维线框着色功能。

04 在命令行输入IOSLINES后按Enter键，修改实体模型表面的线框密度。命令行操作如下：

命令: isolines   //Enter，激活命令
输入 ISOLINES 的新值 <4>:   //24 Enter

05 制作法兰造型。在命令行输入"UCS"，将当前坐标系绕X轴旋转90°。命令行操作如下：

命令: ucs   //Enter，激活命令
当前 UCS 名称: *世界*
指定 UCS 的原点或[面(F)/命名(NA)/对象(OB)/上一个(P)/视图(V)/世界(W)/X/Y/Z/Z 轴(ZA)] <世界>:
                                       //x Enter
指定绕 X 轴的旋转角度 <90.0>:   //Enter

06 单击【建模】工具栏上的⬜按钮，激活【圆柱体】命令，绘制如图14-113所示的同心圆柱体。命令行操作如下：

命令: _cylinder
指定底面的中心点或 [三点(3P)/两点(2P)/切点、切点、半径(T)/椭圆(E)]:
                                       //Enter，以坐标系原点作为底面中心
指定底面半径或 [直径(D)]:   //60 Enter
指定高度或 [两点(2P)/轴端点(A)]:   //15 Enter
命令: //Enter，重复执行命令
CYLINDER
指定底面的中心点或[三点(3P)/两点(2P)/切点、切点、半径(T)/椭圆(E)]://Enter
指定底面半径或[直径(D)]:   //25 Enter
指定高度或 [两点(2P)/轴端点(A)]:   //15 Enter

07 重复执行【圆柱体】命令，创建法兰盘周边的螺孔圆柱。命令行操作如下：

命令: _cylinder
指定底面的中心点或 [三点(3P)/两点(2P)/切点、切点、半径(T)/椭圆(E)] <0,0,0>:
                                       //43,0,0 Enter
指定底面半径或 [直径(D)]:   //7 Enter
指定高度或 [两点(2P)/轴端点(A)]:   //15 Enter，结果如图14-114所示

08 选择【修改】|【三维操作】|【三维阵列】菜单命令，选择螺孔圆柱进行阵列。命令行操作如下：

命令:_3DARRAY
正在初始化... 已加载 3DARRAY。

选择对象:	//选择刚创建的螺孔圆柱
选择对象:	//Enter，结束选择
输入阵列类型 [矩形(R)/环形(P)] <矩形>:	//p Enter
输入阵列中的项目数目:	//4 Enter，设置阵列数目
指定要填充的角度 (+=逆时针，-=顺时针) <360>:	//Enter
旋转阵列对象? [是(Y)/否(N)] <是>:	//Enter，采用默认设置
指定阵列的中心点:	//0,0,0 Enter
指定旋转轴上的第二点:	//0,0,15 Enter，阵列结果如图14-115所示

09 单击【实体编辑】工具栏上的 ◎ 按钮，激活【差集】命令，创建法兰盘的螺孔和通孔。命令行操作如下:

命令: _subtract	
选择要从中减去的实体或面域...	
选择对象:	//选择底面半径为60的圆柱体
选择对象:	//Enter，结束选择
选择要减去的实体或面域 ..	
选择对象:	//选择其他圆柱体
选择对象:	//Enter，结束命令

10 制作主体造型。选择【工具】|【新建UCS】|【原点】菜单命令，以 (0,0,15) 作为新坐标系的原点，对当前坐标系沿Z轴正方向进行位移。

11 选择【绘图】|【建模】|【圆柱体】菜单命令，创建同心圆柱体。命令行操作如下:

命令: _cylinder	
指定底面的中心点或[三点(3P)/两点(2P)/切点、切点、半径(T)/椭圆(E)] <0,0,0>:// Enter	
指定底面半径或 [直径(D)]:	//25 Enter
指定高度或 [两点(2P)/轴端点(A)]:	//15 Enter
命令: _cylinder	//重复执行命令
指定底面的中心点或 [三点(3P)/两点(2P)/切点、切点、半径(T)/椭圆(E)] <0,0,0>:	
	//Enter
指定底面半径或 [直径(D)]:	//20 Enter
指定高度或 [两点(2P)/轴端点(A)]:	//35 Enter
命令: _cylinder	//重复执行命令
指定底面的中心点或 [三点(3P)/两点(2P)/切点、切点、半径(T)/椭圆(E)] <0,0,0>:	
	//Enter
指定底面半径或 [直径(D)]:	//15 Enter
指定高度或 [两点(2P)/轴端点(A)]:	//35 Enter，创建结果如图14-116所示

12 选择【修改】|【实体编辑】|【并集】菜单命令，选择底面半径为25和20的圆柱体进行合并。

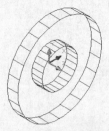

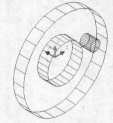

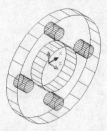

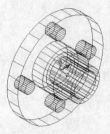

图14-113 绘制结果   图14-114 绘制螺孔   图14-115 三维阵列   图14-116 创建柱体

13 选择【修改】|【实体编辑】|【差集】菜单命令，使用合并后的组合实体减去底面半径为15的圆柱体，以创建出阀体模型的边孔。

14 选择【视图】|【视觉样式】|【真实】菜单命令，对模型进行真实着色显示，结果如图14-117所示。

15 执行【UCS】命令，将当前坐标系绕Z正方向移动63个绘图单位，结果如图14-118所示。

16 选择【绘图】|【建模】|【长方体】菜单命令，创建长方体。命令行操作如下：

命令: _box
指定第一个角点或 [中心(C)]:   //ce Enter，激活"中心点"选项
指定中心: //Enter，以坐标系原点作为中心点
指定角点或 [立方体(C)/长度(L)]:   //l Enter，激活"长度"选项
指定长度: //50 Enter
指定宽度: //56 Enter
指定高度或 [两点(2P)]:   //56 Enter，结果如图14-119所示

图14-117 真实着色   图14-118 移动坐标系   图14-119 创建长方体

17 使用快捷键"F"激活【圆角】命令，将圆角半径设置为5，对长方体的边进行圆角，圆角结果如图14-120所示。

18 执行【UCS】命令，将当前坐标系绕Z轴正方向移动33个绘图单位。

19 选择【绘图】|【建模】|【长方体】菜单命令，继续创建长方体。命令行操作如下：

命令: _box
指定第一个角点或 [中心(C)]:   //ce Enter，激活"中心点"选项
指定中心: //Enter
指定角点或 [立方体(C)/长度(L)]:   //l Enter，激活"长度"选项

指定长度：	//80 Enter
指定宽度：	//80 Enter
指定高度或 [两点(2P)]：	//10 Enter，结果如图14-121所示

20 使用快捷键"F"激活【圆角】命令，将圆角半径设置为5，对刚创建的长方体的边进行圆角，圆角结果如图14-122所示。

图14-120 圆角结果　　　　　图14-121 创建方体　　　　　图14-122 圆角结果

21 将当前的着色方式恢复二维线框着色后，再对其进行消隐。

22 选择【绘图】|【建模】|【圆柱体】菜单命令，创建圆柱体。命令行操作如下：

命令：_cylinder
指定底面的中心点或 [三点(3P)/两点(2P)/切点、切点、半径(T)/椭圆(E)] <0,0,0>：
　　　　　　　　　　　　　　　//0,0,5 Enter
指定底面半径或 [直径(D)]：　　//d Enter
指定直径：　　//25 Enter
指定高度或 [两点(2P)/轴端点(A)]：　　//-66 Enter
命令：_cylinder　　//重复执行命令
指定底面的中心点或 [三点(3P)/两点(2P)/切点、切点、半径(T)/椭圆(E)] <0,0,0>：
　　　　　　　　　　　　　　　//30,30,5 Enter
指定底面半径或 [直径(D)]：　　//6 Enter
指定高度或 [两点(2P)/轴端点(A)]：　　//-10 Enter，创建结果如图14-123所示

23 选择【修改】|【三维操作】|【三维阵列】菜单命令，选择高度为10的螺孔圆柱进行阵列。命令行操作如下：

命令：_3darray
选择对象：　　//选择刚创建的螺孔圆柱
选择对象：　　//Enter，结束选择
输入阵列类型[矩形(R)/环形(P)] <矩形>：　　//Enter，激活"矩形"选项
输入行数 (---) <1>：　　//2 Enter
输入列数 (|||) <1>：　　//2 Enter
输入层数 (...) <1>：　　//Enter
指定行间距 (---)：　　//-60 Enter
指定列间距 (|||)：　　//-60 Enter，阵列结果如图14-124所示

24 使用快捷键"SU"激活【差集】命令，对阀体主轮廓进行差集运算，创建内部的通孔及螺孔，结果如图14-125所示。

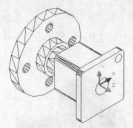 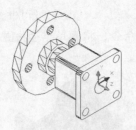 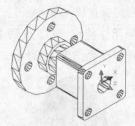

图14-123 创建通孔圆柱　　　　图14-124 三维阵列　　　　图14-125 差集结果

25 选择【工具】|【新建UCS】菜单命令，创建如图14-126所示的用户坐标系。命令行操作如下：

命令: ucs

指定 UCS 的原点或[面(F)/命名(NA)/对象(OB)/上一个(P)/视图(V)/世界(W)/X/Y/Z/Z 轴(ZA)] <世界>:
　　　　　　　　　　　　　//0,0,-5 Enter

指定 X 轴上的点或 <接受>:　　//Enter

命令:　　　　　　　　　　//Enter

UCS 指定 UCS 的原点或 [面(F)/命名(NA)/对象(OB)/上一个(P)/视图(V)/世界(W)/X/Y/Z/Z 轴(ZA)] <世界>:　　//x Enter

指定绕 X 轴的旋转角度 <90.0>:　//-90 Enter，结果如图14-126所示

26 使用快捷键"PL"激活【多段线】命令，绘制闭合多段线。命令行操作如下：

命令: pl　　　　　　　　　//Enter，激活命令

PLINE指定起点:　　　　　　//0,0,28 Enter

当前线宽为 0.0

指定下一个点或 [圆弧(A)/半宽(H)/长度(L)/放弃(U)/宽度(W)]://@20,0 Enter

指定下一点或 [圆弧(A)/闭合(C)/半宽(H)/长度(L)/放弃(U)/宽度(W)]://@0,30 Enter

指定下一点或 [圆弧(A)/闭合(C)/半宽(H)/长度(L)/放弃(U)/宽度(W)]:
　　　　　　　　　　　　　//a Enter，激活"圆弧"选项

指定圆弧的端点或[角度(A)/圆心(CE)/闭合(CL)/方向(D)/半宽(H)/直线(L)/半径(R)/第二个点(S)/放弃(U)/宽度(W)]:　//@40<180 Enter

指定圆弧的端点或[角度(A)/圆心(CE)/闭合(CL)/方向(D)/半宽(H)/直线(L)/半径(R)/第二个点(S)/放弃(U)/宽度(W)]:　//l Enter，激活"直线"选项

指定下一点或 [圆弧(A)/闭合(C)/半宽(H)/长度(L)/放弃(U)/宽度(W)]:
　　　　　　　　　　　　　//@0,-30 Enter

指定下一点或 [圆弧(A)/闭合(C)/半宽(H)/长度(L)/放弃(U)/宽度(W)]:
　　　　　　　　　　　　　//c Enter，闭合对象，绘制结果如图14-127所示

27 单击【建模】工具栏上的回按钮，将刚绘制的闭合多段线垂直拉伸27个绘图单位，结果如图14-128所示。

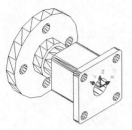
图14-126 创建坐标系

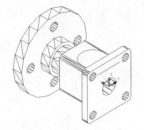
图14-127 绘制多段线

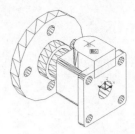
图14-128 拉伸实体

28 单击【建模】工具栏上的 按钮，激活【圆柱体】命令，创建如图14-129所示的圆柱体。命令行操作如下：

命令: _cylinder

指定底面的中心点或 [三点(3P)/两点(2P)/切点、切点、半径(T)/椭圆(E)] <0,0,0>:
　　　　　　　　　　　　　　　//捕捉图14-128所示的圆心

指定底面半径或 [直径(D)]: 　　//14 Enter

指定高度或 [两点(2P)/轴端点(A)]: //8 Enter

命令: _cylinder 　　　　　　　//Enter，重复执行命令

指定底面的中心点或 [三点(3P)/两点(2P)/切点、切点、半径(T)/椭圆(E)] <0,0,0>:
　　　　　　　　　　　　　　　//捕捉刚创建的圆柱体顶面圆心

指定底面半径或 [直径(D)]: 　　//12 Enter

指定高度或 [两点(2P)/轴端点(A)]: //-63 Enter，结果如图14-129所示

29 使用快捷键"SU"激活【差集】命令，对阀体模型进行差集运算。命令行操作如下：

命令: su 　　　　　　　　　　//Enter，激活命令

SUBTRACT 选择要从中减去的实体或面域...

选择对象: 　　　　　　　　　//选择阀体模型

选择对象: 　　　　　　　　　//选择拉伸实体

选择对象: 　　　　　　　　　//选择刚创建的高度为8的圆柱体

选择对象: 　　　　　　　　　//Enter，结束选择

选择要减去的实体或面域 ..

选择对象: 　　　　　　　　　//选择刚创建的高度为63的圆柱体

选择对象: 　　　　　　　　　//Enter，结束命令，结果如图14-130所示

30 制作球心造型。执行【UCS】命令，将当前坐标系绕X轴旋转90°。

31 综合使用【长方体】、【圆柱体】和【差集】命令，参照上述相关的操作步骤，创建如图14-131所示的连接体模型。

32 设置当前着色方式为"真实视觉样式"，并将当前坐标系沿Z轴正方向移动25个绘图单位。

33 选择【绘图】|【建模】|【球体】菜单命令，创建如图14-132所示的球体模型。命令行操作如下：

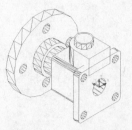

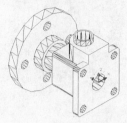

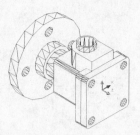

图14-129　创建圆柱体　　　　图14-130　差集结果　　　　图14-131　创建连接体模型

命令：_sphere

指定中心点或 [三点(3P)/两点(2P)/切点、切点、半径(T)]: //0,0 Enter

指定半径或 [直径(D)]: //20 Enter，创建结果如图14-132所示

34 单击【建模】工具栏上的◻按钮，激活【圆柱体】命令，创建如图14-133所示的圆柱体。命令行操作如下：

命令：_cylinder

指定底面的中心点或 [三点(3P)/两点(2P)/切点、切点、半径(T)/椭圆(E)] <0,0,0>:
　　　　　　　　　　　　　　//0,0,20 Enter

指定底面半径或 [直径(D)]: 　　//12 Enter

指定高度或 [两点(2P)/轴端点(A)]: 　　//-45 Enter

35 选择【实体编辑】|【差集】菜单命令，对刚创建的连接体、球体和圆柱体进行编辑。命令行操作如下：

命令：_subtract

选择要从中减去的实体或面域...

选择对象： 　　　　//选择连接体模型

选择对象： 　　　　//选球体实体

选择对象： 　　　　//Enter，结束选择

选择要减去的实体或面域 ..

选择对象： 　　　　//选择刚创建的圆柱体

选择对象： 　　　　//Enter，结束命令，差集结果如图14-134所示

图14-132　创建球体　　　　图14-133　创建圆柱体　　　　图14-134　差集操作

36 执行【UCS】命令，将当前坐标系统X轴旋转-90°。

37 选择【绘图】|【建模】|【长方体】菜单命令，创建如图14-135所示的长方体。命令行操作如下：

命令: box

指定第一个角点或 [中心(C)]:   //ce Enter，激活"中心点"选项

指定中心: //0,0,20 Enter

指定角点或 [立方体(C)/长度(L)]:   //L Enter，激活"长度"选项

指定长度: //30 Enter

指定宽度: //7.5 Enter

指定高度或 [两点(2P)]:   //10 Enter，创建结果如图14-135所示

38 使用快捷键 "SU" 激活【差集】命令，对球体和刚创建的长方体模型进行差集操作，结果如图14-136所示。

39 选择【绘图】|【建模】|【长方体】菜单命令，创建如图14-137所示的长方体。命令行操作如下：

图14-135 创建长方体

图14-136 差集结果

图14-137 长方体

命令: _box

指定第一个角点或 [中心(C)]:   //捕捉如图14-136所示的端点A

指定角点或 [立方体(C)/长度(L)]:   //l Enter，激活"长度"选项

指定长度: //25 Enter

指定宽度: //8.25 Enter

指定高度或 [两点(2P)]:   //10 Enter

命令: //Enter，重复执行命令

BOX指定第一个角点或 [中心(C)]:   //捕捉如图14-136所示的端点B

指定角点或 [立方体(C)/长度(L)]:   //l Enter，激活"长度"选项

指定长度: //25 Enter

指定宽度: //-8.25 Enter

指定高度或 [两点(2P)]:   //10 Enter

40 单击【建模】工具栏上的⬜按钮，激活【圆柱体】命令，创建如图14-138所示的圆柱体。命令行操作如下：

命令: _cylinder

指定底面的中心点或 [三点(3P)/两点(2P)/切点、切点、半径(T)/椭圆(E)] <0,0,0>:

  //0,0,15 Enter

指定底面半径或 [直径(D)]:   //12 Enter

指定高度或 [两点(2P)/轴端点(A)]:   //50 Enter

41 使用快捷键 "SU" 激活【差集】命令，对刚创建的两个长方体和圆柱体模型进行差集。命令行操作如下：

```
命令: su              //Enter，激活【差集】命令
SUBTRACT 选择要从中减去的实体或面域...
选择对象:             //选择刚创建的圆柱体
选择对象:             //Enter，结束选择
选择要减去的实体或面域 ..
选择对象:             //选择刚创建的长方体
选择对象:             //选择另一侧的长方体
选择对象:             //Enter，结束命令，结果如图14-139所示
```

42 选择【绘图】|【建模】|【圆环体】菜单命令，创建如图14-140所示的圆环体。命令行操作如下:

```
命令: _torus
指定中心点或 [三点(3P)/两点(2P)/切点、切点、半径(T)]:   //0,0,34 Enter
指定体半径或 [直径(D)]:                              //11 Enter，输入环体半径
指定圆管半径或[两点(2P)/直径(D)]:                    //3 Enter，输入圆管半径
```

图14-138　创建圆柱体　　　　图14-139　差集结果　　　　图14-140　创建圆环体

43 最后执行【保存】命令，将图形命名存储为"实例187.dwg"。

实例188　制作阀芯体零件配件造型

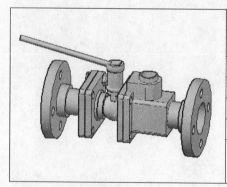

本实例主要学习阀芯体密封圈、螺母、螺栓、板手等配件造型的具体制作过程和相关操作技巧。

📁 最终文件	效果文件\第14章\实例188.dwg
🌐 素材文件	素材文件\14-188.dwg
💿 视频文件	视频文件\第14章\实例188.avi
📀 播放时长	00:13:48
🛡 技能点拨	图柱体、长方体、球体、圆环体、UCS、差集、三维阵列、三维镜像、干涉检查

01 打开随书光盘中的"\素材文件\14-188.dwg"文件。

02 制作密封圈模型。执行【UCS】命令，对当前坐标系旋转并位移，创建用户坐标系。命令行操作如下:

命令: ucs

指定UCS的原点或[面(F)/命名(NA)/对象(OB)/上一个(P)/视图(V)/世界(W)/X/Y/Z/Z 轴(ZA)] 〈世界〉:

//x Enter

指定绕 X 轴的旋转角度 〈90.0〉: //Enter

命令: UCS

指定UCS的原点或 [面(F)/命名(NA)/对象(OB)/上一个(P)/视图(V)/世界(W)/X/Y/Z/Z 轴(ZA)] 〈世界〉:

//捕捉如图14-140所示的圆心

指定 X 轴上的点或 〈接受〉: //Enter，结束命令，创建结果如图14-141所示

03 单击【建模】工具栏上的◻按钮，以当前坐标系的原点作为底面中心点，创建同心圆柱体。命令行操作如下：

命令: _cylinder

指定底面的中心点或 [三点(3P)/两点(2P)/切点、切点、半径(T)/椭圆(E)] 〈0,0,0〉:

//Enter，以当前坐标系的原点作为中心点

指定底面半径或 [直径(D)]: //12.5 Enter

指定高度或 [两点(2P)/轴端点(A)]: //8 Enter

命令: _cylinder //Enter，重复执行命令

指定底面的中心点或 [三点(3P)/两点(2P)/切点、切点、半径(T)/椭圆(E)] 〈0,0,0〉:

//Enter

指定底面半径或 [直径(D)]: //20 Enter

指定高度或 [两点(2P)/轴端点(A)]: //8 Enter

04 使用快捷键 "SU" 激活【差集】命令，对刚创建的两个圆柱体进行差集运算，结果如图14-142所示。

05 选择【绘图】|【建模】|【球体】命令，创建如图14-143所示的球体模型。命令行操作如下：

命令: _sphere

指定中心点或[三点(3P)/两点(2P)/切点、切点、半径(T)]: //0,0,20 Enter

指定半径或 [直径(D)]: //20 Enter

命令: //Enter，重复执行命令

SPHERE指定中心点或 [三点(3P)/两点(2P)/切点、切点、半径(T)]:

//0,0,-12 Enter

指定半径或 [直径(D)]: //20 Enter，结果如图14-143所示

图14-141 新建坐标系

图14-142 差集结果

图14-143 创建球体

06 选择【实体编辑】|【差集】菜单命令，对密封圈模型和两个球体进行差集，结果如图14-144所示。

07 制作连接件模型。执行【UCS】命令，将当前坐标系绕Z轴正方向移动8个绘图单位。

08 选择【绘图】|【建模】|【圆柱体】菜单命令，创建同心圆柱体。命令行操作如下：

```
命令: _cylinder
指定底面的中心点或 [三点(3P)/两点(2P)/切点、切点、半径(T)/椭圆(E)] <0,0,0>:
                                        //Enter
    指定底面半径或 [直径(D)]:              //23 Enter
    指定高度或 [两点(2P)/轴端点(A)]:       //4 Enter
命令: _cylinder                          //Enter，重复执行命令
指定底面的中心点或 [三点(3P)/两点(2P)/切点、切点、半径(T)/椭圆(E)] <0,0,0>:
                                        //Enter
    指定底面半径或 [直径(D)]:              //20 Enter
    指定高度或 [两点(2P)/轴端点(A)]:       //14 Enter，结果如图14-145所示
```

09 单击【建模】工具栏上的◻按钮，以"0,0,9"点作为中心点，创建长、宽、高为80、80和10的长方体。

10 对刚创建的长方体和小圆柱体进行差集运算，结果如图14-146所示。

图14-144　差集结果　　　　图14-145　创建同心圆柱　　　　图14-146　差集操作

11 参照上述相关操作，综合【圆角】、【圆柱体】和【差集】命令创建如图14-147所示的螺孔。

12 制作螺杆、螺母与螺栓。执行【UCS】命令，将当前坐标系绕Z轴正方向移动14个绘图单位。

13 选择【修改】|【三维操作】|【三维镜像】菜单命令，对刚创建的方体连接件进行镜像。命令行操作如下：

```
命令: _mirror3d
选择对象:                        //选择最后创建的方体连接体
选择对象:                        //Enter，结束选择
指定镜像平面 (三点) 的第一个点或[对象(O)/最近的(L)/Z 轴(Z)/视图(V)/XY 平面(XY)/YZ 平面(YZ)/
ZX 平面(ZX)/三点(3)] <三点>:      //xy Enter
```

指定 XY 平面上的点 <0,0,0>: //Enter，以当前坐标系的原点定位镜像面

是否删除源对象？[是(Y)/否(N)] <否>: //Enter，镜像结果如图14-148所示

14 单击【建模】工具栏上的◻按钮，激活【圆柱体】命令，创建如图14-149所示的圆柱体。命令行操作如下：

命令: _cylinder

指定底面的中心点或 [三点(3P)/两点(2P)/切点、切点、半径(T)/椭圆(E)] <0,0,0>:

　　　　　　　　　　　　　　　　 //Enter

指定底面半径或 [直径(D)]: //20 Enter

指定高度或 [两点(2P)/轴端点(A)]: //38 Enter

命令: _cylinder //Enter，重复执行命令

指定底面的中心点或 [三点(3P)/两点(2P)/切点、切点、半径(T)/椭圆(E)] <0,0,0>:

　　　　　　　　　　　　　　　　 //0,0,38 Enter

指定底面半径或 [直径(D)]: //25 Enter

指定高度或 [两点(2P)/轴端点(A)]: //14 Enter

命令: _cylinder //Enter，重复执行命令

指定底面的中心点或 [三点(3P)/两点(2P)/切点、切点、半径(T)/椭圆(E)] <0,0,0>:

　　　　　　　　　　　　　　　　 //Enter

指定底面半径或 [直径(D)]: //18 Enter

指定高度或 [两点(2P)/轴端点(A)]: //65 Enter

　图14-147　创建结果　　　　　　图14-148　三维镜像　　　　　　图14-149　创建圆柱体

15 执行【差集】命令，对刚创建的三圆柱体进行差集操作，结果如图14-150所示。

16 使用快捷键"CO"激活【复制】命令，将上述所创建的法兰盘模型进行复制，结果如图14-151所示。

17 执行【UCS】命令，将当前坐标系绕Z轴正方向移动14个绘图单位。

18 选择【绘图】|【正多边形】菜单命令，绘制如图14-152所示的正六边形。命令行操作如下：

命令: _polygon

输入边的数目 <4>: //6 Enter

指定正多边形的中心点或 [边(E)]: //-30,30,0 Enter

输入选项 [内接于圆(I)/外切于圆(C)] <I>:	//c Enter
指定圆的半径:	//8 Enter
命令:	//Enter,重复执行命令
POLYGON 输入边的数目 <6>:	//Enter
指定正多边形的中心点或 [边(E)]:	//-30,30,-20 Enter
输入选项 [内接于圆(I)/外切于圆(C)] <C>:	//c Enter
指定圆的半径:	//8 Enter,绘制结果如图14-152所示

图14-150 差集操作   图14-151 复制结果   图14-152 绘制正六边形

19 将当前着色方式设置为"消隐",然后单击【建模】工具栏上的 ▣ 按钮,将左侧的正六边形拉伸-7个绘图单位,将右侧的正六边形拉伸7个绘图单位,结果如图14-153所示。

20 使用快捷键"F"激活【圆角】命令,将圆角半径设置为2,对六边形拉伸实体进行圆角。

21 单击【建模】工具栏上的 ▣ 按钮,激活【圆柱体】命令,绘制如图14-154所示圆柱体作为螺栓模型。命令行操作如下:

命令: _cylinder	
指定底面的中心点或 [三点(3P)/两点(2P)/切点、切点、半径(T)/椭圆(E)] <0,0,0>:	
	//-30,30,0 Enter
指定底面半径或 [直径(D)]:	//6 Enter
指定高度或 [两点(2P)/轴端点(A)]:	//-30 Enter

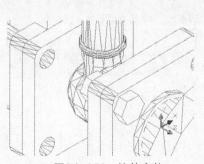
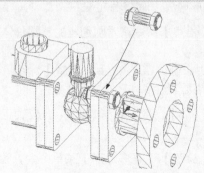

图14-153 拉伸实体   图14-154 创建螺栓

22 制作扳手模型。执行【新建UCS】命令,将当前坐标系移至阀体球心圆柱的顶面圆心处,并将其绕 X 轴旋转90°,结果如图14-155所示。

23 单击【建模】工具栏上的 ▢ 按钮，激活【长方体】命令，创建长方体。命令行操作如下：

```
命令：_box
指定第一个角点或 [中心(C)]:          //ce Enter
指定中心：                         //0,0,5 Enter
指定角点或 [立方体(C)/长度(L)]:       //l Enter
指定长度：                         //17 Enter
指定宽度：                         //17 Enter
指定高度或 [两点(2P)]:              //10 Enter，创建结果如图14-156所示
```

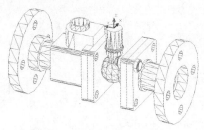

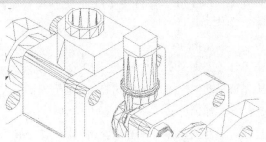

图14-155　创建坐标系　　　　　　　　　　图14-156　创建长方体

24 单击【建模】工具栏上的 ◯ 按钮，激活【球体】命令，以长方体的正中心点为球心，创建半径为14的球体，结果如图14-157所示。

25 选择【修改】|【三维操作】|【剖切】菜单命令，对刚创建的球体进行剖切。命令行操作如下：

```
命令：_slice
选择要剖切的对象：                  //选择刚创建的球体
选择要剖切的对象：                  //Enter，结束选择
指定切面的起点或 [平面对象(O)/曲面(S)/Z 轴(Z)/视图(V)/XY(XY)/YZ(YZ)/ZX(ZX)/三点(3)] <三点>:
                                 //xy Enter
指定 XY 平面上的点 <0,0,0>:         //0,0,10 Enter
在所需的侧面上指定点或 [保留两个侧面(B)] <保留两个侧面>:   //0,0,0 Enter
命令：                            //Enter，重复执行命令
SLICE
选择要剖切的对象：                  //选择剖切后的球体
选择要剖切的对象：                  //Enter，结束选择
指定切面的起点或 [平面对象(O)/曲面(S)/Z 轴(Z)/视图(V)/XY(XY)/YZ(YZ)/ZX(ZX)/三点(3)] <三点>:
                                 //xy Enter
指定 XY 平面上的点 <0,0,0>:         //Enter
在所需的侧面上指定点或 [保留两个侧面(B)] <保留两个侧面>:
                                 //0,0,5 Enter，剖切结果如图14-158所示
```

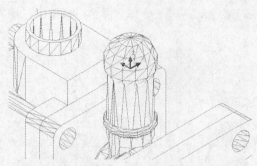

图14-157　创建球体

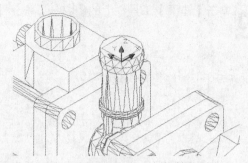

图14-158　剖切结果

26 选择【修改】|【三维操作】|【干涉检查】菜单命令，对剖切后的球体和长方体进行干涉。命令行操作如下：

命令：_interfere

选择第一组对象或 [嵌套选择(N)/设置(S)]：　　　　　　　　//选择剖切后的球体

选择第一组对象或 [嵌套选择(N)/设置(S)]：　　　　　　　　//Enter，结束选择

选择第二组对象或 [嵌套选择(N)/检查第一组(K)]〈检查〉：　　//选择长方体模型

选择第二组对象或 [嵌套选择(N)/检查第一组(K)]〈检查〉：　　//Enter，结束选择

27 此时系统打开【干涉检查】对话框，在此对话框中设置参数，如图14-159所示。

28 关闭对话框，然后使用快捷键"SU"激活【差集】命令，从剖切后的球体中减去刚创建的干涉实体。

29 在命令行输入"Rotate3d"，选择最后创建的长方体模型进行旋转。命令行操作如下：

命令：_rotate3d

当前正向角度：ANGDIR=逆时针 ANGBASE=0.0

选择对象：　　　　　　　　//选择长方体

选择对象：　　　　　　　　//结束选择

指定轴上的第一个点或定义轴依据[对象(O)/最近的(L)/视图(V)/X 轴(X)/Y 轴(Y)/Z 轴(Z)/两点(2)]：

　　　　　　　　　　//X Enter，激活"X轴"选项

指定 X 轴上的点 〈0,0,0〉：　　//0,0,5 Enter

指定旋转角度或 [参照(R)]：　//10 Enter，旋转结果如图14-160所示

30 执行【UCS】命令，将当前坐标系统X轴旋转90°。

31 选择【绘图】|【建模】|【圆柱体】菜单命令，创建如图14-161所示的圆柱体。命令行操作如下：

命令：_cylinder

指定底面的中心点或 [三点(3P)/两点(2P)/切点、切点、半径(T)/椭圆(E)] 〈0,0,0〉：

　　　　　　　　　　//0,5,8.5 Enter

指定底面半径或 [直径(D)]:   //4 Enter

指定高度或 [两点(2P)/轴端点(A)]:   //150 Enter，结果如图14-161所示

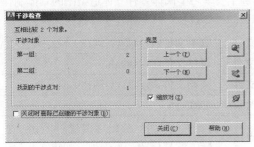

图14-159 【干涉检查】对话框

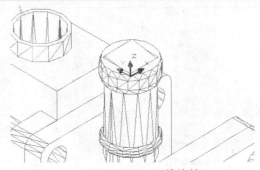

图14-160 三维旋转

32 在命令行输入" Rotate3d"，选择刚创建的圆柱体模型进行旋转。命令行操作如下：

命令: _rotate3d

当前正向角度：ANGDIR=逆时针 ANGBASE=0.0

选择对象: //选择刚创建的圆柱体

选择对象: //结束选择

指定轴上的第一个点或定义轴依据[对象(O)/最近的(L)/视图(V)/X 轴(X)/Y 轴(Y)/Z 轴(Z)/两点(2)]:

                  //x Enter，激活"X轴"选项

指定 X 轴上的点 <0,0,0>:   //Enter

指定旋转角度或 [参照(R)]:   //-10 Enter

33 在命令行设置系统变量FACETRES的值为10，然后将视图切换到东北视图，并对其消隐，效果如图14-162所示。

34 对模型进行灰度着色，然后使用【自由动态观察】命令调整视点，结果如图14-163所示。

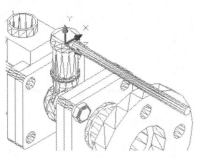

图14-161 创建圆柱体

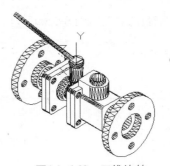

图14-162 三维旋转

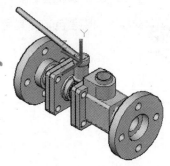

图14-163 灰度着色

35 最后执行【另存为】命令，将图形另名存储为"实例188.dwg"。

实例189 制作上阀体零件立体造型

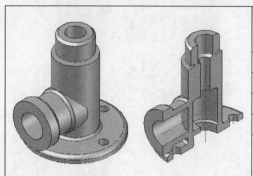

本实例主要学习上阀体零件立体造型图的具体制作过程和相关的操作技巧。具体操作参见视频文件。

📁 最终文件	效果文件\第14章\实例189.dwg
🔘 素材文件	素材文件\14-189.dwg
🔘 视频文件	视频文件\第14章\实例189.avi
⏱ 播放时长	00:05:26
🛡 技能点拨	修剪、剖切、编辑多段线、剪切、旋转、圆柱体、三维阵列、差集

01 首先调用素材文件，并将图形编辑成图14-164所示的结构。

02 执行【编辑多段线】命令，将轮廓线编辑成多段线边界，然后将边界和中心线剪切到前视图中。

03 使用快捷键"REV"激活【旋转】命令，将边界旋转为三维实体，如图14-165所示。

04 使用【圆柱体】和【三维阵列】、【差集】命令创建底盘圆柱体孔，然后对差集实体进行剖切，如图14-166所示。

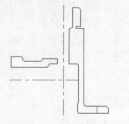

图14-164 编辑结果

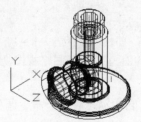

图14-165 旋转结果

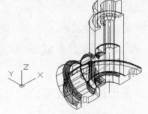

图14-166 剖切结果

05 对模型消隐差色，并其另名存储为"实例189.dwg"。

第15章　绘制箱壳类零件

在机械制造业中，箱体、壳体等零件也是机器或部件中的主要零件，其形状多变、结构较为复杂。本章通过17个典型实例，主要学习箱体、壳体、腔体等零件图的具体绘制方法和绘制技巧。

实例190　绘制蜗轮箱零件主视图

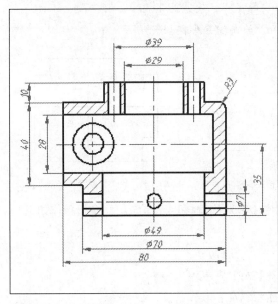

本实例主要学习蜗轮箱零件主视图的具体绘制过程和相关的操作技巧。

📁 最终文件	效果文件\第15章\实例190.dwg
🔵 素材文件	样板文件\机械样板.dwt
🎬 视频文件	视频文件\第15章\实例190.avi
⏱ 播放时长	00:07:12
🛡 技能点拨	直线、圆、偏移、修剪、圆角

01 执行【新建】命令，调用随书光盘中的"样板文件\机械样板.dwt"文件。

02 激活【对象捕捉】和【正交】功能。

03 选择【格式】|【图层】菜单命令，双击"中心线"，将此图层设置为当前图层1。

04 单击【绘图】工具栏上的 ✏ 按钮，激活【直线】命令，绘制如图15-1所示的中心线。

05 选择【修改】|【偏移】菜单命令，将中线向上偏移35个单位，结果如图15-2所示。

06 单击【绘图】工具栏上的 ✏ 按钮，配合【正交】功能绘制主视图外轮廓。命令行操作如下：

命令：_line

指定第一点：　　　　　　　　　　　　//捕捉下侧中心线的交点

指定下一点或 [放弃(U)]:	//向右引导光标，输入35 Enter
指定下一点或 [放弃(U)]:	//向上引导光标，输入55 Enter
指定下一点或 [闭合(C)/放弃(U)]:	//向左引导光标，输入10.5 Enter
指定下一点或 [闭合(C)/放弃(U)]:	//向上引导光标，输入10 Enter
指定下一点或 [闭合(C)/放弃(U)]:	//向左引导光标，输入49 Enter
指定下一点或 [闭合(C)/放弃(U)]:	//向下引导光标，输入10 Enter
指定下一点或 [闭合(C)/放弃(U)]:	//向左引导光标，输入20.5 Enter
指定下一点或 [闭合(C)/放弃(U)]:	//向下引导光标，输入40 Enter
指定下一点或 [闭合(C)/放弃(U)]:	//向右引导光标，输入10 Enter
指定下一点或 [闭合(C)/放弃(U)]:	//向下引导光标，输入15 Enter
指定下一点或 [闭合(C)/放弃(U)]:	//向右引导光标，输入35 Enter
指定下一点或 [闭合(C)/放弃(U)]:	//Enter，绘制结果如图15-3所示

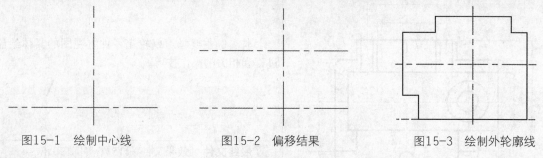

图15-1　绘制中心线　　　　图15-2　偏移结果　　　　图15-3　绘制外轮廓线

07 使用快捷键"O"激活【偏移】命令，将水平的中心线对称偏移14个单位。命令行操作如下：

命令: o　　　　　　　　　　　　　　　　　//Enter
OFFSET当前设置: 删除源=否　图层=当前　OFFSETGAPTYPE=0
指定偏移距离或 [通过(T)/删除(E)/图层(L)] <通过>: //1 Enter
输入偏移对象的图层选项 [当前(C)/源(S)] <当前>: //c Enter
指定偏移距离或 [通过(T)/删除(E)/图层(L)] <通过>: //14 Enter
选择要偏移的对象，或 [退出(E)/放弃(U)] <退出>: //选择水平的中心线
指定要偏移的那一侧上的点，或 [退出(E)/多个(M)/放弃(U)] <退出>:
　　　　　　　　　　　　　　　　　　　//在水平中心线的上侧拾取一点
选择要偏移的对象，或 [退出(E)/放弃(U)] <退出>: //选择水平的中心线
指定要偏移的那一侧上的点，或 [退出(E)/多个(M)/放弃(U)] <退出>:
　　　　　　　　　　　　　　　　　　　//在水平中心线的下侧拾取一点
选择要偏移的对象，或 [退出(E)/放弃(U)] <退出>: //Enter，结果如图15-4所示

08 重复执行【偏移】命令，按照当前的参数设置，将垂直的中心线对称偏移25和14.5个单位，将左侧的垂直轮廓线向右偏移74个单位，结果如图15-5所示。

09 使用快捷键"TR"激活【修剪】命令，对偏移出的图线进行修剪，编辑出主视图的内部结构，结果如图15-6所示。

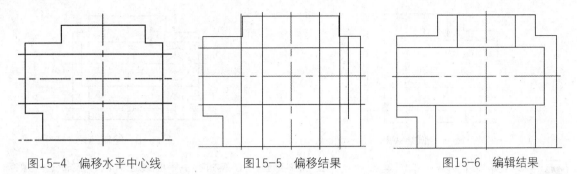

图15-4 偏移水平中心线　　　　　图15-5 偏移结果　　　　　图15-6 编辑结果

10 单击【修改】工具栏上的 ⬚ 按钮，激活【偏移】命令，对主视图中心线进行偏移。命令行操作如下：

命令：_offset

当前设置：删除源＝否 图层＝源 OFFSETGAPTYPE=0

指定偏移距离或 ［通过(T)/删除(E)/图层(L)］ <24.0>： //28 Enter

选择要偏移的对象，或 ［退出(E)/放弃(U)］<退出>： //选择水平中心线

指定要偏移的那一侧上的点，或 ［退出(E)/多个(M)/放弃(U)］<退出>：

//在所选定位线的下侧拾取一点

选择要偏移的对象，或 ［退出(E)/放弃(U)］<退出>： //Enter，结束命令

命令：_offset

当前设置：删除源＝否 图层＝源 OFFSETGAPTYPE=0

指定偏移距离或 ［通过(T)/删除(E)/图层(L)］ <28.0>： //30 Enter

选择要偏移的对象，或 ［退出(E)/放弃(U)］<退出>： //选择垂直中心线

指定要偏移的那一侧上的点，或 ［退出(E)/多个(M)/放弃(U)］<退出>：

//在所选定位线的左侧拾取一点

选择要偏移的对象，或 ［退出(E)/放弃(U)］<退出>： //Enter，结果如图15-7所示

11 单击【绘图】工具栏上的 ⬚ 按钮，激活【圆】命令，绘制主视图内部的圆形轮廓。命令行操作如下：

命令：_circle

指定圆的圆心或 ［三点(3P)/两点(2P)/切点、切点、半径(T)］：

//捕捉如图15-7所示的交点2

指定圆的半径或 ［直径(D)］： //3.5 Enter

命令： //Enter

CIRCLE 指定圆的圆心或 ［三点(3P)/两点(2P)/切点、切点、半径(T)］：

//捕捉交点1

指定圆的半径或 ［直径(D)］<3.50>： //5 Enter

命令： //10 Enter

CIRCLE 指定圆的圆心或 ［三点(3P)/两点(2P)/切点、切点、半径(T)］： //捕捉交点2

指定圆的半径或 ［直径(D)］<5.00>： //10 Enter，绘制结果如图15-8所示

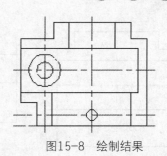

图15-7 偏移结果　　　　　　　　　　　　　　　图15-8 绘制结果

12 单击【修改】工具栏上的 按钮，对主视图垂直中心线和水平中心线进行偏移。命令行操作如下：

命令：_offset

当前设置：删除源=否 图层=源 OFFSETGAPTYPE=0

指定偏移距离或 [通过(T)/删除(E)/图层(L)] <通过>：　//19.5 Enter

选择要偏移的对象，或 [退出(E)/放弃(U)] <退出>：　//单击垂直中心线

指定要偏移的那一侧上的点，或 [退出(E)/多个(M)/放弃(U)] <退出>：

　　　　　　　　　　　　　　　　　　　　//在垂直中心线的左侧拾取一点

选择要偏移的对象，或 [退出(E)/放弃(U)] <退出>：　//单击垂直中心线

指定要偏移的那一侧上的点，或 [退出(E)/多个(M)/放弃(U)] <退出>：

　　　　　　　　　　　　　　　　　　　　//在垂直中心线的右侧拾取一点

选择要偏移的对象，或 [退出(E)/放弃(U)] <退出>：　//Enter

命令：　　　　　　　　　　　　　　　　//Enter

OFFSET当前设置：删除源=否 图层=源 OFFSETGAPTYPE=0

指定偏移距离或 [通过(T)/删除(E)/图层(L)] <19.50>：//3.5 Enter

选择要偏移的对象，或 [退出(E)/放弃(U)] <退出>：　//单击下侧水平中心线

指定要偏移的那一侧上的点，或 [退出(E)/多个(M)/放弃(U)] <退出>：

　　　　　　　　　　　　　　　　　　　　//在水平中心线的上侧拾取一点

选择要偏移的对象，或 [退出(E)/放弃(U)] <退出>：　//单击下侧水平中心线

指定要偏移的那一侧上的点，或 [退出(E)/多个(M)/放弃(U)] <退出>：

　　　　　　　　　　　　　　　　　　　　//在水平中心线的下侧拾取一点

选择要偏移的对象，或 [退出(E)/放弃(U)] <退出>：　//Enter，结果如图15-9所示

13 重复执行【偏移】命令，对偏移出的垂直中心线进行对称偏移。命令行操作如下：

命令：_offset

当前设置：删除源=否 图层=源 OFFSETGAPTYPE=0

指定偏移距离或 [通过(T)/删除(E)/图层(L)] <通过>：　//3 Enter

选择要偏移的对象，或 [退出(E)/放弃(U)] <退出>：　//单击垂直中心线A

指定要偏移的那一侧上的点，或 [退出(E)/多个(M)/放弃(U)] <退出>：

　　　　　　　　　　　　　　　　　　　　//在所选中心线的左侧拾取一点

选择要偏移的对象，或 [退出(E)/放弃(U)] <退出>：　//单击垂直中心线A

指定要偏移的那一侧上的点，或 [退出(E)/多个(M)/放弃(U)] <退出>:
//在所选中心线的右侧拾取一点

选择要偏移的对象，或 [退出(E)/放弃(U)] <退出>: //Enter

命令: //Enter

OFFSET当前设置: 删除源=否　图层=源　OFFSETGAPTYPE=0

指定偏移距离或 [通过(T)/删除(E)/图层(L)] <通过>: //3 Enter

选择要偏移的对象，或 [退出(E)/放弃(U)] <退出>: //单击垂直中心线2

指定要偏移的那一侧上的点，或 [退出(E)/多个(M)/放弃(U)] <退出>:
//在所选中心线的左侧拾取一点

选择要偏移的对象，或 [退出(E)/放弃(U)] <退出>: //单击垂直中心线B

指定要偏移的那一侧上的点，或 [退出(E)/多个(M)/放弃(U)] <退出>:
//在所选中心线的右侧拾取一点

选择要偏移的对象，或 [退出(E)/放弃(U)] <退出>: //Enter，结果如图15-10所示

14 单击【修改】工具栏上的 按钮，对各图线进行修剪，编辑出主视图的内部结构，如图15-11所示。

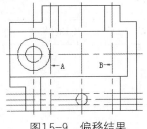
图15-9　偏移结果

图15-10　偏移结果

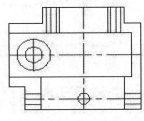
图15-11　修剪结果

15 选择修剪后的内部结构轮廓线，将其放到"轮廓线"图层上，结果如图15-12所示。

16 选择【修改】|【拉长】菜单命令，将长度增量设置为3，分别将各位置的中心线进行两端拉长，结果如图15-13所示。

17 单击【修改】工具栏上的 按钮，对轮廓线1和2进行圆角，圆角后的结果如图15-14所示。命令行操作如下:

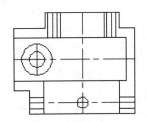
图15-12　更改图层后的效果

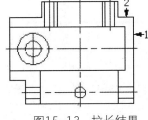
图15-13　拉长结果

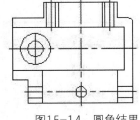
图15-14　圆角结果

命令: _fillet

当前设置: 模式 = 修剪，半径 = 0.0000

选择第一个对象或 [放弃(U)/多段线(P)/半径(R)/修剪(T)/多个(M)]: //r Enter

指定圆角半径 <0.0000>: //3 Enter

选择第一个对象或 [放弃(U)/多段线(P)/半径(R)/修剪(T)/多个(M)]:   //选择轮廓线1

选择第二个对象，或按住 Shift 键选择对象以应用角点或 [半径(R)]: //选择轮廓线2

18 最后使用【保存】命令，将图形另名存储为"实例190.dwg"。

实例191　绘制蜗轮箱零件俯视图

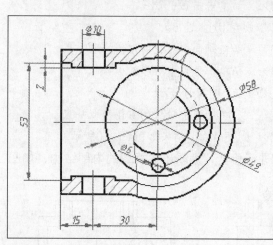

本实例主要学习蜗轮箱零件俯视图的具体绘制过程和相关的操作技巧。

📁 最终文件	效果文件\第15章\实例191.dwg
💿 素材文件	素材文件\15-191.dwg
🌐 视频文件	视频文件\第15章\实例191.avi
⏱ 播放时长	00:05:53
🛡 技能点拨	矩形、偏移、修剪、环形阵列、圆

01 打开随书光盘中的"素材文件\15-191.dwg"文件。

02 展开【图层】工具栏上的【图层控制】下拉列表，将"中心线"设置为当前图层。

03 选择【绘图】|【直线】菜单命令，配合【延伸捕捉】功能，根据视图间的对正关系，绘制俯视图的中心线，结果如图15-15所示。

04 将"轮廓线"设置为当前图层，单击【绘图】工具栏上的◉按钮，以俯视图中心线交点为圆心，绘制俯视图中的同心轮廓圆。命令行操作如下：

命令: _circle

指定圆的圆心或 [三点(3P)/两点(2P)/切点、切点、半径(T)]:   //捕捉刚绘制的中心线
交点作为圆心

指定圆的半径或 [直径(D)]:   //d Enter

指定圆的直径: //70 Enter

命令: //Enter

CIRCLE 指定圆的圆心或 [三点(3P)/两点(2P)/切点、切点、半径(T)]: //@ Enter

指定圆的半径或 [直径(D)] <35.0>:   //d Enter

指定圆的直径 <70.0>:   //58 Enter

命令: //Enter

CIRCLE 指定圆的圆心或 [三点(3P)/两点(2P)/切点、切点、半径(T)]: //@ Enter

指定圆的半径或 [直径(D)] <29.0>:   //d Enter

指定圆的直径 <58.0>:   //49 Enter

命令： // Enter

CIRCLE 指定圆的圆心或 [三点(3P)/两点(2P)/切点、切点、半径(T)]: //@ Enter

指定圆的半径或 [直径(D)] <24.5>: //d Enter

指定圆的直径 <49.0>: //39 Enter

命令： // Enter

CIRCLE 指定圆的圆心或 [三点(3P)/两点(2P)/切点、切点、半径(T)]: //@ Enter

指定圆的半径或 [直径(D)] <19.5>: //d Enter

指定圆的直径 <39.0>: //29 Enter，绘制结果

如图15-16所示

05 单击【绘图】工具栏中的✏按钮，根据视图间的对正关系，配合【对象捕捉】功能绘制如图15-17所示的辅助线。

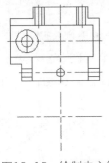 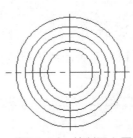 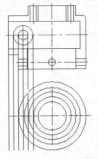

图15-15 绘制中心线　　　　图15-16 绘制同心圆　　　　图15-17 绘制结果

06 单击【修改】工具栏中的按钮，对俯视图水平中心线进行对称偏移。命令行操作如下：

命令: _offset

当前设置: 删除源=否　图层=源　OFFSETGAPTYPE=0

指定偏移距离或 [通过(T)/删除(E)/图层(L)] <24.0>: //24.5 Enter

选择要偏移的对象，或 [退出(E)/放弃(U)] <退出>: //选择俯视图水平中心线

指定要偏移的那一侧上的点，或 [退出(E)/多个(M)/放弃(U)] <退出>:

//在水平中心线的上侧拾取一点

选择要偏移的对象，或 [退出(E)/放弃(U)] <退出>: //选择俯视图水平中心线

指定要偏移的那一侧上的点，或 [退出(E)/多个(M)/放弃(U)] <退出>:

//在水平中心线的下侧拾取一点

选择要偏移的对象，或 [退出(E)/放弃(U)] <退出>: //Enter

命令: _offset

当前设置: 删除源=否　图层=源　OFFSETGAPTYPE=0

指定偏移距离或 [通过(T)/删除(E)/图层(L)] <24.5>: //26.5 Enter

选择要偏移的对象，或 [退出(E)/放弃(U)] <退出>: //选择俯视图水平中心线

指定要偏移的那一侧上的点，或 [退出(E)/多个(M)/放弃(U)] <退出>:

//在水平中心线的上侧拾取一点

选择要偏移的对象，或 [退出(E)/放弃(U)] <退出>: //选择俯视图水平中心线

指定要偏移的那一侧上的点，或 [退出(E)/多个(M)/放弃(U)] <退出>:
//在水平中心线的下侧拾取一点

选择要偏移的对象，或 [退出(E)/放弃(U)] <退出>:   //Enter

命令: _offset

当前设置: 删除源=否   图层=源   OFFSETGAPTYPE=0

指定偏移距离或 [通过(T)/删除(E)/图层(L)] <26.5>:   //32.5 Enter

选择要偏移的对象，或 [退出(E)/放弃(U)] <退出>:   //选择俯视图水平中心线

指定要偏移的那一侧上的点，或 [退出(E)/多个(M)/放弃(U)] <退出>:
//在水平中心线的上侧拾取一点

选择要偏移的对象，或 [退出(E)/放弃(U)] <退出>:   //选择俯视图水平中心线

//选择俯视图中的水平定位线线

指定要偏移的那一侧上的点，或 [退出(E)/多个(M)/放弃(U)] <退出>:
//在水平中心线的下侧拾取一点

选择要偏移的对象，或 [退出(E)/放弃(U)] <退出>:   //Enter，结果如图15-18所示

07 单击【修改】工具栏上的 ✕ 按钮，对各图线进行修剪，编辑出俯视图结构，如图15-19所示。

08 将修剪出的图线放置到"轮廓线"层上，将图15-19中的圆0放到"中心线"层，并调整中心线的长度，结果如图15-20所示。

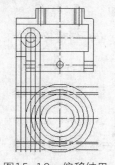
图15-18 偏移结果

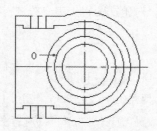
图15-19 修剪结果

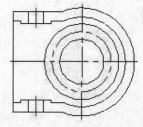
图15-20 操作结果

09 单击【绘图】工具栏上的 ◎ 按钮，配合【象限点捕捉】功能，绘制内部的圆孔。命令行操作如下:

命令: _circle

指定圆的圆心或 [三点(3P)/两点(2P)/切点、切点、半径(T)]:   //捕捉圆0的上象限点

指定圆的半径或 [直径(D)]:   //d Enter

指定圆的直径: //6 Enter，绘制结果如图15-21
所示

10 使用快捷键"AR"激活【环形阵列】命令，将直径为6的圆阵列4份，阵列中心点为同心圆的圆心，阵列结果如图15-22所示。

11 将"波浪线"层设置为当前层。单击【绘图】工具栏上的 ～ 按钮，配合【最近点捕捉】功能，绘制如图15-23所示的断裂线。

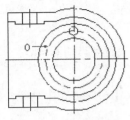

图15-21 绘制结果

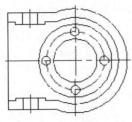

图15-22 阵列结果

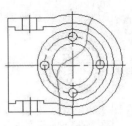

图15-23 绘制断裂线

12 单击【修改】工具栏上的 ✓ 按钮，以样条曲线作为边界，对同心圆进行修剪，并删除残余图线，结果如图15-24所示。

13 单击【修改】工具栏上的 匚 按钮，将图15-24中的圆0打断为相连的两条圆弧，断点为圆与断裂线的交点，并将打断后产生的右侧圆弧放到"细实线"图层内，结果如图15-25所示。

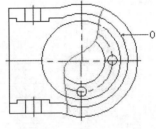

图15-24 操作结果

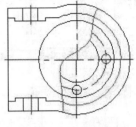

图15-25 操作结果

14 最后执行【另存为】命令，将图形另名存储为"实例191.dwg"。

实例192 绘制蜗轮箱零件左视图

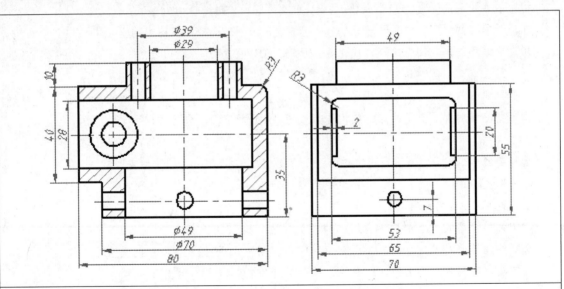

	本实例主要学习蜗轮箱零件左视图的具体绘制过程和相关操作技巧。
最终文件	效果文件\第15章\实例192.dwg
素材文件	素材文件\15-192.dwg
视频文件	视频文件\第15章\实例192.avi
播放时长	00:06:21
技能点拨	偏移、修剪、圆角、图案填充

01 打开随书光盘"素材文件\15-192.dwg"文件。

02 展开【图层】工具栏中的【图层控制】下拉列表，将"中心线"设置为当前图层。

03 单击【绘图】工具栏上的 ╱ 按钮，根据视图间的对正关系，配合【极轴追踪】功能，绘制如图15-26所示的左视图中心线。

04 将"轮廓线"设置为当前图层。单击【绘图】工具栏上的 ╱ 按钮，根据视图间的对正关系，绘制如图15-27所示的水平辅助线。

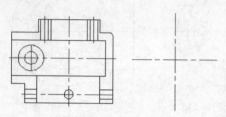

图15-26　绘制中心线

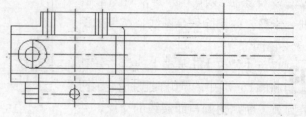

图15-27　绘制水平辅助线

05 单击【修改】工具栏 ╶ 按钮，激活【偏移】命令，将左视图中的垂直中心线进行对称偏移。命令行操作如下：

```
命令: _offset
当前设置: 删除源=否　图层=源　OFFSETGAPTYPE=0
指定偏移距离或 [通过(T)/删除(E)/图层(L)] <32.5>:    //24.5 Enter
选择要偏移的对象, 或 [退出(E)/放弃(U)] <退出>:    //选择左视图中的垂直中心线
指定要偏移的那一侧上的点, 或 [退出(E)/多个(M)/放弃(U)] <退出>:
                                        //在垂直中心线的左侧拾取一点
选择要偏移的对象, 或 [退出(E)/放弃(U)] <退出>:    //选择左视图中的垂直中心线
指定要偏移的那一侧上的点, 或 [退出(E)/多个(M)/放弃(U)] <退出>:
                                        //在垂直中心线的右侧拾取一点
选择要偏移的对象, 或 [退出(E)/放弃(U)] <退出>:    //Enter, 结束命令
命令: _offset
当前设置: 删除源=否　图层=源　OFFSETGAPTYPE=0
指定偏移距离或 [通过(T)/删除(E)/图层(L)] <24.5>:    //26.5 Enter
选择要偏移的对象, 或 [退出(E)/放弃(U)] <退出>:    //选择左视图中的垂直中心线
指定要偏移的那一侧上的点, 或 [退出(E)/多个(M)/放弃(U)] <退出>:
                                        //在垂直中心线的左侧拾取一点
选择要偏移的对象, 或 [退出(E)/放弃(U)] <退出>:    //选择左视图中的垂直中心线
指定要偏移的那一侧上的点, 或 [退出(E)/多个(M)/放弃(U)] <退出>:
                                        //在垂直中心线的右侧拾取一点
选择要偏移的对象, 或 [退出(E)/放弃(U)] <退出>:    //Enter, 结束命令
命令: _offset
```

当前设置: 删除源=否 图层=源 OFFSETGAPTYPE=0

指定偏移距离或 [通过(T)/删除(E)/图层(L)] <26.5>: //32.5 Enter

选择要偏移的对象, 或 [退出(E)/放弃(U)] <退出>: //选择左视图中的垂直中心线

指定要偏移的那一侧上的点, 或 [退出(E)/多个(M)/放弃(U)] <退出>:

//在垂直中心线的左侧拾取一点

选择要偏移的对象, 或 [退出(E)/放弃(U)] <退出>: //选择左视图中的垂直中心线

指定要偏移的那一侧上的点, 或 [退出(E)/多个(M)/放弃(U)] <退出>:

//在垂直中心线的右侧拾取一点

选择要偏移的对象, 或 [退出(E)/放弃(U)] <退出>: //Enter, 结束命令

命令: _offset

当前设置: 删除源=否 图层=源 OFFSETGAPTYPE=0

指定偏移距离或 [通过(T)/删除(E)/图层(L)] <32.5>: //35 Enter

选择要偏移的对象, 或 [退出(E)/放弃(U)] <退出>: //选择左视图中的垂直中心线

指定要偏移的那一侧上的点, 或 [退出(E)/多个(M)/放弃(U)] <退出>:

//在垂直中心线的左侧拾取一点

选择要偏移的对象, 或 [退出(E)/放弃(U)] <退出>: //选择左视图中的垂直中心线

指定要偏移的那一侧上的点, 或 [退出(E)/多个(M)/放弃(U)] <退出>:

//在垂直中心线的右侧拾取一点

选择要偏移的对象, 或 [退出(E)/放弃(U)] <退出>: //Enter, 结果如图15-28所示

06 单击【修改】工具栏上的 / 按钮, 对左视图各定位线进行修剪, 编辑出左视图结构图, 如图 15-29所示。

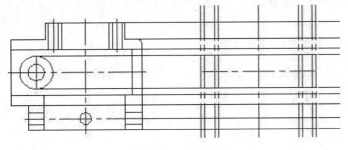
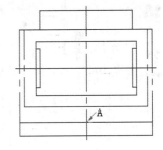

图15-28 偏移结果　　　　　　　　图15-29 操作结果

07 单击【绘图】工具栏上的 ◎ 按钮, 以图15-29中的交点A为圆心, 绘制直径为6的圆, 结果如图15-30所示。

08 将左视图中可见轮廓线放在"轮廓线"图层上, 中心线所在图层更改为"中心线"层, 并调整中心线的长度, 结果如图15-31所示。

09 单击【修改】工具栏上的 ◻ 按钮, 激活【圆角】命令, 对左视图中的内轮廓线进行圆角。命令行操作如下:

命令: _fillet

当前设置: 模式 = 修剪, 半径 = 0.0000

选择第一个对象或 [放弃(U)/多段线(P)/半径(R)/修剪(T)/多个(M)]: //r Ente

指定圆角半径 <0.0000>:   //3 Ente

选择第一个对象或 [放弃(U)/多段线(P)/半径(R)/修剪(T)/多个(M)]:   //m Ente

选择第一个对象或 [放弃(U)/多段线(P)/半径(R)/修剪(T)/多个(M)]:   //选择如图15-31所示
                                                       的轮廓线1

选择第二个对象，或按住 Shift 键选择对象以应用角点或 [半径(R)]: //选择轮廓线2

选择第一个对象或 [放弃(U)/多段线(P)/半径(R)/修剪(T)/多个(M)]:   //选择轮廓线2

选择第二个对象，或按住 Shift 键选择对象以应用角点或 [半径(R)]: //选择轮廓线3

选择第一个对象或 [放弃(U)/多段线(P)/半径(R)/修剪(T)/多个(M)]:   //选择轮廓线3

选择第二个对象，或按住 Shift 键选择对象以应用角点或 [半径(R)]: //选择轮廓线4

选择第一个对象或 [放弃(U)/多段线(P)/半径(R)/修剪(T)/多个(M)]:   //选择轮廓线4

选择第二个对象，或按住 Shift 键选择对象以应用角点或 [半径(R)]: //选择轮廓线1

选择第一个对象或 [放弃(U)/多段线(P)/半径(R)/修剪(T)/多个(M)]:   //Enter，圆角结果如
                                                       图15-32所示

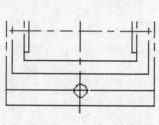

图15-30　绘制结果

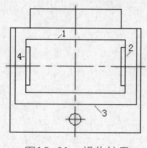

图15-31　操作结果

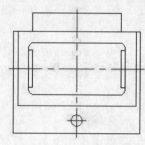

图15-32　圆角结果

10 展开【图层】工具栏上的【图层控制】下拉列表，将"剖面线"设置为当前图层。

11 单击【绘图】工具栏上的 ▨ 按钮，采用默认参数设置，为主视图和俯视图填充剖面线，填充图案为ANSI31，填充结果如图15-33所示。

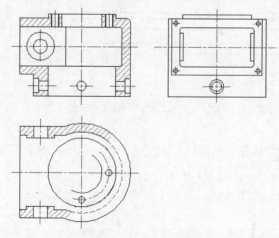

图15-33　填充结果

12 最后执行【另存为】命令，将图形另名存储为"实例192.dwg"。

实例193　绘制蜗轮箱零件尺寸与公差

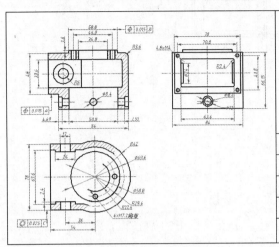

本实例主要学习蜗轮箱零件图尺寸与公差的具体标注过程和相关操作技巧。

📁 最终文件	效果文件\第15章\实例193.dwg
🔵 素材文件	素材文件\15-193.dwg
🔴 视频文件	视频文件\第15章\实例193.avi
⏱ 播放时长	00:03:53
🛡 技能点拨	线性、半径、直径、快速引线

01 打开随书光盘中的"素材文件\15-193.dwg"文件。

02 展开【图层】工具栏中的【图层控制】下拉列表，将"标注线"设置为当前图层。

03 使用快捷键"D"激活【标注样式】命令，将"机械样式"设置为当前标注样式，同时修改标注比例为1.2。

04 单击【标注】工具栏中的□按钮，配合【端点捕捉】功能标注零件图右侧的总宽尺寸。命令行操作如下：

> 命令：_dimlinear
> 指定第一条尺寸界线原点或〈选择对象〉：　//捕捉如图15-34所示的端点
> 指定第二条尺寸界线原点：　//捕捉如图15-35所示的端点
> 指定尺寸线位置或[多行文字(M)/文字(T)/角度(A)/水平(H)/垂直(V)/旋转(R)]：
> 　　　　//向下移动光标，在适当位置拾取点，标注结果
> 　　　　　如图15-36所示
>
> 标注文字 = 63.6

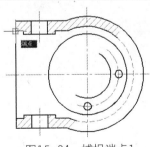

图15-34　捕捉端点1

图15-35　捕捉端点2

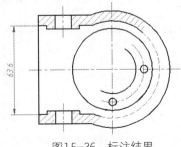

图15-36　标注结果

05 重复执行【线性】命令，配合【交点捕捉】或【端点捕捉】功能，分别标注零件图其他位置的尺寸，标注结果如图15-37所示。

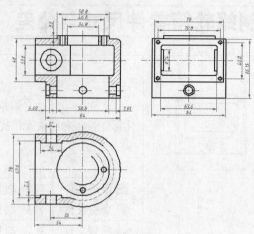

图15-37　标注其他线性尺寸

06 将"角度标注"设置为当前标注样式，单击【标注】工具栏中的 ⊙ 按钮，激活【半径】命令，标注主视图中的半径尺寸。命令行操作如下：

命令：_dimradius

选择圆弧或圆：　　　　　　　　　　　　　//选择如图15-38所示的圆弧

标注文字 = 6

指定尺寸线位置或 [多行文字(M)/文字(T)/角度(A)]：//指定尺寸的位置，标注结果如图15-39所示

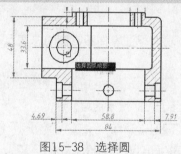

图15-38　选择圆

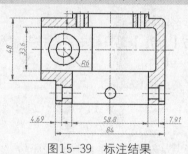

图15-39　标注结果

07 重复执行【半径】命令，分别标注零件图其他位置的半径尺寸，标注结果如图15-40所示。

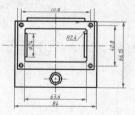

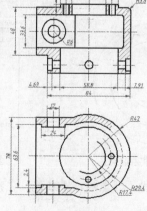

图15-40　标注其他半径尺寸

08 单击【标注】工具栏中的◎按钮，标注零件俯视图中的直径尺寸。命令行操作如下：

命令：_dimdiameter

选择圆弧或圆：　　　　　　　　　　　　//选择如图15-41所示的圆

标注文字 = 69.6

指定尺寸线位置或 [多行文字(M)/文字(T)/角度(A)]: //指定尺寸的位置，标注结果如图15-42所示

09 重复执行【直径】命令，标注零件图其他位置的直径尺寸，结果如图15-43所示。

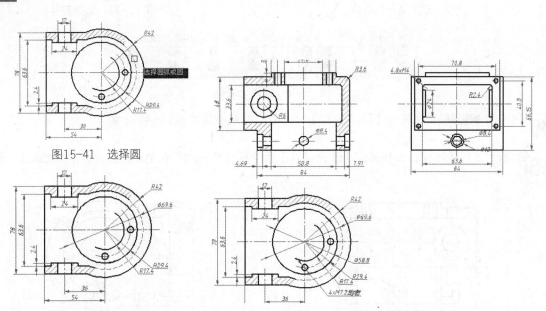

图15-41　选择圆

图15-42　标注结果　　　　　　　　图15-43　标注其他直径尺寸

10 使用快捷键"LE"激活【快速引线】命令，设置引线注释类型为"公差"，如图15-44所示；设置其他参数，如图15-45所示。

图15-44　设置公差注释　　　　　　　　图15-45　设置引线和箭头

11 单击 确定 按钮，返回绘图区，根据命令行的提示，配合【最近点捕捉】功能在如图15-46所示位置指定第一个引线点。

12 继续根据命令行的提示，分别在适当位置指定另外两个引线点，打开【形位公差】对话框。

13 在打开的【形位公差】对话框中的【符号】颜色块上单击左键，打开【特征符号】对话框，然后选择如图15-47所示的公差符号。

14 返回【形位公差】对话框，然后输入"公差1"值及基准代号，如图15-48所示。

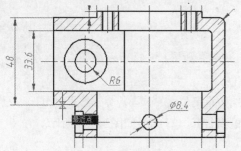

图15-46　定位第一引线点

图15-47　选择符号

图15-48　输入公差值

15 单击　确定　按钮，关闭【形位公差】对话框，标注结果如图15-49所示。

16 参照上述操作步骤，重复使用【快速引线】命令标注俯视图下侧的形位公差，结果如图15-50所示。

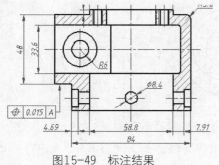

图15-49　标注结果

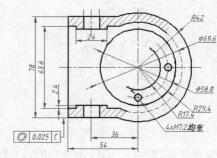

图15-50　标注结果

17 重复执行【快速引线】命令，设置引线参数，如图15-51所示。

18 关闭【引线设置】对话框，返回绘图区，根据命令行的提示绘制如图15-52所示的引线。

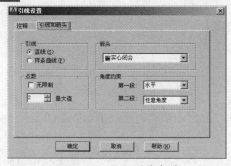

图15-51　设置引线参数

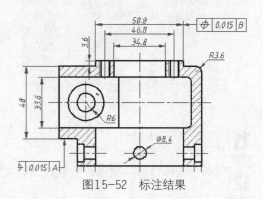

图15-52　标注结果

19 最后执行【另存为】命令，将图形另名存储为"实例193.dwg"。

实例194 绘制蜗轮箱粗糙度与技术要求

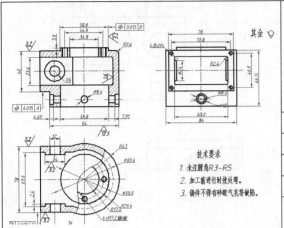

技术要求

1. 未注圆角R3-R5
2. 加工前进行时效处理。
3. 铸件不得有砂眼气孔等缺陷。

本实例主要学习蜗轮箱零件图粗糙度与技术要求的具体标注过程和相关操作技巧。

📁 最终文件	效果文件\第15章\实例194.dwg	
💿 素材文件	素材文件\15-194.dwg	
🎬 视频文件	视频文件\第15章\实例194.avi	
⏱ 播放时长	00:03:54	
🛡 技能点拨	插入块、镜像、编辑属性、多行文字、复制	

01 打开随书光盘中的"素材文件\15-194.dwg"文件。

02 展开【图层】工具栏中的【图层控制】下拉列表,将"细实线"设置为当前图层。

03 使用快捷键"I"激活【插入块】命令,设置块参数,如图15-53所示;插入随书光盘中的"素材文件\粗糙度.dwg"属性块。命令行操作如下:

命令:I　　　　　　　　　　　　　　　　　　//Enter,激活【插入块】命令
INSERT指定插入点或 [基点(B)/比例(S)/X/Y/Z/旋转(R)]: //在主视图左侧水平尺寸线上单击左键
　　　　　　　　　　　　　　　　　　　　　　　　输入属性值
输入粗糙度值: <3.2>:　　　　　　　　　　//3.2 Enter,结果如图15-54所示

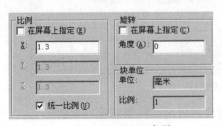

图15-53 设置参数

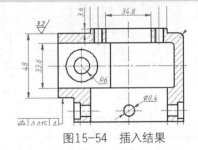

图15-54 插入结果

04 使用快捷键"RO"激活【旋转】命令,对刚插入的粗糙度进行旋转并复制,旋转角度为90。

05 将旋转复制出的粗糙度进行水平镜像,然后位移到如图15-55所示的位置。

06 重复执行【镜像】命令,将位移后的粗糙度进行水平镜像,然后调整其位置,结果如图15-56所示。

07 将主视图左上角的粗糙度进行水平镜像和垂直镜像,然后使用【复制】命令对粗糙度进行位移,标注其他位置的粗糙度,结果如图15-57所示。

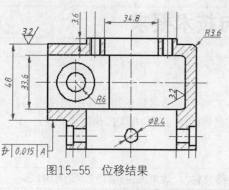

图15-55　位移结果

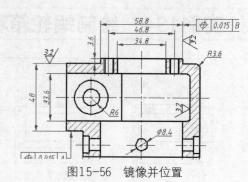

图15-56　镜像并位置

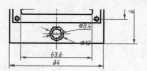

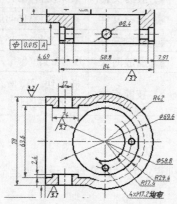

图15-57　复制结果

08 在旋转复制出的粗糙度属性块上双击，打开【增强属性编辑器】对话框，修改的属性值如图15-58所示。

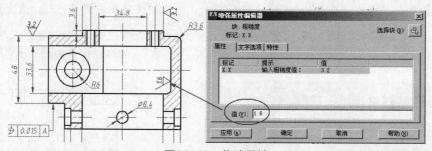

图15-58　修改属性

09 重复执行【编辑属性】命令，分别修改其他粗糙度属性值，结果如图15-59所示。

10 重复执行【插入块】命令，以1.82倍的等比缩放比例，插入随书光盘中的"素材文件\粗糙度02.dwg"属性块，插入结果如图15-60所示。

11 使用快捷键"ST"激活【文字样式】命令，将"字母与文字"设置为当前文字样式。

12 使用快捷键"T"激活【多行文字】命令，标注如图15-61所示的"技术要求"标题，其中字体高度为10。

13 按Enter键，在多行文字输入框内分别输入技术要求的内容，如图15-62所示，其中字体高度为9。

14 重复执行【多行文字】命令，在视图右上侧标注如图15-63所示的"其余"字样，其中字体高度为10。

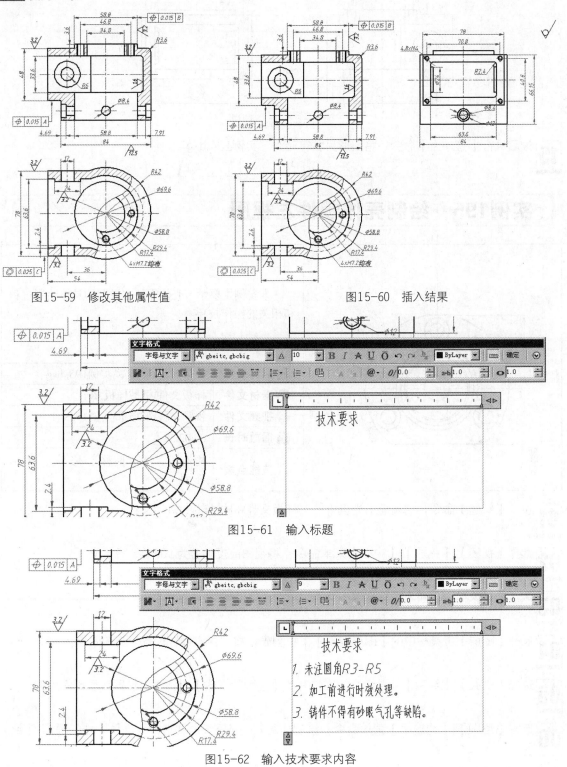

图15-59 修改其他属性值　　　　　　　图15-60 插入结果

图15-61 输入标题

图15-62 输入技术要求内容

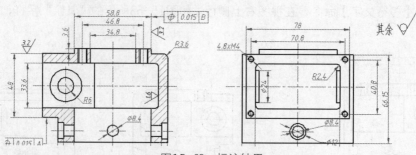

图15-63　标注结果

15 最后执行【另存为】命令，将图形另名存储为"实例194.dwg"。

实例195　绘制壳体零件左视图

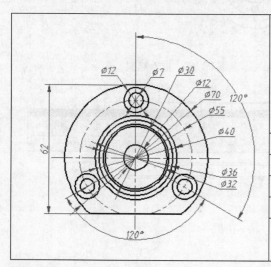

本实例主要学习壳体零件左视图的具体绘制过程和相关的操作技巧。

📁 **最终文件**	效果文件\第15章\实例195.dwg
🔴 **素材文件**	样板文件\机械样板.dwt
💿 **视频文件**	视频文件\第15章\实例195.avi
📺 **播放时长**	00:02:52
🛡 **技能点拨**	构造线、圆、偏移、修剪、环形阵列

01 执行【新建】命令，调用随书光盘中的"样板文件\机械样板.dwt"文件。

02 选择【视图】|【缩放】|【中心】菜单命令，将视图高度调整为100个绘图单位。

03 激活【对象捕捉】和【极轴追踪】功能。

04 展开【图层】工具栏中的【图层控制】下拉列表，将"中心线"设置为当前图层。

05 选择【格式】|【线型】菜单命令，在打开的【线型管理器】对话框中设置线型比例为0.5。

06 选择【绘图】|【构造线】菜单命令，绘制如图15-64所示的构造作为壳体零件二视图的定位线。

07 使用快捷键"LA"激活【图层】命令，设置"轮廓线"作为当前图层。

08 单击【绘图】工具栏上的◎按钮，激活【圆】命令，绘制左视图中的同心圆。命令行操作如下：

```
命令: _circle
指定圆的圆心或 [三点(3P)/两点(2P)/切点、切点、半径(T)]:        //捕捉右侧构造线的交点
指定圆的半径或 [直径(D)]:                                    //d Enter
指定圆的直径:                                                //12 Enter
命令:                                                       // Enter
CIRCLE 指定圆的圆心或 [三点(3P)/两点(2P)/切点、切点、半径(T)]:   //@ Enter
指定圆的半径或 [直径(D)] <6>:                                 //d Enter
指定圆的直径 <12>:                                           //30 Enter
命令:                                                       //Enter
CIRCLE 指定圆的圆心或 [三点(3P)/两点(2P)/切点、切点、半径(T)]:   //@ Enter
指定圆的半径或 [直径(D)] <15>:                                //d Enter
指定圆的直径 <30>:                                           //32 Enter
命令:                                                       //Enter
CIRCLE 指定圆的圆心或 [三点(3P)/两点(2P)/切点、切点、半径(T)]:   //@ Enter
指定圆的半径或 [直径(D)] <16>:                                //d Enter
指定圆的直径 <32>:                                           //40Enter
命令:                                                       // Enter
CIRCLE 指定圆的圆心或 [三点(3P)/两点(2P)/切点、切点、半径(T)]:   //@ Enter
指定圆的半径或 [直径(D)] <20>:                                //d Enter
指定圆的直径 <40>:                                           //55
命令:                                                       //Enter
CIRCLE 指定圆的圆心或 [三点(3P)/两点(2P)/切点、切点、半径(T)]:   //@ Enter
指定圆的半径或 [直径(D)] <27.5>:                              //d Enter
指定圆的直径 <55>:                                           //70 Enter，绘制结果如图15-65所示
```

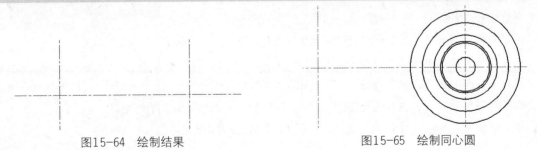

图15-64 绘制结果   图15-65 绘制同心圆

09 在无命令执行的前提下夹点显示如图15-66所示的圆图形，然后展开【图层控制】下拉列表，修改其图层为"中心线"，如图15-67所示。

10 关闭【特性】选项板，并取消对象的夹点显示效果，结果如图15-68所示。

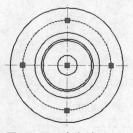

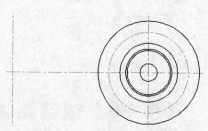

图15-66　夹点效果　　　　　图15-67　【特性】选项板　　　　　图15-68　更改图层后的效果

11 使用快捷键"C"激活【圆】命令，捕捉如图15-69所示的交点作为圆心，绘制直径为7和12的同心圆，结果如图15-70所示。

12 单击【修改】工具栏上的 品 按钮，以右侧构造线的交点作为阵列中心点，对刚绘制的同心圆阵列3份，阵列结果如图15-71所示。

图15-69　捕捉交点　　　　　图15-70　绘制结果　　　　　图15-71　阵列结果

13 选择【修改】|【偏移】菜单命令，将水平构造线向下偏移。命令行操作如下：

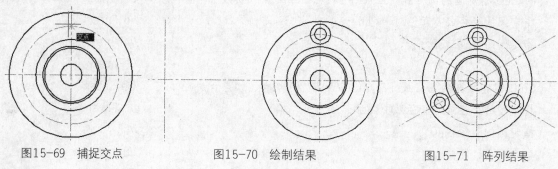

```
命令: _offset
当前设置: 删除源=否　图层=源　OFFSETGAPTYPE=0
指定偏移距离或 [通过(T)/删除(E)/图层(L)]<通过>:　//1 Enter
输入偏移对象的图层选项 [当前(C)/源(S)]<源>:　//c Enter
指定偏移距离或 [通过(T)/删除(E)/图层(L)]<通过>:　//27 Enter
选择要偏移的对象，或 [退出(E)/放弃(U)]<退出>:　//选择水平构造线
指定要偏移的那一侧上的点，或 [退出(E)/多个(M)/放弃(U)]<退出>:
　　　　　　　　　　　　　　　　　　　//在水平构造线的下侧拾取一点
选择要偏移的对象，或 [退出(E)/放弃(U)]<退出>:　//Enter，结果如图15-72所示
```

14 选择【修改】|【修剪】菜单命令，对构造线和外轮廓圆进行修剪，结果如图15-73所示。

15 最后执行【保存】命令，将图形命名存储为"实例195.dwg"。

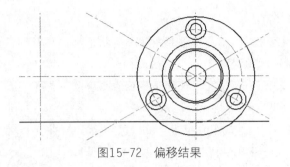

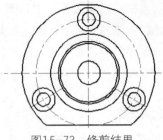

图15-72　偏移结果　　　　　　　　　　　图15-73　修剪结果

实例196　绘制壳体零件俯视图

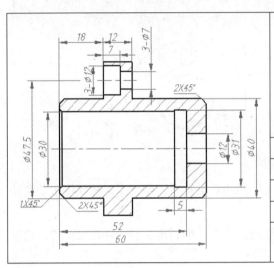

本实例主要学习壳体零件俯视图的具体绘制过程和相关的操作技巧。

📁 最终文件	效果文件\第15章\实例196.dwg
🌐 素材文件	素材文件\15-196.dwg
🎬 视频文件	视频文件\第15章\实例196.avi
⏱ 播放时长	00:08:06
🛡 技能点拨	构造线、偏移、修剪、倒角、图案填充、拉长

01 打开随书光盘中的"素材文件\15-196.dwg"文件。

02 选择【修改】|【偏移】菜单命令，使用"距离偏移"方式，将左侧的垂直构造线进行偏移。命令行操作如下：

```
命令: _offset
当前设置: 删除源=否　图层=源　OFFSETGAPTYPE=0
指定偏移距离或 [通过(T)/删除(E)/图层(L)] <通过>:       //l Enter，激活"图层"选项
输入偏移对象的图层选项 [当前(C)/源(S)] <源>:           //c Enter，激活"当前"选项
指定偏移距离或 [通过(T)/删除(E)/图层(L)] <通过>:       //60 Enter
选择要偏移的对象，或 [退出(E)/放弃(U)] <退出>:         //单击左侧的垂直构造线
指定要偏移的那一侧上的点，或 [退出(E)/多个(M)/放弃(U)] <退出>:
                                                    //在所选构造线的左侧拾取一点
选择要偏移的对象，或 [退出(E)/放弃(U)] <退出>:          //Enter
命令:                                               //Enter
OFFSET当前设置: 删除源=否　图层=当前　OFFSETGAPTYPE=0
```

指定偏移距离或 [通过(T)/删除(E)/图层(L)] <60>:　　　//18 Enter
选择要偏移的对象，或 [退出(E)/放弃(U)] <退出>:　　//选择偏移出的垂直构造线
指定要偏移的那一侧上的点，或 [退出(E)/多个(M)/放弃(U)] <退出>:

　　　　　　　　　　　　　　　　　　　　　　//在所选构造线的右侧拾取一点
选择要偏移的对象，或 [退出(E)/放弃(U)] <退出>:　　//Enter
命令:　　　　　　　　　　　　　　　　　　　　//Enter
OFFSET当前设置: 删除源=否　图层=当前　OFFSETGAPTYPE=0
指定偏移距离或 [通过(T)/删除(E)/图层(L)] <18>:　　//12 Enter
选择要偏移的对象，或 [退出(E)/放弃(U)] <退出>:　　//选择偏移出的垂直构造线
指定要偏移的那一侧上的点，或 [退出(E)/多个(M)/放弃(U)] <退出>:

　　　　　　　　　　　　　　　　　　　　　　//在所选构造线的右侧拾取一点
选择要偏移的对象，或 [退出(E)/放弃(U)] <退出>:　　//Enter，结果如图15-74所示

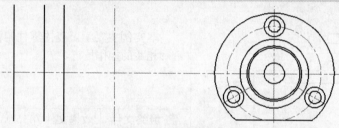

图15-74　偏移结果

03 使用快捷键 "XL" 激活【构造线】命令，根据视图间的对正关系，配合【对象捕捉】功能绘制如图15-75所示的水平构造线。

04 使用快捷键 "TR" 激活【修剪】命令，对构造线进行修剪，编辑出主视图外轮廓结构，结果如图15-76所示。

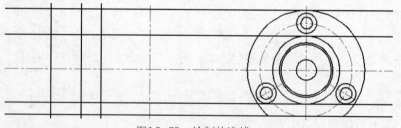

图15-75　绘制构造线

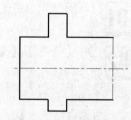

图15-76　修剪结果

05 将主视图右侧的垂直轮廓线放到 "轮廓线" 图层上，然后执行【倒角】命令，对主视图外轮廓线进行倒角。命令行操作如下:

命令: _chamfer
（"修剪" 模式）当前倒角距离 1 = 0.0，距离 2 = 0.0
选择第一条直线或 [放弃(U)/多段线(P)/距离(D)/角度(A)/修剪(T)/方式(E)/多个(M)]:

　　　　　　　　　　　　　　//a Enter，激活 "角度" 选项
指定第一条直线的倒角长度 <0.0>: //2 Enter
指定第一条直线的倒角角度 <0>:　//45 Enter

选择第一条直线或 [放弃(U)/多段线(P)/距离(D)/角度(A)/修剪(T)/方式(E)/多个(M)]:
　　　　　　　　//m Enter，激活"多个"选项

选择第一条直线或 [放弃(U)/多段线(P)/距离(D)/角度(A)/修剪(T)/方式(E)/多个(M)]:
　　　　　　　　//在如图15-77所示的轮廓线1的左端单击

选择第二条直线，或按住 Shift 键选择直线以应用角点或 [距离(D)/角度(A)/方法(M)]:
　　　　　　　　//在如图15-77所示的轮廓线2的上端单击

选择第一条直线或 [放弃(U)/多段线(P)/距离(D)/角度(A)/修剪(T)/方式(E)/多个(M)]:
　　　　　　　　//在如图15-77所示的轮廓线2的下端单击

选择第二条直线，或按住 Shift 键选择直线以应用角点或 [距离(D)/角度(A)/方法(M)]:
　　　　　　　　//在如图15-77所示的轮廓线3的左端单击

选择第一条直线或 [放弃(U)/多段线(P)/距离(D)/角度(A)/修剪(T)/方式(E)/多个(M)]:
　　　　　　　　//在如图15-77所示的轮廓线4的右端单击

选择第二条直线，或按住 Shift 键选择直线以应用角点或 [距离(D)/角度(A)/方法(M)]:
　　　　　　　　//在如图15-77所示的轮廓线5的下端单击

选择第一条直线或 [放弃(U)/多段线(P)/距离(D)/角度(A)/修剪(T)/方式(E)/多个(M)]:
　　　　　　　　//在如图15-77所示的轮廓线5的上端单击

选择第二条直线，或按住 Shift 键选择直线以应用角点或 [距离(D)/角度(A)/方法(M)]:
　　　　　　　　//在如图15-77所示的轮廓线6的右端单击

选择第一条直线或 [放弃(U)/多段线(P)/距离(D)/角度(A)/修剪(T)/方式(E)/多个(M)]:
　　　　　　　　//Enter，结束命令，倒角结果如图15-78所示

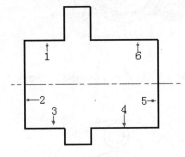

图15-77　定位倒角线

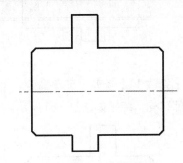

图15-78　倒角结果

06 绘制主视图内部的结构。根据视图间的对正关系，使用【构造线】命令配合【交点捕捉】或【象限点捕捉】功能，绘制如图15-79所示的水平构造线。

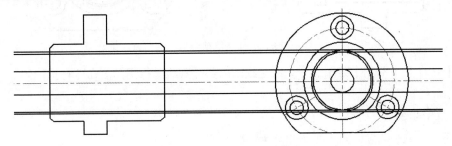

图15-79　绘制水平构造线

07 使用快捷键"O"激活【偏移】命令，对主视图右侧的垂直轮廓线进行偏移。命令行操作如下：

命令: o   //Enter
OFFSET当前设置: 删除源=否　图层=当前　OFFSETGAPTYPE=0
指定偏移距离或 [通过(T)/删除(E)/图层(L)] <12>:   //8 Enter
选择要偏移的对象，或 [退出(E)/放弃(U)] <退出>:   //选择主视图最右侧的垂直轮廓线
指定要偏移的那一侧上的点，或 [退出(E)/多个(M)/放弃(U)] <退出>:
                                    //在所选轮廓线的左侧拾取一点
选择要偏移的对象，或 [退出(E)/放弃(U)] <退出>:   //Enter
命令: //Enter
OFFSET当前设置: 删除源=否　图层=当前　OFFSETGAPTYPE=0
指定偏移距离或 [通过(T)/删除(E)/图层(L)] <8>:   //5 Enter
选择要偏移的对象，或 [退出(E)/放弃(U)] <退出>:   //选择偏移出的轮廓线
指定要偏移的那一侧上的点，或 [退出(E)/多个(M)/放弃(U)] <退出>:
                                    //在所选轮廓线的左侧拾取一点
选择要偏移的对象，或 [退出(E)/放弃(U)] <退出>:   //Enter，结果如图15-80所示

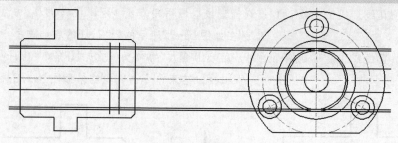

图15-80　偏移结果

08 选择【修改】|【修剪】菜单命令，对偏移出的轮廓线和水平构造线进行修剪，编辑出主视图的内部结构，结果如图15-81所示。

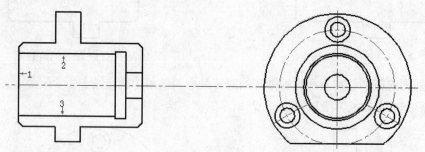

图15-81　修剪结果

09 选择【修改】|【倒角】菜单命令，对主视图内部轮廓线进行倒角。命令行操作如下：

命令: _chamfer
（"修剪"模式）当前倒角长度 = 2.0，角度 = 45
选择第一条直线或 [放弃(U)/多段线(P)/距离(D)/角度(A)/修剪(T)/方式(E)/多个(M)]:

//a Enter，激活"角度"选项

指定第一条直线的倒角长度 <2.0>: //1 Enter

指定第一条直线的倒角角度 <45>: //45 Enter

选择第一条直线或 [放弃(U)/多段线(P)/距离(D)/角度(A)/修剪(T)/方式(E)/多个(M)]:

//t Enter，激活"修剪"选项

输入修剪模式选项 [修剪(T)/不修剪(N)] <修剪>://n Enter

选择第一条直线或 [放弃(U)/多段线(P)/距离(D)/角度(A)/修剪(T)/方式(E)/多个(M)]:

//m Enter，激活"多个"选项

选择第一条直线或 [放弃(U)/多段线(P)/距离(D)/角度(A)/修剪(T)/方式(E)/多个(M)]:

//在如图15-81所示的垂直轮廓线1的上端单击

选择第二条直线，或按住 Shift 键选择直线以应用角点或 [距离(D)/角度(A)/方法(M)]:

//在如图15-81所示的垂直轮廓线2的左端单击

选择第一条直线或 [放弃(U)/多段线(P)/距离(D)/角度(A)/修剪(T)/方式(E)/多个(M)]:

//在如图15-81所示的垂直轮廓线1的下端单击

选择第二条直线，或按住 Shift 键选择直线以应用角点或 [距离(D)/角度(A)/方法(M)]:

//在如图15-81所示的垂直轮廓线3的左端单击

选择第一条直线或 [放弃(U)/多段线(P)/距离(D)/角度(A)/修剪(T)/方式(E)/多个(M)]:

//Enter，结束命令，倒角结果如图15-82所示

10 使用快捷键 "TR" 激活【修剪】命令，以倒角后产生的两条倾斜轮廓线作为边界，对内部的两条水平轮廓线进行修剪，结果如图15-83所示。

11 使用快捷键 "L" 激活【直线】命令，配合【端点捕捉】功能，绘制倒角位置的垂直轮廓线，结果如图15-84所示。

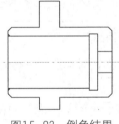 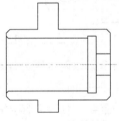 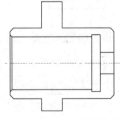

图15-82　倒角结果　　　　　　图15-83　修剪结果　　　　　　图15-84　绘制结果

12 绘制上侧孔结构。根据视图间的对正关系，使用【构造线】命令配合【交点捕捉】或【象限点捕捉】功能，绘制如图15-85所示的水平构造线。

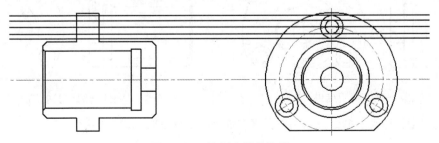

图15-85　绘制水平构造线

13 使用快捷键 "0" 激活【偏移】命令，将主视图左上侧的垂直轮廓线向右偏移7个绘图单位，结果如图15-86所示。

14 选择【修改】|【修剪】菜单命令，对偏移出的轮廓线和构造线进行修剪，编辑出主视图的内部结构，结果如图15-87所示。

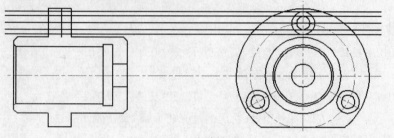
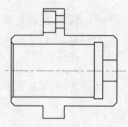

图15-86　偏移结果　　　　　　　　　　　　　　　　图15-87　修剪结果

15 选择柱孔位置的水平图线，将其放到 "中心线" 图层上，结果如图15-88所示。

16 展开【图层】工具栏中的【图层控制】下拉列表，设置 "剖面线" 作为当前操作层。

17 使用快捷键 "H" 激活【图案填充】命令，设置填充图案为ANSI31，填充比例为1，对主视图填充剖面线，填充结果如图15-89所示。

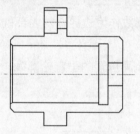
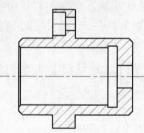

图15-88　更改层后的效果　　　　　　　　　　图15-89　填充剖面线

18 使用快捷键 "TR" 激活【修剪】命令，以两视图外轮廓线作为边界，对构造线进行修剪，使其转化为图形的中心线，结果如图15-90所示。

19 使用快捷键 "LEN" 激活【拉长】命令，将两视图中心线两端拉长4个绘图单位，结果如图15-91所示。

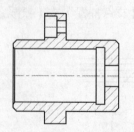
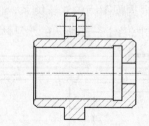

图15-90　修剪结果　　　　　　　　　　　　　图15-91　拉长结果

20 最后执行【另存为】命令，将图形另名存储为 "实例196.dwg"。

实例197 绘制箱体零件俯视图

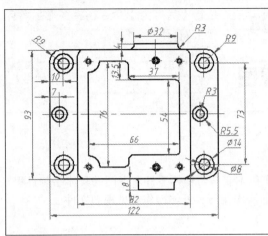

本实例主要学习箱体零件俯视图的具体绘制过程和相关的操作技巧。具体操作参见视频文件。

📁 最终文件	效果文件\第15章\实例197.dwg
🌀 素材文件	样板文件\机械样板.dwt
🎬 视频文件	视频文件\第15章\实例197.avi
⏱ 播放时长	00:10:50
🛡 技能点拨	构造线、圆、矩形、偏移、修剪、矩形阵列、圆角

01 执行【新建】命令,调用随书光盘中的"样板文件\机械样板.dwt"文件。

02 综合使用【构造线】、【偏移】命令绘制俯视图定位辅助线。

03 综合使用【矩形】、【修剪】、【圆角】命令绘制俯视图主体结构。

04 综合使用【修剪】、【偏移】、【圆角】、【圆】等命令绘制俯视图内部结构。

05 使用【圆】、【复制】、【矩形阵列】等命令绘制沉孔、柱孔和螺孔等细部结构。

06 最后执行【保存】命令,将图形另名存储为"实例197.dwg"。

实例198 绘制箱体零件剖视图

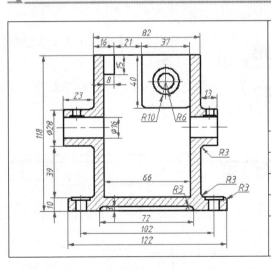

本实例主要学习箱体零件剖视图的具体绘制过程和相关的操作技巧。具体操作参见视频文件。

📁 最终文件	效果文件\第15章\实例198.dwg
🌀 素材文件	素材文件\15-198.dwg
🎬 视频文件	视频文件\第15章\实例198.avi
⏱ 播放时长	00:05:25
🛡 技能点拨	构造线、偏移、修剪、圆角、图案填充

01 打开随书光盘中的"素材文件\15-198.dwg"文件。

02 根据视图间的对正关系,使用【构造线】命令从俯视图引出垂直的定位辅助线。

03 使用【构造线】和【偏移】命令绘制主剖视图横向定位辅助线。

04 使用【删除】、【修剪】命令对纵横向定位辅助线进行修剪,编辑出剖视图主体结构。

05 使用【圆角】、【直线】、【圆】等命令对主视图进行完善。

06 使用【偏移】、【修剪】命令绘制剖视图沉孔结构。

07 使用【图案填充】、【拉长】等命令绘制剖面线和中心线。

08 最后执行【另存为】命令，将图形另名存储为"实例198.dwg"。

实例199 绘制箱体零件左视图

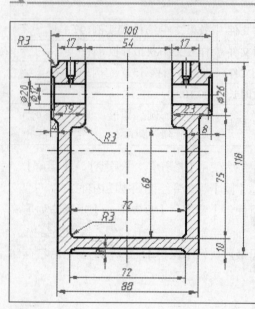

本实例主要学习箱体零件左视图的具体绘制过程和相关的操作技巧。具体操作参见视频文件。

📁 最终文件	效果文件\第15章\实例199.dwg
🔵 素材文件	素材文件\15-199.dwg
💿 视频文件	视频文件\第15章\实例199.avi
🎬 播放时长	00:07:25
🛡 技能点拨	构造线、偏移、修剪、圆角、图案填充、直线

01 打开随书光盘中的"素材文件\15-199.dwg"文件。

02 根据视图间的对正关系，使用【构造线】命令从主视图引出水平的定位辅助线。

03 使用【构造线】和【偏移】命令绘制左剖视图垂直定位辅助线。

04 使用【删除】、【修剪】命令对纵横向定位辅助线进行修剪，编辑出左视图主体结构。

05 使用【圆角】、【直线】、【偏移】、【修剪】等命令绘制左视图沉孔、抹角、螺钉等细部结构。

06 使用【图案填充】、【拉长】等命令绘制剖面线和中心线。

07 最后执行【另存为】命令，将图形另名存储为"实例199.dwg"。

实例200 制作壳体零件立体造型

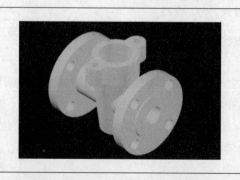

本实例主要学习壳体零件立体造型图的具体制作过程和相关的操作技巧。

📁 最终文件	效果文件\第15章\实例200.dwg
🔵 素材文件	样板文件\机械样板.dwt
💿 视频文件	视频文件\第15章\实例200.avi
🎬 播放时长	00:11:40
🛡 技能点拨	拉伸、差集、圆柱体、长方体、三维阵列、三维镜像、抽壳

01 执行【新建】命令，调用随书光盘中的"样板文件\机械样板.dwt"文件。

02 并打开状态栏上的【对象捕捉】功能。

03 单击"绘图"工具栏中的⊙按钮，激活【圆】命令，绘制两个同心、同位置的圆。命令行操作如下：

```
命令：_circle
指定圆的圆心或 [三点(3P)/两点(2P)/切点、切点、半径(T)]：   //0,0,27 Enter
指定圆的半径或 [直径(D)] <25.0000>：                    //25 Enter
命令：_circle
指定圆的圆心或 [三点(3P)/两点(2P)/切点、切点、半径(T)]：   //@ Enter
指定圆的半径或 [直径(D)] <25.0000>：                    //Enter
```

04 选择【视图】|【三维视图】|【东北等轴测图】菜单命令，将视图切换为东北视图。

05 设置系统变量ISOLINES的值为20，设置FACETRES的值为10。

06 单击【建模】工具栏中的⬛按钮，激活【拉伸】命令，对同心圆进行拉伸。命令行操作如下：

```
命令：_extrude
当前线框密度： ISOLINES=20，闭合轮廓创建模式 = 实体
选择要拉伸的对象或 [模式(MO)]：_MO 闭合轮廓创建模式 [实体(SO)/曲面(SU)] <实体>：_SO
选择要拉伸的对象或 [模式(MO)]：                    //单击半径为25的圆
选择要拉伸的对象或 [模式(MO)]：                    //Enter，结束选择操作
指定拉伸的高度或 [方向(D)/路径(P)/倾斜角(T)/表达式(E)] <3.0000>：  //30 Enter
```

07 将拉伸实体进行后置，然后重复执行【拉伸】命令，对另一个圆形进行拉伸。命令行操作如下：

```
命令：_extrude
当前线框密度： ISOLINES=4，闭合轮廓创建模式 = 实体
选择要拉伸的对象或 [模式(MO)]：_MO 闭合轮廓创建模式 [实体(SO)/曲面(SU)] <实体>：_SO
选择要拉伸的对象或 [模式(MO)]：          //选择另一个半径为25的圆
选择要拉伸的对象或 [模式(MO)]：          //Enter，结束选择操作
指定拉伸的高度或 [方向(D)/路径(P)/倾斜角(T)/表达式(E)] <30.0000>：//t Enter
指定拉伸的倾斜角度或 [表达式(E)] <0>：    //7 Enter
指定拉伸的高度或 [方向(D)/路径(P)/倾斜角(T)/表达式(E)] <30.0000>：
                           //-67 Enter，拉伸结果如图15-92所示
```

08 使用快捷键"UNI"激活【并集】命令，将两个拉伸实体进行合并。

09 选择【修改】|【实体编辑】|【抽壳】菜单命令，对并集后的实体进行抽壳编辑。命令行操作如下：

命令: _solidedit

实体编辑自动检查: SOLIDCHECK=1

输入实体编辑选项 [面(F)/边(E)/体(B)/放弃(U)/退出(X)] <退出>: _body

输入体编辑选项[压印(I)/分割实体(P)/抽壳(S)/清除(L)/检查(C)/放弃(U)/退出(X)] <退出>: _shell

选择三维实体: //单击实体的上表面

删除面或 [放弃(U)/添加(A)/全部(ALL)]: 找到一个面, 已删除 1 个//Enter

输入抽壳偏移距离: //7 Enter

输入体编辑选项[压印(I)/分割实体(P)/抽壳(S)/清除(L)/检查(C)/放弃(U)/退出(X)] <退出>:

                //X Enter, 退出实体编辑模式

输入实体编辑选项 [面(F)/边(E)/体(B)/放弃(U)/退出(X)] <退出>:

                //Enter, 退出命令, 结果如图15-93所示, 消隐效果如图15-94所示

图15-92 拉伸结果   图15-93 抽壳结果   图15-94 消隐效果

10 选择【修改】|【三维操作】|【剖切】菜单命令, 对抽壳后的实体进行剖切。命令行操作如下。

命令: _slice

选择要剖切的对象: //选择抽壳实体

选择要剖切的对象: //Enter

指定切面的起点或 [平面对象(O)/曲面(S)/Z 轴(Z)/视图(V)/XY(XY)/YZ(YZ)/ZX(ZX)/三点(3)] <三点>:

                //xy Enter

指定 XY 平面上的点 <0,0,0>:   //0,0,50 Enter

在所需的侧面上指定点或 [保留两个侧面(B)] <保留两个侧面>:

        //捕捉如图15-95所示的圆心, 剖切结果如图15-96所示, 消隐效果如图15-97所示

 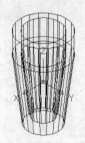 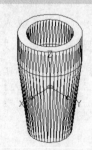

图15-95 捕捉圆心   图15-96 剖切结果   图15-97 消隐效果

11 选择【绘图】|【建模】|【长方体】菜单命令, 创建长为80、宽为20、高度为20的长方体。命令行操作如下:

命令: _box

指定第一个角点或 [中心(C)]:　　　　　　　　//40,-10,50 Enter

指定其他角点或 [立方体(C)/长度(L)]:　　　　//@-80,20,-20 Enter，结果如图15-98所示

12 单击【修改】工具栏中的○按钮，激活【圆角】命令，对长方体4个棱边倒圆角。命令行操作如下:

命令: _fillet

当前设置: 模式 = 修剪，半径 = 0.0000

选择第一个对象或 [放弃(U)/多段线(P)/半径(R)/修剪(T)/多个(M)]://r Enter

指定圆角半径 <0.0000>:　　　　　　　　//10 Enter

选择第一个对象或 [放弃(U)/多段线(P)/半径(R)/修剪(T)/多个(M)]://选择长方体

输入圆角半径 <.0000>:　　　　　　　　　//10 Enter

选择边或 [链(C)/半径(R)]:　　　　　　　//单击长方体的一条垂直棱边

选择边或 [链(C)/半径(R)]:　　　　　　　//单击长方体的一条垂直棱边

选择边或 [链(C)/半径(R)]:　　　　　　　//单击长方体的一条垂直棱边

选择边或 [链(C)/半径(R)]:　　　　　　　//单击长方体的一条垂直棱边，四条边的选择结果

　　　　　　　　　　　　　　　　　　　　　如图15-99所示，圆角结果如图15-100所示

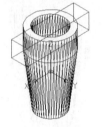　　　　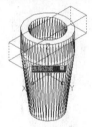

图15-98　创建长方体　　　　　图15-99　选择垂直棱边　　　　图15-100　圆角结果

13 选择【绘图】|【建模】|【圆柱体】菜单命令，创建螺钉孔结构。命令行操作如下:

命令: _cylinder

指定底面的中心点或 [三点(3P)/两点(2P)/切点、切点、半径(T)/椭圆(E)]:

　　　　　　　　　　　　　　　　　　　　//30,0,36 Enter

指定底面半径或 [直径(D)]:　　　　　　　//4 Enter

指定高度或 [两点(2P)/轴端点(A)] <-20.0000>://14 Enter

命令: _cylinder　　　　　　　　　　　　//Enter

指定底面的中心点或 [三点(3P)/两点(2P)/切点、切点、半径(T)/椭圆(E)]: //-30,0,36 Enter

指定底面半径或 [直径(D)] <4.0000>:　　　//Enter

指定高度或 [两点(2P)/轴端点(A)] <14.0000>: //14 Enter，创建结果如图15-101所示

14 重复执行【圆柱体】命令，绘制半径为18、高度为23的圆柱体。命令行操作如下:

命令: _cylinder　　　　　　　　　　　　　　　　　　　　　　　//Enter

指定底面的中心点或 [三点(3P)/两点(2P)/切点、切点、半径(T)/椭圆(E)]:　　//0,0,27 Enter

指定底面半径或 [直径(D)] <4.0000>:   //18 Enter

指定高度或 [两点(2P)/轴端点(A)] <14.0000>:

                    //23 Enter，创建结果如图15-102所示，消隐效果如图15-103所示

   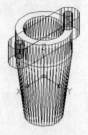   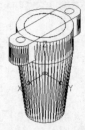

    图15-101　创建两侧的柱体   图15-102　创建中间的柱体   图15-103　消隐效果

15 使用快捷键 "UNI" 激活【并集】命令，对抽壳实体和长方体进行并集。命令行操作如下：

命令: uni   //Enter

UNION选择对象: //选择如图15-104所示的抽壳柱体

选择对象: //选择如图15-105所示的长方体

选择对象: //Enter，并集结果如图15-106所示

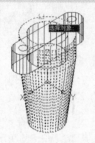   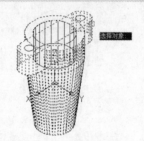   

    图15-104　选择圆柱体   图15-105　选择长方体   图15-106　并集结果

16 使用快捷键 "SU" 激活【差集】命令，对各实体进行差集运算。命令行操作如下：

命令: su

SUBTRACT 选择要从中减去的实体、曲面和面域...

选择对象: //选择如图15-107所示的实体

选择对象: //Enter

选择要减去的实体、曲面和面域...

选择对象: //选择如图15-108所示的三个圆柱体

选择对象: //Enter，差集结果如图15-109所示

17 使用快捷键 "HI" 激活【消隐】命令，对模型进行消隐效果，结果如图15-110所示。

18 选择【工具】|【新建USC】|【X】菜单命令，将坐标系绕X轴旋转90°，结果如图15-111所示。

19 选择【视图】|【视觉样式】|【三维线框】菜单命令，将当前着色方式设置为"三维线框"，结果如图15-112所示。

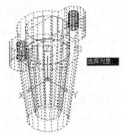

图15-107 选择被减实体

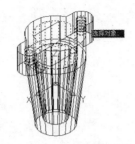

图15-108 选择减去实体

图15-109 差集结果

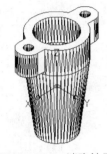

图15-110 消隐结果

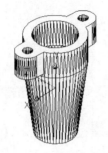

图15-111 旋转坐标系

图15-112 三维线框着色

20 选择【绘图】|【建模】|【圆柱体】菜单命令,创建半径分别为18和25的圆柱体。命令行操作如下:

命令: _cylinder	
指定底面的中心点或 [三点(3P)/两点(2P)/切点、切点、半径(T)/椭圆(E)]:	
	//0,0,-55 Enter
指定底面半径或 [直径(D)] <18.0000>:	//18 Enter
指定高度或 [两点(2P)/轴端点(A)] <-20.0000>:	//110 Enter
命令: _cylinder	//Enter
指定底面的中心点或 [三点(3P)/两点(2P)/切点、切点、半径(T)/椭圆(E)]://@ Enter	
指定底面半径或 [直径(D)] <18.0000>:	//25 Enter
指定高度或 [两点(2P)/轴端点(A)] <110.0000>:	//14 Enter,结果如图15-113所示

21 重复执行【圆柱体】命令,创建半径为45和6的圆柱体。命令行操作如下:

命令: _cylinder	
指定底面的中心点或 [三点(3P)/两点(2P)/切点、切点、半径(T)/椭圆(E)]:	
	//0,0,-53 Enter
指定底面半径或 [直径(D)] <18.0000>:	//45 Enter
指定高度或 [两点(2P)/轴端点(A)] <-20.0000>:	//12 Enter
命令: _cylinder	//Enter
指定底面的中心点或 [三点(3P)/两点(2P)/切点、切点、半径(T)/椭圆(E)]:	
	//25,25,-53 Enter
指定底面半径或 [直径(D)] <45.0000>:	//6 Enter

指定高度或 [两点(2P)/轴端点(A)] <12.0000>:　　　　　//12 Enter，结果如图15-114所示

22 选择【修改】|【三维操作】|【三维阵列】菜单命令，以Z轴为阵列中心，阵列半径为6mm的圆柱体。命令行操作如下：

命令: _3darray

选择对象:　　　　　　　　　　　　　　　　//选择半径为6的圆柱体

选择对象:　　　　　　　　　　　　　　　　//Enter

输入阵列类型 [矩形(R)/环形(P)] <矩形>:　　　　　//p Enter

输入阵列中的项目数目:　　　　　　　　　　//4 Enter

指定要填充的角度 (+=逆时针, -=顺时针) <360>:　　　　　//Enter

旋转阵列对象? [是(Y)/否(N)] <Y>:　　　　　//Enter

指定阵列的中心点:　　　　　　　　　　　　//捕捉如图15-115所示的圆心

指定旋转轴上的第二点: //捕捉如图15-116所示的圆心，阵列结果如图15-117所示

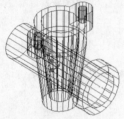 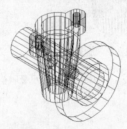  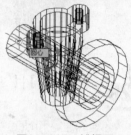

图15-113　创建结果　　　　图15-114　创建结果　　　　图15-115　捕捉圆心1　　　图15-116　捕捉圆心2

23 选择【修改】|【三维编辑】|【并集】菜单命令，对半径为25和45的两个圆柱体进行并集，结果如图15-118所示。

24 将着色方式设置为"二维线框"，然后选择【修改】|【三维编辑】|【差集】菜单命令，从并集后的圆柱体中剪去4个半径为6的小圆柱体，消隐的后的差集结果如图15-119所示。

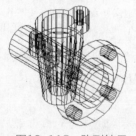 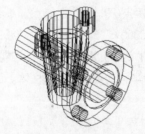 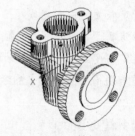

图15-117　阵列结果　　　　　图15-118　并集结果　　　　　图15-119　差集后的消隐效果

25 选择【修改】|【三维操作】|【三维镜像】菜单命令，以XY平面为镜像面，镜像取交、取差后的圆柱体。命令行操作如下：

命令: _mirror3d

选择对象: 找到 1个　　　　　　　　　　　//捕捉如图15-120所示的对象

选择对象:　　　　　　　　　　　　　　　　//Enter

指定镜像平面 (三点) 的第一个点或[对象(O)/最近的(L)/Z 轴(Z)/视图(V)/XY平面(XY)/YZ 平面(YZ)/ZX 平面(ZX)/三点(3)] <三点>:　　　　　//xy Enter

指定 XY 平面上的点 <0,0,0>:　　　　　　　//捕捉如图15-121所示的圆心

是否删除源对象？[是(Y)/否(N)] <否>:　　　　　//Enter，镜像结果如图15-122所示

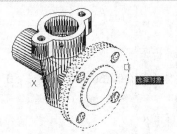

图15-120　选择对象

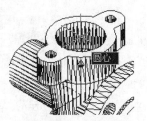

图15-121　捕捉圆心

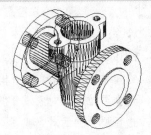

图15-122　镜像结果

26 选择【修改】|【三维编辑】|【并集】菜单命令，合并所有实体，结果如图15-123所示。

27 选择【视图】|【消隐】菜单命令，对当前对象进行消隐着色，结果如图15-124所示。

28 使用快捷键"CYL"激活【圆柱体】命令，创建半径为10、高为110的圆柱体。命令行操作如下：

命令: cyl　　　　　　　　　　　　　//Enter
CYLINDER指定底面的中心点或 [三点(3P)/两点(2P)/切点、切点、半径(T)/椭圆(E)]:
　　　　　　　　　　　　　　　　//0,0,−55 Enter
指定底面半径或 [直径(D)] <45.0000>:　　　　//10 Enter
指定高度或 [两点(2P)/轴端点(A)] <12.0000>:　　//110 Enter，结果如图15-125所示

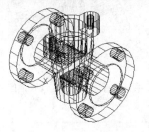

图15-123　并集结果

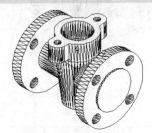

图15-124　消隐效果

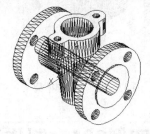

图15-125　创建圆柱体

29 选择【修改】|【三维编辑】|【差集】菜单命令，从实体中减去刚创建的圆柱体，结果如图15-126所示，消隐结果如图15-127所示。

30 选择【工具】|【新建USC】|【世界】菜单命令，将当前坐标系恢复为世界坐标系，然后单击【绘图】工具栏中的◎按钮，以点（0,0,27）为圆心，绘制半径为18的圆，结果如图15-128所示。

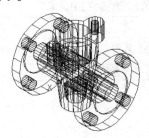

图15-126　差集结果

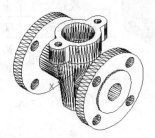

图15-127　消隐结果

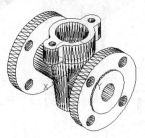

图15-128　绘制圆

31 使用快捷键"EXT"激活【拉伸】命令，对刚绘制的圆进行拉伸。命令行操作中如下：

命令: ext

EXTRUDE当前线框密度: ISOLINES=4，闭合轮廓创建模式 = 实体

选择要拉伸的对象或 [模式(MO)]: _MO 闭合轮廓创建模式 [实体(SO)/曲面(SU)] <实体>: _SO

选择要拉伸的对象或 [模式(MO)]:　　　　//选择刚绘制的圆

选择要拉伸的对象或 [模式(MO)]:　　　　//Enter，结束选择操作

指定拉伸的高度或 [方向(D)/路径(P)/倾斜角(T)/表达式(E)] <30.0000>://t Enter

指定拉伸的倾斜角度或 [表达式(E)] <0>:　　//7 Enter

指定拉伸的高度或 [方向(D)/路径(P)/倾斜角(T)/表达式(E)] <30.0000>:

　　　　　　　　　　//-60 Enter，结束命令，拉伸结果如图15-129所示

32 选择【修改】|【三维编辑】|【差集】菜单命令，从实体中减去刚创建的拉伸实体，结果如图15-130所示。

33 使用【动态观察器】功能调整视图，观看差集后的消隐效果，如图15-131所示。

34 最后执行【保存】命令，将图形命名存储为"实例200.dwg"。

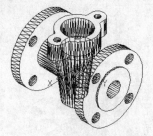
图15-129　拉伸结果

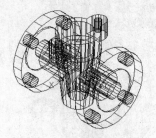
图15-130　差集结果

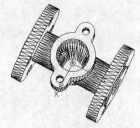
图15-131　调整后的消隐结果

实例201　制作半轴壳零件立体造型

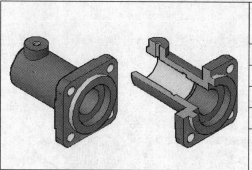

本实例主要学习半轴壳零件立体造型的具体制作过程和相关的操作技巧。具体操作参见视频文件。

📁 最终文件	效果文件\第15章\实例201.dwg
🥧 素材文件	素材文件\15-201.dwg
📀 视频文件	视频文件\第15章\实例201.avi
⏱ 播放时长	00:06:17
🛡 技能点拨	边界、编辑多段线、拉伸、三维旋转、差集、三维阵列

01 调用素材文件并将图形编辑成图15-132所示的状态。

02 使用【边界】或【编辑多段线】命令创建闭合边界，然后将边界和圆拉伸实三维实体，如图15-133所示。

03 综合使用【移动】和【圆柱体】命令创建如图15-134所示的柱体结构。

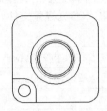

图15-132　操作结果

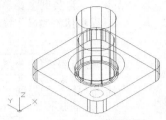

图15-133　拉伸结果

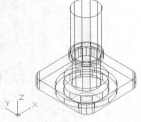

图15-134　创建结果

04 选择如图15-135所示的边界和圆并拉伸为实体，然后对其进行三维环形阵列，结果如图15-136所示。

05 定义UCS，然后创建如图15-137所示的同心圆柱体。

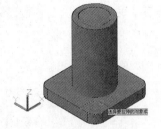

图15-135　选择边界

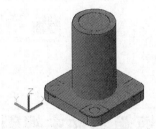

图15-136　阵列结果

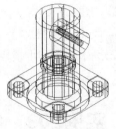

图15-137　创建结果

06 执行【差集】命令，对各实体进行差集和消隐，结果如图15-138所示。

07 使用【倒角边】和【圆角边】命令，对实体的棱边进行倒角和圆角，结果如图15-139所示。

08 将实体三维旋转，创建如图15-140所示的长方体。

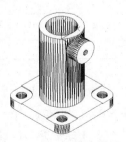

图15-138　消隐显示

图15-139　圆角结果

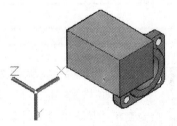

图15-140　创建结果

09 对长方体进行剖切，然后将模型另名存储为"实例201.dwg"。

实例202 制作腔体零件立体造型

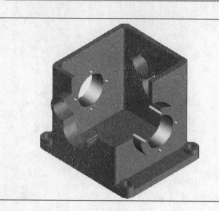

本实例主要学习腔体零件立体造型的具体制作过程和相关的操作技巧。具体操作参见视频文件。

📁 最终文件	效果文件\第15章\实例202.dwg
🌐 视频文件	视频文件\第15章\实例202.avi
⏱ 播放时长	00:07:15
🛡 技能点拨	拉伸、三维镜像、圆柱体、差集、三维阵列、剖切、长方体、镜像

01 首先使用【长方体】、【圆柱体】和【差集】命令创建底板造型。

02 使用【矩形】、【拉伸】、【差集】命令创建上侧的薄壳造型。

03 使用【圆柱体】、【差集】、【三维阵列】、【三维镜像】命令创建外壁上的法兰造型。

04 使用【长方体】、【差集】命令对模型进行剖切。

05 最后执行【保存】命令，将模型命名存储为"实例202.dwg"。

实例203 绘制变速箱零件主视图

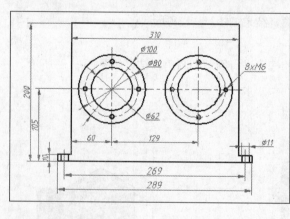

本实例主要学习变速箱零件主视图的具体绘制过程和相关的操作技巧。具体操作参见视频文件。

📁 最终文件	效果文件\第15章\实例203.dwg
🍰 素材文件	样板文件\机械样板.dwt
🌐 视频文件	视频文件\第15章\实例203.avi
⏱ 播放时长	00:04:03
🛡 技能点拨	构造线、偏移、修剪、圆、环形阵列

01 执行【新建】命令，调用随书光盘中的"样板文件\机械样板.dwt"文件。

02 综合使用【构造线】、【偏移】命令绘制主视图定位辅助线。

03 综合使用【修剪】、【删除】命令绘制主视图主体结构。

04 综合使用【圆】、【环形阵列】、【打断】等命令绘制主视图内部结构。

05 使用【修剪】、【拉长】命令绘制主视图中心线。

06 最后执行【保存】命令，将图形另名存储为"实例203.dwg"。

实例204 绘制变速箱零件俯视图

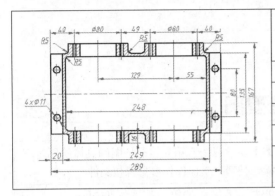

本实例主要学习变速箱零件俯视图的具体绘制过程和相关的操作技巧。具体操作参见视频文件。

📁 最终文件	效果文件\第15章\实例204.dwg
▶ 素材文件	素材文件\15-204.dwg
📺 视频文件	视频文件\第15章\实例204.avi
⏱ 播放时长	00:08:09
🛡 技能点拨	构造线、偏移、修剪、圆角、图案填充、矩形阵列、圆

01 打开随书光盘中的"素材文件\15-204. dwg"文件。

02 根据视图间的对正关系,使用【构造线】命令从主视图引出垂直的定位辅助线。

03 使用【构造线】和【偏移】命令绘制俯视图横向定位辅助线。

04 使用【删除】、【修剪】命令对纵横向定位辅助线进行修剪,编辑出俯视图主体结构。

05 使用【修剪】、【偏移】等命令绘制俯视图内部结构。

06 使用【偏移】、【修剪】、【圆】、【矩形阵列】、【圆角】等命令绘制俯视图柱孔和螺孔、抹角结构。

07 使用【图案填充】、【拉长】等命令绘制剖面线和中心线。

08 最后执行【另存为】命令,将图形另名存储为"实例204.dwg"。

实例205 绘制变速箱零件左视图

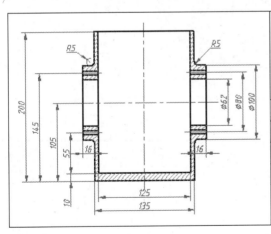

本实例主要学习变速箱零件左视图的具体绘制过程和相关的操作技巧。具体操作参见视频文件。

📁 最终文件	效果文件\第15章\实例205.dwg
▶ 素材文件	素材文件\15-205.dwg
📺 视频文件	视频文件\第15章\实例205.avi
⏱ 播放时长	00:04:47
🛡 技能点拨	构造线、偏移、修剪、圆角、图案填充、拉长

01 打开随书光盘中的"素材文件\15-205. dwg"文件。

02 根据视图间的对正关系,使用【构造线】命令从主视图引出水平的定位辅助线。

03 使用【构造线】和【偏移】命令绘制左视图垂直定位辅助线。

04 使用【删除】、【修剪】命令对纵横向定位辅助线进行修剪,编辑出左视图主体结构。

05 使用【圆角】、【直线】、【偏移】、【修剪】等命令绘制左视图抹角、螺孔等细部结构。

06 使用【图案填充】、【拉长】等命令绘制剖面线和中心线。

07 最后执行【另存为】命令，将图形另名存储为"实例205.dwg"。

实例206 制作变速箱立体造型图

本实例主要学习变速箱立体造型图的具体绘制过程和相关的操作技巧。具体操作参见视频文件。

📁 最终文件	效果文件\第15章\实例206.dwg
🔵 素材文件	样板文件\机械样板.dwt
🔘 视频文件	视频文件\第15章\实例206.avi
🎬 播放时长	00:11:01
🛡 技能点拨	长方体、压印、拉伸面、圆柱体、三维阵列、UCS、差集

01 首先使用【长方体】、【圆柱体】和【差集】命令创建挡板造型。

02 使用【长方体】令创建主箱体造型。

03 使用【多段线】、【压印】、【拉伸】、【三维镜像】等命令创建外壁上的上凹槽

造型。

04 使用【抽壳】、【剖切】命令对模型进行抽壳和剖切。

05 最后执行【保存】命令，将模型命名存储为"实例206.dwg"。

第16章　绘制轴测图零件

　　轴测图是一种在二维绘图空间内表达三维形体的最简单的方法，它能同时反映出物体长、宽、高3个方向的尺度，立体感较强。本章通过7个代表性的操作实例，主要学习轴测投影线、投影圆与投影弧的具体绘制过程和绘制技巧。

实例207　绘制平行线的轴测投影图

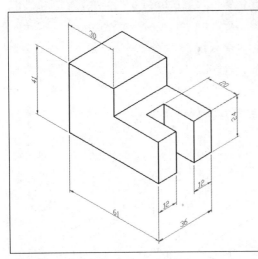

本实例主要学习平行线轴测投影图的具体绘制过程和相关的操作技巧。

最终文件	效果文件\第16章\实例207.dwg
素材文件	样板文件\机械样板.dwt
视频文件	视频文件\第16章\实例207.avi
播放时长	00:03:55
技能点拨	直线、修剪、极轴追踪

01 执行【新建】命令，调用随书光盘中的"样板文件\机械样板.dwt"文件。

02 选择【工具】|【草图设置】菜单命令，在打开的【草图设置】对话框中设置等轴测图绘图环境，如图16-1所示。

03 按 F 8功能键，打开【正交】功能。

04 按Ctrl+F5组合键，将当前轴测平面切换到上等轴测平面。

05 选择【绘图】|【直线】菜单命令，绘制轴测图的底面轮廓线。命令行操作如下：

```
命令：_line
指定第一点：                        //在绘图区拾取一点
指定下一点或 [放弃(U)]：            //向右引导光标，输入61 Enter
指定下一点或 [放弃(U)]：            //向上引导光标，输入12 Enter
指定下一点或 [闭合(C)/放弃(U)]：    //向左引导光标，输入20 Enter
指定下一点或 [闭合(C)/放弃(U)]：    //向上引导光标，输入12 Enter
```

指定下一点或 [闭合(C)/放弃(U)]:	//向右引导光标，输入20 Enter
指定下一点或 [闭合(C)/放弃(U)]:	//向上引导光标，输入12 Enter
指定下一点或 [闭合(C)/放弃(U)]:	//向左引导光标，输入61 Enter
指定下一点或 [闭合(C)/放弃(U)]:	//c Enter，闭合对象，绘制结果如图16-2所示

06 连续两次按Ctrl+F5组合键，将当前轴测平面切换到左等轴测平面。

07 选择【绘图】|【直线】菜单命令，配合【正交】功能绘制轴测的左侧轮廓。命令行操作如下：

命令: _line	
指定第一点:	//捕捉如图16-2所示的点0
指定下一点或 [放弃(U)]:	//向上引导光标，输入41 Enter
指定下一点或 [放弃(U)]:	//向右引导光标，输入30 Enter
指定下一点或 [闭合(C)/放弃(U)]:	//向下引导光标，输入17 Enter
指定下一点或 [闭合(C)/放弃(U)]:	//向右引导光标，输入31 Enter
指定下一点或 [闭合(C)/放弃(U)]:	//向下引导光标，输入24 Enter
指定下一点或 [闭合(C)/放弃(U)]:	//Enter，绘制结果如图16-3所示

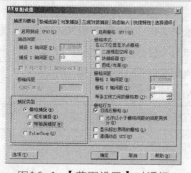

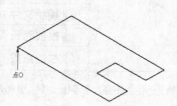

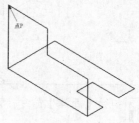

图16-1 【草图设置】对话框　　　图16-2 绘制底面轮廓　　　图16-3 绘制左侧轮廓

08 按Ctrl+F5组合键，将当前轴测平面切换到上等轴测平面。

09 选择【绘图】|【直线】菜单命令，配合【正交】功能绘制轴测图顶部的轮廓。命令行操作如下：

命令: _line	
指定第一点:	//捕捉如图16-3所示的P点
指定下一点或 [放弃(U)]:	//向上引导光标，输入36 Enter
指定下一点或 [放弃(U)]:	//向右引导光标，输入30 Enter
指定下一点或 [闭合(C)/放弃(U)]:	//向下引导光标，输入36 Enter
指定下一点或 [闭合(C)/放弃(U)]:	//Enter，绘制结果如图16-4所示

10 按Ctrl+F5组合键，将当前轴测平面切换到右等轴测平面。

11 选择【绘图】|【直线】菜单命令，配合【正交】功能绘制轴测图顶部的轮廓。命令行操作如下：

```
命令: _line
指定第一点:                                //捕捉图16-4所示的Q点
指定下一点或 [放弃(U)]:                     //向下引导光标, 输入17 Enter
指定下一点或 [放弃(U)]:                     //向左引导光标, 输入36 Enter
指定下一点或 [闭合(C)/放弃(U)]:              //Enter, 绘制结果如图16-5所示
```

12 选择【修改】|【复制】菜单命令, 选择如图16-5所示的轮廓线1、2、3、4、5、6进行复制。命令行操作如下:

```
命令: _copy
选择对象:                                  //选择如图16-5所示的6条轮廓线
选择对象:                                  //Enter, 结束选择
当前设置: 复制模式 = 多个
指定基点或 [位移(D)/模式(O)] <位移>:         //捕捉任意一点
指定第二个点或 [阵列(A)] <使用第一个点作为位移>://@24<90 Enter
指定第二个点或 [阵列(A)/退出(E)/放弃(U)] <退出>:
                                          //Enter, 复制结果如图16-6所示
```

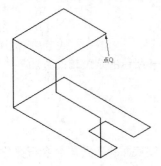
图16-4 绘制顶部轮廓

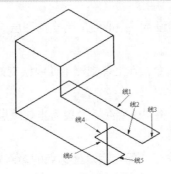
图16-5 绘制右侧轮廓

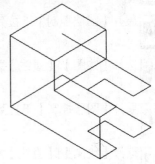
图16-6 复制结果

13 选择【绘图】|【直线】菜单命令, 配合【端点捕捉】功能, 连接图16-6中的轮廓线的端点绘制垂直线段, 结果如图16-7所示。

14 综合使用【修剪】和【删除】命令, 对图形进行编辑, 去掉被遮挡住的轮廓线, 结果如图16-8所示。

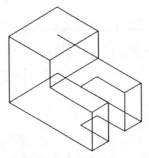
图16-7 绘制结果

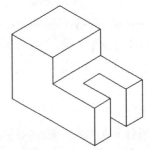
图16-8 最终结果

15 最后执行【保存】命令, 将图形命名存储为"实例207.dwg"。

实例208　绘制圆与弧的轴测投影图 ⊙

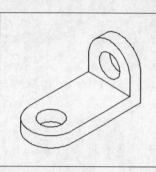

本实例主要学习圆与圆弧轴测投影图的具体绘制过程和相关的操作技巧。

📁 最终文件	效果文件\第16章\实例208.dwg
🌐 素材文件	样板文件\机械样板.dwt
🎬 视频文件	视频文件\第16章\实例208.avi
🎞 播放时长	00:06:00
🛡 技能点拨	直线、修剪、极轴追踪、椭圆、复制

01 执行【新建】命令，调用随书光盘中的"样板文件\机械样板.dwt"文件。

02 使用快捷键"DS"激活【草图设置】命令，在打开的【草图设置】对话框内设置捕捉模式为等轴测捕捉。

03 按F5键，将当前等轴测平面转化为上等轴测平面。

04 展开【图层控制】下拉列表，设置"中心线"为当前图层。

05 选择【绘图】|【直线】菜单命令，在上等轴测平面内绘制如图16-9所示的定位辅助线。

06 展开【图层控制】下拉列表，将"轮廓线"设置为当前图层。

07 选择【绘图】|【直线】菜单命令，配合相对坐标点的输入功能绘制底面轮廓线。命令行操作如下：

```
命令: _line
指定第一点:                        //捕捉辅助线的交点
指定下一点或 [放弃(U)]:            //@20<-30 Enter
指定下一点或 [放弃(U)]:            //@65<30 Enter
指定下一点或 [闭合(C)/放弃(U)]:    //@40<150 Enter
指定下一点或 [闭合(C)/放弃(U)]:    //@65<-150 Enter
指定下一点或 [闭合(C)/放弃(U)]:    //c Enter，绘制结果如图16-10所示
```

08 单击【绘图】工具栏上的 ⬭ 按钮，激活【椭圆】命令，在轴测图模式下绘制等轴测圆。命令行操作如下：

```
命令: _ellipse
指定椭圆轴的端点或 [圆弧(A)/中心点(C)/等轴测圆(I)]:    //i Enter
指定等轴测圆的圆心:                                  //捕捉辅助线的交点
指定等轴测圆的半径或 [直径(D)]:                      //d Enter
指定等轴测圆的直径:                                  //20 Enter，输入轴测圆半径
```

命令：_ellipse　　　　　　　　　　　　　　　　　　//Enter，重复执行命令

指定椭圆轴的端点或 [圆弧(A)/中心点(C)/等轴测圆(I)]://i Enter

指定等轴测圆的圆心：　　　　　　　　　　　　　　//捕捉辅助线交点

指定等轴测圆的半径或 [直径(D)]：　　　　　　　　//20 Enter，绘制结果如图16-11所示

图16-9　绘制辅助线

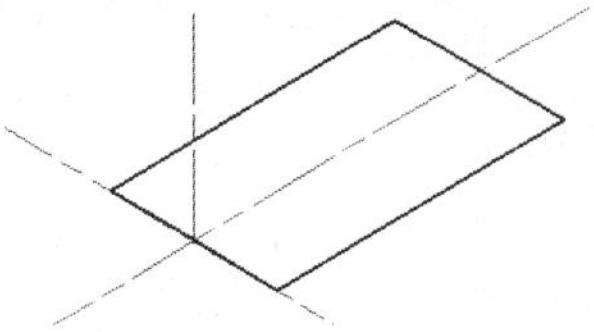

图16-10　绘制底面轮廓

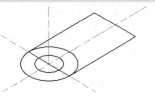
图16-11　绘制轴测圆

09 选择【修改】|【修剪】菜单命令，对外侧的轴测圆进行修剪，并删除不需要的轮廓线，结果如图16-12所示。

10 使用快捷键"CO"激活【复制】命令，选择底面轮廓图进行复制。命令行操作如下：

命令：co　　　　　　　　　　　　　　　　　　　　//Enter

COPY选择对象：　　　　　　　　　　　　　　　　//选择如图16-12所示的底面轮廓线

选择对象：　　　　　　　　　　　　　　　　　　　//Enter

当前设置：复制模式 = 多个

指定基点或 [位移(D)/模式(O)]〈位移〉：　　　　　//捕捉任一点

指定第二个点或 [阵列(A)]〈使用第一个点作为位移〉://@10<90 Enter

指定第二个点或 [阵列(A)/退出(E)/放弃(U)]〈退出〉：

　　　　　　　　　　　　　　　　　　　　　　　//Enter，复制结果如图16-13所示

11 按F5功能键，将当前的轴测平面切换到左等轴测平面。

12 选择【绘图】|【直线】菜单命令，以轮廓线交点O作为起点，绘制左等轴测平面内的轮廓。命令行操作如下：

命令：_line

指定第一点：　　　　　　　　　　　　　　　　　//捕捉如图16-13所示的交点O

指定下一点或 [放弃(U)]：　　　　　　　　　　　//@25<90 Enter

指定下一点或 [放弃(U)]：　　　　　　　　　　　//@40<150 Enter

指定下一点或 [闭合(C)/放弃(U)]：　　　　　　　//@25<-90 Enter

指定下一点或 [闭合(C)/放弃(U)]：　　　　　　　//Enter，绘制结果如图16-14所示

图16-12　修剪结果

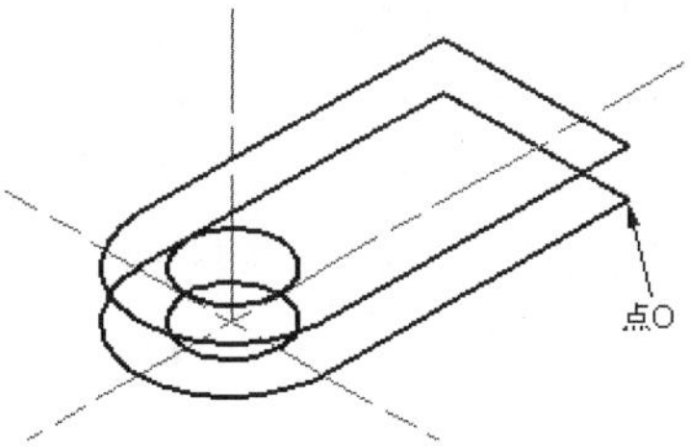

图16-13　复制结果

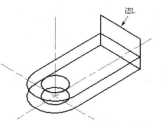
图16-14　绘制左轴承轮廓

13 选择【绘图】|【椭圆】菜单命令，绘制两个半径分别为10和20的等轴测圆。命令行操作如下：

命令: _ellipse

指定椭圆轴的端点或 [圆弧(A)/中心点(C)/等轴测圆(I)]://i Enter

指定等轴测圆的圆心: //捕捉如图16-14所示轮廓线L的中点

指定等轴测圆的半径或 [直径(D)]: //10 Enter

命令: _ellipse //Enter，重复执行命令

指定椭圆轴的端点或 [圆弧(A)/中心点(C)/等轴测圆(I)]://i Enter

指定等轴测圆的圆心: //捕捉刚绘制的轴测圆圆心

指定等轴测圆的半径或 [直径(D)]: //20 Enter，绘制结果如图16-15所示

14 执行【修剪】和【删除】命令，将左等轴测面上的轮廓图进行修剪，结果如图16-16所示。

15 使用快捷键"CO"激活【复制】命令，选择编辑后的左等轴测轮廓线进行复制。命令行操作如下：

命令: co //Enter

COPY选择对象: //选择如图16-16所示的左轴测面轮廓线

选择对象: //Enter

当前设置: 复制模式 = 多个

指定基点或 [位移(D)/模式(O)]<位移>: //捕捉任一点

指定第二个点或 [阵列(A)]<使用第一个点作为位移>://@10<-150 Enter

指定第二个点或 [阵列(A)/退出(E)/放弃(U)]<退出>: //Enter，复制结果如图16-17所示

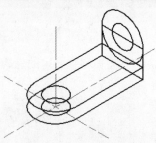
图16-15 绘制等轴测圆

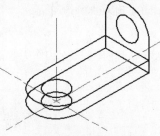
图16-16 编辑结果

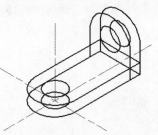
图16-17 复制结果

16 使用快捷键"L"激活【直线】命令，配合【切点捕捉】功能绘制轴测圆的公切线，并对绘制出交接处的轮廓线，结果如图16-18所示。

17 综合使用【修剪】和【删除】命令，对轮廓图进行编辑，去掉多余轮廓线，结果如图16-19所示。

18 最后执行【保存】命令，将图形命名存储为"实例208.dwg"。

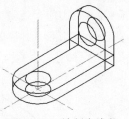
图16-18 绘制直线段

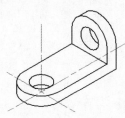
图16-19 完善轴测图

实例209 绘制简单零件的轴测投影图

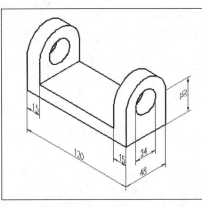

本实例主要学习简单零件轴测投影图的具体绘制过程和相关的操作技巧。

🗂 最终文件	效果文件\第16章\实例209.dwg
💿 素材文件	样板文件\机械样板.dwt
💿 视频文件	视频文件\第16章\实例209.avi
🎬 播放时长	00:04:47
🛡 技能点拨	直线、修剪、正交、椭圆、复制

01 执行【新建】命令，调用随书光盘中的"样板文件\机械样板.dwt"文件。

02 设置等轴测捕捉绘图环境。

03 启用【对象捕捉】功能，并设置对象捕捉模式为【端点捕捉】、【中点捕捉】和【圆心捕捉】。

04 按F8功能键，打开【正交】功能。

05 按F5功能键，将当前等轴测平面切换为【等轴测平面 上】。

06 选择【绘图】|【多段线】菜单命令，配合【正交】功能，在上等轴测面内绘制闭合的底面轮廓线。命令行操作如下：

```
命令: _pline
指定起点:                                    //在绘图区指定一点作为起点
当前线宽为 0.0
指定下一个点或 [圆弧(A)/半宽(H)/长度(L)/放弃(U)/宽度(W)]:
                                             //拉出如图16-20所示的矢量，
                                               输入120 Enter
指定下一点或 [圆弧(A)/闭合(C)/半宽(H)/长度(L)/放弃(U)/宽度(W)]:
                                             //拉出如图16-21所示的矢
                                               量，输入48 Enter
指定下一点或 [圆弧(A)/闭合(C)/半宽(H)/长度(L)/放弃(U)/宽度(W)]:
                                             //拉出如图16-22所示的矢量，
                                               输入120 Enter
指定下一点或 [圆弧(A)/闭合(C)/半宽(H)/长度(L)/放弃(U)/宽度(W)]:
                                             //c Enter，闭合图形，绘制结
                                               果如图16-23所示
```

图16-20 引出方向矢量　图16-21 向右引出方向矢量　图16-22 拉出方向矢量　　　图16-23 绘制结果

07 按F5功能键，将当前轴测面切换为【等轴测平面 右】。

08 选择【绘图】|【直线】菜单命令，配合【端点捕捉】功能，绘制图形的右轴测轮廓线。命令行操作如下：

命令: _line

指定第一点:　　　　　　　　　　//捕捉如图16-23所示的端点W

指定下一点或 [放弃(U)]:　　　　//引出如图16-24所示的矢量，输入35 Enter

指定下一点或 [放弃(U)]:　　　　//引出如图16-25所示的矢量，输入48 Enter

指定下一点或 [闭合(C)/放弃(U)]:　　//捕捉如图16-26所示的端点

指定下一点或 [闭合(C)/放弃(U)]:　　//Enter，结束命令

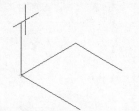　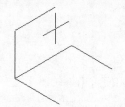　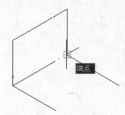

图16-24 向上引出方向矢量　　　　图16-25 向右引出方向矢量　　　图16-26 捕捉端点

09 单击【绘图】工具栏上的⬭按钮，激活【椭圆】命令，在轴测图模式下绘制等轴测圆。命令行操作如下：

命令: _ellipse

指定椭圆轴的端点或[圆弧(A)/中心点(C)/等轴测圆(I)]://i Enter

指定等轴测圆的圆心:　　　　　　　　　　　//捕捉如图16-27所示中点

指定等轴测圆的半径或 [直径(D)]:　　　　　//d Enter

指定等轴测圆的直径:　　　　　　　　　　　//48 Enter

命令: _ellipse　　　　　　　　　　　　　　//Enter，重复执行命令

指定椭圆轴的端点或[圆弧(A)/中心点(C)/等轴测圆(I)]://i Enter

指定等轴测圆的圆心:　　　　　　　　　　　//捕捉如图16-27所示的中点

指定等轴测圆的半径或 [直径(D)]:　　　　　//12 Enter，绘制结果如图16-28所示

10 选择【修改】|【修剪】菜单命令，对外侧的轴测圆进行修剪。命令行操作如下：

命令: _trim

当前设置:投影=UCS，边=无

选择剪切边...

选择对象或 <全部选择>:　　　　　　　　//选择左侧的垂直轮廓线

选择对象:　　　　　　　　　　　　　　//选择右侧的垂直轮廓线

选择对象:　　　　　　　　　　　　　　//Enter，结束选择

选择要修剪的对象，或按住 Shift 键选择要延伸的对象，或[栏选(F)/窗交(C)/投影(P)/边(E)/
删除(R)/放弃(U)]:　　　　　　　　//在外侧轴测圆的下侧单击

选择要修剪的对象，或按住 Shift 键选择要延伸的对象，或[栏选(F)/窗交(C)/投影(P)/边(E)/
删除(R)/放弃(U)]:　　　　　　　　//Enter，修剪结果如图16-29所示

图16-27　捕捉中点　　　　　图16-28　绘制圆的投影　　　　　图16-29　修剪结果

11 将通过轴测圆圆心的水平轮廓线进行删除，结果如图16-30所示。

12 选择【修改】|【复制】菜单命令，选择如图16-31所示的图形进行复制。命令行操作如下:

命令: _copy

选择对象:　　　　　　　　　　　　　//选择如图16-31所示的对象

选择对象:　　　　　　　　　　　　　//Enter，结束选择

当前设置: 复制模式 = 多个

指定基点或 [位移(D)] <位移>:　　　　//捕捉轴测圆的圆心

指定第二个点或 [阵列(A)] <使用第一个点作为位移>://@15<-30 Enter

指定第二个点或 [阵列(A)/退出(E)/放弃(U)] <退出>: //@105<-30 Enter

指定第二个点或 [阵列(A)/退出(E)/放弃(U)] <退出>: //@120<-30 Enter

指定第二个点或 [阵列(A)/退出(E)/放弃(U)] <退出>: //Enter，结果如图16-32所示

　　　　　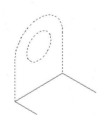　　　　　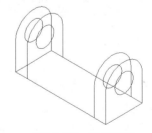

图16-30　删除结果　　　　　图16-31　选择对象　　　　　图16-32　复制结果

13 重复执行【复制】命令，将底面的闭合轮廓线向上复制13个绘图单位。命令行操作如下:

命令: _copy

选择对象:　　　　　　　　　　　　　//选择如图16-33所示的对象

选择对象:　　　　　　　　　　　　　//Enter，结束选择

当前设置：复制模式 = 多个
指定基点或 [位移(D)/模式(O)] <位移>：   //拾取任一点
指定第二个点或[阵列(A)] <使用第一个点作为位移>：//@13<90 Enter
指定第二个点或[阵列(A)/退出(E)/放弃(U)] <退出>： //Enter，复制结果如图16-34所示

14 综合使用【修剪】和【删除】命令，删除被视线遮挡住的轮廓线，结果如图16-35所示。

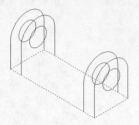
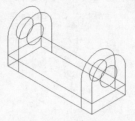
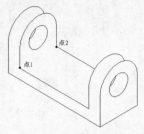

图16-33 选择对象   图16-34 复制结果   图16-35 修饰轴测图

15 使用快捷键"L"激活【直线】命令，分别连接点1和点2，绘制出如图16-36所示的轮廓线。

16 修改当前捕捉模式为【切点捕捉】，然后选择【绘图】|【直线】菜单命令，绘制椭圆弧的切线。命令行操作如下：

命令：_line
指定第一点：   //捕捉如图16-37所示的切点
指定下一点或 [放弃(U)]：   //捕捉如图16-38所示的切点
指定下一点或 [放弃(U)]：   //Enter，绘制结果如图16-39所示

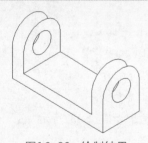

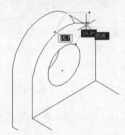

图16-36 绘制结果   图16-37 定位起点   图16-38 定位终点

17 重复上一操作，使用【直线】命令，并配合【切点捕捉】功能，绘制另一端切线，如图16-40所示。

18 选择【修改】|【修剪】菜单命令，以两条切线作为剪切边界，将位于切线内部的多余弧线段修剪掉，最终结果如图16-41所示。

19 最后执行【保存】命令，将图形命名存储为"实例209.dwg"。

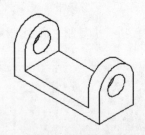

图16-39 绘制结果   图16-40 绘制切线   图16-41 最终结果

实例210　根据零件二视图绘制轴测图

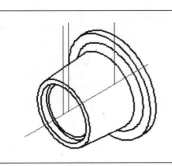

本实例主要根据零件的二视图学习零件正等轴测图的具体绘制过程和相关的操作技巧。

📁 最终文件	效果文件\第16章\实例210.dwg
🔵 素材文件	素材文件\16-210.dwg
🔘 视频文件	视频文件\第16章\实例210.avi
📀 播放时长	00:05:15
🛡 技能点拨	直线、修剪、正交、椭圆、复制

01 打开随书光盘中的"素材文件\16-210.dwg"文件，打开结果如图16-42所示。

02 执行【草图设置】命令，设置等轴测图捕捉类型，如图16-43所示。

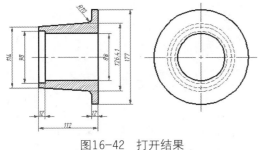

图16-42　打开结果

图16-43　设置捕捉类型

03 展开【对象捕捉】选项卡，设置捕捉模式，如图16-44所示。

04 设置"中心线"为当前图层，然后在下等轴测平面内绘制如图16-45所示的定位辅助线。

05 选择【绘图】|【直线】菜单命令，在左轴测平面内绘制如图16-46所示的垂直辅助线。

图16-44　设置捕捉模式　　　　图16-45　绘制结果　　　　图16-46　绘制结果

06 选择【修改】|【复制】菜单命令，对垂直轮廓线进行复制。命令行操作如下：

```
命令：_copy
选择对象：                              //选择垂直辅助线
```

选择对象: //Enter，结束选择

当前设置：复制模式 = 多个

指定基点或[位移(D)/模式(O)]<位移>:   //捕捉线的端点

指定第二个点或[阵列(A)]<使用第一个点作为位移>://@12<30 Enter

指定第二个点或[阵列(A)/退出(E)/放弃(U)]<退出>: //@112<30 Enter

指定第二个点或[阵列(A)/退出(E)/放弃(U)]<退出>: //Enter，复制结果如图16-47所示

07 将"轮廓线"设置为当前图层。然后选择【绘图】|【椭圆】菜单命令，配合【交点捕捉】和【圆心捕捉】功能绘制同心等轴测圆。命令行操作如下：

命令：_ellipse

指定椭圆轴的端点或[圆弧(A)/中心点(C)/等轴测圆(I)]://i Enter

指定等轴测圆的圆心：   //捕捉如图16-48所示的交点

指定等轴测圆的半径或[直径(D)]:   //d Enter

指定等轴测圆的直径：   //114 Enter

命令：_ellipse   // Enter，重复命令

指定椭圆轴的端点或[圆弧(A)/中心点(C)/等轴测圆(I)]://i Enter

指定等轴测圆的圆心：   //捕捉圆心

指定等轴测圆的半径或[直径(D)]:   //d Enter

指定等轴测圆的直径：   //98 Enter，结果如图16-49所示

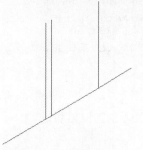
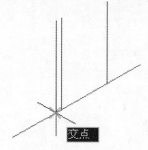
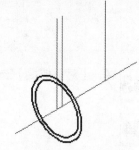

图16-47 复制结果   图16-48 捕捉交点   图16-49 绘制结果

08 重复【椭圆】命令，配合【交点捕捉】功能继续绘制等轴测圆。命令行操作如下：

命令：_ellipse

指定椭圆轴的端点或[圆弧(A)/中心点(C)/等轴测圆(I)]://i Enter

指定等轴测圆的圆心：   //捕捉如图16-50所示的交点

指定等轴测圆的半径或[直径(D)]:   //d Enter

指定等轴测圆的直径：   //98 Enter

命令：_ellipse   //Enter，重复命令

指定椭圆轴的端点或[圆弧(A)/中心点(C)/等轴测圆(I)]://i Enter

指定等轴测圆的圆心：   //捕捉圆心

指定等轴测圆的半径或[直径(D)]:   //d Enter

指定等轴测圆的直径：   //88 Enter，结果如图16-51所示

09 选择【修改】|【修剪】菜单命令，对两个轴测圆进行修剪，修剪结果如图16-52所示。

图16-50 捕捉交点

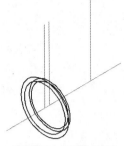

图16-51 绘制结果

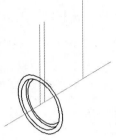

图16-52 修剪结果

10 重复执行【椭圆】命令，配合【交点捕捉】功能，绘制直径为177的等轴测圆。命令行操作如下：

命令：_ellipse
指定椭圆轴的端点或[圆弧(A)/中心点(C)/等轴测圆(I)]://i Enter
指定等轴测圆的圆心：   //捕捉如图16-53所示的交点
指定等轴测圆的半径或 [直径(D)]:   //d Enter
指定等轴测圆的直径：   //117 Enter，结果如图16-54所示

11 选择【修改】|【复制】菜单命令，对刚绘制的椭圆进行复制。命令行操作如下：

命令：_copy
选择对象：   //选择刚绘制的椭圆
选择对象：   //Enter，结束选择
当前设置：复制模式 = 多个
指定基点或 [位移(D)/模式(O)] <位移>:   //捕捉轴测圆的圆心
指定第二个点或[阵列(A)]<使用第一个点作为位移>://@12<-150 Enter
指定第二个点或[阵列(A)/退出(E)/放弃(U)] <退出>:   //Enter，复制结果如图16-55所示

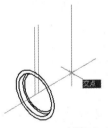

图16-53 捕捉交点

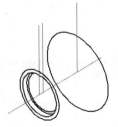

图16-54 绘制结果

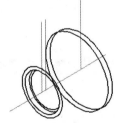

图16-55 复制结果

12 使用快捷键"EL"激活【椭圆】命令，以刚复制出的轴测圆圆心作为圆心，绘制同心轴测圆。命令行操作如下：

命令：_ellipse
指定椭圆轴的端点或[圆弧(A)/中心点(C)/等轴测圆(I)]://i Enter
指定等轴测圆的圆心：   //捕捉复制出的轴测圆圆心

指定等轴测圆的半径或 [直径(D)]:	//d Enter
指定等轴测圆的直径:	//146.4 Enter
命令: _ellipse	//Enter，重复命令
指定椭圆轴的端点或[圆弧(A)/中心点(C)/等轴测圆(I)]:	//i Enter
指定等轴测圆的圆心:	//捕捉刚绘制的轴测圆圆心
指定等轴测圆的半径或 [直径(D)]:	//d Enter
指定等轴测圆的直径:	//126.4 Enter，结果如图16-56所示

13 选择【修改】|【移动】菜单命令，对直径为126.4的轴测圆进行位移。命令行操作如下：

命令: _move	
选择对象:	//选择直径为126.4的轴测圆
选择对象:	//Enter，结束选择
指定基点或 [位移(D)] <位移>:	//捕捉轴测圆的圆心
指定第二个点或 <使用第一个点作为位移>:	//@10<-150 Enter，如图16-57所示

14 修改捕捉模式为【切点捕捉】，然后配合【切点捕捉】功能绘制如图16-58所示的4条公切线。

15 关闭"中心线"图层，然后使用【修剪】命令，以4条公切线作为边界，对轴测圆进行修剪，结果如图16-59所示。

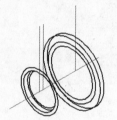
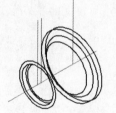
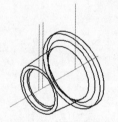
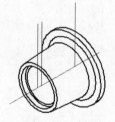

图16-56　绘制同心轴测圆　　　图16-57　位移结果　　　图16-58　绘制公切线　　图16-59　修剪结果

16 最后执行【另存为】命令，将图形另名存储为"实例210.dwg"。

实例211　根据二视图绘制轴测剖视图

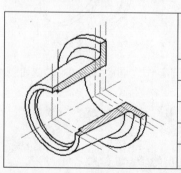

本实例主要学习零件正等轴测剖视图的具体绘制过程和相关的操作技巧。

📁 最终文件	效果文件\第16章\实例211.dwg
🎯 素材文件	素材文件\16-211.dwg
🎬 视频文件	视频文件\第16章\实例211.avi
⏱ 播放时长	00:05:57
🛡 技能点拨	多段线、修剪、正交、图案填充

01 打开随书光盘中的"素材文件\16-211.dwg"文件。

02 将当前轴测面切换为【等轴测平面 俯视】，然后执行【直线】命令，配合【正交】功能，绘制如图16-60所示的3条辅助线。

03 单击【修改】工具栏上的 按钮，激活【复制】命令，对辅助线进行复制。命令行操作如下：

命令：_copy
选择对象：　　　　　　　　　　　　　　　//选择如图16-61所示的两条辅助线
选择对象：　　　　　　　　　　　　　　　//Enter，结束选择
当前设置：复制模式 = 多个
指定基点或 [位移(D)/模式(O)] <位移>：　　//捕捉如图16-61所示的端点
指定第二个点或[阵列(A)]<使用第一个点作为位移>：//@12<-150 Enter
指定第二个点或[阵列(A)/退出(E)/放弃(U)] <退出>：　//Enter，复制结果如图16-62所示

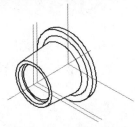 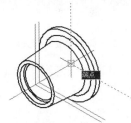 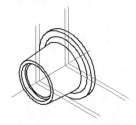

　　图16-60 绘制结果　　　　　图16-61 选择对象　　　　　图16-62 复制结果

04 将"轮廓线"层设置为当前层，并将当前颜色设置为"洋红"。

05 将当前轴测面切换为【等轴测平面 右视】，然后执行【多段线】命令，绘制上侧的剖切面轮廓线。命令行操作如下：

命令：_pline
指定起点：　　　　　　　　　　　　　　　　　//捕捉如图16-63所示的端点
指定下一个点或[圆弧(A)/半宽(H)/长度(L)/放弃(U)/宽度(W)]：　　//捕捉如图16-64所示的交点
指定下一点或[圆弧(A)/闭合(C)/半宽(H)/长度(L)/放弃(U)/宽度(W)]：//捕捉如图16-65所示的交点
指定下一点或[圆弧(A)/闭合(C)/半宽(H)/长度(L)/放弃(U)/宽度(W)]：
　　　　　　　　　　　　　　　　　　　//捕捉如图16-66所示的交点
指定下一点或[圆弧(A)/闭合(C)/半宽(H)/长度(L)/放弃(U)/宽度(W)]：
　　　　　　　　　　　　　　　　　　　//Enter，绘制结果如图16-67所示

 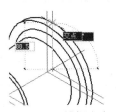  

图16-63 捕捉端点　　图16-64 捕捉交点1　　图16-65 捕捉交点2　　图16-66 捕捉交点3

06 单击【修改】工具栏上的 按钮，激活【复制】命令，对辅助线进行复制。命令行操作如下：

命令：_copy

选择对象：　　　　　　　　　　　　　　　//选择如图16-68所示的两条辅助线

选择对象：　　　　　　　　　　　　　　　//Enter，结束选择

当前设置：复制模式 = 多个

指定基点或[位移(D)/模式(O)]<位移>：　　　//捕捉两条辅助线的交点

指定第二个点或[阵列(A)]<使用第一个点作为位移>：//@10<-150 Enter

定第二个点或[阵列(A)/退出(E)/放弃(U)]<退出>：　// Enter，复制结果如图16-69所示

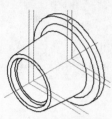
图16-67　绘制结果

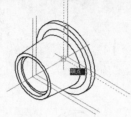
图16-68　捕捉两条辅助线

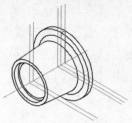
图16-69　复制结果

07 单击【绘图】工具栏上的 按钮，配合【正交】功能，绘制上侧的剖切面轮廓线。命令行操作如下：

命令：_pline

指定起点：　　　　　　　　　　　　　　　　　　　　//捕捉如图16-70所示的交点

指定下一个点或[圆弧(A)/半宽(H)/长度(L)/放弃(U)/宽度(W)]：　//捕捉如图16-71所示的交点

指定下一点或[圆弧(A)/闭合(C)/半宽(H)/长度(L)/放弃(U)/宽度(W)]://捕捉如图16-72所示的交点

指定下一点或[圆弧(A)/闭合(C)/半宽(H)/长度(L)/放弃(U)/宽度(W)]://@12<30 Ente

指定下一点或[圆弧(A)/闭合(C)/半宽(H)/长度(L)/放弃(U)/宽度(W)]://@5<-90 Enter

指定下一点或[圆弧(A)/闭合(C)/半宽(H)/长度(L)/放弃(U)/宽度(W)]：

　　　　　　　　　　　　　　　　//拉出如图16-73所示的方向矢量，拾取一点

指定下一点或[圆弧(A)/闭合(C)/半宽(H)/长度(L)/放弃(U)/宽度(W)]：

　　　　　　　　　　　　　　　　//Enter，绘制结果如图16-74所示

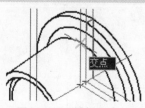
图16-70　捕捉交点1

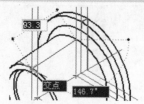
图16-71　捕捉交点2

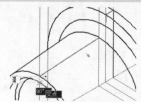
图16-72　捕捉交点3

08 单击【修改】工具栏上的 按钮，对两条剖切面轮廓线进行修剪，结果如图16-75所示。

09 单击【修改】工具栏上的 按钮，激活【圆角】命令，对两条剖切面轮廓线进行圆角。命令行操作如下：

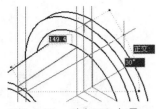

图16-73 引出30°矢量　　　图16-74 绘制结果　　　图16-75 修剪结果

命令: _fillet

当前设置: 模式=修剪, 半径=0.0

选择第一个对象或[放弃(U)/多段线(P)/半径(R)/修剪(T)/多个(M)]://r Enter

指定圆角半径<0.0>:　　　　　　　　//10 Enter

选择第一个对象或[放弃(U)/多段线(P)/半径(R)/修剪(T)/多个(M)]:

　　　　　　　　　　　　//单击如图16-76所示的多段线

选择第二个对象, 或按住Shift键选择要应用角点的对象:

　　　　　　　　　　　　//单击如图16-77所示的多段线, 结果如图16-78所示

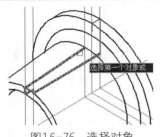

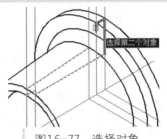

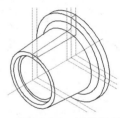

图16-76 选择对象　　　　　图16-77 选择对象　　　　　图16-78 圆角结果

10 单击【修改】工具栏上的 ↔ 按钮, 激活【合并】命令, 对轴测圆弧进行合并。命令行操作
如下:

命令: _join

选择源对象或要一次合并的多个对象:　　//选择如图16-79所示的圆弧

选择椭圆弧, 以合并到源或进行[闭合(L)]:　//l Enter, 合并结果如图16-80所示

已成功地闭合椭圆。

11 单击【修改】工具栏上的 按钮, 将合并后的轴测圆进行复制。命令行操作如下:

命令: _copy

选择对象:　　　　　　　　　　　　　　　//选择刚合并后的轴测圆

选择对象:　　　　　　　　　　　　　　　//Enter, 结束选择

当前设置: 复制模式 = 多个

指定基点或 [位移(D)/模式(O)] <位移>:　　//捕捉如图16-81所示的端点

指定第二个点或[阵列(A)]<使用第一个点作为位移>://捕捉如图16-82所示的端点

指定第二个点或[阵列(A)/退出(E)/放弃(U)] <退出>:　//Enter, 结束命令

12 将轴测平面切换为【等轴测平面 俯视】, 然后执行【多段线】命令, 配合【正交】功能绘制
下侧的剖切面轮廓线。命令行操作如下:

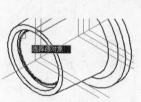

图16-79 选择对象

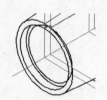

图16-80 合并结果

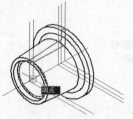

图16-81 定位基点

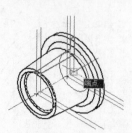

图16-82 定位目标点

命令: _pline

指定起点: //捕捉如图16-83所示的交点

指定下一个点或[圆弧(A)/半宽(H)/长度(L)/放弃(U)/宽度(W)]:

//拉出如图16-84所示的方向矢量，输入100 Enter

指定下一点或[圆弧(A)/闭合(C)/半宽(H)/长度(L)/放弃(U)/宽度(W)]:

//拉出如图16-85所示的方向矢量，输入5 Enter

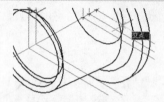

图16-83 定位起点

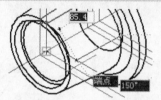

图16-84 引出-150° 矢量

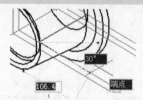

图16-85 引出-30° 矢量

指定下一点或[圆弧(A)/闭合(C)/半宽(H)/长度(L)/放弃(U)/宽度(W)]:

//拉出如图16-86所示的方向矢量，输入12 Enter

指定下一点或[圆弧(A)/闭合(C)/半宽(H)/长度(L)/放弃(U)/宽度(W)]:

//拉出如图16-87所示的方向矢量，输入8 Enter

指定下一点或[圆弧(A)/闭合(C)/半宽(H)/长度(L)/放弃(U)/宽度(W)]:

//捕捉如图16-88所示的交点

指定下一点或[圆弧(A)/闭合(C)/半宽(H)/长度(L)/放弃(U)/宽度(W)]:

//Enter，绘制结果如图16-89所示

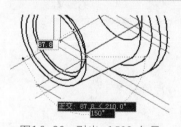

图16-86 引出-150° 矢量

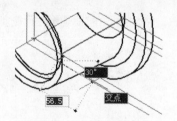

图16-87 引出-30° 矢量

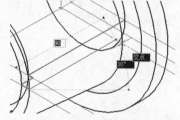

图16-88 捕捉交点

13 重复执行【多段线】命令，配合【对象捕捉】功能继续补画剖切面轮廓线。命令行操作如下：

命令: _pline

指定起点: //捕捉如图16-90所示的端点

指定下一个点或[圆弧(A)/半宽(H)/长度(L)/放弃(U)/宽度(W)]: //捕捉如图16-91所示的交点

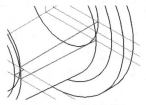
图16-89 绘制结果

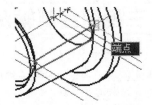
图16-90 定位起点

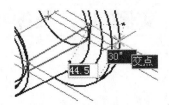
图16-91 捕捉交点

指定下一个点或[圆弧(A)/半宽(H)/长度(L)/放弃(U)/宽度(W)]: //捕捉如图16-92所示的交点
指定下一个点或[圆弧(A)/半宽(H)/长度(L)/放弃(U)/宽度(W)]: //捕捉如图16-93所示的交点
指定下一点或[圆弧(A)/闭合(C)/半宽(H)/长度(L)/放弃(U)/宽度(W)]:
//Enter,绘制结果如图16-94所示

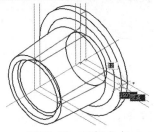
图16-92 捕捉交点

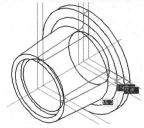
图16-93 捕捉交点

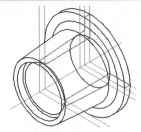
图16-94 绘制结果

14 关闭"中心线"图层,效果如图16-95所示。

15 单击【修改】工具栏上的 ⬜ 按钮,对下侧的两条剖切面轮廓线进行圆角,圆角半径为10,圆角结果如图16-96所示。

16 使用快捷键"TR"激活【修剪】命令,以剖切面轮廓线作为边界,对轴测图进行修剪,并删除残余图线,结果如图16-97所示。

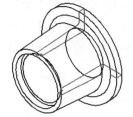
图16-95 关闭图层后的显示

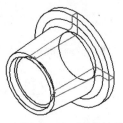
图16-96 圆角结果

图16-97 操作结果

17 将剖切线的颜色设置为随层,然后执行【图案填充】命令,在"剖面线"图层内填充剖面线,填充图案及参数设置如图16-98所示,填充结果如图16-99所示。

18 重复执行【图案填充】命令,修改填充比例为0,为另一侧的剖切面进行填充,结果如图16-100所示。

19 最后执行【另存为】命令,将图形另名存储为"实例211.dwg"。

图16-98 设置填充参数

图16-99 填充结果

图16-100 填充结果

实例212　根据零件三视图绘制轴测图

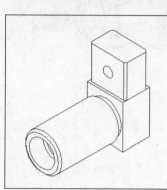

　　本实例主要根据零件的三视图学习零件正等轴测图的具体绘制过程和相关的操作技巧。

📁 最终文件	效果文件\第16章\实例212.dwg
🔵 素材文件	素材文件\16-212.dwg
🎬 视频文件	视频文件\第16章\实例212.avi
🎞 播放时长	00:09:43
🛡 技能点拨	直线、修剪、正交、椭圆、复制

01 打开随书光盘中的"素材文件\16-212.dwg"文件，如图16-101所示。

02 设置等轴测捕捉绘图环境，并打开【正交】功能。

03 将等轴测平面切换为【等轴测平面 右视】，然后执行【直线】命令，配合【正交】功能绘制右轴测面的投影图。命令行操作如下：

```
命令: _line
指定第一点:                      //在绘图区拾取一点
指定下一点或 [放弃(U)]:          //向右上方引导光标，输入30 Enter
指定下一点或 [放弃(U)]:          //向上方引导光标，输入47 Enter
指定下一点或 [闭合(C)/放弃(U)]:  //向左引导光标，输入30 Enter
指定下一点或 [闭合(C)/放弃(U)]:  //c Enter，绘制结果如图16-102所示
```

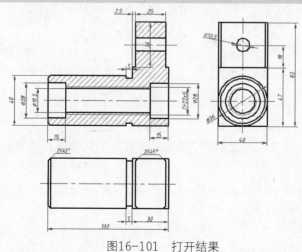

　　　　　图16-101　打开结果　　　　　　　　　　　　图16-102　绘制结果

04 选择【修改】|【复制】菜单命令，将绘制的轴测轮廓线进行复制。命令行操作如下：

```
命令: _copy
选择对象:                        //选择刚绘制的轴测线
```

选择对象：	//Enter
当前设置：复制模式 = 多个	
指定基点或 [位移(D)/模式(O)] <位移>：	//拾取任一点
指定第二个点或[阵列(A)] <使用第一个点作为位移>：	//@40<150 Enter
指定第二个点或[阵列(A)/退出(E)/放弃(U)] <退出>：	
	//Enter，结束命令，复制结果如图16-103所示

05 使用快捷键"L"激活【直线】命令，配合【端点捕捉】功能绘制如图16-104所示的轮廓线。

06 重复执行【直线】命令，配合【中点捕捉】功能绘制上轴测面的两条中心，如图16-105所示。

07 选择【修改】|【复制】菜单命令，将刚绘制的两条中线进行复制。命令行操作如下：

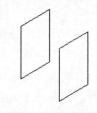

图16-103　复制结果

命令：_copy	
选择对象：	//选择中线1
选择对象：	//Enter
指定基点或 [位移(D)/模式(O)] <位移>：	//捕捉中线一侧端点
指定第二个点或[阵列(A)] <使用第一个点作为位移>：	//@12.5<30 Enter
指定第二个点或[阵列(A)/退出(E)/放弃(U)] <退出>：	//@10.5<30 Enter
指定第二个点或 [阵列(A)/退出(E)/放弃(U)] <退出>：	//@10.5<210 Enter
指定第二个点或 [阵列(A)/退出(E)/放弃(U)] <退出>：	//@12.5<210 Enter
指定第二个点或 [阵列(A)/退出(E)/放弃(U)] <退出>：	//Enter
命令：	//Enter
COPY选择对象：	//选择中线2
选择对象：	//Enter
当前设置：复制模式 = 多个	
指定基点或 [位移(D)/模式(O)] <位移>：	//捕捉中线一侧端点
指定第二个点或[阵列(A)] <使用第一个点作为位移>：	//@18<-30 Enter
指定第二个点或[阵列(A)/退出(E)/放弃(U)] <退出>：	//@18<150 Enter
指定第二个点或[阵列(A)/退出(E)/放弃(U)] <退出>：	//Enter，复制结果如图16-106所示

08 使用快捷键"L"激活【直线】命令，配合【交点捕捉】和【端点捕捉】功能绘制如图16-107所示的4条倒角线。

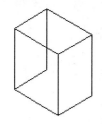 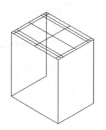 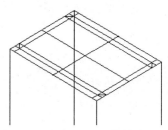

图16-104　绘制结果　　图16-105　绘制中线　　图16-106　复制结果　　图16-107　绘制结果

09 使用快捷键"TR"激活【修剪】命令，对轴测轮廓线进行编辑，并删除残余图线，结果如图16-108所示。

10 选择【修改】|【复制】菜单命令，对顶轴测轮廓线进行复制。命令行操作如下：

```
命令: _copy
选择对象:                                //选择如图16-109所示的图线
选择对象:                                //Enter
当前设置: 复制模式 = 多个
指定基点或 [位移(D)/模式(O)] <位移>:       //拾取任一点
指定第二个点或[阵列(A)] <使用第一个点作为位移>: //@36<90 Enter
指定第二个点或[阵列(A)/退出(E)/放弃(U)] <退出>: //Enter, 复制结果如图16-110所示
```

11 使用快捷键"L"激活【直线】命令，配合【端点捕捉】功能绘制如图16-111所示的垂直轴测线。

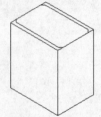
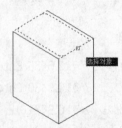
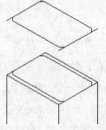
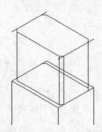

图16-108　编辑结果　　　图16-109　选择结果　　　图16-110　复制结果　　　图16-111　绘制结果

12 使用快捷键"TR"激活【修剪】命令，对轴测线进行编辑，结果如图16-112所示。

13 将当前等轴测面切换为左视，然后单击【绘图】工具栏上的⬭按钮，在左轴测面内绘制轴测圆。命令行操作如下：

```
命令: _ellipse
指定椭圆轴的端点或[圆弧(A)/中心点(C)/等轴测圆(I)]://i Enter
指定等轴测圆的圆心:                        //捕捉如图16-113所示的追踪虚线的交点
指定等轴测圆的半径或[直径(D)]:             //d Enter
指定等轴测圆的直径:                        //10.5 Enter, 绘制结果如图16-114所示
```

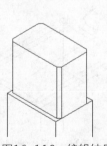
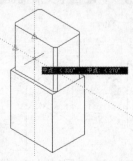
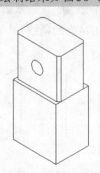

图16-112　编辑结果　　　　　图16-113　定位圆心　　　　　图16-114　绘制结果

14 单击【绘图】工具栏上的⬭按钮，配合【中点捕捉】和【对象追踪】功能，在左轴测面内绘制直径为36的等轴测圆。命令行操作如下：

命令：_ellipse
指定椭圆轴的端点或[圆弧(A)/中心点(C)/等轴测圆(I)]://i Enter
指定等轴测圆的圆心：　　　　　　　　　　　//捕捉如图16-115所示的追踪虚线的交点
指定等轴测圆的半径或 [直径(D)]：　　　　　//18 Enter，绘制结果如图16-116所示

15 单击【绘图】工具栏上的⬭按钮，配合【圆心捕捉】和【捕捉自】功能，在左轴测面内绘制直径为40的等轴测圆。命令行操作如下：

命令：_ellipse
指定椭圆轴的端点或[圆弧(A)/中心点(C)/等轴测圆(I)]://i Enter
指定等轴测圆的圆心：　　　　　　　　　　　//激活【捕捉自】功能
_from 基点：　　　　　　　　　　　　　　　//捕捉刚绘制的轴测圆的圆心
<偏移>：　　　　　　　　　　　　　　　　　//@5<210 Enter
指定等轴测圆的半径或 [直径(D)]：　　　　　//20 Enter，绘制结果如图16-117所示

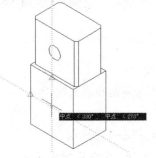
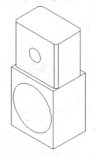
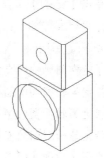

　　　图16-115　定位圆心　　　　　　　　图16-116　绘制结果　　　　　　　图16-117　绘制结果

16 选择【修改】|【复制】菜单命令，对刚绘制的轴测圆进行复制。命令行操作如下：

命令：_copy
选择对象：　　　　　　　　　　　　　　　　//选择刚绘制的半径为20的轴测圆
选择对象：　　　　　　　　　　　　　　　　//Enter
当前设置：复制模式 = 多个
指定基点或 [位移(D)/模式(O)] <位移>：　　//拾取任一点
指定第二个点或[阵列(A)] <使用第一个点作为位移>：//@63<210 Enter
指定第二个点或[阵列(A)/退出(E)/放弃(U)] <退出>：//Enter，复制结果如图16-118所示

17 选择【绘图】|【直线】菜单命令，配合【切点捕捉】功能绘制如图16-119所示的公切线。

18 选择【修改】|【修剪】菜单命令，对投影线进行修剪，结果如图16-120所示。

19 单击【绘图】工具栏上的⬭按钮，配合【捕捉自】功能在左轴测面内绘制轴测圆。命令行操作如下：

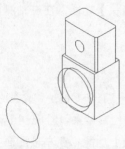

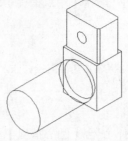

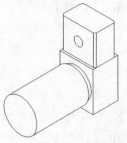

图16-118 复制结果   图16-119 绘制公切线   图16-120 修剪结果

命令: _ellipse

指定椭圆轴的端点或[圆弧(A)/中心点(C)/等轴测圆(I)]://i Enter

指定等轴测圆的圆心: //激活【捕捉自】功能

_from 基点: //捕捉最后绘制的轴测圆的圆心

<偏移>:   //@2<210 Enter

指定等轴测圆的半径或 [直径(D)]:   //18 Enter, 绘制结果如图16-121所示

20 单击【绘图】工具栏上的◎按钮,以刚绘制的轴测圆圆心作为圆心,绘制内侧的等轴测圆。命令行操作如下:

命令: _ellipse

指定椭圆轴的端点或[圆弧(A)/中心点(C)/等轴测圆(I)]://i Enter

指定等轴测圆的圆心: //捕捉刚绘制的轴测圆的圆心

指定等轴测圆的半径或 [直径(D)]:   //d Enter

指定等轴测圆的直径: //28 Enter, 绘制结果如图16-122所示

21 选择【修改】|【复制】菜单命令,将最后绘制的轴测圆进行复制。命令行操作如下:

命令: _copy

选择对象: //选择最后绘制的轴测圆

选择对象: //Enter

当前设置: 复制模式 = 多个

指定基点或 [位移(D)/模式(O)] <位移>:   //拾取任一点

指定第二个点或[阵列(A)] <使用第一个点作为位移>: //@15<30 Enter

指定第二个点或[阵列(A)/退出(E)/放弃(U)] <退出>:   //Enter, 复制结果如图16-123所示

22 单击【绘图】工具栏上的◎按钮,继续绘制内侧的等轴测圆。命令行操作如下:

命令: _ellipse

指定椭圆轴的端点或[圆弧(A)/中心点(C)/等轴测圆(I)]://i Enter

指定等轴测圆的圆心: //捕捉刚复制的轴测圆的圆心

指定等轴测圆的半径或 [直径(D)]:   //d Enter

指定等轴测圆的直径: //19.5 Enter, 绘制结果如图16-124所示

23 最后执行【另存为】命令,将图形另名存储为"实例212.dwg"。

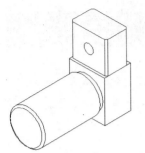
图16-121 绘制结果

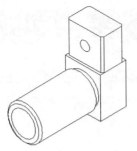
图16-122 绘制结果

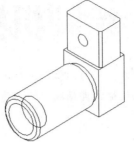
图16-123 复制结果

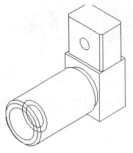
图16-124 绘制结果

实例213 根据三视图绘制轴测剖视图

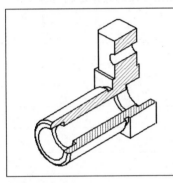

本实例主要根据零件的三视图学习零件正等轴测剖视图的具体绘制过程和相关的操作技巧。具体操作参见视频文件。	
📁 最终文件	效果文件\第16章\实例213.dwg
▶ 素材文件	素材文件\16-213.dwg
💿 视频文件	视频文件\第16章\实例213.avi
🎬 播放时长	00:08:40
❗ 技能点拨	直线、修剪、正交、椭圆、复制、合并、图案填充、多段线

01 首先调用素材文件，然后使用【合并】、【延伸】、【复制】等命令创建内部结构，如图16-125所示。

02 使用【构造线】、【复制】命令绘制如图16-126所示的辅助线。

03 使用【多段线】命令绘制如图16-127所示的切面轮廓线。

04 以两条闭合的多段线切面作为边界，对轴测图进行修剪，并删除残余图线，结果如图16-128所示。

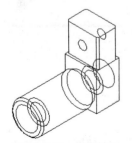
图16-125 创建结果

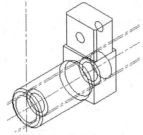
图16-126 绘制结果1

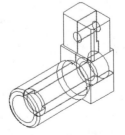
图16-127 绘制结果2

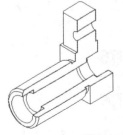
图16-128 编辑结果

05 填充剖切面图案，并将图形另名存储为"实例213.dwg"。

第17章 绘制机械零件轴测投影图

上一章学习了平行线、圆与圆弧轴测投影图的具体绘制技能，本章通过绘制端盖、阀体零件的投影图，主要学习机械零件轴测图的具体绘制过程和零件图投影尺寸的具体标注技能。

实例214 绘制端盖零件轴测定位线

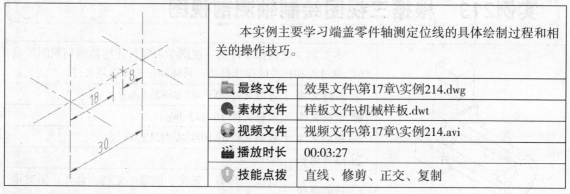

本实例主要学习端盖零件轴测定位线的具体绘制过程和相关的操作技巧。

📁 最终文件	效果文件\第17章\实例214.dwg	
🔴 素材文件	样板文件\机械样板.dwt	
🔵 视频文件	视频文件\第17章\实例214.avi	
⏱ 播放时长	00:03:27	
🔘 技能点拨	直线、修剪、正交、复制	

01 执行【新建】命令，调用随书光盘中的"样板文件\机械样板.dwt"文件。

02 展开【图层】工具栏上的【图层控制】下拉列表，将"中心线"层设置为当前图层。

03 使用快捷键"DS"激活【草图设置】命令，在弹出的【草图设置】对话框中，设置"等轴测捕捉"绘图环境，如图17-1所示。

04 在【草图设置】对话框中展开【对象捕捉】选项卡，设置对象捕捉模式，如图17-2所示。

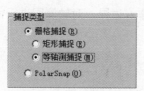

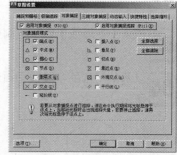

05 单击状态栏上的 b 按钮，打开【正交】功能。

图17-1 设置轴测图环境   图17-2 设置捕捉与追踪

06 按F5功能键，将等轴测平面切换为【等轴测平面 俯视】。

07 单击【绘图】工具栏上的 ╱ 按钮，配合【正交】功能绘制长度约为33的定位辅助线。命令行操作如下：

```
命令：_line
指定第一点：                        //在绘图区拾取起点
```

| 指定下一点或 [放弃(U)]: | //向右引出如图17-3所示的方向矢量，然后在适当位置拾取一点 |
| 指定下一点或 [放弃(U)]: | //Enter，结束命令，绘制结果如图17-4所示 |

08 按F10功能键，打开【极轴追踪】功能，并设置参数，如图17-5所示。

图17-3　引出方向矢量　　　　　图17-4　绘制结果　　　　　图17-5　设置追踪参数

09 重复执行【直线】命令，通过刚绘制的直线中点，配合【极轴追踪】和【对象追踪】功能绘制长度约为55的定位辅助线。命令行操作如下：

命令: _line	
指定第一点:	//通过线的中点向右上方引出如图17-6所示的方向矢量，然后在适当位置指定起点
指定下一点或 [放弃(U)]:	//引出30°的方向矢量，然后在适当位置拾取一点
指定下一点或 [放弃(U)]:	//Enter，绘制结果如图17-7所示

10 按F5功能键，将当前等轴测平面切换为【等轴测平面 右视】。

11 执行【直线】命令，配合【对象追踪】功能绘制垂直定位线。命令行操作如下：

命令: _line	
指定第一点:	//通过辅助线交点引出如图17-8所示的追踪虚线，然后在交点的下侧拾取一点作为起点
指定下一点或 [放弃(U)]:	//配合【正交】功能向上引导光标，在适当位置拾取第二点
指定下一点或 [放弃(U)]:	//Enter，绘制结果如图17-9所示

图17-6　引出方向矢量　　　　图17-7　绘制结果　　图17-8　引出垂直追踪矢量　图17-9　绘制结果

12 选择【修改】|【复制】菜单命令，对左侧的两条定位辅助线进行复制。命令行操作如下：

命令: _copy	
选择对象:	//选择如图17-10所示的两条辅助线
选择对象:	//Enter，结束选择

当前设置: 复制模式 = 多个

指定基点或 [位移(D)/模式(O)] <位移>:　　　　　　　　　//拾取任一点

指定第二个点或 [阵列(A)] <使用第一个点作为位移>://@18<30 Enter

指定第二个点或 [阵列(A)] <使用第一个点作为位移>://@30<30 Enter

指定第二个点或 [阵列(A)/退出(E)/放弃(U)] <退出>:

　　　　　　　　　　　　　　　　　　　　　　　//Enter，复制结果如图17-11所示

13 在无命令执行的前提下夹点显示中间的两条辅助线，如图17-12所示。

图17-10　选择定位线

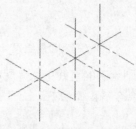
图17-11　复制结果

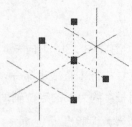
图17-12　夹点显示定位线

14 使用【夹点拉伸】功能，对中间的两条辅助线进行夹点拉伸，操作结果如图17-13所示。

⊙提示 也可以使用【拉伸】命令，将长度增量设置为负值，对定位线进行缩短编辑。

15 使用快捷键"CO"激活【复制】命令，将编辑后的两条辅助线进行复制。命令行操作如下:

命令: _copy

选择对象:　　　　　　　　　　　　　　　　　　//拉出如图17-14所示的选择框

选择对象:　　　　　　　　　　　　　　　　　　//Enter

当前设置: 复制模式 = 多个

指定基点或 [位移(D)/模式(O)] <位移>:　　　　　　//拾取任一点

指定第二个点或 [阵列(A)] <使用第一个点作为位移>: //@4<30 Enter

指定第二个点或 [阵列(A)/退出(E)/放弃(U)] <退出>:

　　　　　　　　　　　　　　　　　　　　　//Enter，复制结果如图17-15所示

图17-13　编辑结果　　　　　图17-14　窗口选择　　　　　图17-15　复制结果

16 最后执行【保存】命令，将图形命名存储为"实例214.dwg"。

实例215 绘制端盖零件轴测投影图

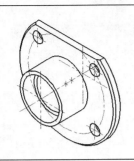

	本实例主要学习端盖零件轴测投影图的具体绘制过程和相关的操作技巧。
📁 最终文件	效果文件\第17章\实例215.dwg
🔊 素材文件	素材文件\17-215.dwg
🎬 视频文件	视频文件\第17章\实例215.avi
⏱ 播放时长	00:08:56
🛡 技能点拨	复制、修剪、椭圆、直线

01 打开随书光盘中的"素材文件\17-215.dwg"文件。

02 展开【图层控制】下拉列表,将"轮廓线"设置为当前操作层。

03 单击状态栏上的➕按钮,打开线宽的显示功能。

04 绘制圆盘轴测投影图。按F5功能键,将当前轴测面切换为【等轴测平面 左视】。

05 单击【绘图】工具栏上的◎按钮,执行【椭圆】命令,以辅助线的交点为圆心,绘制两个直径为68和66的等轴测圆。命令行操作如下:

```
命令: _ellipse
指定椭圆轴的端点或 [圆弧(A)/中心点(C)/等轴测圆(I)]:
                              //i Enter,激活"等轴测圆"选项
指定等轴测圆的圆心:           //捕捉如图17-16所示的辅助线交点
指定等轴测圆的半径或 [直径(D)]: //d Enter,激活"直径"选项
指定等轴测圆的直径:           //68 Enter
命令:                        //Enter,重复执行命令
ELLIPSE指定椭圆轴的端点或 [圆弧(A)/中心点(C)/等轴测圆(I)]:
                              //i Enter,激活"等轴测圆"选项
指定等轴测圆的圆心:           //捕捉如图17-17所示的辅助线交点
指定等轴测圆的半径或 [直径(D)]: //d Enter,激活"直径"选项
指定等轴测圆的直径:           //66 Enter,绘制结果如图17-18所示
```

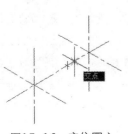

图17-16 定位圆心

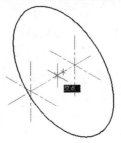

图17-17 捕捉交点

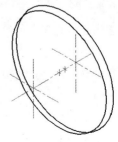

图17-18 绘制结果

06 单击【修改】工具栏上的按钮，激活【复制】命令，选择直径为68的轴测圆进行复制。命令行操作如下：

命令：_copy	
选择对象：	//选择直径为68的轴测圆
选择对象：	//Enter，结束选择
当前设置：复制模式 = 多个	
指定基点或 [位移(D)/模式(O)] <位移>：	//捕捉辅助线的交点
指定第二个点或 [阵列(A)] <使用第一个点作为位移>：	//@3<-150 Enter
指定第二个点或 [阵列(A)/退出(E)/放弃(U)] <退出>：	//Enter，结果如图17-19所示

07 单击【修改】工具栏上的按钮，执行【修剪】命令，对轴测圆进行修剪。命令行操作如下：

命令：_trim

当前设置:投影=UCS，边=无

选择剪切边...

选择对象或 <全部选择>：　　　　　　　　//选择如图17-20所示的轴测圆

选择对象：　　　　　　　　　　　　　　//Enter，结束选择

选择要修剪的对象，或按住 Shift 键选择要延伸的对象，或[栏选(F)/窗交(C)/投影(P)/边(E)/删除(R)/放弃(U)]：　　　　　　//在修剪边界的内侧单击直径为68的轴测圆

选择要修剪的对象，或按住 Shift 键选择要延伸的对象，或[栏选(F)/窗交(C)/投影(P)/边(E)/删除(R)/放弃(U)]：　　　　　　//Enter，结束命令，修剪结果如图17-21所示

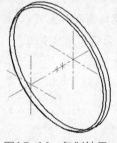 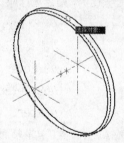 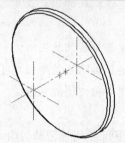

图17-19　复制结果　　　　图17-20　选择修剪边界　　　　图17-21　修剪结果

命令：　　　　　　　　　　　　　　　//Enter，重复执行命令

TRIM当前设置:投影=UCS，边=无　选择剪切边...

选择对象或 <全部选择>：　　　　　　　//选择如图17-22所示的轴测圆

选择对象：　　　　　　　　　　　　　　//Enter，结束选择

选择要修剪的对象，或按住 Shift 键选择要延伸的对象，或[栏选(F)/窗交(C)/投影(P)/边(E)/删除(R)/放弃(U)]：　　　　　　//在如图17-23所示的位置单击轴测圆

选择要修剪的对象，或按住 Shift 键选择要延伸的对象，或[栏选(F)/窗交(C)/投影(P)/边(E)/删除(R)/放弃(U)]：　　　　　　//Enter，结束命令，修剪结果如图17-24所示

08 绘制圆盘上端的切口。单击【修改】工具栏上的按钮，选择角度为30的辅助线进行复制。命令行操作如下：

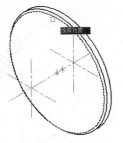
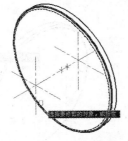
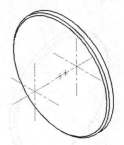

图17-22 选择修剪边界 　　图17-23 指定修剪位置 　　图17-24 修剪结果

命令：_copy

选择对象： 　　　　　　　　　　　　　　　　　　//选择如图17-25所示的辅助线

选择对象： 　　　　　　　　　　　　　　　　　　//Enter，结束选择

当前设置：复制模式 = 多个

指定基点或 [位移(D)/模式(O)] <位移>： 　　　　//捕捉辅助线的交点

指定第二个点或 [阵列(A)] <使用第一个点作为位移>： 　//@25<90 Enter

指定第二个点或 [阵列(A)/退出(E)/放弃(U)] <退出>： 　//Enter，结果如图17-26所示

09 在"中心线"图层内使用【构造线】命令，通过辅助线交点绘制如图17-27所示的垂直辅助线。

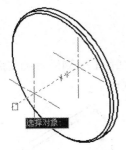
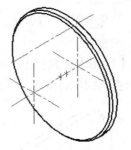
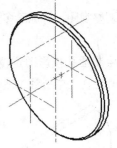

图17-25 选择辅助线 　　　图17-26 复制辅助线 　　　图17-27 绘制构造线

10 重复执行【构造线】命令，配合【正交】功能在左轴测面内绘制角度为-30的构造线，如图17-28所示。

11 单击【修改】工具栏上的 按钮，选择刚绘制的构造线进行复制。命令行操作如下：

命令：_copy

选择对象： 　　　　　　　　　　　　　　　　　　//选择如图17-29所示的辅助线

选择对象： 　　　　　　　　　　　　　　　　　　//Enter，结束选择

当前设置：复制模式 = 多个

指定基点或 [位移(D)/模式(O)] <位移>： 　　　　//捕捉辅助线的交点

指定第二个点或 [阵列(A)] <使用第一个点作为位移>： 　//@1<30 Enter

指定第二个点或 [阵列(A)] <使用第一个点作为位移>： 　//@4<30 Enter

指定第二个点或 [阵列(A)/退出(E)/放弃(U)] <退出>： 　//Enter，结果如图17-30所示

12 单击【绘图】工具栏上的 按钮，执行【多段线】命令，在"轮廓线"图层内绘制如图17-31所示的切口轮廓线。

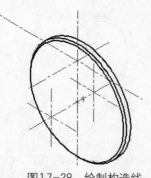

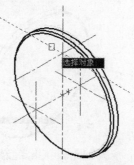

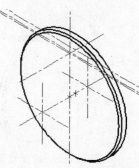

图17-28　绘制构造线　　　　　图17-29　选择构造线　　　　　图17-30　复制结果

13 使用快捷键"TR"激活【修剪】命令，以切口轮廓线作为边界，对切口上端的轴测圆进行修剪，结果如图17-32所示。

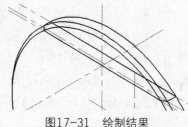

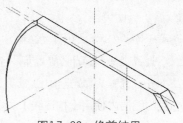

图17-31　绘制结果　　　　　　　　　图17-32　修剪结果

14 调整视图，并删除多余辅助线，结果如图17-33所示。

15 绘制圆孔投影图定位线。单击【绘图】工具栏上的 ◎ 按钮，以如图17-34所示的交点为圆心，在"中心线"图层内绘制直径为54的轴测圆，结果如图17-35所示。

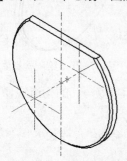

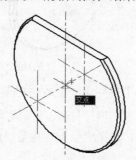

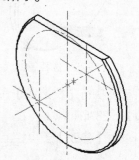

图17-33　删除辅助线　　　　　图17-34　捕捉交点　　　　　图17-35　绘制结果

16 使用快捷键"XL"激活【构造线】命令，配合【正交】功能绘制如图17-36所示的构造线。

17 单击【修改】工具栏上的 ◎ 按钮，对刚绘制的构造线进行复制。命令行操作如下：

```
命令：_copy
选择对象：                               //选择如图17-37所示的辅助线
选择对象：                               //Enter，结束选择
当前设置：复制模式 = 多个
指定基点或 [位移(D)/模式(O)] <位移>：     //捕捉辅助线的交点
```

指定第二个点或 [阵列(A)] <使用第一个点作为位移>: //@18<90 Enter

指定第二个点或 [阵列(A)] <使用第一个点作为位移>: //@18<-90 Enter

指定第二个点或 [阵列(A)/退出(E)/放弃(U)] <退出>: //Enter，结果如图17-38所示

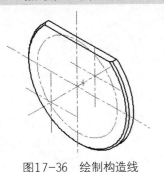

图17-36 绘制构造线

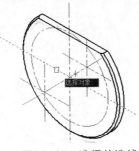

图17-37 选择构造线

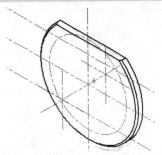

图17-38 复制结果

18 绘制圆孔投影图。单击【绘图】工具栏上的 ◯ 按钮，以辅助线的交点为圆心，绘制直径为7的轴测圆。命令行操作如下：

命令：_ellipse

指定椭圆轴的端点或 [圆弧(A)/中心点(C)/等轴测圆(I)]:

　　　　　　　　　　　　　　　　//i Enter，激活"等轴测圆"选项

指定等轴测圆的圆心： //捕捉如图17-39所示的辅助线交点

指定等轴测圆的半径或 [直径(D)]: //d Enter，激活"直径"选项

指定等轴测圆的直径： //7 Enter，绘制结果如图17-40所示

19 单击【修改】工具栏上的 ◯ 按钮，对刚绘制的轴测圆进行复制。命令行操作如下：

命令：_copy

选择对象： //选择刚绘制的轴测圆

选择对象： //Enter，结束选择

当前设置：复制模式 = 多个

指定基点或 [位移(D)/模式(O)] <位移>: //捕捉圆心

指定第二个点或 [阵列(A)] <使用第一个点作为位移>: //@4<30 Enter

指定第二个点或 [阵列(A)/退出(E)/放弃(U)] <退出>: //Enter，结果如图17-41所示

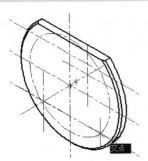

图17-39 捕捉交点

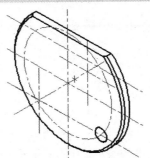

图17-40 绘制轴测圆

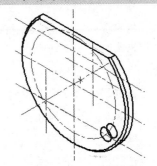

图17-41 复制轴测圆

20 单击【修改】工具栏上的 ⊹ 按钮，对刚复制出的轴测圆进行修剪，结果如图17-42所示。

21 单击【修改】工具栏上的按钮，将垂直构造线复制到圆孔圆心位置，如图17-43所示。

22 单击【修改】工具栏上的按钮，对圆孔向外偏移2个单位，如图17-44所示。

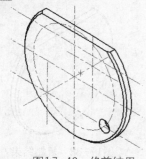
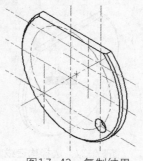
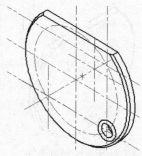

图17-42 修剪结果　　　　　　　图17-43 复制结果　　　　　　　图17-44 偏移结果

23 单击【修改】工具栏上的按钮，以偏移出的椭圆作为边界，对两条构造线进行修剪，将其转化为圆孔中心线，结果如图17-45所示。

24 删除偏移出的轴测圆，然后单击【修改】工具栏上的按钮，选择圆孔投影图及中心线，配合【交点捕捉】功能复制到其他位置上，结果如图17-46所示。

25 使用【修剪】命令对圆孔位置的轴测圆中心线进行修剪，并删除其他辅助线，结果如图17-47所示。

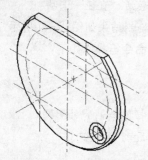
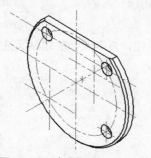
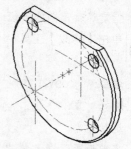

图17-45 修剪结果　　　　　　　图17-46 复制圆孔及中心线　　　　图17-47 操作结果

26 绘制前端的圆筒投影图。单击【绘图】工具栏上的按钮，配合【交点捕捉】功能绘制前端的轴测圆。命令行操作如下：

命令：_ellipse	
指定椭圆轴的端点或 [圆弧(A)/中心点(C)/等轴测圆(I)]：	//i Enter
指定等轴测圆的圆心：	//捕捉前端辅助线交点，如图17-48所示
指定等轴测圆的半径或 [直径(D)]：	//d Enter，激活"直径"选项
指定等轴测圆的直径：	//30 Enter
命令：_ellipse	
指定椭圆轴的端点或 [圆弧(A)/中心点(C)/等轴测圆(I)]：	//i Enter
指定等轴测圆的圆心：	//捕捉刚绘制的轴测圆圆心
指定等轴测圆的半径或 [直径(D)]：	//d Enter，激活"直径"选项
指定等轴测圆的直径：	//26 Enter，绘制结果如图17-49所示

27 单击【修改】工具栏上的 按钮，对刚绘制的两个轴测圆进行复制。命令行操作如下：

命令：_copy

选择对象： //选择直径为30的轴测圆

选择对象： //Enter，结束选择

当前设置：复制模式 = 多个

指定基点或 [位移(D)/模式(O)] <位移>： //捕捉圆心

指定第二个点或 [阵列(A)] <使用第一个点作为位移>： //@18<30 Enter

指定第二个点或 [阵列(A)/退出(E)/放弃(U)] <退出>： //Enter

命令：_copy

选择对象： //选择直径为26的轴测圆

选择对象： //Enter，结束选择

当前设置：复制模式 = 多个

指定基点或 [位移(D)/模式(O)] <位移>： //捕捉圆心

指定第二个点或 [阵列(A)] <使用第一个点作为位移>： //@8<30 Enter

指定第二个点或 [阵列(A)/退出(E)/放弃(U)] <退出>： //Enter，结果如图17-50所示

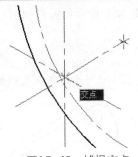
图17-48 捕捉交点

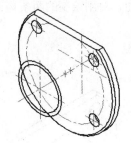
图17-49 绘制同心轴测圆

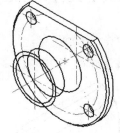
图17-50 复制结果

28 使用快捷键"L"激活【直线】命令，配合【切点捕捉】功能绘制如图17-51所示的两条公切线。

29 使用快捷键"EL"激活【椭圆】命令，绘制与直径为26的轴测圆同心的轴测圆，直径为22，绘制结果如图17-52所示。

30 使用快捷键"TR"激活【修剪】命令，对轴测圆进行修剪，结果如图17-53所示。

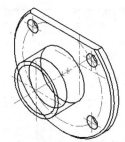
图17-51 绘制公切线

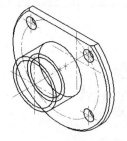
图17-52 绘制轴测圆

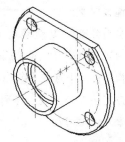
图17-53 修剪结果

31 最后执行【另存为】命令，将图形另名存储为"实例215.dwg"。

实例216 绘制端盖零件轴测剖视图

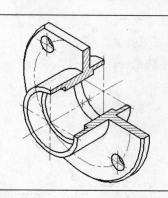

本实例主要学习端盖零件轴测剖视图的具体绘制过程和相关的操作技巧。

📁 最终文件	效果文件\第17章\实例216.dwg
🎬 素材文件	素材文件\17-216.dwg
👤 视频文件	视频文件\第17章\实例216.avi
🎥 播放时长	00:07:38
🛡 技能点拨	构造线、复制、多段线、正交、图案填充、修剪

01 打开随书光盘中的"素材文件\17-216.dwg"文件。

02 展开【图层控制】下拉列表，将"中心线"设置为当前操作层。

03 绘制圆盘剖切口辅助线。单击【绘图】工具栏上的 ✏ 按钮，通过如图17-54所示的交点，配合【正交】功能绘制如图17-55所示的两条构造线。

04 单击【修改】工具栏上的 ❏ 按钮，对刚绘制的两条构造线进行复制。命令行操作如下：

命令：_copy	
选择对象：	//选择如图17-56所示的两条构造线

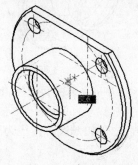

图17-54 捕捉交点

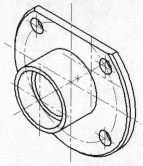

图17-55 绘制构造线

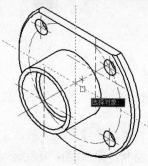

图17-56 选择构造线

选择对象：	//Enter，结束选择
当前设置：复制模式 = 多个	
指定基点或 [位移(D)/模式(O)] <位移>：	//捕捉任一点
指定第二个点或 [阵列(A)] <使用第一个点作为位移>：	//@4<30 Enter
指定第二个点或 [阵列(A)/退出(E)/放弃(U)] <退出>：	//Enter，复制结果如图17-57所示
命令：_copy	
选择对象：	//选择如图17-58所示的一条构造线
选择对象：	//Enter，结束选择
指定基点或 [位移(D)/模式(O)] <位移>：	//捕捉圆心

指定第二个点或［阵列(A)］〈使用第一个点作为位移〉:　　　　//@1〈30 Enter
指定第二个点或［阵列(A)/退出(E)/放弃(U)］〈退出〉:　　　　//Enter，结果如图17-59所示

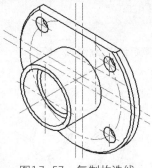
图17-57　复制构造线

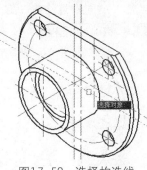
图17-58　选择构造线

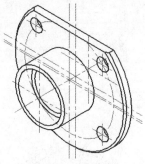
图17-59　复制结果

05 绘制圆盘剖切口轮廓线。将"轮廓线"设置为当前操作层，并设置当前颜色为"洋红"。

06 使用快捷键"PL"激活【多段线】命令，配合【交点捕捉】功能绘制如图17-60所示的剖切口轮廓线。

07 使用快捷键"E"激活【删除】命令，删除5条构造线，结果如图17-61所示。

08 单击【修改】工具栏上的 按钮，以剖切口轮廓线作为边界，对轴测图进行修剪，并删除残余图线，结果如图17-62所示。

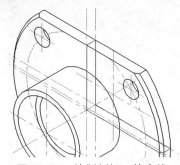
图17-60　绘制剖切口轮廓线

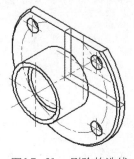
图17-61　删除构造线

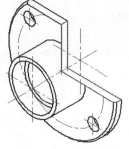
图17-62　修剪结果

09 绘制圆筒剖切口辅助线。展开【图层控制】下拉列表，将当前图层设置为"中心线"。

10 按F5功能键，将当前轴测平面切换为【等轴测平面 俯视】。

11 单击【绘图】工具栏上的 按钮，配合【交点捕捉】和【正交】功能绘制如图17-63所示的4条构造线，作为辅助线。

12 单击【修改】工具栏上的 按钮，对轴测圆及轴测圆弧进行复制。命令行操作如下:

命令：_copy
选择对象:　　　　　　　　　　　　　　//选择如图17-64所示的同心轴测圆
选择对象:　　　　　　　　　　　　　　//Enter，结束选择

当前设置：复制模式 ＝ 多个

指定基点或 [位移(D)/模式(O)] <位移>：　　　　　　　//捕捉任一点

指定第二个点或 [阵列(A)] <使用第一个点作为位移>://@30<30 Enter

指定第二个点或 [阵列(A)/退出(E)/放弃(U)] <退出>：

　　　　　　　　　　　　　　　　　　　//Enter，复制结果如图17-65所示

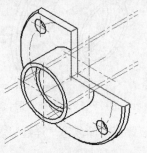
图17-63　绘制构造线

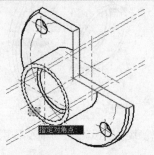
图17-64　选择轴测圆

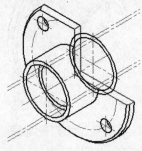
图17-65　复制结果

命令：_copy

选择对象：　　　　　　　　　　　　　　　//选择如图17-66所示的轴测圆弧

选择对象：　　　　　　　　　　　　　　　//Enter，结束选择

指定基点或 [位移(D)/模式(O)] <位移>：　　　　　　　//捕捉圆心

指定第二个点或 [阵列(A)] <使用第一个点作为位移>://@16<30 Enter

指定第二个点或 [阵列(A)/退出(E)/放弃(U)] <退出>：

　　　　　　　　　　　　　　　　　　　//Enter，结束命令，复制结果如图17-67
　　　　　　　　　　　　　　　　　　　所示

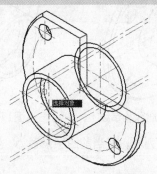
图17-66　选择轴测圆弧

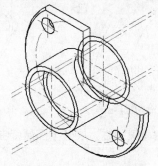
图17-67　复制圆弧

13 绘制圆筒剖切口轮廓线。将"轮廓线"设置为当前操作层，并设置当前颜色为"蓝色"。

14 使用快捷键"PL"激活【多段线】命令，配合【正交】功能绘制上侧的剖切口轮廓线。命令
行操作如下：

命令：_pline

指定起点：　　　　　　　　　　　　　　　//捕捉如图17-68所示的交点

指定下一个点或 [圆弧(A)/半宽(H)/长度(L)/放弃(U)/宽度(W)]：

　　　　　　　　　　　　　　　　　　　//捕捉如图17-69所示的交点

指定下一点或 [圆弧(A)/闭合(C)/半宽(H)/长度(L)/放弃(U)/宽度(W)]:
　　　　　　　　　　　　　　　//捕捉如图17-70所示的交点

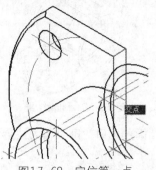
图17-68　定位第一点

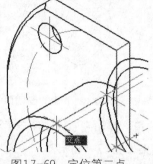
图17-69　定位第二点

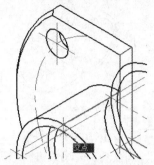
图17-70　定位第三点

指定下一点或 [圆弧(A)/闭合(C)/半宽(H)/长度(L)/放弃(U)/宽度(W)]:
　　　　　　　　　　　　　　　//引出30°的正交矢量,然后输入8 Enter
指定下一点或 [圆弧(A)/闭合(C)/半宽(H)/长度(L)/放弃(U)/宽度(W)]:
　　　　　　　　　　　　　　　//将轴测平面切换为右视,然后引出270度的正交矢量,输入2 Enter
指定下一点或 [圆弧(A)/闭合(C)/半宽(H)/长度(L)/放弃(U)/宽度(W)]:
　　　　　　　　　　　　　　　//引出30°的正交矢量,然后输入16 Enter
指定下一点或 [圆弧(A)/闭合(C)/半宽(H)/长度(L)/放弃(U)/宽度(W)]:
　　　　　　　　　　　　　　　//引出90°的正交矢量,然后输入2 Enter2
指定下一点或 [圆弧(A)/闭合(C)/半宽(H)/长度(L)/放弃(U)/宽度(W)]:
　　　　　　　　　　　　　　　//捕捉如图17-71所示的交点
指定下一点或 [圆弧(A)/闭合(C)/半宽(H)/长度(L)/放弃(U)/宽度(W)]:
　　　　　　　　　　　　　　　//捕捉如图17-72所示的交点
指定下一点或 [圆弧(A)/闭合(C)/半宽(H)/长度(L)/放弃(U)/宽度(W)]:
　　　　　　　　　　　　　　　//捕捉如图17-73所示的交点
指定下一点或 [圆弧(A)/闭合(C)/半宽(H)/长度(L)/放弃(U)/宽度(W)]:
　　　　　　　　　　　　　　　//Enter,结束命令,绘制结果如图17-74所示

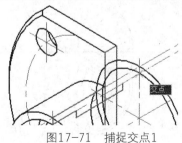
图17-71　捕捉交点1

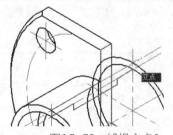
图17-72　捕捉交点2

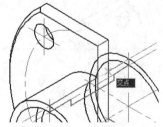
图17-73　捕捉交点3

15 参照上一步操作,重复执行【构造线】命令,绘制下侧的剖切口轮廓线,绘制结果如图17-75所示。

16 使用快捷键"E"激活【删除】命令,删除4条构造线,结果如图17-76所示。

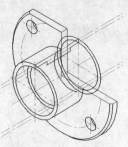

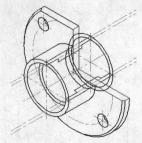

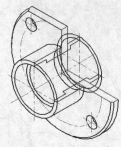

图17-74　绘制结果　　　　图17-75　绘制下侧的剖切口轮廓线　　　图17-76　删除结果

17 单击【修改】工具栏上的 ⊬ 按钮，以如图17-77所示的两条圆筒剖切口轮廓线作为边界，对圆盘剖切轮廓线进行修剪，结果如图17-78所示。

18 重复执行【修剪】命令，以所有剖切口轮廓线作为边界，对轴测圆、圆弧以及中心线进行修剪，结果如图17-79所示。

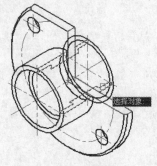

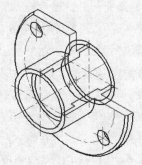

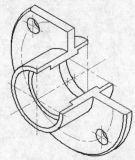

图17-77　选择边界　　　　　图17-78　修剪结果　　　　　图17-79　修剪结果

19 轴测图的填充与完善。在无命令执行的前提下，夹点显示如图17-80所示的剖切面轮廓线，然后展开【颜色控制】下拉列表，更改其颜色为"随层"。

20 按Esc键取消图线的夹点显示，然后展开【图层控制】下拉列表，将"剖面线"设置为当前图层。

21 单击【绘图】工具栏上的 ▨ 按钮，设置填充图案和填充参数，如图17-81所示；为上侧的剖切边界进行填充，结果如图17-82所示。

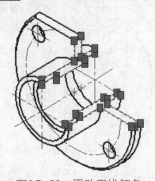

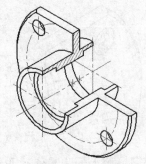

图17-80　更改图线颜色　　　图17-81　设置填充图案及参数　　　图17-82　填充结果

22 重复执行【图案填充】命令，设置填充图案及参数，如图17-83所示；为下端的剖切边界进行填充，填充结果如图17-84所示。

图17-83 设置填充图案及参数

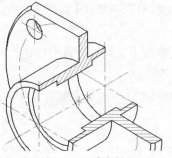

图17-84 填充结果

23 最后执行【另存为】命令，将图形另名存储为"实例216.dwg"。

实例217 绘制端盖零件辅助剖视图

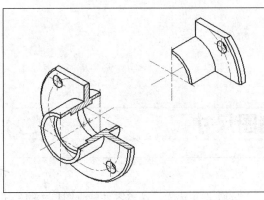

本实例主要学习端盖零件辅助剖视图的具体绘制过程和相关的操作技巧。

📁 最终文件	效果文件\第17章\实例217.dwg
🌐 素材文件	素材文件\17-217.dwg
📀 视频文件	视频文件\第17章\实例217.avi
⏱ 播放时长	00:02:50
🛡 技能点拨	复制、修剪、移动、删除

01 打开随书光盘中的"素材文件\17-217.dwg"文件。

02 单击【修改】工具栏上的按钮，配合【端点捕捉】或【圆心捕捉】功能，将轴测剖视图中的剖切面轮廓线复制到轴测图中，如图17-85所示。

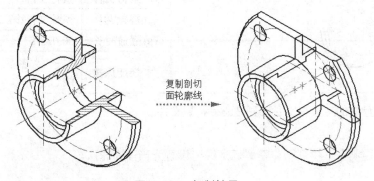

复制剖切
面轮廓线

图17-85 复制结果

03 使用快捷键"X"激活【分解】命令，将复制出的剖切面轮廓线进行分解。

04 使用快捷键"E"激活【删除】命令，删除不需要的剖切线，结果如图17-86所示。

05 单击【修改】工具栏上的 ╱ 按钮，以剖切面轮廓线作为边界，对轴测图进行修剪，结果如图17-87所示。

06 使用快捷键"E"激活【删除】命令，删除多余的轴测投影线，结果如图17-88所示。

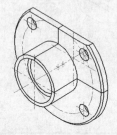 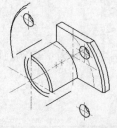 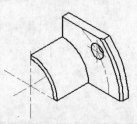

图17-86　删除多余剖切线　　　图17-87　修剪轴测图　　　图17-88　删除结果

07 单击【修改】工具栏上的 ✛ 按钮，调整两个轴测剖视图的位置。

08 最后执行【另存为】命令，将当前文件另存储为"实例217.dwg"。

实例218　标注端盖零件轴测图尺寸

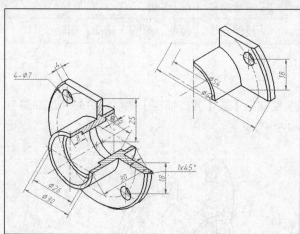

本实例主要学习端盖零件轴测图尺寸的具体标注过程和相关的操作技巧。

📁 最终文件	效果文件\第17章\实例218.dwg
🌑 素材文件	素材文件\17-218.dwg
🌐 视频文件	视频文件\第17章\实例218.avi
🎬 播放时长	00:03:01
🛡 技能点拨	对齐、多重引线、快速引线、正交

01 打开随书光盘中的"素材文件\17-218.dwg"文件。

02 展开【图层控制】下拉列表，将"标注线"设置为当前操作层。

03 展开【标式】工具栏上的【标注样式控制】下拉列表，将"机械样式"设置为当前标注样式，如图17-89所示。

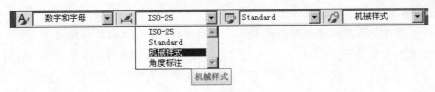

图17-89　设置当前标注样式

04 标注轴测图直径尺寸。单击【标注】工具栏上的 ⟍ 按钮，执行【对齐】命令，配合【对象捕捉】功能标注圆筒的直径尺寸。命令行操作如下：

命令: _dimaligned	
指定第一个尺寸界线原点或 <选择对象>:	//捕捉如图17-90所示的交点
指定第二条尺寸界线原点:	//捕捉如图17-91所示的交点
指定尺寸线位置或[多行文字(M)/文字(T)/角度(A)]:	//tEnter，激活"文字"选项
输入标注文字 <30>:	//%%C26 Enter，输入尺寸文本
指定尺寸线位置或[多行文字(M)/文字(T)/角度(A)]:	//在适当位置拾取一点，结果如图17-92所示

标注文字 = 26

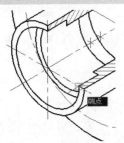

图17-90　定位第一原点　　　图17-91　定位第二原点　　　图17-92　标注结果

命令:	//Enter，重复标注命令
指定第一个尺寸界线原点或 <选择对象>:	//捕捉如图17-93所示的端点
指定第二条尺寸界线原点:	//捕捉如图17-94所示的交点
指定尺寸线位置或[多行文字(M)/文字(T)/角度(A)]:	//t Enter，激活"文字"选项
输入标注文字 <30>:	//%%C30 Enter，输入尺寸文本
指定尺寸线位置或[多行文字(M)/文字(T)/角度(A)]: //在适当位置拾取一点，结果如图17-95所示	

图17-93　定位第一原点　　　图17-94　定位第二原点　　　图17-95　标注结果

05 单击【标注】工具栏上的 ⟍ 按钮，配合【正交】功能标注内筒的直径。命令行操作如下：

命令: _dimaligned

指定第一个尺寸界线原点或〈选择对象〉:　　//捕捉如图17-96所示的端点

指定第二条尺寸界线原点:　　//关闭【对象捕捉】功能，引出如图17-97所示
　　　　　　　　　　　　　　　　的正交矢量，然后输入22 Enter

指定尺寸线位置或[多行文字(M)/文字(T)/角度(A)]: //t Enter

输入标注文字〈22〉:　　//%%C22 Enter

指定尺寸线位置或[多行文字(M)/文字(T)/角度(A)]:

　　　　　　　　　　//在适当位置拾取一点，结果如图17-98所示

标注文字 = 22

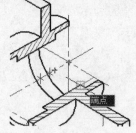
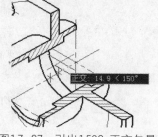
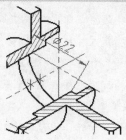

图17-96　定位第一原点　　　　图17-97　引出150° 正交矢量　　　图17-98　标注结果

06 单击【标注】工具栏上的╲按钮，配合【正交】功能标注圆盘的直径尺寸。命令行操作如下:

命令: _dimaligned

指定第一个尺寸界线原点或〈选择对象〉:　　//捕捉如图17-99所示的端点

指定第二条尺寸界线原点:　　//关闭【对象捕捉】功能，引出如图17-100所
　　　　　　　　　　　　　　　示的正交矢量，然后输入54 Enter

指定尺寸线位置或[多行文字(M)/文字(T)/角度(A)]: //t Enter，激活"文字"选项

输入标注文字〈54〉:　　//%%C54 Enter

指定尺寸线位置或[多行文字(M)/文字(T)/角度(A)]:

　　　　　　　　　　//在适当位置拾取一点，结果如图17-101
　　　　　　　　　　所示

标注文字 = 54

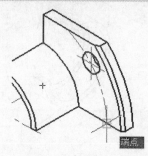
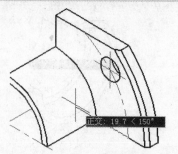
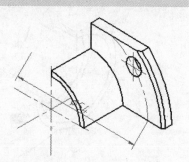

图17-99　定位第一原点　　　　图17-100　引出150度正交矢量点　　　图17-101　标注结果

命令: _dimaligned

指定第一个尺寸界线原点或 <选择对象>: //捕捉如图17-102所示的端点

指定第二条尺寸界线原点: //关闭【对象捕捉】功能，引出如图17-103
所示的正交矢量，然后输入68 Enter

指定尺寸线位置或[多行文字(M)/文字(T)/角度(A)]: //t Enter

输入标注文字 <68>: //%%C68 Enter

指定尺寸线位置或[多行文字(M)/文字(T)/角度(A)]:

//在适当位置拾取一点，结果如图17-104
所示

标注文字 = 68

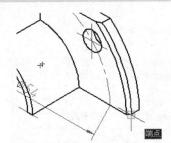 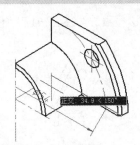 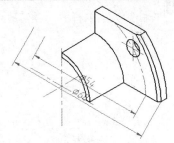

图17-102　定位第一原点　　　　图17-103　引出150° 正交矢量　　　　图17-104　标注结果

07 标注轴测剖视图的对齐尺寸。选择【标注】|【对齐】菜单命令，配合【对象捕捉】功能标注对齐尺寸。命令行操作如下：

命令: _dimaligned

指定第一个尺寸界线原点或 <选择对象>: //捕捉如图17-105所示的端点

指定第二条尺寸界线原点: //捕捉如图17-106所示的端点

指定尺寸线位置或[多行文字(M)/文字(T)/角度(A)]:

//在适当位置拾取一点，结果如图17-107
所示

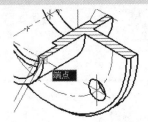 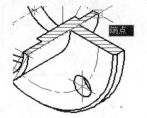 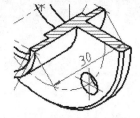

图17-105　定位第一原点　　　　图17-106　定位第二原点　　　　图17-107　标注结果

命令: //Enter，重复标注命令

DIMALIGNED指定第一个尺寸界线原点或 <选择对象>: //捕捉如图17-108所示的端点

指定第二条尺寸界线原点: //捕捉如图17-109所示的端点

指定尺寸线位置或[多行文字(M)/文字(T)/角度(A)]:

//在适当位置拾取一点，结果如图17-110
所示

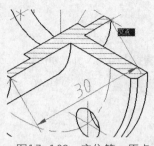

图17-108　定位第一原点

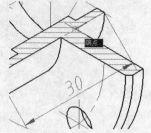

图17-109　定位第二原点

图17-110　标注结果

08 重复执行【对齐】命令，配合【对象捕捉】和【正交】功能，标注其他位置的对齐尺寸，标注结果如图17-111所示。

09 标注轴测剖视图引线尺寸。单击【样式】工具栏上的 按钮，在打开的对话框中设置"机械样式"为当前样式，并修改引线连接位置，如图17-112所示。

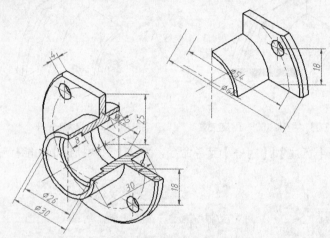

图17-111　标注其他对齐尺寸

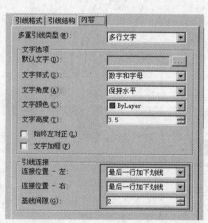

图17-112　修改引线连接

10 选择【标注】|【多重引线】菜单命令，标注圆孔的直径尺寸。命令行操作如下：

命令：_mleader

指定引线箭头的位置或 [引线基线优先(L)/内容优先(C)/选项(O)]〈选项〉：

　　　　　　//捕捉如图17-113所示的交点

指定引线基线的位置：　　　//在如图17-114所示的位置单击

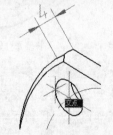

图17-113　捕捉交点

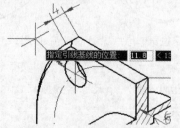

图17-114　指定第二点

11 此时系统自动打开【文字格式】编辑器，然后输入引线内容，如图17-115所示。

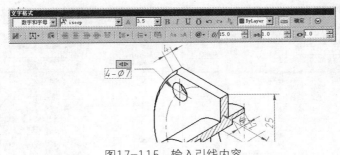

图17-115 输入引线内容

12 单击 确定 按钮，标注结果如图17-116所示。

13 重复执行【多重引线】命令，标注另一侧的引线注释，标注结果如图17-117所示。

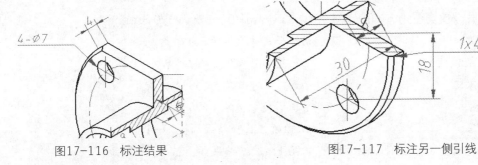

图17-116 标注结果　　　　　　　　　图17-117 标注另一侧引线

14 最后执行【另存为】命令，将图形另名存储为"实例218.dwg"。

实例219 完善端盖零件投影图尺寸

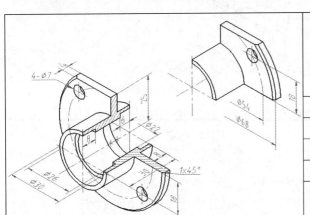

本实例主要学习端盖零件投影图尺寸的具体完善过程和相关的操作技巧。

📁 最终文件	效果文件\第17章\实例219.dwg
🔴 素材文件	素材文件\17-219.dwg
🔵 视频文件	视频文件\第17章\实例219.avi
🎬 播放时长	00:04:06
🛡 技能点拨	编辑标注、特性、文字样式、编辑标注文字、打断

01 打开随书光盘中的"素材文件\17-219.dwg"文件。

02 使用快捷键"ST"激活【文字样式】命令，设置两种文字样式，如图17-118和图17-119所示。

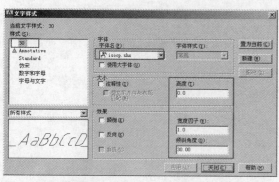

图17-118 设置"30"文字样式　　　　　　图17-119 设置"-30"文字样式

03 单击【标注】工具栏上的✍按钮，激活【编辑标注】命令，对轴测图尺寸进行倾斜。命令行操作如下：

命令：_dimedit

输入标注编辑类型［默认(H)/新建(N)/旋转(R)/倾斜(O)］＜默认＞：//O Enter

选择对象：　　　　　　　　　　//选择尺寸文字为8的对象

选择对象：　　　　　　　　　　//选择尺寸文字为6的对象

选择对象：　　　　　　　　　　//选择尺寸文字为∅54的对象

选择对象：　　　　　　　　　　//选择尺寸文字为∅68的对象

选择对象：　　　　　　　　　　//Enter，选择结果如图17-120所示

输入倾斜角度（按 ENTER 表示无）：//90 Enter，结果如图17-121所示

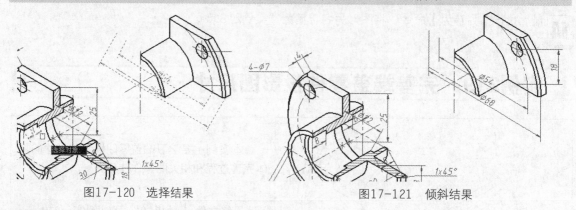

图17-120 选择结果　　　　　　　　　图17-121 倾斜结果

04 重复【倾斜】命令，分别对轴测图其他位置的尺寸进行倾斜。命令行操作如下：

命令：_dimedit

输入标注编辑类型［默认(H)/新建(N)/旋转(R)/倾斜(O)］＜默认＞：//o Enter

选择对象：　　　　　　　　　　//选择尺寸文字为Φ30的对象

选择对象：　　　　　　　　　　//选择尺寸文字为Φ26的对象

选择对象：　　　　　　　　　　//选择尺寸文字为Φ22的对象

选择对象：　　　　　　　　　　/选择尺寸文字为25的对象

选择对象：　　　　　　　　　　//Enter，选择结果如图17-122所示

输入倾斜角度（按 ENTER 表示无）：//30 Enter，结果如图17-123所示

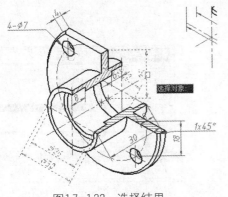

图17-122 选择结果

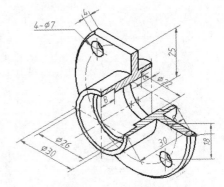

图17-123 倾斜结果

命令:	//Enter,重复【倾斜】命令
DIMEDIT输入标注编辑类型 [默认(H)/新建(N)/旋转(R)/倾斜(O)] <默认>:	
	//O Enter,激活"倾斜"选项
选择对象:	//选择尺寸文字为30的对象
选择对象:	//选择尺寸文字为8的对象
选择对象:	//选择尺寸文字为18的对象
选择对象:	//选择尺寸文字为4的对象
选择对象:	//选择尺寸文字为18的对象
选择对象:	//Enter,选择结果如图17-124所示
输入倾斜角度 (按 ENTER 表示无):	//-30 Enter,倾斜结果如图17-125所示

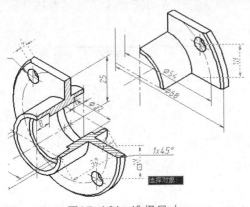

图17-124 选择尺寸

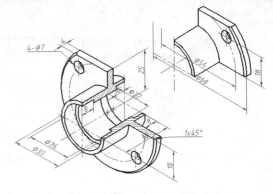

图17-125 倾斜结果

05 更改尺寸文字的样式。在无命令执行的前提下,夹点显示尺寸文字为Φ30、Φ26、Φ22、8、6、18、18的7个尺寸,如图17-126所示。

06 按Ctrl+1组合键,打开【特性】选项板,然后修改尺寸文字的样式为"30",如图17-127所示。

07 关闭【特性】选项板,取消尺寸的夹点显示,结果如图17-128所示。

08 在无命令执行的前提下,夹点显示尺寸文字为Φ54、Φ68、4、25、8、30的6个尺寸,如图17-129所示。

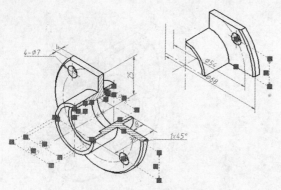

图17-126 夹点显示

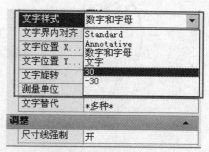

图17-127 特性编辑

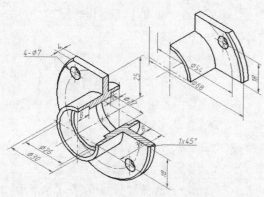

图17-128 修改后的效果

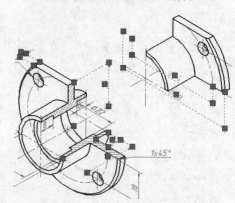

图17-129 尺寸的夹点效果

09 展开【样式】工具栏上的【文字样式控制】下拉列表，修改夹点尺寸的样式为"-30"，如图17-130所示。

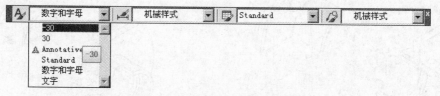

图17-130 修改尺寸的文字样式

10 取消尺寸的夹点显示，修改后的尺寸文字效果如图17-131所示。

11 更改尺寸文字的位置。单击【标注】工具栏上的 按钮，激活【编辑标注文字】命令，对尺寸文字的位置进行调整。命令行操作如下：

```
命令: _dimtedit
选择标注:                      //选择如图17-132所示的尺寸对象
指定标注文字的新位置或 [左(L)/右(R)/中心(C)/默认(H)/角度(A)]:
                               //在适当位置指定尺寸文字的位置，结果如图17-133所示
```

12 重复执行【编辑标注文字】命令，分别对其他位置的尺寸文字进行调整，结果如图17-134所示。

13 在无命令执行的前提下，夹点显示尺寸文字为Φ22、Φ54、Φ68、25的4个尺寸，如图17-135所示。

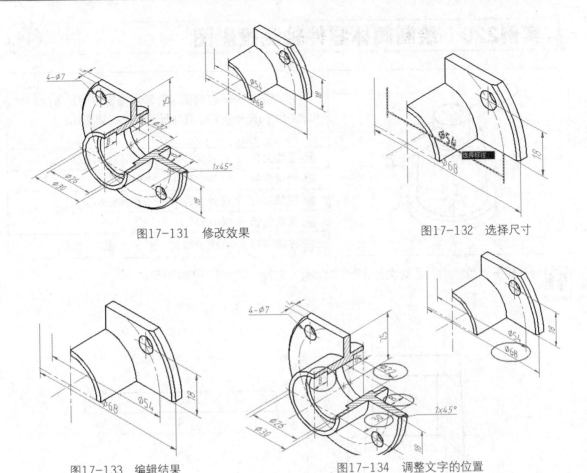

图17-131 修改效果   图17-132 选择尺寸

图17-133 编辑结果   图17-134 调整文字的位置

14 单击【修改】工具栏上的 按钮，将3个尺寸分解。

15 使用快捷键 "BR" 激活【打断】命令，对分解后的尺寸线进行打断，并删除不需要的箭头及残余图线，结果如图17-136所示。

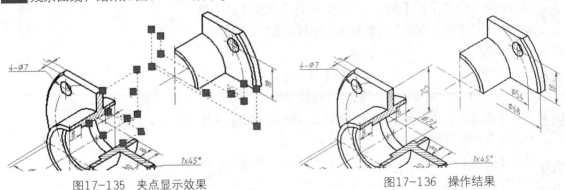

图17-135 夹点显示效果   图17-136 操作结果

16 为了使尺寸美观、紧凑，可以使用【夹点拉伸】功能，对轴测图尺寸界线进行调整，对其进一步完善。

17 最后执行【另存为】命令，将图形另名存储为"实例219.dwg"。

实例220　绘制阀体零件轴测投影图

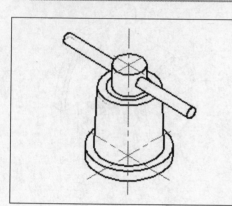

本实例主要学习阀体零件轴测投影图的具体绘制过程和相关的操作技巧。具体操作参见视频文件。

📁 最终文件	效果文件\第17章\实例220.dwg
🔴 素材文件	素材文件\17-220.dwg
🔘 视频文件	视频文件\第17章\实例220.avi
⏱ 播放时长	00:05:51
🛡 技能点拨	直线、修剪、正交、复制、椭圆

01 打开随书光盘中的"素材文件\17-220.dwg"文件，如图17-137所示。

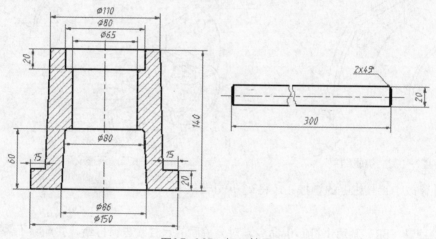

图17-137　打开结果

02 综合使用【直线】和【复制】命令，配合【正交】、【对象捕捉】、【对象追踪】等多种功能绘制如图17-138所示的定位投影线。

03 使用【椭圆】、【复制】、【修剪】等命令，在【等轴测平面 俯视】内绘制阀体零件底座轴测投影图。

04 使用【直线】、【修剪】命令绘制底座轴测圆公切线并修整底座轴测投影图。

05 使用【椭圆】、【直线】命令在【等轴测平面 俯视】绘制螺杆轴测投影图。

06 使用【直线】、【椭圆】命令在【等轴测平面 右视】绘制绞杆轴测投影图。

07 最后执行【另存为】命令，将图形另名存储为"实例220.dwg"。

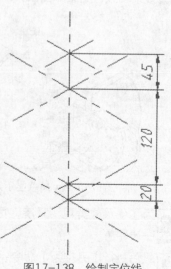

图17-138　绘制定位线

实例221　绘制阀体零件轴测剖视图

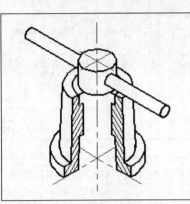

本实例主要学习阀体零件轴测投影剖视图的具体绘制过程和相关的操作技巧。具体操作参见视频文件。

📁 最终文件	效果文件\第17章\实例221.dwg
🔵 素材文件	素材文件\17-221.dwg
🔴 视频文件	视频文件\第17章\实例221.avi
🎬 播放时长	00:05:00
🛡 技能点拨	复制、修剪、椭圆、多段线、直线、图案填充

01 打开随书光盘中的"素材文件\17-221.dwg"文件。

02 使用【复制】、【直线】命令绘制左侧轴测面定位辅助线。

03 使用【多段线】命令配合【正交】、【对象捕捉】功能绘制左侧轴测结构。

04 使用【复制】、【直线】命令绘制右侧轴测面定位辅助线。

05 使用【多段线】命令配合【正交】、【对象捕捉】功能绘制右侧轴测结构。

06 使用【图案填充】命令绘制剖切面填充线。

07 最后执行【另存为】命令，将图形另名存储为"实例221.dwg"。

第18章 零件图的装配与打印

本章将通过7个典型的实例，主要学习机械零件的二维装配图、三维装配图、装配分解图以及零件图的后期打印等操作技能。

实例222　绘制二维零件装配图

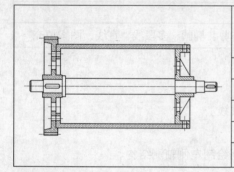

	本实例主要学习二维零件装配图的具体绘制过程和相关的操作技巧。
📁 最终文件	效果文件\第18章\实例222.dwg
🌐 素材文件	素材文件\222-1.dwg ~ 222-4.dwg
🎬 视频文件	视频文件\第18章\实例222.avi
⏱ 播放时长	00:04:13
🛡 技能点拨	垂直平铺、移动✛、数据共享

01 快速创建空白文件，并打开随书光盘"素材文件"目录下的222-1.dwg、222-2.dwg、222-3.dwg、222-4.dwg等4个源文件。

02 选择【窗口】|【垂直平铺】菜单命令，将打开的多个文件平铺在绘图窗口内。

03 综合使用【缩放】和【实时平移】工具，分别调整各图形文件中的图形，使各源图形全部显示在各个文件窗口内。

04 在无命令执行的前提下，使用窗交选择方式，拉出如图18-1所示的选择框，选择主轴零件图。

05 按住鼠标右键不放，将其拖曳，此时被选择的图形处在虚拟共享状态下，如图18-2所示。

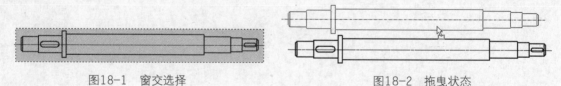

图18-1　窗交选择　　　　　　　　　　　图18-2　拖曳状态

06 继续按住右键不放，将光标拖至空白文件内，然后松开右键，在弹出的菜单上选择"粘贴为块"选项。

07 将图形以块的形式共享到空白文件中，同时视整视图以完全显示图形。

08 参照上述操作步骤，分别将其他3个文件中的零件图形，以块的形式共享到空白文件中，并适当调整视图，结果如图18-3所示。

09 使用【移动】命令将各散装图形进行组合，基点分别为 A、B、C，目标点分别为a、b、c，组合结果如图18-4所示。

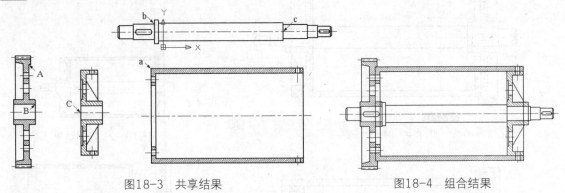

图18-3 共享结果   图18-4 组合结果

10 使用快捷键"X"激活【分解】命令，将组合后的装配图进行分解。

11 综合【修剪】和【删除】命令，删除多不需要图线，对装配图进行完善。

12 最后执行【保存】命令，将图形命名存储为"实例222.dwg"。

实例223　绘制二维装配分解图

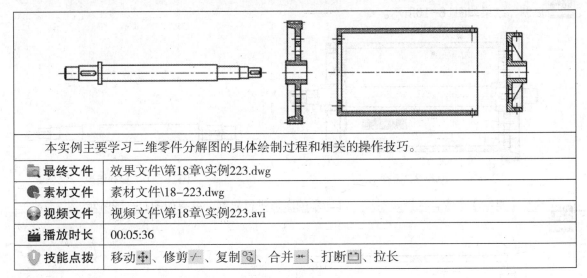

本实例主要学习二维零件分解图的具体绘制过程和相关的操作技巧。	
📁 最终文件	效果文件\第18章\实例223.dwg
🔵 素材文件	素材文件\18-223.dwg
🌐 视频文件	视频文件\第18章\实例223.avi
🎬 播放时长	00:05:36
🛡 技能点拨	移动✛、修剪✄、复制🗇、合并➹、打断🗂、拉长

01 打开随书光盘中的"素材文件\18-223.dwg"文件。

02 执行【复制】命令，选择如图18-5所示的图形并进行复制，结果如图18-6所示。

03 重复执行【复制】命令，配合【对象捕捉】与【追踪】功能，选择如图18-7所示的图形进行复制，结果如图18-8所示。

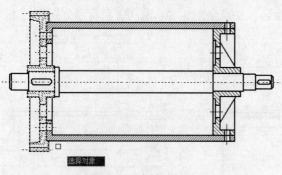

图18-5　选择对象

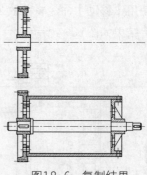

图18-6　复制结果

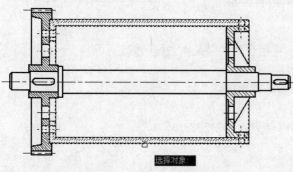

图18-7　选择对象

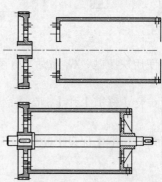

图18-8　复制结果

04 重复执行【复制】命令，配合【对象捕捉】与【追踪】功能，选择如图18-9所示的图形进行复制，结果如图18-10所示。

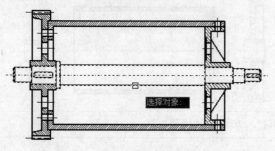

图18-9　选择对象

图18-10　复制结果

05 执行【复制】命令，选择如图18-11所示的图形进行复制，结果如图18-12所示。

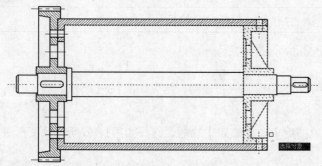

图18-11　选择对象

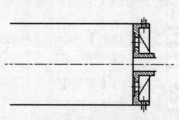

图18-12　复制结果

06 综合使用【修剪】、【删除】、【合并】等命令，对分解后的各图形进行编辑完善，结果如图18-13所示。

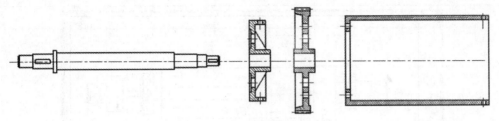

图18-13　编辑结果

07 综合使用【移动】、【拉长】、【打断】等命令，对各图形中心线进行编辑完善。

08 最后执行【另存为】命令，将图形另名存储为"实例223.dwg"。

实例224　绘制三维零件装配图

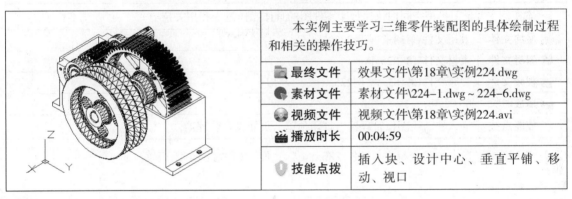

		本实例主要学习三维零件装配图的具体绘制过程和相关的操作技巧。
📁 最终文件	效果文件\第18章\实例224.dwg	
💿 素材文件	素材文件\224-1.dwg ~ 224-6.dwg	
💿 视频文件	视频文件\第18章\实例224.avi	
⏱ 播放时长	00:04:59	
🛡 技能点拨	插入块、设计中心、垂直平铺、移动、视口	

01 首先打开随书光盘中的"素材文件"文件夹下的224-1.dwg、224-2.dwg、224-3.dwg三个文件。

02 执行【垂直平铺】命令，将打开的3个文件进行垂直平铺。

03 使用文档间的数据共享功能，分别将224-2.dwg和224-3.dwg两个文件共享到224-1.dwg文件内，并关闭其他两个文件。

04 使用【插入块】命令插入随书光盘中的"素材文件\224-4.dwg"文件。

05 使用【设计中心】的资源共享功能，分别将224-5.dwg、224-6.dwg两个文件共享到当前文件内。

06 接下来使用【移动】、【视口】、【视觉样式】等命令，并配合【对象捕捉】、【视图缩放】等辅助功能，对零件进行组装。

07 最后执行【另存为】命令，将图形另名存储为"实例224.dwg"。

实例225　模型空间快速打印零件图

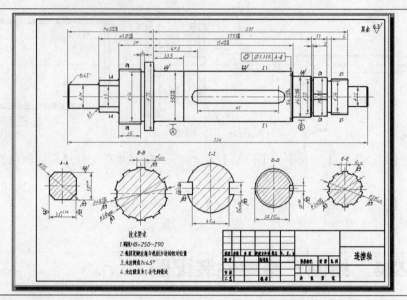

本实例主要学习模型空间内快速打印零件图的具体操作过程和相关技巧。

最终文件	效果文件\第18章\实例225.dwg
素材文件	素材文件\18-225.dwg
视频文件	视频文件\第18章\实例225.avi
播放时长	00:03:58
技能点拨	插入块、绘图仪管理器、打印预览、页面设置管理器

01 打开随书光盘中的"素材文件\18-225.dwg"文件，如图18-14所示。

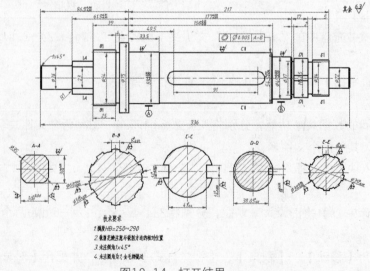

图18-14　打开结果

02 使用快捷键"I"激活【插入块】命令，以默认参数插入随书光盘中的"素材文件\A3-H.dwg"文件，并调整图框的位置，结果如图18-15所示。

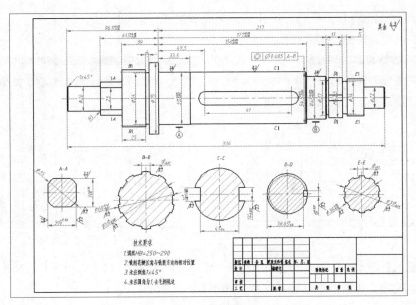

图18-15 配置图框

03 选择【文件】|【绘图仪管理器】菜单命令，在打开的对话框中双击 "DWF6 ePlot" 图标，如图18-16所示。

04 此时系统打开如图18-17所示的【绘图仪配置编辑器 – DWF6 ePlot.pc3】对话框。

图18-16 双击打印机图标

05 在此对话框中激活【设备和文档设置】选项卡，选择【修改标准图纸尺寸（可打印区域）】选项，如图18-18所示。

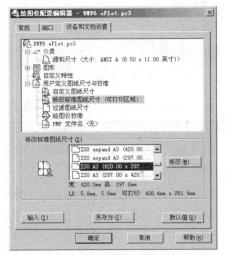

图18-17 【绘图仪配置编辑器】对话框   图18-18 展开【设备和文档设置】选项卡

06 在【修改标准图纸尺寸】列表框内选择 "ISO A3图纸尺寸"，单击 修改(M)... 按钮，在打开的【自定义图纸尺寸-可打印区域】对话框中设置参数，如图18-19所示。

07 依次单击 下一步(N)> 按钮，在打开的【自定义图纸尺寸-完成】对话框中，列出了所修改后的标准图纸的尺寸，如图18-20所示。

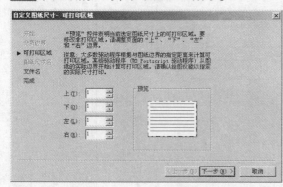

图18-19 修改图纸打印区域　　　　　图18-20 【自定义图纸尺寸—完成】对话框

08 单击 完成 按钮，系统返回【绘图仪配置编辑器-DWF6 ePlot.pc3】对话框，然后单击 另存为(S)... 按钮，将当前配置进行保存，如图18-21所示。

09 单击 保存(S) 按钮，返回【绘图仪配置编辑器-DWF6 ePlot.pc3】对话框，然后单击 确定 按钮，结束命令。

10 选择【文件】|【页面设置管理器】菜单命令，在打开的对话框单击 新建(N)... 按钮，为新页面设置赋名，如图18-22所示。

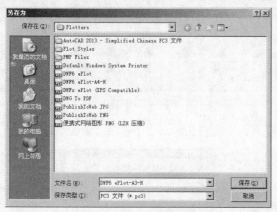

图18-21 【另存为】对话框

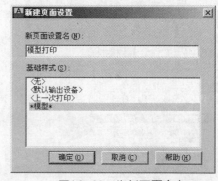

图18-22 为新页面命名

11 单击 确定 按钮，打开【页面设置-模型】对话框，设置打印机的名称、图纸尺寸、打印偏移、打印比例和图形方向等页面参数，如图18-23所示。

12 单击【打印范围】下拉列表框，在展开的下拉列表内选择【窗口】选项，如图18-24所示。

13 系统自动返回绘图区，在"指定第一个角点、对角点等："操作提示下，捕捉图框的两个对角点。

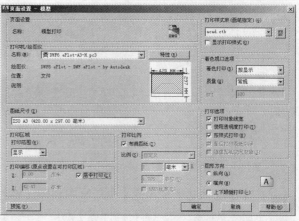

图18-23 设置页面参数

14 当指定打印区域后，系统自动返回【页面设置-模型】对话框，单击 确定 按钮，返回【页面设置管理器】对话框，将刚创建的新页面置为当前，如图18-25所示。

15 使用快捷键"T"激活【多行文字】命令，设置字高、对正方式，如图18-26所示，并为标题栏填充图名。

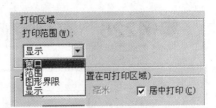

图18-24 窗口打印

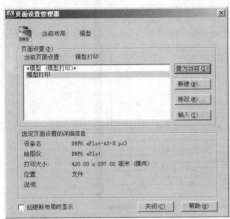

图18-25 设置当前页面

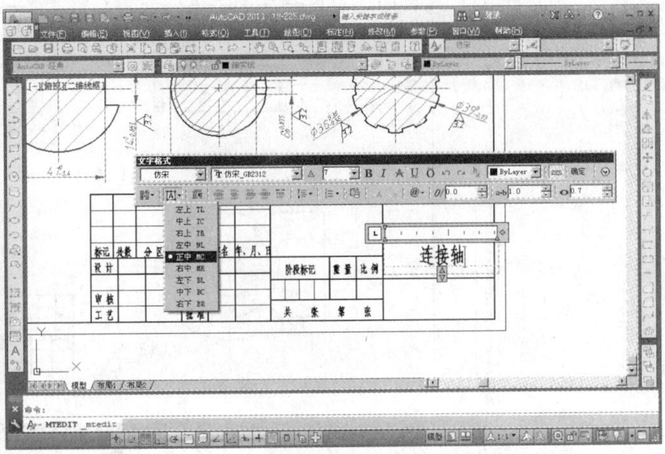

图18-26 填充图名

16 选择【文件】|【打印预览】菜单命令，对当前图形进行打印预览，预览结果如图18-27所示。

提示 如果打印预览图中的轮廓线线宽显示不明显，可以在打印之前更改"轮廓线"图层的线宽，将线宽设置为0.8mm。

17 单击右键，在弹出的快捷菜单中选择【打印】选项，此时系统打开如图18-28所示的【浏览打印文件】对话框，在此对话框内设置打印文件的保存路径及文件名。

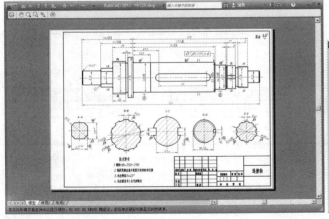

图18-27 预览效果

图18-28 保存打印文件

提示 将打印文件进行保存，可以方便用户进行网上发布、使用和共享。

18 单击 保存... 按钮，系统弹出【打印作业进度】对话框，等此对话框关闭后，打印过程即可结束。

19 最后执行【另存为】命令，将当前文件另名存储为"实例225.dwg"。

实例226　布局空间精确打印零件图

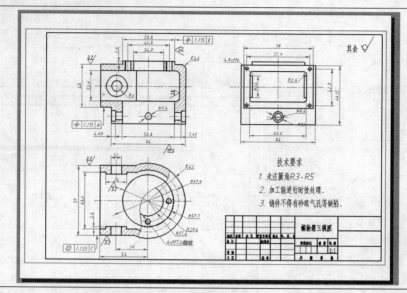

本实例主要学习在布局空间内精确打印零件图的具体操作过程和相关技巧。

📁 最终文件	效果文件\第18章\实例226.dwg
🔴 素材文件	素材文件\18-226.dwg
🌐 视频文件	视频文件\第18章\实例226.avi
⏱ 播放时长	00:03:18
🛡 技能点拨	插入块、多边形视口、打印、页面设置管理器、插入块

01 打开随书光盘中的"素材文件\18-226.dwg"文件，如图18-29所示。

02 单击绘图区下方的"布局2"标签，进入"布局2"图纸空间，并删除系统自动产生的视口，结果如图18-30所示。

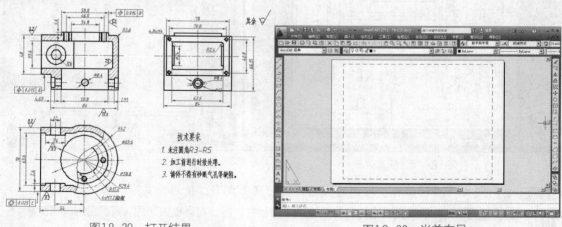

图18-29　打开结果　　　　　　　　　　图18-30　当前布局

03 选择【文件】|【页面设置管理器】菜单命令，在打开的【页面设置管理器】对话框中单击 新建(N)... 按钮，在弹出的【新建页面设置】对话框中为新页面赋名，如图18-31所示。

04 单击 确定 按钮，在打开【页面设置-布局打印】对话框中设置打印机名称、图纸尺寸、打印比例和图形方向等页面参数，如图18-32所示。

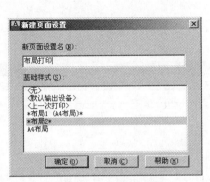

图18-31　设置新页面

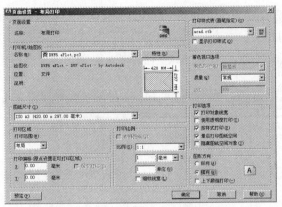

图18-32　设置打印页面

05 单击 确定 按钮，返回【页面设置管理器】对话框，将创建的新页面置为当前，如图18-33所示。

06 关闭【页面设置管理器】对话框，页面设置后的布局显示结果如图18-34所示。

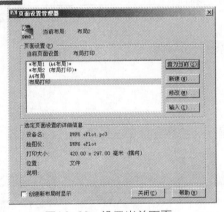

图18-33　设置当前页面

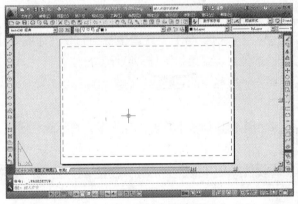

图18-34　当前布局效果

07 使用快捷键"I"激活【插入块】命令，插入随书光盘中的"素材文件\A3-H.dwg"图框，其参数设置如图18-35所示，在当前布局内插入此图框，结果如图18-36所示。

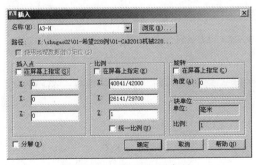

图18-35　设置图框参数

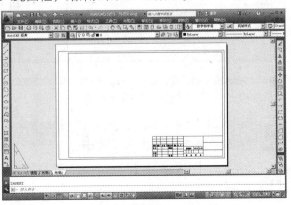

图18-36　插入图框结果

08 选择【视图】|【视口】|【多边形视口】菜单命令，分别捕捉图框内边框的角点，创建一个多边形视口，将模型空间下的图形拖入到布局空间内，结果如图18-37所示。

🔍 **提示** 在设置图框的缩放比例时，一定要根据图纸尺寸的可打印区域进行设置，否则打印出的图框有一部分会被"吃掉"。

09 单击状态栏中的 图纸 按钮，激活刚创建的视口，视口边框线变为粗线状态，如图18-38所示。

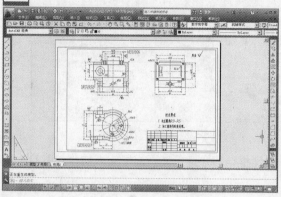

图18-37　创建多边形视口

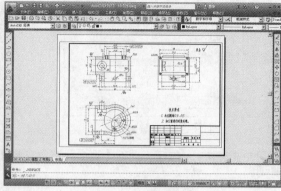

图18-38　激活视口

10 打开【视口】工具栏，在工具栏右侧的列表框内调整比例为"1:1"，如图18-39所示。

图18-39　调整比例

11 使用【实时平移】工具调整视图，使用【移动】命令协调视图的位置，结果如图18-40所示。

12 单击状态栏中的 模型 按钮，返回图纸空间。

13 使用【窗口缩放】功能调整视图，将标题栏区域放大显示，结果如图18-41所示。

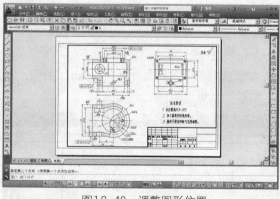

图18-40　调整图形位置

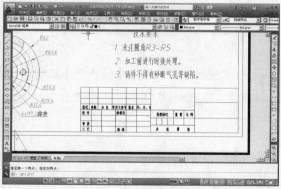

图18-41　调整结果

14 使用快捷键"T"激活【多行文字】命令，设置文字样式、高度和对正方式等参数，然后为标题栏填充图名，如图18-42所示。

15 重复执行【多行文字】命令，为标题栏填充出图比例，如图18-43所示。

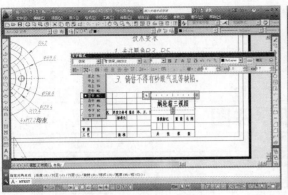

图18-42　输入图名

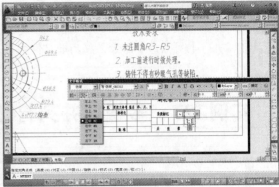

图18-43　填充结果

16 使用【全部缩放】功能调整视图，使图形完全显示，结果如图18-44所示。

17 选择【文件】|【打印】菜单命令，打开如图18-45所示的【打印-布局2】对话框。

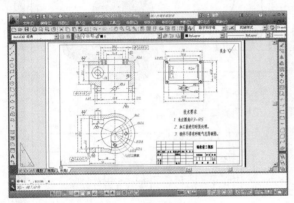

图18-44　调整结果

图18-45　【打印】对话框

18 单击 预览(P)... 按钮，对图形进行打印预览，效果如图18-46所示。

19 按Esc键退出预览状态，返回【打印-布局2】对话框，单击 确定 按钮，在打开的【浏览打印文件】对话框内设置打印文件的保存路径及文件名，如图18-47所示。

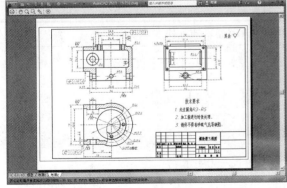

图18-46　打印效果

图18-47　【浏览打印文件】对话框

20 单击 保存... 按钮，可将此平面图输出到相应图纸上。

21 最后执行【另存为】命令，将当前文件另名存储为"实例226.dwg"。

实例227　多视口并列打印零件图

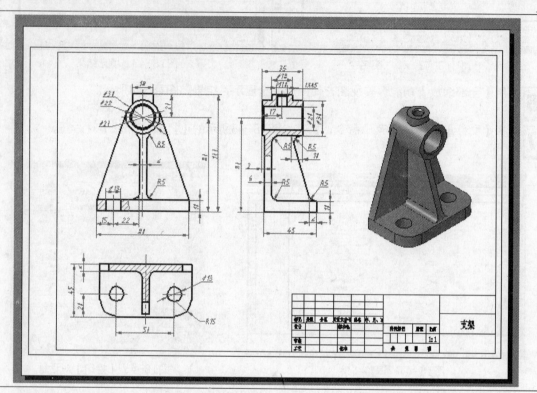

本实例主要学习布局空间内多视口并列打印零件图的具体操作过程和相关技巧。

📁 最终文件	效果文件\第18章\实例227.dwg
🔵 素材文件	素材文件\18-227.dwg
🔴 视频文件	视频文件\第18章\实例227.avi
⌛ 播放时长	00:03:58
🛡 技能点拨	插入块、多边形视口、打印、页面设置管理器、插入块

01 打开随书光盘中的"素材文件\18-227.dwg"文件，如图18-48所示。

02 单击绘图区下方的 布局1 标签，进入"布局1"空间，如图18-49所示。

03 选择【视图】|【视口】|【多边形视口】菜单命令，分别捕捉图框内边框的角点，创建多边形视口，将零件图从模型空间添加到布局空间，如图18-50所示。

04 单击状态栏上的 图纸 按钮，激活刚创建的视口，然后打开【视口】工具栏，调整比例为1:1。

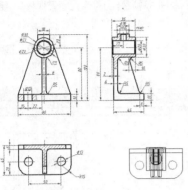

图18-48 打开结果

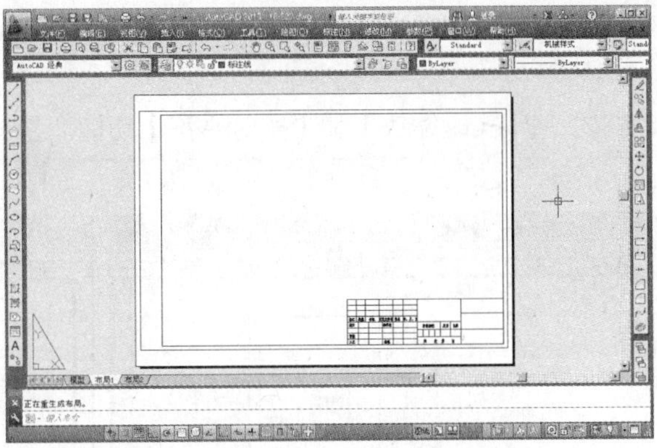

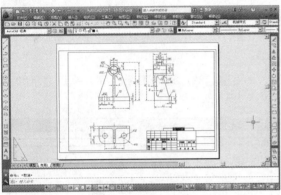

图18-49 进入布局1空间

05 综合使用【实时平移】、【移动】命令工具调整图形的出图位置，结果如图18-51所示。

图18-50 创建多边形视口

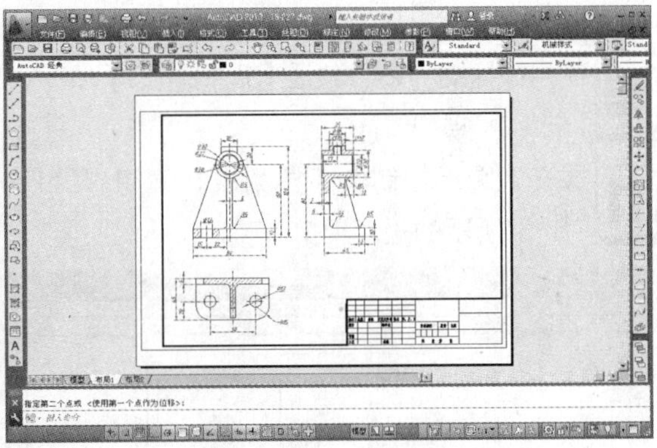

图18-51 调整结果

提示 如果状态栏上没有显示出 图纸 按钮，可以从状态栏上的右键菜单中选择"图纸／模型"选项。

06 单击 模型 按钮返回图纸空间，然后执行【矩形】命令，绘制如图18-52所示的矩形。

07 选择【视图】|【视口】|【对象】菜单命令，选择刚绘制的矩形，将其转化为矩形视口，如图18-53所示。

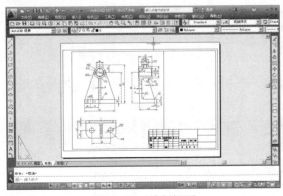

图18-52 绘制矩形

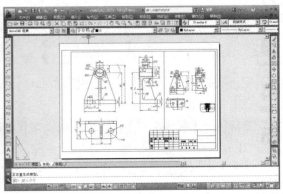

图18-53 创建对象视口

561

08 单击状态栏上的**图纸**按钮，激活刚创建的矩形视口，然后将视图切换到西南视图，结果如图18-54所示。

09 接下来使用【实时缩放】和【实时平移】功能调整出图比例及位置，结果如图18-55所示。

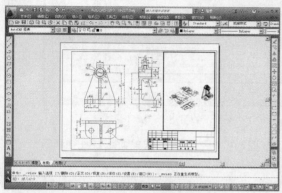
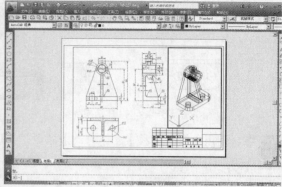

图18-54　切换视图　　　　　　　　　　　　图18-55　操作结果

10 使用快捷键"VS"激活【视觉样式】命令，对模型进行概念着色，结果如图18-56所示。

11 展开【图层控制】下拉列表，关闭"Defpoints"图层。然后返回图纸空间，夹点显示如图18-57所示的矩形视口。

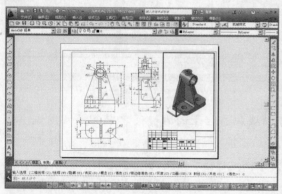
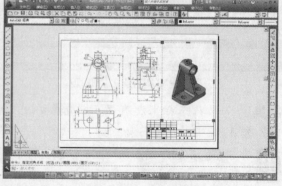

图18-56　着色效果　　　　　　　　　　　　图18-57　夹点效果

12 展开【图层控制】下拉列表，将矩形视口边框放到"Defpoints"图层上，结果如图18-58所示。

13 设置"文本层"为当前层，使用【窗口缩放】工具调整视图。

14 使用快捷键"T"激活【多行文字】命令，设置字高为6、对正方式为正中对正，为标题栏填充图名，如图18-59示。

15 重复执行【多行文字】命令，设置文字样式和对正方式不变，为标题栏填充出图比例，如图18-60所示。

16 使用【全部缩放】工具调整图形的位置，结果如图18-61所示。

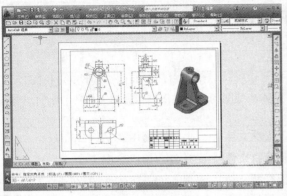

图18-58　操作结果

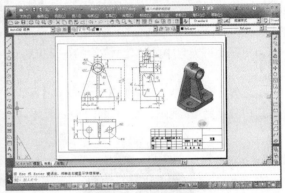

图18-59　填充图名

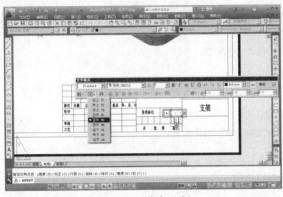

图18-60　填充比例

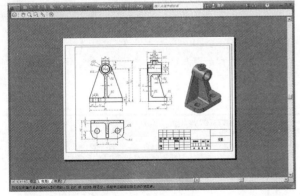

图18-61　调整视图

17 执行【打印】命令，对图形进行打印预览，效果如图18-62所示。

18 返回【打印-布局1】对话框，单击 确定 按钮，在【浏览打印文件】对话框内设置打印文件的保存路径及文件名，如图18-63所示。

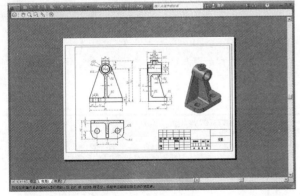

图18-62　打印效果

图18-63　设置文件名及路径

19 单击 保存 按钮，可将此平面图输出到相应图纸上。

20 最后执行【另存为】命令，将图形另名存储为"实例227.dwg"。

实例228　多视图打印零件立体造型

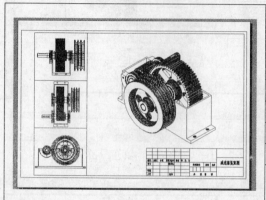

本实例主要学习布局空间内多视图并列打印零件立体造型图的具体操作过程和相关技巧。

📁 最终文件	效果文件\第18章\实例228.dwg
💿 素材文件	素材文件\18-228.dwg
💿 视频文件	视频文件\第18章\实例228.avi
🎬 播放时长	00:02:42
🛡 技能点拨	插入块、对象视口、打印、页面设置管理器、插入块

01 打开随书光盘中的"素材文件\18-228.dwg"文件，如图18-64所示。

02 选择【视图】|【视口】|【新建视口】菜单命令，选择如图18-65所示的视口方式，将当前视口分割为4个视图，结果如图18-66所示。

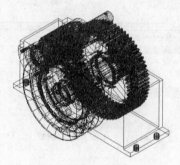

图18-64　打开结果

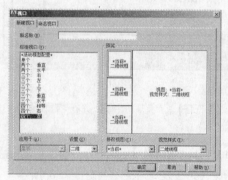

图18-65　【视口】对话框

03 单击 布局1 标签，进入布局空间。

04 选择【视图】|【视口】|【新建视口】菜单命令，在打开的【视口】对话框中选择如图18-67所示的视口分割方式。

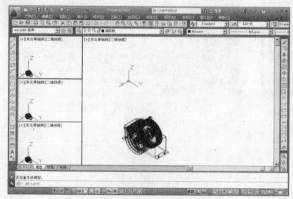

图18-66　创建视口

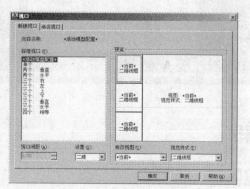

图18-67　【视口】对话框

05 返回绘图区。根据命令行的提示，分别捕捉内框的两个角点，创建如图18-68所示的视口。

06 单击状态栏上的 图纸 按钮，进入浮动式的模型空间。

07 单击左上角的矩形视口，使其成为当前被激活的视口，然后将视口内的视图切换到主视图，并调整出图位置，结果如图18-69所示。

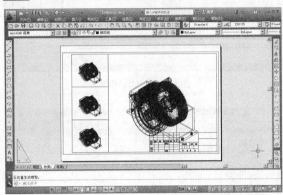

图18-68 创建结果

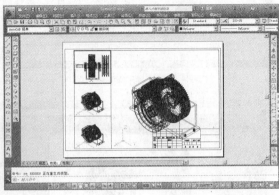

图18-69 操作结果

08 激活左侧中间的矩形视口，然后将视图切换到俯视图，并调整出图位置，结果如图18-70所示。

09 激活左下角的矩形视口，然后将视图切换到右视图，并调整出图位置，结果如图18-71所示。

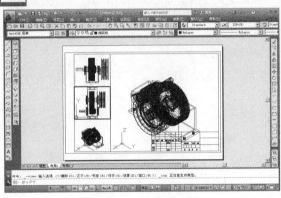

图18-70 操作结果

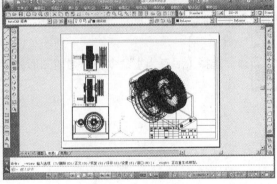

图18-71 操作结果

10 激活右侧的矩形视口，然后使用【实时缩放】和【实时平移】工具调整出图位置，并对其进行消隐显示，结果如图18-72所示。

11 单击状态栏上的 模型 按钮转为布局空间。

12 窗口缩放视图，然后执行【多行文字】命令，配合【交点捕捉】功能为标题栏填充图名，如图18-73所示。

13 选择【文件】|【打印预览】菜单命令，对图形进行打印预览，预览效果如图18-74所示。

14 单击右键，选择快捷菜单中的【打印】选项，在打开的【浏览打印文件】对话框内设置打印文件的保存路径及文件名，如图18-75所示。

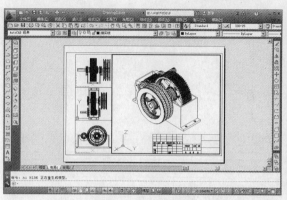

图18-72　切换视图

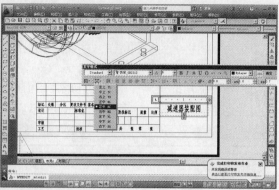

图18-73　填充图名

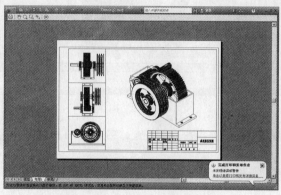

图18-74　打印效果

图18-75　保存打印文件

15 单击 保存 按钮，即可进行打印图形。

16 最后选择【另存为】命令，将当前图形另名存储为"实例228.dwg"。